科普·创新·实作·分享

荣获第五届中国出版政府奖期刊奖提名奖
入选中国科技期刊卓越行动计划、中国优秀科普期刊目录

信通社区
ICT BOOKS

无线电

合订本
68周年版
—— 上 ——
2023年
第1期～第6期

WXD HANDS-ON ELECTRO

编辑部 编

U0160259

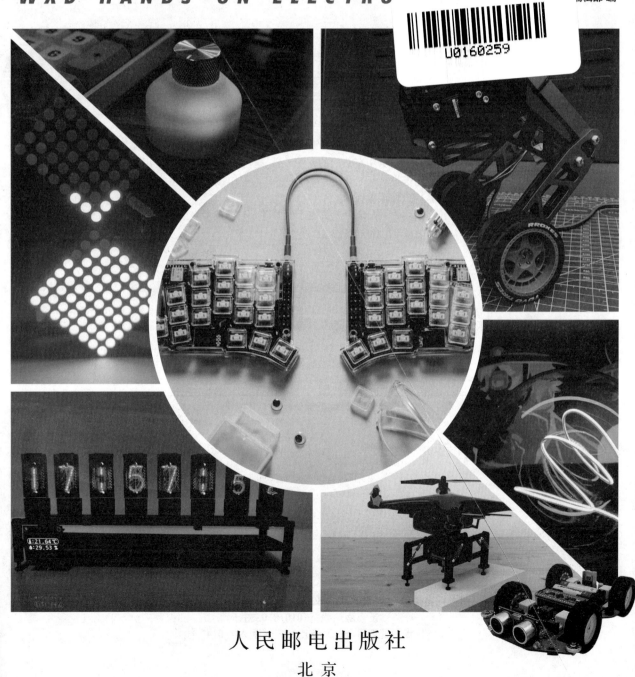

人民邮电出版社

北京

图书在版编目（CIP）数据

《无线电》合订本：68周年版. 上 / 《无线电》编辑部编. -- 北京：人民邮电出版社，2024.4
ISBN 978-7-115-63483-2

Ⅰ.①无… Ⅱ.①无… Ⅲ.①无线电技术－丛刊
Ⅳ.①TN014-55

中国国家版本馆CIP数据核字(2024)第004715号

内 容 提 要

　　《〈无线电〉合订本（68周年版·上）》囊括了《无线电》杂志 2023 年第 1～6 期创客、制作、火腿、装备、入门、教育、史话等栏目的所有文章，其中有热门的开源硬件、智能控制、物联网应用、机器人制作等内容，也有经典的电路设计、电学基础知识等内容，还有丰富的创客活动与创客空间的相关资讯。这些文章经过整理，按期号、栏目等重新分类编排，以方便读者阅读。

　　本书内容丰富，文章精练，实用性强，适合广大电子爱好者、电子技术人员、创客及相关专业师生阅读。

　◆　编　　　　　《无线电》编辑部
　　　　责任编辑　哈　爽
　　　　责任印制　马振武
　◆　人民邮电出版社出版发行　　北京市丰台区成寿寺路 11 号
　　　　邮编　100164　电子邮件　315@ptpress.com.cn
　　　　网址　https://www.ptpress.com.cn
　　　　涿州市京南印刷厂印刷
　◆　开本：775×1092　1/16
　　　　印张：33　　　　　　　　　2024 年 4 月第 1 版
　　　　字数：1112 千字　　　　　 2024 年 4 月河北第 1 次印刷

定价：99.80 元
读者服务热线：(010)53913866　印装质量热线：(010)81055316
反盗版热线：(010)81055315
广告经营许可证：京东市监广登字 20170147 号

目 录

▌创客 MAKER

多传感器数据融合的智能鱼缸系统　刘鹏 易建钢 邹洪峰 朱宇飞　001

Arduino "向上捅破天"　赤鱼科技　008

轮腿机器人　张志高　015

探索智能世界：ChatGPT存储交互终端　常席正　020

TOTEM：一个小型分离式机械键盘　027
[德国] 盖斯特（GEIST）　翻译：李丽英（柴火创客空间）

拓荒者——基于视觉识别的移动机器战车　035
马东轲 史昱灏 梁峰川 曹蕊 王欣然

▌装备 EQUIPMENT

走近二手仪器　杨法（BD4AAF）　043

走近二手仪器 ——万用表篇　杨法（BD4AAF）　046

走近二手仪器 ——示波器篇　杨法（BD4AAF）　050

华夏智造：国产仪器仪表助力科技强国（1）
漫谈国产仪器之频谱分析仪　杨法（BD4AAF）　054

华夏智造：国产仪器仪表助力科技强国（2）
漫谈国产仪器之示波器　杨法（BD4AAF）　058

精彩纷呈的AI 小音箱一族　解放　063

华夏智造：国产仪器仪表助力科技强国（3）
漫谈国产仪器之手持万用表　杨法（BD4AAF）　069

▌火腿 AMATEUR RADIO

业余卫星通信（1）
概论一　李英华 纽丽荣 张宁 戴慧玲　073

▌制作 PROJECT

制作红外热成像网络摄像头　常席正　077

加热台量产计划　袁朝阳　083

USB 三进二出切换器　江骐　086

myCobot 280 for Arduino
在工业场景下控制传送带　房忠 陈录 张守阳　090

蔬菜保卫战：
一个能辨别鸟叫声的TinyML稻草人　李丽英　096

100m±2mm高精度激光测距仪　__Aknice　103

DIY 远程控制、避障、循迹智能小车　霄耀在努力　111

用STM32制作4足机器人　王龙　118

一万粉丝报废机——用 plot 记录你的粉丝数　刘国　124

"会唱会跳"的手办展示盒　张巍　127

基于计算机视觉的智能家居中控　赵敬尧 高静静 崔长华　131

ESP32 控制的 "无聊盒子 Boring Box"　库库的喵　136

STM32 遥控坦克　魏开歌　142

太阳能甲醛检测仪　杨润靖　149

三键客　M0dular　153

电子沙漏　盛传余　157

OELD 时间、天气显示桌面小摆件　严子豪　161

语音控制的三次元胡桃摇　于剑锋　164

Jetson Nano 智能物流配送机器人　谢梓腾 郑诗蕴 陈恒　171

玉兔迎春 "Friend Tag"　常席正　177

拟辉光管时钟　肖锦涛 184

简单易制的低成本电池内阻、容量检测仪　孙红生 190

自制 MagSafe 无线充电器　姚家煊 195

3D 打印机添加热床记　呼改娟　赵义鹏 198

用 FireBeetle 做声音莫尔斯电码发射装置　王岩柏　傅嘉薇 203

模仿中国传统拉弦乐器——电子二胡　张鹏 207

DIY 电动滑板　刘鹏　易建钢　朱宇飞　龙小羽　田程 211

桌面氛围灯摆件　23studio 218

基于 HomeKit 协议的智能灯控板　洪立玮 221

STM32 姿态控制及记忆的智慧台灯　谢嘉帅　苏永刚 229

基于视觉识别的天平式无刷电机平衡球杆系统　房忠 236

用三极管制作模数转换器　俞虹 243

CH552g Dial 旋钮　王煌鑫　杨安 248

千里江山入行空，只为青绿　杨少东　徐千千 252

低功耗电磁摆　胡靖 259

从 0 到 1，搭建一个 20 键的复古风数字键盘 262
[爱沙尼亚共和国] 陶诺·埃里克（Tauno Erik）
翻译：李丽英（柴火创客空间）

自制"废土版"胆单端晶雅音管　E2A499816DD489 267

揣在口袋里的游戏机　白李霖 272

智能门锁—— 一点点升级，一点点改变　张希淼 276

电子静电计　丁望峰 280

自制电子微距显微镜　何元弘 283

计算机上的虚拟乐队　魏天祺 287

可以检测色盲的智能小夜灯　昊玩 295

用 ESP32-S3 制作无线 USB 鼠标 PS/2 转接器　王岩柏 298

部署在嵌入式系统上的 ChatGPT 智能问答网页
——基于矽递科技 XIAO ESP32C3 的
ChatGPT 系统　黎孟度 302

横扫桌面，ESP32 交互式桌面机器人　王朝越 307

智能无线人体存在感应插座　杨润靖　邢延刚 314

基于 PID 控制的双轮自平衡小车　李德强 319

自适应无人机起落架　储逸尘 327

LED 大灯泡　核子 -NUCL 331

问与答 334

▌入门　START WITH

机器视觉背后的人工智能（1）
目标检测概述　闫石 340

STM32 入门 100 步（终章）
回顾总结　杜洋　洋桃电子 344

逐梦壹号四驱智能小车（1）
智能小车硬件电路分析　莫志宏 350

鸿蒙 eTS 开发入门（6）
Swiper 组件　程晨 355

STM32 物联网入门 30 步（第 1 步）
教程介绍与学习方法　杜洋　洋桃电子 357

逐梦壹号四驱智能小车（2）
智能小车 PCB 设计就这么简单　莫志宏 361

ESP8266 开发之旅应用篇（1）
基于 ESP8266 的 Wi-Fi 自动打卡考勤系统　单片机菜鸟博哥 366

STM32 物联网入门 30 步（第 2 步）
STM32CubeIDE 的安装与汉化　杜洋　洋桃电子 376

机器视觉背后的人工智能（2）
早期算法介绍　闫石 380

ESP8266 开发之旅应用篇（2）
基于 ESP8266 的 RFID 门禁系统　单片机菜鸟博哥 384

物联网不求人——服务器搭建 So Easy　朱盼 393

行空板图形化入门教程（1）
你好，行空板！　赵琦 400

机器视觉背后的人工智能（3）
YOLO 横空出世　闫石 401

STM32 物联网入门 30 步（第 2 步）
STM32CubeIDE 的汉化与基本设置　杜洋　洋桃电子　412

逐梦喜号四驱智能小车（3）
智能小车焊接说明　莫志宏　416

行空板图形化入门教程（2）
旅游打卡路牌　赵琦　422

物联网不求人——3D 打印机伴侣　朱盼　426

STM32 物联网入门 30 步（第 3 步）
创建 STM32CubeIDE 工程　杜洋　洋桃电子　432

行空板图形化入门教程（3）
《西游记》舞台剧　赵琦　439

物联网不求人——悬浮点阵时钟　朱盼　445

机器视觉背后的人工智能（4）
YOLOv2——更好、更快、更强　闫石　453

STM32 物联网入门 30 步（第 4 步）
STM32CubeMX 图形化编程（上）　杜洋　洋桃电子　460

▌ 教育　EDUCATION

数字开关电源设计　沈洁　465

做宫灯迎兔年　乌刚　468

基于mPython 平台验证水温的变化　康留元　473

激光切割机工作时甲醛浓度探究实验　温良　476

基于McgsPro 组态软件的游戏设计　孟德川　江龙涛　申子钺　479

新一代人工智能教师成长营
智慧医疗:基于卷积神经网络的婴儿表情识别
刘宜萍　方一举　王云　483

信息技术与化学学科融合案例
——测量食物的酸碱性　江曼　杨丽萌　温良　郭力　488

安全驾驶小助手　苗斌　李惠乾　张雅君　493

▌ 史话　HISTORY

国产晶体管收音机的银色时代（上）　田浩　499

国产晶体管收音机的银色时代（下）　田浩　503

创新的旅程——电动汽车发展史（1）
技术基础与早期尝试　田浩　507

创新的旅程——电动汽车发展史（2）
20 世纪早期的商品化电动汽车　田浩　511

创新的旅程——电动汽车发展史（3）
20 世纪中后期的复苏尝试和新颖用途　田浩　515

开拓创新，继往开来——中国航天技术发展简史（1）
航天科研事业的起步　田浩　519

多传感器数据融合的智能鱼缸系统

▍刘鹏　易建钢　邹洪峰　朱宇飞

　　当今社会生活中对观赏鱼的饲养已经成为一种潮流，人们开始追求更加便捷的饲养方式并保证鱼的存活率。新一代的家居设计以拥有丰富实用的增氧、换水、杀菌和温控功能，更加人性化的设计，受到大众的青睐。本制作基于鱼缸的智能化需求，设计了一款多传感器数据融合的智能鱼缸系统，使用CPK-RA6M4单片机对多个传感器的信息进行融合来获取水文信息自动化管理鱼缸。用户利用计算机本地端对鱼缸的水温、气压、光照强度等多传感器数据进行采集，采用多线程并发处理，实现鱼缸增氧、蜂鸣器提示和杀菌等本地控制及多传感器数据融合自适应控制。

制作起因

　　鱼缸是大众家庭中比较常见的一种饲养鱼类的容器，但它的实际意义不仅是一个鱼缸，而是家庭中的一道风景。鱼缸中新鲜快活的鱼儿、娓娓动人的小虾、碧波荡漾的水草、浮浮沉沉的浮萍，十分巧妙地将水环境生态系统的美景融合在一个鱼缸中，形成了一幅动静相宜的画卷，生态鱼缸如图1所示。智能鱼缸系统属于智能家居的一个具体产品。

　　目前，国内市场上有许多功能不一的产品，其中大多数是非智能的，只具有单一恒温控制、增氧、照明的系统。如果一款多功能鱼缸无法智能控制多个功能模块和单个设备，使用起来会很不灵活且效率低下，并且整体性能无法提高。因此，针对这一系列问题我设计了一个多传感器数据融合的智能鱼缸系统。首先对智能鱼缸系统进行总体设计，然后进行系统的硬件设计和软件设计。硬件设计包含控制器、传感器、执行器以及电源的设计方案；软件设计包含多传感器数据融合自适应控制和本地监控系统。其中多传感器采用均值滤波得到智能鱼缸的水体温度、水面气压、缸外温度、光照强度等数据，将鱼缸的水

▍图1　生态鱼缸

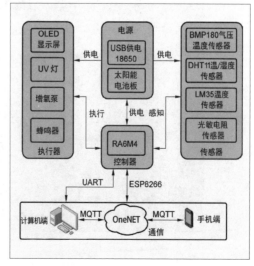

▍图2　系统结构

体温度和水面气压进行模糊逻辑推理，模糊控制增氧泵的工作状态进而调整增氧气速率；将鱼缸的缸外温度和光照强度也进行模糊逻辑推理，模糊控制增氧泵的工作状态进而调整增氧气速率。后期我将项目的系统硬件与软件进行结合，经过多次测试，实现水循环、蜂鸣器提示和光照控制的功能，并实现本地端实时控制。该设计通过多传感器数据融合进行增氧泵和紫外线灯模糊控制，对家用鱼缸进行管理与改进，对类似的智能家居产品的研究与生产业也有较高的参考价值。

制作原理

　　本系统以RA6M4单片机作为系统主控，并围绕其设计了一系列外围电路。系统通过多种组件函数库完成RT-Thread

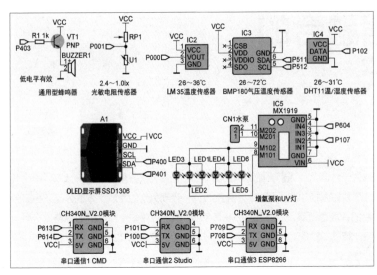

图 3 外围设备的电路

Studio 项目工程搭建,对使用 I2C、ADC、PWM、Uart 等通信协议的各类外设模块进行控制。任务调度采用多线程分布控制,可通过线程之间的邮箱进行信息传递,进而高效处理信息。

系统总体设计

系统结构如图 2 所示,以 RA6M4 为主控,通过直接或间接的方式对外围电路、外围模块进行控制。电源、控制器、执行器、传感器、鱼缸共同构成系统的硬件监测执行部分,通信中的计算机端上位机,后期可扩展为 OneNET(中国移动物联网开放平台)交互部分。

硬件设计

硬件部分由控制器、传感器、执行器、鱼缸 4 部分组成。外围设备的电路如图 3 所示。

控制器

控制器选用 RA6M4

单片机,RA6M4 评估板如图 4 所示。RA6M4 配合 RT-Thread Studio 编程而不用 51 单片机或者 STM32 单片机,主频高达 200MHz,采用 Arm Cortex-M33 内核,

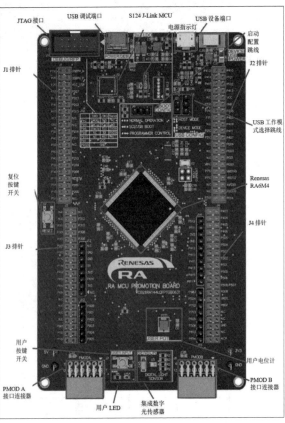

图 4 RA6M4 评估板

I/O 接口全部引出,采用 MOS 管输出稳定且可承载一定功率,8 路 Uart 串口,10 路 PWM,还设计了 Arduino UNO 板载接口,可通过 Wi-Fi 接入网络来智能控制执行器,让使用者更好地进行人机交互,使用起来更加方便。RA6M4 性能强而且功率低,对比相同性能的主控板,RA6M4 的性价比更高。

传感器

传感器由各个具体功能模块构成:BMP180 气压温度传感器、DHT11 温/湿度传感器、LM35 温度传感器和光敏电阻传感器。

● BMP180 气压温度传感器是一款精度高、体积小、能耗低的压力温度传感器,可以应用在移动设备中,可以通过 I2C 总线直接与各种微处理器相连。为模糊控制增氧泵的制氧速率提供外界气压和外界温度 2 个变量。

● DHT11 温/湿度传感器是一款含有已校准数字信号输出的温/湿度复合传感器。传感器包括一个电容式感湿元器件和一个 NTC 测温元器件,并与一个高性能 8 位单片机相连接,可为系统提供外界温/湿度。

● LM35 温度传感器是一款得到广泛使用的温度传感器,工作温度范围较大,适用于许多特殊场合,测量温度范围为 0~100 ℃。LM35 温度传感器使用 ADC 读取(需要校准),本实验将 LM35 温度传感器封装,使其可以稳定读取水体温度。

● 光敏电阻是用硫化镉或硒化镉等半导体材料制成的特殊电阻,其工作原理基于内光电效应。光敏电阻传感器对光

图5 鱼缸俯视图

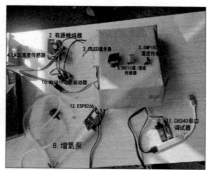

图6 各部件连接示意

线十分敏感，其在无光照时呈高阻状态，电阻一般可达 1.5MΩ，使用 ADC 读取（需要校准）。

执行器

结合鱼缸实际需求，执行器包括增氧泵、UV 灯、OLED 显示屏和蜂鸣器。

● 增氧泵：USB 鱼缸养鱼氧气泵，控制方式采用 PWM 输出，将 USB 接口连接 MX1919 驱动器，通过 MX1919 驱动器控制增氧效果，需要大增氧时满功率运行，不需要增氧时关闭气泵，中间过渡可以通过气压和温度进行传感器数据融合实现模糊控制。

● UV 灯：采用 5W 鱼缸 UV 灯搭配

180° 遮光板，控制方式采用 PWM 输出，通过调整遮光板角度，避免漏光直射对人眼和鱼儿造成不可逆的伤害，不透光才更安全。

● OLED 显示屏：本模块选用的是 SSD1306 OLED 显示屏，通信采用 I²C 协议，能实时显示水体温度、缸外温度、外界气压和光照强度数值，此模块由 RA6M4 用户按键来触发响应（5s 后熄屏），默认状态不显示。

● 蜂鸣器：采用 TMB09A03 型 DC3V 有源蜂鸣器，能发出有源连续声。此模块采用普通 GPIO 输出控制，当传感器达到一定的阈值会在本地提醒用户执行相关操作，达到交互的作用。

鱼缸

本次项目采用市面常用的高清玻璃中小型桌面鱼缸，该鱼缸采用汽车级浮法玻璃工艺，透光率达到 92%。整体构成仿生态循环过滤，模拟大自然水流环境，循环净水。鱼缸大小为 240mm×170mm×285mm，盛水容积大约 8L，鱼缸俯视图如图 5 所示。我选择的鱼缸偏小但便捷，大家也可以选择其他大小的鱼缸。本次制作的材料清单和接线如表 1 所示，各部件连接示意如图 6 所示。

软件设计

软件设计包括多传感器数据融合与执行器协同系统、本地监控系统和物联网远程监控系统。

本项目软件架构主要采用图 7 所示的 3 个线程完成。

● CMD_Thread 线程：包含传感器数据和执行器数据采集的矫正过程。

● Uart_Thread 线程：负责系统中传感器数据和执行器数据采集，通过自定义串口协议，采用 Uart 串口通信实现上下位机的联动。

● OneNET_Thread 线程：负责系统中传感器数据和执行器数据采集，通过 ESP8266 上报到 OneNET 平台，以及云

表 1 生态鱼缸耗材清单和接线

序号	名称	数量	接线
1	RA6M4 评估板	1 块	主控板
2	3.3V 有源蜂鸣器	1 个	VCC、GND、P403
3	光敏电阻 +1kΩ 可调电阻	1 套	VCC、GND、P001
4	LM35 温度传感器	1 个	VCC、GND、P000
5	BMP180 气压温度传感器	1 个	VCC、GND、P511（SDA）、P512（SCL）
6	DHT11 温 / 湿度传感器	1 个	VCC、GND、P102
7	OLED 显示屏	1 块	VCC、GND、P401（SDA）、P400（SCL）
8	增氧泵	1 个	M+（M201）、M-（M202）
9	UV 灯	1 个	M+（M101）、M-（M102）
10	MX1919 电机驱动器	1 块	VCC、GND、（IN1、IN3）、P107（IN2）、P604（IN4）
11	CH340 串口调试器	2 个	VCC、GND、P613/P101（RX）、P614/P100（TX）
12	ESP8266	1 个	VCC、GND、P709（RX）、P708（TX）
13	安卓数据线	1 条	下载口
14	杜邦线	若干	连线
15	辅助支撑件	若干	附着支撑
16	鱼缸	1 个	生态鱼缸平台

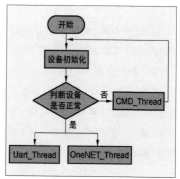

图7 软件架构

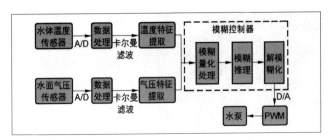

图 8 模糊控制结构

表 2 系统模糊控制

输入主参	输入副参	输出结果
缸外温度	外界气压	增氧泵工作时间
缸内温度	光照强度	UV 灯工作时间

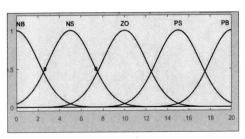

图 9 温度的范围域和隶属度函数曲线

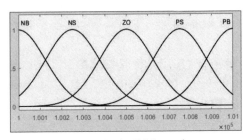

图 10 气压的范围域和隶属度函数曲线

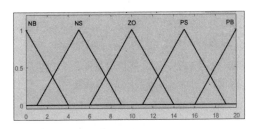

图 11 水循环时间的范围域和隶属度函数曲线

端数据下发解析执行等功能。目前暂时没有实现，可参照 RT-Thread+RA6M4 的环境监控装置。

多传感器数据融合

多传感器首先采用均值滤波得到智能鱼缸的水体温度、水面气压、光照强度数据，然后将鱼缸的水体温度和水面气压进行模糊逻辑推理，模糊控制增氧泵的工作状态。

模糊控制

模糊控制结构如图 8 所示，以鱼缸环境传感器数据处理的结果作为输入值，一般包括大气压强、温度、湿度、光照强度等；模糊控制输出用于执行器，如增氧泵、加热设备、UV 灯等。

由于多输出的模糊控制算法过于复杂，因此可利用模糊控制器的解耦特性，将模糊控制系统分解为多个单输出的子系统，系统模糊控制如表 2 所示，可根据温度和气压控制增氧泵的打开时间，本文将以此为例设计模糊控制器。

假想实验环境：室内的温度为 0~30℃，而鱼缸水体温度在 0~20℃，定义输入量温度的基本论域为 [0，20]。定义 5 个模糊子集关闭（NB）、稍短（NS）、中等（ZO）、稍长（PS）、长（PB）和高斯型隶属度函数，其中，σ 取值为 2，

NB、NS、ZO、PS、PB 隶属度函数中均值 x 取值分别为 0、5、10、15、20。因此温度的范围域和隶属度函数曲线如图 9 所示。

根据前期调查，一般春季武汉市的气压为 100000~101000Pa，定义输入量气压的基本论域为 [100000，101000]。定义 5 个模糊子集（NB、NS、ZO、PS、PB）和高斯型隶属度函数，其中，σ 取值为 125，NB、NS、ZO、PS、PB 隶属度函数中均值 x 取值分别为 100000、100250、100500、100750、101000。因此气压的范围域和隶属度函数曲线如图 10 所示。

水循环的每次增氧泵开启时间一般为 0~20min，定义输出量水循环时间基本论域为 [0，20]，分为 5 个模糊子集（NB、NS、ZO、PS、PB）。定义三角形隶属度函数，因此水循环时间的范围域和隶属度函数曲线如图 11 所示。

模糊控制规则

本项目采用"if Temp and Pres then

表 3 模糊控制规则

水循环时间	水体温度					
	NB	NS	ZO	PS	PB	PB
	NB	NB	NS	ZO	PS	PB
	NS	NB	NB	NS	ZO	PS
大气压强	ZO	NB	NB	NB	NS	ZO
	PS	NB	NB	NB	NB	NS
	PB	NB	NB	NB	NB	NB

Motor"形式的模糊推理方法，其中，Temp、Pres 为输入模糊子集，Motor 为输出模糊子集。根据实践调试经验得出如表 3 所示模糊控制规则，又称模糊关系矩阵，共 25 条控制规则。

系统采用 Mamdani 模糊推理法，本设计采用重心法，即取模糊隶属度函数曲线与坐标围成面积的重心作为最终输出值。

使用 MATLAB 的 Fuzzy Logic 工具箱进行系统仿真，观察系统输入、

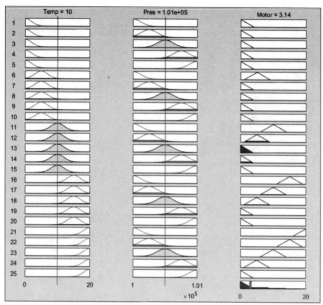

图 12 给定输入经模糊规则推理的输出

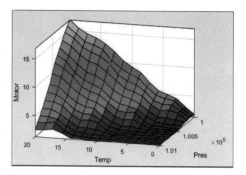

图 13 系统仿真输出曲面

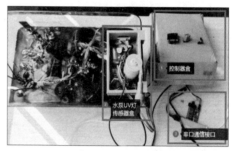

图 14 系统 3 个模块

输出。例如取温度 Temp=10℃、气压 Pres=100500Pa，则输出的水循环时间 Motor=3.14min，给定输入经模糊规则推理的输出如图 12 所示。

系统仿真输出曲面如图 13 所示，输出曲面总体光滑，稳定可靠，可将供氧和灯光环境参数控制在最佳值附近。

考虑单片机的资源配置，为灵活调整 PWM 输出，可采用近似函数代替为：

$$M=15 \times \frac{T}{20} \frac{(1.01-P)}{0.01}$$

制作过程

多传感器数据融合的生态鱼缸使用的部件较多，大家可有选择性地取舍。按照图 2 所示系统结构和表 1 的零件清单组合成 3 个模块，分别为控制器盒、增氧泵 /UV 灯传感器盒、串口通信接口，如图 14 所示。

控制器盒

控制器盒包含主控制器 RA6M4 评估板，以及 BMP180、DHT11、OLED 显示屏和 ESP8266 等外部设备。控制器盒是另外两个模块的枢纽，是所有信号的收集站和控制站。为了方便用户可以实时本地观察鱼缸状态，OLED 显示屏会通过 RA6M4 评估板板载按钮事件触发滚动显示屏。休眠

图 15 控制器盒内部结构

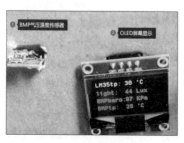

图 16 OLED 显示屏显示温度、气压等

状态是显示屏熄屏，因此休眠时间将远大于滚动显示时间以达到节能效果。控制器盒采用简易瓦楞纸包装盒包裹，RA6M4 评估板放在里面，控制器盒内部结构如图 15 所示，内部走线有点乱但无伤大雅。

OLED 显示屏将采集的传感器数据、执行器状态数据和电池电压数据实时动态显示，OLED 显示屏显示温度、气压等如图 16 所示。

增氧泵/UV灯传感器盒

增氧泵 /UV 灯传感器盒部分属于本系统控制器和传感器核心，上面搭载了光敏电阻检测鱼缸周围的光照强度。LM35 温度传感器采用简易的热收缩管进行防水封装，主要检测水体温度变化。执行器就是增氧泵和 UV 灯，采用 MX1919 两路驱动器驱动，实现连续 PWM 调速和调光。执行器还包括蜂鸣器，它可以在紧急情况下发出报警信号，这些元器件通过悬挂平台支持，悬挂盒可以直接挂载在

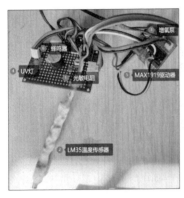

图 17 增氧泵 /UV 灯传感器盒具体结构

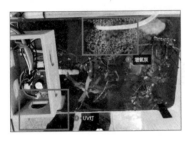

图 18 指令控制增氧泵和 UV 灯全开

鱼缸四周。增氧泵 /UV 灯传感器盒具体结构如图 17 所示。

串口通信接口

串口通信接口包含 3 个 USB 接口，黑色数据线是下载线，剩下的是 CMD_Thread 和 Uart_Thread 两路串口，本地端通过 Uart_Thread 线程设计了自定义 16 进制通信协议，可直接获取当前鱼缸周围传感器的数据，以及增氧泵和 UV 灯的状态。通过特定的 16 进制指令可切换系统的两种工作模式。其中指令控制模式通过操作指定位置的操作数来控制 UV 灯和增氧泵工作状态，如图 18 所示。

另外一种工作模式为自动控制模式，根据当前鱼缸环境的实际情况，通过系统模糊控制获取对应传感器数据，自动调节鱼缸的增氧泵、光照等，实现对智能鱼缸的精准控制，如图 19 所示。

采用 Uart0 实现本地端串口通信，串口通信分为接收协议和发送协议，上位机采用 Serial Studio，这是一个强大的数据可视化软件，支持串口通信、串口终端、网络通信 TCP/UDP、MQTT 通信协议。这个项目遵循 MIT 协议，所以可以商用。

接收协议

根据实际要求，确定通信协议传输格式，本次设计自定义 16 进制通信协议如表 4 所示。

通信协议格式如下。

● Head： 协议头部，标记一帧传输的开始（自定义字节数）。

● Buzzer：蜂鸣器操作数。

● UVLED：UV 灯操作数。

● Moter：增氧泵操作数。

● Command：需要传输的控制命令，

图 19 自动控制增氧泵打开 UV 灯

表 4 自定义 16 进制通信协议

序号	名称	16 进制数据	大小
1	Head	0x5a	1byte
2	Buzzer	0x00/0x01	1byte
3	UVLED	0x00~0x0a	1byte
4	Moter	0x00~0x0a	1byte
5	Command	0x00~0x02	1byte
6	LED3	0x00/0x01	1byte
7	Data	0x00~0xff	3byte
8	Num	0x0b	1byte
9	Verify	0xa5	1byte

可以定义成结构体形式（自定义字节数），0x00 为保持，0x01 为手动修改，0x02 为自动控制。

● LED3：板载 LED3 操作数。

● Data：需要传输的数据，不管什么类型，都转换成 16 进制进行传输（自定义字节数）。

● Num：需要传输的数据（自定义字节数），此数据长度为 11byte，换算 16 进制为 0x0b。

● Verify：校验（自定义字节数），常采用 CRC 校验、和校验、奇偶校验、异或

表 5 解析帧头分隔符、帧尾

序号	名称	16 进制数据
1	帧头	/*KAANSATQRO,
2	分隔符	,
3	帧尾	*/

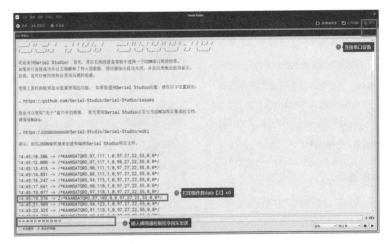

图 20 验证蜂鸣器线路是否正常

校验等。

下面给出部分操作指令。

开灯：5A 01 00 00 01 01 00 00 00 0B A5，关灯：5A 01 00 00 01 00 00 00 00 0B A5，蜂鸣器打开：5A 00 00 00 01 00 00 00 00 0B A5，UV灯打开：5A 00 0a 00 01 00 00 00 00 0B A5，自动：5A 00 00 00 02 01 00 00 00 0B A5。

具体查看数据控制线程函数 control_thread_entry()，可以通过发送16进制编码来验证蜂鸣器的线路连接是否正常，具体操作如图20所示。

发送协议

发送协议采用一串 UTF-8 字符编码，其中包含帧头、分隔符、帧尾，具体如表5所示。

中间监测鱼缸数据依次为：水体温度（LM35）、光照强度、警报（蜂鸣器）、板载LED3、外部大气压（BMP180）、外部温度1（BMP180）、外部温度2（DHT11）、外部湿度（DHT11）、UV灯（PWM1）、增氧泵（PWM2）。具体查看数据解析线程函数 serial_thread_entry()，Serial Studio 传感器执行器映射部分参数配置如图21所示，详细可以见配置的 test.json 文件。

连接所有部件，检测对应的传感器和执行器连接正常，就可通过 Serial Studio 软件动态监测生态鱼缸的实时数据，如图22所示。

结语

首先感谢瑞萨和 RT-Thread 官方为我们 DIY 爱好者提供二次测评。本文只是个人在业余时间一个不太完整的制作，虽然当前市面上已经有非常多的同类产品，但是二次开发易用性和扩展度与之相形见绌。

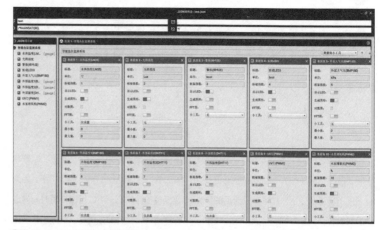

图21 Serial Studio 参数配置

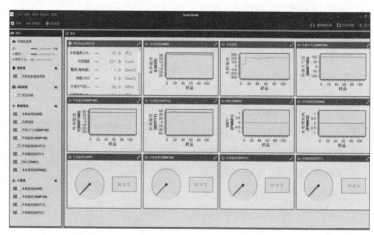

图22 Serial Studio 监测的实时数据

RT-Thread 作为国内嵌入式系统生态的领跑者，对产品的快速原型开发有很强的支持，至于产品的稳健性还需之后完善。因此第一次测评开发板，这个开发过程让我印象深刻，在专业伙伴协助下社区问答可以解决90%，更多是需要自身对 C++ 基本语法熟练掌握、使用得当（强烈建议完善相关适配 C++ 语言文档，RT-Thread 将愈加强大和稳健）。

本文利用 RA6M4 开发板和光照温/湿度传感器构建了生态鱼缸系统，并开发了多传感器数据融合与执行器协同系统，将鱼缸的水体温度和水面气压进行模糊逻辑推理，模糊控制增氧泵的工作状态，克服了传统鱼缸缺乏反馈环节和调节环节的缺陷。该系统可通过传感器获得水温、气压、光照强度和视频流等实时鱼缸数据并由 OLED 显示屏反馈给用户。该智能鱼缸系统的功能实用、成本低廉、操作简便，易于推广应用，可创造较大市场价值。

由于时间短、本人知识水平有限等因素，该系统的研究设计中还存在一些不足之处。本系统还未完成远程控制的功能，该云平台为商业平台，对于用户数据的私密性保护存在一定的缺陷，后期可进一步加强对传输数据的加密保护。

Arduino "向上捅破天"

▌赤鱼科技

图1 铱星9523数传终端

华为终端BG CEO余承东在2022年9月2日，透露了华为Mate50手机有一个"向上捅破天"的新技术。几天后的华为发布会，让大家都知道了原来这个技术是卫星通信。

我所在公司也采购过卫星模块，铱星9523数传终端（见图1），本次我分享一个基于Arduino的"向上捅破天"的制作。

制作原理

卫星通信属于无线通信。既然说到了无线通信，就再和大家简单温习几种其他通信。随着智能化设备的广泛应用，我几乎每天都在享受无线通信带来的便利。每天用4G/5G网络享受随时随地上网；每天用Wi-Fi在网上冲浪；戴上蓝牙耳机后，沉浸在音乐世界里；用RFID进出小区，保证安全。除此之外，还有在工业领域常见的Zigbee、LoRa等无线RFID通信方式。

无线通信方式对比

我将使用的卫星模组和其他无线通信模组常用的几个参数进行比较，如表1所示。

从表1中可以看出Wi-Fi数据传输速率高，传输距离为300m，我们在家庭或者公共场合会使用Wi-Fi连接网络。因为数据传输速率高，所以可以在短时间内进行影音或大文件数据传输。蓝牙的数据传输速率和传输距离有限，所以在生活中常用于短距离传输，比如蓝牙耳机或蓝牙音箱。RFID通信距离和频率有关，频率越高，通信距离越远，在生活中常见的频率是13.56MHz，比如各种银行卡、会员卡或食堂饭卡。Zigbee和LoRa数据传输速率比较低，一般传输轻量信息。

从表1中还可以看出，虽然卫星通信终端成本较高，但是卫星通信传输距离远、覆盖范围广，这是其他无线通信产品无法实现的。卫星通信终端可以通过卫星信号进行远距离通信，即使在荒无人烟或者信号基站通信失效的地方，使用卫星通信依然可确保良好的通信效果，所以卫星通信在应急通信、空中跨区救援等有特殊要求的环境中有着广泛应用。

卫星通信的原理是将通信卫星发射到赤道上空36000km处的地球静止轨道上，利用卫星上的通信转发器接收来自地面站发射的信号，并对信号进行放大、变频后转发给其他地面站，从而完成两个地面站之间的传输。卫星通信系统具有频带宽、误码率低、通信质量高和覆盖范围广的优点，对于全球通信来说，只需采用3颗地球静止卫星就可以提供除南北极之外任意两点之间的通信。

分享了基础的卫星通信原理后，下面给大家介绍一下我所使用的卫星通信终端的特点，希望能让大家学习到新的知识。

铱星9523数据传输终端介绍

铱星9523数据传输终端（以下简称"数传终端"）基于铱星移动通信网络的传输设备，它具有数据拨号（Data Call）和SBD短数据通信的能力。铱星9523数传终端内置GPS接收机，可以在全球范围内实现定位跟踪目标。通过终端上的RS-232串口与用户数据设备连接，就可在全球范围内实现数据的透明传输。

铱星9523数传终端基础信息如表2所示。

铱星9523数据传输终端通信

铱星9523数传终端的通信方式有数据拨号（DataCall）和SBD短数据通信两种模式，铱星9523由这两种模式给出了不同通信方式。

● 数据拨号：

表1 无线通信方式对比

通信方式	卫星	Wi-Fi	蓝牙	Zigbee	LoRa	RFID
频段	1~2GHz	2.4GHz	2.4GHz	2.4GHz	433/510MHz	13.56MHz
数据传输速率	2.4kbit/s	11Mbit/s	3kbit/s	20~250kbit/s	0.3~2.4kbit/s	106kbit/s
网络架构	点对点/星形	星形	星形	星形	星形	点对点
传输距离	全球	300m	10m	100m	2~5km	<10m
经典应用	铱星	ESP32	CC2541	CC2530	SX1662	MRC522
硬件成本	2000元	<20元	23元	32元	36元	<10元

◆ 点对点方式；

◆ RUDICS 方式。

● SBD 短数据通信：

◆ 点对点（或多点）方式；

◆ E-mail 方式；

◆ Direct-IP 方式。

我这里使用第一种通信模式，也就是铱星 9523 数传终端通过数据拨号使用点对点方式进行连接。特点是配置简单，仅需要使用铱星 9523 数传终端的 RS-232 串口，通过配置指令即可完成连接。配置通信连接成功后的两台铱星 9523 数传终端进行通信就相当于两个蓝牙模块建立透传通信一样，表 3 中给出了通过指令配置铱星 9523 数传终端数据进行数据拨号的相关指令。

表 2 铱星 9523 数传终端基础信息

电气指标	
电压	直流 12~28V
静态功率	<0.6W
瞬时发射功耗	1~2W，持续时间小于 20ms
通信方式	数据拨号和 SBD 短数据通信
RS-232 串口波特率	默认 9600bit/s（1600~19200bit/s 可设）
射频指标	
频率范围	1616~1626.5 MHz
传输速率	2.4kbit/s
机械参数	
大小	长 110mm× 宽 75mm × 高 40mm
质量	<500g
外壳	氧化铝型材
环境参数	
工作温度	−30~+70℃
相对湿度	75%
防护等级	IP54

表 3 相关指令

步骤	AT 指令	返回值	指令说明
1	*XF,S5,2,#	Idlesse	工作状态空闲
2	*XF,S6,2,#	hang-a	设置终端在接收到来电时，自动接听
3	*XF,S5,3,#	CSQ_X	查询卫星信号强度 X：0~5，强度达到 3、4、5 表示信号良好
4	*XF,S1,拨机号码 ,#	online 或 Idlesse	拨号指令 online：表示连接成功 Idlesse：表示连接失败

程序功能设计

简单了解铱星 9523 数传终端的通信特点之后，下面通过一个卫星双向通信的项目来展示卫星通信。先说明要实现的程序功能。

我使用 Arduino UNO 开发板和 ESP32 开发板各连接一台铱星 9523 数传终端。ESP32 开发板布置在室内，Arduino UNO 开发板布置在室外，两块开发板都通过铱星 9523 数传终端的数据拨号功能建立点对点通信，实现让 Arduino UNO 开发板和 ESP32 开发板双向通信。主要的功能是室外的 Arduino UNO 开发板通过铱星 9523 数传终端回传当前环境的温 / 湿度信息给室内的 ESP32 开发板，为了显示控制效果，我在室外的 Arduino UNO 开发板上增加一个 WS2812 灯环，通过室内的 ESP32 开发板下发控制指令，改变室外 Arduino UNO 开发板的 WS2812 灯环的灯光效果。室外的 Arduino UNO 开发板可以通过铱星 9523 数传终端的 GPS 功能，查询到当前所在的位置。

硬件材料

1. 室外所需材料

室外所需材料如表 4 所示。

2. 室内所需材料

室内所需材料如表 5 所示。

具体步骤

1 Arduino UNO 开发板完成对室外铱星 9523 数传终端初始化。

2 Arduino UNO 开发板通过连接室外铱星 9523 数传终端获取当前的 GPS 信息数据。

3 Arduino UNO 开发板通过 DHT11 温 / 湿度传感器获取当前环境的温 / 湿度信息。

4 Arduino UNO 开发板等待与室内的铱星 9523 数传终端建立通信。

5 ESP32 开发板完成对室内铱星 9523 数传终端初始化。

6 室内铱星 9523 数传终端初始化完成，ESP32 开发板开始通过室内铱星 9523 数传终端与室外的铱星 9523 数传终端建立连接。

7 连接成功后，室外的 Arduino UNO 开发板回传温 / 湿度信息和 GPS 数据给室内的 ESP32 开发板（为了演示效果，我这里配置回传温 / 湿度的时间间隔为 5s），ESP32 开发板在串口监视器显示回传的温 / 湿度信息。

8 ESP32 开发板发送获取室外 GPS 信息的指令，Arduino UNO 开发板回传 GPS 信息。

9 室外的灯光控制由小爱同学向 ESP32 开发板发送语音控制指令完成。

10 ESP32 开发板通过铱星 9523 数传终端向 Arduino UNO 开发板传输控制指令改变 WS2812 灯环的颜色或开关。

表 4 室外所需材料

序号	名称	数量
1	Arduino UNO 开发板	1 个
2	DHT11 温 / 湿度传感器	1 个
3	16 位 WS2812 灯环	1 个
4	铱星 9523 数传终端	1 个
5	TTL 转 RS-232 转换器	1 个
6	母对母杜邦线	2 根
7	母对公杜邦线	8 根
8	公对公杜邦线	3 根
9	DC 母头座	1 个

表 5 室内所需材料

序号	名称	数量
1	ESP32 开发板	1 个
2	铱星 9523 数传终端	1 个
3	母对公杜邦线	5 根
4	DC 母头座	1 个
5	12V 电池	1 块

为了方便理解，我通过图2所示具体流程来描述要完成的内容。

制作过程

铱星9523数传终端端口

铱星9523数传终端有4个端口，如图3所示。

1. GPS天线连接端口

GPS天线连接端口用于与GPS天线连接，使用如图4所示的天线。

2. 卫星天线连接端口

卫星天线使用专门的无源发射天线，图5所示为铱星专用天线IRI-3000。

3. RS-232端口

RS-232端口有9个引脚，这9个引脚的作用如图6所示。我用到的引脚不多，仅使用图6中的2、3、5引脚。

4. 电源端口

IO1和IO2不需要使用，DC+和DC-是电源接口，铱星9523数传终端使用12~28V供电，我使用DC 12V供电，DC+接12V正极，DC-接12V负极。

TTL转RS-232转换器的引脚

由于铱星9523数传终端使用的是RS-232接口，无法直接与开发板的TTL串口连接，因此我使用TTL转RS-232转换器（见图7），将RS-232电平转换为TTL电平。TTL转RS-232模块在背面的标识非常清楚，转换模块使用

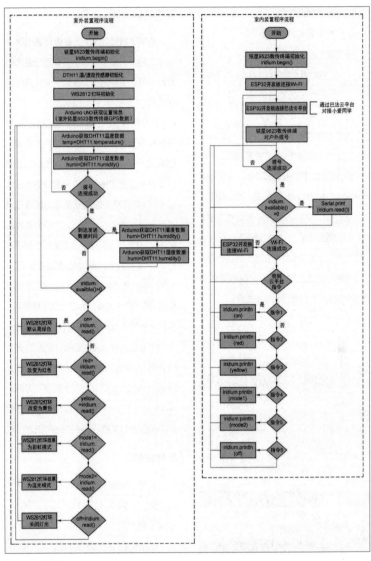

图2 具体流程

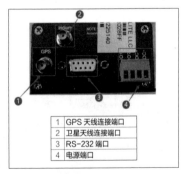

1	GPS天线连接端口
2	卫星天线连接端口
3	RS-232端口
4	电源端口

图3 铱星9523数传终端

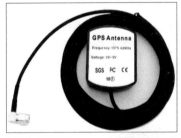

图4 GPS天线

图5 铱星专用天线IRI-3000

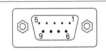

DB9母头定义

引脚顺序	引脚作用	名称
1	数据载波检测	DCD
2	数据发射	TXD
3	数据接收	RXD
4	数据设备准备	DSR
5	地	GND
6	数据终端准备	DTR
7	清除发送	CTS
8	请求发送	RTS
9	振铃指示	RI

图6 9个引脚的作用

3~5.5V DC 电源供电，转换模块的引脚分为 TTL 引脚和 RS-232 引脚。

DTH11模块的引脚

DTH11 模块如图 8 所示，有 3 个引脚，VCC 和 GND 是电源引脚，使用 3.3V/5V 供电，DATA 引脚是数据引脚，DHT11 模块获取的温 / 湿度数据将通过此引脚传输到 Arduino UNO 开发板。

16位WS2812灯环的引脚

WS2812 灯环的引脚说明已在图 9 中

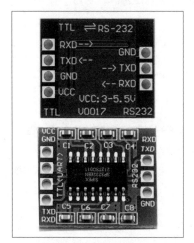

图 7 TTL 转 RS-232 转换器

图 8 DHT11 模块

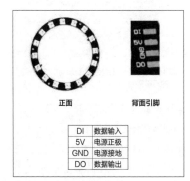

正面　　　　背面引脚

DI	数据输入
5V	电源正极
GND	电源接地
DO	数据输出

图 9 WS2812 灯环

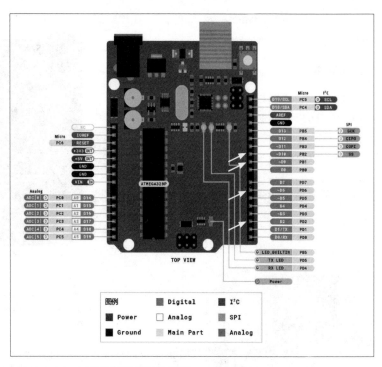

图 10 Arduino UNO 开发板的引脚和功能标注

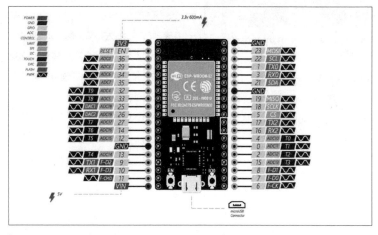

图 11 ESP32 开发板

的表格中给出，WS2812 灯环模块的 DI 引脚是数据输入引脚，DO 引脚是数据输出引脚，可级联下一个 WS2812 的 DI 引脚，16 位 WS2812 灯环模块使用 5V 电源供电。

Arduino UNO开发板的引脚

Arduino UNO 开发板的引脚和功能标注如图 10 所示，其中 Arduino UNO 开发板的数字引脚 2、6、9、10 用箭头已经标出，这是我所使用到的引脚，所用到的模块均使用 Arduino UNO 开发板的 5V 电源供电。

ESP32开发板的引脚

我所使用的 ESP32 开发板如图 11 所示，所有引脚以及其功能都已标出。ESP32 开发板有多个串口，其中方框所标识的引脚是 ESP32 开发板的串口 2，我使用串口 2 连接铱星 9523 数传终端。

室外装置连接

Arduino UNO 开发板和 DHT11 模块的连接如表 6 所示，连接实物如图 12 所示。

Arduino UNO 和 WS2812 模块的连

表 6 Arduino UNO 开发板和 DHT11 模块的连接

序号	Arduino UNO	DHT11
1	引脚 2	引脚 DATA
2	引脚 5V	引脚 VCC
3	引脚 GND	引脚 GND

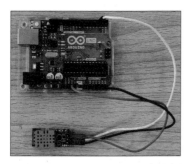

▌图 12 Arduino UNO 开发板和 DHT11 模块连接实物

接如表 7 所示，连接实物如图 13 所示。WS2812 模块连接 Arduino UNO 的 5V 电源，但 Arduino UNO 标注的 5V 电源

表 7 Arduino UNO 和 WS2812 模块的连接

序号	Arduino UNO	WS2812
1	引脚 6	引脚 DI
2	引脚 5V	引脚 VCC
3	引脚 GND	引脚 GND

▌图 13 Arduino UNO 和 WS2812 模块的连接实物

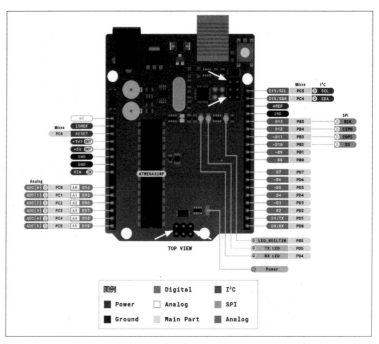

▌图 14 Arduino UNO 上的 5V 电源和 GND 引脚

只有一个。实际上 Arduino UNO 还有两个未标注的 5V 电源，如图 14 所示右侧箭头表示 5V 电源，左侧箭头表示 GND 引脚。

Arduino UNO 和 TTL 转 RS-232 模块的连接如表 8 所示，连接实物如图 15 所示。

Arduino UNO 和 铱星 9523 数传终

表 8 Arduino UNO 和 TTL 转 RS-232 模块的连接

序号	Arduino UNO	RS-232
1	引脚 10	引脚 RX
2	引脚 11	引脚 TX
3	引脚 5V	引脚 VCC
4	引脚 GND	引脚 GND

▌图 15 Arduino UNO 和 TTL 转 RS-232 模块的连接实物

端线的连接如表 9 所示，连接实物如图 16 所示。

电源的连接如表 10 所示，电源连接

表 9 Arduino UNO 和 铱星 9523 数传终端线的连接

序号	RS-232	铱星 9523
1	引脚 RX	引脚 RX
2	引脚 TX	引脚 TX
3	引脚 GND	引脚 GND

▌图 16 Arduino UNO 和 铱星 9523 数传终端线的连接实物

实物如图 17 所示，前文已经说过铱星 9523 数传终端是使用 12V 电源供电的，而 Arduino UNO 输入电压是 12V，所以我使用一个 12V 的电池就可以同时为 Arduino UNO 和铱星 9523 数传终端进行

供电,不需要专门的降压模块了。

表 10 电源的连接

序号	DC 母头模块	铱星 9523	Arduino UNO
1	引脚正极	引脚 DC+	引脚 VIN
2	引脚 GND	引脚 GND	引脚 GND
3	引脚 GND	引脚 GND	—

▌图 17 电源连接实物

室内装置连接

与室外装置连接相比,铱星 9523 数传终端线在室内部分的连接更为简单,其中 ESP32 开发板在室内使用 USB 电源供电,铱星 9523 数传终端使用 12V 电源供电。铱星 9523 数传终端线的电源连接和室外连接引脚一样,铱星 9523 数传终端通信引脚连接和室外连接引脚一样,这里不再重复。Arduino UNO 和 RS-232 模块的连接如表 11 所示,连接实物如图 18 所示。

表 11 Arduino UNO 和 RS-232 模块的连接

序号	Arduino UNO	RS-232
1	引脚 TX2	引脚 RX
2	引脚 RX2	引脚 TX
3	引脚 3.3V	引脚 VCC
4	引脚 GND	引脚 GND

▌图 18 Arduino UNO 和 RS-232 模块的连接实物

以上是关于线路连接的所有部分。总体来说电路连接并不复杂。

室外程序上传与输出

图 19 所示是室外程序示例,主要实现的功能是在设备通电开机后,先将连接的模块初始化,然后延时 50s 后对铱星 9523 数传终端进行设置。考虑到铱星 9523 数传终端在通电后搜索卫星的时间是 30s 左右,这里设置延时 30s 后对铱星 9523 数传终端进行设置,延时充分,让铱星 9523 数传终端搜索卫星信号。铱星 9523 数传终端初始化完成之后,会等待室内铱星 9523 数传终端的拨号请求,连接成功后进入 loop() 函数。图 20 所示是室外装置初始化铱星 9523 数传终端串口输出的调试信息。

室内程序上传与输出

图 21 所示是室内程序示例,主要实现的功能是在设备通电开机后,先连接

```
ESP | Arduino 1.8.19
文件 编辑 项目 工具 帮助

ESP §
91
92 □void setup(){
93     Serial.begin(9600);
94     Iridium.begin(9600);
95     BLINKER_DEBUG.stream(Serial);
96     //   BLINKER_DEBUG.debugAll();
97
98     pinMode(LED_BUILTIN, OUTPUT);
99     digitalWrite(LED_BUILTIN, LOW);
100
101    Blinker.begin(auth, ssid, pswd);
102    Blinker.attachData(dataRead);
103
104    BlinkerMIOT.attachPowerState(miotPowerState);
105    BlinkerMIOT.attachMode(miotMode);
106    delay(50000);           //上电后延时50秒,用于寻找卫星
107    Serial.println("初始化完成");
108    Serial.println("开始卫星数据准备");
109 □  if (Iridiumbegin()) { //准备卫星初始化
110        Serial.println("卫星初始化成功");
111    }
112 □  else {
113        Serial.println("卫星初始化失败,失败原因串口已输出");
114    }
115  }
116
```

▌图 19 室外程序示例

▌图 20 室外装置的调试信息

Wi-Fi 对接云平台,然后延时 50s 后对铱星 9523 数传终端进行基础设置,然后对室外的铱星 9523 数传终端进行拨号。室内装置的调试信息如图 22 所示。

室内的铱星 9523 数传终端对室外的铱星 9523 数传终端拨号成功后,会在串口输出室外的铱星 9523 数传终端回传的数据,如图 23 所示。

ESP32 开发板连接点灯科技的云平台,点灯科技云平台可以对接常用的语音助手,我使用了米家小爱同学的 API。在手机上简单设置指令后,就可以通过语音指令向室外的 Arduino UNO 开发板下发控制指令。图 24 所示是 ESP32 开发板在接收到语音指令后,通过铱星 9523 数传终端向 Arduino UNO 开发板发送指令,并在串口监视器中打印执行内容(指令含义已在流程图中给出)的控制程序设计,打印的执行内容如图 25 所示。

图 21 室内程序示例

图 22 室内装置的调试信息

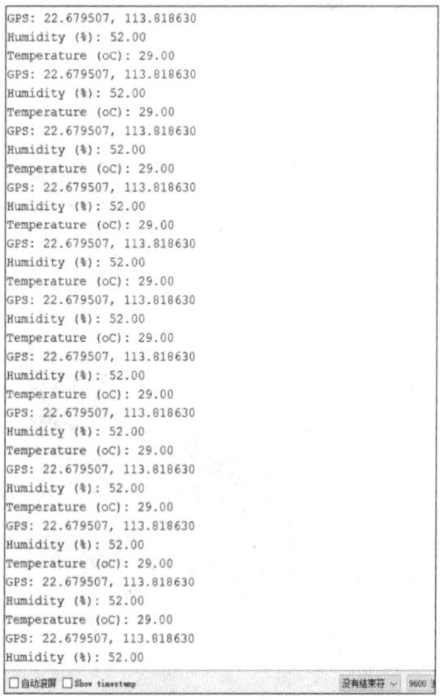

图 23 回传的数据

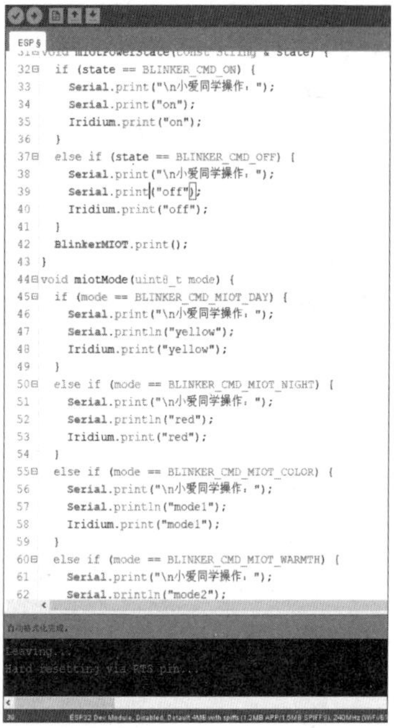

图 24 控制程序设计

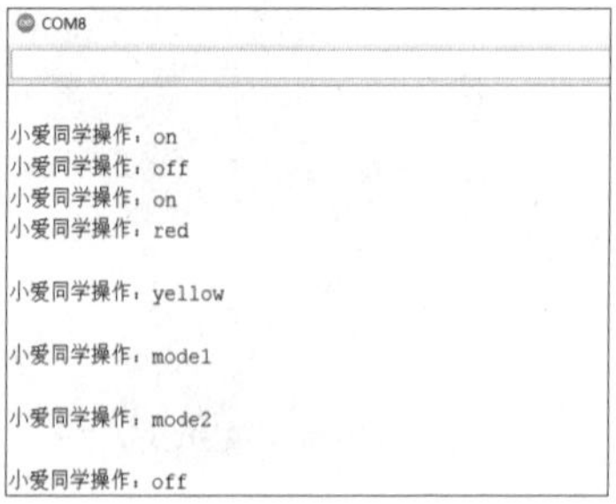

图 25 串口监视器中打印的执行内容

使用感受

铱星 9523 数传终端建立通信前需要通信双方先向设备运营商购买专用 SIM 卡，开通卫星通信服务才可以通信（有点像购买手机和手机 SIM 卡）。铱星 9523 数传终端的天线需要布置在宽旷的场地，方便铱星 9523 数传终端搜索卫星。铱星 9523 数传终端的卫星信号强度需要大于 3 时，才具备稳定数据通信的条件。卫星强度为 0 时，就不具备拨号通信的条件。

当卫星通信的条件建立起来时，卫星通信的优势就体现出来了。如果在偏远的地区或者在野外进行科研，需要进行通信，但由于地理环境不具备常规通信条件，使用卫星通信方式便可以有效解决这一问题。

本次项目中室外的 Arduino UNO 开发板借助铱星 9523 数传终端使用卫星通信将 GPS 位置、温度、湿度数据传输到 ESP32 开发板。ESP32 开发板通过 Wi-Fi 连接网络，借助云平台接入互联网厂商的语音助手，也可以使用语音助手远程下发控制指令。

项目所使用的铱星 9523 数传终端也可通过配置通信服务类型，直接通过卫星连接网络，也就是使用 SBD 短数据通信 → Direct-IP 方式。同时还可以与众多与之绑定的铱星终端构建大型的数据传输系统，用户服务器与众多终端之间实现一对一的数据收 / 发，但是需要申请静态 IP。因为需要依赖于互联网，如果用户服务器作为主站，只有在有网络的地方才能组成数据传输系统。这种通信方式适用于产品成熟、大量应用的场合。这种分布 - 集中式的系统，适用于实时性高、多点集中管理的应用场合，例如对于众多海洋浮标的集中管理。希望本文能帮助大家了解卫星通信的知识。🅧

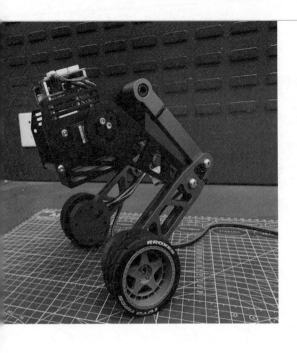

立创课堂

轮腿机器人

▌张志高

随着人类科技的不断发展与进步，越来越多的移动机器人面世。目前，移动机器人的移动方式主要分为轮式、足式和履带式等。相比于其他的移动机器人，轮腿机器人具有其得天独厚的优势。相比于足式机器人，轮腿机器人具有在平坦地面上的移动速度更快，结构、控制与移动方式更为简单，以及能量利用效率更高等优势。相比于履带式机器人，轮式机器人具有与地面的接触面积更小、运动更为灵活、结构更为简单、在平坦地面上的移动速度更快等优势。

总体方案设计

总体结构设计

轮腿机器人（LeTian-robot2）的主体采用连杆机构（见图1），连杆通过舵机进行控制。通过控制两侧舵机，可以实现机身整体的侧倾和升降。足部采用4010无刷电机直接驱动，不经任何减速装置。图2所示为搭建轮腿机器人的零件，图3、图4所示为PCB正面和PCB背面。

电路设计

1. 主控芯片选择

ESP32-S3 是一款支持 2.4GHz Wi-Fi 和 Bluetooth 5（LE）的 MCU 芯片，支持远距离模式，其电路如图5所示。ESP32-S3 搭载 Xtensa 32 位 LX7 双核处理器，主频高达 240MHz，内置 512KB SRAM（TCM），具有 45 个可编程 GPIO 引脚和丰富的通信接口。ESP32-S3 支持更大容量的高速 Octal SPI Flash 和片外 RAM，支持用户配置数据缓存与指令缓存。

2. 无刷驱动选择

DRV8313 提供 3 个可独立控制的半 H 桥驱动器。它可驱动三相无刷直流（DC）电机，也可用于驱动螺线管或其他负载，它在轮腿机器人上主要用于驱动一个三相无刷直流电机。每个输出驱动器通道采用半 H 桥配置的 N 通道功率 MOSFET。这个设计将每个驱动器的接地端子接至引脚，以在每个输出上执行电流感测。DRV8313 在半 H 桥的每个通道上提供高达 2.5A 峰值电流或者 1.75A 均方根（RMS）输出电流（在 24V 和 25℃时，具有适当的印制电路板散热）。此元器件提供过流保护、短路保护、欠压闭锁和过温电机保护的内部关断功能。无刷电机驱动电路如图 6 所示。

3. 电流采样电路

图 7 所示为电流采样电路。INA240 是一款输出电压的电流检测放大器，具有

▌图 1 轮腿机器人的三维模型

▌图 2 搭建轮腿机器人的零件

▌图3 PCB正面

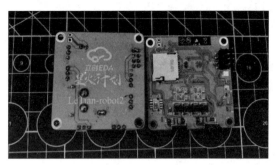

▌图4 PCB背面

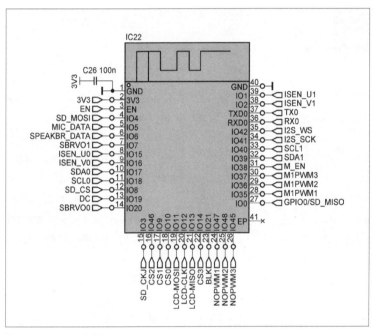

▌图5 ESP32-S3电路

增强型PWM（脉宽调制）抑制功能，可在独立于电源电压的-4~80V宽共模电压范围内检测分流器电阻上的压降。负共模电压允许元器件的工作电压低于接地电压，从而适应典型螺线管应用的反激周期。增强型PWM抑制功能可为使用PWM信号的系统（如电机驱动和螺线管控制系统）中的较大共模瞬变（ΔV/Δt）提供高水平的抑制。凭借该功能，可实现精确测量电流，而不会使输出电压产生较大的瞬变及相应的恢复纹波。

该元器件由2.7~5.5V的单电源供电运行，消耗的最大电源电流为2.4mA。共有4种固定增益可供选用：20、50、100和200。该系列元器件采用零位温度漂移架构，偏移较低，因此能够在分流器上的最大压降低至10mV（满量程）的情况下进行电流检测。所有版本均具有扩展额定

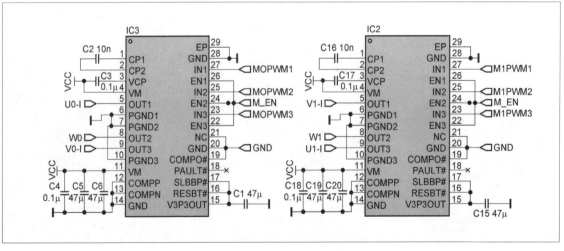

▌图6 无刷电机驱动电路

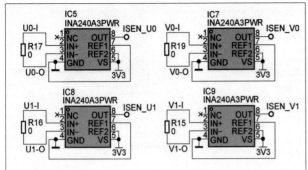

▌图 7 电流采样电路

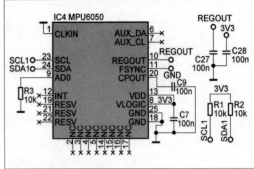

▌图 8 MPU 6050 电路

工作温度范围（-40~125℃），并且采用 8 引脚 TSSOP 和 8 引脚 SOIC 封装。

4. 运动传感器的选择

MPU 6050 是一个 6 轴运动传感器，其电路如图 8 所示。它集成了 3 轴 MEMS 陀螺仪、3 轴 MEMS 加速度计，以及一个可扩展的数字运动处理器（DMP），可用 I²C 接口连接第三方的数字传感器，比如磁力仪。扩展之后就可以通过其 I²C 接口输出一个 9 轴信号。MPU 6050 对陀螺仪和加速度计分别用了 3 个 16 位 ADC，将其测量的模拟量转化为可输出的数字量。为了精确跟踪快速和慢速的运动，传感器的测量范围是用户可控的。陀螺仪的可测范围为 ±250°/s、±500°/s、±1000°/s、±2000°/s，加速度计的可测范围为 ±2g、±4g、±8g、±16g。

5. MCU供电方案

SPX3819 是一个具有低压降和低噪声输出的正电压调节器，其电路如图 9 所示，该元器件在 100mA 输出时提供 800μA 的低接地电流。SPX3819 的初始公差小于最大值 1%，具有逻辑兼容开/关切换输入。在禁用时，功耗几乎下降为零。其他主要功能包括电池反向保护、电流限制和热关断。SPX3819 包含一个基准旁路引脚，可实现最佳的低噪声输出性能。凭借非常低的输出温度系数，该元器件还具有卓越的低功耗电压基准。SPX3819 适用于电池供电的应用，如无绳电话、无

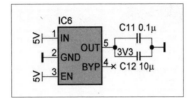

▌图 9 SPX3819 电路

线电控制系统和便携式计算机。它有几种固定输出电压或可调输出电压可供选择。

6. 程序自动烧录电路

ESP32-S3 有 SPI 启动模式（正常启动）与下载启动模式两种模式，要实现程序自动下载，需要其在上电时自动进入下载启动模式，方法就是将 GPIO0 与 GPIO2 同时拉低。因 GPIO2 在上电时默认下拉（GPIO2 可能会被用于读写 SD 卡或其他作用，这样如果在有设备接入，并且引脚呈现高电平时，就会出现不能下载的现象），所以可以只考虑 GPIO0，同时控制复位引脚（EN），就可以实现程序自动下载。如图 10 所示的电路，三极管选择 S8050 的 NPN 型三极管，外部控制信号为 nDTR 和 nRTS，这两个信号在开发板上使用的是仿真器的引脚（JTAG 仿真器）。但其实并不是一定要用 JTAG 仿真器进行下载，ESP32-S3 是支持直接串口下载的，因此这可以直接使用 CH340K 对应的两个引脚。

7. 舵机电源的选择

LM2596 开关电压调节器是非同步降压型电源管理单片集成电路，能够输出

3A 的驱动电流，同时具有很好的线性和负载调节特性。LM2596 内部包含 150kHz 振荡器、1.23V 基准稳压电路、热关断电路、电流限制电路、放大器、比较器和内部稳压电路等。输入电压为 4.5~40V，范围较宽，能够提供高达 3A 的直流负载电流。当 LM2596 内部开关管导通时，12V 电压通过导通的开关管，从 IC 的 2 引脚给 L1 和 C2、C3 充电，给负载供电，L1 和 C2、C3 储能，1N5824 截止；当 LM2596 内部开关管截止时，IC 的 2 引脚不再输出 12V 电压，L1 维持负载电流（磁能转换成电能），VD3 导通，提供 L1 放电的电流回路，同时，Cout 也放电，电位略下降，此电位通过 IC 的 4 引脚，与基准电压比较，低于基准电压时，IC 内部开关管再次导通，开始下一个循环。舵机驱动电路如图 11 所示。

8. 无刷电机磁传感器

AS5600 是一款易于编程、具有高分辨率，12 位模拟或 PWM 输出的磁性旋转位置传感器。这种非接触式系统可以检测出磁铁径向磁轴转动的绝对角度。AS5600 为非接触式电位差计的应用而设计，其稳健的设计消除了同质外部杂散磁场的影响。标准 I²C 接口支持简单的非易失性参数的用户编程，不需要专用编程器。输出的默认范围是 0~360°，也可以通过编程零角度（起始位置）和最大角度（停止位置）来应用于较小的输出范围。AS5600

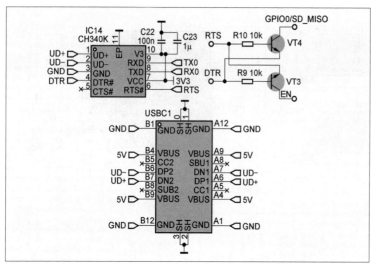

▍图 10 自动烧录电路

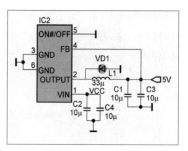

▍图 11 舵机驱动电路

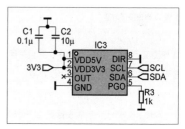

▍图 12 磁传感器 AS5600 电路

还配备了智能低功耗模式，可以自动降低功耗。输入引脚（DIR）选择与旋转方向有关的输出极性。如果 DIR 接地，输出值会随顺时针方向旋转而增加；如果 DIR 连接 VDD，输出值会随逆时针方向选择而增加。磁传感器 AS5600 电路如图 12 所示。

程序设计

总体硬件连接

总体硬件连接如图 13 所示，主控芯片采用 ESP32-S3，通过 I²C 接口读取 MPU 6050 陀螺仪、加速度计数据，通过 SPI 驱动显示屏进行显示，通过 I²S 接口读取话筒数据和驱动功放，通过 PWM 信号驱动舵机和电机。

程序编写

编程采用 Visual Studio Code 的 PlatformIO 平台搭建 ESP32-S3 芯片的 Arduino 环境，采用 ESP32-RTOS 分别在 ESP32-S3 双核心同时运行程序。无刷电机驱动采用 FOC 算法，驱动芯片采用 DRV8313。无线功能使用 ESP32-S3 自带的低功耗蓝牙，使用 blinker 库和手机端点灯科技 App 进行无线连接和控制。

首先，对电机、磁传感器、陀螺仪、舵机、蓝牙进行初始化具体如程序 1 所示。

程序1

```
Serial.begin(115200);
// 串口初始化
I2Cone.begin(17, 18, 4000000L);
//I²C 初始化
I2Ctwo.begin(39, 40, 400000UL);
sensor0.init(&I2Cone);
//AS5600 编码器初始化
sensor1.init(&I2Ctwo);
mpu6050.begin();//MPU6050 初始化
//MPU-6050 校准误差
motor0.linkSensor(&sensor1);
// 电机与编码器建立联系
motor1.linkSensor(&sensor0);
```

然后，设置电机 FOC 算法的 PID 参数，包括陀螺仪和加速度计的参数设置，舵机标准信号的初始化，以及平衡算法的设计和电机 FOC 算法的创建，具体如程序 2 所示。

程序2

```
// 初始化电机
motor1.init();
motor0.init();
motor1.initFOC(1.64,CCW);
```

```
motor0.initFOC(5.53,CCW);
blinker.begin();
JOY1.attach(joystick1_callback);
RAN_CUR.attach(RAN_CUR_callback);
RAN_CUR2.attach(RAN_CUR2_callback);
xTaskCreateStaticPinnedToCore(
 task_control, "task_control", 4096,
NULL, 2, task_control_stack, &task_
control_task_buffer, TASK_RUNNING_
CORE_0);
xTaskCreateStaticPinnedToCore(
 task_motor_move, "task_motor_
move", 4096, NULL, 7, task_motor_
move_stack, &task_motor_move_task_
buffer, TASK_RUNNING_CORE_1);
```

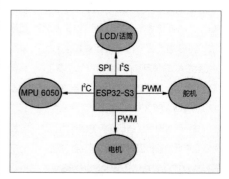

▍图 13 总体硬件连接

程序 3 所示为电机 FOC 算法运算、点灯科技 App 无线通信、舵机控制任务的参考程序。

程序3

```
void task_motor_move(void *pvParameters)
{
  while (1)
  {
    motor0.loopFOC();
    //FOC运算
    motor1.loopFOC();
    motor1.move(left_motor);
    //电机旋转至目标值
    motor0.move(-right_motor);
    command.run();
    //串口命令
    Blinker.run();
    //Blinker运行
    servo_set_angel(servo_left_
    vaule,servo_right_vaule);
    //舵机角度设置
    vTaskDelay(2);
  }
}
```

平衡算法采用经典串级 PID 算法，假设电机控制模型线性化，将传统串级 PID 分为平衡环、速度环和转向环，并直接进行线性叠加，对电机进行控制，具体如程序 4 所示。

程序4

```
void task_control(void *pvParameters)
{
  while (1)
  {
    mpu6050.update();
    Balance_out=Balance(-.getAngleX(),
-mpu6050.getGyroX());
    //小车平衡环
    Velocity_out=Velocity(motor0.shaft_
velocity,motor1.shaft_velocity);
    //小车速度环
    Turn_out=Turn(mpu6050.getGyroZ());
```

```
    //小车转向环
    left_motor=Balance_out+Velocity_
out+Turn_out;
    //右电机PWM
    right_motor=Balance_out+Velocity_
out-Turn_out;
    //右电机PWM
    Limit(&left_motor,&right_motor);
    //限幅
    vTaskDelay(5);
  }
}
```

平衡环控制入口参数为机身角度和角速度，返回值为直立环电机力矩控制值，具体如程序 5 所示。

程序5

```
float Balance(float Angle,float gyro_X)
{
  float Balance_out;
  Balance_out = balance_Kp*(Angle-
Med_Angle)+balance_Kd*(gyro_X);
  return Balance_out;
}
```

速度环控制入口参数为左、右电机实际速度值，返回值为速度环电机力矩控制值，具体如程序 6 所示。

程序6

```
float Velocity(float encoder_left,float
encoder_right)
{
  static float Encoder_S,EnC_Err_
Lowout_last,Velocity_out,Encoder_
Err,EnC_Err_Lowout;
  float a=0.7;
  //计算速度偏差
  Encoder_Err=(encoder_left+encoder_
right);
  //对速度偏差进行低通滤波
  EnC_Err_Lowout=(1-a)*Encoder_
Err+a*EnC_Err_Lowout_last;//使得波形
更加平滑，滤除高频干扰，防止速度突变
  EnC_Err_Lowout_last=EnC_Err_
```

```
Lowout;//防止速度过大影响直立环的正常工作
  //对速度偏差积分，积分出位移
  Encoder_S+=EnC_Err_Lowout;
  //积分累幅
  Encoder_S=Encoder_
S>100?100:(Encoder_S<(-100)?(-
100):Encoder_S);
  //速度环控制输出计算
  Velocity_out=Velocity_Kp*EnC_Err_
Lowout+Velocity_Ki*Encoder_S;
  return Velocity_out;
}
```

转向环控制入口参数为 Z 轴旋转的角速度，返回值为转向环电机力矩控制值，具体如程序 7 所示。

程序7

```
float Turn(int gyro_Z)
{
  float Turn_out;
  Turn_out=Turn_Kp*gyro_Z;
  return Turn_out;
}
```

结语

目前，本项目已完成了小车平衡功能和无线控制功能。蓝牙连接可以控制小车的运动，以及机身高度和倾斜度的调节，暂时不支持左、右两侧舵机自适应调节，保证机身高度不变。后期的开发将会转移到 ESP32-IDF 环境，同时会继续优化控制算法。PCB 已经预留扬声器和话筒的 I^2S 接口，同时 ESP32-S3 支持离线语音识别，故后期会增加离线语音控制功能。LCD 接口支持 1.28 英寸圆形 LCD，使用 8Pin FPC 排线连接，同时预留 TF（Micro SD）卡接口，作为后期支持 LVGL 动画交互的硬件接口。

本次设计制作还有很多不足，如车身的连杆机构还有继续优化的空间，后期会通过 MATLAB 仿真优化连杆，使其结构能更好地服务于控制算法。✖

探索智能世界：
ChatGPT 存储交互终端

❚ 常席正

Open AI 聊天机器人 ChatGPT 于 2022 年 11 月被推出后，就迅速在社交媒体上走红。作为史上用户数增长最快的 AI 类应用，短短两个月就取得了月活跃用户数上亿的成就。ChatGPT 就此掀起了一股新的人工智能热潮，大家纷纷尝试使用它解决自己的难题：写程序、写文案等。每一次新的尝试，都引起了广泛的讨论和关注。

我经常与这个 AI 机器人聊天，并于此间发现了 ChatGPT 使用过程中的一个不便之处，就是它无法存储和调用任何聊天记录。作为一个开发者，我想通过嵌入式的方法解决这个问题，思路是通过一个网络硬件调用 ChatGPT 的 API，获得应答结果并存储在 SD 卡中，同时通过显示屏循环显示对话。ChatGPT 存储显示终端如图 1 所示。

在嵌入式方案的选择上，我使用树莓派的 RP2040 芯片作为 MCU；使用 WizFi360 无线局域网模块作为 HTTP 客户端，向 ChatGPT API 发送请求并获取 ChatGPT 应答；板载 SD 卡存储 ChatGPT 应答结果；显示使用的是 4.0 英寸 TFT 显示屏，分辨率为 480 像素 × 320 像素，驱动芯片是 ILI9488；另外还有一个 9 轴运动传感器 MPU6050，用来实现显示屏显示方向的自动切换。软件方面，除了 ChatGPT 的通信流程和显示界面需要重新整理开发，其余部分在 Arduino IDE 中都有相关的库文件可以调用。我重新设计了硬件（见图 2），并将其命名为"Cloud Pixel"，希望作为一个通用的开发平台使用。

Cloud Pixel 由 4 块 PCB 组成，分别是一块前挡板 PCB、两块中间框架 PCB 和一块核心 PCB，如图 3 所示。4 块 PCB 通过焊锡连接焊盘的方式组合在一起，形成的封闭腔体可以容纳和保护显示屏，并用一个支架支撑进行横向和竖直展示，图 2 所示为横向展示。

整个项目概括起来就是以树莓派 RP2040 作为 MCU，使用 WizFi360 无线模块连接网络，通过 ChatGPT 的开放 API 获取应答，处理数据之后将应答结果存储在 SD 卡中，并在显示屏上进行循环显示。

下面，我将把整个项目分解为 5 个步骤，并分步详细介绍开发过程。

❚ 图 2 Cloud Pixel 硬件

Cloud Pixel

Raspberry Pi RP2040 + WizFi360

❚ 图 1 ChatGPT 存储显示终端

核心 PCB×1
中间框架 PCB×2
前挡板 PCB×1

❚ 图 3 Cloud Pixel 硬件组合展示

第 1 步：在 ChatGPT 网站上创建新账户并获得 API 密钥。

首先，需要在 Open AI 的网站上申请账号。如图 4 所示，在"Personal → View API keys"页面，可以申请您的 API 密钥。

如图 5 所示，在单击"Create new secret key"之后，我们的"secret key"即申请成功，请记录下来，因为之后的 API 交互都需要这个密钥。

API 密钥提供查看和修改"Personal"的完全访问权限。请将其视为密码，分享时务必小心谨慎。

第 2 步：在 Arduino IDE 中安装库文件和元器件支持。

ChatGPT 存储交互终端是基于 Arduino IDE 开发的，我在硬件设计部分参考了 WIZnet 的 WizFi360-EVB-PICO 的硬件架构，所以，进行软件开发

首先需要在 Arduino IDE 中添加"WIZnet WizFi360-EVB-PICO"支持。

打开 Arduino IDE 并转到"File → Preferences"，弹出对话框后，在"Additional Boards Manager URLs"中添加 Earle Philhower 开发的 arduino-pico 库的软件源 URL（搜索"Earle Philhower"和"arduino-pico"两个关键词即可获得 Github 源地址链接），如图 6 所示。

然后，在"Board Manager"中通过搜索"WizFi360"安装"Raspberry Pi Pico/RP2040"，如图 7 所示。

安装完成后，通过"Tool → Board:"***"→ Raspberry Pi RP2040 Boards(2.6.1)"选择"WIZnet WizFi360-EVB-PICO"。此后，就可以用 Arduino 来开发 RP2040 了。

这个库文件中还有 WizFi360 模块的支持，用起来非常方便。在"library

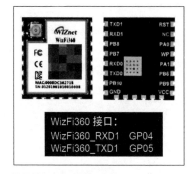

■ 图 8 WizFi360 接口定义

Manager"中安装"GFX Library for Arduino"，以支持显示屏显示（ILI9488）。添加 PNGdec 库文件，以支持 PNG 图片格式解码显示。由于还要将文件存储到 SD 卡中，需要安装 SD 库文件和 LittleFS 库文件。至此，准备工作便完成了。

第 3 步：通过内置 HTTP 网页提交问题。

Cloud Pixel 的硬件上没有输入设备，我的想法是建立一个内置网页，通过浏览器访问该网页，以此输入我们向 ChatGPT 询问的问题。

首先，我们要将 WizFi360 连接 Wi-Fi 网络，WizFi360 的接口定义如图 8 所示。如要变更 I/O 定义，可以在 WIZnet WizFi360-EVB-PICO 库中的 I/O 定义文件中进行更改。

■ 图 4 ChatGPT 账号界面

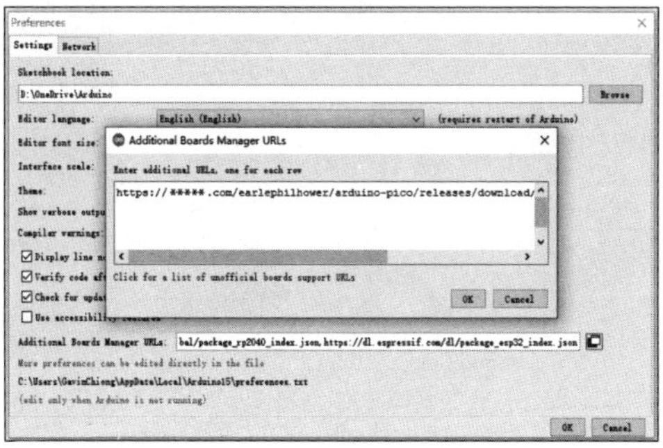

■ 图 5 API Keys 申请界面

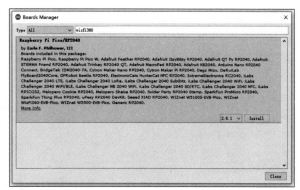

■ 图 6 Arduino IDE 中增加"Additional Boards Manager URLs"

■ 图 7 在 Board Manager 中增加模块支持

由于库文件中已有 WizFi360 的接口函数，这部分很方便实现，使用程序 1 即可完成调用。

程序1

```
#include "WizFi360.h"
// Wi-Fi 信息
char ssid[] = "WIZFI360";
// Wi-Fi 网络的 SSID
char pass[] = "*********";
// Wi-Fi 网络的密钥
int status = WL_IDLE_STATUS;
// Wi-Fi 网络的状态
WiFiClient client1;
WiFiClient client2;
WiFiServer server(80);
```

为尽快得到数据，可初始化 WizFi360 模块串口并将波特率更改为 2000000 波特（WizFi360 的最大波特率）。设置串口 FIFO 为 3072 字节，以降低串口丢失数据的概率。最后，在 setup() 函数中查看 WizFi360 的 Wi-Fi 连接状态。如程序 2 所示。

程序2

```
// 初始化 WizFi360 模块, 设置串口 FIFO 为
3072 字节
Serial2.setFIFOSize(3072);
Serial2.begin(2000000);
WiFi.init(&Serial2);
// 检查硬件是否连接完好
if (WiFi.status() == WL_NO_SHIELD)
{
  // 如果硬件没有连接好, 不再继续
  while (true);
}
// 尝试连接 Wi-Fi 网络
while ( status != WL_CONNECTED)
{
  // 连接 Wi-Fi 网络
  status = WiFi.begin(ssid, pass);
}
Serial.println("You're connected
to the network");
```

正常情况下，Cloud Pixel 应该已经连接上了 Wi-Fi 网络。接下来，我们来处理主要的业务逻辑，如程序 3 所示，在主循环 loop() 函数中的 switch 语句有 5 种情况。

程序3

```
typedef enum {
  do_chatgpt_display = 0, // 处理显示屏显示
  do_webserver_index,// 处理嵌入式网页
  do_webserver_js,// 处理网页返回, 得到
ChatGPT 的问题
  send_chatgpt_request,
  // 向 ChatGPT API 提交问题
  get_chatgpt_reply,
  // 处理 ChatGPT 应答信息
} STATE ;
STATE_ currentState;
```

其中，do_webserver_index 是嵌入式网页服务器的处理流程，do_webserver_js 是从浏览器获取 ChatGPT 问题的流程。嵌入式网页服务器处理流程如程序 4 所示。

程序4

```
case do_webserver_index:
{
  client1 = server.available();
  if (client1) {
    // HTTP 请求以空行结尾
    boolean currentLineIsBlank =
true;
    while (client1.connected()) {
      if (client1.available()) {
        char c = client1.read();
        json_String += c;
        if (c== '\n' && currentLineIsBlank)
        { // 收到连续两个换行
          dataStr = json_String.
substring(0, 4);
          Serial.println(dataStr);
          if (dataStr == "GET ") {
            client1.print(html_page);
            // 发送 HTML 页面内容
```

```
          } else if (dataStr ==
"POST") {
            json_String = "";
            while (client1.available()) {
              json_String += (char)
client1.read();
            } // 获取 ChatGPT 问题
            Serial.println(json_String);
            dataStart = json_String.
indexOf("chatgpttext=")
            + strlen("chatgpttext=");
            chatgpt_Q = json_String.
substring(dataStart,json_String.
length());
            client1.print(html_page);
            // 关闭连接
            delay(10);
            client1.stop();
            currentState = send_chatgpt_
request; // 跳转到下个情况
          }
          json_String = "";
          break;
        }
        if (c == '\n') {
          // 收到一个换行字符
          currentLineIsBlank = true;
        } else if (c != '\r') {
          // 你在当前行得到了一个字符
          currentLineIsBlank = false;
        }
      }
    }
  }
}
break;
```

MCU 收到浏览器的 GET 请求后，就会发送 html_page 页面，嵌入式网页的 HTML 如程序 5 所示。

程序5

```
const char html_page[] PROGMEM = {
  "HTTP/1.1 200 OK\r\n"
  "Content-Type: text/html\r\n"
```

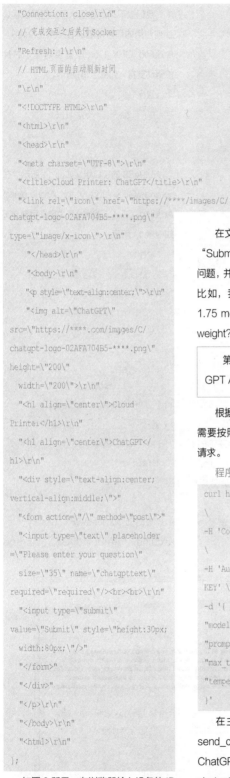

```
"Connection: close\r\n"
// 完成交互之后关闭 Socket
"Refresh: 1\r\n"
// HTML 页面的自动刷新时间
"\r\n"
"<!DOCTYPE HTML>\r\n"
"<html>\r\n"
"<head>\r\n"
"<meta charset=\"UTF-8\">\r\n"
"<title>Cloud Printer: ChatGPT</title>\r\n"
"<link rel=\"icon\" href=\"https://****/images/C/
chatgpt-logo-02AFA704B5-****.png\"
type=\"image/x-icon\">\r\n"
    "</head>\r\n"
    "<body>\r\n"
    "<p style=\"text-align:center;\">\r\n"
    "<img alt=\"ChatGPT\"
src=\"https://****.com/images/C/
chatgpt-logo-02AFA704B5-****.png\"
height=\"200\"
    width=\"200\">\r\n"
    "<h1 align=\"center\">Cloud
Printer</h1>\r\n"
    "<h1 align=\"center\">ChatGPT</
h1>\r\n"
    "<div style=\"text-align:center;
vertical-align:middle;\">"
    "<form action=\"/\" method=\"post\">"
    "<input type=\"text\" placeholder
=\"Please enter your question\"
    size=\"35\" name=\"chatgpttext\"
required=\"required\"/><br><br>\r\n"
    "<input type=\"submit\"
value=\"Submit\" style=\"height:30px;
    width:80px;\"/>"
    "</form>"
    "</div>"
    "</p>\r\n"
    "</body>\r\n"
    "</html>\r\n"
);
```

如图 9 所示，在浏览器输入设备的 IP 地址 10.0.1.245，即可访问该嵌入式页面。

图 9 嵌入式网页

在文本框中输入我们的问题后，单击 "Submit" 按钮，程序即可获取需查询的问题，并存储在字符串 "chatgpt_Q" 中。比如，我们这次输入的问题："If I am 1.75 meters tall, what is my optimum weight？"。

> 第 4 步：通过 WizFi360 从 Chat-GPT API 获取应答并存储在 SD 卡中。

根据 ChatGPT 的 API 参考文档，我们需要按照程序 6 所示格式发送 ChatGPT 请求。

程序6

```
curl https://***.com/v1/completions
\
-H 'Content-Type: application/json'
\
-H 'Authorization: Bearer YOUR_API_
KEY' \
-d '{
"model": "text-davinci-003",
"prompt": "Say this is a test",
"max_tokens": 7,
"temperature": 0
}'
```

在主循环 loop() 函数的 switch 中，send_chatgpt_request 处理的是向 ChatGPT 发送数据请求的流程，get_chatgpt_reply 则是收到 ChatGPT 应答之后的处理流程。

其中，send_chatgpt_request 的处理流程如程序 7 所示。

程序7

```
case send_chatgpt_request:
  {
  // 建立与 ChatGPT 服务器的连接
  if (client2.connectSSL(chatgpt_
server,443)) {
    delay(3000);
    // 向 ChatGPT 服务器发送 HTTP 请求
    client2.println(String("POST /
v1/completions HTTP/1.1"));
    client2.println(String("Host: ")+
chatgpt_server);
    client2.println(String("Content-
Type: application/json"));
    client2.println(String("Content-
Length: ")+(73+chatgpt_Q.length()));
  // 请求的总长度
    client2.println(String("Authorization:
Bearer ")+chatgpt_token); // 包含在
HTTP 头文件中的密钥
    client2.println("Connection: close");
    client2.println();
    client2.println(String("{\"model\"
:\"text-davinci-003\",
\"prompt\":\"")+ chatgpt_Q + String("\",
\"temperature\":0,\"max_tokens\":100}"));
    json_String= "";
    currentState = get_chatgpt_reply;
    } else {
```

```
      client2.stop();
      delay(1000);
    }
  }
break;
```

至此，我们可以从 ChatGPT 服务器得到问题的应答信息。但是，应答信息包含的数据很多，我们需要对应答信息进行整理，梳理出 ChatGPT 的应答文本。处理流程如程序 8 所示。

程序8

```
case get_chatgpt_reply:
  {
    while (client2.available()) {
      json_String += (char)client2.
read();
      data_now =1;
      }
      if (data_now) {
        Serial.println(json_String);
        dataStart = json_String.
indexOf("\"text\":\"") + strlen(
"\"text\":\"");
        dataEnd = json_String.
indexOf("\",\"", dataStart);
        chatgpt_A = json_String.
substring(dataStart+4, dataEnd);
        Serial.println(chatgpt_A);
        chatgpt_Q.replace("+", " ");
        Serial.println(chatgpt_Q);
        myFile = SD.open("chatgpt_
record.txt", FILE_WRITE);//打开文件
        if (myFile) {
          myFile.print("[N]{");
          myFile.print(chatgpt_num);
          myFile.print("}\r\n[Q]{");
          myFile.print(chatgpt_Q);
          myFile.print("}\r\n[A]{");
          myFile.print(chatgpt_A);
          myFile.print("}\r\n");
          myFile.close();
        }
        chatgpt_num++;
        SD_str = read_from_
sd("chatgpt_record.txt");
        json_String = "";
        data_now =0;
        client2.stop();
        delay(1000);
        currentState = do_chatgpt_
display;
      }
  }
break;
```

在程序 8 中，我们已将 ChatGPT 应答的文本存储在字符串 chatgpt_A 中。只需按照程序 9 所示格式，将其写入 SD 卡的 chatgpt_record.txt 文件中。

程序9

```
[N]{ chatgpt_num }// 问题序号
[Q]{ chatgpt_Q }//ChatGPT 问题
[A]{ chatgpt_A }//ChatGPT 答复
```

我们存储在 SD 卡中的最近几个 ChatGPT 问题和答复如图 10 所示。

值得一提的是，由于 ChatGPT 的服务器访问量巨大，有可能会得到“Too many requests”的错误应答。一般情况下，重发一次即可得到正确回复。

第 5 步：在显示屏（ILI9488）上显示 ChatGPT 问答流程。

我们接下来处理显示屏的显示流程。我们使用的显示屏驱动芯片是 ILI9488，Arduino_GFX_Library 提供对这个芯片的驱动支持，如程序 10 所示。

程序10

```
#include <Arduino_GFX_Library.h>
Arduino_GFX *tft = create_default_
Arduino_GFX();
```

ILI9488 的接口定义如图 11 所示。在 libraries\GFX_Library_for_Arduino\src\Arduino_GFX_Library.h 中定义引脚 I/O，如程序 11 所示。

程序11

```
#if defined(ARDUINO_RASPBERRY_PI_
PICO)||defined(
  ARDUINO_WIZNET_WIZFI360_EVB_
PICO)||defined(ARDUINO_WIZNET_5100S_
EVB_PICO)
#define DF_GFX_SCK 26
#define DF_GFX_MOSI 27
#define DF_GFX_MISO GFX_NOT_DEFINED
#define DF_GFX_CS 25
#define DF_GFX_DC 23
#define DF_GFX_RST 28
#define DF_GFX_BL 22
#endif
```

然后在 libraries\GFX_Library_for_Arduino\src\Arduino_GFX_Library.

chatgpt_record.txt - 记事本
文件(F) 编辑(E) 格式(O) 查看(V) 帮助(H)
[N]{0}
[Q]{what your name}
[A]{My name is John.}
[N]{1}
[Q]{If I am 1.75 meters tall, what is my optimum weight?}
[A]{There is no one-size-fits-all answer to this question, as a person's optimum weight can vary depending on a variety of factors such as age, sex, body type, and overall health. However, a common measure used to determine a healthy weight range for adults is body mass index (BMI), which can be calculated by dividing a person's weight in kilograms by their height in meters squared. For a person who is 1.75 meters tall, a healthy weight range based on BMI would likely fall between 56-77 kilograms.}
第 1 行，第 1 列 100% Windows (CRLF) UTF-8

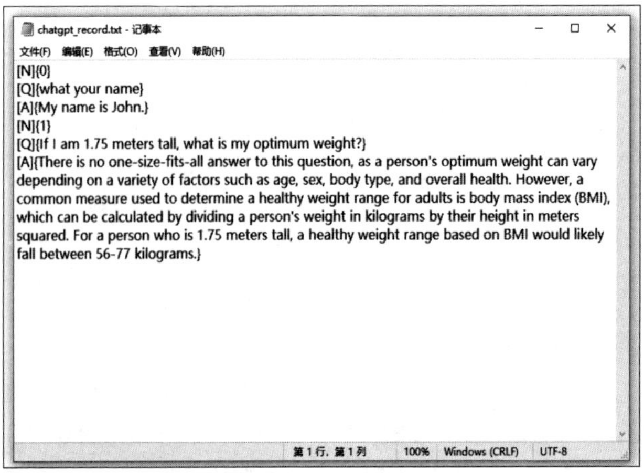

图 10 存储在 SD 卡中的 chatgpt_record.txt 文件

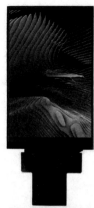

```
ILI9488 接口：
ILI9488_SCK      GP26
ILI9488_MOSI     GP27
ILI9488_CS       GP25
ILI9488_DC       GP23
ILI9488_RST      GP28
ILI9488_BL       GP23
```

图 11 ILI 的接口定义

cpp" 中定义 ILI9488 使用的接口和数据总线，由于 ILI9488 的 SPI 使用的是 RGB888 的颜色定义，需要调用 Arduino_ILI9488_18bit 的数据总线接口函数，如程序 12 所示。

程序12

```cpp
#include "Arduino_GFX_Library.h"
#define lCD_ILI9488
Arduino_DataBus *create_default_
Arduino_DataBus()
{
  #if defined(ARDUINO_RASPBERRY_PI_
PICO)|| defined(
    ARDUINO_RASPBERRY_PI_PICO_W)
||defined(
    ARDUINO_WIZNET_WIZFI360_EVB_
PICO)||defined(
    ARDUINO_WIZNET_5100S_EVB_PICO)
  return new Arduino_RPiPicoSPI(DF_
GFX_DC, DF_GFX_CS, DF_GFX_SCK,
DF_GFX_MOSI, DF_GFX_MISO, spi1);
  #endif
}
  Arduino_GFX *create_default_Arduino_
GFX()
```

```cpp
{
  Arduino_DataBus *bus = create_
default_Arduino_DataBus();
  #if defined(ARDUINO_RASPBERRY_PI_
PICO)|| defined(
    ARDUINO_RASPBERRY_PI_PICO_W)
||defined(
    ARDUINO_WIZNET_WIZFI360_EVB_
PICO)||defined(
    ARDUINO_WIZNET_5100S_EVB_PICO)
  {
    #if defined (lCD_ILI9488)
    {
      return new Arduino_
ILI9488_18bit(bus, DF_GFX_RST, 1 /*
rotation */, false /* IPS
*/);
    }
    #else
    {
      return new Arduino_GC9A01(bus,
DF_GFX_RST, 0 /* rotation
*/, true /* IPS */);
    }
    #endif
  }
#endif
}
```

初始化接口和数据总线之后，开机

界面如图 12 所示，显示屏将显示 Cloud Pixel 和 ChatGPT 的图标，并会有一个 Wi-Fi 状态图标用来指示无线网络的连接状态。

程序 13 是 Wi-Fi 状态图标的处理过程。未连接到 Wi-Fi 时，图标是深灰色；连接成功后，则是绿色。

程序13

```cpp
void display_wifi_status(uint8_t
x,uint8_t y)
{
  if ( status != WL_CONNECTED) {
    tft->fillCircle(x,y,3,DARKGREY);
    tft->fillArc(x,y, 5, 7, 225,
315, DARKGREY);
    tft->fillArc(x,y, 9, 11, 225,
315, DARKGREY);
    tft->fillArc(x,y, 13, 15, 225,
315, DARKGREY);
  } else {
    tft->fillCircle(x,y,3,GREEN);
    tft->fillArc(x,y, 5, 7, 225,
315, GREEN);
    tft->fillArc(x,y, 9, 11, 225,
315, GREEN);
    tft->fillArc(x,y, 13, 15, 225,
315, GREEN);
  }
}
```

图 12 开机界面

设备上电之后查询到 SD 卡中存有 ChatGPT 问答之后，将替换为存储显示页面。显示界面处理过程位于主循环 loop() 函数的 switchdo_chatgpt_display 状态中，如程序 14 所示。

程序14

```
case do_chatgpt_display:
{
  display_dashboard();
  uint16_t display_row_num = 0;
  uint16_t display_num = 0;
  dataStart = SD_str.lastIndexOf("[Q]
{") + strlen("[Q]{");
  dataEnd = SD_str.indexOf("}\r\n",
dataStart);
  dataStr = SD_str.
substring(dataStart, dataEnd);
  dataLen = dataStr.length();
  tft->setTextColor(GREEN);
  tft->setTextSize(2);
  tft->setCursor(6, (display_row_
num+1)*20);
  tft->print("[Q]");
  tft->setTextColor(DARKGREY);
  if (dataStr.length()>= 35) {
    while (((dataStr.length()-
(display_num)*35))>35) {
      tft->setCursor(48, (display_row_
num+1)*20);
      tft->print(dataStr.substring
(display_num*35, (display_num+1)*35));
      display_row_num ++;
        display_num ++;
      }
    tft->setCursor(48, (display_row_
num+1)*20);
    tft->print(dataStr.
substring(display_num*35, dataStr.
length()));
    display_row_num ++;
    display_num = 0;
```

```
    dataStart = SD_str.
lastIndexOf("[A]{") + strlen("[A]
{");
    dataEnd = SD_str.indexOf("}\r\
n", dataStart);
    dataStr = SD_str.
substring(dataStart, dataEnd);
    dataLen = dataStr.length();
    tft->setTextColor(RED);
    tft->setTextSize(2);
    tft->setCursor(6, (display_row_
num+1)*20);
    tft->print("[A]");
    tft->setTextColor(DARKGREY);
    if (dataStr.length()>= 35) {
        Serial.println(dataStr.
length());
        while ((dataStr.length()-
((display_num)*35))>35) {
            tft->setCursor(48,
(display_row_num+1)*20);
            tft->print(dataStr.
substring(display_num*35, (display_num+
1)*35));
            Serial.println((dataStr.
length()-((display_num+1)*35)));
            display_row_num ++;
            display_num++;
```

```
        }
      tft->setCursor(48, (display_
row_num+1)*20);
      tft->print(dataStr.
substring(display_num*35, dataStr.
length()));
      Serial.println("do_chatgpt_
display");
      currentState = do_webserver_
index;
    }
  break;
```

经过以上程序的处理，我们与 ChatGPT 聊天的结果就可以在显示屏上循环显示了。以我们之前的问题"If I am 1.75 meters tall, what is my optimum weight？"为例，ChatGPT Recorder & Monitor 界面显示效果如图 13 所示。

至此，整个开发过程即告完成。

作为较早发布的 AI 产品之一，ChatGPT 无疑是非常成功的，但就用户体验而言，目前还有很多不足之处。比如，开放使用地域有限、不能回复实时性问题、聊天交互方式单一等。希望经过产品迭代，它能更方便用户使用。

至于此次开发经历，也有很多遗憾的地方。比如，虽然我已经尽量简化，但是通过嵌入式网页输入问题的步骤还是比较烦琐。如果能用自然语音语义处理引擎，实现与 ChatGPT 进行语音聊天，无疑会更理想一些。后续我将继续跟进，希望能有机会与大家分享更多、更便捷的与 ChatGPT 进行交互的方式。Ⓦ

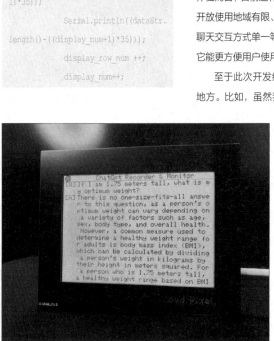

图13 ChatGPT 存储显示终端界面

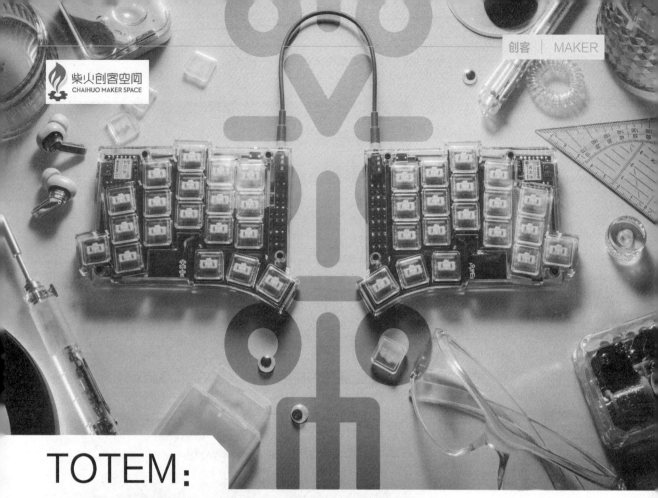

TOTEM:
一个小型分离式机械键盘

▌[德国] 盖斯特（GEIST）
翻译：李丽英（柴火创客空间）

编者按： GEIST是一位有艺术背景的设计师，他进修的方向主要是电影和插画。目前他定居在德国，是一名自由动画师。最近半年，他开始研究机械键盘的设计和制作，因为他发现自己的MacroPad键盘不够好用，想要通过自己设计，找到完美适配自己使用习惯的键盘。以下为作者的项目制作过程。

2022年9月，当我在网上看到矽递科技（Seeed Studio）举办的Fusion XIAO DIY机械键盘设计大赛时，我内心很激动，觉得这是制作一款小型、高性价比蓝牙键盘的好机会。最终我做了两款分离式的人体工学机械键盘：一款基于XIAO BLE nRF52840 Sense的蓝牙无线版本、一款基于XIAO RP2040的有线版本。下面简单跟大家分享我的设计和制作过程。

软/硬件介绍

项目硬件

1. XIAO RP2040

矽递科技的XIAO RP2040是一款基于树莓派Pico的微型开发板，它采用了树莓派基金会设计的RP2040微控制器芯片。XIAO RP2040开发板集成了微控制器芯片、USB接口、闪存和扩展引脚等，具有体积小巧、功能丰富、易于使用等特点。该开发板支持Arduino IDE和MicroPython编程环境，并可通过USB接口进行程序烧录和调试。

2. XIAO BLE nRF52840 Sense

XIAO BLE nRF52840 Sense是一款由矽递科技开发的基于Nordic的nRF52840芯片的微型开发板，具有低功耗蓝牙，并自带多种传感器（IMU加速度计、陀螺仪、话筒等）。

其他硬件清单见附表。

附表 其他硬件清单

序号	名称	数量
1	1N4148W（SOD123 封装的表面贴装二极管）	38 个
2	SKHLLCA010（复位按钮）	2 个
3	MSK12C02（电源开关（仅蓝牙版本需要））	2 个
4	PJ-320A（3.5mm 音频耳机插座）	2 个
5	Kailh Choc 按键轴	38 个
6	Kailh Choc 热插拔键盘换轴连接器（底座）	38 个

软件工具

Adobe Illustrator 是一款矢量图形编辑软件，是专业平面设计师和艺术家的首选软件之一，它被广泛用于设计和编辑图形，包括标志、插图、图表、海报、书籍插图、杂志封面、动画和其他类型的图形设计。与位图图像编辑软件（如 Photoshop）不同，它使用矢量图形创建和编辑图形，这使得图形可以被无限放大而不会失真。在本项目里，我用这个软件设计整个键盘的形状，并且用这个软件测试各电子组件的布局。但如果你没有这个软件，用 Inkscape 等也可以。

Ergogen 是一个开源的键盘布局生成器，使用 YAML 文件定义键盘布局和配置（例如打字速度、符号位置、多键功能），支持多种布局（QWERTY、Colemak、Dvorak、Workman 等）和微控制器（Atmel AVR、ARM 等），使用户能够轻松创建自定义键盘布局，从而提高打字速度和舒适性。

KiCad 是一款免费开源的电子设计自动化软件，用于设计电路板和电子原型。我用它设计键盘的 PCB，你可以使用它打开或修改 PCB 文件。

Autodesk Fusion 360 是一款由 Autodesk 公司开发的、基于云端的三维 CAD/CAM/CAE 软件，它提供了一系列功能帮助工程师和设计师进行设计、仿真、制造和协作。其具有易用性好、功能强大

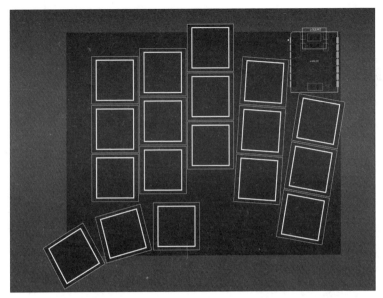

图 1 PCB 布局设计 v1.1

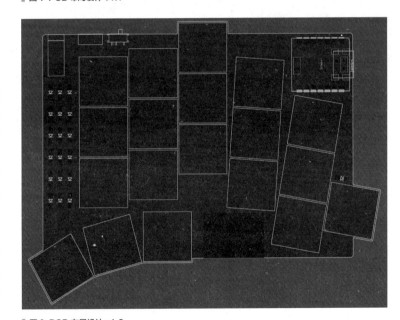

图 2 PCB 布局设计 v1.2

和跨平台性等特点，使它成为了许多工程师和设计师的首选工具之一。在这个项目里，我主要用它设计键盘的外壳。

Blender 是一款免费开源三维图形图像软件，提供从建模、动画、材质、渲染到音频处理、视频剪辑等一系列动画短片制作解决方案。我在制作键盘外壳时，用这个软件进行渲染，提前了解作品的最终效果。

其他工具

● 矽递科技的在线 PCB 和 PCBA 打样服务平台 Fusion。

● 3D 打印服务。

● 电烙铁。

● 焊锡。

● 助焊剂。

● 螺丝刀。

制作过程

键盘PCB布局设计

XIAO RP2040 是一款设计很精巧的微型主控。受限于本身大小，它可用的引脚数量有限，加上蓝牙往往功耗较高，所以这次键盘的 PCB 设计，我专注在一个布局舒适的小型、便携式设计。我先用 Ergogen 设计这个键盘的 PCB 布局（事实证明，用 Ergogen 设计非常适合像我这种想要尝试各种新布局的设计者）。

在确定好键盘的 PCB 布局后，我开始在 Adobe Illustrator 中将元器件放置进去，并测试电路板的整体形状。PCB 布局设计 v1.1 如图 1 所示。

在进行这一个步骤时，我突发奇想，想要尝试一下另外两位高手设计的 Balbuzzard 和 Osprette 键盘的电路板布局。这两款设计都采用了键盘顶部外侧小指键凸出向外放置的布局，方便键盘使用者更轻松地使用这些凸出的按键。PCB 布局设计 v1.2 如图 2 所示。

于是，我在电路板上添加了一个额外的小指键并相应调整了整个电路板的形状，这样主控 XIAO RP2040 也可以更好地融入。此外，我第一次尝试在键盘 PCB 上添加一个二极管集群，这个集群是不是很像一个图腾？所以我就给这个键盘取了 TOTEM（图腾）这个名字。PCB 布局设计 v1.3 如图 3 所示。

PCB设计

布局确认后，我开始在 Illustrator 和 KiCad 两个软件间来回折腾，不断完善我的键盘 PCB 设计，直到最终确定。PCB 走线与电子元器件排布如图 4 所示。

在这个过程中，我觉得有两件事儿特别重要，特此跟大家分享。如果你也想像我一样使用 XIAO 的底部引脚，推荐 GitHub 用户 crides 开源整理的一系列专门针对键盘 PCB 设计的符号、元器件封装、3D 模型文件集 kleeb。给二极管集群排线真的不好玩（工作量巨大，超级考验耐心）。

在整个 PCB 设计过程中，我尽量让 PCB 走线靠近电路板的边缘，保留一些无铜区域，这样我可以加上一些好玩的图形。

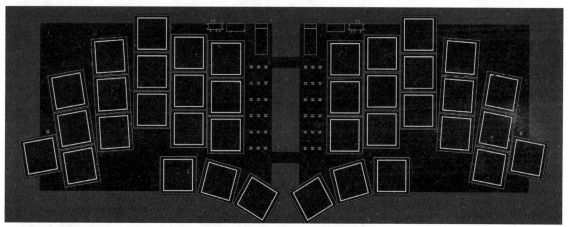

图3 PCB 布局设计 v1.3

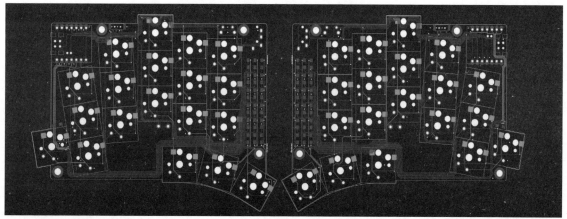

图4 PCB 走线与电子元器件排布

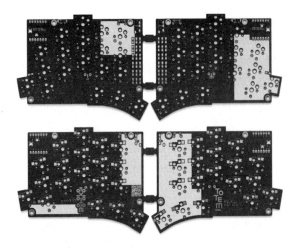

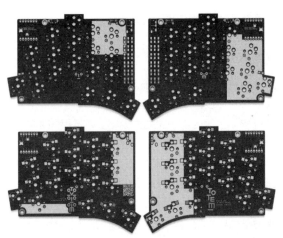

▌图 5 最终的 PCB 设计（热风整平 HASL 的白色版本）

▌图 6 最终的 PCB 设计（化学镀镍浸金黄色版本）

最终的 PCB 设计如图 5 和图 6 所示（热风整平 HASL 的白色版本和化学镀镍浸金黄色版本）。

设计完之后，将其提交到矽递科技的在线 PCB 和 PCBA 打样平台 Fusion，我就可以等着它们到来了。PCB 背面如图 7 所示，PCB 上的电池接口细节如图 8 所示。

键盘外壳制作

在设计键盘外壳时，我主要考虑以下几点问题。

键盘的外壳尽可能不给电路板增加额外的高度和宽度，这样键盘的整体造型才能体现它的 PCB 设计形状。

alpha 键周围的高度应与外壳尽量齐平，这样它们看起来才比较和谐。

保证拇指键容易触达（一旦外壳过厚，就容易出问题）。

键盘顶部和底部之间的边缘应尽可能隐藏，同时要保持能够安插电路板和组件。

如果外壳可以放在一个透明树脂套中，就更好了（这个想法我很早就有了，一直想要尝试）。

由于我从未使用过任何 CAD 软件，所以我先看了一些教程，从 KiCad PCB 导出一个 STEP 文件并将其导入 Fusion 360 中。由于我没有在 KiCad 中分配任

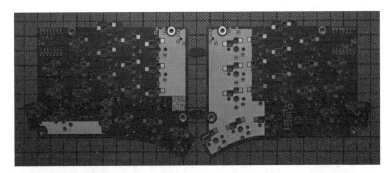

▌图 7 PCB 背面

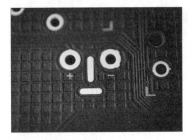

▌图 8 PCB 上的电池接口细节

何 3D 模型，我不得不在 Fusion 360 中手动设置。我强烈建议先在 KiCad 分配好模型，因为这个过程非常耗时且痛苦。用 Fusion 360 设计的第一个 PCB 如图 9 所示，第一版键盘外壳的正面和背面如图 10 和图 11 所示。

简单测试后，我把文件发到一个网上 3D 打印平台制作，我选择用黑色树脂打印

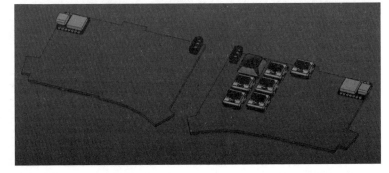

▌图 9 用 Fusion 360 设计的第一个 PCB

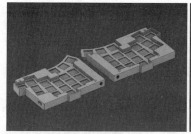

▎图 10　第一版键盘外壳的正面

▎图 11　第一版键盘外壳的背面

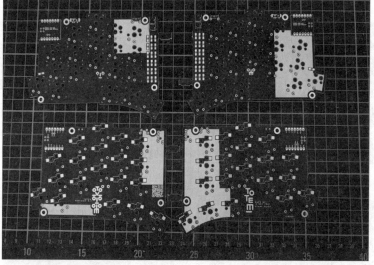

▎图 12　键盘 PCB

▎图 13　PCB 与键轴安装后效果

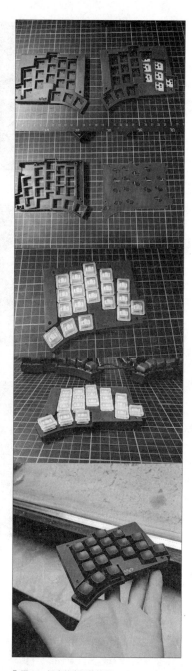

▎图 14　键盘外壳组装效果

这个外壳。当我收到外壳时，我也收到了来自矽递科技制作的键盘 PCB，如图 12 所示。PCB 与键轴安装后效果如图 13 所示，键盘外壳组装效果如图 14 所示。

我把 PCB、外壳、键轴都安装后测试了一番，效果还行。虽然第一个版本的外壳效果还算不错，但它的结构并不完美。按键间距我预留得太小，在没有使用强力的情况下，没办法将带有组件的 PCB 安装进去（见图 15）。

此外，我觉得如果外壳可以与键帽平齐（或至少几乎平齐），那键盘整体看起来更好。

针对上面设计的一些瑕疵，我开始更改外壳的设计，但没过几分钟，我发现这个外壳在 Fusion 360 里的文件太乱了，于是我又看了更多的 Fusion 360 教程并从头开始设计外壳。

▌图 15　外壳安装太紧

▌图 16　用 KiCad 重新调配好的 PCB

▌图 17　第二版的外壳设计

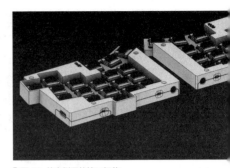

▌图 18　外壳侧面的接口细节

▌图 19　blender 渲染之后的外壳

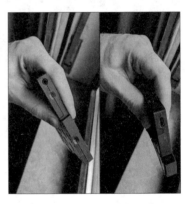

▌图 20　优化外壳设计后的侧面接口细节

这次我吸取前面的教训，直接在 KiCad 中分配了 3D 模型，这样就可以得到一个更合适的 STEP 文件（事实证明，这个步骤实在太有必要了，后面省心好多）。用 KiCad 重新调配好后的 PCB 如图 16 所示，第二版的外壳设计如图 17 所示。

另外，我也改进了外壳上的接口，将这些接口尽可能藏在外壳的上、下两个结构件的接缝处。在接口处理方面，我得到了 MKD Discord 社区很多热心键盘设计者的建议和帮助。外壳侧面的接口细节如图 18 所示。

外壳设计优化之后，我把文件导入 Blender 中做了渲染，这样可以让我更直观地了解外壳的呈现效果。Blender 渲染之后的外壳如图 19 所示。

在确认这次外壳设计优化达到了我的预期之后，我重新在网上下单制作这个外壳，我收到新外壳后，发现效果果然惊艳。特别是接口附近的切口，都显得特别适合。优化外壳设计后的侧面接口细节如图 20 所示。两个版本外壳的对比如图 21 所示。

测试完外壳无误后，就可以开始定制全透明的树脂外壳了。我在网上下单，收到之

后进行安装，整体效果也很好，尽管整体间距稍微紧小了一些。透明树脂外壳安装测试如图 22 所示，组装完成的透明树脂外壳如图 23 所示。

PCB瑕疵修复

非常不幸，但我也不得不承认，我在 PCB 的背面填充中犯了一些愚蠢的错误（因为我以前从未用过一整块 PCB 做过分离式的键盘设计）。所以，我不得不重新订购了一块新的 PCB，而且这次我也尝试了一种

新的颜色的丝印：黄色丝印。整体颜色搭配的效果特别棒，我个人非常满意。瑕疵修复之后的 PCB 如图 24 所示。

固件编写

编写固件其实不难，至少大部分时间我进展得比较顺利，因为这个键盘 PCB 设计没有使用过度花哨的硬件功能。但我也在 ZMK 固件中犯了一个非常愚蠢的错误，我将一些应该为高电平的引脚设置成了低电平，这让我多忙活了两天，我一直以为是硬件出了问题。但还好，我在一个键盘设计社区里分享了这个难题，热心的社区成员们帮我找到了解决方案。固件编写截图如图 25 和图 26 所示。

文档

一个非常重要的环节其实是写文档。你需要准备好所有的文件，并且把每个细节都尽可能写清楚，达到让每个想要尝试制作这个项目的人都可以轻松跟着你的文档来复现这个项目。

这对我来说，需要花很多时间和精力。但想到如果有人喜欢我的项目，并且跟着我的文档记录真的复现了这个项目，我也一定会特别开心，所以大家可以看到我这个文档记录还算齐全，而且我也把所有的资料开源在了 Github 上面（GEIGEIGEIST/TOTEM/blob/main/docs/buildguide.md）。

图 21 两个版本外壳的对比

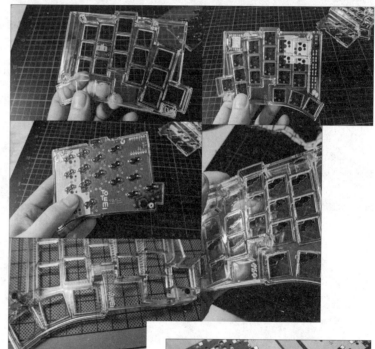

图 22 透明树脂外壳安装测试

图 23 组装完成的透明树脂外壳

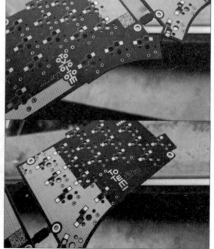

图 24 瑕疵修复之后的 PCB

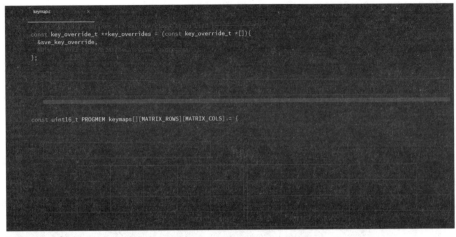

图 25 固件编写截图（1）

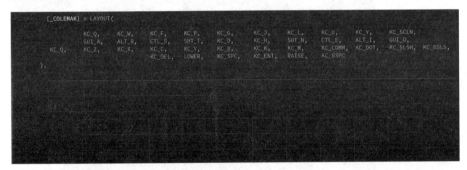

图 26 固件编写截图（2）

最终，我的键盘制作完成了，如图27所示。

另外，使用黑色外壳的键盘如图28所示。黑色外壳键盘制作起来成本会低很多，更适合这个项目的商业化或者个人复现。

最后的最后，希望你跟我一样，觉得这个项目很有趣。如果你跟着我的文档复现或者优化了这个项目，欢迎随时跟我分享。🐉

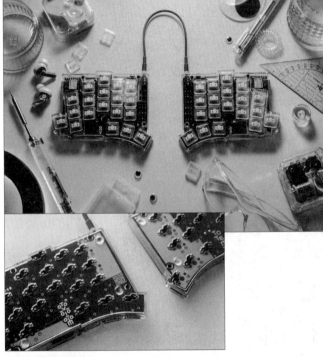

图 27 制作完成的键盘

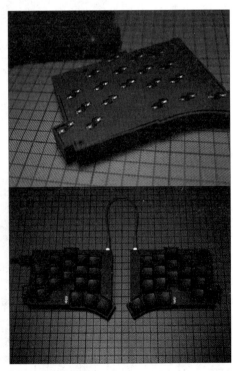

图 28 黑色外壳的键盘

拓荒者
——基于视觉识别的移动机器战车

■ 马东轲 史昱灏 梁峰川 曹蕊 王欣然

演示视频

随着机器人市场日益火爆，各式各样的机器人映入眼帘，车载式移动操作机器人凭借机动性强、操作简单等优点得到了广泛关注。利用项目课程的契机，我们设计了一款RM风格的机器战车。

"工欲善其事，必先利其器"，准备好硬件是一个良好的开端，本项目需要的主要材料清单如表 1 所示。

设备介绍

一个优秀设备的搭建离不开一套可靠的系统，我们采用的系统大多为大疆 RM 比赛的电控系统，接下来我们简单介绍一下。

电控系统

RoboMaster 开发板 C 型（简称 C 板）采用高性能的 STM32 主控芯片，支持宽电压输入，集成专用的扩展接口、通信接口以及高精度的 IMU 传感器。

遥控系统

RoboMaster DT7 遥 控 器 工 作 频率为 2.4GHz，最大的控制距离可达到 1000m，最长工作时间可达到 12h，仅能与 RoboMaster DR16 接收机匹配。RoboMaster DR16 接收机是一款工作频率为 2.4GHz 的 16 通道接收机，可配合 RoboMaster DT7 遥控器使用。

驱动系统

RoboMaster M2006 动 力 系 统 由 RoboMaster M2006 直流无刷减速电机和 RoboMaster C610 无刷电机调速器组成，输出端最高转速可达 500r/min，最大持续扭矩为 1000mN·m，最大持续输出功率为 44W。同时，RoboMaster C610 无刷电机调速器内置过压、断线、堵转等多重保护功能，确保电机可靠耐用。

视觉系统

树莓派 3B+ 拥有运行频率为 1.4GHz

表 1 材料清单

序号	名称	数量	功能简介
1	RoboMaster DT7 遥控器	1 个	大疆 RM 比赛专用遥控器
2	RoboMaster DR16 接收机	1 个	大疆 RM 比赛专用遥控器接收器
3	广角 USB 摄像头	1 个	为视觉处理提供 RGB 图像
4	RoboMaster 大疆开发板 C 型	1 块	实现机械臂、底盘与遥控命令控制
5	RoboMaster C610 无刷电机调速器	4 个	实现对电机转矩的精确控制
6	树莓派 3B+	1 块	实现视觉自瞄算法与物体位姿解算
7	RoboMaster M2006 P36 直流无刷减速电机	4 个	三相永磁直流无刷电机
8	DS3120 舵机	3 个	机械臂驱动装置
9	麦克纳姆轮	4 个	麦克纳姆轮支持底盘实现全向移动

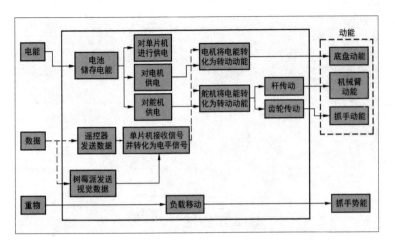

图1 设备功能详解

的 64 位四核处理器、双频 2.4GHz 和 5GHz 无线网络、蓝牙 4.2。

设备功能详解如图 1 所示。

制作过程

机器战车的制作主要分为底盘设计、机械臂设计、视觉模块与通信模块 4 个部分，我们将分别介绍这 4 个部分的实现过程。

底盘设计

底盘采用的车轮是可以实现全向移动的麦克纳姆轮（简称麦轮），其结构由轮毂和围绕轮毂的无动力辊子组成，如图 2 所示。其中的无动力辊子既可以围绕轮毂轴线进行公转，又可以围绕自身轴线进行自转。辊子轴线与轮毂轴线之间存在着一

图2 麦克纳姆轮结构

定的夹角，正是这个夹角保证基于麦克纳姆轮设计的小车可以实现全向移动功能。

4 个麦轮速度的控制方法如程序 1 所示。

程序 1

```
static void chassis_vector_to_
mecanum_wheel_speed(const fp32 vx_
set, const fp32 vy_set, const fp32
wz_set, fp32 wheel_speed[4])
{
  // 旋转时，由于小车重心靠前，故前两轮 0、
  1 速度变慢，后面两轮 2、3 速度变快
  wheel_speed[0] = -vx_set - vy_set
+ (CHASSIS_WZ_SET_SCALE - 1.0f) *
MOTOR_DISTANCE_TO_CENTER * wz_set;
  wheel_speed[1] = vx_set - vy_set
+ (CHASSIS_WZ_SET_SCALE - 1.0f) *
MOTOR_DISTANCE_TO_CENTER * wz_set;
  wheel_speed[2] = vx_set + vy_set
+ (-CHASSIS_WZ_SET_SCALE - 1.0f) *
MOTOR_DISTANCE_TO_CENTER * wz_set;
  wheel_speed[3] = -vx_set + vy_set
+ (-CHASSIS_WZ_SET_SCALE - 1.0f) *
```

```
MOTOR_DISTANCE_TO_CENTER * wz_set;
}
```

当然，这样解算出来的电机速度是理想化的，为了投入实际应用，我们采用了 PID 控制算法，对电机进行速度控制，PID 控制环路如图 3 所示。

PID 的实现程序如程序 2 所示。

程序 2

```
// 限制输出的最大值
#define LimitMax(input, max)
  {
    if (input > max)
    {
      input = max;
    }
    else if (input < -max)
    {
      input = -max;
    }
  }
  void PID_init(pid_type_def *pid,
uint8_t mode, const fp32 PID[3], fp32
max_out, fp32 max_iout)
  {
    if (pid == NULL || PID == NULL)
    {
      return;
    }
    pid->mode = mode;
    pid->Kp = PID[0];
    pid->Ki = PID[1];
    pid->Kd = PID[2];
    pid->max_out = max_out;
    pid->max_iout = max_iout;
```

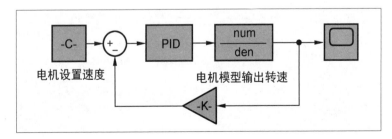

图3 PID 控制环路

电机设置速度 电机模型输出转速

```
    pid->Dbuf[0] = pid->Dbuf[1] =
pid->Dbuf[2] = 0.0f;
    pid->error[0] = pid->error[1]
= pid->error[2] = pid->Pout = pid-
>Iout = pid->Dout = pid->out = 0.0f;
    }
    fp32 PID_calc(pid_type_def *pid,
fp32 ref, fp32 set)
    {
    if (pid == NULL)
    {
        return 0.0f;
    }
    pid->error[2] = pid->error[1];
    pid->error[1] = pid->error[0];
// 更新误差项
    pid->set = set; // 得到理论设定值
    pid->fdb = ref; // 得到当前实际反
馈数据
    pid->error[0] = set - ref;
// 当前误差项计算
    // 如果为普通 PID 模式
    if (pid->mode == PID_POSITION)
    {
    pid->Pout = pid->Kp * pid-
>error[0]; // 输出的比例项
    pid->Iout += pid->Ki * pid-
>error[0]; // 输出的积分项
    pid->Dbuf[2] = pid->Dbuf[1];
    pid->Dbuf[1] = pid->Dbuf[0];
// 更新微分项
    pid->Dbuf[0] = (pid->error[0]
- pid->error[1]); // 当前微分项计算
    pid->Dout = pid->Kd * pid-
>Dbuf[0]; // 输出的微分项
    LimitMax(pid->Iout, pid->max_
iout); // 限制输出的积分项大小
    pid->out = pid->Pout + pid-
>Iout + pid->Dout;
    LimitMax(pid->out, pid->max_
out); // 限制输出的 PID 值
    }
    // 如果为差分 PID 模式
```

```
    else if (pid->mode == PID_DELTA)
    {
        pid->Pout = pid->Kp * (pid-
>error[0] - pid->error[1]);
        pid->Iout = pid->Ki * pid-
>error[0];
        pid->Dbuf[2] = pid->Dbuf[1];
        pid->Dbuf[1] = pid->Dbuf[0];
        pid->Dbuf[0] = (pid->error[0]
- 2.0f * pid->error[1] + pid-
>error[2]);
        pid->Dout = pid->Kd * pid-
>Dbuf[0];
        pid->out += pid->Pout + pid-
>Iout + pid->Dout;
        LimitMax(pid->out, pid->max_
out); // 限制输出的 PID 值
    }
    return pid->out;
}
void PID_clear(pid_type_def *pid)
{
    if (pid == NULL)
    {
        return;
    }
// 将 PID 的各项参数置 0 清除
    pid->error[0] = pid->error[1] =
pid->error[2] = 0.0f;
    pid->Dbuf[0] = pid->Dbuf[1] =
pid->Dbuf[2] = 0.0f;
    pid->out = pid->Pout = pid->Iout
= pid->Dout = 0.0f;
    pid->fdb = pid->set = 0.0f;
}
```

在上述程序的基础上，我们对底盘任务流程进行设计，绘制了如图 4 所示的底盘任务流程。

机械臂设计

本项目的机械臂是通过连杆组，利用多个驱动共同控制的，机械臂结构如图 5 所示。

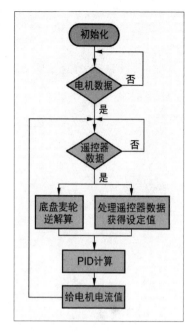

▌图 4 底盘任务流程

▌图 5 机械臂结构

此 4 连杆串联机械臂，可以分解为 3 个部分。第一个部分是 4 连杆 *OACE*：*OA* 为机架，*OE* 为主动杆件；第二个部分是 4 连杆 *OBDE*：*OE* 为机架，*OB* 为主动杆件，*BD* 为传动杆，*DE* 为随动杆；第三个部分是 4 连杆 *EFGR*：无驱动，保证执行端水平。

机械臂正逆解算是机械臂控制的关键一环，机械臂正逆解算的实现如程序 3 所示。

程序3

```
void servo_position (double x,double
y,double z, servo_angle *servo_
```

```
angles)
{
  const double pi = 3.14159, a = 150, b
= 150, h = 0, d = 0;
  double lh;
  double O1, O2, O3, O4;
//a,b 大小臂长度
//h 底座长度
//d 臂向补偿
//O1 大臂角
//O2 小臂角
//O3 底座角
if (z < h) // 当物块高度低于底座高度时
{
  lh = pow ( (pow(x,2)+pow(y,2)),
0.5) - d;
  double c = pow( (pow((h-z),2) +
pow(lh,2) ), 0.5); // 垂直投影
  double a2 = atan(lh/(h-z))*180/pi
- 90;// 大臂角 1
  double a1 =(acos ( (pow(a,2)+
pow(c,2)- pow(b,2)) / (2*(a*c) )
))*180 / pi;
// 大臂角 2
  O1=a1 + a2;
// 大臂角
  O2 = O1 +(acos( (pow(a,2)+pow(b,2)-
pow(c,2)) /(2*(a*b) )))*180 / pi;
// 小臂角
  if (y>0)
  {
O3=atan(x/y)*180/pi ;
// 当物块偏于车右时底座角
  }
  else if (y < 0)
  {
    O3 =180 - ( atan(-x/y) *180 /
pi); // 当物块偏于车左时底座角
  }
  else
  {
    O3=90; // 当物块在车正前方时底座角
  }
```

```
}
  else // 当物块高度高于底座高度时，解算
原理同上
  {
    lh = pow ( (pow(x,2)+pow(y,2)),
0.5) - d;
    double c = pow( (pow((z-h),2) +
pow(lh,2) ), 0.5);
    double a2 = atan((z-h)/lh)*180/
pi;
    double a1 =(acos ( (pow(a,2)+
pow(c,2)- pow(b,2)) / (2*(a*c) )
))*180 / pi;
    O1 = a1 + a2;
    O2 = O1 +(acos( (pow(a,2)+pow
(b,2)-pow(c,2)) /(2*(a*b) )))*180 / pi;
    if (y>0)
    {
      O3 = atan(x/y) *180 /pi ;
    }
    else if (y < 0)
    {
      O3 =180 - ( atan(-x/y) *180 /
pi);
    }
    else
    {
      O3 = 90;
    }
  }
}
```

视觉模块

视觉模块分为两部分，分别是物体识别与位姿解算，物体识别分为传统自瞄算法与人工智能算法，位姿解算采用的是 PnP 算法。

传统自瞄算法通过掩膜处理筛选得到目标物体，利用 OpenCV 的 findCounters 模块画出轮廓，然后进行条件筛选，去掉不必要的噪声，对筛选后的物体画出外矩形并进行角点检测，得到绿色掩膜 4 个角的坐标信息。传统自瞄流程如图 6 所示，具体如程序 4 所示。

程序4

```
# 首先导入所需的库
import cv2
import math
import numpy as np
# 利用 __init__ ( ) 函数读取图像信息
class zimiao():
  def __init__(self, frame):
    # 读取图片
    self.src_1 = frame
# 通过对 RGB 三通道进行阈值限制获取绿色掩膜
def yanmo(self):
  hsv = cv2.cvtColor(self.src_1, cv2.
COLOR_BGR2HSV)
  green_lower = np.array([60, 60, 150])
  green_upper = np.array([80, 130,
240])
```

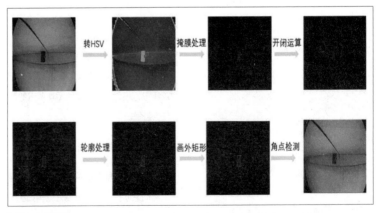

图 6 自瞄流程

```
green_mask = cv2.inRange(hsv, green_lower, green_upper)
  self.src_ = cv2.bitwise_and(self.src_1, self.src_1,
mask=green_mask)
# 通过开闭运算来进行图像降噪
def open_and_close(self):
  kernel = np.ones((5, 5), np.uint8)
  self.src = cv2.morphologyEx(self.src_, cv2.MORPH_CLOSE,
kernel)
  self.src = cv2.morphologyEx(self.src, cv2.MORPH_OPEN,
kernel)
# 利用 cv2.findContours 进行轮廓筛选
# 取外轮廓
    def lunkuo(self):
        self.gray = cv2.cvtColor(self.src, cv2.COLOR_RGB2GRAY)
        self.contours_, hierarchy = cv2.findContours(self.
gray, cv2.RETR_TREE, cv2.CHAIN_APPROX_NONE)  # 输出为两个参数
        self.contours = []
        # 只取外轮廓
        for i in range(len(hierarchy[0])):
            if hierarchy[0][i][3] == -1:
                self.contours.append(self.contours_[i])
    # 筛选轮廓
    def aim_lunkuo(self):
        # 通过面积筛选顶部特征
        angle_ = []
        wid_hig_ = []
        centre_point_ = []
        good_area = []
        for i in range(len(self.contours)):
            centre_point, wid_hig, angle = cv2.minAreaRect(
                self.contours[i])  # 返回值 (center(x,y),
(width, height), angle of rotation )
            if wid_hig[0] * wid_hig[1] > 100:
                good_area.append(i)
                centre_point_.append(centre_point)
                wid_hig_.append(wid_hig)
                angle_.append(angle)
        self.rect = []
        for i in range(len(good_area)):
            self.rect.append(np.int0(cv2.boxPoints(cv2.
minAreaRect(self.contours[good_area[i]]))))
# 通过角点检测提取特征点
def jiaodian(self):
```

```
    dst = cv2.cornerHarris(self.gray, 2, 3, 0.004)
    # print(dst)
    R = dst.max() * 0.0001
    self.src[dst > R] = [0, 255, 255]
    self.point = []
    for i in range(dst.shape[0]):
        for j in range(dst.shape[1]):
        if dst[i][j] > R:
            self.point.append([j, i])
# 最终画出轮廓
def draw(self):
    for i in range(len(self.new_point) - 1):
    self.src_1 = cv2.line(self.src_1, self.new_point[i],
self.new_point[i + 1], color=[0, 255, 255], thickness=1)
    src_1 = cv2.line(self.src_1, self.new_point[0], self.
new_point[len(self.new_point) - 1], color=[0, 255, 255],
thickness=1)
    cv2.namedWindow("hello", 0)
    cv2.resizeWindow("hello", 600, 600)
    cv2.imshow("hello", src_1)
    cv2.waitKey(0)
    cv2.destroyAllWindows()
```

人工智能算法采用的是 YOLO 目标检测算法，分为数据集的搭建、YOLO 算法的训练过程、YOLO 的检测过程 3 个部分。

首先是数据集的搭建，我们准备一定数量的含有目标的图片，然后采用 Labelimg 对准备好的目标图片进行标注，获得包含 518 张图片的目标数据集。通过适当的处理，将图片转换为可以被 YOLO 直接识别的数据格式，具体如程序 5 所示。

程序5

```
import xml.etree.ElementTree as ET
from os import getcwd
# 数据集已划分为训练集、验证集、测试集
sets=[('green_block', 'train'), ('green_block', 'val'),
('green_block', 'test')]
# 设置 classes，这里设定的 classes 顺序要和 model_data 里 .txt 文件中的
一样
classes = ['Block']
# 定义一个函数
def convert_annotation(image_id, list_file):
in_file = open('VOCdevkit/green_block/Annotations/%s.
xml'%(image_id), encoding='utf-8')
  # 读取 image_id 对应的 .xml 文件
```

```
tree=ET.parse(in_file)
root = tree.getroot()
for obj in root.iter('object'):
    cls = obj.find('name').text
    if cls not in classes :
        continue
    # 满足 .xml 文件中 name 代表的目标种类在上方给出的 classes
数组中时，将目标标定框 4 个顶点的位置、目标种类写入对应的 .txt 文件
    cls_id = classes.index(cls)
    xmlbox = obj.find('bndbox')
    b = (int(float(xmlbox.find('xmin').text)),
int(float(xmlbox.find('ymin').text)), int(float(xmlbox.
find('xmax').text)), int(float(xmlbox.find('ymax').text)))
    list_file.write(" " + ",".join([str(a) for a in b])
+ ',' + str(cls_id))
# 获得当前工作的目录
wd = getcwd()
for cls, image_set in sets:
    # 依次获取划分好的 3 个数据集中的图像和对应的 .txt 文件的路径
    image_ids = open('VOCdevkit/green_block/ImageSets/
Main/%s.txt'%( image_set), encoding='utf-8').read().
strip().split()
    list_file = open('%s_%s.txt'%(cls, image_set), 'w',
encoding='utf-8')
    for image_id in image_ids:
        # 写入图像的路径
        list_file.write('%s/VOCdevkit/%s/JPEGImages/%s.jpg'%(wd,
year, image_id))
        # 写入标定框位置和目标种类
        convert_annotation(image_id, list_file)
        list_file.write('\n')
    list_file.close()
```

YOLO 的训练过程利用 Pytorch 库搭建神经网络，采用残差 50 网络模型，优化算法采用随机梯度下降算法，遍历数据集 135 次并保存权重文件。

利用训练得到的神经网络处理图像（见图 7），得到图像中目标的位置。

位姿解算部分采用 PnP 算法，利用 n 个 3D 空间点及其位置估计相机的位姿。如果两张图像中的一个特征点 3D 位置已知，那么至少需要 3 个点以及一个额外验证点验证结果，就可以计算相机的运动。

PnP 位姿解算实现如程序 6 所示。

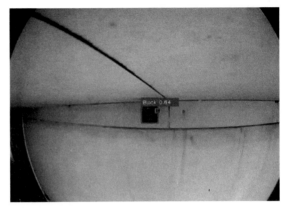

▌图 7 神经网络处理图像

程序6

```
def pnp(self):
    found, rvec, tvec = cv2.solvePnP(self.object_3d_points,
self.object_2d_point, self.camera_matrix, self.dist_coefs)
    rotM = cv2.Rodrigues(rvec)[0]
    camera_postion = -np.matrix(rotM).T * np.matrix(tvec)
    #print(camera_postion.T)
    thetaZ = math.atan2(rotM[1, 0], rotM[0, 0]) * 180.0 /
math.pi
    thetaY = math.atan2(-1.0 * rotM[2, 0], math.sqrt(rotM[2, 1]
** 2 + rotM[2, 2] ** 2)) * 180.0 / math.pi
    thetaX = math.atan2(rotM[2, 1], rotM[2, 2]) * 180.0 /
math.pi
    # 相机坐标系下值
    x = tvec[0]
    y = tvec[1]
    z = tvec[2]
    # 进行 3 次旋转
def RotateByZ(Cx, Cy, thetaZ):
    rz = thetaZ * math.pi / 180.0
    outX = math.cos(rz) * Cx - math.sin(rz) * Cy
    outY = math.sin(rz) * Cx + math.cos(rz) * Cy
    return outX, outY
def RotateByY(Cx, Cz, thetaY):
    ry = thetaY * math.pi / 180.0
    outZ = math.cos(ry) * Cz - math.sin(ry) * Cx
    outX = math.sin(ry) * Cz + math.cos(ry) * Cx
    return outX, outZ
    def RotateByX(Cy, Cz, thetaX):
    rx = thetaX * math.pi / 180.0
    outY = math.cos(rx) * Cy - math.sin(rx) * Cz
```

```
outZ = math.sin(rx) * Cy + math.
cos(rx) * Cz
  return outY, outZ
  (x, y) = RotateByZ(x, y, -1.0 *
thetaZ)
  (x, z) = RotateByY(x, z, -1.0 *
thetaY)
  (y, z) = RotateByX(y, z, -1.0 *
thetaX)
  Cx = x * -1
  Cy = y * -1
  Cz = z * -1
  # 输出相机位置
  print(Cx, Cy, Cz)
  # 输出相机旋转角
  print(thetaX, thetaY, thetaZ)
```

通信模块

通信模块包括遥控系统和树莓派、C板与计算机端通信两个部分。

对于遥控系统，我们采用的是 RoboMaster DT7 遥控器，其通道与控制开关如图 8 所示。我们采用的遥控接收机为 RoboMaster DR16。

遥控器比较重要的部分就是如何取到正确的通道值，这就需要了解遥控器的字节控制帧结构，其原理如表 2 所示。

如果想要获取通道 0 的数据就需要将第一帧数据的 8bit 数据和第二帧数据的后 3bit 数据拼接；如果想要获取通道 1 的数据就将第二帧数据的前 5bit 和第三帧数据的后 6bit 数据进行拼接。通过不断拼接就可以获得所有数据帧，拼接过程如图 9 所示。

在程序中的实现形式为：首先将数据帧 1 和左移 8 位的数据帧 2 进行或运算，拼接出 16 位的数据，前 8 位为数据帧 2，后 8 位为数据帧 1，再将其和 0x07ff 相与，截取 11 位，就获得了由数据帧 2 后 3 位和数据帧 1 拼接成的通道 0 数据。具体实现如程序 7 所示。

表 2 遥控器的字节控制帧结构原理

域	通道 0	通道 1	通道 2	通道 3	S1	S2
偏移	0	11	22	33	44	46
长度（bit）	11	11	11	11	2	2
符号位	无	无	无	无	无	无
范围	最大值 1684 中间值 1024 最小值 364	最大值 1684 中间值 1024 最小值 364	最大值 1684 中间值 1024 最小值 364	最大值 1684 中间值 1024 最小值 364	最大值 3 最小值 1	最大值 3 最小值 1
功能	无符号类型遥控器通道 0 控制信息	无符号类型遥控器通道 1 控制信息	无符号类型遥控器通道 2 控制信息	无符号类型遥控器通道 3 控制信息	遥控器发射机 S1	遥控器发射机 S2
					开关位置	开关位置
					1：上	1：上
					2：下	2：下
					3：中	3：中

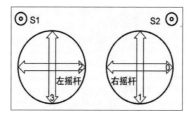

图 8 遥控器通道与控制开关

程序7
```
rc_ctrl->rc.ch[0] = (sbus_buf[0] |
(sbus_buf[1] << 8)) & 0x07ff;
//通道 0
  rc_ctrl->rc.ch[1] = ((sbus_
```

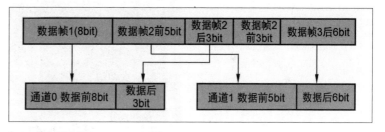

图 9 遥控器数据拼接

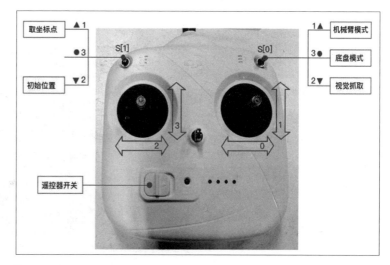

图 10 遥控器使用说明

```
buf[1] >> 3) | (sbus_buf[2] << 5)) &
0x07ff;
//通道 1
    rc_ctrl->rc.ch[2] = ((sbus_buf[2]
>> 6) | (sbus_buf[3] << 2) | (sbus_
buf[4] << 10)) &0x07ff;
//通道 2
    rc_ctrl->rc.ch[3] = ((sbus_
buf[4] >> 1) | (sbus_buf[5] << 7)) &
0x07ff;
//通道 3
    rc_ctrl->rc.s[0] = ((sbus_buf[5]
>> 4) & 0x0003);
 // 左开关
    rc_ctrl->rc.s[1] = ((sbus_
buf[5] >> 4) & 0x000C) >> 2;
//右开关
```

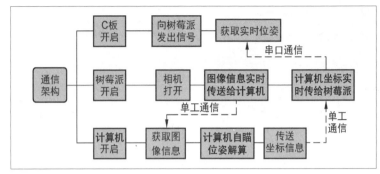

图 11 树莓派、C 板与计算机端通信系统流程

图 12 3D 渲染

为了方便编写后续控制程序，我们对遥控器各通道及开关进行分配，遥控器使用说明如图 10 所示。

然后介绍树莓派、C 板与计算机端通信系统，该系统的流程如图 11 所示。

由于树莓派进行位姿解算时会造成严重的视觉处理延迟，所以树莓派与计算机端之间采用无线通信的方法，在计算机端进行位姿结算。

视觉通信的实现流程为：C 板、树莓派和计算机端开启后，树莓派启动相机，并将图像信息传给计算机端，计算机端获取图像信息进行视觉识别和位姿求解，得到坐标信息，并将坐标信息传给树莓派，同时树莓派与 C 板间实现串口通信，将获取的位姿信息实时传给 C 板。

图 13 底盘控制模块

成果展示

机器战车拓荒者 3D 渲染如图 12 所示，底盘控制模块如图 13 所示，制作完成的机器战车拓荒者如图 14 所示。

结语

本项目涉及机械结构设计、程序编写和视觉算法实现等知识，可以让更多人了解机器战车的制作过程，感兴趣的小伙伴们可以扫描文章开头的二维码观看演示视频。最后，由衷感谢雷老师的指导与天津大学北洋机甲实验室的支持，祝愿大家可以在成为卓越工程师的道路上披荆斩棘、砥砺前行。🅧

图 14 机器战车拓荒者

走近二手仪器

▍杨法（BD4AAF）

转眼间我们迎来了崭新的 2023 年，本文开始我们将针对个人业余无线电爱好者和小微企业，分享大家关心的二手仪器选购策略。

话说二手仪器

二手仪器是指在出厂后被拆箱使用过的仪器，常见二手仪器包括一些被闲置、淘汰、置换、回收的仪器，也包括一些样品机、展示机和经过官方翻新的仪器。二手仪器与其他二手物品一样，给人的第一印象就是价格便宜，这是很多用户选择二手仪器的主要原因。成色崭新的二手示波器如图 1 所示，很超值的二手 USB 频谱分析仪如图 2 所示。

二手仪器除了价格便宜，还有很多其他优势。第一，二手仪器一般是现货，到货周期快。很多国外品牌高端仪器现货库存有限，订购甚至需要海外发货，交货时间周期较长。第二，大部分二手仪器已经有过一段时间的使用，元器件自然老化，进入稳定期，仪器经过一次校准后能保持更长时间的精度。第三，有些被外国限制出口的高性能仪器，在二手市场有时会见到它们的踪影。第四，有些二手厂商会为用户开通选件功能，或者上家用户已经开通了诸多选件，颇为超值。第五，有些高端仪器向厂商订购需要以外汇结算，而本地市场的二手仪器可以使用人民币直接付款。

当然，二手仪器也有诸多缺点和购置风险。第一，机龄较长且长期未经校准的仪器，元器件老化导致误差增大，测量准确度降低。

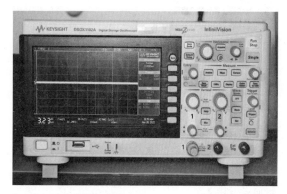

▍图 1 成色崭新的二手示波器

第二，二手仪器往往只有主机和主要配件，说明书、原厂包装等缺失。第三，二手仪器的供电电池会因为使用时间长而性能下降，直接表现为续航时间缩短。第四，非官方的二手仪器一般没有原厂保修，有的只有二手厂商短期保修承诺，仪器的使用风险较高，高机龄的仪器随时可能出现故障。第五，二手仪器市场鱼龙混杂，存在不少拼装机、变造改版机、修复机等问题仪器。图 3 所示为拼装改版的国际品牌信号分析仪。第六，二手仪器品质难控制，有些具有隐形故障的机器混杂其中。常见的小故障有按键或旋钮不灵活，显示屏性能退化等。

由此看来，非官方的二手仪器适合有仪器使用和维护经验的专业人士，业余无线电爱好者选购二手仪器时一定要慎重。买二手仪器堪比买古董，看走眼了就会蒙受巨大损失。二手仪器也是"一分价钱一分货"，同样符合风险与收益对等的规则。

▍图 2 超值的二手 USB 频谱分析仪

▍图 3 拼装改版的国际品牌信号分析仪

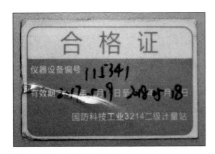

▋图4 某仪器上的计量合格证 ▋图5 泰克公司原厂提供的校准服务

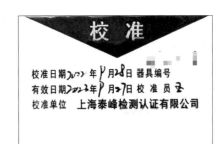

▋图6 第三方机构（泰峰）提供的校准服务

全新库存仪器一定好吗？

购买二手仪器的最高境界是以二手仪器的价格买到全新原包装，并带官方质保的仪器。在二手市场上确实有少量全新原包装的仪器，这些仪器大多是一些企业和院校机构的备用仪器，也有一些来自抵债物资。全新库存仪器的优点是成色好，外表没有磨损，附件和说明书都齐全。

长期库存的仪器即使没有使用过，也有可能出现问题。电路中一些电解电容的电解液逐渐干枯甚至漏液，会导致电容容量下降，造成工作点偏移，仪器误差增大。电路板和接插件受潮可能被腐蚀或氧化，造成接触不良等电路故障。内置时钟电池或记忆电池耗尽会造成时钟无法复位、数据无法记忆、电池漏液腐蚀电路板等。一些橡胶件会随时间流逝自然老化，比如风靡一时的导电橡胶键盘，时间一长，键盘容易不灵敏，甚至无法工作。射频仪器接口受潮氧化，会导致输入、输出损耗增加，影响测量准确度。所以有时库存的仪器还没有经常通电工作的二手仪器性能保持得好，尤其是库存年限比较久的设备。

二手仪器的计量与校准

我们常常听说"仪器的计量"，在二手仪器市场也经常看到有些厂商打包票"仪器包过计量"。计量是指实现单位统一、量值准确可靠的活动。通俗地说，计量是由国家认定资质的计量单位对仪器测量的准确度进行检测，确保仪器测量误差保持在国家相关标准之内。仪器计量合格检测单位通常会提供计量证书（计量报告），仪器上会加贴由计量单位制作的计量合格证标志，图4所示是某仪器上的计量合格证，计量合格证上会有仪器设备编号和有限期。仪器的使用者进行大多数商业测量服务时，委托单位会要求测量仪器在计量有效期内。简单地理解，计量就是给仪器测量性能做个"考核"，仪器通过计量确保了仪器当前测量准确度合格。如果用户对二手仪器测量准确度不放心，做个计量是个好方法。

计量检测过程不会影响仪器的测量准确度，测量误差依然保持。计量仅检测仪器的测量误差，不打开仪器外壳，不涉及检查仪器内部是否有过维修或改动，更不检测仪器内部电路工作点偏移、工作单元异常等问题。

要提高实际仪器的测量准确度、减少误差，需要对仪器定期"校准"。校准是利用标准的传递和更高准确度的设备对仪器进行调节校正，以达到提高测量准确度、减小误差的目的。现代软件化仪器的准确度全靠修正数据表，所以仪器的定期校准很重要。即使用户购买的是全新仪器，厂商也会建议定期进行返厂校准。

一般仪器原厂有相关的校准服务，图5所示是泰克公司原厂提供的校准服务；也有第三方机构提供的商业校准服务，如图6所示是第三方机构（泰峰）提供的校准服务。

二手仪器与租赁仪器

对于小微企业来说，经常会遇到接到一个工程，技术上需要短期使用某台仪器，随着工程的结束，仪器也将随之闲置。为了控制成本、利益最大化，很多小微企业会采取购置一台二手仪器，工程结束后将仪器再卖掉的策略。二手仪器的再次交易会比新仪器的二次交易损失小得多，但实际操作中会发现二手厂商收购和卖出仪器的差价还是颇为可观。很多仪器积压在厂商手里很长时间无法出售，就靠提高单台成交仪器的价格弥补损失。对于小微企业的情况，租赁仪器成为另一条经济实惠的途径。

相对于二手仪器，租赁仪器同样是现货，但仪器故障带来的风险大大降低，用户也不用担心仪器使用完毕后再找下家出售。另外，仪器租赁厂商还能对仪器的使用提出专业指导意见。专业租赁仪器的厂商会对仪器进行维护和校准，以确保仪器的可靠性。

对于个人业余无线电爱好者来说，以拥有和欣赏为目的自然选择购买仪器；对于商业用户的短期需求，租赁仪器使用成本更低，后期处理更方便。

购买二手仪器渠道

原厂二手仪器渠道

仪器的原制造厂商会将置换、退货、出样、演示如仪器发回原厂，将磨损部件更换，重新检测校准和包装后再次出售。官翻仪器会标明官翻"Refurbished"字样，并以很优惠的价格出售，官翻仪器具有和同型号新仪器几乎一样的测量性能，并同样享有原厂的售后服务。原厂官方翻新产品不限于仪器设备，在消费类电子产品领域早已有之，如苹果手机和戴尔计算机都有官翻机，在国外颇受欢迎，在国内此类消费品知名度不高。官翻仪器在成色、性能、保障、服务上无疑是二手仪器中最可靠的，价格也透明。官翻仪器的价格会比二手厂商的价格高一些，但一定比新仪器便宜很多。官翻仪器的遗憾之处是品类不多且数量有限，产品大多是上一二代的产品，用户选购官翻产品是用户适应仪器，很多时候能买到适用的官翻仪器也是一种缘分。目前国际品牌是德科技、泰克等在国内都有官翻仪器和样品机销售渠道，比如在官方网站上销售。

专业二手仪器厂商渠道

这是目前小微企业购置二手仪器的主要渠道。专业二手仪器厂商对所销售仪器的性能状态有较为全面的了解，并且具有一定的技术能力。一些厂商会清洁仪器提高外观成色，将仪器升级为最新固件，利用仪器相互校正，提高仪器的实用性和准确度。专业厂商往往还能提供计量、校准、运输、租赁、回收、维修等一条龙服务，方便用户仪器购置与使用。专业二手仪器厂商规模有大有小、技术能力有强有弱、服务意识也有差异，找一家靠谱的二手仪器厂商颇为重要。

网上二手平台渠道

近年来，一些二手交易网站成为中低端二手仪器销售的新渠道。一些二手仪器厂商的销售人员以公司名义或个人名义在网上发布信息。对于线下仪器销售渠道不熟悉的个人用户和初入行的小微企业来说，网上二手平台是个很好的购买渠道。深入浏览网上二手仪器，有时你会发现不同 ID 用户发布的信息指向同一台仪器，他们的货源相同。为了吸引流量，商家会故意在网上标低仪器价格，看到超低价仪器一定要仔细鉴别。也有用户在网上二手平台直接发布二手仪器，包括一些个人无线电爱好者淘汰的仪器和一些公司倒闭后的闲置仪器，这类仪器通常更为超值。网上交易时，虽然卖家会提供照片和视频，但买家较难全面掌握仪器状态，有些卖家会隐瞒仪器缺陷和故障，而且个人卖家没有能力对仪器进行校准，使得网购仪器风险较大。

网上论坛玩家渠道

这是基于网上论坛交易的模式。在一些专业电子、仪器、业余无线电论坛，玩家同好们互通有无，也有二手厂商驻场发布信息。个人二手仪器发布往往会较采入价格低一些，以求快速脱手回笼资金，购买新仪器。二手厂商为带动销量也会低报价格。这类论坛交易仪器品类比较窄，数量也少，通常价格要低于二手平台的价格。交易是基于买卖双方的信任和在论坛中长期积累的信誉，比较适合无线电爱好者个人寻觅二手仪器。

海淘渠道

海淘仪器主要来自国际网上二手交易平台和海外代购。国际二手交易平台上有很多物美价廉的仪器，有些还是国内不容易购买的稀缺仪器。在成本方面要综合考虑除仪器售价外的外汇汇率、国际运输费用、关税、进口许可等问题。同时国际普通快递运输时间较长，少则几个星期，多则数月，UPS 和 DHL 等快递运输比较快，但费用较高。另外，也应充分考虑退货问题。国际二手网站上的卖家既有专业公司也有个人，从平台发布产品的品类和规模就能判断，专业国际二手仪器厂商的货物通常更令人放心。海淘同样有以次充好、货运损坏、海关扣留等风险，对于在国外网站看到的心仪的超值仪器，但不熟悉海淘流程的用户，委托靠谱的代购也是解决的办法。海外代购一般是利用自身在国外期间购买仪器，主要应考虑大体积仪器的托运与报关清关问题。

二手仪器验收经验

第一步，刚到手的二手仪器先看外观是否有明显损伤，尤其是运输时外力撞击造成的痕迹。晃动仪器不应有零件掉落撞击的声音。

第二步，确认仪器输入电压，包括市电 220V 和低压直流电输入电压。可选电压输入的仪器，确认输入电压设置在 220V。

第三步，通电开机，启动仪器自检程序（具有该功能的仪器），应无出错提示。

第四步，感受仪器通电后是否异常发热，可借助热成像仪观察。

第五步，简单进行测量操作，观察仪器运行是否正常。有条件的可与已知标准的参考源或同类型仪器对比测量误差。

第六步，长时间开机，建议连续开机 24h 以上，观察仪器是否运行稳定，有无异常发热。

第七步，对于有拆机、焊机经验的用户，如果仪器没有封条，可尝试打开机壳，观察仪器是否有修理痕迹，同时可以对仪器内部灰尘进行简单清洁。🅧

走近二手仪器
——万用表篇

▌杨法（BD4AAF）

万用表是现代电子测量中最基础的仪器，其英文为Multimeter，直译为多用表。该设备测量项目和测量挡位多，用途十分广泛，在我国习惯上使用更接地气的称谓——万用表。随着科技的发展，万用表由机械指针型逐渐转变为数字电路架构的数显型，数字万用表的制造门槛不断下降，低端产品早就是"白菜价"了。不过中高端的手持万用表和高精度的台式表依然价格不菲，对于电子爱好者、仪器发烧友、小微企业和科创用户，二手万用表依然具有很高的实用性，兼具实惠的价格。

现代实用型的手持数字万用表价格已经十分低廉，可以满足大多数非极端场景的应用。如果电子爱好者打算添置一款实用型万用表，那么百元档次的国产品牌全新万用表是首选，好用、好看，安全性同样也有保障，完全没有必要考虑二手仪器。百元价位具备自动量程功能的全新万用表如图1所示，该档次的国产万用表已属于中档产品，测量性能、安全性、测量功能都比廉价仪器好很多，这一档的国产万用表性能、品质相当于价格高出三四倍的国外品牌产品。

对于个人仪器发烧友和一些对测量准确度、分辨率有很高要求的用户，国外品牌高端万用表依然是首选，这些高档仪器新品价格不菲，在资金有限的情况下，二手仪器值得考虑。个人仪器发烧友往往追求国际品牌、高端型号、测量性能优异、设计与众不同、有特色的产品，在二手仪器中，一些早期的高级机型往往能满足期望。有些小微企业和公司的项目需要高精度、高分辨率仪器测量，这一领域目前基本是进口国外品牌产品占主流，二手仪器能显著节约成本。

综上所述，一些国际品牌的二手中高档、高价值手持万用表和台式万用表是值得考虑的。如手持数字万用表FLUKE 87系列、187、189、287、289；有OLED显示屏的万用表是德科技U1253B、U1273B；台式数字万用表是德科技34401A、

34410A、34420A、34461A、34465A、3458A；FLUKE 45、8845A、8846A。对于国内外品牌入级级的二手手持万用表，并不推荐购买，它们通常价格不便宜，性能也不出众。

另外，一些早期的机械指针万用表结构精密、做工精良、存世少，成为不少个人仪器发烧友的收藏目标。尽管这些机械万用表的实用意义已不大，但精密机械结构承载着一个时代仪器工业的缩影。

万用表选购误区

很多无线电、电子爱好者新人选购手持万用表首先会关注表的分辨率，常常听到买家问"万用表是几位的？"。万用表的分辨率成为新人心目中标志产品性能档次的重要指标，似乎位数越高越好。万用表的分辨率确实是产品主要测量性能指标之一，但对于手持数字万用表来说，这并不是很重要。现代手持数字万用表低端产品至少也有3.5位，主流为4位到4.5位，能显示4~5位数字（最高位通常有显示限制）。在实际测量高电压时，一台市电显示220.8V的万用表与一台市电显示220.84V的万用表几乎无差别。不同万用表测量干电池电压如图2所示，一台测量单节干电池显示1.557V的万用表与一台测量单节干电池显示1.5570V

▌图1 百元价位具备自动量程功能的全新万用表

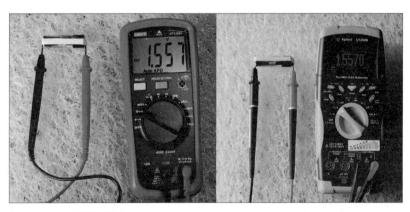

▌图2 不同万用表测量干电池电压

的万用表也几乎无差别。

对于经常需要测量较高电压的用户,首先关注的是一台高性能手持万用表的安全性。手持万用表的外壳和表笔材料绝缘性能与安全绝缘设计有关。我们在低端万用表上可以看到 CAT II 600V 安规等级标识(有的仪器甚至都不标),在较好的万用表上可以看到 CAT IV 600V、CAT III 1000V 等安规等级标识,显然后者安全等级更高。实际在极限情况下,手持万用表高级型号产品会提供更好的安全性能,保障使用者安全。

相对于手持万用表的分辨率,其测量挡位更关系到一些量程的测量准确度和整体性能档次。高档的手持万用表会提供较小的电压挡和较大的电阻挡,以更准确地测量小电压和大电阻,并提供较高的测量分辨率。高级的手持万用表大多提供 50mV 和 500MΩ 的挡位,虽然用户需要使用到的机会很少,但其在硬件电路实现上体现了电路架构的档次。

手持万用表的速度也关系到实际测量工作时的操作体验。这里的速度包括测量速度和自动切换量程速度。中高档的手持数字万用表会具有较高的测量速度,这与万用表数据处理能力密切相关,用户层面的直观感受是显示屏显示刷新快、测量速度快,几乎秒出结果。低端万用表测量速度慢,要几秒才能稳定测量数据,操作体验差一些。大部分万用表会规避这项数据,需要亲自使用来体验。二手万用表中明星机型 FLUKE 187、FLUKE 189 和 Agilent U1253B 的显示速度都很快。

万用表测量功能并不是越多越好。现代数字万用表继承了很多测量功能,除了传统的电压、电流、电阻等基础测量功能,还集成了二极管和三极管放大倍数、频率计、电容表、温度计等功能,甚至有的万用表还提供信号发生器功能。这些功能大部分只是锦上添花,与专业单项仪器相比,测量准确度和分辨率都有明显差距,用户不必过分在意这些扩展功能。一些新款数字万用表搭载的 LPF 低通抗干扰测量功能、LoZ 低阻抗测量、数据采集记录分析等倒是很实用的功能,对提高测量准确度、扩展应用范围很有用。

搭配 OLED 显示屏的万用表显示效果看起来很漂亮,但对万用表测量性能并无实际帮助。OLED 显示屏每个像素单元自发光,不需要背光,在较暗的环境中显示效果出众。彩色 OLED 显示屏广泛应用于现代中高档手机显示屏中,万用表则使用单色 OLED 显示屏。OLED 显示屏也有自身缺陷:第一,显示屏耗电较传统单色液晶屏大得多,所以一般电池供电的手持万用表不选用 OLED 显示屏;第二,OLED 显示屏自身亮度有限,在强光环境中读数困难;第三,OLED 显示屏寿命较短,长期连续显示容易出现烧屏、显示屏暗淡等问题。二手市场上比较热门的 OLED 显示屏万用表大部分是经过维修,更换兼容显示屏的。

手持数字万用表与台式数字万用表

手持数字万用表和台式数字万用表各有所长。手持数字万用表使用电池供电,体积小巧、携带方便,提供适宜的测量分辨率和准确度,适合用于现场测量。限于体积、质量、电路能耗,手持数字万用表不能提供高稳定度和高分辨率的测量结果。台式数字万用表通常使用市电供电,主打高分辨率、高稳定性、高准确度测量,适合实验室级精密测量和工厂流水线长时间开机连续工作。

通常用户的测量要求仪器分辨率达到 4.5 位以上时,建议选择台式万用表,二手市场的台式万用表在价格和性能方面都优于高端手持万用表。主流的台式万用表以是德科技的 34401A 为代表,分辨率为 6.5 位,提供四线制电阻测量功能,这都是高端手持万用表无法企及的。

机械指针万用表

机械指针万用表是万用表的最初形式,逐渐被数字万用表淘汰。数字万用表在使用难度和测量准确度方面都明显优于机械指针万用表。机械指针万用表作为怀旧和历史见证物件被很多仪器发烧友珍藏。

作为珍藏品需要满足以下特征:高端型号(制造工艺水平高、测量精度高)或特殊型号(存世少)、名牌产品(工艺好、性能好)、成色好、时代感强。

上海第四电表厂出品的 MF35 万用表如图 3 所示,MF35 是公认的国内高精度高端万用表,体积大、有分量,使用高精度机械表头,DC 精度为 1.0 级,AC 精度为 1.5 级,电阻精度 1.0 级,整机单切换开关设计提供多达 33 个挡位,做工和技术几乎是当时国内的"天花板"。

上海第四电表厂出品的 MF10 万用表如图 4 所示,MF10 是主打高灵敏度的万用表,其设计采用非有源放大电路实现高灵敏度,采用少见的 100kΩ/V 直流灵敏度的磁电表头,提供传统万用表中罕见的 10μA 电流量程挡和 100kΩ 电阻量程挡,不但可以用来测量

▍图 3 上海第四电表厂出品的 MF35 万用表 ▍图 4 上海第四电表厂出品的 MF10 万用表

■ 图 5 500 型万用表

■ 图 6 早期机械指针万用表内部使用的精密电阻

■ 图 7 FLUKE 87 V 万用表

■ 图 8 FLUKE 187 万用表

微小电流，也可以方便地测量兆欧级的大阻值电阻。MF10 万用表的实用意义在于电压挡具有较大的输入阻抗，测量电压时对电路的影响更小，测得的电压更接近真实值，适合测量高内阻电路。

MF18 是我国早期一款主打高精度、高性能的万用表，也是我国在 20 世纪 60 年代末批量生产的、性能优良的一款万用表。它的 DC 精度为 1.0 级，AC 精度为 1.5 级。MF18 万用表外形与经典的 500 型万用表类似，但测量性能更强、使用年代更早，价格在当年也有点高。

著名的 500 型万用表如图 5 所示，它是我国机械指针万用表最经典的代表作，是当时电子行业国家单位拥有量最多的万用表，很多电子产品和仪器的相关参数都是使用 500 型万用表测量的。500 型万用表性能实用、价格适中（比 MF18 便宜），便于在工厂、企业普及。其 DC 电压和电流精度为 2.5 级，AC 精度为 5.0 级，磁电表头灵敏度为直流 20kΩ/V，通过双量程切换波段开关组合工作，比较有特色。后期全国生产 500 型万用表的厂商众多，产品质量和工艺也参差不齐。

国内制造机械指针万用表最著名、技术水平最高的厂商是上海第四电表厂（早期为震华电器厂、上海遵义电表厂），后期产品使用星牌商标。上述这些高档和经典万用表，上海第四电表厂都有生产，很多产品还是最早开发生产的。上海第四电表厂的产品成为收藏老机械指针万用表的首选。

早期机械指针万用表内部使用的精密电阻如图 6 所示。最早期为线绕电阻，后来随着金属膜电阻以及碳膜色环电阻品质提高，误差不断缩小，后期产品普遍使用色环电阻。可能是对早期工艺的怀旧以及物以稀为贵，仪器发烧友更偏爱收藏内部使用线绕电阻的老万用表。

热门二手万用表

手持数字万用表中 FLUKE 的 87 系列、177、179、187、189、287、289 和是德科技的 U1253B、U1273B 都是二手市场的明星产品。业余电子爱好者可能由于预算有限，不会购买全新的高档万用表，但花费千元购成成色好、性能佳的二手万用表，

体验一下高档产品的操作感受也是物有所值，而且做工精良的高档万用表使用寿命也比较长。

手持数字万用表

FLUKE 的 87 系列属于 FLUKE 实用系列中的高端产品，FLUKE 87 V 万用表如图 7 所示，分辨率为 4.5 位，产品以省电、耐用、实用著称，产品延续了好几代，后期产品增加了低通滤波器功能，大大提高了数字万用表测量干扰分量较大信号的准确度和适应性。

FLUKE 189 和 FLUKE 187（见图 8）是福禄克上一代的旗舰和次旗舰产品，分辨率为 4.5 位，提供手持表中顶级的测量准确度，并具有高显示分辨率，对于交流信号的测量除了采用真有效值测量技术，还具备 100kHz 带宽。FLUKE 189 比 FLUKE 187 多了存储功能。很多仪器发烧友认为 FLUKE 187 是最具性价比的高端二手手持数字万用表。

FLUKE 289 和 FLUKE 287 是新一代福禄克旗舰和次旗舰产品，后缀为 C 的 289C 和 287C 为中国行货，分辨率为 4.5 位。与 FLUKE 189 相比，FLUKE 289 增加了趋势捕捉功能，显示屏升级为点阵屏。

是德科技 U1253B（见图 9）和 U1273B 使用主动发光的 OLED 显示屏，加上品牌效应，吸引了众多个人仪器发烧友。上述型号也是高档型号，提供了强悍的测量性能，测量速度很快。不过市场上很多 U1253B 成色不佳，还有很多 U1253B 是由于显示屏故障淘汰，二手厂商替换兼容显示屏后再出售。

台式万用表

34401A 万用表如图 10 所示，它是国内名气最响、应用最多的台式万用表，是中高档台式万用表的标杆。34401A 万

■ 图 9 是德科技 U1253B

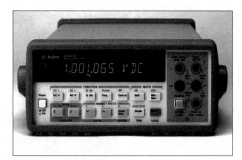

图10 34401A 万用表

用表为 6.5 位万用表，历经 HP、Agilent、KEYSIGHT 3 个时代，堪称绝对的经典之作。当年 34401A 万用表以"5.5 位的价格提供 6.5 位性能"为宣传口号，引领了主流高分辨率仪器性能的提升。34401A 也在主流的 6.5 位万用表界称霸几十年。随着科技的发展，它被全彩屏和图形显示的 34461A 所替代，但其基础的测量性能依然十分靠谱。现今二手的 34401A 依然具有很高的实用性和性价比。HP、Agilent、KEYSIGHT 这 3 个不同品牌标识的 34401A 体现出生产年份的先后，二手价格也略有上下，但基本性能指标是一样的。Agilent 的 34401A 有方按键和椭圆按键、新老版本之分。34401A 使用 VFD 显示屏，室内显示效果更迷人，但 VFD 显示屏寿命较短，后期会出现亮度下降的现象，购买二手仪器时要特别注意。

是德科技 34411A 为高性能 6.5 位万用表，可以看作 34401A 的增强版，主要提供高速读数性能、更好的基本直流精度，扩展了微电流、高电阻测量挡位。另外，同系列中 34405A 为 5.5 位万用表，34420A 为 7.5 位万用表。

HP3468A 是早期惠普时代的 5.5 位万用表，在二手市场上价格很低，但性能实用，主要测量性能依然不输于现代高档手持万用表，是预算紧张又需要高准确度测量用户的最佳选择。

是德科技的 34461A 万用表如图 11 所示，它可以平替 34410A 万用表，34465A 为高性能 6.5 位万用表，34470A 为高性能 7.5 位万用表。3458A 是目前最高分辨率的 8.5 位万用表，从惠普时代一直延续着这个传奇型号，产品有很多代。

FLUKE 45 万用表如图 12 所示，它是一款 5 位台式万用表，曾广泛流行于企业和科研实验室。FLUKE 45 万用表采用当时流行的真空荧光双显示屏，性能实用、价格实惠。大部分应用 34401A 的场合，FLUKE 45 也能胜任，在二手市场上 FLUKE 45 的价格远低于 34401A，性价比更为出色。

FLUKE 还有 8808A、8845A、8846A 3 款主打产品，FLUKE 8808A 为 5.5 位万用表，另两款为 6.5 位万用表。FLUKE 8846A 为 FLUKE 8845A 的高性能型号，提供更高的电阻测量挡位和微交流电流测量能力。FLUKE 8845A 的性能与 FLUKE 34401A 基本相同。

Tektronix 曾经出品了手持数字万用表 TX1、TX3，只是国内使用不多。目前其台式万用表主要是合并的 Keithley 的 DMM6500 和 DMM7510。DMM6500 为 6.5 位万用表，DMM7510 为其高端的 7.5 位图形采样万用表。二手市场上存货不多，价格也不便宜。

二手万用表的校准

手持万用表和台式万用表可通过专业校准减少测量误差、保持精度。数字万用表的校准不但需要特殊操作程序，而且还需要专业的参考源。一般建议找专业校准仪器的公司校准或使用原厂校准服务。对于业余无线电和电子爱好者，在非专业条件下，建议自行通过对比经过标定的电压参考源，或在计量有效期内的同级或以上仪表，以了解自己万用表的相对误差。

二手万用表避坑

● 重点检查二手万用表电池仓接触片或弹簧是否有明显腐蚀痕迹。

● 检查二手万用表挡位拨盘是否旋转顺滑、有效、可靠。

● 检查二手万用表按键是否有效、灵敏。

● 检查二手万用表内部保险丝是否为原装型号。

● 检查二手万用表表笔接插口是否明显被氧化、松动。

● 检查短接二手万用表输入端，校验是否显示归零。 ⊗

图11 是德科技 34461A 万用表

图12 FLUKE 45 万用表

走近二手仪器
——示波器篇

杨法（BD4AAF）

示波器是传统概念上的高级测量仪器，是继万用表之后，在电子电路测量中使用最为广泛、最为悠久的仪器。数字示波器主要用来测量交流信号，弥补了传统示波器在测量交流信号方面的弱点，同时还能看到信号的时域波形。数字示波器上市之初价格就很贵，加上有显示屏和复杂的操作系统，在人们的心目中树立了高端专业仪器的印象。高端专业仪器首先让人想到的就是"贵"。对于预算不多的电子爱好者、个人仪器发烧友、小微企业科创用户等群体，二手示波器很长一段时间都是首选。尽管近些年来，由于中国民营仪器制造厂商的加入，入门级数字示波器的价格一改高高在上的局面，但国际知名品牌和高性能的中高档示波器依然价格不菲，二手示波器价格优势明显。

▌图1 早期的示波器

示波器的演进

模拟示波器时代

早期的示波器（见图1）为模拟实时示波器（ART），靠专用的长余辉示波管和模拟控制电路工作，理论上为实时示波器。最早期的CRT(阴极射线管)示波管为圆形的，后期改进为方形的并内置刻度，都采用示波器专用的长余辉CRT示波管。这类古董级的示波器体积大、功耗大、工作带宽有限、测量分辨率低，目前已经没有实际使用价值。

不断改进的ART模拟示波器在控制电路上逐步引进了数字化控制电路和单片机控制单元，逐渐增加并增强了辅助测量、自动测量、数据读取等功能。其间有些示波器还集成了数字电压表和数字频率计功能。波形显示依旧采用专用的CRT示波管。这类示波器

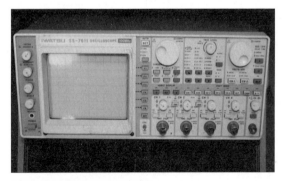

▌图2 后期数控程度较高的模拟示波器

体积大、功耗大、工作带宽有限，目前实际使用价值不大，而且机龄长，随时可能坏掉。

后期数控程度较高的模拟示波器（见图2）采用较为先进的微型计算机数控架构，具有较强的自动测量和数据读取功能。随着控制电路集成化的提高，整体体积有所缩小，自动测量数据读出功能大大增强。目前，这类示波器尚存一定的实用价值，但与主流入门级数字示波器相比，无论是体积还是测量操作方便程度，已基本无优势，而且机龄较长，故障率较高。

数字示波器时代

数字示波器一般指"数字存储示波器（DSO）"，采用全新的数字信号处理技术和波形重建显示技术。早期数字示波器显示屏使用CRT电视显像管，后期逐渐采用单色液晶显示屏。我们所见的波形是由波形重建电路产生的，所以只需要一个显示屏，不再需要传统专用示波管。由于不再需要大体积的示波管，大量使用集成电路，所以数字示波器的体积和质量大为缩减。初期数字存储示波

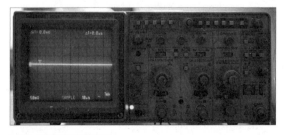

▌图3 早期数字存储示波器

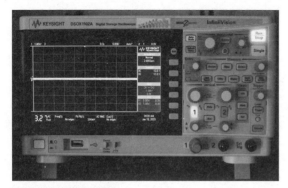

图 4 主流数字存储示波器

器就展现出了对低频率信号显示和波形存储方面的优势。但由于早期数字存储示波器（见图 3）ADC（模数转换）芯片性能有限、采样率低和信号处理技术尚不成熟，所以实际使用效果不佳，很多时候尚不如同期的模拟示波器。以目前的示波器技术来看，早期数字存储示波器性能有限。

不断改进的数字存储示波器提升了处理器和 ADC 芯片性能，带宽和采样率得到显著提升，并采用了显示效果更好的彩色 TFT 显示屏。新功能数字余晖、深存储、FFT 频谱、高捕获率、集成逻辑分析仪、集成信号发生器等广泛应用，同时向入门级产品不断下沉。有了数字余晖功能（又称为"数字荧光"），数字示波器的液晶屏显示效果与模拟示波器的 CRT 示波管更接近了。这类示波器具有很高的实用价值，成为主流数字存储示波器（见图 4），并彻底淘汰了模拟示波器。

混合信号示波器（MSO）是数字存储示波器的扩展类型，通常集成逻辑分析功能。另外，混合信号示波器一般集成硬件频谱分析仪功能，能从频域观测信号，可以被认为是示波器和频谱仪的合体机型。

新一代数字存储示波器进一步提升处理器能力，优化信号显示和处理能力，提供低噪声、高分辨率、高刷新率等性能，同时通过高速 ADC 提供大带宽。显示界面采用更大的彩色液晶屏，具有更

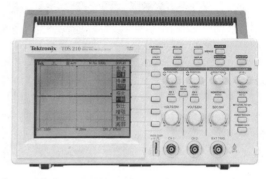

图 6 泰克入门级示波器 TDS210

高分辨率并引入了触摸屏功能。功能方面增加了眼图、数据解码、数字触发等专业功能。这类示波器具有较高的性能，适合有需求的专业领域应用。

值得购买的二手示波器

一般不建议购买二手模拟示波器。老式模拟示波器体积大、占用桌面空间多，机龄长，电容干枯，高压包容易出故障，很多故障不易修复，操作也相对复杂。即便当作摆设，外形都不够现代化。

早期的数字示波器产品性能较低，从实用的角度不建议购买。对于一般电子爱好者和小微企业工作室，一两千元价位的国产主流入门级数字示波器是很务实的选择。

对于想花大几百元买到一台兼具实用性和性价比的二手示波器，建议考虑近 10 年的入门级和进阶型示波器。基本要求是带宽大于 50MHz，取样率配置应不小于最大带宽的 5 倍，有深存储等高级功能更好。举个例子：标称 100MHz 带宽的示波器，至少应配备 500MSa/s 的最高采样率，能达到 1GSa/s 更好。另外入门级示波器显示屏的大小与示波器实际测试性能关系不大，大显示屏外观更为气派些，近些年出品的示波器大多会搭配较大的液晶屏。

对于想买台中档以上的二手示波器的用户，建议选择具有 200MHz 以上带宽，配备 2GSa/s 以上采样率的大品牌中档型号

图 5 普源 MSO 2000A 系列中档示波器

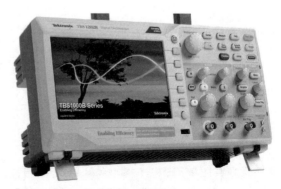

图 7 TBS1000B 系列数字示波器 TBS1202B

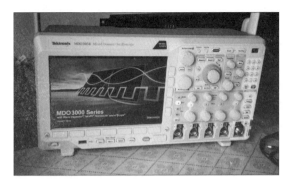

▌图 8 MDO3000 系列数字示波器 MDO3054

产品，比如图 5 所示的普源 MSO 2000A 系列中档示波器。数字余辉、深存储、数字总线解码、数字触发、高刷新率高捕获率都是实用的高级特性。带宽不是示波器档次的唯一标准，还要看示波器的型号和系列。双通道和四通道示波器主要看应用需要，对于做数字电路开发，四通道机型用得比较多，集成逻辑分析仪功能很实用。有的新型示波器集成了信号发生器功能，这属于锦上添花的附加功能，与示波器基础测量性能无关。

对于仪器发烧友或者想买个示波器作为摆设，偶尔开机体验一下的个人玩家，国际品牌并且不太旧的低端型号是不错的选择，带宽有限的产品大几百元就能买到。如泰克入门级的 TDS210（见图 6）、TDS220、TDS1002、TDS1012、TDS2012，尽管它们配置一般，但经典的外观和顶级大牌的加持，可以为你的工作室添光增彩。泰克新一代 TBS1000B 系列数字示波器（TBS1202B 见图 7）配备大彩屏，颜值高且性能实用，外观具有中档示波器的气质。如果有实力，可以进一步考虑泰克 MSO 3000 系列数字示波器（MDO3054 见图 8）以上的中高档示波器，绝对会令你的工作室蓬荜生辉，同时兼具实用价值。

在国内最著名的示波器品牌是美国泰克（Tektronix），其次是是德科技（KEYSIGHT）、安捷伦（Agilent）、力科（LeCroy）、罗德与施瓦茨（Rohde & Schwarz）等。罗德与施瓦茨 RTE、RTO1000、RTM1000 示波器外观别具一格，性能实用，能够体现用户的专业与品位。国产品牌普源精电（RIGOL）在国内无线电和电子爱好者心目中是第一品牌，产品在市场上久经考验，其2000 系列以上的中档示波器有着不错的性能和颜值，在二手市场上性价比不错。

不成功的示波表与新锐手持示波器

示波表曾经是在市场上出现过的一类示波器旁支。示波表以小体积和电池供电提供高示波器的移动性，但实际上多数产品限于成本、功耗、技术等原因，性能偏弱，实用性有限。高性能的产品则体积较大，价格昂贵且推广困难，现已淡出市场，市场上的一些二手示波表和库存示波表已成"鸡肋"产品。高性能产品则重新建立了手持示波器概念，再战高端市场。

二手高端手持示波器代表产品是福禄克（FLUKE）的 120 系列（基础性能）和 190 系列（高性能），二手的 FLUKE 196B、196C、199B、199C 都是高性能手持示波器的经典之作，如今依然具有很高的实用价值。FLUKE 早期的 90 系列（93、95、97）则有些老旧。现代化的罗德与施瓦茨的 Scope Rider 是后起之秀，与其 FPH 手持频谱仪一样受欢迎。好货不便宜，手持示波器的价格要远高于同性能的台式示波器，在二手市场同样不便宜。另外，有些出厂多年的手持示波器电池老化，严重影响续航时间。

手持示波器最大的特点是支持电池供电，具备高移动性。现在有一些小型示波器也提供电池供电功能，适合半固定场合使用，价格也便宜很多。新型的平板示波器与手持示波器属于同类型产品，支持电池供电和高移动性，国内以麦科信的产品为代表，在很多场合是传统手持示波器的完美替代品，价格比二手国际品牌手持示波器还便宜。

二手示波器探头

示波器的探头分为通用探头（见图 9）和专用探头（见图 10）。二手示波器不一定使用原厂探头，很多情况下普通的

▌图 9 通用探头

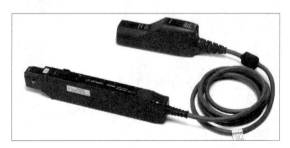

▌图 10 专用探头

▎图11 BNC接口边上的小突起

▎图12

克隆升级。通常破解后的示波器标称工作带宽提高了，高级测量功能和组件显示已安装且能使用。一台原标为70MHz低配示波器，通过刷固件的方式，工作带宽提升到200MHz，并开通了所有高级测量功能，一跃成为价格翻倍的顶配机型。但是这种非官方的升级存在诸多隐忧，同时还涉及知识产权和法律问题。

通用无源探头一样可以很好地工作。大工作带宽的无源探头在技术上可兼容小带宽使用。300MHz以上大带宽、专用探头、差分探头、电流探头等都不便宜。二手市场上有大品牌加持的探头价格比较高，包括通用无源电压探头。其实很多国内生产的200MHz以下通用探头性能很好，新的产品价格也比较便宜。

我们见到的单纯BNC接口的探头大多为通用无源电压探头，常见的有1:1、1:10、1:100探头，主要区别是工作带宽，1:1探头通常带宽很小，1:10探头为主力产品，1:100探头常见为高压探头，早期还有一些可切换1:1和1:10的探头，这类探头通常用于大多数品牌的入门级示波器。通用无源探头不区分模拟示波器和数字示波器。有的无源探头在BNC接口边有个小突起（见图11），是配合支持探头衰减量自动识别功能的示波器使用的。这种探头搭配普通示波器不影响使用，探头衰减量一样需要手动设置。另外，一套完整的探头除了探头主体，通常还有接地线、笔帽抓钩、色环等附件，二手探头经常会缺失部分附件。

一些具有电信号传输和数据传输的探头为专用探头，须配合特定品牌类型的示波器才能使用。

二手示波器的升级与破解

现代示波器都使用了数字信号处理技术，很多同一系列的示波器是基于相同硬件的，通过软件配置设定不同性能，不同功能对应不同售价。这种生产策略可以降低生产成本、方便硬件品控，也方便仪器实现高效的、基于非实体化硬件的后期升级，是现代仪器普遍采用的商业方案。早期的数控示波器通过增加硬件板卡实现功能升级。后期的数字示波器通过硬件功能授权模块，开启高级选件功能。现代很多数字示波器通过软件授权或固件刷新的方式，提升工作带宽并增加高级测量、触发、解码等功能。

既然是软件控制，不需要实体硬件，自然有人想到了"破解""越狱"等旁门左道，以提升仪器的实际使用价值。主流的方式有使用破解升级密钥的"算号器"；有利用仪器固件更新验证漏洞，强刷高版本机型固件；还有通过强刷已开通功能的"母板机"固件数据

有的仪器在升级官方升级包后，以前破解所开通的功能都消失了，被打回原形；有的仪器在日常运行中出现死机的概率明显增加；有的仪器测量准确度显著下降。现代软件化仪器大多靠修正数据、降低硬件测量误差来保证测量准确度，通过克隆、强刷等手段使用其他仪器的修正数据文件或破坏原有修正数据文件，都会直接导致仪器测量误差增大。虽然用户可通过重新校准来解决，但一般用户并不具备校准设备和经验。另外，有的破解仪器开通的功能为"试用版"，有使用次数或使用时间限制，通常需要每隔一段时间重新执行一次破解操作，实际使用多有不便。购买二手示波器应注意其信息相关页面开通选件的具体信息，以防买到这类问题产品，所谓"功能全开""带宽提升"的"升级机型"，要充分考虑它们的实际性能、是否支持日后官方升级以及涉及知识产权的问题。

二手示波器的校准与对比

二手示波器出厂时间较久，元器件自然老化，其测量准确度与刚出厂状态相比有较大变化，建议对测量准确度很在意的用户，应该定期对示波器进行校准。示波器的校准需要专业参考仪器，流程比校准万用表复杂得多，普通用户无法自行完成。校准服务通常由原厂或第三方专业公司提供。

非专业条件下示波器的简易准确度对比，主要是观察信号的幅度、波形、频率。参考信号源可以是计量有效期内的函数信号发生器（任意信号发生器）或射频信号发生器。射频信号发生器未调制信号为正弦波。进行幅度对比实验，建议首测信号频率为示波器标称带宽的1/3以下。需要注意的是，示波器的信号电平、幅度测量有诸多定义，要选择与信号发生器输出信号幅度定义一致的测量定义。示波器与信号源之间的连接需保持阻抗匹配，否则信号幅度测量误差会很大。射频信号发生器输出阻抗大部分为50Ω。示波器的表笔为高阻抗输入，示波器自身大部分为高阻输入，有的示波器提供50Ω输入选项功能，大部分入门级示波器需借助高阻转50Ω的阻抗转换附件来支持50Ω输入。🅧

漫谈国产仪器之
频谱分析仪

■ 杨法（BD4AAF）

　　频谱分析仪是一种用于信号频域分析的仪器，是观测射频信号的重要工具，素有"射频万用表"之称。频谱分析仪可将看不见、摸不着的无线电波进行可视化，并可进行多种特征参数的测量。在无线电应用日益广泛、无线电通信日新月异的时代，频谱分析仪更是热门仪器之一。

　　我国生产频谱分析仪有相当久远的历史。早期主要由国营无线电仪器厂商和一些研究所的"国家队"承担借鉴和国产化实践，为自主创新积累经验。21世纪初，随着改革开放的深入，民营仪器厂商纷纷加入其中，出品的国产频谱分析仪更接地气。一些入门级的低价位、高实用性的频谱分析仪崭露头角，越来越多地出现在中小电子工厂流水线和业余无线电爱好者的案头。近10年来，我国的频谱分析仪研发和自主生产能力有了很大提高，随着无线电技术新架构的加入，一些厂商已经可以自主生产国际主流水平的产品。除了传统的扫描式频谱仪，我国也具有了新一代实时频谱仪的制造能力。

　　频谱分析仪属于射频仪器，工作频率通常很高，制造技术含量和难度也很高，甚至高于示波器。所以很多仪器科技企业都会先从示波器入手，之后才会研发频谱分析仪。在入门级示波器都已是"白菜价"的今天，入门级的频谱仪依然价格不菲。射频仪器的制造没有那么简单，尤其是早期以分立元器件为主导的时代。元器件排列、整体布局甚至PCB材质都会影响仪器高频性能，这都是射频系统中分布电容、分布电感以及相互干扰引起的，这类问题随着工作频率的升高越来越明显。早期的频谱分析仪，很多单元的线性度都要靠硬件提高，导致硬件电路复杂、庞大、成本高。随着现代频谱分析仪架构的数字化、软件化、计算机布线设计的普及以及小型贴片元器件的广泛应用，硬件设计和制造门槛大大降低。在入门级和主流产品制造上，国产品牌与国外一线品牌的技术差距缩小了。在数字信号处理频谱分析仪上，软件的标准化、模块化编制相互借鉴，进一步降低了研发难度。

图1 天玑星4052信号/频谱分析仪

　　具有常规频谱显示功能的频谱仪称为通用频谱分析仪，主流产品还具备带宽测量、邻道功率测量、AM/FM解调测量等自动测量功能。在专业领域需要用到信号分析仪，信号分析仪在频谱分析仪的基础上通过软件实现对特定制式信号（如AM/FM、FSK、LTE TDD/FDD、5G NR等）进行自动测量、特征分析、解调分析等，可谓是通用频谱分析仪的进化版。

国内频谱分析仪主要产商

中国电子科技集团公司第四十一研究所

　　中国电子科技集团公司第四十一研究所（简称"41所"），是我国国防科技工业系统的专业电子测试技术研究所，也是国内著名的电子和射频测量仪器生产厂商，技术实力和生产规模素有"国家队"之称。产品以中高端射频仪器为主，后期使用"依爱"品牌，很多年前就有能力生产26.5GHz的频谱分析仪，其台式的AV-40XX频谱分析仪型号很多，广为我国科研院所采购。近年来，41所在射频测量方面主要向高精尖的计量产品和服务发展。

中电科思仪科技股份有限公司

　　中电科思仪科技股份有限公司是中国电科集团第一家二级单位

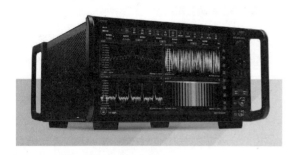

■ 图2 天衡星 4082 系列信号 / 频谱分析仪

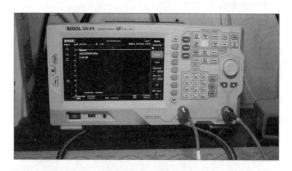

■ 图4 RIGOL DSA815-TG 频谱分析仪

股份制公司，与 41 所同源，使用"思仪（Ceyear）"品牌。其出品的微波 / 毫米波测量仪器全国领先，代表产品堪称国货之光，体现中国科技最高水平。其出品的高端产品已突破通用频谱仪，进一步提供信号分析仪的能力。

主力的天玑星 4052 信号 / 频谱分析仪（见图 1）外形前卫、结构紧凑，具备出色的动态范围、相位噪声、幅度精度和测试速度，最高频率可达 50GHz，最大分析带宽 1.2GHz，能全带宽实时记录和回放，具有强大的移动通信、雷达、卫星信号分析功能。

新旗舰产品天衡星 4082 系列信号 / 频谱分析仪（见图 2）提供卓越的性能和配置，15.6 英寸的多点触控显示屏大气且操作直观，最高 110GHz 的工作频率和 2GHz 分析带宽跻身顶级行列，它在显示平均噪声电平、相位噪声、互调抑制、动态范围、幅度精度和测试速度等方面都具备极佳的性能，综合性能指标可与国际大牌高阶产品相媲美，满足移动通信、自动驾驶、卫星通信、物联网、航空航天与国防等领域信号及设备严苛的测试需求。

4024CA 是手持实时频谱分析仪（见图 3），工作范围为 9kHz~9GHz，支持 120MHz 最大实时分析带宽，提供包括 5G NR 和 LTE FDD/TDD 在内的主流通信信号解调分析功能，性能配置国内领先。

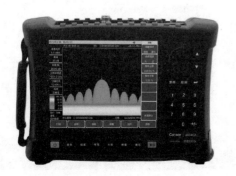

■ 图3 4024CA 手持实时频谱分析仪

普源精电科技股份有限公司

普源精电是民营仪器科技企业的代表，以数字示波器起家并以数字示波器闻名业内，成为国内数字示波器的领头羊企业，使用"RIGOL"品牌。

在频谱分析仪领域，普源精电的 DSA800 是其首批上市销售的频谱分析仪，主力销售型号是 DSA815 和 DSA815-TG（见图 4，带 TG 的为内置跟踪源的型号）。DSA815 采用全数字中频技术，具有体积小、质量轻的特点，整体与现代入门级示波器一般大小。DSA815 上市之初销售价格不到万元，被市场认定为当时性价比最高的频谱仪。DSA815 数字频谱仪在国内市场上具有里程碑意义，它是第一款销售价格在万元以下、现代全数字信号处理架构的频谱仪，此前市场上低价位的频谱仪普遍为模拟架构的频谱仪。DSA815 虽然最高工作频率只有 1.5GHz，指标也不高，但性能实用、体积小巧，上市不久，具备跟踪源的 DSA815-TG 就成为很多无线电发烧友争相购买的"神器"，记得我当年写完它的测评后，也去买了一台。DSA815 上市之初，老款的 HP859x 系列频谱仪在国内还在广泛使用，虽然 HP859x 系列频谱仪是当时设计的便携机型，但体积和质量依然很大，所谓"便携"，大概是一个人能搬得动的概念。在 DSA815 身上，大家看到了新一代数字频谱仪的小巧、高效。DSA815 由于其出色的性价比，至今仍在销售。

之后普源精电上市了 DSA700 系列频谱仪，有两个型号 DSA705 和 DSA710，分别对应 500MHz 和 1000MHz 的最高工作频率，该系列没有内置跟踪源的版本。DSA700 系列同样为全数字机型，主打低价位，以接近市场模拟频谱仪的价格定价，有"模拟频谱仪终结者"的称号，广为小企业生产流水线所喜欢。

DSA815 上市很多年后，DSA800 系列的其他机型陆续上市，新机型主要有工作频率更高的 DSA832(3.5GHz) 和 DSA875(7.5GHz)，显示平均噪声水平和相位噪声指标较

▌图5 RSA5000 实时频谱分析仪

DSA815 有明显的提高，但价格也提高了很多，令很多个人无线电爱好者只能望而却步。

实时频谱仪是新一代频谱分析仪发展的方向，它的速度是传统扫频式频谱仪的上百倍甚至上千倍，对于显示时、分和脉冲信号方面有优势。用它来监测 Wi-Fi 信号，就能感受到与使用传统扫频式频谱仪的巨大差异。普源精电在新技术上不落人后，率先推出了 RSA5000（见图5）、RSA3000、RSA3000E 这三大系列实时频谱仪，高端和主流定位的 RSA5000 和 RSA3000 最大实时带宽为 40MHz，低价位的 RSA3000E 最大实时带宽为 10MHz，所有产品都配置了 10.1 英寸多点触控大液晶屏。可能看到前期内置跟踪源的 DSA815-TG 备受欢迎，所以实时频谱仪系列也都上架了内置跟踪源的型号，在高端的 RSA5000 和 RSA3000 中，还提供了集成 VNA 矢量网络分析功能的型号，达成一机多用。总体来说，普源精电的 RSA5000、RSA3000 两大系列实时频谱仪定位于讲究实用性的个人用户和小投入公司用户。

鼎阳科技股份有限公司

鼎阳科技是民营仪器企业的后起之秀，在示波器和射频仪器方面颇有建树。产品设计新颖、技术前卫、功能多、性能强、价格实惠，颇受中小公司用户的喜欢。

鼎阳科技的 SSA1015X-C 频谱分析仪为电商款机型，由其早期主推款频谱仪改型而来，最高工作频率为 1.5GHz，提供基础的频谱显示和测量功能，主打低价位性价比，主要针对个人无线电爱好者、小微企业以及小型生产线。SSA1015X-C 与 DSA815 主要指标相当，SSA1015X-C 新技术应用更多一些，在扫频速度和底噪方面有明显优势。SSA1015X-C 的售价不断降低，甚至价格不到一部国产高档手机的价格，令很多个人无线电爱好者拥有现代频谱仪的梦想成真。SSA1015X 的功能升级版是 SVA1015X（见图6），集成了矢量网络分析、EMI 预兼容测试、DTF 电缆、天线测量、频谱分析仪和调制分析五大功能，如果你觉得它的工作频率不够高，还有 3.2GHz 和 7.5GHz 的型号。SVA1015X 的功能要比普通带跟踪源的频谱仪强大得多。

SSA3000X Plus（见图7）是鼎阳科技主力频谱分析仪产品，性能主流、功能多。SSA3000X Plus 系列平均噪声电平低于 -165dBm/Hz，全幅度精度优于 0.7dB，相位噪声低于 -98dBm/Hz，最小分辨带宽为 1Hz。工作频率有 1.5GHz、2.1GHz、3.2GHz、7.5GHz，大部分型号都标配跟踪源，可作为网络分析仪使用，用于测量滤波器传输响应、线缆插损、天线和电缆驻波比（配合外置定向耦合器）。10.1 英寸触摸屏大气、操作方便。对于个人无线电爱好者来说，不到万元就能买到带跟踪源的 SSA3015X Plus（1.5GHz）触摸屏高颜值频谱仪，很有诱惑力。

▌图6 鼎阳 SVA1015X 多功能频谱 / 矢量网络分析仪

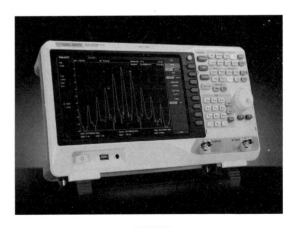

▌图7 鼎阳 SSA3000X Plus 频谱分析仪

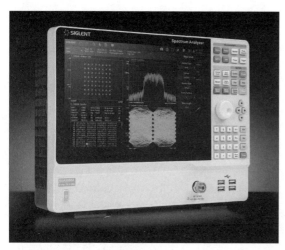

图8 鼎阳 SSA5000A 多功能频谱分析仪

图10 E8900A 手持实时频谱分析仪

矢量网络分析模式，可显示史密斯圆图，除了频谱监测，还能进行天线维护和射频元器件检测。

天津德力仪器设备有限公司

天津德力仪器设备有限公司是一家有着电视监测和无线电导航底蕴的企业，其场强表系列产品在无线电视和有线电视兴盛的年代非常有名。德力仪器高移动性的手持式仪器在业内颇有名气，手持频谱仪也是如此。

主力款的 E8600A 手持频谱分析仪频率覆盖 9kHz~6GHz，专门针对基站安装和维护而设计，可对 2G、3G、4G、Wi-Fi 和集群通信等无线信号进行分析和干扰排查。

新款的 E8900A 手持实时频谱分析仪（见图10）采用实时频谱仪技术，频率覆盖扩展至 9GHz，具有 100MHz 实时分析带宽，特别提供 5G NR 等多种移动通信系统解调分析功能，支持 AOA 测向和单机、联机多点定位功能。

国睿安泰信

国睿安泰信的模拟频谱仪在 20 世纪 90 年代曾火过一把，其 AT5010（1GHz）和 AT5005（500MHz）在当时颇受无线电爱好者和小企业的欢迎，至今在二手市场中还比较常见。它们是没有锁相环频率合成功能的模拟频谱仪，当时设定中心频率靠外圈电位器控制 VFO 来实现。安泰信后续推出了增加锁相环频率合成功能的升级版 AT6010 系列，不过后来受到数字频谱仪的冲击，慢慢淡出市场。近年来其重新组建了南京国睿安泰信，继续研制数字频谱仪产品 GA40XX 系列，产品也是定位于入门级工业、教育应用，最高工作频率支持 7.5GHz。⊗

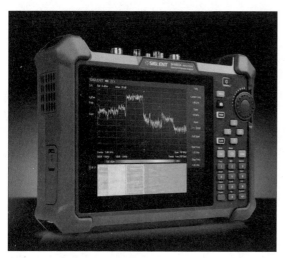

图9 鼎阳 SHA800A 手持频谱分析仪

SSA5000A（见图8）是鼎阳科技高级多功能频谱分析仪，主打实时频谱功能和高频率覆盖。高配的 SSA5085A 频率可高至 26.5GHz，具有 40MHz 实时分析带宽，相位噪声低于 -105dBc/Hz， 外 加 AM、FM、ASK、FSK、PSK、MSK、QAM 调制分析功能。

SHA800A（见图9）是鼎阳科技的手持式频谱分析仪，主要有 SHA851A（3.6GHz）和 SHA852A（7.5GHz）两款产品，都配置了 8.4 英寸触摸屏。手持频谱方便移动测试，用于频谱监测、干扰排查、通信基站现场测试，是现代无线通信行业需求量非常大的仪器。SHA800A 为多功能机型，内置电缆、天线测试模式以及

漫谈国产仪器之
示波器

▌ 杨法（BD4AAF）

　　示波器是一种观察交流信号时域电压的仪器，在电子实验室中向来有仪器老大的地位。万用表的强项是测量直流信号，示波器的强项则是测量交流信号。示波器与我们前文介绍的频谱分析仪分属不同测量领域，应用有所不同。示波器是传统高档专业测量仪器，比频谱分析仪具有更悠久的历史和更广泛的应用，经常应用于半导体、数码、医疗、汽车、电源测试、高能物理、航天等领域。

国产示波器的沿革

　　我国的仪电行业对国产示波器向来非常重视，国产示波器也有相当悠久的历史。早期的示波器都是模拟示波器，完全依赖进口，美国泰克示波器是较早进入中国的产品，并树立了坚实的地位。20世纪50年代后期，作为当时主力高端仪器的代表和国防科工业急需的仪器，示波器成为国家仪电系统技术主攻的方向。当时国产示波器的技术攻关由机电部仪电系统中全国技术能力领先的几家国营无线电厂承担，现在看来是妥妥的"国家队"，其中上海无线电二十一厂、江苏扬中电子仪器厂、西安红华仪器厂都是当时业内响当当的"高科技企业"。时至20世纪80年代，我国已有不少性能不错的国产精品示波器。

　　早期示波器的关键元器件是电子管和示波管（CRT阴极射线管），我国建立了多家电子管厂生产电子管和显像管，奠定了电子产业的基础。其间受到了苏联的影响，所以当时的产品具有满满的苏联风格。

　　从20世纪80年代开始，一些日系示波器涌入中国市场，产品以中低档产品为主，体积小巧，价格便宜。当时，我国机电部制定了"引进、消化、吸收、创新"的策略，提高我国新一代晶体管和集成电路示波器的自主设计、生产能力。不少中国示波器厂采用技贸合作的方式从引进散件组装开始逐步积累经验。经过一段时间的学习和积累，我国示波器技术有了很大的提高，国内示波器厂普遍能生产100MHz带宽示波器。当时上海无线电二十一厂出品过400MHz带宽四踪示波器，属于国内领先产品。

　　随着时间的推移，数字化时代的来临，示波器面临从模拟示波器向数字示波器架构转变的重大变革，示波器生产企业也面临重新洗牌。我们可以看到很多日系品牌示波器淡出市场，我国很多国营无线电厂在这一时期开始转型，无暇跟紧新技术、新潮流。

　　数字示波器的新架构使得原来模拟示波器的设计、制造经验大部分变得不再有用，新技术划定了新起跑线。新元器件尤其是通用元器件和集成电路的大量应用，降低了数字示波器设计和制造的门槛。ADC、FPGA、单片机成为数字示波器的新核心，液晶显示屏广泛替代了传统的示波管。第三方通用芯片降低了设计难度和技术壁垒，计算机辅助布线设计精准又高效。在此背景下，我国的民营仪器企业开始崛起，而且不约而同地选择入门级示波器作为切入点，这与一开始的泰克和惠普一样，现今的国内示波器领军企业也大多由几位心怀梦想的大学生成立工作室发展而来。

　　我国的民营仪器企业产研高效、经营灵活，数字示波器设计和制造能力发展迅速，一开始主攻入门级产品，近些年来已在中端产品市场站稳脚跟。在多家国内民营仪器企业的奋斗下，入门级国产示波器已完全占领国内市场，并远销海外。在一些国外工厂的流水线和国外电子爱好者的桌面上，都能看到中国品牌示波器的身影。同时入门级示波器在国内前几年已经被做到超低价位，并不断刷新低价，个人拥有全新示波器的门槛越来越低，一台国产100MHz带宽入门级示波器的价格甚至可能低于一台中高端手持万用表。近年来，入门级国产示波器在价格下跌的同时，配置不断提升，深存储、高刷新率、数字荧光技术、FFT频谱、大显示屏等原来在中档示波器上的功能和配置都逐渐下沉到入门级产品上来。受到国产

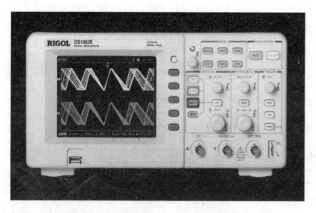

▌图1 普源示波器成名之作 DS1052E

▌图2 新款 DHO4804

示波器的冲击，国外品牌示波器的低端产品也只能降低价格、增加配置，可见国产仪器对国际仪器界的影响越来越大。

国产示波器主力品牌

普源精电

普源精电是成功民营仪器科技企业的代表，以数字示波器起家并闻名业内，成为国内数字示波器的领军企业，使用"RIGOL"品牌。普源示波器堪称国产之光，让人们再次看到了辉煌的中国制造和中国品质。

在国外品牌示波器独霸市场的背景下，小微企业和个人爱好者只能考虑二手老款产品，早期普源凭借 DS5022ME 25MHz 基础款数字示波器让大家看到了国产示波器的曙光。新概念、新架构、全新自动化的数字示波器与传统的大体积、大质量的模拟示波器有天壤之别，令人惊喜的价格让小微企业和个人爱好者不再望而却步。接着彩屏 DS1052E（见图1）50MHz 带宽机型的热卖，让普源精电在电子爱好者中创出了良好的品牌知名度，用户也见证了国产示波器的耐用性和可升级性。之后延续销售很久，100MHz 带宽的 DS1102E 也属于这个入门级系列。

普源精电热衷于技术发展，不满足于入门级市场的成就，积极探索高阶示波器技术，很快推出了 DS2000A 和 MSO2000A（具备数字逻辑通道的机型），主打高性能的中档示波器，在技术上跨出一大步。DS2000A 系列具有低噪声、大带宽、深存储、高波形捕获率、大显示屏的特点，与入门级产品相比性能优势明显。

近年来新款的 DHO1000 和 DHO4000 系列继续紧随国际潮流，更展现出普源示波器自主研发、创新的能力和在国内行业的技术领先地位。新款 DHO4804（见图2）使用的自主技术的"半人马座"芯片组具有强悍的算力，提供 12bit 高分辨率（普通数字示波器分辨率为 8bit）和最快 1500000 wfm/s 波形捕获率以及 256 级数字荧光显示。无论是微小偶发信号还是调制信号都能清晰展现。DHO 系列具有业界领先的超快自动设置功能，常见同级别产品需要 5～6s 来完成自动设置，在 DHO 系列上只需要 1s 左右就能完成，大大提高了测试效率并展现了主机处理性能。高阶的 DHO4000 则进一步提供最高 800MHz 带宽和 100μV/div 垂直灵敏度挡位。主流示波器垂直灵敏度有 500μV/div 就算得上高灵敏度产品。另外，DHO4000 系列支持电池背包供电，摆脱电源线，配合小体积，使高性能示波器使用场合更为自由。

普源在高端示波器方面颇有建树，体现了国内技术领先的硬实力。其第 7 代技术标杆的 DS70000 系列首次实现了 5GHz 实时带宽、20GSa/s 采样率、每秒 1 万次超高速 FFT 频谱，令外国同行也刮目相看，普源顶级的 DS70004 如图3 所示。

▌图3 普源顶级的 DS70004

华夏智造： 国产仪器仪表助力科技强国（2）

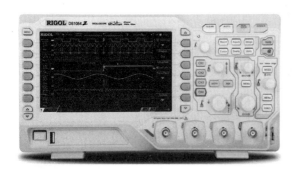

▌图4 备受爱好者喜欢的DS1054Z

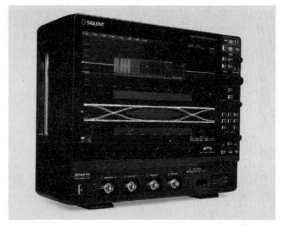

▌图6 SDS7404A

普源在中档市场成绩斐然的同时，没有忘记预算有限的入门级用户，在保持上市已有配置、已显老旧的DS1000E系列的同时，创新地推出了进阶型的DS1000Z系列，备受爱好者喜欢的DS1054Z如图4所示。DS1000Z系列具有主流的大屏显示、深存储、数字荧光显示、30000wfm/s最高波形捕获率，内行和外行都能显著感受到新产品的性能升级和配置领先，非常符合电子爱好者口味，亮点多多，所以上市以来，一直是个人用户和小型工作室最喜欢的机型。对于预算不多的个人爱好者，普源特别提供了DS1000Z-E电商特供机型，取消了两个初级使用者很少用到的测量通道。

鼎阳科技

鼎阳科技是民营仪器企业的后起之秀，在示波器和射频仪器方面都颇有建树。其产品设计新颖、技术前卫、功能多、性价比高，颇受中小公司和个人电子爱好者喜欢，被网友称为最接地气的国产仪器。不少大中企业的生产流水线和院校实验室都选用了鼎阳的仪器产品。

鼎阳示波器在入门级市场非常受欢迎的是SDS1000X-C系列中的SDS1102X-C和SDS1202X-C（见图5）。该系列示波器配置属于主流进阶型，100MHz/200MHz带宽、7英寸大显示屏、14Mpts最大深存储、256级灰度数字荧光显示、200000wfm/s最高波形捕获率、1M采样点增强FFT，极度满足了电子爱好者所想，在同级产品中配置领先。作为电商专卖系列提供超高的性价比，200MHz带宽的SDS1202X-C售价甚至低于2000元，在网上常年销量保持领先。

作为展现企业技术实力的高端产品，鼎阳新款基于X86处理器的SDS7000A系列，可提供最大4GHz带宽、12bit/10bit垂直高分辨率、最高20GSa/s采样率、最高1Gpts深存储、100万帧/秒波形捕获率，综合性能有实力跻身中高档示波器的行列，SDS7404A如图6所示。

作为现今时髦的12bit高分辨率机型，鼎阳紧随潮流提供了较低价位的SDS2000X HD和高性能、大带宽的SDS6000 Pro（见图7），高性价比和高性能的产品都可供选择。

优利德

优利德是以数字万用表闻名的老牌民营仪器企业。其生产的入门级数字示波器中规中矩，故障率低、耐用，同时价格实惠，一直被一些电子维修商户和工厂生产流水线偏爱使用。

优利德在入门级示波器中人气比较旺的是UTD2000CEX+系列和UPO1000CS系列。UTD2000CEX+属于基础型，配

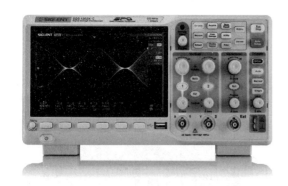

▌图5 SDS1202X-C

图7 SDS6000 Pro

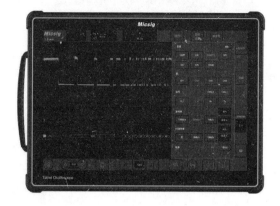

图9 ETO 平板示波器

置上除了使用主流的 7 英寸彩色液晶屏，没什么特别的亮点。UPO1000CS 系列配置属于进阶型，100MHz/200MHz 带宽、7 英寸大显示屏、56Mpts 最大深存储、超级荧光显示、500000wfm/s 最高波形捕获率、1M 采样点增强 FFT。UPO1000CS 在某些数据指标上还是比较高的，100MHz 带宽的 UPO1102CS（见图 8）市价在 2000 元左右，属于主流定价。

优利德数字示波器最高阶产品是 MSO7000X 系列，可提供最大 2.5GHz 带宽、最高 10GSa/s 采样率、最大 1Gpts 深存储、100 万帧 / 秒波形捕获率。总体可以作为一线仪器企业的技术实力证明。

优利德的中档示波器中新款的 UPO2000 和 UPO3000CS 系列都提供了 8 英寸触摸屏操作界面，支持手势操作，具备在 Fast Acquire 模式下具有 1000000 wfms/s 最高波形捕获率、超级荧光显示。UPO3000CS 系列可提供最高 500MHz 带宽和最大 70Mpts 深存储。

麦科信

麦科信是一家以手持示波器闻名业内的科技公司。手持示波器以电池供电、高移动性、小体积见长，特别适合现场快速测量。同时电池供电的示波器自带"浮地"优势，对电网引入干扰也有天然免疫，抗外界噪声能力较强。手持示波器市场基本都是外国产品的天下，且价格高昂，以前先有飞利浦后有福禄克，现今代表作是罗德与施瓦茨的 Scope Rider，国内厂商很少涉及高性能产品。麦科信近年来自主研发了多款手持示波器，一路走来其硬件结构、架构、性能不断精进。

麦科信手持示波器已发展到第 5 代，进入平板示波器时代。最新产品为 ETO 平板示波器（见图 9），ETO 在外形模具、显示屏、多任务系统等方面都有跃升，整体界面为 14 英寸一体触控屏（分辨率为 1920 像素 ×1200 像素），没有实体按键、旋钮。主推的高配 ETO5004 带宽为 500MHz，具有 3GSa/S 采样率和最大 360Mpts 深存储，以及 24 万次 / 秒的最大波形捕获率，性能堪比中档台式示波器。

麦科信入门级的 STO1000 平板示波器（见图 10）适合个人电子爱好者，主机为 8 英寸显示屏，提供触摸屏和实体键双操作，可选择 100~150MHz 主流带宽，最高 1GSa/s 采样率、28Mpts 单通道深存储、80000 帧 / 秒波形捕获率、数字荧光显示，总体配置不输于主流进阶型台式示波器。

汉泰电子

青岛汉泰电子有限公司在仪器业内也是老牌企业，产品线覆盖示波器、信号发生器、手持频谱仪、可编程电源、数字电桥等主流

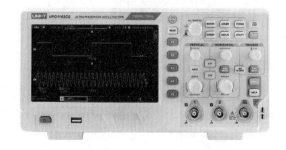

图8 UPO1102CS

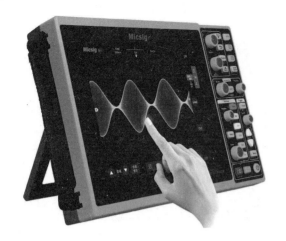

▌图 10 STO1000 平板示波器

通用仪器。早期其 USB 虚拟示波器在业内颇有名气。汉泰仪器产品以做工扎实、价格实惠闻名，市场上销量稳健，在手持仪器方面也颇有建树。

汉泰在市场上最受欢迎的是 TO1000 系列数字平板示波器，其外壳坚固，兼具示波器和万用表功能，特别受到汽修行业的青睐。硬件方面可提供 110 ～ 250MHz 带宽、8Mpts 深存储，大带宽产品配备主流的 1GSa/s 采样率和 25MHz 信号源。

汉泰的台式示波器入门级经济型产品具有很高的性价比，主力是其 DSO2000 系列，配置主流的 7 英寸彩色液晶屏、100MHz 带宽、双通道、1GSa/s 采样率、8Mpts 深存储，价格仅在千元水平。高配的 150MHz 带宽外加 25MHz 信号源的型号 DSO2D15（见图 11）也仅 1000 元出头。

汉泰自家的旗舰高性能示波器为 DPO7000 系列，配备 10.1 英寸多点触控电容屏，具有 500MHz 带宽、2GSa/s 采样率、256 波形灰度及色温显示、2Gpts 深存储、500000wfms/s 波形捕获率。功能方面集成有 16 通道逻辑分析仪、频谱分析仪、任意波发生器、数字电压表、6 位频率计、协议分析仪。

OWON利利普

OWON 的示波器以配备大液晶屏和超薄机身闻名，也是国内早期致力于制造示数字波器的科技企业之一。可能由于公司是小型彩色液晶屏的著名生产企业，所以其早期示波器很多都搭配了超越主流产品的大尺寸液晶显示屏，给用户留下了深刻的印象。OWON 示波器颜值高，多受到个人电子爱好者和教育机构的喜欢。

OWON 示波器种类较多，经济型示波器、进阶型示波器、高分辨率示波器、手持示波器、USB 计算机虚拟示波器都有涉及。产品特色是其台式示波器大多为超薄机身设计，外形美观，进阶型产品支持电池供电和选配 VGA 视频输出，除了低端产品，普遍配备 8 英寸液晶显示屏。

OWON 台式数字示波器入门级的有千元级的 NDS1000/DS2000 系列，主打 8 英寸大屏，同样为入门级的还有 EDS-E 系列。进阶型 EDS-C（见图 12）主打深存储、电池供电、VGA 输出（选配），NDS 系列主打高精度垂直分辨率，NDS4000 系列主打高性能、大带宽。NDS 系列中多款产品标称可提供 14bit 垂直分辨率。NDS4000 系列则可提供最大 500MHz 带宽、5GSa/s 采样率、400Mpts 深存储、600000wfms/s 波形刷新率性能，并配置了 10.4 英寸的多点触控显示屏。Ⓧ

▌图 11 DSO2D15

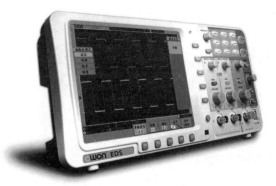

▌图 12 OWON EDS-C

精彩纷呈的 AI 小音箱一族

解放

自人工智能问世后，其应用领域不断扩大，如今已渗透进消费电子领域。电视机、音箱、投影机、摄像机、耳机、显示器、AV 接收机等全有踪迹可寻。下面我们来看看小音箱加上人工智能技术后有何变化，共同欣赏一下 AI 小音箱一族的风采。

Bose Smart Speaker 500

Smart Speaker 500 如图 1 所示，它是美国 Bose 公司推出的一款蓝牙 4.2 无线 AI 小音箱。该音箱箱体材料采用无缝阳极氧化铝，内部安装了两个指向相反、能产生左右两侧更宽声场的定制扬声器，配备了用于显示信息的 LED 全彩显示屏，触摸功能设置在箱体顶部。该音箱提供数以百万计的音乐列表、专辑等内容，并允许用户设置多达 6 种不同的预设。借助 Bose SimpleSync 技术，该音箱可以在 9m 内将一个 Bose 智能音箱与一个 Bose SoundLink 蓝牙音箱组合在一起，并完美地同步播放音乐，如果采用耳机听音乐，音乐同样稳定同步送达。

Smart Speaker 500 播放音乐的方式有很多种，在任何有 Wi-Fi 的地方，可以借助内置的 Spotify Connect、Apple AirPlay 2 和 Chromecast 播放音乐，也可以连接蓝牙播放来自移动设备上的音乐。

Smart Speaker 500 通过内置的谷歌助手和 Alexa，可以声控播放音乐。凭借 8 个话筒的设计，即使环境声很大，音箱依然能清晰感知用户发出的功能指令。

Smart Speaker 500 的 Bose Music

图 1 Smart Speaker 500

图 2 Boombotix Hurricane

应用非常广泛，用户可轻松体验专辑、电影和电视的音乐；用户可以将任何 Bose 智能音箱或条形声棒音箱组合在一起；用户可以在不同的房间听不同的音乐，或者同一时间在每个房间听同一首歌；电台、播放列表和音乐服务网站之间可以无缝切换；控制与管理操作简单，功能全面。

Smart Speaker 500 的大小为 170mm × 203mm × 109mm，质量为 2.14kg。

SoundHound Boombotix Hurricane

Boombotix Hurricane 如图 2 所示，是美国声音识别和语音对话智能技术的领先创新者 SoundHound 公司和 Boombotix 便携式扬声器公司合作推出的一款交 / 直流两用的便携式 2.1 声道 AI 小音箱。该款音箱外观呈多边几何形，内置一对功率为 5W 的中音扬声器、两个功率为 3W 的高音扬声器和一个功率为 10W 的超低音扬声器，由 TAS5711 D 类放大器驱动，结合回声消除话筒，给用户提供了高清音质，无论是双向通信的语音互动，还是音乐播放，给人的听感都很出色。该音箱通过在音乐管理中加入语音控制和人工智能，简化了家庭音频体验，改变了用户听音乐的方式，节省了用户的时间和精力。除音乐欣赏外，该音箱还能提供音乐知识、天气、体育、新闻、航班状态、游戏等信息。

Boombotix Hurricane 基于智能、环境感知和对话式语音交互功能，以及 Houndify Speech-to-Meaning 技术的应用，为满足用户的个性化聆听需求创造了条件，使用户能通过语音控制随心所欲地聆听音乐。

Boombotix Hurricane 的设计宗旨之一是使人们能够通过播放或哼唱的方式找到歌曲的名称。为了实现这一目标，SoundHound 开发了采用非文本检索系统来检索预存音乐的 Speech-to-Meaning 技术组合，它可以根据上下文感知的方式回答或处理语法复杂的问题。大多语音识别方案使用 Speech-to-Text 技术，会导致错误较多并且出现时延，极大影响用户体验。

Boombotix Hurricane 的大小为
216mm×203mm×127mm，质量为
2.3kg。

SKT Nugu candle

Nugu candle 如图3所示，是韩国电信公司 SKT 与美国电子商务公司 Amazon 合作推出的一款能提供360°全向声音的 AI 小音箱，与市场上大多数放置在客厅的音箱不同，其更适合在卧室使用。该款圆柱形音箱整合了亚马逊语音服务 Alexa，支持用户通过单个人工智能音箱享受基于英语和韩语两种语言的 AI 服务，可以获取订餐、音乐和天气预报等30种信息，所有功能均通过音箱顶部的触控单元（见图4）完成。考虑到驾驶员通常很难使用语音命令唤醒 Nugu，该公司为使用 Nugu 人工智能助手和地图导航应用程序的驾驶员开发了一个物理按钮，如图5所示，当在车内播放音乐时，驾驶员可以轻松访问语音助手。

Nugu candle 提供了17种不同照明颜色，适合在不同环境中使用营造气氛，包括为哺乳、就寝、读书等特定环境提供的主题灯、4种用于色疗的色彩灯，以及彩虹、篝火、极光、SSIKI 4种动画灯光，消费者可以使用音箱顶部的按钮或触摸板调节灯光亮度。它还提供了一个独特的"日出一早晨一呼叫"的功能，当用户设定他们想要醒来的时间后，音箱会从设定时间前30min开始逐渐变亮，模仿太阳升起，并发出自然鸟鸣的声音。

2022年1月18日，该公司宣布成功开发了升级版 Nugu candle SE，提升了音频质量，并升级了人工智能助手，使用户能够与其进行更自然的对话。

Cleer Crescent

Crescent 如图6所示，是美国 Cleer 公司推出的一款多声道 AI 小音箱，

图3 Nugu candle

图4 音箱顶部的触控单元

图5 物理按钮

图6 Crescent

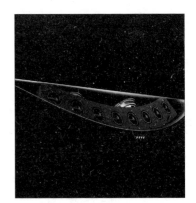

图7 Crescent 内部结构

Crescent 内部结构如图7所示，内置了8个功率为8W的全频强磁钕铁硼扬声器和两个功率为25W的强磁钕铁硼低音扬声器，以及两个增强低音效果的低频逆变管。为消除不必要的声波共振，箱体外观设计成拱形，其下部结构采用玻璃纤维加固。该月牙形音箱独特的弧线设计能更好地融入不同的家装风格，其防尘格栅网采用不锈钢材质，顶部控制面板采用拉丝铝材质。除了支持 Wi-Fi 和蓝牙无线连接方式，还可以通过 AUX 音频接口和 OPT 光纤接口连接其他模拟或数字音源设备。

为适应中国市场，Crescent 内置了腾讯小微语音助手和 QQ 音乐，用户可以声控音乐播放、音量调节、语音通话、闹钟设置、执行微信监听。内置的谷歌助手让用户不需要动一根手指，就可以控制媒体，获取新闻、天气等各种信息，并可以

控制用户的智能家居，通过拨打微信电话与移动设备进行交互。

Crescent 上的智能显示功能极大方便了用户对音箱状态的了解与控制：控制音箱时，指示灯亮白色；语音交互时，指示灯亮浅蓝色；话筒关闭时，指示灯亮浅红色。灯亮的数量代表音量大小。另外，在显示模式上，蓝色对应立体声加宽模式，红色对应3D环绕模式，绿色对应360°填充模式。

Crescent 借助谷歌助手的 DSP 沉浸声模式，提供立体声扩展、三维环绕声和房间填充3种音效模式，以适应听音乐、

看电影、玩游戏、派对聚会时烘托不同的气氛。

Crescent 的 大 小 为 660mm × 119mm × 184mm，质量为 5.5kg。

Sonos Move

Move 如图 8 所示，是美国 Sonos 公司推出的一款便携式蓝牙无线 AI 小音箱，由内置电池供电。该音箱内置一个向下发射的塑料波导，有利于声波向多个方向传播，并能在超宽声场中呈现清晰听感；一个扬声器向前发出声音，能确保中音准确，并可最大限度地提高低音输出。其话筒借助先进的波束形成技术和多声道回声消除技术，能实现快速、准确的语音控制和自动 Trueplay 调谐。该款音箱可在家通过 Wi-Fi 欣赏音乐，并可添加其他 Sonos 音箱，实现多房间播放功能。外出使用时，只需要按下按钮即可切换到蓝牙模式，依然能感受到超宽的低音和高音声场。Move IP56 等级的防尘防水和减震设计，可以轻松应对潮湿、雨、雪等天气和意外跌落。该款音箱可提供触摸、语音和 Sonos App 这 3 种操控方式，以中等音量连续播放可持续 11h，将其放在附带的无线充电底座上，即可快速充电。

Move 应用了 Sonos Auto Trueplay 校准技术，在 Wi-Fi 模式下，该技术借助音箱自带的话筒，可以自动测量声音在房间的墙壁、家具和其他表面的反射情况，以及周围环境的频率响应，根据音箱使用环境和播放内容相应地微调优化音质。一旦开始播放音乐，Auto Trueplay 随即开始跟踪调谐，当播放新内容或将音箱带到不同位置时，它会自动重新调谐，以确保无论放在哪里，声音都很棒。

Move 的大小为 160mm × 240mm × 126mm，质量为 3.0kg。

▌图 8 Move

▌图 9 Zeppelin

Bowers & Wilkins Zeppelin

Zeppelin 如 图 9 所 示，是 英 国 Bowers & Wilkins 公司推出的一款蓝牙 5.0 无线 AI 小音箱，是一款针对现今流媒体时代，旨在将高保真立体声与全面的智能互联功能和服务相结合而设计的无线智能音箱。该款音箱提供深黑和浅珍珠灰两种哑光塑料箱体的外观，独特而优雅。从正面看它似橄榄球状，有针织物包裹的格栅。Zeppelin 内部结构如图 10 所示，内置两个去耦圆顶铝制高音扬声器、两个中音扬声器和一个安装在结构中心的超低音扬声器。Bowers & Wilkins 具有专有的固定悬挂传感器技术，音箱整体音色平衡自然、低音深沉、中音温暖，凭借优异的力度和强大的低音，即使在低音量下，也能提供颇佳的听感。

Zeppelin 基于 iOS 和 Android 的音乐应用程序更进一步扩展了 AI 应用，将许多最受欢迎的高质量流媒体服务、广播电台和播客汇集在一个平台上，并在音质和用户体验方面都有所突破。

Zeppelin 对 Spotify Connect 功能的兼容也为其组成无线多房间音乐播放系统奠定了基础，只要用户家里同时有几台能支持 Spotify Connect 功能的音响，并确

▌图 10 Zeppelin 内部结构

保计算机或手机与 Zeppelin 保持在同一网络环境下，就可以实现在不同区域无间断听歌的功能。

Zeppelin 的 频 率 响 应 范 围 为 35Hz~24kHz，输出功率为 240W，大小为 50mm × 210mm × 194mm，质量为 6.5kg。

Harman kardon Invoke

Invoke 如 图 11 所 示，是 美 国 Harman Kardon 公司推出的一款无线 AI 小音箱。该款音箱可提供石墨和珍珠银两个版本，Invoke 内部结构如图 12 所示，安装了 3 个低音扬声器、3 个高音扬声器和两个有益于增强低音效果的无源辐射器。其中不同指向的高音扬声器创造了清晰的高频和超宽的声场，不同指向的低音扬声器除确保忠实呈现中音外，还能最大限度地提高低频的输出。音箱采用已针对

音箱独特的声学架构进行了完美调谐的两个 D 类数字放大器，支持 AAC、MP3、WMA、FLAC 等常见音频编码格式的音乐播放。Invoke 的功能操控大多在顶部触摸控制面板上进行，音量通过左右旋转顶部圆环调节。顶部中间的蓝色 LED 指示灯亮起，表明 Cortana 智能助手已开始执行 AI 人工智能赋予的声控功能。

　　Invoke 应用了 Harman 公司专有的 SONIQUE 远场语音识别技术和 360° 自适应技术，确保了用户无论在什么方向，均可体验到顶级音效。借助音箱内的 7 个话筒阵列，可以识别来自任何方向的语音命令。

　　Invoke 的频率响应范围为 60Hz~20kHz，额定功率为 40W，直径为 107mm，高为 241mm，质量为 1.03kg。

Amazon Echo（4th Gen）

　　Echo（4th Gen）如图 13 所示，是亚马逊推出的第 4 代蓝牙无线 AI 小音箱。该款球形外观的箱体有多种颜色设计供用户选择，如果喜欢把音箱放在孩子的卧室里，用户可以选择带有动物图案的儿童版（见图 14）。Echo（4th Gen）内部结构如图 15 所示，内置一个钕低音扬声器、两个高音扬声器，与 Dolby Audio 兼容使它能提供丰富、细腻的优质声音。除通过音箱顶部功能区进行操控外，还可以借助 4 个话筒进行远场语音控制，即使在嘈杂的环境或处于音乐播放中，它也能清晰听到用户的指令。Alexa 通过云端自动更新，并能在不断学习中添加新的功能。

　　Echo（4th Gen）非常酷的是其底部的 LED 发光环设计，它会根据用户 Alexa 账户的状态改变颜色，与 Alexa 交互时，蓝色和青色交替出现的脉冲环光表示设备正在响应请求；黄色旋转意味着音箱正在连接到用户的 Wi-Fi 网络，闪烁表示将有

▌图 11　Invoke

▌图 12　Invoke 内部结构

一条消息呈现；稳定的红色表示用户已将话筒静音；绿色闪烁表示用户正在接听电话，或者有人正在访问设备；紫色闪烁意味着在 Wi-Fi 设置过程中发生了错误，或者设备连接有问题；橙色表示设备遇到互联网连接问题；白色表示正在调整音量或者音量按钮卡住。

　　Echo（4th Gen）的大小为 144mm × 144mm × 89mm，质量为 0.97kg。

LINE Clova Wave

　　Clova Wave 如图 16 所示，是日本 LINE 公司与韩国 Naver 公司合作推出的一款旗舰级蓝牙无线 AI 小音箱。该音箱内部安装了一个功率为 20W 的低音扬声器和两个功率为 5W 的高音扬声器，顶部和底部设有 LED 彩色状态显示灯，

▌图 13　Echo（4th Gen）

▌图 14　儿童版 Echo(4th Gen)

▌图 15　Echo(4th Gen) 内部结构

顶部有触摸按钮，用户也可通过 Clova 智能个人助理声控完成控制。Clova 可以与用户进行随意、自然的对话，而不是简单地一次问一个问题。LINE 旨在创造一个人工智能无缝融入每个设备、场景和环境的世界。该音箱内置美国高通公司 4 核 Qualcomm APQ8009 处理器和 Conexant 公司 4 个 MEMS 话筒远场语音输入处理器，RAM 为 1GB DDR3，内存为 8GB eMMC，音箱运行由内置的 5000mAh/3.8V 电池提供动力。流行卡通人物外观的 Clova CHAMP（见图 17）成为 Wave 更休闲、更便携的版本。

Clova Wave 所结合的 Line Music 是音乐流媒体服务，它将现有的 Line Messenger 应用程序与娱乐系统相结合，用户不仅可以享受多元音乐风格的曲目，还能随意点播流媒体音乐。借助动态歌词功能，用户可以随时随地练唱。在 A.I. DJ 智慧推荐功能中，借助 AI 技术，运用数据库可以自动分析用户在音乐风格与艺人喜爱上的偏好，通过快速搜寻比对，向用户推荐智慧歌单，甚至还可在线留言、发送爱心点数，与偶像互动。

Clova Wave 的大小为 86.3mm×139.8mm×201.1mm，质量为 0.998kg。

图 16 Clova Wave

图 17 Clova CHAMP

Libratone Zipp 2

Zipp 2 如图 18 所示，是小鸟创新（北京）科技有限公司沿用收购的丹麦品牌 Libratone 推出的一款蓝牙无线 AI 小音箱。该音箱内置一个软圆顶铝制钕高音扬声器，它能够快速响应并带出高亢且清澈的高音，营造音乐厅级别的临场空间感。一个振膜使用"长纤椰壳合成纤维"的钕低音扬声器，纤维良好的韧性使得它更能应对音乐播放时所产生的高速高频振动，让声音共振效果更为平均与扎实，更能呈现音乐本身的

图 18 Zipp 2

深沉低音。音箱两侧安装了两个椭圆形低音无源辐射器。Zipp 2 的智能环境校准功能可根据放置位置自动调节音效。箱体格

栅的织物外衣采用意大利顶级 Cashmere 羊毛／羊绒编制而成，通过底部的拉链可方便地更换样式或颜色。音箱内置电池单次充电可续航 12h，设有 Wi-Fi、蓝牙、USB 等多种端口。

Zipp 2 应用了 FullRoom 专利技术，该技术类似声波乐器发声的满室声音技术，会将声波同时均衡地向四面八方传播。借助各自经由墙壁反射回来的声波，整个房间犹如一个均质的共鸣箱，让聆听者处于任何一个方向都能感受到相同的声音效果。

Zipp 2 设计了 PlayDirect 模式，在该模式下音箱本体像路由器一样会发射 Wi-Fi 信号，即使未处于 Wi-Fi 环境下，音箱亦能与 macOS、iOS、Android、Windows、Smart TV 等系统连接播放音乐，且仍能维持较高音质。

Zipp 2 搭载腾讯叮当 AI 语音助手，用户可以通过语音来搜寻、控制音乐播放，查询天气、新闻、在线翻译，控制智能家居等。

Zipp 2 的频率响应范围为 45Hz~20kHz，最大功率为 100W，大小为 122mm×262mm×122mm，质量为 1.5kg。

Sony LF-S50G

LF-S50G 如图 19 所示，是日本索尼公司推出的一款蓝牙 4.2 无线 AI 小音箱。内置 360°双向面对扬声器系统，包括一个向上发射到两级的全频高音扬声器、一个携带反射端口向下发射的低音扬声器、一根阻尼低音反射导管和一个全向两级扩散器。该音箱能将声波均匀有效地传播到整个房间，旨在创造 360°的声音覆盖，无论站在房间的哪个位置，用户都能听到品质同样优异的声音，无须像传统音箱那样千方百计

▋图 19 LF-S50G

▋图 20 Sound X

▋图 22 灯光效果

造就聆听的最佳位置。除了蓝牙和 Wi-Fi，它还支持 Nest、Phillips Hue 和 ifttt 等多种 IoT 平台，LF-S50G 还可通过与同样具有 NFC 功能的设备配对，获取设备上的音乐曲目。这款 IPX3 防水音箱如果脏了，用户可以尝试水洗。

LF-S50G 在操控上增加了免触摸的手势控制功能，通过顶部的运动传感器作出响应。在音箱顶部做不同手势，它就可以即刻完成召唤谷歌助手、播放和暂停音乐、更换音轨和控制音量等功能。另外，音箱具有自动音量控制功能，可以根据使用环境自动调整音量。

LF-S50G的一大特点是有显示功能。隐藏在织物内格栅处的一个独特的 LED 显示屏可以显示时间、警报、音量、视频节目等。如果不想显示，可以将显示功能完全关闭。

LF-S50G 的高为 162mm，直径为 110mm，质量为 0.75kg。

Huawei Sound X

Sound X 如图 20 所示，是华为公司与法国 Devialet 公司联手推出的一款无线 AI 小音箱，箱体虽小，却能让用户感受到澎湃的低音冲击力。Sound X 内

▋图 21 Sound X 内部结构

部结构如图 21 所示，内置 6 个高音扬声器，每个高音扬声器都经过单独设计，以获得最佳音质，并能将高端频率推高至 40kHz。还有两个由高磁性钕铁硼制成，能产生巨大振动的超低音扬声器，频率可以下潜至 40Hz，振幅为 20mm。音箱结合自动声场感知功能，可以使音乐更具活力。Sound X 被认证为高保真音箱，可以确保呈现真正的无损音频。其灵敏度也非常高，能以最小的功率输入产生巨大的声音，即使声压达 SPL93dB，原始录音中的每一个细微差别均能清晰重现。除蓝

牙外，Sound X 还兼容 UpnP、Wi-Fi、NFC 和 Android 远程应用程序。它凭借其时尚的外形、触摸感应按钮、光滑的表面，以及按钮周围能随着节拍流动和变化的五颜六色的灯光效果（见图 22），为用户聆听音乐增加了气氛。

Sound X 应用了 Devialet 公司的 SAM 低音增强技术，该技术根据音箱的特性定制声音，这意味着其两个超低音扬声器会再现源音乐的原始声音信号，播放与预期完全一样的高保真音频。结合华为声音算法，让人在均匀的 360° 巨大声场中体验令人惊叹的虚拟家庭影院环绕音效。

Sound X 为确保始终如一的高保真音质音色，在有限空间内置了超低音扬声器的 Devialet 专利推一推声学设计，通过该技术方案让扬声器彼此对对方的振动抵消，每个低音扬声器产生的回波推力对高音量下产生的噪声进行消除，显著抑制了失真问题，改变了传统音箱扬声器单元在高音量下产生抖动的问题。

Sound X 的频率响应范围为 40Hz~40kHz，总功率为 65W，高为 203mm，直径为 165mm，质量为 2.9kg。✕

漫谈国产仪器之
手持万用表

▌杨法（BD4AAF）

　　万用表是电子综合类测量仪器的"祖师爷"，是用来测量电子电路中电压、电流、电阻的最基本的多功能工具，广泛应用于电子行业。万用表从架构上可以分为两类：早期的机械指针万用表和现代的电子数字万用表。我国在生产万用表方面颇有历史和成就，尤其是机械万用表。在机械指针万用表流行的时代，我们做到了独立生产，自给自足。在数字万用表流行的时代，国产手持数字万用表成为中、低端产品的霸主，为数字万用表的普及和低价位做出卓越贡献。在国际市场上通过OEM、ODM以及直接出口，中国制造的手持万用表占据了一定的市场份额，成为我国出口量排名第一的电子仪器。

▌图1 国产天花板级的
指针万用表 MF35

国产手持万用表的沿革

　　在新中国成立之前，万用表也被称为"三用表"，主要依靠进口，属于高档测试仪器，价格不菲。大多数个人电子爱好者到电子元器件商店蹭公用的万用表。新中国成立之后，工业对万用表需求很大，初建的仪电系统各个相关厂商都将万用表（机械指针型）的自主生产作为重点技术攻关。其中名气最大的是上海第四电表厂，它底子厚、技术能力强，设计和生产出多款具有里程碑意义的经典万用表。上海第四电表厂最早来源于"公私合营震亚电表厂"，后改名"公私合营震华电器厂""上海震华电器厂""上海遵义电表厂"，后期改名为"上海第四电表厂"，产品使用星牌商标。

　　上海第四电表厂出品过国内天花板级的机械指针型万用表MF35（见图1）、MF18以及高灵敏度万用表MF10。高精度的MF35和MF18均为直流精度1.0级和交流精度1.5级，主要应用于实验室。精度更高的仪表是单功能的专用高精度表。高灵敏度的MF10采用少见的100kΩ/V直流灵敏度的磁电表头，以非有源放大电子电路提供传统万用表中罕见的10μA量程挡和100kΩ电阻量程挡，不但可以用来测量微小电流，也可以测量兆欧级的高阻值电阻。制造高精度的机械指针万用表，电路不是关键，高线

▌图2 电子行业曾经最
普及的 500 型万用表

性、高灵敏度的机械表头和高准确度的电阻才是当时的技术难点。由于碳膜电阻普遍误差较大且不稳定，早期高精密电阻大多采用精密线绕电阻。后期产品中，金属膜电阻和后来的色环电阻精度不断提高，慢慢取代了早期电路中广泛使用的精密线绕电阻。MF35、MF18、MF10作为当时国内的高端机型，能生产它们的企业很少。500型万用表（见图2）在20世纪60~70年代，成为当时电子

行业国家单位拥有量最多的万用表。几乎所有的电子工程师都使用过 500 型万用表，500 型万用表成为国产万用表一代经典。500 型万用表是一款定位于普及型的通用万用表，直流精度为 2.5 级，交流精度为 5.0 级，早期使用外磁表头，后期改用内磁表头，控制结构通过双量程切换波段开关组合，工作比较有特色。500 型万用表在技术参数上虽然不是顶级的，但考虑到其成本和生产难度，总体来看性能均衡、实用性强。500 型万用表的鼻祖是早期震亚电表厂出品的 500 型，借鉴了英国温莎万用表原型机。

20 世纪 60 年代初，上海震华电器厂研制和定型了如今我们广为看到的 500 型万用表。500 型万用表定型后，在全国仪电行业中广为生产。当年国营厂商不关注技术保密和专利，同行业兄弟单位间技术完全公开，对于技术力量薄弱的同行，还专门派人员上门传授经验、指导生产，体现了社会主义大家庭共同进步、共同发展的理念。500 型万用表到底有多少厂商在生产，谁也说不清，从国营电表大厂到校办工厂均有出品，当然客观上其品质存在差异。各厂商生产的 500 型万用表主要标称技术指标一样，大厂的产品在制造工艺和部件上精益求精，体现了我国仪电行业的"工匠精神"。如在表面增配指针读数反光镜，反光镜采用铜镀镍材质，历久常新。线绕康铜丝高精度电阻、铝合金刀片指针、镀银触点、电镀螺丝、陶瓷骨架波段开关、胶木外壳、牛皮提手等细节更是不胜枚举。

一般的机械指针万用表测量电压时，内阻较小会造成一定影响。不同型号的万用表内阻不同，客观上造成了测量数据的差异。使用同一款万用表，内阻相同可以避免上述问题，所以有很多早期电子设备和仪器的维修资料都注明是用 500 型万用表测量所得的数据，甚至有些电子装备在维修配件中，还特别提供一台 500 型万用表。500 型万用表地位稳固，广泛应用于各个电子行业，直到数字万用表出现。

MF47 万用表（见图 3）是机械指针万用表后期的代表作，成为继 500 型万用表后人气最高的机械指针万用表。MF47 万用表出现于 20 世纪 70 年代中后期，20 世纪 80 年代开始广泛生产和使用。与 500 型万用表结构不一样，它采用单波段开关用于功能和量程切换，操作相对直观。MF47 的标称精度与 500 型相当，直流精度为 2.5 级，交流精度为 5.0 级，早期使用外磁表头，后期改用内磁表头。MF47 实际使用性能略逊色于 500 型万用表，但其体积小巧、质量轻、便于携带、操作方便、价格实惠，后期的用户无论是电子工程师还是业余无线电爱好者都更喜欢 MF47。MF47 有多个生产厂商，其中南京电表厂的产品做工最为精良。

数字万用表是发展的趋势，我国仪电行业早就关注主流技术。早在 20 世纪 70 年代，我国多家电表厂就开始参与数字万用表的研发工作，并生产出实体台式数字万用表。当时甚至还没有 8 字

图 3 人气很高的机械指针万用表 MF47

发光二极管，更没有彩色液晶屏，最早期数字万用表是使用辉光电子管来显示数字的。早期哈尔滨无线电七厂和南京电表厂成功研制了数字万用表，代表产品是哈尔滨无线电七厂生产的 JSW-1 和南京电表厂生产的 PF-2。20 世纪 80 年代天津市无线电一厂研制了基于集成电路的数字万用表 DF6A。之后上海第四电表厂研制了荧光管显示、具备自动量程的 PF11 数字万用表。这里提到的台式表虽然也是数字万用表，但与手持数字万用表还是有很大不同的，手持万用表并不是将台式表体积缩小，并用使用电池供电那么简单。

20 世纪 80 年代中期，我国多家无线电厂引进手持数字万用表生产设备，揭开了数字万用表时代的序幕，代表性的产品为 DT830、DT890。其间国内还有厂商技术人员参与了数字万用表专用芯片的研发工作，研制了以 FS9721 为代表的自动量程数字万用表芯片，该系列芯片有效降低了自动量程万用表的成本和电路复杂度，后来被广泛应用，包括出现在世界大牌万用表上。不要看 DT830 其貌不扬，只有 3.5 位精度，它是国产手持数字万用表的先锋，很多企业都是从生产 DT830 起步的，它也是很多电子爱好者的第一台手持数字万用表。DT830 生产厂商很多，版本也很多，早期从境外引进生产线，后期小作坊都能装配 DT830。在各个厂商不断改进的情况下，DT830 的生产成本不断被压缩，主控芯片由双列直插硬封装 IC 改为 COB 软封装，性能也有一些缩水。

20 世纪 80 年代中后期，首批国产手持数字万用表大量出现在市场上，当时比较有名的国产大牌有 VICTOR（胜利）、mastech（华仪）、南京金川以及贵阳无线电二厂的产品。

20 世纪 90 年代中后期，高位数、多功能、大显示屏的国产手

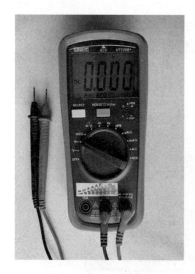

▌图4 优利德高性价比入门家用表 UT136B+

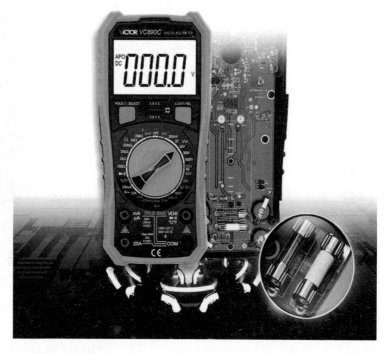

▌图5 堪称经典的胜利 VC 890C+

持数字万用表大量出现，手持万用表的性能和功能都得到了提升和增强。早期引进的生产线、制造技术完全被消化，各厂商除了能完全自主生产，还开发出各种多功能产品，包括数字交流钳表、笔型万用表等。同时，有更多的民营企业加入手持数字万用表的制造大军。到2010年以后，很多企业开始推出自己品牌的数字万用表，利用行业品牌影响力拓展新业务。这些企业的万用表产品大多通过 OEM 代工生产，大厂代工品质有保障，主打工程实用型产品，使市场上万用表品牌得到了很大的丰富。

国产手持万用表主力品牌

优利德（UNI-T）

优利德以万用表起家并闻名业内。优利德的手持数字万用表以做工实诚、品种多样、功能丰富、售后负责闻名国内外。虽然优利德数字万用表尚不算我国数字万用表的鼻祖，但经过多年不懈努力，在国内已成为工程师和爱好者心目中的国产第一品牌。优利德独树一帜的红色品牌标志色也深入人心，增加了品牌识别度。优利德万用表覆盖低端和中端产品，产品线很宽，产品系列很多，无论是家用廉价表还是高可靠性、高分辨率的中高档工业用表，优利德都提供了多种选择方案，刚刚关注优利德万用表的朋友一定会眼花缭乱。优利德还提供 OEM 代工，不少耳熟能详的数字万用表实际都是由优利德制造的。

优利德数字万用表不时就会有佳作，成为很多无线电爱好者心目中的超高性价比的"神表"。近些年来，优利德中档的 UT61E 和 UT61E+ 在四五百元价位，提供了中档万用表的规格和性能，同类产品国外品牌至少贵上一倍。入门级产品中 UT136B+（见图4）和 136C+ 以百元出头的价位，提供了主流的自动量程万用表的功能，并且做工和性能都不错，尤其是测量速度方面赶超售价数倍于它的产品，给使用者带来了很棒的操作体验。

胜利仪器（VICTOR）

胜利牌的数字万用表具有悠久的历史，胜利仪器是最早一批制造手持数字万用表的企业，可算得上"中华老字号"。胜利万用表以朴实和实惠著称，老一辈爱好者几乎没有不知道胜利数字万用表的，胜利万用表也是很多人拥有的第一台国产数字万用表。胜利万用表产品线很宽，有低价位的入门级系列，也有中档的工业级表，还有特种的高压万用表、卡片万用表，以及时髦的智能识别万用表。此外胜利仪器还有多款不同档次的数字钳表。

胜利仪器最具代表性的数字万用表要算其 890 系列，其中堪称经典的胜利 VC 890C+ 如图5 所示，该系列产品历史悠久，从很早就开始生产，产品特点是手动量程和具备较高的测量精度，历

华夏智造: 国产仪器仪表助力科技强国（3）

经多次改版升级，功能不断增加，性能也有提升，堪称胜利仪器的经典，也一直是百元价位表的常青树。

胜利仪器的过程万用表和手持校验信号源仪表，以价格实惠、简便好用出名，在基础场合应用甚多。VC77、VC78、VC79、VC04、VC05 都是热门产品，国内外销量颇大。

华仪仪表（Mastech）

华仪仪表是数字万用表业内"元老"级的品牌，产品采用深绿色为标志色。Mastech 的万用表以优质、优价著称，尽管价格不是最便宜的，但坚守做工和品质，安全性令人放心，其工业用表经久耐用，为工厂生产线专业用户所喜欢。绿色标志色的华仪万用表 MS8265 如图 6 所示，华仪的产品广告很少，尽管是老品牌，但非专业人士知之甚少。华仪产品术业有专攻，在与"电"相关的测量仪器方面产品齐全，质量可靠。

华仪仪表手动量程全保护的 MS8261、4.5 位显示的 MS8265、自动量程的 MS8268 深受很多懂行的无线电爱好者喜爱。早期 MY60、MY61、MY64 结实耐用，为不少工厂流水线所配备。

华盛昌（CEM）

CEM 早期也是专业生产数字万用表的厂商，后期研发生产多种小型便携测量仪器。早期 CEM 的万用表偏向专业用户，主打工业表，产品性能与品质并重，做工一向很好。其数字万用表是业内公认的国产好表。CEM 在业余无线电爱好者市场上名不见经传，在价格和款式并不吸引普通非专业用户。

CEM 有高级专业型数字万用表，面向专业市场和出口，包括 DT-9979 万用表，智能热成像万用表，彩屏、具有 10MHz 示波功能的 DT-9989 万用表，彩屏、高分辨率、具有趋势捕获功能和大存储的 DT-9979、DT-9987 万用表。这些高端表都展现了 CEM 的技术实力。

众仪（ZOYI）

ZOYI 虽然成立较晚（成立于 2015 年），但"掌门人"与最早期的国内数字万用表生产厂商贵阳无线电二厂有着深厚的渊源，是一位万用表专家、懂数字万用表的工程师。想当初，贵阳无线电二厂引进国内第一条手持数字万用表 DT830 生产线，拉开了国产手持数字万用表的序幕。众仪万用表自己设计，自己生产，算得上近年来新品牌中少数真正有技术实力的企业。

众仪推出的数字万用表在电路和功能上设计新颖，虽然一些低价位产品限于成本，不可能处处细节完美，但亮点颇多，很吸引无

▌图 6　绿色标志色的华仪万用表 MS8265

▌图 7　众仪高性价比万用表 ZT219

线电爱好者，给市场注入了新活力。众仪电测多款主力产品定位于家用入门级市场，在 50 元和 100 元档次都人气颇高。众仪的一款网红产品 ZT219（见图 7）150 元左右的价格，提供 4.5 位显示、真有效值测量，颇得无线电爱好者赞赏。众仪万用表的液晶反显、防折断支架、按键万用表、App 蓝牙远程共享万用表、全自动识别万用表等新概念都很吸引电子爱好者的眼球。⊗

业余卫星通信（1）

概论一

李英华 纽丽荣 张宁 戴慧玲

作为业余无线电通信的重要组成部分，业余卫星通信的出现是业余无线电通信发展史上的里程碑，引发了业余无线电爱好者研究和探索无线通信的极大兴趣，推动了业余无线电的迅速发展。首先介绍业余无线电通信的起源和发展及业余电台的发展和应用；其次介绍业余卫星通信的发展历史及目前发展状况，以及可用于业余无线电通信的频率和相关使用要求；最后主要介绍我国与业余卫星通信管理相关的政策法规。

业余无线电通信简介

业余无线电通信的起源

1901 年，马可尼用大功率发射机和庞大的天线实现了跨越大西洋的无线电通信。先驱们的行动激励了世界各地大批业余无线电爱好者研究和探索的兴趣，澳大利亚、英国和美国分别于 1910 年、1913 年、1914 年成立了业余无线电爱好者组织。1923 年，两位美国业余无线电爱好者在本国利用短波互相通联时，法国的一位爱好者意外在欧洲听到了他们，于是，3 人完成了这次具有历史意义的远距离通信。在随后的实验中，他们发现在相同发射功率下，波长越短，通信距离越远，只要波长适当，只需较小的功率就能实现远距离通信。这一重大发现，是无线电发展史上重要的成就之一，为全球短波通信奠定了基础。

图1 2020 年中国业余无线电节（55 节）各区活动台标

中国的业余无线电活动开始于 20 世纪初期，科学技术和无线电广播在华夏大地的萌动，激起了人们对无线电技术的爱好与追求。在当时极其简陋的条件下，不少老一辈业余无线电爱好者怀着"以科学报效祖国"的理想，从手动制作简单的矿石收音机起步，慢慢提高自己的收信水平直至实现发信，成为掌握无线电通信技术的先锋。1937 年，很多业余无线电爱好者直接奔赴抗日前线，组成了"业余无线电人员战时服务团"。爱国的业余无线电爱好者克服地理阻碍，于 1940 年 5 月 5 日以红糟房为主会场，举行了一次全国性的空中年会。在这次年会上，大家一致同意设立该日为"业余无线电节"。每年的 5 月 5 日便成为我国业余无线电爱好者的节日

——中国业余无线电节，2020 年中国业余无线电节（55 节）各区活动台标如图 1 所示。中华人民共和国成立后，我国经历了一段较长的酝酿和过渡时期，1992 年，经国务院批准，我国恢复开放个人业余业务。从此，我国的业余无线电活动进入了一个新的阶段。

在科技迅速发展的今天，无线电通信已经深入人们日常生活的各个领域。业余无线电通信是整个无线电通信世界的一个重要组成部分。成立于 2010 年 10 月 29 日的中国无线电协会业余无线电分会作为广大业余无线电爱好者与国家无线电管理机构之间的桥梁和纽带，组织开展了丰富多彩的业余无线电活动，各地的业余无线电爱好者积极加入普及通信知识和操作技

能的活动中，并时刻准备在突发灾害到来时为社会服务。同时，它也在世界性业余无线电组织中代表我国业余无线电爱好者发声，开展必要的合作和协调工作。

目前，全世界拥有电台呼号的业余无线电爱好者约有 300 万人。如果你能够学习业余无线电通信的基础知识，掌握电台操作技能，按照国家无线电管理机构规定的标准和方法，通过操作技术能力考核，经过正式申请审批后，便能拥有自己的业余电台和呼号，与国内外的"火腿"进行空中对话了。

业余电台

国际电信联盟（ITU, International Telecommunication Union，以下简称"国际电联"）《无线电规则》对"业余业务"的定义是：供业余无线电爱好者进行自我训练、相互通信和技术研究的无线电通信业务。业余无线电爱好者系指经正式批准的、对无线电技术有兴趣的人，其兴趣纯系个人爱好而不涉及谋取利润。

用于业余业务的电台被称为业余电台，业余无线电爱好者操作电台必须取得国家主管部门核发的业余电台执照，业余电台只能用于实践通信操作、参加通信技能比赛等自我训练，除经批准的业余信标台等特殊种类电台之外，其他业余电台只能在业余电台之间进行双向通信而不得进行单向广播，其通信内容只限于业余无线电技术研究、试验和交流等，并可公开供其他业余无线电爱好者接收。

"业余"只表示业余无线电通信不带有金钱目的。与其他专业无线电通信行业相比，业余电台的安装、操作、维护通常由同一个人完成，因而我国和其他各国一样，要求任何设置、使用不同类别业余电台的人都必须具有符合国家无线电管理机构规定的操作能力。业余无线电爱好者之中不乏具备良好无线电专业知识和实践经验的人才，只是他们的研究兴趣通常聚焦在其他行业认为没有商业价值的领域。当各国争抢发展地球静止轨道卫星时，他们潜心研究低轨卫星；当星球大战计划放弃利用月球时，他们热衷于 EME 月面反射通信试验；当专业通信逐渐退出不稳定的短波时，他们致力于为短波注入活力的新通信模式开发。每当业余无线电爱好者的成就显露商业价值时，他们又以转向开辟"新荒地"为乐趣。

业余无线电在突发灾害事件中有着积极的作用，早已被世界各国所公认。近年来，在 1995 年日本神户地震、2001 年美国的"9·11"恐怖袭击事件，以及 2004 年的东南亚大海啸等突发事件中，都有业余无线电爱好者做出贡献的事迹。随着我国业余无线电活动的深入发展，我国业余无线电爱好者也创下了可圈可点的业绩。

同时，世界各国的业余无线电爱好者对无线电通信技术的发展也起到了重要的推动作用。在地面和空间业余无线电通信，如短波通信、无线电数字通信、无线电图像通信、流星余迹通信、月面反射通信、低轨卫星通信等领域，业余无线电爱好者们都留下了不断探索的身影。在提供突发灾害时的应急通信服务，增进世界各国人民的交流与合作，培养青少年科技素质等方面，业余无线电通信更是发挥了独特的作用，展现了巨大的潜力。

业余卫星通信简介

根据通信使用到的"媒介"或"中继"不同，业余无线电通信可大致分为地面业余无线电通信和空间业余无线电通信两类。地面业余无线电通信主要利用电离层反射传播或地波传播开展的业余无线电通信；空间业余无线电通信主要利用天体或人造卫星开展的业余无线电通信，如业余卫星通信、流星余迹通信和月面反射通信等。ITU《无线电规则》不仅对"业余业务"做出了定义，还给出了"卫星业余业务"的定义：利用地球卫星上的空间电台开展的与业余业务相同目的的无线电通信业务。

发展历史

业余卫星通信的起源，可以追溯到"太空时代"的开始，自 1957 年第一颗人造地球卫星升空，业余无线电爱好者便开始了业余卫星通信的研究，并启动了第一个业余卫星制造计划，即 OSCAR（Orbiting Satellite Carrying Amateur Radio）项

链接

"火腿"一词译自英文"HAM"。无线电爱好者自称"HAM"，一说源于 19 世纪初美国哈佛大学一个名为"HAM"的业余电台，这个呼号来自于该电台的创建人埃尔伯特·海曼（Elbert Hyman）、鲍伯·阿尔美（Bob Almay）和普姬·默里（Poogie Murray）三人姓氏的首字母。在 19 世纪初，无线电处于萌芽初期，对于无线电频率也没什么规划，业余无线电爱好者可以任意使用频率，自行决定呼号，有些业余电台收发性能更优于专业电台。这一现象引起了美国国会的注意，美国国会开始计划制定严苛的法规来打压业余无线电台。埃尔伯特·海曼时为哈佛大学的学生，在该法案的检讨委员会上慷慨陈词，使这项法案获得重视，HAM 电台更成为业余无线电爱好者在那个备受争议的年代中一个坚强的战斗堡垒，为业余无线电甚至整个无线电的发展和规划做出了积极贡献。因此，后人便将"HAM"与"业余无线电"划上等号，并将业余无线电爱好者称为"HAM"。还有的说是因为最初的无线电爱好者操作手法不熟练，或者被认为是"不务正业的"，这个群体就被叫作"HAM"。

目。该项目在 20 世纪 60 年代共发射 4 颗业余卫星，其中第一颗业余卫星被命名为 OSCAR-1，于 1961 年 12 月进入近地轨道。

1969 年，美国成立了业余无线电卫星组织（AMSAT），随后阿根廷、澳大利亚、巴西、智利、丹麦、德国、意大利、印度、日本、韩国、马来西亚、新西兰、葡萄牙、苏联、南非、西班牙、瑞典、土耳其和英国也相继成立了 AMSAT。这些组织都以非营利性公司的方式独立运营，在大型卫星项目及其他感兴趣的项目上展开合作，筹募制造和发射业余卫星必要的资源，组织世界性的业余卫星项目团队。50 多年来，各地 AMSAT 在提高空间科学、空间教育和空间技术方面发挥了关键作用，其将继续对业余无线电的未来科学和商业活动产生深远的积极影响。

随着航天技术的进步，卫星发射成本降低，业余卫星发射机会快速增加，业余卫星通信也变得相当普及，划分给业余卫星业务的频率也越来越紧张。国际业余无线电联盟（IARU）在世界卫星业余业务的发展中发挥了越来越重要的作用，参与了 ITU 的相关建议书、技术标准等文件的编写，IARU 第一、二、三区组织所制定的业余频率规划成为业余卫星设计者选择频率必须遵守的参考资料。近 10 年来全球从事业余卫星业务活动的业余无线电爱好者也达成了共识，所有业余卫星在制造发射之前都会先向 IAUR 的业余卫星协调机构提交业余卫星频率协调申请，得到协调确认之后再完成国际电联的相关注册流程。

从 1961 年开始，根据业余卫星的设计与飞行特征，业余卫星发展历程大约可分为以下 3 个阶段。

第 1 阶段发射的卫星大多使用年限较短，只进行简单的信号收 / 发实验，这一阶段的代表卫星有 OSCAR 系列 1 号

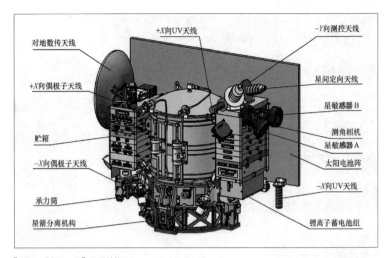

图2 "龙江二号"卫星结构

（OSCAR-1）至 5 号（OSCAR-5）等。1961 年 12 月 12 日发射的 OSCAR-1 卫星，仅在轨停留了 22 天，就有 28 个国家及地区的 570 多名业余爱好者接收到其信号。OSCAR-3 卫星在轨停留了 18 天，22 个国家及地区的 1000 多名业余爱好者接收到其信号。

第 2 阶段发射的卫星不但使用年限较长（大多数使用年限在 10 年以上），而且在卫星上装载了线性转发器、数字自动转发器，以及其他各种通信设备，现在使用的不少卫星（如 AO 系列 6 号至 8 号、RS 系列、Fuji-OSCAR 系列等）都是这一阶段发射的。其轨道很低，所以到达地面的信号非常强，使用简单的设备就可以进行卫星通信实验。但低地球轨道卫星绕地球运行的周期都非常短，一般不超过 150min，每一次经过业余无线电台上空的时间都只有 20min 左右。

第 3 阶段发射的卫星主要特点是轨道较高，和第 2 阶段的卫星一样也具有较长的使用年限，并适应各种不同的通信方式。其代表卫星主要有已发射的 AO-10、AO-13 及 Phase 3D 等卫星。高轨道地球卫星环绕地球的时间比第 2 阶段的卫星有了很大的延长，使得每次的通信时间大

大加长。其覆盖范围也扩大了，卫星在远地点时几乎可以覆盖地球表面 1/3 的面积。

我国业余无线电爱好者在 20 世纪 80 年代就利用当时的集体业余电台等地面设施和国外业余卫星以及俄罗斯"和平"号空间站业余电台开展业余卫星通信实践。

2009 年 12 月，"希望一号"（XW-1/CAS-1/Hope-OSCAR 68/HO-68）业余卫星发射成功，标志着我国有了第一颗业余卫星。之后，"希望二号""紫丁香二号"等一系列业余卫星相继升空。随着我国航天事业的快速发展，业余卫星得到越来越多的关注，近 10 年来我国业余无线电爱好者在航天单位的支持下向国际业余无线电联盟提交的业余卫星频率协调申请已有 30 多份，其中多数业余卫星或者业余卫星星座已经完成发射。

2018 年 5 月，由我国哈尔滨工业大学业余无线电俱乐部（BY2HIT）牵头研制的"龙江二号"（DSLWP-B，也称作 Lunar-OSCAR 94/LO-94）微卫星顺利进入月球轨道，这是国际首次月球轨道上的业余卫星通信实验，也标志着我国业余卫星技术正在接近世界前沿。"龙江二号"卫星结构如图 2 所示。

业余卫星通信

▌图3 "北理工一号"卫星在轨展开帆球模拟

发展现状

业余卫星的发展事实上也启发、促进了商业微卫星和纳卫星的发展，提高了卫星通信的灵活性。同时，业余无线电爱好者组织、业余卫星组织与各国高校和科研机构开展紧密合作，培养了大量的高级技术人才，很多业余卫星是由包括大学生在内的具有执照的业余无线电爱好者建造的。随着近年来纳卫星和皮卫星（如CubeSats）技术的发展，继AMSAT之后，业余无线电爱好者与其他大学或团体合作开发、发射的业余卫星越来越多。当前世界各国业余卫星组织和热衷于业余卫星通信的爱好者们，对业余卫星和空间通信提出了一系列计划。

GOLF卫星计划，旨在将业余卫星CubeSat送到更高轨道，执行宽带访问任务，并探索继续利用微波频段、姿态确定和控制、脱轨设备（遵守轨道碎片减缓规则所必需的）和软件定义的无线电（SDR）等新技术。

Fox-1计划是AMSAT的第一个CubeSat计划，自2009年启动，已发射4颗业余卫星，最后一颗卫星Fox-1E已于2021年1月17日发射，旨在证明AMSAT可以构建一系列强大的CubeSat。

ARISS（国际空间站业余无线电）计划，旨在让世界各地的学生体验通过业余无线电与国际空间站的工作人员直接通信。

AREx（业余无线电探索）计划，旨在在一艘环绕月球轨道的小型宇宙飞船上纳入业余无线电。

卫星的制造、测试和发射成本往往是业余无线电爱好者难以负担的，因此业余卫星的常见发射运作模式也比较特殊。

一种是由业余无线电爱好者（一般为团队或组织）自行或参与设计、制作业余卫星，寻求航天事业作为公益支持，免费或低价格搭其他任务主卫星的"顺风车"发射，目前在轨运行的大多数业余卫星是通过这种模式发射的。

另一种是业余无线电爱好者谋求在其他业余卫星的平台上占一个空间搭载自己设计、制作的业余无线电载荷。例如，"希望一号""希望二号""紫丁香一号"等卫星，都是搭载了业余无线电载荷的微纳卫星。2019年7月25日发射升空的"北理工一号"卫星（BP-1B），是一颗科学技术验证微型卫星，将完成帆球技术和新型空间电台技术两项科研验证任务，轨道寿命仅为7～10天，它上面搭载的新型空间电台也能向全世界业余无线电爱好者提供UV频段卫星信标和通联平台。"北理工一号"卫星在轨展开帆球模拟如图3所示。

还有一种常见情况是业余无线电爱好者利用所从事的专业航天项目或者大专院校教育项目的机会，将业余无线电通信与学生无线电和航天教育结合起来，让业余无线电爱好者得到免费业余卫星的同时，帮助开展青少年无线电科普实验。例如，2006年国际空间站（ISS，International Space Station）航天员获准在报废的航天服上装载业余无线电发射机发射语音信标、遥测数据和图像，再抛到空间，就成了一颗"SuitSat"（航天服卫星）业余卫星。⊗

制作红外热成像网络摄像头

▌常席正

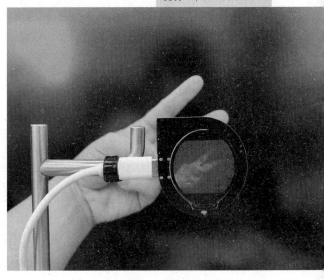

很多场合需要使用手持或者固定式测温枪来对访客进行体温测量。有没有无感通过的温度测量方式呢？传统的测温方式以"点"测量，作用范围非常有限，通常仅限于测 5cm 内的物体温度。但是，倘若我们使用红外成像原理进行测温，作用距离可以达到 2~3m，可以在一定范围内测温，而且响应时间仅需 50ms，人员从红外热成像摄像头前走过的瞬间，就可以完成测温，这无疑更为便利。

我查找了相关资料之后，在市面上本就不多的红外热成像摄像头方案中，选择了一款 80 像素 ×62 像素分辨率的红外热成像镜头。这款红外热成像摄像头拥有配套的协处理器，专门处理浮点计算，并通过 SPI 接口输出绝对温标（K）数据。

我又选择了树莓派 Pico 的 RP2040 作为 MCU，GC9A01 的圆形显示屏用来显示温度图像，WizFi360 用来通过 Wi-Fi 传输温度数据。软件方面，除了红外成像的接口程序需要完全重新开发，其他组成部分在 Arduino IDE 中都有相关的库可以调用，开发过程还算顺畅。我还重新设计了硬件，这款热成像网络摄像头的成品和效果展示如图 1 所示。

整个制作流程大致分成以下几个部分：在 Arduino IDE 中安装库文件、红外热成像模块接口程序编写和数据处理、显示屏（GC9A01）显示、Wi-Fi（WizFi360）通信等。接下来，我将分步骤详细介绍开发过程。

在 Arduino IDE 中安装库文件

这个热成像网络摄像头是基于 Arduino IDE 开发的，我在硬件设计时参考了 WIZnet 的 WizFi360-EVB-PICO 的硬件架构，所以，软件开发首先需要在 Arduino IDE 中添加"WIZnet WizFi360-EVB-PICO"库。

打开 Arduino IDE 并转到"File"→"Preferences"，弹出对话框后，在"Additional Boards Manager URLs"中添加 Earle Philhower 所开发的 arduino-pico 库的软件源 URL（在网络搜索"Earle Philhower"和"arduino-pico"两个关键词可获得 Github 源地址）。此处不得不提一下 Earle Philhower，他开发

▌图 1 红外热成像网络摄像头成品和效果展示

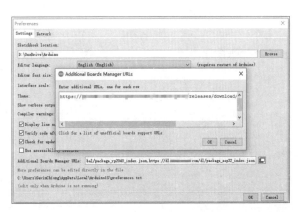

▌图 2 Arduino IDE 中增加"Additional Boards Manager URLs"界面

了许多树莓派 Pico 的应用。Arduino IDE 中增加"Additional Boards Manager URLs"界面如图2所示。

然后，在"Board's Manager"中搜索"WizFi360"安装"Raspberry Pi Pico/RP2040"。

安装完成之后，通过"Tool → Board："***"→ Raspberry Pi RP2040 Boards（2.6.1）"选择"WIZnet WizFi360-EVB-PICO"。在 Board's Manager 中增加模块支持。

此后，就可以用 Arduino IDE 来开发 RP2040 了。这个库中还有 WizFi360 模块的支持，用起来非常方便。最后在"Library Manager"中安装"GFX Library for Arduino"，以支持圆形显示屏（GC9A01）。

至此，开发的准备工作便完成了。

红外热成像模块接口程序编写和数据处理

我首先处理的是红外热成像模块部分的程序，因为只有实现数据采集之后，才能处理数据的显示和传输。图3所示是热成像模块的接口示意图。

红外热成像模块的接口有两个。

I²C 接口：用来查询和设置摄像头相关的寄存器参数。

SPI 接口：用来传输红外热成像的阵列数据，也就是温度数据。

首先，进行接口引用和功能引脚的初始化，具体如程序1所示。

程序1

```
#include <Wire.h>
// Arduino 的 I²C 库
#include <SPI.h>
// Arduino 的 SPI 库
const int THERMAL_DATA_READY_PIN= 21;
// 红外热成像模块 DATA_READY 引脚
const int THERMAL_CS_PIN= 17;
```

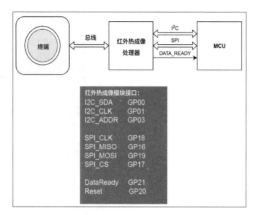

▌图3 红外热成像模块接口示意图

```
// 红外热成像模块 CS 引脚
const int THERMAL_nRESET_PIN= 20;
// 红外热成像模块 nRESET 引脚
const int THERMAL_ADDR_PIN= 3;
// 红外热成像模块 I²C 地址引脚
uint16_t THERMAL_Addr = 0x40;
/* 当"I²C 地址引脚"为 0 时，红外热成像模块 I²C 地址是 0x40
当"I²C 地址引脚"为 1 时，红外热成像模块 I²C 地址是 0x41*/
```

然后，定义热成像的寄存器地址，具体如程序2所示。

程序2

```
/* 定义在热红外成像模块的常用寄存器地址 */
const uint16_t THERMAL_FRAME_MODE
= 0xB1; // 帧模式寄存器地址
const uint16_t THERMAL_SW_VERSION
= 0xB2; // 软件版本寄存器地址
const uint16_t THERMAL_BUILD
= 0xB3; // 软件版本寄存器 Build 地址
const uint16_t THERMAL_FRAME_RATE
= 0xB4; // 帧速率寄存器地址
const uint16_t THERMAL_POWER_DOWN
= 0xB5; // 节能模式寄存器地址
const uint16_t THERMAL_STATUS_ERROR
= 0xB6; // 错误状态寄存器地址
const uint16_t THERMAL_SENSOR_TYPE
= 0xBA; // 传感器类型寄存器地址
const uint16_t THERMAL_EMISSIVITY
= 0xCA; // 发射率寄存器地址
```

```
const uint16_t
THERMAL_FILTER_CONTROL
= 0xD0; // 过滤器控制寄存器地址
const uint16_t THERMAL_FILTER_
SETTINGS_LSB = 0xD1;
// 过滤器 LSB 寄存器地址
const uint16_t THERMAL_FILTER_
SETTINGS_MSB = 0xD2;
// 过滤器 MSB 寄存器地址
const uint16_t
THERMAL_ROLLING_AVG_SETTING = 0xD3;
// 动态平均寄存器地址
```

I²C 对红外热成像模块寄存器的读写函数如程序3所示。

程序3

```
// I²C 寄存器操作函数
void WriteI2c(int RegAddr, unsigned char RegData)
{
  Wire.beginTransmission(Addr);
  // 开始向传感器发送操作
  Wire.write(RegAddr);
  // 写入寄存器地址
  Wire.write(RegData);
  // 写入寄存器数据
  Wire.endTransmission(true);
  return;
}

// 读 I²C 寄存器操作函数
unsigned char ReadI2c(int RegAddr)
{
  unsigned char Result;
  Wire.beginTransmission(Addr);
  // 开始向传感器发送操作
  Wire.write(RegAddr);
  // 写入寄存器地址
  Wire.endTransmission();
  // 结束操作（为了生成 SR 信号）
  Wire.requestFrom(Addr, 1);
  // 表明是读操作
  Result = Wire.read();// 获得读取的数据
```

```
Wire.endTransmission(true);
// 释放 I²C 接口
    return Result;
```

在 void setup() 中通过 I²C Bus 获取和设置参数，有几个关键寄存器设置如下。

● THERMAL_FILTER_CONTROL：将此位设置为 1，指示在连续捕获模式下运行，从而连续从模块获取数据并更新。

● THERMAL_FRAME_RATE：此位的值表示模块的帧速率分频数（FRAME_RATE_DIVIDER），用最大帧率 FPS_MAX=24 除以分频数就可以得到摄像头输出的帧率（FPS）。

FPS = FPS_MAX / FRAME_RATE_DIVIDER。

● THERMAL_FRAME_MODE：将此位设置为 0，通过 SPI 传输的热数据帧中会包含标头 Header。

设置热成像模块寄存器部分的程序如程序 4 所示，也就是热成像模块的初始化部分。

程序4

```
Wire.begin();
// 初始化 I²C 接口
Wire.setClock(400000);// 设置 I²C 通信
频率 400kHz
pinMode (THERMAL_DATA_READY_PIN,
INPUT_PULLUP);
pinMode (nRESET_PIN, OUTPUT);
digitalWrite (nRESET_PIN, LOW);
// 复位红外热成像模块
pinMode (THERMAL_ADDR_PIN, OUTPUT);
digitalWrite (THERMAL_ADDR_PIN, LOW);
// 设置红外热成像模块 I²C 地址引脚为 LOW
// LOW = 0x40 HIGH = 0x41
pinMode(THERMAL_CS_PIN, OUTPUT);
digitalWrite (THERMAL_CS_PIN, HIGH);
// 设置红外热成像模块 CS 地址引脚为高
delay(200); // 等待 0.2s
digitalWrite (nRESET_PIN, HIGH);
// 拉高复位引脚
```

```
delay(1000);// 等待1s，以保证红外热成像
模块复位完成
SPI.begin(); // 初始化 SPI 接口
// 使用 ReadI2c() 函数
// 读取热成像模块寄存器
frameMode=ReadI2c(THERMAL_FRAME_
MODE);
swVersion=ReadI2c(THERMAL_SW_VERSION);
build=ReadI2c(THERMAL_BUILD);
frameRate=ReadI2c(THERMAL_FRAME_
RATE);
powerDown=ReadI2c(THERMAL_POWER_
DOWN);
statusError=ReadI2c(THERMAL_STATUS_
ERROR);
sensorType=ReadI2c(THERMAL_SENSOR_
TYPE);
emissivity=ReadI2c(THERMAL_
EMISSIVITY);
// 在开始读取数据之前，I²C 写入所需的所有
寄存器参数
// 之后退出设置，开始通过 SPI 接口读取红外
阵列数据
WriteI2c(THERMAL_FILTER_SETTINGS_
LSB, 0x80);
WriteI2c(THERMAL_FILTER_SETTINGS_
MSB, 0x00);
WriteI2c(THERMAL_FILTER_CONTROL,
0x02);
delay(100);
WriteI2c(THERMAL_FRAME_RATE, 0x3);
38 WriteI2c(THERMAL_FRAME_MODE, 0x3);
```

然后，在 loop() 函数中通过 SPI 获取数据 Header 和热成像阵列数据。来自传感器的数据相对于显示屏是左右镜像的，因此，我们必须将每行数据进行左右对调，具体如程序 5 所示。

程序5

```
void Get_sensor_data()
{
    dataReady = digitalRead(THERMAL_
DATA_READY_PIN);
    // 读取 THERMAL_DATA_READY_PIN 的电平
    if ( digitalRead (THERMAL_DATA_
```

```
READY_PIN) == HIGH) {
    // 等待 THERMAL_DATA_READY_PIN 被拉高
    Serial.println ("Data ready!!");
    // 一旦 THERMAL_DATA_READY_PIN 被拉高，
就开始通过 SPI 接口读取数据。
    SPI.beginTransaction(SPISettin
gs(40000000, MSBFIRST, SPI_MODE0));
    digitalWrite (THERMAL_CS_PIN, LOW);
    for (int i = 0; i < THERMAL_WIDTH;
i++) {
    header_buffer[i] = SPI.
    transfer16(0x0);
    // 获取红外热成像数据标签
    }
    for (int j = 0; j < THERMAL_HEIGHT;
j++) {
    for (int i = 0; i < THERMAL_WIDTH;
i++) {
    THERMAL_SpiData = SPI.
transfer16(0x0);
    draw_buffer[((THERMAL_WIDTH - 1) -
i) + (j*THERMAL_WIDTH)] = THERMAL_
SpiData;
        }
        } // 获取红外热成像阵列数据
        SPI.endTransaction();
    }
}
```

到这个步骤，热成像的数据已经获取并放在变量 draw_buffer 中，红外热成像数据采集部分完成。

需要注意的是，红外热成像模块输出的数据单位如果是开尔文（K）需要转换为常用的摄氏度（℃）。

显示屏（GC9A01）显示

得到红外热成像数据之后，我们需要在显示屏上显示这个 80 像素 ×62 像素的红外阵列图像。我们之前已经添加了 Arduino_GFX_Library，需要实例化一个接口方便调用，具体如程序 6 所示。

程序6

```
#include <Arduino_GFX_Library.h>
```

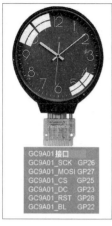

```
GC9A01接口
GC9A01_SCK    GP26
GC9A01_MOSI   GP27
GC9A01_CS     GP25
GC9A01_DC     GP23
GC9A01_RST    GP28
GC9A01_BL     GP22
```

▌图 4 显示屏接口定义

▌图 5 热成像显示屏显示效果

```
Arduino_GFX *tft = create_default_
Arduino_GFX();
```

显示屏接口定义如图 4 所示。需要注意的是，需要在 libraries\GFX_Library_for_Arduino\src\Arduino_GFX_Library.h 中指定 GC9A01 使用的 SPI 接口所用 I/O，更改后如程序 7 所示。

程序7

```
#elif defined(ARDUINO_RASPBERRY_PI_
PICO)
#define DF_GFX_SCK   26
#define DF_GFX_MOSI  27
#define DF_GFX_MISO GFX_NOT_DEFINED
#define DF_GFX_CS    25
#define DF_GFX_DC    23
#define DF_GFX_RST   28
#define DF_GFX_BL    22
```

通过显示屏显示红外阵列图像，首先初始化显示屏并在 setup() 函数中打开显示屏背光，然后需要将红外温度数据转变为 RGB565 颜色数据。之前的红外阵列数据存储在变量 draw_buffer 中。我们通过将每个红外像素的温度数据与温度差（温度表头识别范围内的温度差）对比，确定此温度在 256 位的 colormap 中的相对位置，从而将红外温度数据的每个像素转换为颜色（RGB565）并存储在变量

Display_buffer 中。由于红外热成像的分辨率是 80 像素 ×62 像素，而显示屏的分辨率为 240 像素 ×240 像素，我便将每个红外像素扩展为 3 像素 ×3 像素，从而实现整屏显示，具体如程序 8 所示。

程序8

```
// 颜色转换：每次一个像素
// 转换 draw_buffer 的 16 bit 温度数据
// 为 16 bit RGB (565) 的颜色数据
for (int j = 0; j < THERMAL_HEIGHT;
j++)
{
    for (int i = 0; i < THERMAL_WIDTH;
i++) {
        pixelVal = draw_buffer[(i) + (j *
THERMAL_WIDTH)];
        if (pixelVal <= THERMAL_MinVal) {
lutIndex = 0;
        } else if (pixelVal >= THERMAL_
MaxVal) {
            lutIndex = 255;
        } else {
            lutIndex = map (pixelVal,
THERMAL_MinVal, THERMAL_MaxVal,0,
0xff);
        }
        for (int m = 0; m<3; m++)
        {
            Display_buffer[(i*3)+m + (j*3) *
```

```
DISPLAY_WIDTH]= palette [lutIndex];
            Display_buffer[(i*3)+m +
((j*3)+1) * DISPLAY_WIDTH]=
palette[lutIndex];
            Display_buffer[(i*3)+m +
((j*3)+2) * DISPLAY_WIDTH]=
palette[lutIndex];
            }
        }
    }
}
```

之后，就得到本设备的第一张红外图像，热成像显示屏显示效果如图 5 所示。测试之后，可以达到 13~14 帧 / 秒的速率，显示屏显示效果非常流畅。

Wi-Fi（WizFi360）通信

显示屏能正常显示之后，我们下一步通过 WizFi360 将数据上传到上位机 Thermal viewer 显示。红外热成像模块会建立一个 5051 端口的 TCP 侦听，上位机作为 TCP 客户端连接并建立通信，之后我们上传的红外数据就可以在上位机上显示了。

WizFi360 的接口定义如图 6 所示。如要变更 I/O 定义，可以在 WIZnet WizFi360-EVB-PICO 库中的 I/O 定义文件中进行更改。

由于库中已经有 WizFi360 的接口函数，这部分很方便实现，如程序 9 所示即可完成调用。

程序9

```
#include "WizFi360.h"
// Wi-Fi 信息
char ssid[] = "WIZFI360";
```

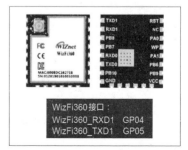

```
WizFi360接口
WizFi360_RXD1   GP04
WizFi360_TXD1   GP05
```

▌图 6 WizFi360 接口定义

```
// Wi-Fi 网络的 SSID
char pass[] = "********";
// Wi-Fi 网络的密码
int status = WL_IDLE_STATUS;
// Wi-Fi 网络的状态
 WiFiServer server(5051);
```

初始化 WizFi360 模块串口并将波特率更改为 2000000 波特（WizFi360 的最大波特率），这样才能尽快将数据上传到上位机。可以在 setup() 函数中查看 WizFi360 的 Wi-Fi 连接状态，具体如程序 10 所示。

程序10

```
// 检查硬件是否连接完好
if (WiFi.status() == WL_NO_SHIELD)
{
  Serial.println("Wi-Fi shield not
present");
  // 如果硬件没有连接完好，不再继续
```

```
  while (true);
}
  // 尝试连接 Wi-Fi 网络
  while ( status != WL_CONNECTED)
{
  Serial.print("Attempting to connect
to WPA SSID: ");
  Serial.println(ssid);
  // 连接Wi-Fi 网络
  status = Wi-Fi.begin(ssid, pass);
}
  Serial.println("You're connected to
the network");
```

当上位机 Thermal viewer 与我们的红外热成像模块 TCP 连接成功时，RP2040 通过 Get_sensor_data() 读取数据并将数据发布到 TCP 客户端。

发送顺序是先发送 Header 数据，然后发送红外阵列图像（80 像素 ×62 像素）

数据。具体如程序 11 所示。

程序11

```
WiFiClient client;
if (client)
{
  Serial.println("Connected");
  socket_status = client.connected();
  socket_status_cnt = 0;
```

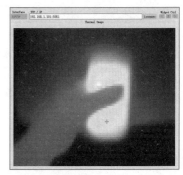

图7 上位机显示效果

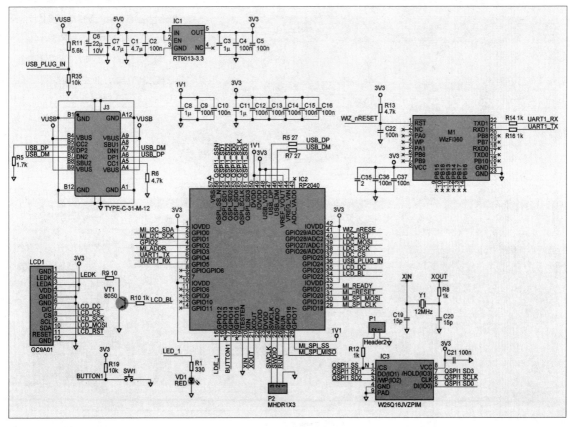

图8 热红外网络摄像头电路1

```
delay(1000);
uint8_t i;
while (socket_status&&!buttonState)
{
  switch (socket_send_status)
  {
    case 0: {
    Get_sensor_data();
    socket_send_result=client. write
((uint8_t*)header_buffer,160);
    socket_send_status = 1;
    }
    break;
    case 1: {
    if (socket_send_result == 160 ) {
      socket_sendnum = 9920;
      socket_send_status = 2;
      i=0;
    } else if (socket_send_result
== 0) {
      socket_send_status = 4;
    }
    }
    break;
    case 2: {
    if (socket_sendnum >=2048) {
      socket_send_result = client.
write((uint8_t*)(
      draw_buffer+(i*1024)),2048);
    } else {
      socket_send_result = client.
write((uint8_t*)(draw_buffer+(i*1024)),
socket_sendnum);
    }
      socket_send_status = 3;
    }
    break;
    case 3: {
    if (socket_sendnum >= 2048) {
    if (socket_send_result == 2048) {
      socket_sendnum -= 2048;
      i++;
      socket_send_status = 2;
    } else if (socket_send_result == 0) {
```

```
      socket_send_status = 4;
    }
    } else {
      if (socket_send_result ==
socket_sendnum) {
      socket_sendnum = 0;
      socket_send_status = 4;
      }
    }
    }
    break;
    case 4: {
      socket_status_cnt ++;
    if (socket_status_cnt == 20) {
      socket_status = client.
connected();
      if (socket_status == 0) {
      client.stop();
      }
      socket_status_cnt = 0;
    }
      socket_send_status = 0;
    }
    break;
    }
  }
}
```

Thermal viewer 接收到红外数据后，将按照与显示屏显示相同的处理步骤，转换为图像显示，效果如图 7 所示。

至此，网络传输也成功实现。

经测试，上位机能实现 3~4 帧 / 秒的图像刷新率。而且，由于传输的数据是实际的红外温度数据，上位机可以实现数据的二次处理，为开发更多功能（如找出温度最高的点和最低的点、计算平均温度、区域温度报警等）提供了便利。

红外热成像网络摄像头电路如图 8 和图 9 所示。

红外热成像网络摄像头是我最近花费很多精力在做的一个应用。还有许多需要改进的地方，如增加一个蜂鸣器，超过设定温度值就直接蜂鸣器警示；增加一个 TF 卡插槽，存储一定时间内的温度数据，供统计和检索使用；通过 MQTT 协议向云平台上传数据，建立温度数据库。

希望我能在 2.0 版本上实现更多想法，1.0 版本暂时完结，撒花！🔯

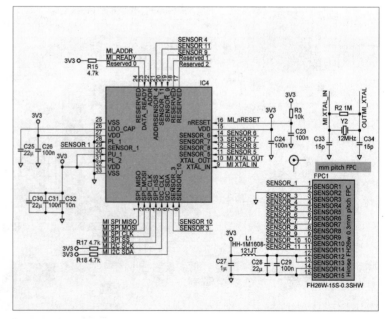

图 9 热红外网络摄像头电路 2

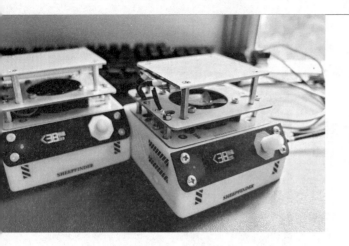

加热台量产计划

▌ 袁朝阳

项目起源

随着画电路板的频率越来越高,现有的电烙铁和热风枪已经无法满足我焊接的需求,于是我决定寻找一个可以用来焊接元器件的加热台。

在购物平台上搜索了一番,我发现大多数是一些外观朴实、功能单一的恒温加热台,于是我将目光转向了立创开源硬件平台。平台上的开源加热台项目琳琅满目,总体来说可以分为两种方案:一种是交流方案,利用现成的 220V 拆焊台作为热源,在其基础上增加外围电路实现相应的扩展功能;另一种是直流方案,利用大功率电源适配器输出直流给铝基板 PCB,利用 PCB 上的电阻发热作为热源。

两种方案各有优缺点:交流方案加热功率大,有现成的加热板,但是电路内有 220V 市电,存在触电风险;直流方案相对比较安全,但是要设计铝基板 PCB,且依赖电源适配器。结合自身现有的条件,我选择了交流方案,在众多采用交流方案的开源项目中,启凡科创的物联网加热台完成度极高,而且和我想要的功能非常契合,于是我决定在此基础上进行修改优化,制作出属于我自己的加热台。

项目分析

拿到一个开源项目,首先要弄懂项目的运行逻辑,才能在其基础上进行改进、优化。加热台运行逻辑如图 1 所示。加热板内的热敏电阻阻值随温度改变,通过电压的变化反馈给主控芯片,主控芯片通过计算电压得出当前加热板的温度,并和预先设定的目标温度相比较,以此来控制晶闸管的通 / 断,即以 PWM 信号的方式将加热板的温度控制在预期范围内。同时加热台内置一个 AC/DC 电源模块,将 220V 交流电源转化为低压直流电源,为逻辑电路及外围电路提供电源。

掌握基本运行逻辑后,我对每个部分进行细化研究,主控芯片选择 ESP-12-F 模块,如图 2 所示,该模块核心处理器为 ESP8266,内置 1 路 10bit 高精度 ADC 采样、9 个 I/O 接口,板载 PCB 天线,体积小巧、功能齐全、性价比很高。烧录部分采用基于 CH340C 模块的自动下载电路,可以连接计算机 USB 接口,使用相应软件进行一键烧录,非常方便。

温度采样电路如图 3 所示,采样电阻 RT 是 100kΩ 的 NTC 热敏电阻,运放采用 LM358 双路运放模块,一路作为电压跟随器,另一路作为电压放大器。NTC 热敏电阻在常温(25℃)下阻值为 100kΩ,通过分压公式计算可得,常温下采样电压 ADC0 约为 1.43V,由于 ESP-12-F 模块内置的 ADC 采样电压范围为 0~1V,所以有效的采样电压临界值为 1V,反推可得此时 NTC 热敏电阻阻值约为 56kΩ,也就是温度在 38℃ 左右,所以只有当加热板温度大于 38℃ 后,采样电路才有效。同理,在 250℃ 时 NTC 热敏电阻阻值

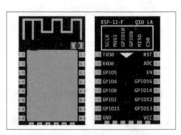

▌ 图2 ESP-12-F 模块

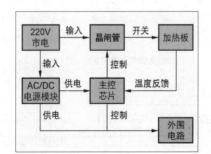

▌ 图1 加热台运行逻辑

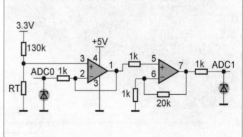

▌ 图3 温度采样电路

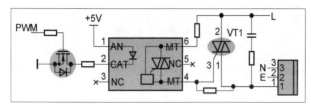

■ 图4 PWM 控制电路

约为 0.2kΩ，此时采样电压 ADC0 约为 0.005V，采样值太小，所以电压放大器发挥作用，ADC1 电压是 ADC0 的 21 倍，约 0.1V。由于 ESP-12-F 模块只有 1 路 ADC 采样，所以增加了 SGM3157 SC-70-6 模拟开关模块，使用一个 I/O 接口来控制 ADC 读取 ADC0 或 ADC1 的电压。

PWM 控制电路如图 4 所示，主要由光电耦合模块 MOC3041SR2M 和三端双向晶闸管 BT138-600E 构成，由 ESP-12-F 输出的 PWM 控制信号经过 MOS 管控制光电耦合的开关，继而控制晶闸管的通/断，从而控制加热板的启/停，在保证隔离的情况下实现了低压控制高压。

项目改进

原项目选用的加热板功率为 200W，为了提高升温速度和加热效率，我选择将其更换为 300W 的加热板，由于加热板

的大小发生变化，需要重新调整 PCB 上的孔位。同时，为了避免整个加热台看起来头重脚

■ 图5 加热板和接地线相连

轻，我设计的 PCB 大小大于加热板。对于一台需要接入 220V 市电，且在工作时使用者可能会接触到金属部件的设备，我希望它能够具有可靠的接地，保证使用者的人身安全。于是在重新设计 PCB 时，我选用了具有接地功能的三孔插座，并在 PCB 上额外增加了接地裸铜，在安装时可以通过铜柱和螺母将加热板和接地线相连，如图 5 所示，再次保证使用加热台时的安全性。

在重新绘制 PCB 时，同步进行外壳的设计，我使用 3D 打印的外壳，将控制电路板全部包裹起来，不仅美观，而且还能有效地避免接触 220V 电源。首先绘制一个比 PCB 稍大的方盒，然后对着 PCB 的孔位进行开孔。由于 PCB 直接导出的 3D 文件部分元器件缺失或者不够规范，所以需要对照元器件的产品规范重新建模，然后调整 PCB 和三维模型中元器件的

位置，确保最后焊接完成后的 PCB 能够完美地契合外壳的开孔，如图 6 所示。

由于加热台工作时，加热台上方空气炙热，可能会有异味，所以 OLED 显示屏不应该朝向上方，如果 OLED 显示屏朝向前方，又不便于观看，于是我在整个外壳的前部斜切了一个平面，用于放置 OLED 显示屏，同时将旋转编码器也一同放置在该平面上，便于交互。旋转编码器自带螺纹和螺母，可以通过螺母固定在加热台外壳上，而 OLED 显示屏没有安装孔，需要上下固定才行，我在外壳中预留了放置整个 OLED 显示屏的凹槽，同时选用一块半透明的亚克力遮光板（见图 7）作为前面板，有效地遮盖了电路部分以及其他开孔，极大地提升了外观的美感。

由于外壳后部预留了开关孔和插座孔，所以剩余空间不是很大，我零星布置了几个六角孔作为辅助散热孔，在外壳的两侧设计了大量镂空作为散热孔。整个控制电路的发热量不是很大，主要功率器件晶闸管也安装了相对较大的散热片，被动散热完全可以满足整个设备控制电路的散热需求。同时设计电路时预留了外接风扇接口，加热板也可通过风扇实现快速降温。冷却方案如图 8 所示，我将风扇安装位置设计在整个加热台的中部，风扇工作时可以向上吹风，对加热板进行降温，同时还能够产生负压，将外部的冷空气抽进下方壳体内，对下方控制板进行冷却，可谓一举两得。

组装

外壳设计完成后进行 3D 打印，由于设计的外壳对 FDM 打印不太友好，所以我选用光固化技术进行 3D 打印。同时对 PCB 进行焊接，PCB 焊接时可以利用没有外

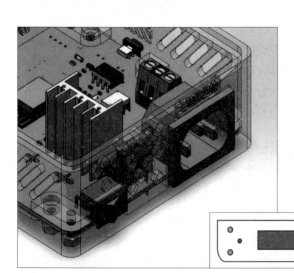

■ 图6 契合外壳的开孔模型

■ 图7 亚克力遮光板

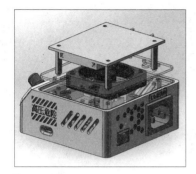

▌图8 冷却方案

围电路的加热板焊接贴片，也可以使用热风枪和电烙铁完成焊接。由于我使用的是DIP-8 封装的 LM358 双路运放模块，所以特地增加了一个 8Pin 的 IC 插座，这样在调试电路时，可以拔下 LM358 双路运放模块进行测试，这一举措还真的帮到我很多。焊接好未插接接器的电路板如图9 所示。

由于电路正常工作时是 220V 供电，所以电路上电前的检查非常重要，我首先用 USB 供电进行测试，烧录完程序后发现风扇不受控制，风扇指示灯忽明忽暗，于是断电把所有电阻阻值测量一遍，发现有几个电阻阻值不正常，用热风枪降温后，单独测量电阻阻值正常，可能第一次焊接时出现了连锡的问题，重新贴片后测试正常，当 OLED 显示屏显示加热时，逻辑电路测试通过，接下来进行下一步组装。

整个外壳内空间狭小，组装顺序也显得尤为重要，首先将 OLED 显示屏和旋转编

码器安装在前部外壳上，然后装上亚克力遮光板，之后将两个模块和控制板相连，再将控制板连同外壳上部一起安装在底座上，至此控制板以及外壳就安装完成了，最后将加热板、热敏电阻、风扇的接线穿过隔热板连接至控制板后，将隔热板和加热板安装好即完成了整个加热台的安装。为了使加热台台面平整，建议在安装前对加热板的安装孔进行倒角，使用沉孔螺栓进行安装，这样安装后的台面非常平整，而且倒角能够打磨掉加热板表面的氧化层和漆层，使螺母和铜柱以及加热板的接地更加可靠。组装完成的加热台如图 10 所示。

安装后不用急着通 220V 交流电，可以继续用 USB 供电，使用外部热源对加热板进行加热，测试温度采样电路是否工作正常，如果显示温度上升，则一切正常，可以接通 220V 市电进行加热。

接入物联网

本项目使用点灯科技第三方平台将 ESP-12-F 模块接入米家 App，先在点灯 App 中添加 ESP-12-F，然后在米家 App 中通过第三方服务商将加热台接入米家，并实现小爱同学对其的控制。利用小爱同学控制加热台的开启和关闭，如程序 1 所示。

程序1

```
void miotPowerState(const String &state) // 电源事件
```

```
{
    if (state == BLINKER_CMD_ON)
    {
        if (!pwm.power)
        {
            pwm.begin();
            ui.oled_display_set();
        }
        BlinkerMIOT.powerState("on");
        BlinkerMIOT.print();
    }
    else if (state == BLINKER_CMD_
OFF)
    {
        if (pwm.power)
        {
            pwm.end();
            ui.oled_display_set();
        }
        BlinkerMIOT.powerState("off");
        BlinkerMIOT.print();
    }
}
```

这里需要特别注意的是，任何控制指令必须及时做出反馈，超时 2s 以上再反馈，小爱同学就默认设备不在线，会反馈"智能家居控制出了点问题"，所以每段程序后面都要加上对应的反馈指令，否则小爱同学就无法得知设备运行状态，导致回答错误。完成程序添加后，可以通过小爱同学的训练计划（见图 11），自定义

▌图9 焊接好未插接接器的电路板

▌图10 组装完成的加热台

▌图11 小爱同学的训练计划

USB 三进二出切换器

江骐

这是我 DIY 的一款 USB 三进二出切换器，相信很多读者有两台以上类似计算机的设备，需要使用某些外设的时候要拔来拔去切换。比如我为了让几台计算机共用一台大屏显示器，在网上淘来一个 HDMI 切换器，只要十几元包邮的"白菜价"，而且还是自动切换的。使用了一段时间后，我对桌面上摆着两套键鼠这件事情犯起了强迫症，于是打算购买个作 USB 切换的东西，能与之前淘的"白菜价"HDMI 切换器组合，使用同一套键鼠和显示器就可以操作几台计算机。市面同样有些十几元的"白菜价"产品，但它们都是机械开关，需手动切换，使用麻烦，机械开关用久了，信号衰减大。当然市面上也有多种带 USB 接口功能的 HDMI 切换器（一般称为 KVM 切换器），售价均上百元，所以不予考虑。

附表 机械开关和模拟开关对比

开关类型	电流	内阻	稳定性	速度	遇到过压
机械开关	上百 mA	小，1Ω 以下	氧化导致报废	慢	伤害不大
模拟开关	几 mA	大，5Ω 以上	近似无限寿命	快，但有注意事项	会烧坏

大家不必惊讶，两类产品受众不同。简单的 HDMI 切换器或者 USB 切换器开关主要是给个人用户上网使用的。KVM 切换器则是提供给服务器、设计行业、监控行业的，不但贵，而且奇奇怪怪的功能太多，对我们来说不一定好用。

既然市面上产品都不能令我满意，便萌生了 DIY 一个以单片机为核心的切换器的想法（拒绝机械开关）。用单片机来设计，是为了自行设计控制流程，日后可以根据需要不断升级，无限接近自己日常使用的需求，再也不需要忍受厂商的固化设计，或者提心吊胆不小心就打开了什么奇怪的功能。既然都用上单片机了，那切换核心也要采用"模拟开关"，不能用"老掉牙"的继电器。模拟开关其实是一种芯片，外观和单片机一样，可以实现继电器的功能。与一般机械开关（继电器也属于一种机械开关）相比，模拟开关在承载电流方面相对不足，但 USB 信号不需要大电流，此项劣势影响小；在内阻稳定性（接触不良的概率）方面，模拟开关完全没有被氧化接触不良的困扰，与机械开关相比有压倒性优势；在接触性（寿命）方面，模拟

图12 工作中的加热台

触发语句实现相应的功能，可以选择自己喜欢的语句去控制加热台，然后，就可以使用专属于自己的加热台啦。

结语

由于这个项目是基于启凡科创的开源项目设计的，所以在电路设计和程序编写上花的时间不算太多，更多的时间和精力都放在了外壳设计和 PCB 设计上，从开始设计到最终成品花了半个月时间。工作中的加热台如图 12 所示，完全满足了我的期待，我还给它贴上了专门设计的贴纸，整个外观非常引人注目，不用的时候我也将它放在桌子上，作为一个摆件使用。既然取之于开源平台，我也将整个项目分享在立创开源硬件平台，本文制作所需的 PCB 文件、原理图文件、程序文件、外壳 3D 文件及亚克力 CAD 文件等均已上传，我也希望它能够在大家手中实现量产，希望它的身影能够出现在大家的工作台上！

图1 拆解的 HDMI 切换器

开关可看作有无限切换次数；在切换速度上，模拟开关存在巨大优势，机械开关都有毫秒级别的时延，模拟开关参考值低至5ns，但实际使用中瞬间切换会让 USB 设备"傻眼"，必须给予软件延时。模拟开关往往提供了 EN 引脚，可做到所有输入都断开的效果，程序中利用这点配合延时，完美完成 USB插头从一台计算机拔下，再插入另一台计算机的过程中，时序稳定不错乱。在过压条件下，芯片肯定会烧毁，机械开关耐压很高，但切换器一般不考虑过压保护（因为电源由计算机提供，其后端接的设备比芯片还怕过压，这个优势在此处没有意义）。机械开关和模拟开关对比见附表。

在从零开始创造 USB 切换器之前，我们肯定有很多疑惑，虽然说只是简单的机械开关

到模拟开关的变化，但落实到电路上也比较复杂。我已经有了一个 HDMI 切换器，它一边有 3 个输入口，另一边有 1 个输出口。为了学习研究（其实是满足好奇心），我果断把它"大卸八块"。它内部十分精练，一个芯片包揽了全部功能，猜测其为AG7111 或类似替代品，外围只有一个5V 转 3V 的降压电路。它有一定的智能控制功能，比如在正常显示过程中，如果有新的输入启动，它能自动地切换到这个新的输入。它有一个微动按钮，可以手动切换，还能做到避免切换到无信号的通道，实际使用时非常方便。通过拆解，我得到了一些思路，例如切换器自己需要电源，可以通过 3 个二极管隔离获取，防止电源在设备之间"倒灌"。另外，通过一些小实验，我发现切换器并没什么高深的检测输入信号的方式，仅仅是通过端口是否有电来简单判断的，但是在日常使用中确实够用。拆解也说明了，类似的切换器一点也不复

杂，DIY 是完全可行的。我拆解的 HDMI切换器如图 1 所示。

硬件设计

硬件设计从画电路原理图开始。我通过最简单的电平检测，来获取每个 USB上行端口的活动情况。有电等于开机，这就是硬道理。这部分只需要两个电阻就可以完成。切换器工作需要自身供电，这里通过 3 个肖特基二极管凑合一下，隔离掉 3 路上行接口，防止回流。肖特基二极管压降较低（0.3V），注意此处不能用压降过大的整流二极管 4007 代替。切换部分，由于 USB 端口的两条线是差分数据线，不区分 TX 和 RX，它们都同时双向传输，需要类似继电器或者其他物理开关实现切换功能，但是这些不太理想。有一类芯片叫模拟开关，在有限的电压 / 电流范围内，可以完美模仿继电器的切换功能。无线鼠标、键盘往往是共享接收器，只需

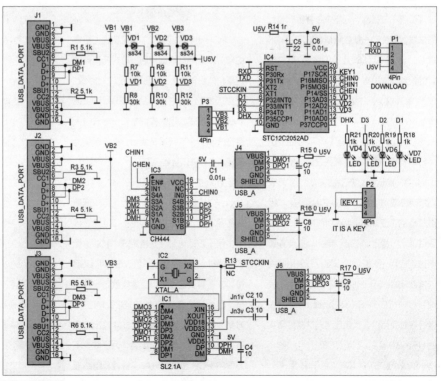

图2 硬件电路

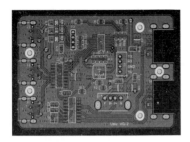

▌图 3 PCB 设计

要一个接口，直接接入切换后的信号就行了，但是常用的有线鼠标键盘就需要两个接口了，分离 USB 接口，需要增加一个 HUB 芯片。另外，下行 USB 接口插拔连接不同外设，存在意外短路的风险，每个接口都需要预留一个保险丝的位置。我一般会预留些平常用不到的接口，如写入程序和调试使用的 TTL 接口、备用的通道选择接口、多余的 USB 输出等。硬件电路如图 2 所示。

芯片选型

过去的计算机外设价格昂贵，与进口芯片贵脱不开关系。近年来随着国产芯片的发展，催生了一批注重质量的厂商。本次 DIY 使用 STC 单片机（我是 STC 忠实的粉丝，家里有"堆积如山"的各型号 STC 单片机），并结合需求（I/O 接口需求在 10 个左右）采用 STC12C2052 系列、TSSOP-20 封装的微型款，尽可能减小体积。模拟开关芯片选新兴公司 WCH 的 CH440，我非常喜欢这家的芯片，实际表现稳定靠谱，厂商宣传这款芯片型号："经过长期的工业环境 -40~+100℃ 低 / 高温测试，运行稳定。工业、电力、家电等长期稳定应用。"扩展接口部分，采用圈内非常流行的 USB-HUB 单芯片 SL2.1A（品牌为 CORECHIPS（和芯润德），很多爱好者都使用过，我亲自测试这款是真实的 USB 2.0 速度，不是 USB 1.1 伪装的。唯一的缺点是 STT（单转换器），科普一下，此转换器的作用是将 USB 2.0 转为 USB

▌图 4 电路板（正面和侧面）

1.1，以便连接低速设备，单转换器在连接低速设备时带宽有限（需要在端口之间共享带宽），但鼠标、键盘这些设备都不需要大带宽。另外，连接 U 盘等 USB 2.0 高速设备，不需要转换，并不受单转换器的制约。

PCB设计

PCB 设计（见图 3）是花费精力最多的部分，需要打样试用后，再对元器件的位置和外观做优化。PCB 经历过 2 代修改，最终版本的 3 个主机输入接口采用 USB Type-C 形式，相比传统方口，能节省大量空间。两个下行设备接口，最终定型为沉板快充 USB Type-A 接口，有两个原因：一是沉板接口的高度，正好与输入 USB Type-C 接口在同一水平面上，可降低最终产品厚度；二是相比传统接口，快充接口多用于移动电源，质量更好，能够承受多次插拔。在电路板上预留一个备用 USB 接口，有需要的读者焊上插座就是一路输出，因为我选择的 CH440+SL2.1A 这个方案，最多可以做到 4 输入、4 输出，但是，一般使用场景很少用到，为了减少不必要的 PCB 面积就进行了省略。电路板（正面和侧面）如图 4 所示。

在 PCB 上有一排预留的排针，是为了从视频切换器上引入指示灯信号，拼凑成一个完整的 KVM，目前暂时没有进行开发。

软件设计

软件采用大循环扫描，不使用中断，具体如程序 1 所示。

程序1

```
void main()
{
    bit in;// 临时变量，扫描通道时存放通道
    是否通电的检查结果
    unsigned char i,j;
    ……// 此部分为初始化程序，省略细节
    while(1){// 主循环开始
    // 主程序
    // 为解决偶尔发现的异常，主程序分为两个情况
    // 情况1为所有输入都移除的状态，即没有
    工作中的通道
    // 这种情况不考虑 autosw，只要发现有输入，
    直接切到该输入
        if(now_ch==0)
        {
            for (i=1;i<=3;i++){
    in= readin(i);
```

```
    if(in){
now_ch=i;
setoutput(now_ch);
last[i]=1; // 标记为上次，防止反复死循环
break;
        }
    }
}
else{
// 情况2为某个通道正在工作中
// 先扫描当前工作的通道，看看它是否被拔出
j=now_ch;
in= readin(j);
if(in == 0){ // 当前这个通道拔除
now_ch=0;
setoutput(0); // 硬件断开 USB 输出
last[1]=0;
last[2]=0;
last[3]=0; // 清除标志，让程序归零，
能解决一些 bug
}
// 再扫描其他通道，看看它们是否有变化
for (i=1;i<3;i++){
    j=j+1;
    if (j>3) j=1; // 按照顺序，循环扫描其
他通道
    in= readin(j);
// 状态不同（即上次未通电，这次发现它接
通了）
// 这时候要准备切换了，但是需要先判断下
autosw 是否开启
    if( (last[j]==0) && (in == 1) )
    {
        if(auto_sw){ // 如果开启自动切换
        now_ch=j;
        setoutput(now_ch); // 硬件执行切换
        }
    }
}
// 有没有自动切换，都需要设标志位
// 防止关闭 autosw 后出现立即切换
last[j]=in;
}
```

```
}
    // 辅助程序
    // 此部分为按键程序，根据低电平的时间长
度实现不同功能
    if(key1){
    //<10ms
    if(key1<1) {key1=0;} // 时间过短判为
干扰，无效
    //10 ~ 800ms
    else if (key1 <80) {key1=0;next_
ch();} // 人工切换
    //800 ~ 2000ms
    else if (key1 <200) {key1=0;}
    // 中等时长也无效
    //> 2000ms
    else {key1=0;toggle_auto();}
    // 长按 2s 以上，切换自动模式
    }
    // 此部分为呼吸灯程序，通过 PWM 依次增减
来实现
    if(led_flag){ // 呼吸灯程序由 10ms 定时
器触发，在主程序异步处理
    if(auto_sw){ // 呼吸灯是否使能
    if(pwm_updn){// 呼吸灯当前是渐明还是渐暗
    if (CCAP1H<255) CCAP1H=CCAP1H+1;
    else pwm_updn=0;
    }
    else {// 呼吸灯渐暗
    if (CCAP1H>0) CCAP1H=CCAP1H-1;
    else pwm_updn=1;
    }
    }
    else CCAP1H=0xff; // 呼吸灯停止
    led_flag=0; // 清除标志防止反复进入
    }
} // 主循环结束
} //main() 结束
```

测试过程也不算一帆风顺，第一天软件正常工作，用几天就遇到错乱，程序总是遇到没有考虑过的特殊条件就"跑飞"。到开源日期，测试了近一年，软件中的绝大多数 bug 已经被消灭。总结软件实现的

功能如下。

（1）在静默状态下，某个信道检测到通电，自动切换到通电的信道，指示灯同步点亮。

（2）是否切换器本体供电完全不影响检测，可使用扩展电源。

（3）当前已经在某个信道工作中，另外一个信道通电，自动切换到该信道。

（4）自动切换功能可锁定，呼吸灯亮表示自动功能开启，长按按钮，灯灭后代表不再自动切换。锁定自动切换功能很适合打印机或者声卡，避免当前设备进程中断。

（5）单击按键，无论是否锁定自动切换功能，都可手动在通电的信道间循环切换。掉电的信道不会参与循环切换。

（6）当上述锁定信道掉电后（或所有通道都掉电后），强制自动切换到通电的信道一次。

（7）上述锁定开关通过 EEPROM 断电保存，不必每次重新设置。

程序步骤间有严格的顺序，是不能前后替换的，遇到问题要仔细思考顺序是否正确。虽然我不熟悉状态机等编程思想，但是善于调试可以弥补，如使用单片机的 TTL 接口打印文字信息，或者善用电路板上的 LED 表示状态信息，可以清楚地让单片机告诉我们现在它具体跑在哪行程序上。另外一定要长期做测试，我一开始测试是在两台计算机上规律切换，感觉程序已经完美了，但用了一段时间后，遇到了同时连接多台计算机，来回夹杂着切换的情况，程序就不听使唤了。对于程序"跑飞"的地方，除了完善判断条件，避免进入"死胡同"，还可以在定位问题以后用防御程序强制把程序拉回到指定的正常状态。在此我将硬件设计与程序开源给大家，大家也可以不断完善。✕

myCobot 280 for Arduino 在工业场景下控制传送带

▌ 房忠 陈录 张守阳

大象机器人的硬件漂流瓶计划，使得我有机会接触到myCobot 280 for Arduino 机械臂，经过一段时间摸索，从玩家视角，我将这款机械臂在准备阶段、上手过程中的点滴进行记录；同时，在工业场景下，我制作一个结合机械臂、PC上位机（图形界面）、称重传感器的闭环控制项目来展示完整的控制过程。通过小项目学习新设备，具有趣味性的同时，可以把各个知识点串接起来，为大家入门抛砖引玉。

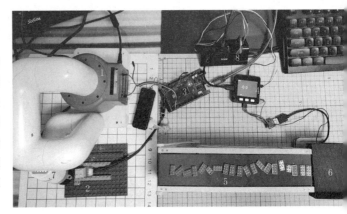

项目准备

由于这是我第一次接触这款机械臂，有必要介绍一下这个小项目的两位主角。

myCobot 280 for Arduino

第一次见到 myCobot 280 for Arduino 机械臂（见图1），有两点引起了我的兴趣，一是这款机械臂外观酷似大象灵活的鼻子，6个关节充分展示了机械臂操作的灵活性，二是使用 ATOM 作为动作控制核心，作为一名 M5stack 的爱好者，让我觉得非常亲切。

myCobot 280 for Arduino 机械臂以 M5stack-ATOM（ESP32）为核心主控，可以使用 Arduino MKR Wi-Fi1010、Mega 2560、UNO 等多种型号开发板扩展。从玩家视角看，这款机械臂的硬件配置如图2所示。

M5stack Basic

M5stack Basic 在本项目中作为实时电子秤的控制器，采用 ESP32 芯片，集成 Wi-Fi，拥有 16MB 的 SPI 闪存，采用可堆叠方式，能够快速搭建和验证物联网产品。M5stack Basic 由2个可分离部分堆叠组成，底部放置了锂电池、M-BUS 总线母座和边缘的扩展引脚。这次项目就是将秤盘部分（HX-711）与 M5stack Basic 底座相连。

上面提到的 myCobot 280 for Arduino 的控制执行元器件 ATOM 也是 M5stack 出品的，所以大象机器人和 M5stack 在这个产品上也算是深度合作。细分产品线，还有 myCobot 280 for M5。Mega 2560 是大家熟悉的硬件，就不一一介绍。

系统逻辑

整个系统逻辑由2个链条组成。

图3所示左边的控制链条：在 PC 上，以 Python API 作为开发工具编制上位机控制程序；Mega 2560 作为通信中

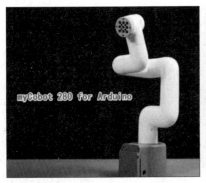

▌ 图1 myCobot 280 for Arduino 机械臂

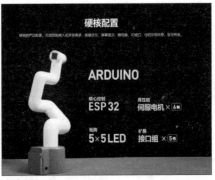

▌ 图2 机械臂硬件配置

转站，接受 PC 发送的 API 指令，并转发给 ATOM。ATOM 是控制核心，搭载 ESP32，LED 矩阵提供人机对话，接收 Mega 2560 的控制指令，驱动机械臂的步进电机，实现关节运动姿态、速度等参数控制。PC 上位机对机械臂的控制指令，就是通过 Mega 2560 和 ATOM 实现的。通过机械臂的落臂和抬臂动作，实现对传送带电源的控制。

图 3 所示右边的实时采集链条：传送带是一个直流电机驱动的皮带式传送带，可以将零件传送到料斗仓里，料斗仓结合 WEIGHT 模块（内含形变传感器以及 HX711 AC/DC 转换模块）构成了电子秤的硬件，M5stack Basic 作为主机搭建一个电子秤，用来实时称量传送带下来的零件重量，用 M5stack Basic 的串口 UART1 发送给 PC。PC 上位机程序监测控制两个端口：一个是来自 M5stack Basic 的实时传送带称重数据，另一个是发送控制指令。当称重值达到设定阈值时，可以控制机械臂断开传送带电源。

上述两个链条在 PC 上位机程序形成了信息交汇和判断、处理，通过机械臂和传送带电源按钮完成了机械臂对传送带电源开关的控制，从而实现一套完整控制。

补充说明：Mega 2560 可以理解为一个通信中转站，在烧录了 Mega 的固件后，可以在 PC 端用 Myblockly 或者 Python/C++ 直接控制机械臂。也可以用 Arduino 库中的 API，直接使用 Arduino IDE 给 Mega 2560 编程，不再需要通过 PC 端，也可以达到控制 ATOM 的目的。ATOM 是一个机械臂运动控制核心，固件（本项目配套 V4.1）是大象机器人提供的，里面集成了通信以及大量电机控制算法，目前没有开源。

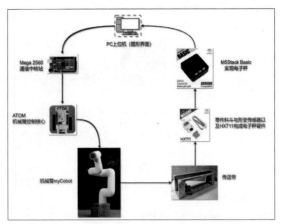

图 3 系统逻辑

软件准备

软件准备清单如表 1 所示。

下载MyStudio

MyStudio 是官方提供的一个集成软件，有各类驱动、工具、应用以及文档，方便玩家对机械臂进行全面了解、配置、学习和使用，因此建议使用 MyStudio。可以在官网下载 MyStudio。

烧录ATOM固件

我尝试过多个版本，建议使用 ATOM 固件 V4.1 版安装并打开 MyStudio，选择机械臂型号（见图 4（a）），我用到的是 myCobot 280 for Arduino，与 ATOM 连接后，USB 接口将显示 ATOM 开发板（见图 4（b））。

烧录Mega 2560 V1.0固件

插上 Mega 2560 电缆，选择机械臂、识别开发板后，烧录 Mega 2560 V1.0 固件如图 5 所示。

表 1 软件准备清单

序号	内容	版本	备注
1	Mega 2560 固件	V1.0	Mega 2560 与 PC 和 ATOM 通信
2	ATOM 固件	V4.1	ATOM 与 Mega 2560 通信并且对伺服电机控制
3	myCobot Python API	V2.9.6	Python 开发项目的图形界面，实现对实时称重数据的采集以及对 myCobot 280 的控制
4	UIFlow	1.9.5 离线版	给 M5stack Basic 写一个称重、串口传送程序

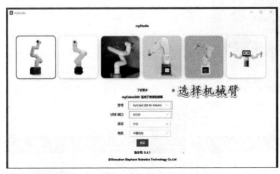

（a）选择机械臂

图 4 烧录 ATOM 固件

（b）ATOM 开发板

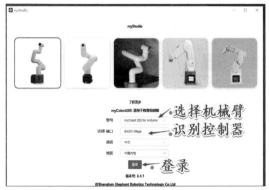

（a）选择机械臂

▍图5 烧录 Mega 2560 V1.0 固件

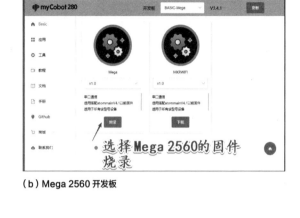

（b）Mega 2560 开发板

硬件准备

硬件清单如表2所示。

实现 Mega 2560 和 myCobot 之间的通信，引脚连接如表3所示，实物连接如图6所示。

表2 硬件清单

序号	名称	参数	备注
1	Mega 2560	Arduino	—
2	M5stack Basic	M5stack	—
3	称重传感器	M5stack WEIGHT 模块（集成 HX711）	外接形变传感器后，构成电子秤硬件
4	USB-TTL 转换器	—	M5stack Basic 与 PC 通信，上送称重数据
5	杜邦线	3根	Mega 2560 与 ATOM 通信
6	电动传送带（玩具）	2×1.5V 供电，直流齿轮皮带传送	需要对电源开关进行改装，实现按压供电、释放断电

（a）myCobot 侧接线

▍图6 myCobo 连接 Mega 2560

制作调试过程

1 编写 M5stack Basic 程序，满足称重以及数据发送上位机的功能。

（1）串口初始化，同时也设定了接线方式，如表4所示。

（2）计算折算系数：使用一个 100g 砝码，观察称重数据为 -831；使用一个 200g 砝码，观察称重数据为 -1658，因此得到称重折算系数为：-1658/200=-831/100=-8.31。

每个形变传感器的参数略有不同，所以用砝码校正折算系数是必要的。

（3）计算读取到的称重传感器数据，并且计算折算系数后，显示为称重值（单位：g）。

（4）使用 UART1 将读取到的数据每 20ms 发送一次。在此可以做一个平均值或者中值滤波消抖，减少在零件跌落料斗中的冲击，后续可以完善。

（5）设置清零按钮对应的事件，100ms 作按钮消抖。

以上即为一个简单的电子秤程序流程，同时可以通过 UART1 经过 TTL-USB 发送至 PC 上位机。一键下载就可以写入 M5stack Basic，非常方便。为了便于连接和调试，我用了离线版 UIFlow 编程器。如果您的网络条件好，还是建议用在线版。

（b）Mega 2560 侧连线

表3 引脚连接

序号	Mega 2560 引脚	myCobot 280 Arduino 引脚
1	19	RX
2	18	TX
3	GND	GND

表4 接线方式

序号	M5stack Basic 引脚	USB-TTL 引脚
1	17	RX
2	16	TX
3	GND	GND

2 使用 myblockly 获取机械臂动作姿态参数。

（1）下载 myblockly，这是一个优秀的采用图形拖拽方式的开发平台。

（2）在 myblockly 中，用图形拖拽方式，实现对机械臂的控制。

因为后续我需要实现机械臂落臂按压按钮以及抬臂释放两个动作，所以我在 myblockly 中获取特定姿态下各关节的角度参数，先给机械臂下电，然后摆好需要的姿态后，用获取关节参数的函数获取在这个特定姿态下的各关节参数。图 7 所示是一个落臂按压按钮

（a）获取关节参数 1

（b）获取关节参数 2

（c）获取关节参数 3

▌ **图 7 落臂按压按钮**

的姿态关节参数获取程序。同理，将机械臂摆到抬臂姿态，获取关节参数。

将上述两组参数设置为一组循环动作，就得到了一个完整、简单的控制过程。

在 myblockly 中，也有 Python 语言的切换窗，方便使用者学习 Python API。

3 编写 PC 上位机程序，安装 myCobot Python API。

我使用 Python 写了一个图形界面上位机程序，使用者可以设置称重数值，实时显示称重数据以及进度条，在接近目标质量（本程序设定为 99%）时，驱动机械臂实现抬臂动作开关，终止传送带。

▌ **图 8 实现流程**

实现流程如图 8 所示。

（1）首先用 Tkinter 库写了 GUI 界面（见图 9）。用户可以设定称重控制的阈值，比如本次调试中，我设置了阈值为 5g。

（2）导入了 myCobot Python API，初始化过程中完成抬臂动作。

（3）对 OK 按钮回调后，首先落臂导通传送带电源，传送带开始运转，电子秤实时监测重量，loading() 函数负责对串口称重数据读取，判断是否达到阈值，如果达到则发送抬臂动作信息。

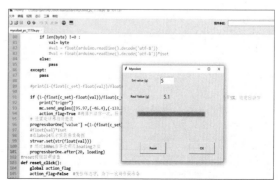

▌ **图 9 GUI 界面**

因为我的 myCobot for Arduino 没有夹具,我就在上面固定了一个模拟手指的乐高配件,用来模拟手指落臂时按动电源开关,抬臂时释放电源开关。

具体实现如程序 1 所示。

程序1

```
# 功能: 1、设置称重值,电子秤从串口送回实时测试数据,在 GUI 显示。
#2、使用进度条显示称重的进展情况。
#3、一旦达到目标值99%(测试中检验),则给myCobot下达指令,进行停止操作。
# 后续可以加点断,直到1%以内停止。
#4、实现了myCobot控制机械臂按下按钮和释放按钮动作。
from Tkinter import *
import Tkinter.ttk
import serial
import time
from pymyCobot.myCobot import myCobot
from pymyCobot.genre import Coord
# 全局变量初始化
global val # 实测质量
val=0.0
global iset # 比例系数, 根据设置值来计算, setvalue/100
iset=5/5
global c_set # 输入框, 形成称重判断标准
c_set=0.0
global action_flag
action_flag=False
# 设置下载最大值
maxbyte = 100
#myCobot 初始化
mc = myCobot('COM23',115200)
mc.power_off()
time.sleep(2)
mc.power_on()
time.sleep(2)
print('is power on?')
print(mc.is_power_on())
time.sleep(2)
mc.sendangles([95.97,(-46.4),(-133.3),94.3,(-0.9),15.64],50)
#抬臂动作
time.sleep(2)
#串口初始化
try:
  arduino = serial.Serial("COM25", 115200 , timeout=1)
except:
```

```
  print("Port connection failed")
ReadyToStart = True
#显示处理条函数
def show():
    mc.send_angles([95.6,(-67.2),(-130.3),101.9,
(-2.2),23.11],50) #down
  # 设置进度条的目前值
  progressbarOne['value'] = 0
  # 设置进度条的最大值
  progressbarOne['maximum'] = maxbyte
  # 调用 loading () 函数
  loading()
#处理过程函数
def loading():
  global byte
  global val
  global action_flag
  c_set=setvalue.get()
  iset=100/float(c_set)  # 计算比例系数
  byte = arduino.readline().decode('utf-8')
    try:
    if len(byte) !=0 :
      val= byte
    else:
       pass
  except:
    pass
    #print(1-(float(c_set)-float(val))/float(c_set))  # 调试
    if (1-(float(c_set)-float(val))/float(c_set))>=0.99 and
action_flag==False: # 当剩余值小于 5%, 则发出动作
      print("triger")
  mc.send_angles([95.97,(-46.4),(-133.3),94.3,(-0.9),15.64],50)
    action_flag=True # 确保只动作一次, 除非 reset
    # 设置处理棒指针进度
    progressbarOne['value'] =(1-(float(c_set)-float(val))/
float(c_set))*100
    #float(val)*iset
    # 在 label4 显示实时称重数据
    strvar.set(str(float(val)))
    # 经过 20ms 后再次调用 loading () 函数
    progressbarOne.after(20, loading)
#reset 按钮回调函数
def reset_click():
  global action_flag
```

```
action_flag=False  #复位标志字，为下一次动作做准备
pass
#OK 按钮回调函数
def ok_click():
    show()
    pass
#UI 界面设计
#主窗口
win = Tkinter.Tk()
win.title("myCobot")
#创建一个 Frame 窗体对象，用来包裹标签
frame = Tkinter.Frame (win,borderwidth=2, width=450,
height=250)
# 在水平、垂直方向上填充窗体
frame. pack ()
# 创建标签 1
Label1 = Tkinter.Label ( frame, text="Set value (g)")
# 使用 place 设置第一个标签位于距离窗体左上角的位置 (40,40) 和其大
小 (width, height)
# 注意这里 (x,y) 位置坐标指的是标签左上角的位置 (以 NW 左上角进行绝
对定位，默认为 NW)
Label1.place (x=35,y=15, width=80, height=30)
# 设置数据输入 setvalue
setvalue = Tkinter.Entry (frame, text="位置2",
fg='blue',font=("微软雅黑",16))
# 以右上角进行绝对值定位，位置在距离窗体左上角的 (166, 15)
setvalue.place(x=166,y=15, width=60, height=30)
# 创建标签 3
Label3 = Tkinter.Label (frame, text="Real Value (g)")
# 设置水平起始位置相对于窗体水平距离的0.6倍，垂直的绝对距离为80，
大小为 60, 30
Label3.place(x=35,y=80, width=80, height=30)
# 创建标签 4，放置实测质量值，默认 0.0g
strvar = StringVar()
Label4 = Tkinter.Label (frame, textvariable=strvar,text="0.0",
fg='green',font=( "微软雅黑",16))
# 设置水平起始位置相对于窗体水平距离的0.01倍，垂直的绝对距离为80，
并设置高度为窗体高度比例的0.5倍，宽度为80
Label4.place(x=166,y=80,height=30,width=60)
progressbarOne = Tkinter.ttk.Progressbar(win, length=300,
mode='determinate')
progressbarOne.place(x=66,y=156)
# 使用按钮控件调用函数
resetbutton = Tkinter.Button(win, text="Reset", width=15,
```

```
height=2,command=reset_click).pack(side = 'left',padx =
80,pady = 30)
# 使用按钮控件调用函数
okbutton = Tkinter.Button(win, text="OK", width=15,
height=2,command=show).pack(side ='left', padx = 20,pady
= 30)
# 开始事件循环
win. mainloop()
```

4 程序分步调试，并进行联合调试。

（1）调试电子秤，确保称重正确，用砝码作校正。确保数据上送串口正确，用串口助手进行读取，确保数据正常。

（2）机械臂联调传送带，因为本次机械臂没有夹具和配件，就用乐高积木堆叠了一个简单的按钮。在落臂后，触发传送带电源，传送带开始运转；抬臂之后，电源断开，传送带停止传送。

（3）联合调试，将 GUI 设定阈值，触发机械臂落臂上电，传送带开始运转（零件运送并落入料斗，实时称重），达到阈值（5g）后触发机械臂抬臂断电。

结语

myCobot 280 For Arduino 定位教育和入门级别的机械臂，装载非常完整的控制核心（ATOM），根据不同需求，匹配了 Mega 2560 或 UNO 等开发板作为中间通信中转，或者将其直接作为开发平台，为学习机械臂培养兴趣提供了一个非常友好的平台。

机械臂的伺服电机动力强劲，控制精度也在可以接受的范围内，ATOM 中的控制软件是 myCobot 的核心竞争力之一，确保对机械臂控制精度。

我认为最重要的一点是：使用者可以不再对伺服电机的控制（PID、调参、机械以及电气等一系列问题）所困扰，集中精力在创意和应用上，这个理念实际上和 Arduino、树莓派以及 M5stack 的理念是一致的。使用门槛大大降低，对学生教育以及业务玩家都非常友好。

将来我也可能考虑将本项目与摄像头、openCV 或者 Processing 结合，做一些视觉方面的小制作。如果要进阶，提醒使用者需要注意两点：一是可能需要配置一些配件，如夹持器、气泵等，以便扩展创意；二是对这款机械臂的精度要提前和技术支持详细沟通，评估是否满足应用需求。

学习给我们带来乐趣，myCobot 带来了一个新的学习工具，使得我们可以在学习中充分享受乐趣。M5stack 的模块堆叠式结构为玩家原型搭建提供了一如既往的便捷工具，两者相辅相成，会在控制以及执行端给我们带来更多的可能。Ⓧ

蔬菜保卫战：
一个能辨别鸟叫声的
TinyML 稻草人

▌李丽英

演示视频 1　演示视频 2　演示视频 3

自年初搬家之后，我住的房子楼顶便成了我种花种菜的场地。我种花、养花也好几年了，因为迷恋各色花卉，基本常见的观赏性花卉都动手种过。但自从经历过几次居家隔离之后，我家的花盆慢慢种上了各色蔬菜（见图 1）。鲜花好看能赏，但与吃上亲自种植的蔬菜一比，那种满足感还是略逊一筹的。

楼顶房东种了很多幸福树和使君子，树下还有火龙果攀附着，一片郁郁葱葱，长得很繁茂。这样一大片绿树成荫，房东可能想着给楼下隔热，而这些树丛也逐渐成了小鸟们栖息、交流的好地方。这里也给大家分享几张我们天台绿树成荫的风景，以及时常来天台做客胆大的小鸟们（见图 2）。

在播种各类小白菜之前，我的菜园子跟来去自如的小鸟们也都相安无事。可能是菜园子里的韭菜、苦瓜、香葱、茄子、地瓜叶等都不对它们的胃口。等到我播种的小白菜齐齐整整地窜芽抽叶之后，我才发现这些小鸟们可真聪明，专挑这些刚冒芽尖的小白菜啄，好好几盆小白菜，都被吃得参差不齐（见图 3）。我这个城市素人农夫，除了哭笑不得竟然也没有特别的办法对付这些小淘气了。

某一天我突然想到奶奶以前种菜，都会用废旧衣服、稻草和其他材料做稻草人（见图 4）。或许我也该给我的楼顶菜园子请一个"稻草人"来助阵了。于是我用一些闲置的布料、衣服、针线以及一些平时积攒的物料，做了这个稻草人，再画上眼睛、嘴巴，缝上鼻子，穿上一件朋友闲置的衣服，也好歹有个小女孩的样子了（见图 5）。

▌图 1　各色蔬菜

▌图 2　楼顶的树与常来做客的小鸟们

▌图 3　被小鸟吃得参差不齐的小白菜

▌图4 常见的稻草人

▌图5 我做的手工稻草人

稻草人做好之后，我把它安插在楼顶菜园子旁的树荫下，一开始小鸟们来得少了些，但过几天后，这些见惯了"大世面"的小鸟，估计觉得这个人不能动、不说话，大着胆子继续来糟蹋我刚抽芽的小白菜。

看来要跟这群狡猾的城市小鸟交手，这个稻草人得更聪明一些才行，要是它能自动识别出鸟叫声并且在听出鸟叫声之后，再发出尖锐声音，相信定能让这些贪吃的小鸟们吓一跳。当前，TinyML是海内外热门的技术，能在海量的物联网设备端微控制器上实现人工智能，在资源受限的设备上运行机器学习模型，或许它就是让我的稻草人变聪明的关键所在。将机器学习算法配置到边缘设备，让人工智能算法识别鸟叫声之后，再触发赶鸟声音，这样就可以使用TinyML构建一个菜园守护者了。在持续学习、编程、测试了10天之后，我的TinyML稻草人可算面世了。

这是一个由TinyML驱动的稻草人，我用了矽递科技Seeed Studio的Wio Terminal和Codecraft图形化编程平台（一个由Edge Impulse提供支持的嵌入式机器学习图形化编程平台）训练了一个检测鸟类叫声的模型，模型部署之后，在自动识别检测到鸟的叫声时，触发Wio Terminal自带的蜂鸣器尖锐声音，吓跑到访的小鸟。TinyML稻草人检测到小鸟叫声时的提示界面如图6所示，大家可以扫描文章开头的演示视频1二维码观看视频。

下面跟大家分享下这个项目的制作过程，如果有想要学习TinyML的朋友，欢迎跟着下面的教程一步一步操作，构建一个声音识别的项目。

▌图6 提示界面

项目使用硬件

本项目硬件使用矽递科技Wio Terminal。Wio Terminal是基于SAMD51的微控制器，具有Realtek RTL8720DN支持的无线连接功能，与Arduino和MicroPython兼容。它的运行频率为120MHz（最高可达200MHz），4MB外部闪存和192KB RAM。它同时支持蓝牙和Wi-Fi，为物联网项目提供了骨架。Wio Terminal自身配有LCD显示屏、板载IMU（LIS3DHTR）、麦克风、蜂鸣器、MicroSD卡槽、光传感器和红外发射器（IR 940nm）。最重要的是它还有两个用于Grove生态系统的多功能Grove端口和40个Raspberry pi兼容的GPIO引脚，用于支持更多附加组件。

项目使用软件

● 机器学习平台Edge Impulse。

● Arduino IDE。

● 图形化编程软件平台Codecraft。

训练嵌入式机器学习模型

首先，使用Codecraft训练一个嵌入式机器学习的模型。在这个步骤中，我们的目标是使用图形化编程平台Codecraft创建一个语音识别的嵌入式机器学习的模型。Codecraft是一款由柴火创客教育基于Scratch 3.0开发的图形化编程工具，主要面向STEAM教育领域，适合6～16岁青少年进行编程学习，用户通过简单

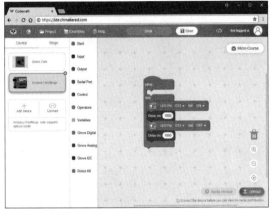

▌图7 Codecraft 图形化编程平台

地拖拽积木即可编程。除了可以对舞台角色进行编程，还支持多款主流硬件设备接入，实现软硬件结合，让编程学习更有乐趣。Codecraft 虽然是图形化编程工具，但它拥有一键切换 Python/C/Javascript 功能，能够让用户在掌握图形化编程后轻松实现程序编写进阶学习。 Codecraft 图形化编程平台如图 7 所示。Codecraft 支持两种模式：舞台模式 和 设备模式。

● 在舞台模式下，可以利用图形化编程，对舞台角色进行编程。创造出孩子们自己的故事。

● 在设备模式下，可以对多款硬件设备进行图形化编程，创造出各种天马行空的创意项目。目前支持 Grove Zero、Arduino Uno/Mega、micro:bit、M.A.R.K（CyberEye）、Grove Joint、GLINT、Bittle、Wio Terminal 等硬件。

创建和选择模型

Codecraft 提供 Web 在线版 和 PC 客户端两种使用方式。其中 PC 客户端支持 Windows 和 macOS 操 作 系 统。使用 Web 在线版连接硬件设备，需要安装 Codecraft Assistant 工具，才能连接设备并上传 Codecraft 编程文件到设备。为了让大家不下载就可以体验，我接下来的步骤都是使用 Web 在线版。

首先，前往 Codecraft 在线编程平台。如果你还没有注册账号，单击右上角"注册"即可通过邮箱快速注册一个账号。账号注册好之后，在"选择硬件进行编程"这个版块选择"支持嵌入式机器学习"的 Wio Termina 图标，如图 8 所示。

▌图8 选择"支持嵌入式机器学习"的 Wio Terminal 图标

创建"Wio Terminal内置的麦克风识别唤醒词"模型

在左侧中部的标题栏中，单击"创建与选择模型"。然后选择右边"为嵌入式机器学习创建新模型"版块中的"内置麦克风识别唤醒词"选项。如图 9 所示，根据要求输入模型的名称。

单击"确认"按钮后，窗口会自动跳转到"数据采集"界面（见图 10）。

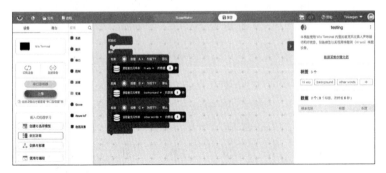

▌图9 输入模型名称

▌图10 "数据采集"界面

图11 系统默认标签

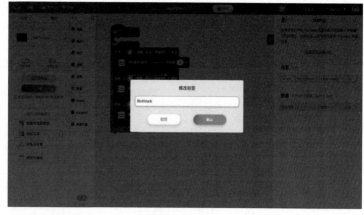

图12 重新命名标签

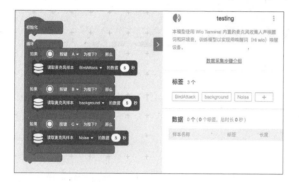

图13 重新命名后的标签

数据采集

1. 默认标签

系统提供了3个默认标签：hi wio、background和other words（见图11）。

如果你想使用其他标签，你可以直接修改。但你也可以直接使用这些标签。在这个项目中，我对其中两个默认标签进行了修改，如下所示。

● 将hi wio改成BirdAttack（小鸟进攻）。

● 将other words改成Noise（噪声）。

2. 数据采集和数据采集程序修改

单击"hi wio"标签，系统将提示你更改标签名称。我将标签重新命名为"BirdAttack"，然后单击"确定"（见图12）。

用同样的操作处理"other words"标签。现在你就可以看到，这个项目所使用的3个标签如图13所示。

3. 连接Wio Terminal并上传数据采集程序

使用USB Type-C线将Wio Terminal连接到计算机。单击"上传"按钮，这样将上传默认的数据采集程序。通常，上传大约需要

10 min。上传成功后，页面将出现一个弹出窗口，提示"上传成功"。单击"好的"按钮关闭窗口，并返回到数据采集界面。采集数据程序上传如图14所示。

图14 采集数据程序上传

需要注意的事项如下。

● 需要下载"Codecraft助手"才能将Codecraft在线IDE连接Wio Terminal和上传程序。

● 对于网页版的Codecraft，如果你没有安装或运

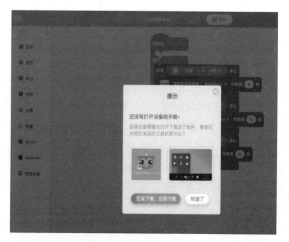

图15 如未安装设备助手，系统提示信息

图 16 数据采集完成时的界面

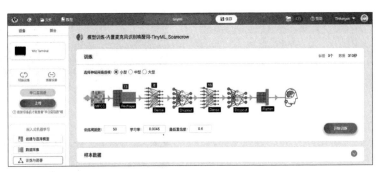

图 17 模型训练界面

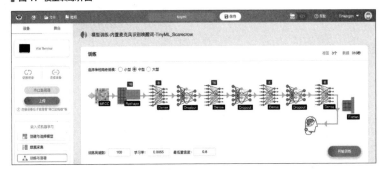

图 18 修改训练周期

行设备助手，你应该会收到如图 15 所示的提示消息，表示你尚未打开设备助手。在这种情况下，你可以单击"还没下载，立即下载"、安装"设备帮助"并了解其使用。

数据采集

在图 16 所示的"数据采集步骤介绍"中，你可以找到数据采集的详细步骤介绍。

你可以按照步骤介绍，并根据你前面修改的标签来进行数据采集。

需要特别注意以下事项。

● Wio Terminal 的按键（A、B、C）所在位置。

● 请注意标红的提醒信息。

● 将鼠标指向描述文档就可以获得更详细的信息。

在给 3 个标签收集了样本数据后，数据采集这个步骤就完成了。在这个项目中，我为 3 个标签分别收集了 130s、90s、90s 数据。

模型训练与部署

单击"训练与部署"按钮，你就可以看到如图 17 所示的模型训练界面。

1. 选择神经网络和参数

选择合适的神经网络大小有"小、中、大"3 种可选，并设置以下参数。

● 训练循环数（正整数）。

● 学习频率（介于 0 到 1 之间）。

● 最低置信度（介于 0 到 1 之间）。

这个界面默认提供的神经网络为小型，且以 50 个训练周期作为参数值，但准确度不是很好。因此，我将训练周期更改为100（见图 18）。

2. 开始训练模型

单击"开始训练"。当你单击"开始训练"时，窗口将显示"正在加载…"！这个时候，耐心等待训练完成即可！"正在加载…"的持续时间取决于所选神经网络的大小（小、中、大）和训练周期数。神经网络规模越大，训练周期越多，需要的时间就越长。

也可以通过查看"日志输出"来推断所需时间。如"Epoch: 68/500"表示训练总轮数为 500 轮，目前进行到第 68 轮。

加载完成后，你可以在"日志"中看到这个提示"训练模型完成"，界面上也会出现"模型训练报告"的选项卡。

3. 观察模型性能，选择理想的模型

在"模型训练报告"窗口（见图 19）中，可以观察到模型训练结果，包括模型的准确率、损失情况和性能。

如果训练效果不理想，可以通过选择另一个大小的神经网络或调整参数后再重新训练，直到得到一个满意的模型为止。如果更改

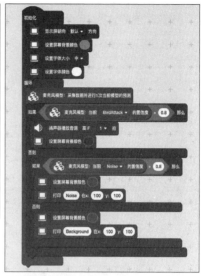

图 19 模型训练报告窗口

图 20 模型定制功能程序

参数后不起作用，就可能需要返回到前一个步骤，再次收集数据。

我在训练过程中，因为把训练周期设置为 100，所以训练出来的模型准确率达到了 91.9%。

使用Codecraft部署模型

在"模型训练报告"窗口确认完模型性能后，单击报告右上角的"模型部署"按钮。

部署完成后，单击"确定"进入"编程"窗口，这是我们将模型部署到 Wio Terminal 的最后一步。

图形化编程实现模型判定功能

因为 Codecraft 是图形化的编程平台，所以要完成这个项目其实很简单。这个项目的模型制定功能程序如图 20 所示。

我给大家解释一下这段程序具体的功能。为了便于理解，我将其分解为以下几点。

● 开机部分：设置显示屏朝向、显示屏背景颜色、字体颜色和大小。

● 循环语句部分：我使用 if-else 条件语句来评估每个标签数据的置信度（即模型判定某种声音的概率）。

● 如果"BirdAttack"标签的置信度（即模型判定麦克风捕捉音为鸟叫声的概率）大于 0.8（80%），Wio Terminal 内置蜂鸣器发出尖锐声音，同时 LCD 显示屏打印一行文字"Bird Attack"小鸟进攻了。

● 如果"Noise"标签的置信度（即模型判定麦克风捕捉音为其他噪声的概率）大于 0.8（80%），Wio Terminal LCD 显示屏打印一行文字"Noise"。

● 如果"background"标签的置信度（即模型判定麦克风捕

图 21 开机 UI

捉音为背景音的概率）大于 0.8（80%），Wio Terminal LCD 显示屏打印一行文字"background"。

定制化显示屏显示

理论上，将上面的程序上传 Wio Terminal 就可以实现我们对项目的所有期待。但是，我想 Wio Terminal 既然自带显示屏，不能浪费了这个很好的输出媒介。于是，我在上面程序的基础上，对 Wio Terminal 显示屏的 UI 显示做了一些调整。

● 开机 UI（见图 21）：使用显示屏绘画功能，画了一个简易版的稻草人图案，搭配 TinyML Scarecrow 字样，一个简单有特色的开机 UI 就完成了。

● 检测到鸟叫声 UI：同样使用显示屏绘画功能，画了一个方方的小鸟，搭配"Bird Attack!"字样，也能很生动表达小鸟来进击了的感觉。

大家可以扫描文章开头的演示视频 2 二维码观看我在定制显示屏 UI 过程中录制的小视频。定制显示屏 UI 程序如图 22 所示。

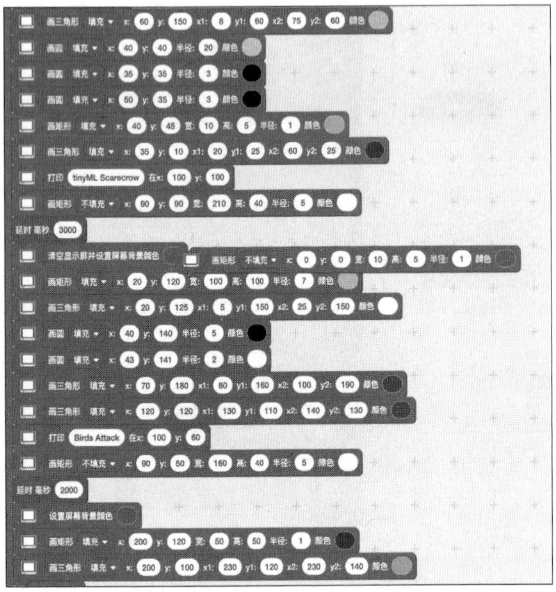

图22 定制显示屏 UI 程序

将显示屏UI程序与功能程序结合

两部分程序有机结合之后，这个项目的全部功能也就实现了，如图23所示。

结语

后续如果需要进一步开发这个项目，完成更多功能，我们可以将单击 Codecraft 右上角的按钮切换到文本程序编程界面。按"CTRL + A"全选所有程序并复制，并打开 Arduino IDE，创建一个新文件，通过"CTRL+V"将程序粘贴到文件中。这样你也就可以在 Arduino IDE 里面进一步开发你的程序了。因为我这个项目简单，也就没有再用到后面的步骤。

所有程序上传 Wio Terminal 之后，我们就可以进行实地检测了。扫描文章开头的演示视频 3 二维码可以观看我在家里用计算机播放鸟叫声进行检测的演示。整体来看，虽然模型存在一定的延时情况，但检测的精准度还是不错的。

现在回过头来看，Codecraft 非常适合初学者来学习嵌入式机器学习模型并将其部署。对我来说，我真的很高兴让这个 TinyML 稻草人成为我的园艺伙伴，守护我的花园，保护我的蔬菜。因为时间问题，目前项目还处于初级阶段，接下来，我也还会持续完善，主要完善的方向包括如下内容。

● 我还没有弄清楚如何给TinyML 稻草人加个雨棚，这样它就可以免受雨淋日晒。目前我用的移动电源不适合稻草人长期使用，还得再想办法通电。

● 这次没买到 MP3 模块，因为目前没货。对于升级版，我想录制一些人声的对话，当稻草人检测到鸟类时会触发随机播放，让播放的声音更像随机性的人声，让小鸟们猝不及防。MP3 模块系统框架如图 24 所示。

● 直接上手 Edge Impulse，使用 Arduino IDE 对项目进行编程，作为我的进一步学习计划。⊗

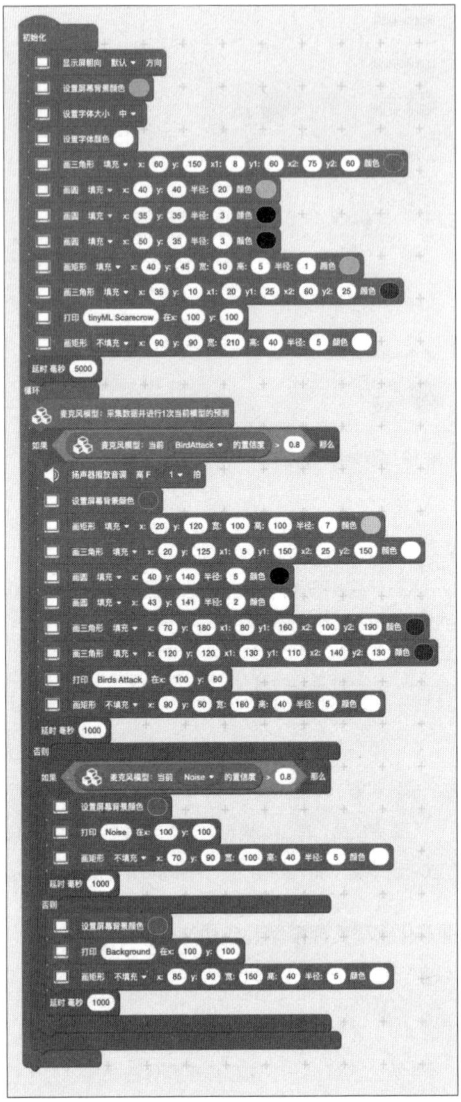

图23 项目的 Codecraft 程序

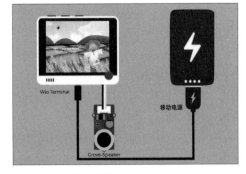

图24 MP3 模块系统框架

 立创课堂

100m±2mm
高精度激光测距仪

▌__Aknice

项目简介

人们测量长度的方式多种多样，测量的方法和精度也各不相同。天文学所测量的距离比较远，一般以光年为单位，用电磁波反射法、视差法、主序星重叠法、多普勒红移法等进行测量。制造芯片所需要的材料通常都在纳米量级，可以用电子显微镜法、激光粒度分析法、拉曼光谱法等进行测量。

上面两种长度单位是我们常聊到的长度单位，但在日常生活中，我们测量长度还是使用毫米、厘米、米等单位较多，也很熟悉直尺、卷尺、游标卡尺等传统的测量工具。如今有很多成熟的电子测量方法，比如超声波测距、红外测距，以及本次给大家分享的激光测距。

本项目中使用的MCU为ESP32，对串口通信的激光测距模块和蜂鸣器进行控制，使用按键作为用户输入，I²C通信的OLED显示模块用于测量的信息显示。在室内的测量距离为100m，在室外强光环境下，测量距离为50m，同时具有±2mm的高精度。可以应用在位移监测、物体测量、土建家装测量等场景。

模块及电路

首先我绘制了系统总框架，如图1所示。

MCU和下载电路

先从MCU开始绘制电路原理图，实际上就是绘制出MCU运行的最小系统，包括电源、晶振时钟、复位电路、下载电路等。ESP32不需要外部晶振，只需要复位电路和电源，ESP32电路如图2所示。

USB转串口电路如图3所示，当模块与PC进行通信时，LED会闪烁，也可以不加这两个LED，节约成本。需要注意的是CH340模块的V3引脚接3.3V电压，使用5V电压供电时需要外接一个0.1μF的退耦电容。

自动下载电路如图4所示，另外，ESP32还需要一个复位电路，我将其集成到自动下载电路中，只要下载程序就会自动复位使能ESP32。

激光测距模块

激光测距仪的核心元器件是PLS-K-100激光测距模块，如图5所示，它具有测量精度高、测量速度快、操作简单等特点，已广泛用于家装测量、工业控制等领域。

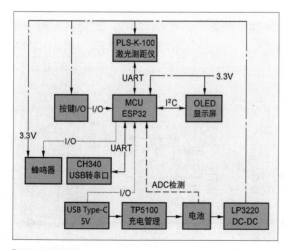

▌图1 系统总框架

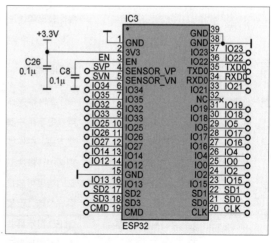

▌图2 ESP32电路

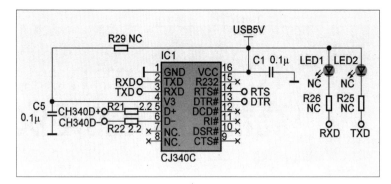

■ 图3 USB 转串口电路

PLS-K-100 激光测距模块参数如附表所示，可以看出精度达到 ±2mm，供电电压为 3.3V，因此不能过高或者过低，会使其工作不正常或者损坏模块。工作电流应留出至少 30% 的余量，即工作电流至少为 117mA 才稳妥。

我采用的用户交互方式是纯按键输入，通过 OLED 显示模块输出的方案。我选择大小为 128mm×64mm 的 OLED 显示模块，如图6所示，虽然只显示单色，但对

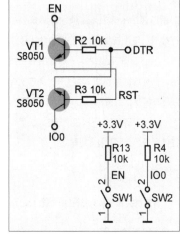

■ 图4 自动下载电路

■ 图5 PLS-K-100 激光测距模块

■ 图6 OLED 显示模块

附表 PLS-K-100 激光测距模块参数

序号	内容	参数
1	室内量程	0.03~100m
2	室外量程	0.03~50m
3	输出频率	2Hz
4	精度误差	±2mm
5	分辨率	1mm
6	盲区	3cm
7	光源	635nm、<1mW、红色、二类安全激光
8	光斑	10m φ 5mm、20m φ 10mm、50m φ 25mm
9	通信接口	UART TTL、RS232、RS485、4~20mA
10	串口电平	3.3V
11	工作温度	−30~55℃
12	工作电压	TTL 供电 3.3V，RS232、RS485、4~20mA 供电 DC+24V
13	工作电流	90mA
14	功率	0.43W
15	体积	64mm×40mm×18mm
16	质量	13g

于激光测距仪来说绰绰有余。该模块可以通过 SPI 或者 I2C 通信，激光测距模块最快测量速度为每秒 2 次，为了节省 I/O 引脚，使用 I2C 通信。

激光测距模块电路如图 7 所示，连接比较简单，注意需要添加上拉电阻到3.3V，这样传输数据才会稳定。

蜂鸣器电路

蜂鸣器的作用是提示用户测量完成，在连续测量中，多次测量的结果可能是同一个值，但是OLED 显示屏并不能直观地显示

测量的值已经更新，因此我们加入蜂鸣器来提示用户测量值已经更新。

蜂鸣器的工作电流最大为 30mA，蜂鸣器驱动电路如图 8 所示，我这里使用S8050 三极管作为蜂鸣器的驱动放大管。S8050 三极管是一个 NPN 型三极管，需要放在负载电路的下端，负载上端接蜂鸣器即可。另外不要忘记下拉电阻，在 I/O

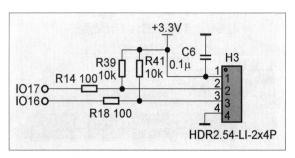

■ 图7 激光测距模块电路

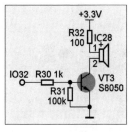

▌图8 蜂鸣器驱动电路

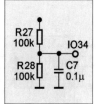

▌图9 激光指示
LED 电路

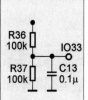

▌图10 电池电量
分压采集电路

▌图11 USB 5V
插入检测电路

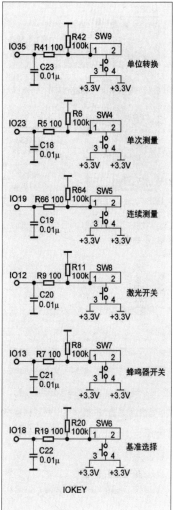

▌图12 按键电路

电平不稳定时，可以使其处于稳定的低电平状态，保证蜂鸣器的驱动正常。

激光指示LED电路

激光指示 LED 的作用是提示用户激光是否已经打开。我们所使用的激光测距仪是二类激光产品，输出功率小于 1mW，不会灼伤皮肤，不会引起火灾。

激光指示 LED 电路如图 9 所示，可以使用 IO2 直接驱动，IO2 端口可以承载 LED 这种低负载，再加上适当的电阻，电路整体比较简单。

电压检测电路

如果我们需要获得电池电量，那么首先需要检测电池的电量，目前最普遍的电池电量检测方法是测量电池的当前电压，在满电的时候，锂电池电压为 4.2V，电量耗尽时的电池电压约为 3.2V。我们用 ADC 检测电压，需要使用电阻进行分压，电池电量分压采集电路如图 10 所示，使用 2 个 100kΩ 的电阻进行分压，电池电压为 4.2V 时，ESP32 采集到电压为 2.1V，电池电压为 3.2V 时采集到电压为 1.6V，这样电池电压所在的范围都能采集到。

USB 5V 插入检测电路如图 11 所示，同理分出 2.5V 电压，使用高低电平识别是否插入，插入时会被识别为高电平。

两个电路都需要加入滤波电容，这样 ADC 在读取数值的时候才会稳定。

按键电路

激光测距仪一共需要 6 个功能按键，

分别为蜂鸣器开关、激光开关、基准切换、单位切换、连续测量、单次测量。所有功能按键全部使用 I/O 识别，I/O 上接下拉电阻，当按键被按下时 3.3V 会连接到按键 I/O 上识别为高电平，各个 I/O 都并联一个滤波电容消除抖动，按键电路如图 12 所示。

LP3220降压电路

LP3220 降压电路如图 13 所示，在实际电路中可以适当加大电容，获得更好的效果。使能引脚上拉，只要左边 5V 进入就会有 3.3V 电压输出。FB 引脚用来调节输出电压大小，根据 FB 引脚上接的两个反馈电阻决定，上反馈电阻接输出线，下反馈电阻接地。需要注意这两个电阻需要使用精度为 1% 的精密电阻，否则实际的电压会和理论电压相差很大。

充电电路

充电电路如图 14 所示，使用 16Pin 的 USB Type-C 作为电源输入，数据引脚连接 CH340 模块与 PC 通信，需要注意的是我们使用的电池不带 NTC 功能，因此 TP5100 模块的 TS 引脚直接接地。

此处的 R35 检流电阻需要 0.1Ω 的精密电阻，误差一定要小，否则设置的电流会有误差，要使用 2512 大封装的电阻，保证电流流经时不会损坏电阻本身。

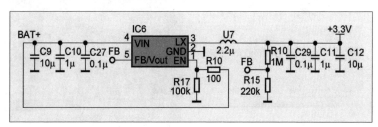

▌图13 LP3220 降压电路

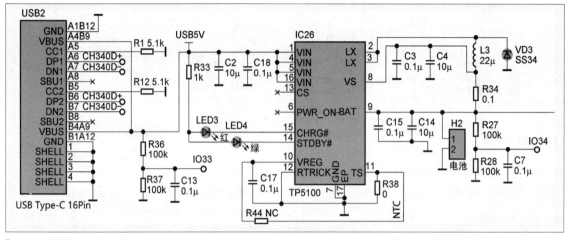

▌图14 充电电路

PCB设计

我使用嘉立创 EDA 专业版进行 PCB 设计。

首先是按照结构板框和交互的结构元器件位置进行布局，然后大致布局其他元器件。布局元器件原则就是连接尽量走短，并且留出能够走线的空间。让高速信号和差分信号优先，然后再走其他信号，最后再走电源。

这个 PCB 只有 USB 转串口电路是需要走差分信号的，因此先走 USB 转串口电路 D+ 和 D- 信号，然后再走其他信号。USB 转串口电路放在了左下角，充电电路尽可能靠近电池插座和 USB Type-C 供电，而 LP3220 降压电路靠近开关，蜂鸣器和 ESP32 电路放在 OLED 显示屏下面。

最后绘制的 PCB 如图 15 所示，当然还有很多要优化的地方。

制作完成的 PCB 如图 16 所示，我推荐的板厚是 1.6mm，阻焊选择白色，配上亚克力板比较好看。

接下来就是焊接，我推荐的焊接顺序如下。

- USB Type-C。
- TP5100 模块。
- CH340C 模块。

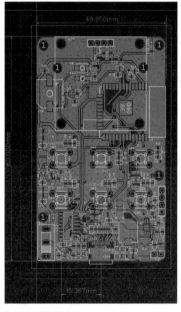

▌图15 绘制的 PCB

▌图16 制作完成的 PCB

▌图17 电路板测试

- LP3220 模块。
- ESP32。
- 其他贴片物料。
- 插件物料。

焊接完成后可以先上电看看是否正常运行，电路板测试如图 17 所示，没有问题后安装外壳。

结构设计

外壳结构

设计外壳时需对按键帽、OLED 显示模块、激光测距模块进行建模，与

PCB 对应好。外壳结构爆炸图如图 18 所示。

我们沿着 PCB 板框和激光测距模块外框画个简单的外壳，留好装配的余量。

激光测距模块需要螺丝柱固定，预留 M3 的螺丝大小，定位柱加强筋或者斜角，PCB 支撑固定也要进行倒角加强。同时预留好 USB Type-C 接口位置，外壳 3D 模型如图 19 所示。

亚克力板

我为装配体绘制了亚克力板，亚克力板 3D 模型如图 20 所示，切掉开关的部分，按键的位置比键帽直径大 0.2~0.3mm 即可。外壳的滑轨预留 2.25mm，因此亚克力板厚度选择 2mm。亚克力板宽度为 53.5mm，因为是推盖口，长度和外壳一样。亚克力板文字设计如图 21 所示。

▌图 18 外壳结构爆炸图

▌图 19 外壳 3D 模型

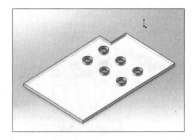

▌图 20 亚克力板 3D 模型

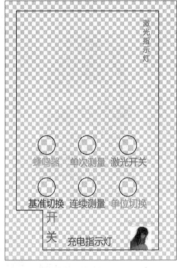

蜂鸣器　单次测量　激光开关

基准切换　连续测量　单位切换

开关　充电指示灯

激光指示灯

▌图 21 亚克力板文字设计

电池仓

电池仓模型如图 22 所示，放在激光测距模块下面，大小为 49mm × 41.65mm × 9.2mm。

组装

1 核对 PCB 上丝印，先接上电池和激光测距模块，使用 2.54mm 排针连接电路板。

2 将电池后面贴上双面胶。

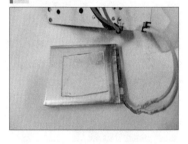

3 安装电池，安装时将电池紧贴外壳，电池的出线在右下角。

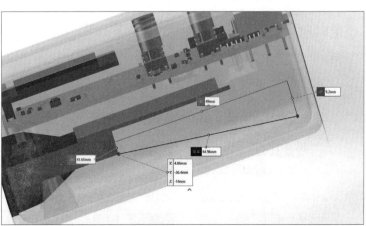

▌图 22 电池仓模型

4 使用 M3 螺丝固定激光测距模块。

5 安装电路板，显示屏在激光测距模块一侧，USB Type-C 一侧对准 Type-C 的开槽，然后再将显示屏一侧斜向下压。

6 使用 M3 螺丝固定电路板。

7 安装亚克力板。

8 安装轻触开关按钮帽。装上键帽后亚克力板就不会前后移动。

9 激光测距仪安装完成。

程序设计

我选用的是 Arduino 开发平台，其具有便捷的开发环境、优秀的第三方库等诸多优点，非常适合 DIY 玩家使用。

我使用的是 Arduino1.8.19 版本，需要安装 ESP32 开发板的 Arduino 支持库。

本次工程中使用到一个第三方库：u8g2，版本为 2.32.15，是 OLED 显示屏的 UI 显示库。除了有源码还有可以直接烧录的 bin 文件，这样不需要配置开发环境比较方便。

激光测距仪通信

这部分主要介绍发送控制指令，读取激光模块回传的数据。

发送指令

先把对应的发送指令使用 16 进制的形式存放。然后把激光测距模块的每个状态用枚举列好，有测量关闭激光、打开激光、单次自动测量、连续自动测量、推出测量

5 种状态，具体如程序 1 所示，在按键状态转换中会介绍它们的转换逻辑。

程序1

```
// 发送到测距仪串口
void measursend()
{
    unsigned char S_A_M[9] = {0xAA,
0x00, 0x00, 0x20, 0x00, 0x01, 0x00,
0x00, 0x21}; // 单次自动测量
    unsigned char C_A_M[9] = {0xAA,
0x00, 0x00, 0x20, 0x00, 0x01, 0x00,
0x04, 0x25}; // 连续自动测量
    unsigned char O_L[9] = {0xAA, 0x00,
0x01, 0xBE, 0x00, 0x01, 0x00, 0x01,
0xC1}; // 打开激光
    unsigned char C_L[9] = {0xAA, 0x00,
0x01, 0xBE, 0x00, 0x01, 0x00, 0x00,
0xC0}; // 关闭激光
    unsigned char EXIT[1] = {0x58};
// 退出连续自动测量
enum
{
  MEASUR_OFF,
  CLOSE_LASER,
  OPEN_LASER,
  SINGLE_AUTO_MEASUR,
  CONTINUOUS_AUTO_MEASUR,
  EXIT_MEASUR,
} MEASUR_STATUS;
```

我们使用激光测距仪时，只需要在按键处理的时候更改激光测距仪的状态即可，具体如程序 2 所示，使用 switch 判断区分，每隔一段时间执行这个语句，激光测距仪就可以作出对应状态的动作了。要注意，我们发送的指令是 16 进制的，因此我们不能使用 print（），输出的是字符串，需要使用 write（）才会输出 16 进制内容。

程序2

```
switch (MEASUR_STATUS)
  {
    case MEASUR_OFF:
        Serial.println("测量关闭");
```

```
break;
    case CLOSE_LASER:
        Serial2.write(C_L, 9); Serial.
println("关闭激光"); MEASUR_STATUS =
MEASUR_OFF; break;
    case OPEN_LASER:
        Serial2.write(O_L, 9); Serial.
println("打开激光"); break;
    case SINGLE_AUTO_MEASUR:
        Serial2.write(S_A_M, 9); Serial.
println("单次自动测量"); MEASUR_
STATUS = MEASUR_OFF; break;
    case CONTINUOUS_AUTO_MEASUR:
        Serial2.write(C_A_M, 9);
Serial.println("连续自动测量"); break;
    case EXIT_MEASUR:
        Serial2.write(EXIT, 9); Serial.
println("关闭连续自动测量"); MEASUR_
STATUS = MEASUR_OFF; break;
    default: Serial.println("测量无发
送");
    }
```

接收指令

接收的指令不是固定的，而是根据测量的参数变化的。我们建立一个13位的数组Distance_raw存放。接收完13位数据后先校验接收到的数据是否正确，是否有误传导致接收错误的情况，具体如程序3所示。

程序3

```
unsigned char Distance_raw[13];
Distance_err_sum = Distance_err_sum
+ Distance_raw[i]; //所有返回数据加起来
Distance_err_sum = Distance_err_sum
- Distance_raw[0]; // 减去首地址
Distance_err_sum = Distance_err_sum
- Distance_raw[8]; // 减去校验和
Distance_err_sum = Distance_err_sum
& 0xFF; // 真正的校验和，和FF做与运算，
取低8位
Serial.println("错误码计算的校验
和为:");
```

```
Serial.println(Distance_err_sum,
HEX);
if (Distance_err_sum != Distance_
raw[8]) // 检验和不等
{
    Serial.println("错误码校验和不相等,
错误码无效");
}
```

接下来将接收到的数据进行处理，并且转换成普通用户能看懂的数据，在Distance_raw中的6、7、8、9位是距离存储位，核心算法是Distance_mm = Distance_raw[6] × 16777216 + Distance_raw[7] × 65536 + Distance_raw[8] × 256 + Distance_raw[9]，我们存放距离的变量Distance_mm是10进制的，但是现在Distance_raw数组中的6、7、8、9位是16进制存储的，我们只要将数组存放的数进行求和计算，即可转换为10进制。具体如程序4所示。

程序4

```
//16进制换算，单位mm
Distance_mm = Distance_raw[6] *
16777216 + Distance_raw[7] * 65536 +
Distance_raw[8] * 256 + Distance_
raw[9];
Serial.println("激光测距仪距离（前):");
Serial.print(Distance_mm);
Serial.println("(mm)");
```

按键状态处理

这部分主要介绍按键之间状态的转换关系，和激光测距仪一样，也是通过状态切换，然后每隔一段时间执行这个状态下各个模块需要做什么事情，我们做的只是状态转换，而不是实际去执行。

和激光测距模块一样，先列出各个按键对应模块的状态。例如蜂鸣器状态有开和关两种，基准切换状态是前基准和后基准两种，单位切换则有mm、cm、m这3种状态。具体如程序5所示。

程序5

```
// 定义各个状态
enum
{
    BUZZER_ON,
    BUZZER_OFF,
} BUZZER_STATUS;
enum
{
    BASE_FRONT,
    BASE_BACK,
} BASE_STATUS;
enum
{
    UNIT_MM,
    UNIT_CM,
    UNIT_M,
} UNIT_STATUS;
// 基准开关
void basemanage()
{
    if (BaseKeyState == 1 && Basekeyflag
== 0)
    {
        delay(10); // 延迟10ms
        if (BaseKeyState == 1 && BASE_
STATUS == BASE_FRONT)
// 前基准切换到后基准
        {
            BASE_STATUS = BASE_BACK;
        }
        else if (BaseKeyState == 1 &&
BASE_STATUS == BASE_BACK)
// 后基准切换到前基准
        {
            BASE_STATUS = BASE_FRONT;
        }
        Basekeyflag = 1;
        buzzeron200ms();// 蜂鸣器开启计时
    }
    else if (BaseKeyState == 0)
// 按键松开
    {
```

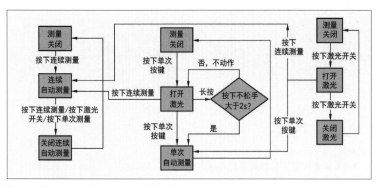

图23 单次测量、连续测量、激光开关执行流程

```
    delay(10);
    if (BaseKeyState == 0)
    {
        Basekeyflag = 0; // 基准标志位清零
    }
    }
}
```

单次测量、多次测量和激光开关状态相互联动时，逻辑就比较复杂，我总结了单次测量、连续测量和激光开关执行流程如图23所示，单次测量具体如程序6所示，多次测量程序大家可以自行完成，主要理解执行流程中的逻辑关系。

程序6

```
// 单次测量
void singlemanage()
{
    if (SingleKeyState == 1 &&
Singlekeyflag == 0)
    {
        delay(10);
        if (SingleKeyState == 1 &&
MEASUR_STATUS == MEASUR_OFF)
// 激光关闭时单击一次
        {
            MEASUR_STATUS = OPEN_LASER;
// 打开激光
            singlestarttime = millis();
// 按下计时
        }
        else if (SingleKeyState == 1 &&
```

```
MEASUR_STATUS == OPEN_LASER)
// 激光打开是单击一次
        {
            MEASUR_STATUS = SINGLE_AUTO_
MEASUR;// 单次测量
        }
        else if (SingleKeyState == 1 &&
MEASUR_STATUS == CONTINUOUS_AUTO_
MEASUR)// 连续自动测量单击一次单次测量
        {
            MEASUR_STATUS = EXIT_MEASUR;
// 退出连续自动测量
        }
        Singlekeyflag = 1;
        buzzeron200ms();
    }
    else if (SingleKeyState == 0)
```

```
    {
        delay(10);
        singleendtime = millis();
// 结束计时
        if (Singlekeyflag == 1
&& SingleKeyState == 0 &&
(singleendtime > (singlestarttime +
singletimesetting)))// 按下后长按(此时
激光已经打开)并且大于 singletimesetting
(2s)(结束计时 > 按下计时 +2s)
        {
            MEASUR_STATUS = SINGLE_AUTO_
MEASUR;// 单次测量
            Singlekeyflag = 0;
        }
        else
        {
            Singlekeyflag = 0;
        }
    }
}
```

结语

最终的高精度激光测距仪如图24所示，实际在文章中很多细节的地方没有介绍。整个设备的开发周期只有两个星期，还是在业余时间完成的，因此有很多地方是可以改进的，希望大家有更好的提议，让这个高精度激光测距仪更加完美。⊗

图24 高精度激光测距仪

DIY 远程控制、避障、循迹智能小车

霄耀在努力

项目起源

回想童年时，总是有一些小朋友让自己新入手的遥控小车驰骋在公园里、广场上，引来很多其他小朋友羡慕的眼光。如今，我终于有机会 DIY 一台属于自己的智能小车了，相信自己制作的智能小车一定会更加炫酷。

项目概述

智能小车使用 STM32 作为系统的主控板，由于单片机 I/O 接口驱动电流过小，不足以使电机转动，所以搭配 L298N 驱动模块，STM32 只作为控制端，L298N 驱动模块驱动电机转动，从而实现小车的运行。我在此基础上增加了蓝牙模块、红外循迹模块、红外避障模块以实现远程控制、循迹、避障功能。项目材料清单如表 1 所示。

电子模块介绍

STM32主控板

STM32 主控板是意法半导体公司生产的基于 ARM 公司 Cortex-M3 内核的32 位 MCU，其性能强大，配套资源丰富，被广泛应用于嵌入式开发系统开发，同时也是高校学生接触嵌入式开发的敲门砖。STM32 主控板如图 1 所示，其由微处理器、复位键、晶体振荡器等组成，可独立完成相应的控制任务、I/O 接口引脚电平判断。

图 1 STM32 主控板

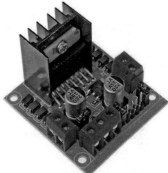

图 2 L298N 驱动模块

图 3 HC-05 蓝牙模块

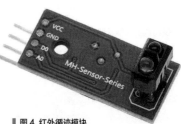

图 4 红外循迹模块

表 1 材料清单

序号	名称	数量
1	STM32 主控板	1 块
2	L298N 驱动模块	1 块
3	12V 电源电池	1 个
4	蓝牙模块	1 块
5	手机（使用 App 遥控）	1 部
6	红外循迹模块	3 块
7	红外避障模块	3 块
8	带电机轮子的小车支架	1 个
9	电子产品专用胶	1 个
10	LED	若干

L298N驱动模块

L298N 驱动模块如图 2 所示，是电机专用的驱动集成电路，属于 H 桥集成电路，可以驱动感性负载，如大功率直流电机、步进电机、电磁阀等。特别是其输入端可以与主控板直接相连，很方便受主控板控制。当驱动直流电机时，改变输入端的逻辑电平可以实现电机正转与反转。

HC-05蓝牙模块

HC-05 蓝牙模块如图 3 所示，是一款主从一体的蓝牙模块，支持8位数据位、1位停止位、无奇偶校验的通信格式，配对成功后为设备添加全双工无线通信功能，可用于两个具有串行功能的微控制器之间的通信。该模块支持标准 AT 命令，进行模块相应工作模式的配置。

红外循迹模块

红外循迹模块如图4所示，由红外发射管与红外接收管组成，众所周知，黑色物体吸收光的能力更强，工作时红外发射管发射出红外线，当红外线照射到不同颜色时，反射的红外线强度不同，将接收管接收到红外线的强度作为判断机制，搭配电路实现循迹黑线的功能。

红外避障模块

红外避障模块与红外循迹模块相似，如图5所示，红外发射管发射出一定频率的红外线，当检测方向遇到障碍物（反射面）时，红外线反射回来被红外接收管接收，经过比较器电路处理之后，其电平状态发生改变，实现检测障碍的功能。

▌图6 小车底板

项目制作

让小车跑起来

图6所示是一款小车底板，自带4个TTL电机，首先要做的是让小车先跑起来（也就是先让电机转动）！

1. 驱动一个电机转动

当我第一次使用电机的时候，很疑惑为什么要用L298N驱动模块，我的电机输入电压是5V，直接连上单片机I/O接口，让其输出高、低电平不就能控制电机转动吗？这是错误的想法，I/O接口确实能输出5V的电压，但大家不要忽略I/O接口输出的电流太小了，根本带不动电机。

L298N驱动模块引脚定义如图7所示，将L298N与STM32主控板、电源、电机按图8所示进行连接。

我们只需用单片机I/O接口控制L298N去驱动电机，电机就可以正常运转了。

具体控制电机正、反转以及停止的逻辑如表2所示，1代表高电平，0代表低电平，PWM代表脉宽调制波。IN1、IN2控制直流电机A，IN3、IN4控制直流电机B。

我们只需要输出不同电平就能驱动电机正、反转了，但是为了控制电机的转速，不能单纯地输出高、低电平，可以用PWM控制，通过调整PWM的占空比，

表2 电机驱动逻辑表

直流电机	旋转方式	IN1	IN2	IN3	IN4
MOTOR-A	正转（调速）	1/PWM	0	–	–
	反转（调速）	0	1/PWM	–	–
	待机	0	0	–	–
	刹车	1	1	–	–
MOTOR-B	正转（调速）	–	–	1/PWM	0
	反转（调速）	–	–	0	1/PWM
	待机	–	–	0	0
	刹车	–	–	1	1

▌图5 红外避障模块

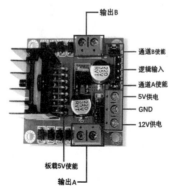

▌图7 L298N驱动模块引脚定义

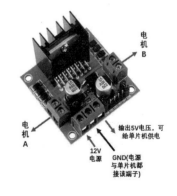

▌图8 L298N驱动模块电路连接示意

就能控制电机的转速。

4个电机分在两侧,由2个逻辑输入控制L298N驱动模块的一侧电机输出,所以每侧电机需要两路PWM输出控制,共需要4路PWM,本项目选择STM32主控板的TIM1与TIM4产生PWM输出。首先对定时器1进行相关配置,如程序1所示。定时器4配置方法与程序1基本相同,不再介绍。

程序1

```
void TIM1_PWM_Init(void)
{
  GPIO_InitTypeDef GPIO_
InitStructure;
  TIM_TimeBaseInitTypeDef TIM_
TimeBaseStructure;
  TIM_OCInitTypeDef  TIM_
OCInitStructure;
  RCC_APB2PeriphClockCmd(RCC_
APB2Periph_TIM1,ENABL)  // 使能 TIM1 时钟
  RCC_APB2PeriphClockCmd(TIM1_CH1_
GPIO_CLK, ENABLE); // 使能 GPIOB 时钟
    /* 配置 I/O 模式 */
  GPIO_InitStructure.GPIO_Pin=TIM1_
CH1_GPIO_PIN|TIM1_CH2_GPIO_PIN;
  GPIO_InitStructure.GPIO_Mode = GPIO_
Mode_AF_PP;  // 复用推挽输出
  GPIO_InitStructure.GPIO_Speed =
GPIO_Speed_10MHz;
  GPIO_Init(TIM1_CH1_GPIO_PORT,
&GPIO_InitStructure);
    /* 初始化 TIM1 模式 */
  TIM_TimeBaseStructure.TIM_Period =
TIM1_Reload_Num;  // 设置下一个更新事
件后,装入自动重装载寄存器的值
  TIM_TimeBaseStructure.TIM_Prescaler
=TIM1_Frequency_Divide;  // 设置 TIM3
时钟预分频值
  TIM_TimeBaseStructure.TIM_
ClockDivision = 0;
// 设置时钟分割
  TIM_TimeBaseStructure.TIM_
```

```
CounterMode = TIM_CounterMode_Up;
// 向上计数模式
  TIM_TimeBaseInit(TIM1, &TIM_
TimeBaseStructure);
// 根据参数初始化 TIM1
  /* 初始化 TIM1_CH1-4 的 PWM */
  TIM_OCInitStructure.TIM_OCMode =
TIM_OCMode_PWM1; // 选择定时器模式: TIM
脉冲宽度调制模式 1
  TIM_OCInitStructure.TIM_
OutputState = TIM_OutputState_Enable;
// 比较输出使能
  TIM_OCInitStructure.TIM_
OutputNState = TIM_OutputState_
Disable;// 比较输出 N 不使能
  TIM_OCInitStructure.TIM_Pulse = 0;
  TIM_OCInitStructure.TIM_OCPolarity
= TIM_OCPolarity_High;  // 配置输出极
性为高
  TIM_OCInitStructure.TIM_OCNPolarity
= TIM_OCPolarity_High;
  TIM_OCInitStructure.TIM_OCIdleState
= TIM_OCIdleState_Reset;
  TIM_OCInitStructure.TIM_OCNIdleState
= TIM_OCIdleState_Reset ;
  TIM_OC1Init(TIM1, &TIM_
OCInitStructure);
// 初始化 TIM1_OC1 TIM_OC2Init(TIM1,
&TIM_OCInitStructure);
// 初始化 TIM1_OC2
  TIM_ARRPreloadConfig(TIM1,ENABLE);
// 使能 TIM1 的自动重装载寄存器
  TIM_CtrlPWMOutputs(TIM1,ENABLE);
// 主输出使能
  TIM_OC1PreloadConfig(TIM1, TIM_
OCPreload_Enable);
// 使能 TIM1 在 OC1 上的预装载寄存器
  TIM_OC2PreloadConfig(TIM1, TIM_
OCPreload_Enable);
// 使能 TIM1 在 OC2 上的预装载寄存器
  TIM_Cmd(TIM1, ENABLE);
// 使能 TIM1
}
```

在PWM配置程序中大量调用宏定义,好处是便于移植程序。在大量使用宏定义的前提下,需要移植程序时,只要修改宏定义即可,从而避免了在诸多程序中寻找要修改的地方。

至此,已通过编写程序完成了使用TIM1和TIM4产生PWM输出,接下来我们使用PWM输出操控左侧电机转动,如程序2所示,大家可自行尝试操控右侧电机。

程序2

```
/* 左侧电机前转, 速度 = speed */
void Motor_LF_forward(u8 speed)
{
  PA9_Out_PP;
  PA_out(9) = 0;
  PA8_AF_PP;
  TIM_SetCompare1(TIM1, speed);
}
/* 左侧电机后转, 速度 = speed */
void Motor_LF_backward(u8 speed)
{
  PA8_Out_PP;
  PA_out(8) = 0;
  PA9_AF_PP;
  TIM_SetCompare2(TIM1, speed);
}
/* 左侧电机停止 / 刹车, Wheel_STOP = 0:
停止  1: 刹车 */
void Motor_LF_Stop(u8 Wheel_STOP)
{
  if( Wheel_STOP == 0 )    // 停止
  {
    PA8_Out_PP;
    PA_out(8) = 0;
    PA9_Out_PP;
    PA_out(9) = 0;
  }
  else if(Wheel_STOP==1)
// 刹车
  {
    PA8_Out_PP;
```

```
    PA_out(8) = 1;
    PA9_Out_PP;
    PA_out(9) = 1;
    }
}
```

2. 控制小车前进、后退、左转、右转、停止/刹车

我们已经了解如何驱动一个电机转动，控制小车的运动，本质就是 4 个轮子搭配运行。前行时 4 个轮子都前转；后退时 4 个轮子都后转；左转时左侧 2 个轮子向后转，右侧 2 个轮子向前转；右转时右侧 2 个轮子向前转，左侧 2 个轮子向后转。我们按表 2 中的逻辑关系编写程序，如程序 3 所示。

程序3

```
/* 小车向前（速度 = speed%） */
void Car_forward(u8 speed)
{
    Motor_LF_forward(speed);
    //左侧电机前转
    Motor_RF_forward(speed);
    //右侧电机前转
}

/* 小车向后（速度 = speed%） */
void Car_backward(u8 speed)
{
    Motor_LF_backward(speed); //左侧电
机后转
    Motor_RF_backward(speed); //左侧电
机后转
}

/* 小车向左（速度 = speed%） */
void Car_Turn_Left(u8 speed)
{
    Motor_LF_backward(speed);
    //左侧电机后转
    Motor_RF_forward(speed);
    //右侧电机前转
}

/* 小车向右，（速度 = speed%） */
void Car_Turn_Right(u8 speed)
```

```
{
    Motor_LF_forward(speed);
    Motor_RF_backward(speed);
}

/* 小车（熄火／刹车），Wheel_STOP = 0:
停止 1: 刹车 */
void Car_Stop(u8 Wheel_STOP)
{
    if( Wheel_STOP == 0 ) // 停止
    {
        Motor_LF_Stop(0);
        Motor_RF_Stop(0);
    }
    else//if(Wheel_STOP==1) // 刹车
    {
        Motor_LF_Stop(1);
        Motor_RF_Stop(1);
    }
}
```

到目前为止，已经实现让小车跑起来，接下来就在此基础上添加各种控制功能（即何时前转、何时后转、何时左转、何时右转），从而使小车更加智能。

遥控功能

1. 控制介绍

本项目采用蓝牙实现遥控功能，手机下载蓝牙 App 作为遥控器发射控制指令，通过蓝牙无线信号传播控制指令；小车通过蓝牙模块接收信号，对相应的控制指令进行解析，完成相应的运动。

2. 蓝牙App

我使用 App Inventor 开发了一款蓝牙 App，界面如图 9 所示，使用效果还不错。在这里强烈建议大家学习一下 App Inventor，这是一款用于开发安卓手机 App 的平台，非常适合 DIY 项目。

3. 完成驱动小车

蓝牙模块与 STM32 主控板通过串口进行通信，即蓝牙模块接收到无线信号后，通过串口将所接收到数据传递给

STM32，本项目选择 STM32 主控板的串口 2 与蓝牙模块进行通信，串口具体配置如程序 4 所示。

程序4

```
void uart2_init( u32 bound )
{
    /* GPIO 端口设置 */
    GPIO_InitTypeDef GPIO_
    InitStructure;
    USART_InitTypeDef USART_
    InitStructure;
    NVIC_InitTypeDef NVIC_
    InitStructure;
    /* 使能 USART2、GPIOA 时钟 */
    RCC_APB2PeriphClockCmd( RCC_
APB2Periph_GPIOA, ENABLE );
RCC_APB1PeriphClockCmd( RCC_
APB1Periph_USART2, ENABLE );
/* PA2 TXD2 */
    GPIO_InitStructure.GPIO_Pin
```

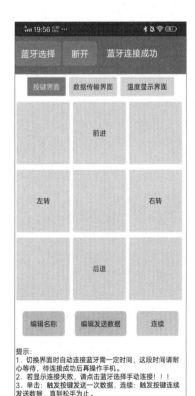

■ 图 9 蓝牙 App 界面

```
= GPIO_Pin_2;
  GPIO_InitStructure.GPIO_Speed
= GPIO_Speed_50MHz;
  GPIO_InitStructure.GPIO_Mode
= GPIO_Mode_AF_PP;
  GPIO_Init( GPIOA, &GPIO_
InitStructure );
  /* PA3 RXD2 */
  GPIO_InitStructure.GPIO_Pin
= GPIO_Pin_3;
  GPIO_InitStructure.GPIO_Mode
= GPIO_Mode_IN_FLOATING;
  GPIO_Init( GPIOA, &GPIO_
InitStructure );
  /* USART2 NVIC 配置 */
  NVIC_InitStructure.NVIC_IRQChannel=
USART2_IRQn;
  NVIC_InitStructure.NVIC_
IRQChannelPreemptionPriority=3; //
抢占优先级 3
  NVIC_InitStructure.NVIC_
IRQChannelSubPriority = 2; // 子优先级 2
  NVIC_InitStructure.NVIC_
IRQChannelCmd= ENABLE; //IRQ 通道使能
  NVIC_Init( &NVIC_InitStructure );
// 根据指定的参数初始化 VIC 寄存器
  /* USART 初始化设置 */
  USART_InitStructure.USART_BaudRate
= bound;// 串口波特率
  USART_InitStructure.USART_
WordLength = USART_WordLength_8b;
// 字长为 8 位数
  USART_InitStructure.USART_StopBits
= USART_StopBits_1;
// 一个停止位
  USART_InitStructure.USART_Parity =
USART_Parity_No;
// 无奇偶校验位
  USART_InitStructure.USART_
HardwareFlowControl=USART_
HardwareFlowControl_None;
// 无硬件数据流控制
  USART_InitStructure.USART_Mode =
```

```
USART_Mode_Rx |USART_Mode_Tx;
// 收发模式
  USART_Init( USART2, &USART_
InitStructure );
// 初始化串口 1
  USART_ITConfig( USART2, USART_IT_
RXNE, ENABLE ); // 开启串口接受中断
  USART_Cmd( USART2, ENABLE );
// 使能串口 2
}
```

本项目在配置串口触发时，将串口配置为中断方式，因为中断方式触发更具有时效性。当串口接收到数据时会触发中断，STM32 主控板停止当前正在运行的程序，转去执行中断程序，也就是 USART2_IRQHandler，本项目在程序中设立一个全局变量标志位 receive_data，当触发中断时，将获取的数据放在该变量中，以便于主程序调用，具体程序如程序 5 所示。

程序5

```
u8 receive_data=0;
void USART2_IRQHandler( void )
{
  if ( USART_GetITStatus( USART2,
USART_IT_RXNE ) != RESET )
  {
  receive_data = USART_ReceiveData(
USART2 );
  USART_SendData(USART1,receive_data);
  }
}
```

现在所有的准备工作已经做好，只需要在主程序中设置 while(1) 循环，不断判断变量 receive_data 的数据，当指令传来时进行相应的控制，就完成了蓝牙控制小车运行，整个过程如程序 6 所示。

程序6

```
if(receive_data != 0x30)
{
  TIM_SetCounter(TIM3,0);
```

```
// 将定时器当前值清零，启动声光报警，1.5s
后触发中断关闭
  if(receive_data == 0x31) // 前进
  {
    Car_forward(30);
  }
  else if(receive_data == 0x32)
// 后退
  {
    Car_backward(30);
  }
  else if(receive_data == 0x33)
// 左转
  {
    Car_Turn_Left(21);
  }
  else if(receive_data == 0x34)
// 右转
  {
    Car_Turn_Right(21);
  }
}
```

接下来就是完善松开按键时小车刹车的功能，本项目引用定时器完成该功能，引用"看门狗"思想判断数据是否终止，按下按键时，每次 STM32 主控板接收到数据，都会清空 TIM3 的当前值，从而使定时器永远无法产生中断。松开按键时，数据传输中断，无法清空 TIM3 的当前值，触发定时器中断，小车刹车。配置定时器 3 的工作方式，具体如程序 7 所示。

程序7

```
void TIM3_Time_Init(void)
{
  TIM_TimeBaseInitTypeDef  TIM_
TimeBaseStructure;
  NVIC_InitTypeDef NVIC_
InitStructure;
  RCC_APB1PeriphClockCmd(RCC_
APB1Periph_TIM3, ENABLE);
// 使能 TIM3 时钟
  /* 定时器 TIM3 初始化 */
```

```
TIM_TimeBaseStructure.TIM_Period =
5999 ;// 设置下一个更新事件后，装入自动重
装载寄存器的值
    TIM_TimeBaseStructure.TIM_Prescaler
= 7199;// 设置 TIM3 时钟预分频值
    TIM_TimeBaseStructure.TIM_
ClockDivision = TIM_CKD_DIV1;
// 设置时钟分割: TDTS = Tck_tim
    TIM_TimeBaseStructure.TIM_
CounterMode = TIM_CounterMode_Up;
// TIM 向上计数模式
    TIM_TimeBaseInit(TIM3, &TIM_
TimeBaseStructure);
    TIM_ITConfig(TIM3,TIM_IT_
Update,ENABLE );
    /* TIM3 的中断 NVIC 设置 */
    NVIC_InitStructure.NVIC_IRQChannel
= TIM3_IRQn;
// TIM3 中断
    NVIC_InitStructure.NVIC_
IRQChannelPreemptionPriority = 1;
    NVIC_InitStructure.NVIC_
IRQChannelSubPriority = 1;
NVIC_InitStructure.NVIC_IRQChannelCmd
= ENABLE;    // 使能通道
    NVIC_Init(&NVIC_InitStructure);
// 初始化 NVIC 寄存器
    TIM_Cmd(TIM3, DISABLE);
// 使能 TIM3
}
```

当松开按键时，数据传输中断，触发定时器中断，程序部分与串口接收数据中断类似，也定义了一个全局变量 time_flag，在主程序中不断查询该变量的值，若该变量值为 1，代表数据传输停止。具体如程序 8 所示。

程序8

```
u8 time_flag=0;
/* 定时器 3 中断服务函数 */
void TIM3_IRQHandler(void)
{
    if( TIM_GetITStatus(TIM3, TIM_IT_
```

```
Update) != RESET )
// 判断是否为 TIM3 的更新中断
    {
    TIM_ClearITPendingBit(TIM3, TIM_
IT_Update );
// 清除 TIM3 更新中断标志
    time_flag=1;
    }
if(time_flag == 1)
    {
    time_flag=0;
    Car_Stop(0);
    }
}
```

至此，小车的遥控功能已经全部完成，可使用手机 App 按键控制小车运行，使其行走任意的路线。

循迹功能

红外循迹模块的原理相对简单，红外接收管接收到的红外线经过比较器电路处理后，在模块的 D0 引脚输出正、反逻辑电平，我们只要将注意力放在 D0 引脚的逻辑电平上即可。经测试发现该模块循迹到黑线时 D0 引脚输出高电平；该模块未循迹到黑线时 D0 引脚输出低电平。所以需要将 3 个模块的数据引脚配置为输入模式，3 个模块的数据引脚具体对应 STM32 的 PB3、PB4、PB5 引脚，具体配置如程序 9 所示。

程序9

```
/* 红外循迹初始化（将 PB3、PB4、PB5 引脚
初始化为上拉输入）*/
void Trail_Input_Init_JX(void)
{
GPIO_InitTypeDef  GPIO_InitStructure;
/* 使能 GPIOB 端口时钟 */
RCC_APB2PeriphClockCmd(RCC_
APB2Periph_GPIOB, ENABLE);//GPIOB 时
钟使能
/* PB3、PB4 默认设置 JTCK 引脚，释放为通用
GPIO 端口 */
RCC_APB2PeriphClockCmd(RCC_
APB2Periph_AFIO, ENABLE);    // 复用时钟
```

```
使能
GPIO_PinRemapConfig(GPIO_Remap_SWJ_
JTAGDisable,ENABLE);
// 将 PB3、PB4 重映射为通用 GPIO 端口
/* 循迹：PB3、PB4、PB5 端口配置 */
GPIO_InitStructure.GPIO_Pin =GPIO_
Pin_3|GPIO_Pin_4|GPIO_Pin_5;
GPIO_InitStructure.GPIO_Mode = GPIO_
Mode_IPU; // 上拉输入
GPIO_Init(GPIOB, &GPIO_InitStructure);
// 初始化 PB3、PB4、PB5
}
```

本功能依旧定义一个全局变量，存放 PB3、PB4、PB5 引脚的电平，以便在主循环中判断，具体如程序 10 所示。

程序10

```
/* 读取引脚电平函数 */
void Trail_black_line(void)
{
    S_Trail_Input = 0 ;
    S_Trail_Input = (((u8)GPIOB->IDR)
    & 0x38)>>3;
}
```

接下来就在主程序中不断调用该读取引脚电平函数，并进行判断，若中间循迹黑线时，小车直行；当左侧循迹到黑线时，让小车向左调整一定的角度；当右侧循迹到黑线时，让小车向右调整一定的角度；当一段时间未循迹到黑线时，小车停止，具体如程序 11 所示。

程序11

```
Trail_black_line();
// 读取引脚电平函数
/* 未循迹到黑线 */
    if( S_Trail_Input == Not_Find_
Black_Line )
    {
    if( F_Not_Find_Black_STOP == 1 )
// 判断是否长时间未发现黑线
Car_Stop(CAR_FLAMEOUT); // 停车
    else
    Car_forward(20);
```

```
// 前进
}
/* 循迹到黑线 */
else
{
C_Not_Find_Black = 0;
// 清除"未发现黑线计时"
F_Not_Find_Black_STOP = 0;
// 清除长时间未发现黑线标志位
```

至此，小车循迹的相关功能已全部开发完毕。在地面上贴上各种走向的黑线，小车将按照地面的黑线自动运行。

避障功能

红外避障模块的原理与循迹模块类似，我们依旧需要将 3 个模块的数据引脚配置为输入模式，3 个模块的数据引脚具体对应单片机的 PA4、PA5、PA6 引脚，具体配置如程序 12 所示。

程序12

```
/* 红外避障初始化（将PA4、PA5、PA6引脚
初始化为上拉输入）*/
void Elude_Input_Init_JX(void)
{
  GPIO_InitTypeDef GPIO_
InitStructure;
  RCC_APB2PeriphClockCmd(RCC_
APB2Periph_GPIOA, ENABLE);// GPIOB 时
钟使能
  /* 避障引脚 PA4、PA5、PA6 初始化 */
  GPIO_InitStructure.GPIO_Pin = GPIO_
Pin_4|GPIO_Pin_5|GPIO_Pin_6;
  GPIO_InitStructure.GPIO_Mode =
GPIO_Mode_IPU;
// 上拉输入
  GPIO_Init(GPIOA, &GPIO_
InitStructure);
// 初始化 PA4、PA5、PA6 引脚
}
```

我们需要采集引脚的电平状态，依旧定义一个全局变量 S_Elude_Input，存放

图10 智能小车

PA4、PA5、PA6 引脚的电平，以便主循环中判断，具体如程序 13 所示。

程序13

```
/* 读取引脚电平函数 */
void Elude_detect_barrier(void)
{
  S_Elude_Input = 0 ;
  S_Elude_Input = (((u8)GPIOA->IDR)
& 0x70);
}
```

接下来就在主程序中不断调用该读取引脚电平函数，并进行相关判断，当未发现障碍物时，小车直行；当左侧或左前方发现障碍物时，让小车向右调整一定的角度；当右侧或在前方发现障碍物时，让小车向左调整一定的角度，当正前方发现障碍物时，小车后退一定距离，然后从左侧绕过障碍物，左侧发现障碍的程序如程序 14 所示，大家可自行尝试剩下的程序。

程序14

```
Elude_detect_barrier();
// 红外避障检测
/* 未发现障碍物 */
  if( S_Elude_Input == Not_Find_
Barrier )
```

```
  {
  Car_forward(20); // 前进
  }
  /* 左侧发现障碍 */
  else if( S_Elude_Input == Left_
Find_Barrier || S_Elude_Input ==
Left_Middle_Find_Barrier )
  {
  Car_Turn_Right(20); // 右转
```

至此，小车避障的相关功能也已全部开发完毕，打开小车电源后，将其放置在地上，无须人为控制，小车会自主规避障碍物。

结语

图 10 所示是制作完成的智能小车，它可以实现遥控、循迹、避障等功能，但我们应该着眼于如何将其功能扩大化及实用化，比如近几年较为流行的无人驾驶汽车。当然，无人驾驶汽车需要考虑诸多因素，需要更高级的处理器，但这不妨碍让我们具备勇于创新的精神，积少成多，用自己双手实现自己的愿望。

用 STM32 制作 4 足机器人

王龙

演示视频

众多科幻电影都涉及未来将出现各式各样的智能机器人。这些机器人中有些代替人类劳作，有些照顾人类生活起居，成为未来人类生活中不可缺失的一部分。我将以STM32作为核心控制板，搭配JDY-31蓝牙模块，制作一个简单可控的4足机器人，让你拥有一只真正属于自己的电子宠物。

项目概述

机器人的制作涉及运动控制算法、机械结构设计与数据通信等诸多方面知识。我制作的是一个简化版的 4 足机器人（但其上限很高）。为了方便大家快速上手制作一个属于自己的 4 足机器人，本项目简化了机器人的运动学模型，使用手机 App 对 4 足机器人进行控制。材料清单如表 1 所示。

电子模块介绍

STM32F103C8T6模块

STM32F103C8T6 模 块 如 图 1 所示，是一款由意法半导体公司推出的基于 ARM Cortex-M3 内核的 32 位微控制器，硬件采用 LQFP48 封装。此开发板拥有丰富的外设，比如 UART、ADC、SPI、TIME 与 I2C 等。较低的功耗与丰富的外设资源让 STM32F103C8T6 模块在低成本的控制项目中大放异彩。本项目中

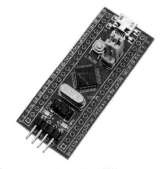

▌图 1 STM32F103C8T6 模块

将利用 UART 与 JDY-31 蓝牙模块进行通信，其 2 路 I2C（I2C1 和 I2C2）分别与 PCA9685 舵机驱动板以及 OLED 显示模块进行通信。

PCA9685舵机驱动板

PCA9685 舵机驱动板如图 2 所示，是一款基于 I2C 总线通信的 12 位精度 16 通道 PWM 信号输出模块，该模块最初由恩智浦（NXP）推出，主要面向 LED 开关调光，可用于控制舵机、LED、电机等

设备。它利用 I2C 通信读写寄存器内的数据，控制多路 PWM 信号发送，节省主控引脚资源。灵活使用 PCA9685 舵机驱动板，就可以真正实现舵机自由（理论上最高可以控制 64 路舵机）。

JDY-31蓝牙模块

JDY-31 蓝牙模块如图 3 所示，基于蓝牙 SPP3.0 设计。支持 Windows、Linux、Android 数据透传，工作频率为 2.4GHz，调制方式为 GFSK，最大发射功率增益为 8dB，最大发射距离为 30m，支持用户通过 AT 命令修改设备名、波特率等参数，使用方便、快捷。在本项目中，JDY-31 模块将帮助 4 足机器人与手机 App 进行通信，手机 App 发送指令实时控制 4 足机器人。

OLED显示模块

OLED 显示模块如图 4 所示。由于

表 1 材料清单

序号	名称	数量
1	4 足机器人 3D 打印件	若干
2	STM32F103C8T6 模块	1 个
3	PCA9685 舵机驱动板	1 个
4	JDY-31 蓝牙模块	1 个
5	OLED 显示模块	1 个
6	SG90 舵机	12 个

▌图 2 PCA9685 舵机驱动板

▌图 3 JDY-31 蓝牙模块

■ 图4 OLED 显示模块

■ 图5 SG90 舵机

OLED 显示屏同时具备自发光、不需要背光源、对比度高、厚度薄、视角广、反应速度快、可用于挠曲性面板、使用温度范围广、构造及制程较简单等优异的特性，被认为是下一代平面显示器新兴应用技术。本项目中使用 OLED 显示模块显示 4 足机器人的表情（这部分属于锦上添花，如果硬件条件不够，可以省去这个模块，并不影响 4 足机器人的制作）。

SG90舵机

舵机是一种位置（角度）伺服的驱动器，适用于需要角度不断变化并可以保持的控制系统。SG90 舵机如图 5 所示，在高档遥控飞机、潜艇模型和遥控机器人中已经得到了普遍应用。SG90 舵机的控制信号是周期为 20ms 的 PWM 信号，其中脉冲宽度为 0.5~2.5ms，相对应舵盘的位置为 0°~180°，呈线性变化。本项目中采用 SG90 舵机驱动 4 足机器人进行运动，每条机械腿由 3 个舵机控制。

项目制作

STM32CubeMX配置

为了方便快速搭建 4 足机器人程序的基础框架，我选择 STM32CubeMX 编写程序。STM32CubeMX 配置过程如下，具体如图 6 所示。

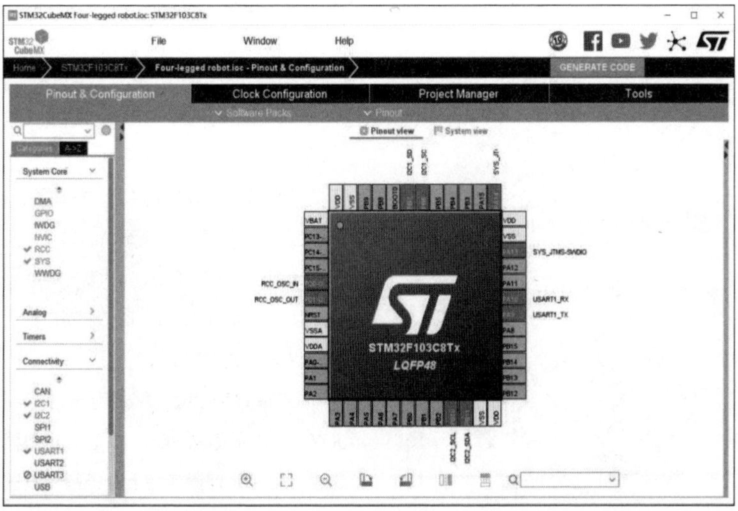

- SYS 配 置：Debug 选 择 Serial Wire。
- RCC 配置：配置外部高速晶体振荡器 HSE。
- USART1 配 置： 模 式 异 步 通 信 Asynchronous， 波 特 率 为 115200，NVIC 中断开启。
- I²C1 和 I²C2 配置：选择 I²C 模式。

Keil uVision5程序编写

1. PCA9685舵机驱动板驱动舵机

前面已经介绍了 PCA9685 舵机驱动板的基本情况，这里补充说明一下，项目的核心控制板为 STM32F103C8T6 模块，受限于可输出 PWM 信号的引脚太少，所以采用 I²C 通信协议与 PCA9685 舵机驱动板进行通信，通过 I²C 通信对固定好的寄存器地址写入相应的数据来初始化 PCA9685 舵机驱动板，以及输出板载可控的 16 路 PWM 信号。STM32F103C8T6 模块与 PCA9685 舵机驱动板的连接如表 2 所示。

考虑到 PCA9685 舵机驱动板作为控制 4 足机器人的核心驱动装置，需要接入的引脚数量比较多，PCA9685 舵机驱动板连接如图 7 所示，特别需要注意的是接入的锂电池电压一定不能超过舵机能承受的电压上限，否则会烧坏舵机，由于 4 足机器人运动时接入的负载较大，建议选择 5V/3A 的大电流锂电池。

关于程序的编写，首先需要使用 I²C 通信给 PCA9685 舵机驱动板设置寄存器

表 2 STM32F103C8T6 模块与 PCA9685 舵机驱动板的连接

STM32F103C8T6 模块	PCA9685 舵机驱动板
5V	VCC
GND	GND
PB6	SCL
PB7	SDA
6	SG90 舵机

■ 图6 STM32CubeMX 配置

STM32相连
16路SG90舵机
接入5V锂电池

图7 PCA9685舵机驱动板连接

模式，之后设定工作频率（这一点与后续的PWM信号输出相关）。初始化完成后，对控制16路PWM信号产生的寄存器地址写入需要的数值，实现利用I2C通信控制16路舵机。这部分使用到的API函数为PCA_MG90()，实时控制舵机运动角度，具体如程序1所示。

程序1

```
#include "pca9685.h"
#include "i2c.h"
#include "math.h"
uint8_t PCA_Read(uint8_t startAddress)
{
    // 设置开始读取数据的寄存器地址
    uint8_t tx[1];
    uint8_t buffer[1];
    tx[0]=startAddress;
    HAL_I2C_Master_Transmit(&hi2c1,
PCA9685_adrr,tx,1,10000);
    HAL_I2C_Master_Receive(&hi2c1,
PCA9685_adrr,buffer,1,10000);
    return buffer[0];
}
void PCA_Write(uint8_t startAddress,
uint8_t buffer)
{
    uint8_t tx[2];
    tx[0]=startAddress;
    tx[1]=buffer;
    HAL_I2C_Master_
```

```
Transmit(&hi2c1,PCA9685_adrr,
tx,2,10000); // 利用HAL库的I2C通信函数
对寄存器地址写值
}
void PCA_Setfreq(float freq)// 设置PWM
信号频率
{
    uint8_t prescale,oldmode,newmode;
    double prescaleval;
    freq *= 0.83;
// 实际使用过程中存在偏差，需要乘以桥正系
数为0.83
    prescaleval = 25000000;
    prescaleval /= 4096;
    prescaleval /= freq;
    prescaleval -= 1;
    prescale =floor(prescaleval +
0.5f);  // 向下取整函数
    oldmode = PCA_Read(PCA9685_MODE1);
    newmode = (oldmode&0x7F) | 0x10;
// 睡眠
    PCA_Write(PCA9685_MODE1, newmode);
// 需要进入睡眠状态才能设置频率
    PCA_Write(PCA9685_PRESCALE,
prescale); // 设置预分频系数
    PCA_Write(PCA9685_MODE1, oldmode);
    HAL_Delay(2);
    PCA_Write(PCA9685_MODE1, oldmode |
0xA1);
}
/*num: 舵机PWM输出引脚0~15, on: PWM
上升计数值0~4096, off: PWM下降计数值
0~4096*/
void PCA_Setpwm(uint8_t num, uint32_
t on, uint32_t off)
{
    PCA_Write(LED0_ON_L+4*num,on);
    PCA_Write(LED0_ON_H+4*num,on>>8);
    PCA_Write(LED0_OFF_L+4*num,off);
    PCA_Write(LED0_OFF_H+4*num,off>>8);
}
/* 函数作用: 初始化舵机驱动板参数 */
void PCA_MG90_Init(float hz,uint8_t
```

```
angle)
{
    uint32_t off=0;
    PCA_Write(PCA9685_MODE1,0x0);
    PCA_Setfreq(hz);// 设置PWM频率
    off=(uint32_t)(145+angle*2.4);
    PCA_Setpwm(0,0,off);
    PCASetpwm(1,0,off);
    PCA_Setpwm(2,0,off);
    PCA_Setpwm(3,0,off);
    PCA_Setpwm(4,0,off);
    PCA_Setpwm(5,0,off);
    PCA_Setpwm(6,0,off);
    PCA_Setpwm(7,0,off);
    PCA_Setpwm(8,0,off);
    PCA_Setpwm(9,0,off);
    PCA_Setpwm(10,0,off);
    PCA_Setpwm(11,0,off);
    PCA_Setpwm(12,0,off);
    PCA_Setpwm(13,0,off);
    PCA_Setpwm(14,0,off);
    PCA_Setpwm(15,0,off);
    HAL_Delay(500);
}
/* 函数作用: 控制舵机转动 */
void PCA_MG90(uint8_t num,uint8_t
end_angle)
{
    uint32_t off=0;
    off=(uint32_t)(158+end_angle*2.2);
    PCA_Setpwm(num,0,off);
}
```

2. JDY-31蓝牙模块程序

4足机器人采用手机App进行控制，所用的手机App为开源蓝牙调试助手，蓝牙App界面如图8所示。设置6个控制组件为byte类型，被按下时分别对应数字1~6，松开时对应数字0。

我们借助手机App发送指定的数据到JDY-31蓝牙模块，JDY-31蓝牙模块再通过UART串口通信将上位机指令发送给STM32F103C8T6模块，之后4足机

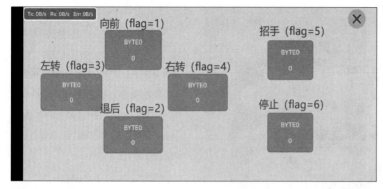

图 8 蓝牙 App 界面

器人根据接收到的指令完成对应的动作。知道 JDY-31 蓝牙模块原理后，就可以编写控制程序。这里我采用全局标志位 flag 来实现中断的快进快出，借助全局标志位 flag 在主函数中切换不同指令的控制函数。具体如程序 2 所示。

程序 2

```
#include "bluetooth.h"
uint8_t USART1_RX_BUF[USART1_REC_
LEN]; //数据接收数组
uint16_t USART1_RX_STA=0;
uint8_t USART1_NewData;
extern int flag; //全局标志位
void    HAL_UART_RxCpltCallback(UART_
HandleTypeDef  *huart)
{
  if(huart ==&huart1)
  {
  USART1_RX_BUF[USART1_RX_STA&0X7FFF]
=USART1_NewData;USART1_RX_STA++;
  if(USART1_RX_STA>(USART1_REC_LEN-1))
    USART1_RX_STA=0;
  if(USART1_RX_BUF[USART1_RX_STA-7] ==
0x01)
  {
    flag = 1;
  }
  if(USART1_RX_BUF[USART1_RX_STA-7] ==
0x02)
```

```
  {
    flag = 2;
  }
  if(USART1_RX_BUF[USART1_RX_STA-7] ==
0x03)
  {
    flag = 3;
  }
  if(USART1_RX_BUF[USART1_RX_STA-7]
== 0x04)
  {
    flag = 4;
  }
  if(USART1_RX_BUF[USART1_RX_STA-7]
== 0x05)
  {
    flag = 5;
  } if(USART1_RX_BUF[USART1_RX_STA-
7] == 0x06)
  {
    flag = 6;
  }
  HAL_UART_Receive_IT(&huart1,(uint8_t *)
&USART1_NewData,1);
  //HAL库串口接收中断打开
  }
}
```

3. 4 足机器人运动学程序

严格的机器人运动学控制，需要根据机器人的机械结构去建立数学模型，然后根据数学模型与运动学方程解析得到控制方程。这一套逻辑与算法非常复杂，适合批量化生产或者技术要求较高的机器人。

本项目采用运动学中的三角形重心法，从积极稳定与消极稳定入手。4 足机器人在四脚着地时是消极稳定状态，走路时则分开讨论，如果每次只动一只脚，其他 3 只脚仍稳稳地踩在地上，是消极稳定状态，4 足机器人也可以放弃此状态，进入积极稳定状态，这样可以运动得比较快。这两种步态分别被称作爬行（Creep）与快步（Trot）。

这里我们使用爬行作为 4 足机器人运动的步态，运动过程中必须保证每次移动时有 3 只脚踩在地面上，且重心放在这 3 只脚形成的三角形内，如果重心离开这个三角形太久，机器人就会跌倒。爬行步态需要满足的要求如图 9 所示。

整个 4 足机器人的运动过程都被拆分为各个 SG90 舵机的位置信息，主要使用 PCA_MG90(Number,Angle) 函数进行实现，其中 Number 表示 PCA9685 舵机驱动板上舵机的编号，Angle 则表示需要舵机移动到的终止角度。除了前进、转弯等必要的控制，还可以根据自己的需要，借助 PCA_MG90(Number,Angle) 函数实现机器人舞蹈等特殊动作，本项目中给 4 足机器人设计了招手动作，如图 10 所示。

重复利用 PCA_MG90(Number, Angle) 函数模仿生物的运动，同时需要保证 4 足机器人处于积极稳定状态。大家在调试的时候可以记录下各个

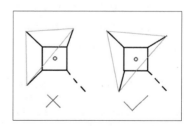

图 9 爬行步态需要满足的要求

图10 4足机器人招手动作

SG90 舵机的活动角度和位置信息，方便后续快速实现爬行步态等动作。这里介绍一下 4 足机器人三角法爬行步态，具体如图 11 所示。

（1）起始位置，其中一侧一侧 2 只脚向外，另一侧 2 只脚向内。

（2）右上方的脚离地，向 4 足机器人前方踏出。

（3）所有脚都往回收，让 4 足机器人身体向前移动。

（4）左后方的脚沿着身体侧边向前踏步，现在这个状态与起始位置互为镜像。

（5）左上方的脚离地，4 足机器人向前踏出。

（6）重复动作，将所有脚都往回收，身体向前移动。

（7）右后方的脚离地，沿着身体侧边往前踏步，这样 4 足机器人就回到了起始位置。

以此为运动依据，本项目中 4 足机器人站立的程序如程序 3 所示，其他步骤原理相同，大家可以自行完成。

程序3

```
#include "control.h"
#include "pca9685.h"
#include "oled.h"
```

```
#include "bmp.h"
//4足机器人站立
void stand()
{
  OLED_DrawBMP(0,0,128,8,gImage_1);
  PCA_MG90(0,113);  //1-1 角度变大，腿部向前
  PCA_MG90(1,80);   //1-2 角度变小，腿部向上
  PCA_MG90(2,50);   //1-3 角度变小，腿部收起
  PCA_MG90(4,55);   //2-1 角度变小，腿部向后
  PCA_MG90(5,140);  //2-2 角度变大，腿部向上
  PCA_MG90(6,130);  //2-3 角度变大，腿部收起
  PCA_MG90(8,100);  //3-1 角度变小，腿部向前
  PCA_MG90(9,130);  //3-2 角度变大，腿部向上
  PCA_MG90(10,160); //3-3 角度变大，腿部收起
  PCA_MG90(12,124); //4-1 角度变大，腿部向后
  PCA_MG90(13,125); //4-2 角度变小，腿部向上
  PCA_MG90(14,100); //4-3 角度变小，腿部收起
}
```

4. OLED显示模块程序

我使用 OLED 显示模块显示机器人表情，大家可以自行 DIY 表情为机器人添色。我利用 PCtoLCD2002 对自己设计的机器人表情进行取模，表情取模如图 12 所示。

然后以 OLED 画点函数为基础，构建 OLED 画图函数，对取模后的表情进行绘制，具体如程序 4 所示。

程序4

```
// 参数：x0、y0 为起始点坐标，x1、y1 为结束点坐标
void OLED_DrawBMP(unsigned char x0,unsigned char y0,unsigned char x1,unsigned char y1,unsigned char BMP[])
{
  unsigned int j=0;
  unsigned char x,y;
  if(y1%8==0)
    y = y1/8;
  else
    y = y1/8 + 1;
  for(y=y0;y<y1;y++)
  {
    OLED_SetPos(x0,y);
    // 画点函数
    for(x=x0;x<x1;x++)
    {
      WriteDat(BMP[j++]);
    }
  }
}
```

5. 主函数程序

项目的基础程序框架是借助

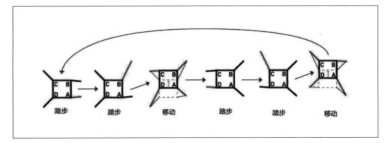

图11 4足机器人三角法爬行步态

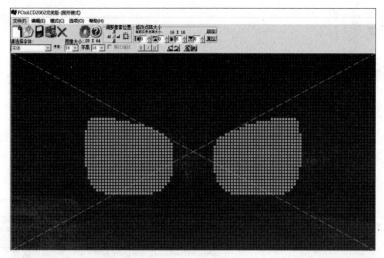

▌图12 表情取模

STM32CubeMX 配置的，首先在主函数中初始化 OLED 显示模块和 4 足机器人状态，然后将 switch() 函数与全局标志位 flag 进行组合使用，在 while() 循环中实现串口 1 中断后，全局标志位 flag 控制机器人运动状态切换。具体如程序 5 所示。

程序5

```
#include "pca9685.h"
#include "oled.h"
#include "control.h"
#include "bluetooth.h"
int flag;
PCA_MG90_Init(60,90);// 初始化 PCA9685
OLED_Init();// 初始化 OLED 显示模块
OLED_CLS();// 清屏
HAL_UART_Receive_IT(&huart1,(uint8_t
*)&USART1_RX_BUF,1);
stand();
int main()
{
    //HAL 库初始化配置
    While(1)
    {
        switch(flag)// 全局标志位 flag 控制运动状态
        {
        case(1):forward();break;
```

```
        case(2):backward();break;
        case(3):left_moving();break;
        case(4):right_moving();break;
        case(5):beckon();break;
        case(6):stand();break;
        default:break;
        }
    }
}
```

成品展示

最终的 4 足机器人如图 13 所示，我为 4 足机器人设计了 6 种运动状态，分别为：前进、后退、左转、右转、招手和停止。通过手机 App 进行控制，手机发送相关运动状态指令后，4 足机器人将持续保持该指令下的运动状态。大家可以扫描文章开头的二维码观看具体操作的演示视频，从视频中可以看出，根据三角形重心法实现爬行步态的 4 足机器人运动起来是非常稳健的。

考虑到 SG90 舵机的自转角度仅为 0°~180°，大家在使用该型号舵机作为 4 足机器人驱动装置时，需要注意将 SG90 舵机的活动角度调整至满足 3D 打印件的机械运动需求范围内。避免出现 SG90 舵机卡死或空转的现象，导致舵机和其他元器件损坏。

结语

本项目虽然快速地制作了一个灵活的 4 足机器人，但没有开发出更多的功能。我采用了 12 个舵机去控制 4 足机器人，因此 4 足机器人的可玩性很高，可以优化的地方还有很多。如果大家在制作 4 足机器人时对机器人的运动学建模不是特别擅长，也可以改为用 8 个舵机控制，这样相对来说更好把控，基础的 4 足机器人程序与制作原理大致相同。相信在未来，越来越多的机器人会出现在大众视野之中，机器人技术将更好地服务于人类。◉

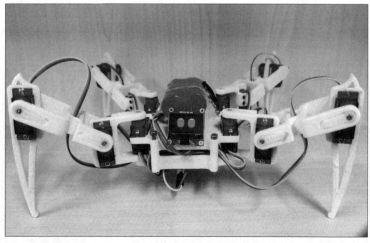

▌图13 4 足机器人

一万粉丝报废机
——用 plot 记录你的粉丝数

▌刘国

从你有了第 1 个粉丝，写字机器人 plot 就会一直陪伴着你，实时尽职尽责地记录下你的粉丝数量，直到有第 9999 个粉丝时，写字机器人 plot 的使命也就达成了。

项目起源

我小时候很喜欢电动玩具，遥控车买回家就要拆开看一看。虽然看不懂里面的电路是怎么运行的，也不影响我把它拆得片甲不留。我喜欢各种型号的电子元器件，喜欢上电就会旋转的电机，喜欢一闪一闪的小灯珠，喜欢动画片里面的机器人……高中的时候，我自己做了一个移动电源和一个手摇发电机参加学校的科技比赛，两个作品都获得了一等奖。这些都是比较简单的电路，后来进入大学学习，我才有机会学习单片机和程序编写。

有一天上网我看到一款国外的机器人 plotclock（见图 1），对它十分感兴趣，于是我自己制作了一个机器人 plot（见图 2），并且对一些功能做了一些改进，下面就给大家分享一下 plot 制作过程吧。

机械设计

机器人 plotclock 通过旋转两个手臂就可以写出数字，但是它采用的是油性笔，书写时会在画板上产生大量油污，如图 3 所示，看起来给人不舒服的感觉，而且油性笔还存在需要更换的问题。所以我就想

能不能找到解决办法呢？

于是我开始头脑风暴，回想各种可擦写的笔，比如粉笔、铅笔，灵光一闪，我想起小时候买来练习写字、画画的磁性写字板，如图 4 所示，用磁性笔写字、画画，用擦除板（磁铁）划过去就可以将写字板擦干净，简直不要太完美。

决定采用磁性笔后，我就围绕其擦写方式设计了配套的机械结构，使用 UG 进

▌图 3 机器人 plotclock 书写产生油污

▌图 1 机器人 plotclock

▌图 2 机器人 plot

▌图 4 磁性擦写板

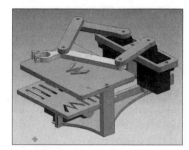

▋ 图 5 机械结构

行机械建模，机械结构如图 5 所示。将模型导出，使用 3D 打印机进行打印，然后将各结构件组装在一起。我们要在擦除板上贴上磁铁条。裁剪合适的写字板，用 2mm 直径螺丝固定，安装过程如图 6 所示。舵机程序运行时，舵机角度会被初始化。

硬件设计

主控板选择的是 ESP8266-NodeMCU，如图 7 所示，它具有 Wi-Fi 模块，可以通过联网获取信息，也有多个引脚可以输出 PWM 信号来控制舵机。

我特地设计了一块舵机扩展板，如图 8 所示，配合 ESP8266-NodeMCU 组成机器人的控制板，一方面可以留出排针连接舵机，另一方面引出一个 USB Type-C 接口，用来提供电源，扩展板接线如图 9 所示。这块扩展板只是方便了我们接线和供电，让机器人整体不会显得那么杂乱，也可以不使用这块扩展板，手动接线，这需要有一定的动手能力。

程序设计

为了实现获取实时粉丝数的功能，需要引入 NTPClient、ESP8266WiFi、WiFiUdp 和 FansInfo 这 4 个库文件。其中前 3 个库文件都可以在 Arduino 的库管理选项中进行下载，第 4 个库文件可以通过 Github 平台获取。库文件配置成功后，需要修改 Wi-Fi 账号和密码，修改想查询粉丝数账号的 ID，通过程序 1 完成获取粉丝数量。

程序 1

```
const char *ssid = "name";//Wi-Fi 账号
const char *password = "******";
//Wi-Fi 密码
FansInfo fansInfo("3493076135840688");
// 建立对象用于获取粉丝信息，括号中的参数是
UP 主的 ID
// 解析哔哩哔哩信息
void FansInfo::_
parseFansInfo(WiFiClient client){
  const size_t capacity = JSON_OBJECT_
SIZE(4) + JSON_OBJECT_SIZE(5) + 70;
  DynamicJsonDocument doc(capacity);
  deserializeJson(doc, client);
  JsonObject data = doc["data"];
  _data_following = data["following"];
  _data_black = data["black"];
  _data_follower = data["follower"];
}
// 获取粉丝数量
long FansInfo::getFansNumber(){
  return _data_follower;
}
```

接下来完成网络连接、机械臂归位等工作，如果 Wi-Fi 没有连接成功，则会一直打印小数点。在主循环 loop() 函数中，利用程序 2 实时更新时间和粉丝数。

程序 2

```
timeClient.update();// 实时更新时间
  delay(100);
  int currenthour=timeClient.
getHours();// 得到时间
  int currentminute=timeClient.
getMinutes();
  int currentfansnum;
  if(fansInfo.update())// 实时更新粉丝数
  {
  Serial.print("Fans Number: ");
  Serial.println(fansInfo.
getFansNumber());
  currentfansnum=fansInfo.
getFansNumber();// 得到粉丝数
  }
```

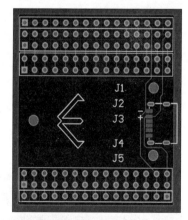

▋ 图 9 扩展板接线

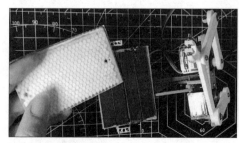

▋ 图 6 安装磁铁条和写字板

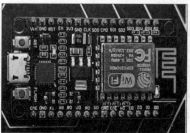

▋ 图 7 ESP8266-NodeMCU

▋ 图 8 舵机扩展板

成功获取数据后，我们就可以把数据传给写字函数，控制机械臂完成时间的书写任务。具体如程序3所示。

程序3

```
wipe();// 擦除
number(0, 25, currenthour/10,
0.9);// 时钟十位
number(16, 25, currenthour%10,
0.9);// 时钟个位
number(28, 25, 11, 0.9);// 冒号
number(37, 25, currentminute/10,
0.9);// 分钟十位
number(53, 25, currentminute%10,
0.9);// 分钟个位
```

同样，由于粉丝数是一个 0~9999 的数字，我们对这个数字进行拆分，分别拆成个位、十位，百位和千位单个数字，再去交给机械臂书写。粉丝数 1000~9999 的情况如程序4所示，其他的粉丝数只需减少高位数字即可。

程序4

```
if(currentfansnum
>=1000&&currentfansnum<10000)
```

▌图10 实时时间 16:51

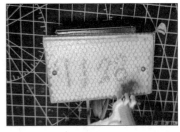

▌图11 实时粉丝数 1128

```
// 粉丝数 1000~9999
{
    number(0, 25,
currentfansnum/1000, 0.9);// 千位
    number(16, 25,
(currentfansnum/100)%10, 0.9);// 百位
    number(37, 25,
(currentfansnum/10)%10, 0.9);// 十位
    number(53, 25,
currentfansnum%10, 0.9);// 个位
}
```

最后将程序烧录到 ESP8266-NodeMCU 中，给设备上电，小机器人 plot 就可以开始写字啦！图10 所示为小机器人 plot 书写的实时时间 16:51，图11 所示为书写的实时粉丝数 1128。

结语

我制作这个小机器人用了很长时间，主要是花在机械结构的改进和程序的修改上，有时候复现别人的开源项目比较快，但自己想改进一下就会遇到困难，一不小心会产生各种问题，还不如自己从头设计一个程序。但我还是推荐大家多学习开源项目，等有一定的经验积累后，就可以按照自己的想法实现想要的功能了。 Ⓧ

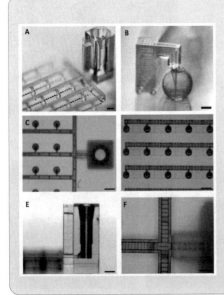

可填充微机器人系统

英国皇家科学院院士、皇家工程院院士、美国国家工程院外籍院士、帝国理工学院 Molly Stevens 的课题组提出了一种集成微流控装载和浸封（MLDS）的可填充微机器人系统。

该系统通过双光子聚合技术将微流控装载系统与可填充微机器人一体化 3D 打印，利用微流控的优势，可实现将不同药物以溶液形式高精度装载，从而提高装载效率并最大限度地减少浪费。同时开发了一种精确可控的浸渍封装策略，利用刺激响应材料封装，在保护微机器人内装载的药物的同时，保证其几何结构完整性。

整个系统的制备过程可分为结构打印、微流控装载、子系统分离、高精度浸封和微机器人分离 5 个步骤。其中微流控装载子系统由支撑底座、微机器人阵列和微流控通道 3 部分组成，微机器人阵列彼此通过微流体通道物理连接，同时通过两个特殊接口设计以实现药物装载以及后续的顺序分离。此外设计了特殊的压力释放窗口，避免装载过程中残余压力导致药物泄露。

该系统广泛适用于多种药物及刺激响应密封材料，为微机器人系统在靶向药物递送、环境传感和微纳电机应用方面提供了新的思路。

"会唱会跳" 的手办展示盒

▌ 张巍　　　　我非常喜欢网上分享的一些手办，也会感慨这么多可爱、有趣的手办，如果能配上一个特别的展示盒，岂不会更加完美？于是，我决定制作一个手办展示盒，便开始构思展示盒的功能。

演示视频

项目设计

首先，手办展示盒要能播放音乐，播放音乐的质量不能太差，腔体扬声器成为了我的首选。配置语音模块用来播放音乐文件，并且能够连接计算机，可以更换播放的音乐曲目。再增加一个蓝牙模块连接手机，既可以播放已存储音乐，也可以通过蓝牙播放手机里的音乐。然后我设计一个挥手感应雷达

作为播放控制器，通过挥手就可以控制展示盒播放音乐。音乐是可以"跳动"的，我设计了 LED 音乐频谱电路，让灯光随音乐有节奏地跳动起来，以实现手办展示盒的灯光

▌ 图 1 普通展示盒

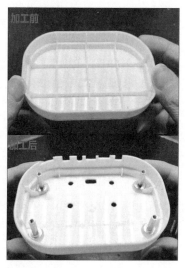

▌ 图 2 外壳加工前后

效果。手办展示盒采用 18650 锂电池供电，同时配置充电电路和保护电路，再配置一个电池电量检测电路，用来显示电量剩余情况。构思到此，手办展示盒的"声""光""电"全部设计完成。

外壳制作

功能确定后，进入元器件选型和制作环节。展示盒外壳该怎么做呢？开模注塑这种工业化制造，对于我们业余 DIY 爱好者而言，不具备选择条件。自己不能开模，那就挑选已经开模的市场产品，买回来进行二次加工，做出能满足需求的外壳就行。于是，我挑选了一款基本满足外形需求的普通展示盒，如图 1 所示，用电磨和工具刀手动处理，去除内部多余加强筋，经过开孔、挖槽、打磨、拼接，完成了手办展示盒外壳的制作，外壳加工前后如图 2 所示。

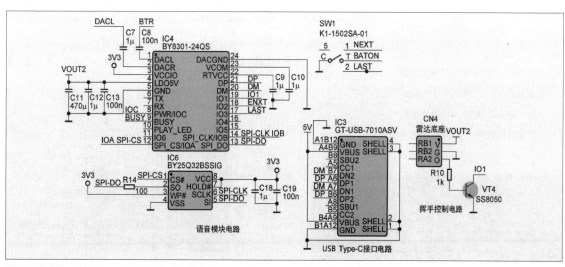

▌ 图 3 语音模块、USB Type-C 接口、挥手控制电路

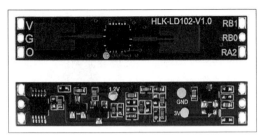

图4 HLK-LD102 雷达模块

电路设计

语音模块、USB Type-C 接口、挥手控制电路如图 3 所示。BY8301 模块支持 MP3、WAV 格式双解码，不需要上位机软件，通过数据线连接计算机，即可自由更新 Flash 内的音频内容。工作电压为 3.6~5V，静态电流为 10mA。它支持最大 16MB 的 SPI Flash 连接访问，仅需少量外接元器件，即可正常工作。

挥手控制电路使用来自海凌科电子的 HLK-LD102 雷达模块，如图 4 所示，该模块中心频率为 10.525GHz，非常方便进行扩展，实现对外围电路的信号控制。雷达输出控制端通过 O 端口，连接限流电阻 R10，控制 NPN 型三极管 SS8050（VT4）基极，实现 IO1 端口低电平控制，进而对语音芯片的播放状态实现控制。

功放以及控制、电源、音频输出电路如图 5 所示，LY8006 模块是一个单声道、输出功率为 3.3W 的数字功放（D 类功放）模块，工作电压为 2.5~5.5V。数字功放的优点是效率高、功耗低，几乎不产生热量，所以芯片体积小，不需要额外设计散热电路，因此非常适合本次制作的设计需求。LY8006 模块引脚 1 为关机控制引脚，低

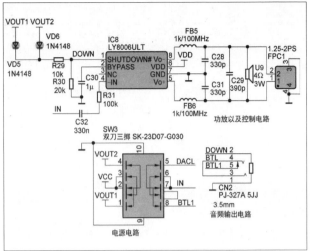

图5 功放以及控制、电源、音频输出电路

电平时进入关机状态，关机电流仅 2μA。考虑到软关机也能将功耗控制在微安级别，所以设计电路时，将该模块直接连电源，由 3 个电平信号来控制，实现功放电路开关。二极管 VD5 和 VD6 单向导通，有效防止 VOUT1 和 VOUT2 之间电压相互串扰，电阻 R29 和 R30 组成串联分压电路，为引脚 1 提供参考电压。VOUT1 和 VOUT2 通过开关 SW3 连接到电源 VCC，DOWN 则通过 3.5mm 耳机插座 CN2 接地。当开关在 VCC 挡位，未插入耳机时，VOUT1、VOUT2 和 DOWN 引脚都处于悬空状态，LY8006 模块引脚 1 的电位通过电阻 R30 被拉低，模块处于关机状态。当开关拨到 VOUT1 或 VOUT2

挡位时，VCC 处电流从 VD5 或 VD6 二极管经过 R29 和 R30 到地形成回路，串联电阻间形成分压，引脚 1 被拉至高电平，LY8600 模块开始工作，驱动扬声器播放音乐。如果此时有耳机插头插入，DOWN 引脚将会接地（AGND1），则引脚 1 的电平将再次被拉低，模块停止工作，功放外音关闭，音频信号由耳机孔输出。

蓝牙接收模块如图 6 所示，蓝牙 5.0 版本，双声道输出。标称电源电压为 4.2~5V，将防电源反接的二极管更换为 0Ω 电阻后，工作电压降为 3.4~4.2V。

电路调试期间，我遇到了信号干扰问题，当使用蓝牙模块作为音源，让扬声器播放音乐时，会出现"嘀嘀"的杂音，查

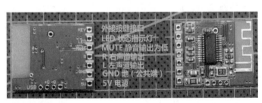

图6 蓝牙接收模块

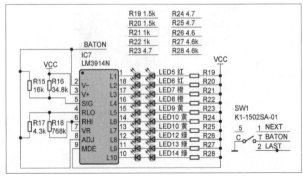

图7 锂电池电量显示电路

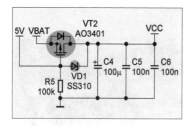

■ **图8 电源切换电路**

阅相关文档，经过多次测试终于找到杂音来源，原来是蓝牙模块的地线同时作为电源接地和音频接地，导致产生电流噪声，于是我修改了电路，在蓝牙接地（AGND1）和功放接地（AGND）之间，新增一个0Ω电阻，杂音问题得到了解决。

锂电池电量显示电路使用LM3914N模块，它可以检测模拟电压电平，并驱动10个LED，提供线性模拟显示。锂电池电量显示电路如图7所示，SW1被按下后，BATON引脚接地，电量检测系统开始工作。通过电阻R15和R16串联分压，将VCC的分压值送入信号输入引脚，以此获取电池电压变化。电阻R18和芯片内部的10个串联电阻并联后，再和电阻R17组成第二个串联分压电路。设置好2个分压电路的电压值，即可实现对电

池电量的可视化显示。电阻R19~R28为LED的限流电阻，因为使用到了不同颜色的LED，所以阻值不同。

电源切换电路如图8所示，当没有外部电源供电时，使用锂电池给系统供电，当接入外接电源时，则切断锂电池供电，使用外接电源对系统供电。通过一个PMOS管VT2、一个二极管VD1，以及一个下拉电阻R5即可实现。当锂电池供电时，PMOS管栅极电压被电阻R5拉至低电平，PMOS管导通，VBAT给VCC供电，同时，因为二极管VD1单向导通，所以VCC电压不会反灌到PMOS管栅极。当有外接电源接入时，5V端获得电压，使PMOS管栅极拉至高电平，PMOS管截止，锂电池停止给系统供电，5V电压通过二极管VD1给VCC供电。

LED音乐频谱电路如图9所示，音频信号由IN引脚通过R1送入运算放大器中，经由运算放大器实现音频信号的放大和阻抗分离。放大后的音频信号被送入4路有源带通滤波器，通过设置带通滤波电路中电阻和电容，即可实现特定频段信号的筛选，将通过筛选的信号送入LM3915模块，该模块将模拟电压量转换为数字量，驱动

10个LED点亮或熄灭，从而实现特定频段下，LED随节奏闪烁的效果。

组装和焊接

将元器件焊接在电路板上，然后将准备好的腔体扬声器、锂电池等与电路板安装在一起，安装完成的模块如图10所示。

■ **图10 安装完成的模块**

焊接也是一个需要经验的工作，下面分享一下BY8301模块焊接步骤。

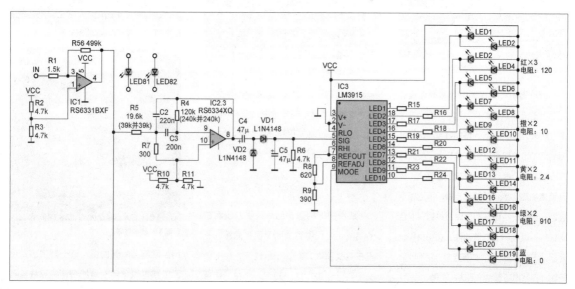

■ **图9 LED 音乐频谱电路**

1 定位。

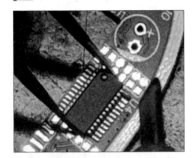

2 对角定位。

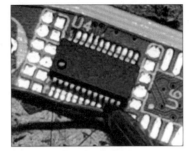

3 焊接。

4 对边焊接。

5 电烙铁头除锡。

6 涂焊油。

7 拖锡。

8 焊接完成。

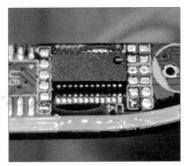

▌图11 热风枪吹锡浆的焊接方式

▌图12 展示效果

　　LED音乐频谱控制板上需要焊接的LED比较多，这次改用热风枪吹锡浆的焊接方式来大面积焊接（见图11），将温度调到210℃，即可以熔化锡，也不会因为温度过高将元器件吹坏。加热过程中，先远距离加热，待元器件固定后，再近距离熔锡。锡浆是由锡珠和助焊剂等辅料混合而成的，具有一定的流动性，这样操作，元器件不容易被吹飞，如果直接近距离吹，元器件很容易随着锡浆滑动被吹飞。

　　最后将组装完成的模块和外壳拼装在一起，接通电源，手办展示盒就制作完成了，将冰墩墩手办放在展示盒上，展示效果如图12所示，大家可以扫描文章开头的二维码观看演示视频。

结语

　　从最初的构想，到最终手办展示盒的完成，过程中我遇到了很多问题，一直在寻找解决方案。一路过来，我不由庆幸自己生活在这个知识、科技、信息爆发的互联网时代，遇到的问题都能利用互联网搜集到的资料逐一解决。希望大家都可以利用现有的资源，完成自己的小目标。⊗

基于计算机视觉的智能家居中控

演示视频

▌赵敬尧 高静静 崔长华

目前，各种智能家居设备已经逐渐在消费市场得到普及。同时，许多传统家电企业也在逐渐更新其产品的控制方式（如使用移动端 App 控制设备），从而打造自家生态或加入其他生态。这使得家中的大部分常见电器已经可以通过移动端 App 进行控制，或与家中安装的传感器等进行联动，以实现简单的自动化。但是在当前的智能家居行业，统一的协议、规范等还在制定或发展过程中，市场上尚未形成统一、通用的标准，因此目前的智能家居市场较为混乱，智能家居设备因为出产于不同品牌而无法被统一操作的情况时常出现。

由于控制智能家居设备的具体实现方式（如通信协议、网络拓扑等）与本文的中控方案关系较小，在此不进行讨论。本文将更多地在用户交互层面讨论智能家居的控制。在此视角下，智能家居设备的控制方式可大致分为自动控制与手动控制。

自动控制即系统依据预先设定的规则，自动执行操作。但是因为用户在现实环境下的行为往往较为复杂，无法通过预设规则进行良好的描述，所以自动控制通常只在有限的情境中执行简单的逻辑，或是负责安全报警这类紧急而高优先级的任务。当前自动控制的局限性反映出手动控制的重要性。

相对于自动控制，手动控制的逻辑与传统的家电控制更为相似：用户在需要时通过发出指令对指定设备进行及时、准确的操作。传统的家电通常通过按键、旋钮等形式收集用户指令，需要用户与设备本体或遥控器进

▌图1 智能音箱

行物理接触，在实际使用中较为麻烦。通过手机 App 进行控制的方式优化了这个问题，这种方式将手机作为控制所有智能家居设备的统一"遥控器"。用户通常会随身携带手机，因此相比于传统方式，这种控制方式可以很大程度地提高交互体验。

如今的智能手机功能丰富，并非专为智能家居控制而生，因此用户控制智能家

居设备的操作依然相对复杂，容易产生割裂感。对此，一些手机厂商专门针对智能家居进行了交互的优化。同时，为了让用户能更直接地控制智能家居设备，人们应用手机 App"集中控制"的思想，针对智能家居控制的情境进行交互方式的优化和创新，创造了智能家居中控。

智能家居中控，即智能家居中央控制器，用户可以通过它对其他的智能家居设备下达控制指令，或是获取传感器监测的数据，整体掌控家中情况。目前主流的智能家居中控有智能音箱（见图1）和中控显示屏（见图2）两种。

智能音箱出现在智能家居得到普及的早期，基于语音识别和自然语言处理（NLP）技术与用户进行语音交互。用户通过关键词唤醒智能音箱，向其下达语音指令以控制家中设备。其优点是在一定程度上允许用户进行远程交互而不必局限在

▌图2 中控显示屏

特定空间位置，增加了用户操作的自由度，且基于"对话"的交互理念符合我们日常生活中的交流方式。然而在复杂的现实环境中，智能音箱的交互存在如下问题。

● 关键词唤醒不成功或误触发。

● 为了提高语音识别的准确率，用户常常需要以较高的声音与智能音箱对话。

● 语音指令在一些操作场景下无法高效、准确地传递信息。

● 现有的 NLP 技术有时无法使智能音箱准确理解用户的语义或做出合适的答复。

上述问题造成了智能音箱在部分场景下交互体验的不自然和低效。

中控显示屏在消费市场的普及晚于智能音箱，随着智能手机发展，触摸屏交互方案愈发完善，能够与用户进行信息交换，部分中控显示屏也集成了智能音箱的交互系统。

基于上面提到的问题，我们设计了一种以基于计算机视觉的交互为核心的智能家居中控方案，并以此为依据制作简单的原型。

系统设计

交互方式

我们设计的设备主要通过摄像头获取用户的手势指令，并通过一块 OLED 显示屏提供交互反馈。目前原型仅实现了一种交互方式，我们将其命名为"保持"，即用户做出某种静态手势并保持一段时间。

在保持手势达到设定时间后，采集器便会发送相应的指令，具体的保持时间可以进行设定。在采集器未检测到用户指令时，OLED 显示屏会显示环境数据。

整体框架

系统由两大部分组成：采集器和控制器。系统的整体框架如图 3 所示。

采集器中安装多种传感器来采集环境信息，同时，安装云台、摄像头与 OLED 显示屏用于收集用户指令并提供交互反馈。采集器综合感知信息后判断是否需要对智能家居设备进行控制，并在需要时向控制器发送指令。控制器接收指令后控制智能家居设备执行相应动作。

采集器

1. 硬件设计

采集器的硬件由二轴云台和机身两大部分组成（见图 4）。

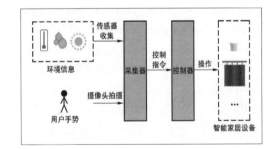

图 3 系统的整体框架

二轴云台由两个 SG90 舵机驱动，上面装有一个摄像头、一个红外热释电传感器和一块 OLED 显示屏。

摄像头用于收集图像信息，其使用 MIPI-CSI 与机身中的主控制器进行通信，将拍摄到的图像以视频流的形式传回，用于分析用户的手势指令。

红外热释电传感器利用菲涅耳透镜聚集电磁波，以探测前方较大范围内是否出现人体特征波长的红外线，从而确定其探测范围内是否存在人体。其主要作用是初检测是否存在人体，从而避免采集器在不必要时浪费较大的计算量与功耗来分析摄像头采集的图像数据。

OLED 显示屏使用 I²C 协议与主控制器进行通信，用于显示必要的交互信息，增加了交互过程中的反馈。

机身中包含一个树莓派 4B 作为主控制器、一个以 PCA9685 芯片为核心的舵机驱动板、一个集成了热敏电阻与光敏电阻的 ADC 模块、一个 DHT20 温 / 湿度传感器、一个散热风扇，以及一块用于接线的 PCB。采集器实物连接如图 5 所示。

树莓派是由树莓派基金会开发的一系列 Linux

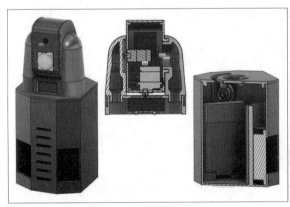

图 4 采集器硬件设计

图 5 采集器实物连接

卡片计算机，由于其简单易用，引出了多种接口，且价格相对低廉，被广泛应用。我们在采集器中使用的型号是树莓派 4B，其搭载了 1.5GHz 的 4 核 64 位处理器和最高 4GB 的 DDR4 内存，因此可以满足本方案所需要的、计算量较大的神经网络的需求。然而在实验测试时发现目前的程序在树莓派 4B 上的运行速度并不理想，这一部分会在后文中讨论。

驱动二轴云台的 SG90 舵机需要使用 PWM 信号进行控制，而树莓派并没有发送 PWM 信号的能力。经实验发现，用软件操作树莓派的 GPIO 接口以模拟 PWM 信号控制舵机，会出现舵机抖动的问题，推测是用于延时的计时器精度不够所致。考虑到这个问题，我们使用了一块舵机驱动板。该驱动板采用 I²C 协议与树莓派进行通信，可以支持最多 16 舵机的同时控制。经验证，由该驱动板发出的控制信号可以使舵机在期望状态下运行。

树莓派并未集成 ADC，而许多环境传感器返回的信号为模拟信号，因此本方案中使用了一个 ADC 模块，该模块使用 I²C 协议与树莓派进行通信，并且在电路中集成了光敏电阻和热敏电阻。

为了采集环境湿度，我们使用了一个 DHT20 温 / 湿度传感器。相比于更常见的 DHT11，DHT20 使用 I²C 协议与树莓派进行通信，这使得树莓派从该传感器读取温 / 湿度信息的成功率比自定义通信方式的 DHT11 有很大提升。

在实际测试中，树莓派在运行计算量较大的神经网络时发热量较大，有时过热会导致处理器降频。因此，我们在机身中添加了一个散热风扇。树莓派通过读取自身板载的温度传感器估计处理器温度，并控制散热风扇进行降温。

在对原型进行组装时，为了解决线路连接较复杂、电路部分无法放入较小空间的问题，我们设计、制作了一块用于接线

图 6 接线 PCB

图 7 接线 PCB 对电路小型化的作用

的 PCB（见图 6）。该 PCB 直接连接在树莓派的排针上，在引出上述部件接口的同时，也引出并标注了原本的排针，保留了电路部分作为原型的可扩展性。该 PCB 的加入在一定程度上解决了电路小型化的问题（见图 7）。

2. 软件框架

程序部分总体分为 5 项任务，以多线程的形式运行，分别为：主线程（交互线程）、用户存在检测线程、云台刷新线程、环境监测线程和指令传输线程。

主线程执行的任务是读取摄像头拍摄的图像数据，然后对画面进行手部关键点检测与手势识别，并根据预设的手势规则决定是否向控制器发送控制指令。同时，作为处理人机交互任务的主要线程，主线程还负责 OLED 显示屏的显示和刷新。这样的设计使得 OLED 显示屏在一些场景下的显示效果不尽理想。手部关键点检测与手势识别的实现会在后文说明。

用户存在检测线程通过持续较低频地读取红外热释电传感器的数据，实现对是否存在人体的初检测。主线程休眠控制逻辑如图 8 所示。

当摄像头未检测到人体存在且热释电传感器未检测到人体存在时开始计时，其间若检测到用户则清空计时器；若计时器时间大于指定阈值，则运行计算机视觉算法的主线程进入休眠状态，持续至用户存在检测线程将其唤醒；主线程休眠期间，用户存在检测线程持续读取热释电传感器的数据，若检测到用户存在，则唤醒主线程。

用于驱动云台转动的 SG90 是一款模拟舵机，其控制方法为发送特定频率与占

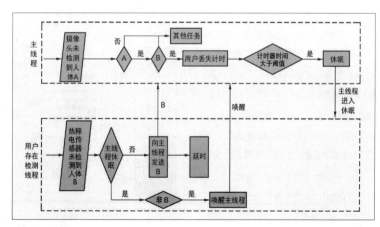

图 8 主线程休眠控制逻辑

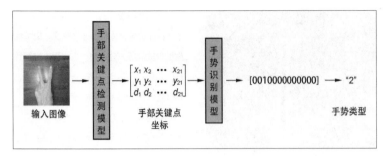

图9 手势识别模型

空比的 PWM 信号以控制舵机旋转到指定角度。因此想要实现控制舵机以一定速度旋转,需要设置一个单独的云台刷新线程。该线程会以较高的频率计算云台的旋转角度,并更新控制信号。具体的控制逻辑会在后面进行进一步的说明。

为了充分利用环境传感器,程序中设有一个独立的环境监测线程,用于以一定的频率读取并记录环境数据。在 OLED 显示屏闲置时,环境数据会被显示,同时与当前时间一同以日志的形式被存储。原型目前并未对记录的环境日志做出更进一步的应用。

采集器在识别用户指令后,需要通过 TCP 与控制器进行无线通信。为了防止网络通信的时延等问题造成任务执行的阻塞,在采集器发送指令时会创建单独的指令传输线程。该线程并不唯一,在需要进行无线通信时被创建,在传输任务结束后被回收。

3. 手部关键点检测与手势识别

手部关键点检测指找出画面中手部各个关键点(一般为关节)的坐标,而手势识别是指认出画面中出现的手势类型。就原型实现的"保持"而言,手势是判断用户指令的最终依据。然而在进行手势识别的过程中,我们也用到了手部关键点检测方法。

我们通过一个模型实现了手势识别,该模型分为两个处理步骤,第一步使用现有的模型进行手部关键点检测,第二步通过对手部关键点检测模型返回的关键点坐标分布进行分类,实现手势识别,手势识别模型如图9所示。

对于手部关键点检测,我们使用了现有的 Media Pipe-Hands 方案。该方案由谷歌发布,输入数据为摄像头拍摄的3通道图像,模型在计算后返回一个手部列表,列表中每一项代表画面中检测到的一只手,包括该手部的21个关键点的2.5D坐标。

在获取手部关键点坐标后,可以通过搭建一个相对简单的多分类神经网络对手部关键点的分布进行分类。我们定义了13种手势,如图10所示。

对于输入数据的预处理,我们以一只手的21个关键点为单位,对每次检测到的关键点坐标进行了归一化。这一步的目的在于:使后面神经网络训练过程中梯度更加明显,模型更易收敛;在数值变化上更加突显手部整体位置对神经网络训练的影响。对于分类任务,我们自行搭建并训练了一个神经网络,其结构如图11所示。

该神经网络的输入数据是由归一化后的21个关键点坐标组成的矩阵。数据先通过一个卷积层,然后经过 Flatten 进入3层全连接层,最后输出预测结果。网络的输出层使用 Softmax() 激活函数,其余层均使用 ReLU() 激活函数。

确定网络结构后,我们按上述设计对定义的13种手势收集了共约10000条数据,再对其以9:1的比例拆分

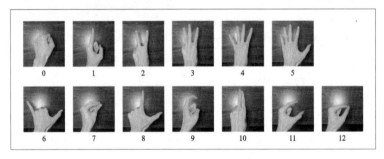

图10 在实现原型时规定的13种手势

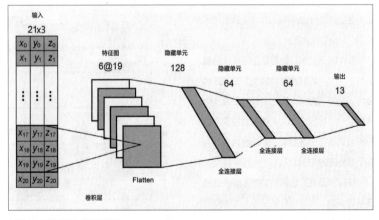

图11 手势分类神经网络结构

为训练集与测试集后，使用 Adam 算法，以 16 为 Batch Size 训练了 512 个 Epoch。训练后的神经网络在测试集上的准确率达到了 98%。

4. 云台控制

云台控制采用了 PID 算法。在主线程对摄像头画面中检测到的手部关键点进行归一化时，会先确定手部的矩形位置，我们使用该矩形的中心作为云台跟踪时参考的手部位置。在每次得到手部位置后，主线程会将其与摄像头画面的中心点位置做差，求得输入 PID 控制器的误差值。该误差值会经 PID 控制器运算得到云台横滚轴与俯仰轴的旋转速度。

如前文所述，在程序中设有单独的云台刷新线程控制舵机旋转，具体的控制逻辑如下：以其中一个轴为例，主线程第 n 次循环计算得到舵机转速并将其更新到云台控制线程，由于主线程计算任务大，循环周期将大于云台刷新线程时间，在未从主线程接收新的舵机转速前，云台刷新线程继续以原来的转速控制舵机旋转。云台刷新线程会在每次循环结束时记录当前的时间戳，并在下次循环时根据当前的时间计算时间间隔。接着根据当前的旋转速度计算该时间内舵机应该转过的角度。由于本项目原型使用的 SG90 舵机无法在系统启动时反馈当前的角度，在初始化云台刷新线程时需要人为设置舵机的初始角度，并据此计算控制舵机旋转至当前的角度。

$$\theta_k = \theta_0 + \sum_{i=1}^{k} \Delta\theta_k$$

在实际运行中，记录每次循环所得到的 $\Delta\theta$ 并无除计算旋转角度外的作用，且会随循环次数的增加消耗大量计算资源，因此上述过程在程序实现时可优化为如下形式。

$$\theta_k = \theta_{k-1} + \omega \Delta t_k$$

云台刷新线程在每次循环结束时，除记录时间戳 t_{k-1} 外，还记录计算所得的旋转角度 θ_{k-1}。在下次循环时，直接使用记录的旋转角度计算本次循环舵机的旋转角度。

控制器

本方案使用了 Home Assistant OS 作为控制器的操作系统。Home Assistant OS 是一个开源且免费的智能家居控制系统，通常以操作系统的形式运行在硬件设备或虚拟容器中。其拥有丰富的第三方生态，可以通过载入插件的形式兼容目前市面上绝大多数智能家居设备。

Node-RED 是一个可以运行在 Home Assistant OS 上的编程工具，它基于节点与流程的图形化交互，使开发者可以较轻松地在其中搭建物联网应用。

本方案同时使用了一块树莓派 4B 作为运行 Home Assistant OS 的硬件平台，通过 Node-RED 搭建了一个 Socket 应用，该应用通过持续地检测硬件 IP 地址的指定端口，实现了交互器与 Home Assistant 间的通信，允许交互器通过 TCP 向控制器 IP 地址的指定端口发送预设的指令来控制智能家居设备。

不足及改进方案

手势识别的准确率

如前文介绍，我们搭建训练的神经网络在测试集上的准确率达到了 98%，其在测试集上的精确率、召回率也均超过了 98%。但在实际测试时，我们发现模型虽然可以很好地判断出相应手势，但是其实际表现并不如数据中呈现得那么理想。结合实际测试时发现的一些模型运行的规律，基本可以确定模型在训练过程中出现了过拟合现象。

我们认为出现过拟合现象可能是由于收集训练数据时的环境较单一。虽然实验中使用的手势识别将手部关键点提取和手势识别的过程进行了拆分，只要手部关键点检测模型正常工作，收集数据时的背景图案、手部颜色、画面色调等图形层面的特征不会对手势识别模型产生影响，但是数据收集时并没有更换摄像机角度、动作主体的位置姿态等，因此收集到的数据依然存在多样性不足等问题，造成模型提取到的特征与预期出现偏差。

为了进一步提高模型的泛化能力，可以增加收集模型训练数据时的变量，使得训练数据更具有概括意义。或是优化模型的数据预处理步骤，如增加手部旋转角度的矫正等。

在不同环境下采集器的手势识别效果

实际测试中，系统的整体运行效果基本满足预期。在做出设置的手势时，能看到 OLED 显示屏上的进度条在逐渐推进，在进度条走到终点时，家中相应的设备会做出响应。

但是作为单纯基于三色视觉的交互方法，采集器在暗光环境下的表现是一个难以解决的问题。实测表明，在无光环境下系统无法运行；在光线较暗时，手部关键点检测的结果开始出现明显误差，比较意外的是，在这种情况下，手势识别模型可在一定程度上修正手部关键点检测的误差，但其修正效果有限。

为解决暗光环境下的图像获取问题，一个可行的思路是，使用如激光雷达这类对环境照明要求较低的传感器，但这类设备通常价格较高，对于制作原型来说并不现实。我们在实验时尝试过将普通摄像头换为加装了光敏电阻与红外 LED 的红外摄像头。该方法确实可以很好地解决无光环境下系统无法工作的问题，但用这种方法收集到的图像往往会丢失很多画面细节，且红外 LED 的照明范围有限，此方法只能缓解系统对环境照明敏感的问题。在原型的制作过程中，因为一些前期设计留下的问题，原型最终并未安装红外摄像头。

ESP32 控制的
"无聊盒子 Boring Box"

▌库库的喵

这个项目的脑洞来自一次午后的发呆，我看到桌面上摆放着的某品牌的智能语音助手，作为一个 DIY 爱好者，我总觉得它应该被设计得更加有趣一些，于是我决定开发一个桌面助手，可以通过灯光、声音、重力感应等方式和用户完成交互，并希望未来它可以被持续开发，成为我工作室所有物联网设备的控制中枢，成为一个非常有特色的智能桌面助手。我为其取了个名字叫"无聊盒子 Boring Box"。

项目分析

这个项目的核心是功能设计，目标是设计一款具有以下基本功能的桌面装置。

● RGB LED 点阵：可以显示像素风格的内容。

● OLED 显示屏：可以显示一些比较复杂的信息。

● 环形 RGB 灯带：摆放在桌上时可以增加气氛，也可以提升交互体验。

● 陀螺仪、话筒、按键：作为人机交互的输入设备，使装置能感知外部世界。

● 锂电池：使装置能够充电，方便携带。

● 有线、无线连接：使装置能够作为一款物联网设备，并能与其他设备通信。

从以上的功能出发，我设计了一块搭载大部分元器件的主控 PCB 和一块 LED 点阵 PCB。本次项目使用国产嘉立创 EDA 进行设计。首先设计电路，然后根据电路图绘制 PCB。完成 PCB 设计后，根据元器件位置，通过 Solidworks 设计点阵盒的外壳结构，并通过 3D 打印和激光切割制作结构件。

云台跟踪的效果

在早期用于验证的结构（见图 12）中，云台可以很好地跟踪手部的位置。实际运行时会出现一些 PID 控制器常见的问题，如跟踪时振荡等，但这些问题均可以通过更加精细地调整 PID 参数来改善。

实际使用的云台虽然也可以大致向手部位置旋转，但运动起来十分沉滞。判断其原因主要在于：为了不露出线路，外壳的设计导致云台笨重，且旋转结构未使用轴承，造成旋转时摩擦力大；选用的舵机功率较小。

结语

我们针对目前市场上主流的智能家居中控的交互方式对用户的空间位置有较大限制的问题，设计了一种基于计算机视觉的智能家居中控交互方案，并依据此方案

▌图 12 早期用于验证的结构

制作了一个原型（见图 13），允许用户通过手势控制智能家居设备。同时，该中控集成了基础的环境传感器，可以在不依赖额外传感设备的前提下采集室内温度、湿度、亮度信息，这一特性增加了其感知与综合判断能力。

经实际验证，制作的原型可以实现本文提出的交互方案。在实际使用中，我们发现它确实拥有设计时预想的一些优点，

▌图 13 完成的原型

可以解决一些现有智能家居中控交互方案的不足。当然，原型在实际工作时也暴露出当前设计的一些不足，针对这些不足，我们接下来也会继续尝试改进。Ⓧ

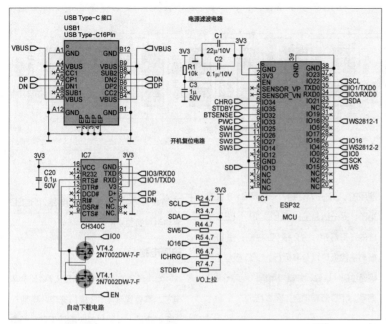

▌图1 MCU 核心电路

电路设计

MCU 核心电路

MCU 是一种集成在微型芯片中的可编程控制器，能够按照用户编写的程序，通过自身的 I/O 接口控制外围电路的运行，是整个设备的大脑。

市面上有诸多类型的 MCU 可供选择，首要考虑的是桌面助手的功能需求，需要同时驱动多个传感与输出模块，并进行运算处理，所以要有一定的运算性能和足够多的 I/O 接口，还需要有无线通信能力，并且我希望将这一装置作为一个物联网核心设备，日后有足够多的开发升级空间。基于以上考虑，我选用了 ESP32 这款拥有原生 Wi-Fi、蓝牙模块、双核 CPU 的 MCU，其官方开发环境已经内置了 FreeRTOS，可以比较方便地通过创建线程开发并行运行的任务。

本次选用的 ESP32 模块已经集成了大部分核心元器件，但为了能在自己设计的 PCB 上正常运行，还需要为它布置以下几项外围电路，MCU 核心电路如图 1 所示。

● 电源滤波电路：滤除输入电源的杂波，提高稳定性。

● 复位电路：在设备通电时，使 MCU 自动复位，开始运行内部程序。

● I/O 上拉电路：部分 I/O 接口需要接入上拉电阻才能正常工作。

● USB 转 UART 电路：通过 UART 芯片实现 MCU 与计算机通信、从计算机下载程序。

有了这几项电路，PCB 就可以认为是一个能够独立运行的开发板了。

传感器电路

本次为装置配备了以下传感器件。

1. 惯性测量单元（IMU）

IMU 包含 3 轴陀螺仪和 3 轴加速度计，经由 I²C 协议与 MCU 通信。通过姿态解算，MCU 可以得知装置当前的倾斜角度；加速度计可以使 MCU 感知振动。通过该传感器可以实现一些有趣的体感交互。

2. MEMS 话筒

一种集成在微小封装中的数字话筒，经由 I²S 协议与 MCU 通信，与传统话筒相比，有更小的体积和更简单的外围电路。本次在主控板的左右角落布置了 2 个话筒，未来可以实现声谱仪、简易空间定位等功能，甚至可以与设备进行语音交互。

3. 按键

一共布置了 5 个按键，其中 4 个可以被 MCU 读取。虽然是简单的按键，但可以通过短按、长按、双击、组合等方式来实现比较复杂的交互。需注意的是当松开按键时，连接的引脚处于浮空状态，其状态容易受到其他信号干扰，解决方法是为按键连接上拉电阻。

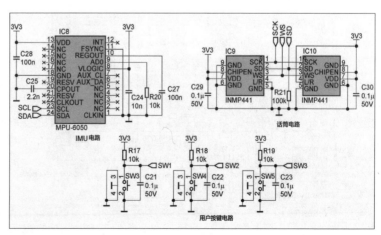

▌图2 传感器电路

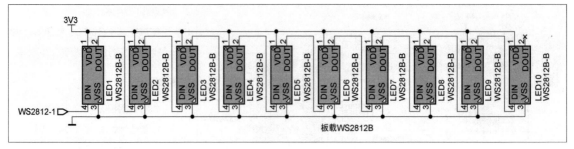

图 3 LED 灯带电路

在设计传感电路时，除了传感器自身的位置，布置正确的外围电路尤为重要，按照传感器厂商提供的数据手册中的参考电路布置即可。在 PCB 布线时，应优先考虑传感信号线的布置。传感器电路如图 2 所示。

LED 电路

LED 选用了可以串联通信的 WS2812B，这一 LED 以头尾相连的方式传递信号，通过 1 根信号线即可控制大量 LED。当 LED 数量增加时，对 MCU 的 I/O 接口通信速度的要求也会提高，在使用更多的 LED 时需要使用高性能的 MCU。本次使用的 LED 分为 2 组，一组是 8×8 LED 矩阵，另一组是主控板上由 10 个 LED 组成的环形灯带，由 2 路 I/O 控制，使 LED 板与主控板可以分离运行。LED 板与主控板通过铜柱堆叠，并直接用铜柱传递电源与信号。LED 灯带电路如图 3 所示。

OLED 驱动电路

我本次选用的是透明的 128 像素 × 64 像素 OLED 显示屏，在设计 PCB 时为 OLED 显示屏做了开孔，将 OLED 显示屏贴在主控板背面，并直接在主控 PCB 上集成了 OLED 驱动电路。驱动 OLED 显示屏需要 13V 电压，因此需要配备 3.7V 转 13V 的升压电路。OLED 驱动电路如图 4 所示。

电源电路

本次配备的锂电池是 1S/3.7V 聚合物电芯，需要通过 USB 接口充电。电池在充电时电压上升，放电时电压下降，但电池电压必须维持在一定范围内，否则就会损坏，而电池并不能防止自身过充与过放，因此为电芯配备了充放电保护电路。这一电路可以保证充电电压上限为 4.2V，并可以在电池电压过低时断开输出，还可以将充电状态信号发送至 MCU。此外，我利用 MCU 的内置模数转换器（ADC）设计了电池电压测量电路，使得 MCU 可以实时监测电池电压。

在设计电源电路时需要考虑各元器件所需要使用的电压。MCU、UART、IMU、WS2812B、话筒等都需要 3.3V 电压，因此需要配备 3.7V 转 3.3V 的降压电路。OLED 显示屏需要 13V 电压，因此需要配备 3.7V 转 13V 的升压电路。考虑到 WS2812B 在大量并联后会消耗较大电流，可能影响 MCU 运行，我设计了平行的 3 路 3.3V 线性稳压电路为主电路供电，如图 5 所示，电路最高输入电压为 12V。

锂电池充电电路如图 6 所示。锂电池接口、USB 接口和 LED 板都配备了自恢复保险丝以防止短路，且 USB 接口配备了二极管以防止反接以及电流倒灌烧毁计算机接口。

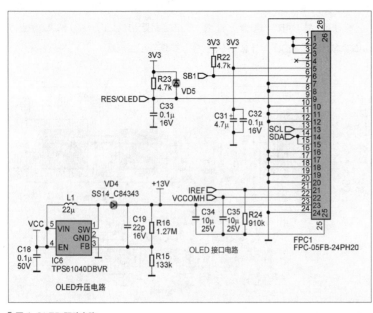

图 4 OLED 驱动电路

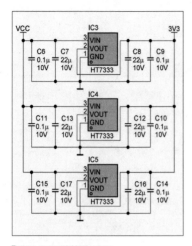

▌图5 3.3V 线性稳压电路

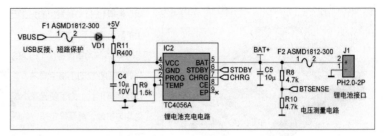

▌图6 锂电池充电电路

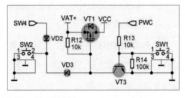

▌图7 软开关电路

软开关电路

除此以外，我认为软开关电路是本次设计的一个亮点，通过场效应管控制电池电压向主回路输出，不需要自锁开关就可以控制电源通断。场效应管由轻触按键和 MCU 共同控制，可以实现短按开机、MCU 控制关机的功能，另外增加可以紧急断电的按键。在开机后，开机键可以作为普通按键被 MCU 读取。软开关电路如图7所示。

PCB 设计

电路原理设计完成、为所有元器件确定封装后，在PCB 设计工具处单击"更新"，元器件在板上的物理结构和引脚间的连接关系就会显示出来，这时我们就可以开始进行 PCB 设计。

我们设计 PCB 首要考虑的是将元器件摆放到合适的位置，并确定外框。元器件布置如图8所示，布置元器件时考虑以下因素。

● 尽量减少布线交叉，可以降低布线难度，提高美观度。

● ESP32 天线附近应净空，通过在PCB 上天线区域增加镂空槽，减少线路对无线信号的干扰。

● 将透明 OLED 显示屏摆放在中央位置。

● IMU 尽量靠近中心位置，有助于获得更准确的测量数值。

● 将话筒电路放置在左右两侧。

● 滤波电容应尽量接近滤波的端口。

● 元器件之间保持一定距离，远离板边，提高制造成功率。

● 将 USB 接口与按键放置在板边。

一旦开始布线，就不宜轻易移动元器件，否则相关线路可能会出现问题，因此我们应尽可能在确定元器件位置后再开始布线。布线时需要遵循以下规范。

● 线路需要根据经过的电流大小选择合适的宽度，对于电源线路（VCC、GND、3.3V 等）应该增加线路宽度以提高载流能力，可以利用线路计算工具获得适合的宽度。

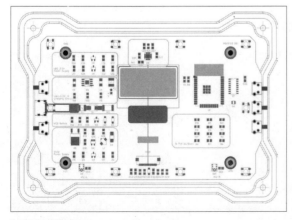

▌图8 元器件布置

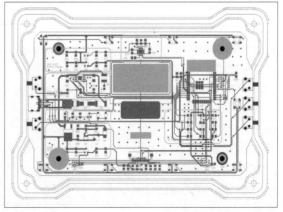

▌图9 PCB 设计

图 10 外观设计

● 线路之间、线路与焊盘间应保持足够距离，远离板边，可以提高制造成功率。

● 线路应避免走直角。

● 层间线路应避免锐角交叉、重叠。

● GND 线路可以不用优先布线，在其他线路完成后，选中一层进行覆铜，然后连接到 GND 网络，但还需检查是否存在"孤岛"，必要时进行辅助布线。

全部完成后，单击"DRC"，自动检查电路连接是否正确，此时需注意 DRC 并不会检查电路原理是否正确。DRC 全部通过，我们就可以导出 Gerber 文件交付生产。PCB 设计如图 9 所示。

结构设计

从嘉立创 EDA 导出 PCB 的 3D 模型文件（STEP），将其导入 Solidworks 后，开始进行结构设计。

本次设计的结构是通过顶板和底板将电路部分固定在外框内的三明治结构。从上到下依次为外框、磨砂顶板、点阵网罩、LED 点阵板、铜柱、电池、主控板、灯带均光板、电路装饰遮罩、透明底板。外观设计如图 10 所示。

下面是结构设计的注意点。

● 在设计外框时，需要确定主控板的内部位置，根据主控板上轻触开关和 USB 接口的位置开出相应孔位。

● 磨砂顶板提供了 LED 点阵的均光效

果，使得 LED 灯珠发出的光在板上扩散而非显示为圆形。

● 点阵网罩将每个 LED 的光分隔到独立的小格空间内，并确定点阵形状，为了使光在小格内均匀扩散，需要确定适宜的网罩高度。

● 灯带均光板可以使分离的 LED 发出的光互相融合，形成灯带效果。

● 装饰遮罩根据主控板的元器件位置设计，起到了支撑底板、固定均光板位置、露出关键元器件的作用。

● 透明底板通过 4 颗自攻螺钉固定至外框，保证 OLED 显示屏可见。

结构件制作如下所示。

● 外框、点阵网罩、电路装饰遮罩：导出 STL 文件，通过 Ultimaker Cura 生成制造文件，上传至 3D 打印机进行打印。

● 顶板、底板、灯带均光板：导出 DXF 文件，通过激光切割软件生成制造文件，用激光切割机进行切割。

接下来按顺序把元器件固置在 3D 打印的外框中，最后用紧固件顶板和底板锁定，"无聊盒子 Boring Box"就制作完成了。"无聊盒子 Boring Box"如图 11 所示。

程序设计

电源管理设计如程序 1 所示。

程序1

```
const uint8_t PWC_PIN = 33;
const uint8_t BTSENSE_PIN = 32;
const uint8_t CHRG_PIN = 34;
const uint8_t STDBY_PIN = 35;
// 将ADC所读电压值校正至万用表实测电压值
的校正系数
const float BATTERY_CORRECTION =
1.058;
```

```
float batteryVoltage = 0;
uint16_t batteryVoltageRaw = 0;
int batteryCharging = 0;
int batteryStandby = 0;
// 上电时，将PWC引脚维持在高电平以保持电
源输出
void initPower()
{
  pinMode(PWC_PIN, OUTPUT);
  digitalWrite(PWC_PIN, HIGH);
}
// 将PWC引脚拉至低电平，将关断电源输出
void powerOff()
{
  digitalWrite(PWC_PIN, LOW);
}
// 获取电池电压测量值
void getBatteryStatus()
{
  batteryVoltageRaw = analogRead
(BTSENSE_PIN);
  batteryCharging = !digitalRead
(CHRG_PIN); // 低电平有效
  batteryStandby = !digitalRead
(STDBY_PIN); // 低电平有效
// 将经过分压电路测量的ADC值换算为电压值
  batteryVoltage = (float)
batteryVoltageRaw / 4096 * 3.3 * 2 *
BATTERY_CORRECTION;
}
```

IMU 数据读取如程序 2 所示。

程序2

```
#include <Adafruit_Sehsor.h>
#include <Adafruit_MPU6050.h>
Adafruit_MPU6050 mpu;
sensors_event_t accel, gyro, temp;
void initImu()
{
  if (!mpu.begin())
  {
    Serial.println("Sensor init
failed");
      while (1)
```

```
      yield();
  }
}
// 获取 IMU 测量值，accel 为加速度计值，
gyro 为陀螺仪值，temp 为温度值
void updateImu()
{
  mpu.getEvent(&accel, &gyro, &temp);
}
// 将 IMU 测量值通过串口输出
void printImu()
{
    Serial.print("Accelerometer");
    Serial.print("X:");
    Serial.print(accel.acceleration.
x, 1);
    Serial.print(" m/s^2,");
    Serial.print("Y:");
    Serial.print(accel.acceleration.
y, 1);
    Serial.print(" m/s^2,");
    Serial.print("Z: ");
    Serial.print(accel.acceleration.
z, 1);
    Serial.println(" m/s^2");
    Serial.print("Gyroscope ");
    Serial.print("X: ");
    Serial.print(gyro.gyro.x, 1);
    Serial.print("rps,");
    Serial.print("Y:");
    Serial.print(gyro.gyro.y, 1);
    Serial.print("rps,");
    Serial.print("Z:");
    Serial.print(gyro.gyro.z, 1);
    Serial.println("rps");
}
```

LED 点阵屏初始化如程序 3 所示。

程序3

```
#include <Adafruit_GFX.h>
#include <FastLED.h>
#include <FastLED_NeoMatrix.h>
const uint8_t WS2812_PIN = 4;
const int WS2812_BRIGHTNESS = 100;
```

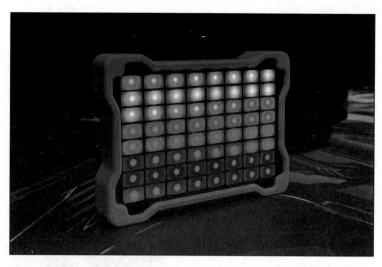

▍图 11 "无聊盒子 Boring Box"

```
// 亮度值范围为 0~255
const int NUM_LEDMATRIX = 64;
const int MATRIX_COL = 8;
const int MATRIX_ROW = 8;
CRGB led[NUM_LEDMATRIX];
FastLED_NeoMatrix matrix(led, MATRIX_
COL, MATRIX_ROW,
    NEO_MATRIX_BOTTOM + NEO_MATRIX_
LEFT +
    NEO_MATRIX_ROWS + NEO_MATRIX_
ZIGZAG);
// 初始化 LED 矩阵
void initMatrix()
{
    FastLED.addLeds<WS2812B, WS2812_
PIN, RGB>(led, NUM_LEDMATRIX);
    matrix.begin();
    matrix.setTextWrap(false);
    matrix.setBrightness(WS2812_
BRIGHTNESS);
    matrix.setTextColor(matrix.Color(0,
0, 0));
}
// LED 矩阵测试程序，滚动显示"KuuTECH"
字样
void matrixTest()
{
```

```
    static int x = matrix.width();
    static int pass = 0;
    matrix.fillScreen(0);
    matrix.setCursor(x, 0);
    matrix.print(F("KuuTECH"));
    if (--x < -36)
    {
      x = matrix.width();
      if (++pass >= 3)
        pass = 0;
    matrix.setTextColor (colors
[pass]);
    }
    matrix.show(); // 更新 LED 显示
}
```

结语

我相信对于很多 DIY 爱好者来说，项目的灵感很可能来自于一瞬间的奇思妙想，正如创客代表的精神，较真地把想法变成现实，能够完成最初的版本，才是最成功的一步。正如这次的"无聊盒子 Boring Box"一样，尽管目前它能实现的交互方式和功能非常有限，但是我给它预留了足够多的开发潜力，不久的将来，我会将它升级为一个创客工作室的"神经中枢"。Ⓦ

STM32 遥控坦克

魏开歌

拥有一辆属于自己的遥控坦克是很多人的梦想，能亲自动手制作一辆遥控坦克那就更棒了，年少时做不到的事，终于在成为硬件工程师后如愿以偿！

项目概述

坦克不同于一般的车辆，没有像汽车一样可以转向的车轮，其前进和转向都是通过左右两侧的两个履带实现，这就需要左右两侧的履带能够以不同的速度和方向转动。为了简化机械结构，我使用两个独立的电机来驱动左右两侧的履带。然后使用两个舵机制作一个2自由度的云台，安装到履带底盘上，用来模拟坦克炮塔的转动。

控制系统是我自己设计的一块STM32开发板，搭载电机驱动模块、陀螺仪模块、无线通信模块和舵机驱动电路，通过OLED显示屏显示基本的参数。遥控装置是一个无线手柄，外壳采用游戏手柄的外壳，内部是我自己设计的另外一个STM32开发板。STM32遥控坦克如图1所示。

机械结构

履带底盘

先绘制好底盘结构件的图纸，如图2所示，然后使用6061铝合金板，通过激光切割、折弯、攻丝等工艺加工成我们需要的结构件。

拿到加工好的结构件后，我们使用螺丝、螺母、弹簧、铜柱等进行固定，把底盘组装起来，底盘如图3所示。

■ 图1 STM32 遥控坦克

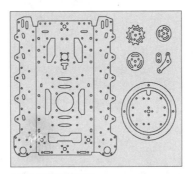

■ 图2 底盘结构件图纸

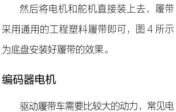

■ 图3 底盘

然后将电机和舵机直接装上去，履带采用通用的工程塑料履带即可，图4所示为底盘安装好履带的效果。

编码器电机

驱动履带车需要比较大的动力，常见电机一般转速较高，但扭矩较小，因此需要使用减速齿轮箱（见图5）对电机进行减速，同时大幅增大扭矩。这里使用的是减速比为1:30的直流减速电机，如图6所示，其额定电压下测试参数如附表所示。

■ 图4 底盘安装好履带的效果

附表 额定电压下电机测试参数

减速比	空载电流	空载转速	额定扭矩	额定转速	额定电流	最大扭矩	堵转电流
1:30	≤ 200mA	333r/min	3.5kg·cm	250r/min	≤ 1.5A	5.0kg·cm	2.5A

▎图5 减速齿轮箱　　　▎图6 直流减速电机　　　▎图7 霍尔正交编码器

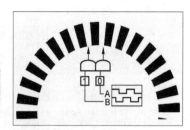

▎图8 正交编码器工作原理

电机的尾部有霍尔正交编码器，如图7所示，可以用来测量电机的转速，反馈给控制系统。

正交编码器是一种用于测量旋转速度和方向的传感器，通过积分（累加）运算后，还可以用来计算距离。正交编码器工作原理如图8所示，有两个输出信号：A相和B相。正交来源于A、B两个信号的特征，一般情况下A相和B相的输出信号总是有π/2的相位差。

图8中A和B分别连接到两个传感器上，黑白相间的圆环称为栅格。图9所示为电机正转、反转时分别产生的脉冲波形。

电机正转的时候，信道A先输出信号，信道B后输出，A相超前B相90°。也可以看作A上升沿时，B低电平；A下降

沿时，B高电平。

电机反转的时候，信道B先输出信号，信道A后输出，B相超前A相90°。也可以看作A上升沿时，B高电平，A下降沿时，B低电平。

▎图10 舵机云台

读取编码器的数据一般有3种方式：专用硬件模块、I/O接口中断处理和普通I/O接口读取并处理。这3种方式占用的计算资源依次增大，通用性也依次增强。在STM32中常用第一种方式处理，使用定时器的编码器模式。

舵机云台

舵机云台如图10所示，由两个舵机驱动，水平方向可以转动270°，垂直方向可以转动180°。我们把云台嵌入履带底盘，用来模拟坦克的炮塔转动。

主控STM32开发板

设计目标

我使用STM32开发板控制坦克。

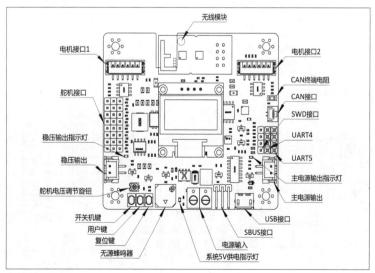

▎图11 开发板接口

▎图9 电机正转、反转时分别产生的脉冲波形

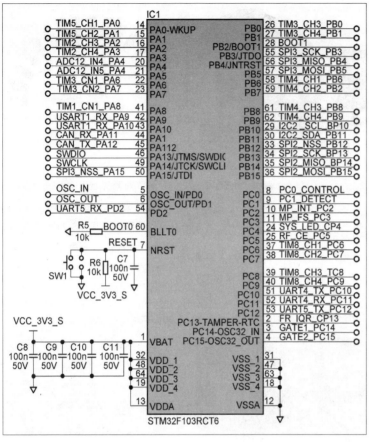

▌图 12 STM32 单片机引脚分配

为了便于这个开发板用于更多的项目，设计时需要尽可能多地增加它的功能。最终确定需要实现的功能包括：可以同时控制 8 个舵机和 2 个编码器电机，搭载 MPU9250 姿态传感器，自带功率为 100mW 的无线模块，可实现远距离遥控、通信，支持 CAN 通信、USB 烧录 / 通信、串口通信等。稳压输出可以对外给树莓派供电，控制外部负载。具体开发板接口如图 11 所示。

电路设计

为了实现 STM32 坦克的所有功能，我们充分利用了每一个引脚，下面介绍一下主要的电路原理。STM32 单片机引脚分配如图 12 所示。

无线部分，我使用 NRF24L01P 无线模块，无线模块电路如图 13 所示，模块自带功放芯片，发射功率为 100mW，通过 SPI 总线与 STM32 通信，半双工模式可以接收数据，也可以发送数据。

这里使用了 2 个 A4950 电机驱动模块，A4950 电机驱动电路如图 14 所示，

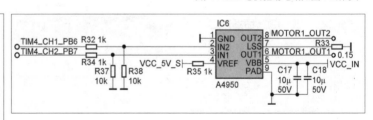

▌图 14 A4950 电机驱动电路

STM32 单片机向 A4950 电机驱动模块发送 PWM 信号，即可驱动电机转动。

开发板上总共有 8 个 PWM 接口，在这个项目中，我们使用其中 2 个即可满足对云台的控制。PWM 输出电路如图 15 所示。

PCB设计

电路原理图完成之后，在嘉立创 EDA 中绘制 PCB，图 16 所示为绘制完成的 PCB。

使用嘉立创 EDA 中的 3D 预览功能，

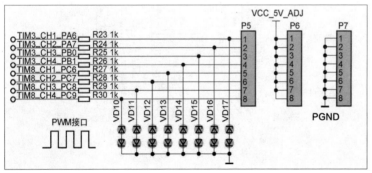

▌图 13 无线模块电路

▌图 15 PWM 输出电路

图 16 绘制完成的 PCB

图 17 电路板 3D 模型

查看电路板 3D 模型，如图 17 所示，符合预期、确认没有问题之后交付板厂打样。

程序设计

A4950 电机驱动芯片的工作原理如图 18 所示，当 IN1 输入高电平且 IN2 输入低电平时，电机正转；当 IN1 输入低电平且 IN2 输入高电平时，电机反转。通过在 IN1 或 IN2 上输入 PWM 信号，控制电机的转速。

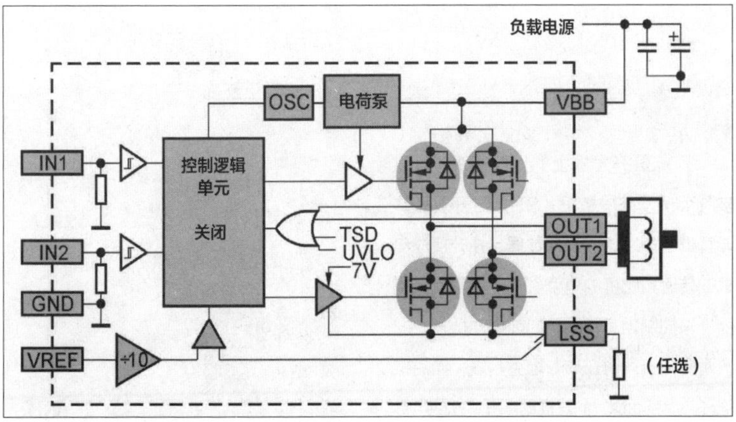

图 18 A4950 电机驱动芯片工作原理

电机控制实现如程序 1 所示，限定 PWM 值范围为 0~1000，以其中 1 个电机为例。

程序1

```
void Set_Motor1_PWM(int16_t motor1)
{
  if(motor1 > 1000)
  {
    motor1 = 1000;
  }
  else if(motor1 < -1000)
  {
    motor1 = -1000;
  }
  // 左侧电机
  if(motor1 >= 0)// 正转或停转
  {
    Motor_PWM_Duty(1, motor1);
    Motor_PWM_Duty(2, 0);
  }
  else  // 反转
  {
    Motor_PWM_Duty(1, 0);
    Motor_PWM_Duty(2, -motor1);
  }
}
```

当电机旋转时，电机尾部的编码器会输出脉冲，每转动一周输出 330 个脉冲，根据单位时间内输出的脉冲数，可以得到电机的转速。如果有需要，可以根据电机的转速计算出坦克前进的速度和距离。程序 2 是使用中断方式读取编码器脉冲数。

程序2

```
void EXTI0_IRQHandler(void)
{
  if (EXTI_GetITStatus(EXTI_Line0)
!= RESET)
  {
    EXTI_ClearITPendingBit(EXTI_
Line0);
    if(GPIO_ReadInputDataBit
(GPIOA,GPIO_Pin_0) == 1)
    {
      if(GPIO_ReadInputDataBit
(GPIOA, GPIO_Pin_1) == 1)
      {
        motor1_cnt += 1;
      }
      else
      {
        motor1_cnt -= 1;
      }
    }
    else
    {
      if(GPIO_ReadInputDataBit
(GPIOA, GPIO_Pin_1) == 1)
      {
        motor1_cnt -= 1;
      }
      else
      {
        motor1_cnt += 1;
      }
    }
  }
}
```

云台由 2 个舵机驱动，通过改变输入的 PWM 信号控制舵机的旋转角度。舵机的 PWM 信号周期是 20ms，通过高电平持续的时间（脉宽）来表示需要转动的角度。脉宽取值范围为 500~2500μs，中值是

1500μs。具体如程序3所示。

程序3

```
void Set_Servo_PWM(uint8_t
channel, uint16_t pwm)
{
  TIM_TypeDef *tim;
  if(channel > 8)
  {
    return;
  }
  // 如果PWM信号不在区间[500,2500]
内则不处理
  if(pwm > 2500)
  {
    return;
  }
  else if(pwm < 500)
  {
    return;
  }
  // 开发板共有8个舵机接口，因此信道范
围是1~8
  if(channel > 4)
  {
    tim = TIM8;
    channel -= 4;
  }
  else
  {
    tim = TIM3;
  }
  switch(channel)
  {
    case 1: tim->CCR1 = pwm; break;
    case 2: tim->CCR2 = pwm; break;
    case 3: tim->CCR3 = pwm; break;
    case 4: tim->CCR4 = pwm; break;
    default:
      break;
  }
}
// 使用I²C接口的OLED显示屏，分别用
来显示主电源电压、舵机电压和左右两侧履带
```

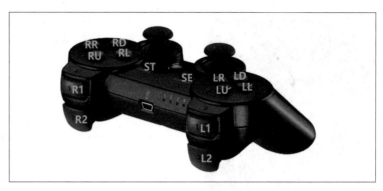

图19 手柄按键定义

```
驱动电机的PWM信号
// 显示系统参数
void OLED_ShowParm(void)
{
  char volt1[20],volt2[20],
motor1[20],motor2[20];
  sprintf(volt2,"MainVoltage:%5.2f",
ADC_ConvertedValueLocal[1]);
  OLED_ShowStr(0,0,(uint8_t*)
(&volt2),1);
  sprintf(volt1, "Servo Voltage:%5.2f",
ADC_ConvertedValueLocal[0]);
  OLED_ShowStr(0,1,(uint8_t*)
(&volt1),1);
  sprintf(motor1,"motor1_pwm:%5d",
motorStatus.motor1_pwm);
  OLED_ShowStr(0,4,(uint8_t*)
(&motor1),1);
  sprintf(motor2,"motor2_pwm:%5d",
motorStatus.motor2_pwm);
  OLED_ShowStr(0,5,(uint8_t*)
(&motor2),1);
  vTaskDelay(50);
}
```

　　STM32开发板上的无线模块，可以接收手柄发来的数据。STM32开发板需要解析手柄发送过来的数据，并转换成电机的转速和舵机的角度。我们用手柄右侧摇杆来控制坦克移动，向前推动摇杆，左右两侧电机同时正转，坦克前进；向后推摇杆，坦克后退；向左推动摇杆，左侧电机反转，右侧电机正转，坦克左转；反之亦然。

　　手柄按键定义如图19所示，按下L1键，1号舵机口的PWM信号减小，使1号舵机左转，按下R1键则1号舵机右转。同理，按下L2或R2键，使2号舵机正转或反转。具体如程序4所示。

程序4

```
void ParseRadioMsg(radioMsg_t*msg)
{
  int16_t pwm1 = 0, pwm2 = 0;
  static float duty[8] = {0.5, 0.5,
0.5, 0.5, 0.5, 0.5, 0.5, 0.5};
  uint16_t keys = 0;
  // 先计算电机的PWM信号，data[4]是
右侧摇杆垂直方向，用来控制坦克前后运动
  pwm1 = -(msg->data[4] - 0x7F) * 8;
  pwm2 = pwm1;
  // data[3]是右侧摇杆水平方向，用来
控制左右转向时电机的差速
  pwm1 += (msg->data[3] - 0x7F) * 5;
  pwm2 -= (msg->data[3] - 0x7F) * 5;
  motorStatus.motor1_pwm = pwm1;
  motorStatus.motor2_pwm = pwm2;
  // data的第6和第7字节，这两个字节
共16位，对应手柄的16个通道
  // 从最高位第16位到第1位，依次是
L2、 L1、 LU、 LL、 LD、 LR、 SE、
ST、 RL、 RD、 RR、 RU、 R1、 R2、R-KEY
和L-KEY
  // 其中R-KEY和L-KEY分别是左右摇杆
向下按下对应的按键
  keys = (msg->data[5] << 8) |
msg->data[6];
```

```
// 1号舵机控制，用 L1 和 R1 键控制正转
和反转
  if((keys & (1 << 14)) && (!(keys
& (1 << 3))))
// 按下 L1 且松开 R1 时
  {
    duty[1] -= 0.005;
    PWM(&duty[1]);
    servoPWM.servo2 = Duty_to_
PWM(duty[1]);
  }
  else if((!(keys & (1 << 14)))
&& (keys & (1 << 3)))// 松开 L1 且按
下 R1 时
  {
    duty[1] += 0.005;
    PWM(&duty[1]);
    servoPWM.servo2 = Duty_to_
PWM(duty[1]);
  }
  // 2号舵机控制，用 L2 和 R2 键控制正转
和反转
  if((keys & (1 << 15)) && (!(keys
& (1 << 2))))// 按下 L2 且松开 R2 时
  {
    duty[2] -= 0.005;
    PWM(&duty[2]);
    if(duty[2] < 0.1)
// 防止云台垂直舵机转动角度过大，而导致堵转
    {
      duty[2] = 0.1;
    }
  servoPWM.servo3 = Duty_to_
PWM(duty[2]);
  }
  else if((!(keys & (1 << 15)))
&& (keys & (1 << 2)))// 松开 L2 且按
下 R2 时
  {
    duty[2] += 0.005;
    PWM(&duty[2]);
    if(duty[2] > 0.9)
// 防止云台垂直舵机转动角度过大，而导致堵转
```

```
  {
      duty[2] = 0.9;
    }
    servoPWM.servo3 = Duty_to_
PWM(duty[2]);
  }
}
```

遥控手柄

电路设计

遥控手柄使用的 STM32 单片机和无线模块与主控开发板一致，无须赘述，我简要介绍一下摇杆的电路。遥控手柄上的摇杆电路如图 20 所示，摇杆由两个旋转电位器和一个按键组成，推动摇杆会使电位器阻值发生变化，进而使电位器分压发生变化。使用单片机内部 ADC 来测量出电位器的分压，即可计算摇杆的位置。摇杆内部的按键在被按下时，会产生电平的变化，进而被检测到。

PCB设计

根据电路图，我们绘制出遥控手柄的PCB，如图 21 所示，并交付板厂打样。

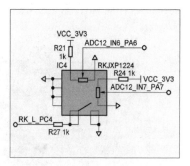

▌图20 遥控手柄上的摇杆电路

电路板实物

打样完成后，对电路板进行焊接，焊接完成的手柄电路板如图 22 所示。

程序设计

手柄的无线部分程序同主控 STM32 开发板相同，不同的是手柄工作时需要读取 16 个按键的状态，并计算 2 个摇杆的位置。如程序 5 所示，第一行程序用来读取 1 个按键状态，然后获取摇杆电位器分压并计算摇杆水平位置。

程序5

```
// 读取一个按键的状态
key_temp |= GPIO_
```

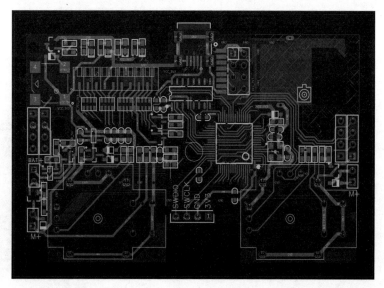

▌图21 遥控手柄的 PCB

▌图 22 焊接完成的手柄电路板

▌图 23 STM32 开发板与无线手柄联合调试

```
ReadInputDataBit(GPIOA, GPIO_Pin_8)
<< 15; // Key L2
// 获取电位器分压
ADC_ConvertedValueLocal[4] = ADC_
ConvertedValue[4];
// 判断摇杆是否被推动
if(ADC_ConvertedValueLocal[4] >=
_rcData.LH_zero)
{
  // 摇杆中心点 ADC 值为 127
  value=(ADC_ConvertedValueLocal[4]
- _rcData.LH_zero) / _rcData.LH_
max_c + 127;
}
else
{
  value=(ADC_ConvertedValueLocal[4]
- _rcData.LH_zero) / _rcData.LH_
min_c + 127;
}
// 限定摇杆值在 0~255 之间，并设定区间为
112~142
if(value > 255)
{
  value = 255;
}
else if(value < 0)
{
  value = 0;
```

```
}
else if(value > 112 && value <
142)
{
  value = 127;
}
```

联合调试

前边我们单独设计了 STM32 开发板和无线遥控手柄，现在需要使两者结合起来，确认功能是否符合预期。我们给开发板接上 8 个舵机和 2 个编码电机，使用手柄遥控，所有舵机和电机均可以正常工作。STM32 开发板与无线手柄联合调试如图 23 所示，测试成功。调试完成后，我

们把开发板、电机、舵机等安装到底盘上，就完成了对坦克的控制，制作完成的整体设备如图 24 所示。

结语

本项目包含实现对电机和舵机的控制、摇杆的模拟采样，以及无线通信等。除了最核心的 STM32 单片机，还涉及多种芯片的选型和使用，需要有一定的经验和耐心。两个电路板的绘制，两套程序的开发、调试，软 / 硬件细节的打磨，机械部分硬件的多次改进……DIY 就是这样，因为热爱，所以坚持；因为坚持，所以总能收获自己想要的成果！ⓧ

▌图 24 制作完成的整体设备

太阳能甲醛检测仪

▌杨润靖

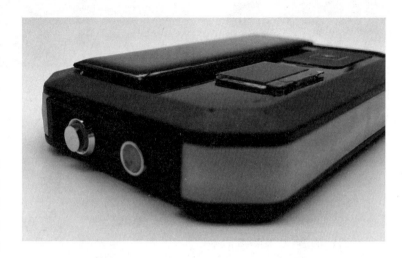

甲醛一直是人们长期关注的室内环保问题。最近我置办了几件新家具，便开始了解甲醛问题。在我脑海里出现了一系列问题：甲醛究竟存在于哪里呢？甲醛超标会给人们的身体健康带来哪些影响呢？我们该怎么检测甲醛呢？我们该怎么治理甲醛呢？下面我们一起揭晓答案。

甲醛又称蚁醛，是一种有机化合物，化学式是 HCHO 或 CH_2O。它是一种无色、有刺激性气味的气体，对人眼、鼻等有刺激作用。甲醛存在的地方很多，主要存在于室内装修时使用的胶合板、人造板等板材中，墙纸、涂料、油漆等也存在甲醛。

甲醛对人类身体的危害主要有 3 类。一是刺激性，表现为对皮肤黏膜的刺激，甲醛是原浆毒物质，吸入人体后能与蛋白质结合，甲醛浓度高时，呼吸道会受到严重刺激，可能产生水肿、眼刺激、头痛等症状。二是致敏性，皮肤接触甲醛可能会引起过敏性皮炎、色斑、坏死，吸入高浓度甲醛时可能会诱发支气管哮喘。三是致突变性，高浓度甲醛是一种基因毒性物质，可能会导致基因突变。目前国家制定了相关的标准，在国标 GB50325-2020《民用建筑工程室内环境污染控制标准》中规定，一类民用建筑工程室内甲醛浓度 ≤ $0.07mg/m^3$，二类民用建筑工程室内甲醛浓度 ≤ $0.08mg/m^3$。一类民用建筑包括住宅、医院、老年建筑、幼儿园、学校教室等，二类民用建筑包括办公楼、商店、旅馆、文化娱乐场所、书店、图书馆、展览馆、体育馆等。

甲醛的浓度应该怎样检测呢？目前国内外居室、纺织品、食品中甲醛检测方法主要有分光光度法、电化学检测法、气相色谱法、液相色谱法、传感器法等。分光光度法和气相色谱法比较准确，但是检测的价格比较昂贵。目前使用最多的是电化学检测。

有了这些了解后，我制作了一台甲醛检测仪，为了融合低碳环保的理念，供电采用太阳能电池板和磷酸铁锂电池，通过

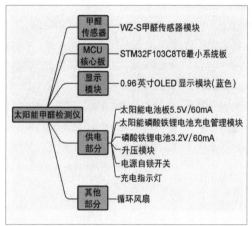

▌图1 太阳能甲醛检测仪设计思路

太阳能储能供电。

接下来介绍一下太阳能甲醛检测仪的原理以及制作过程。

太阳能甲醛检测仪设计思路如图 1 所示，主要包括甲醛传感器、MCU 核心板、显示模块、供电部分以及其他部分。

甲醛传感器

甲醛传感器负责检测空气中的甲醛浓度，每隔 1s 会将数据通过 UART 接口发送给 MCU。MCU 负责解析出甲醛的浓度，并将检测结果显示在 0.96 英寸 OLED 显示屏上。太阳能电池板通过电池充电管理模块对磷酸铁锂电池充电，充电时指示灯会亮，充满后指示灯熄灭。电源自锁开关负责接通锂电池与升压模块，接通后升压至 5V 给循环风扇、核心板、传感器模块进行供电。

甲醛传感器使用 WZ-S 甲醛检测模块，如图 2 所示，它是英国达特公司的最新力作，采用升级版达特甲醛传感器，结

▋ 图 2 WZ-S 甲醛检测模块

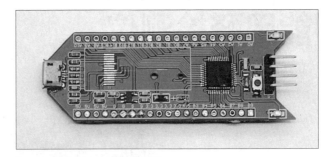

▋ 图 3 STM32F103C8T6 最小系统板

合先进的微检测技术，直接将环境中的甲醛含量转换成浓度值，以标准化数字输出。达特的传感器产品性能在行业里一直都被认可，性价比非常高。WZ-S 甲醛检测模块经过严格的工厂校准，测出来的数据比较准确，具有响应速度快、使用寿命长、功耗低、稳定可靠、抗干扰能力强、无须定期校准等特点，非常适合智能家居、便携式仪表、可穿戴设备、空气净化器等应用。它的检测原理是内部燃料电池与空气中的甲醛发生化学反应，产生与浓度相对应的电流。它可以检测 $0\sim2\times10^{-6}$ 的甲醛，分辨率可以达到 1×10^{-9}。但是电化学传感器有使用寿命，正常可以使用 5 年。

MCU 核心板

MCU 核心板使用的是经典的 STM32F103C8T6 最小系统板，如图 3 所示。STM32F103C8T6 是比较经典的一款 MCU，它是基于 ARM Cortex-M3 内核

STM32 系列的 32 位微控制器，主频可达 72MHz，程序存储器容量是 64KB，工作电压为 2~3.6V，工作温度为 -40~85℃。还具有 12 位 ADC、DMA、PWM、I2C、SPI、UART 等丰富的外设。

显示模块

显示模块采用 0.96 英寸的 OLED 显示模块，如图 4 所示，具有 128 像素 ×64 像素的分辨率。OLED 是有机发光二极管，又称有机电激光显示器件，OLED 显示模块具有自发光的特性，采用非常薄的有机材料涂层和玻璃基板，当电流通过时，有机材料就会发光。OLED 显示模块具有可视角度大、功耗低、对比度高、厚度小、反应速度快等特点。

供电及其他部分

太阳能电池板如图 5 所示，是 100mm×28mm 的滴胶多晶电池板，阳光充足时可以输出 5.5V 的电压和 60mA 的电流。

锂电池使用 CR2/15266 磷酸铁锂电池，如图 6 所示，直径为 15mm，长 27mm，标称容量为 300mAh。磷酸铁锂

电池具有循环寿命长、安全性高、容量大、无记忆效应、绿色环保、无毒、无污染等特点。

接下来设计充电管理电路，本项目采用的是上海如韵的 CN3158 模块，CN3158 模块引脚如图 7 所示。该模块内部具有功率晶体管，使用时不需要电流检测电阻和阻流二极管。内部的充电电流自适应模块能够根据电源的电流输出能力自动调整充电电流，非常适合利用太阳能电池板等电流输出能力有限的电源设备。CN3158 模块只需要极少的外围元器件，非常适合便携式应用。

热调制电路可以在元器件功耗比较大或环境温度比较高时，将芯片温度控制在

▋ 图 6 CR2/15266 磷酸铁锂电池

▋ 图 4 OLED 显示模块

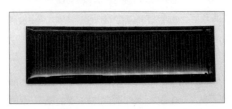

▋ 图 5 太阳能电池板

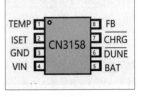

▋ 图 7 CN3158 模块引脚

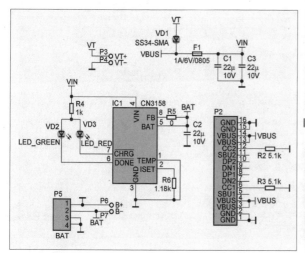

▍图 8 充电管理模块电路

▍图 9 升压模块

▍图 10 电源自锁开关

▍图 11 电源指示灯

▍图 12 循环风扇

安全范围内。内部固定的恒压充电电压为 3.63V，也可以通过一个外部电阻向上调节，充电电流通过外部电阻设置。当输入电压掉电时，CN3158 模块自动进入低功耗的睡眠模式，此时电池的电流消耗小于 3μA。其他功能包括输入电压过低锁存、自动再充电、电池温度监控以及充电状态 / 充电结束状态指示等。输入电压支持 4.4~6V。

充电管理模块电路如图 8 所示。

升压模块如图 9 所示，输入电压范围支持 2.5~12V，支持 5V/1A、8V/0.5A、9V/0.45A、12V/0.3A 输出，可以通过 PCB 焊盘 A、B 的通断设置所需的输出电压值。

电源自锁开关如图 10 所示，是直径为 8mm 的自锁金属开关。电源指示灯如图 11 所示，是直径为 6mm 的红色金属外壳指示灯。

循环风扇如图 12 所示，作用是加速设备内外气体流通，它的大小为 20mm×20mm×6mm，转速可达 7000r/min。供电电压为 5V，电流为 0.03A。

另外使用一个薄膜按键（见图 13）来切换甲醛浓度的显示单位（$1×10^{-9}$）和 mg/m^3。

▍图 13 薄膜按键

制作过程

1 准备手持仪器外壳。

2 在上壳打孔并安装太阳能电池板、OLED 显示模块、薄膜按键。

3 在底壳打孔，安装循环风扇。

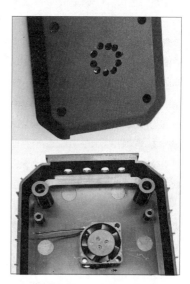

4 将各模块安装到上壳和底壳上，并连接好接线。

5 烧录程序后组装外壳，完成制作。

程序设计

如程序 1 所示，通过延时变量 YS 判断串口数据是否接收完成，接收完成后判断接收的数据个数是否正确，正确后进行数据的检查。检查通过后进行甲醛浓度数据解析，解析出的数据单位为（1×10^{-9}），然后将（1×10^{-9}）换算成 mg/m³。通过判断显示变量 ShowData 的状态来切换浓度数据和单位的显示，ShowData 的状态受按键控制。通过 mg/m³ 进行状态判断，当甲醛浓度小于或等于 0.02mg/m³ 时，环境为优秀状态。当甲醛浓度大于 0.02mg/m³并且小于或等于 0.05mg/m³ 时，环境为良好状态。当甲醛浓度大于 0.05mg/m³ 并且小于或等于 0.08mg/m³ 时，环境为合格状态。当甲醛浓度大于 0.08mg/m³ 并且小于或等于 0.2mg/m³ 时，环境为超标状态。当甲醛浓度大于 0.2mg/m³ 时，环境为危害或严重超标状态。

程序1

```
if(YS>=200)// 判断传感器数据接收完成
{
  YS=0;
  if(Uart1_Rx_Cnt>=9)// 判断数据个数大
于或等于 9 个
  {
    // 接收完成
    if(FucCheckSum(RxBuffer,9)
==RxBuffer[8])// 数据校验检查
    {
      HCHO_ppb=RxBuffer[4]
*256+RxBuffer[5];
```

```
// 计算甲醛浓度（1×10⁻⁹）
HCHO_mgm3=(HCHO_ppb*1.25)/1000;
// 计算甲醛浓度 mg/m³
OLED_ShowString
(0,0,"HCHO:",24,1);// 显示甲醛名称
if(ShowData==1)// 显示 mg/m³
{
    c=HCHO_mgm3*100;
    showNUM[0]=c%1000/100+0x30;
    showNUM[1]='.';
    showNUM[2]=c%100/10+0x30;
    showNUM[3]=c%10/1+0x30;
    showNUM[4]=' ';
    OLED_ShowString (85,35,"mg/m³",
16,1); // 显示单位
    OLED_ShowString (25,30,
showNUM,24,1);  // 显示浓度数据
}
else // 显示浓度
{
    OLED_ShowString (85,35,"
",16,1);
    OLED_ShowString (95,35,"ppb",
16,1); // 显示单位
    OLED_ShowString (25,30,"
",16,1);
    OLED_ShowNum(25,30,HCHO_
ppb,4,24,1);// 显示浓度数据
}
// 判断甲醛浓度范围
if(HCHO_mgm3<=0.02)// 优秀范围
{
    OLED_ShowChinese (80,0,15,24,1);
    OLED_ShowChinese (104,0,16,24,1);
}
else if(HCHO_mgm3<=0.05)
// 良好范围
{
    OLED_ShowChinese
(80,0,17,24,1);
    OLED_ShowChinese
(104,0,18,24,1);
}
```

```
else if(HCHO_mgm3<=0.08)
// 合格范围
{
    OLED_ShowChinese (80,0,19,24,1);
    OLED_ShowChinese(104,0,20,24,1);
}
else if(HCHO_mgm3<=0.2)
// 超标范围
{
    OLED_ShowChinese (80,0,21,24,1);
    OLED_ShowChinese (104,0,22,24,1);
}
else// 危害或严重超标范围
{
    OLED_ShowChinese (80,0,23,24,1);
    OLED_ShowChinese (104,0,24,24,1);
}
OLED_Refresh();
//OLED 显示模块刷新
      }
    }
  }
Uart1_Rx_Cnt=0;// 接收数据个数清零
}
```

结语

最终完成了甲醛检测仪的制作，测量室内的甲醛浓度如图 14 所示，已经达到危害状态，需要及时治理。室内甲醛的治理是长期的，需要多通风，让室内空气流通，也可以放置绿萝、吊兰等吸甲醛的绿色植物，还可以使用活性炭和空气净化器等来处理空气中的甲醛。⊗

图 14 测量室内的甲醛浓度

立创课堂

三键客

M0dular

从名字上看，大家怎么也不会把三键客与时钟联系起来，但它确实也是个桌面时钟，等你看到运行效果的时候，就明白其中缘由了。大多数宏键盘没有实时显示按键定义的功能，若修改了宏键盘的功能，也只能通过记忆或者粘贴便签的方式来记录，缺乏灵活性。本项目是一个将显示功能和按键组合起来的宏键盘，方便修改按键值。

本项目由我独立完成，可以实现的功能很多，比如宏键盘、时钟、番茄钟、天气预报、计算机状态监控、B站的"一键三连"等。整个项目都是开源的，欢迎大家参考、制作，三键客3D模型如图1所示。

电路设计

主控电路

主控使用了乐鑫公司的ESP32-C3-MINI-1-N4 模块，采用 3.3V 供电，同时支持蓝牙和 Wi-Fi。该模块体积小巧，支持 USB 下载，可以省掉一个串口芯片，非常适合这个项目。主控电路如图2所示，只需要简单的外围电路即可工作。

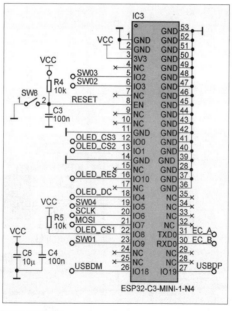

图1 三键客 3D 模型

3.3V供电电路

3.3V 供电电路如图3所示，选用的 LDO 是微盟电子的

ME6211C33M5G-N，同时也为其他电路供电。

OLED显示电路

本项目选用了 0.95 英寸、96 像素x64 像素分辨率的彩色 OLED 显示屏作为交互的窗口，通过 SPI 总线进行控制，OLED 显示电路如图4所示。

由于此显示屏需要 3.3V 和 10V 双电源供电，因此额外需要一个 10V 供电电路，

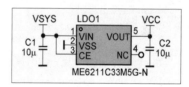

图3 3.3V 供电电路

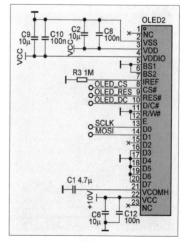

图4 OLED 显示电路

图2 主控电路

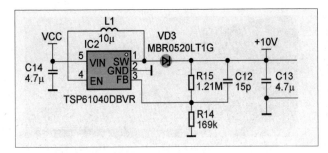

图 5 升压电路

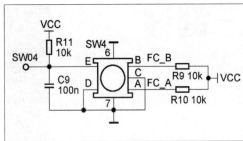

图 6 旋转编码器电路

本项目采用了 TPS61040DBVR 模块将 3.3V 升压到 10V，升压电路如图 5 所示。

旋转编码器电路

旋转编码器支持旋钮和按键功能，因此只需要 3 个 I/O 引脚来进行通信，旋转编码器电路如图 6 所示。

充电电路

充电电路如图 7 所示，该项目也支持 3.7V 可充电锂电池供电，使用 USB Type-C 线经过 TP4054 来给锂电池充电。LED1 作为充电指示灯，如果不需要充电功能，则此处电路可以不焊接。

程序设计

在一套功能界面切换架构上编写程序，可以按框架轻松嵌入其他功能。推荐使用 platformIO 开发整体程序，非常容易上手。程序核心函数如程序 1 所示，负责各个功能页面之间的初始化、切换和运行。

程序1

```
typedef struct manager
{
    uint8_t index; // 当前索引
    uint8_t count; // 页面数量
    page_t *cur;
    page_t *next;
    bool busy;
} manager_t;
void manager_init();
void manager_loop();
```

```
void manager_switch();
void manager_switchToNext();
void manager_switchToChild();
void manager_switchToParent();
void manager_setBusy(bool state);
bool manager_getBusy();
extern manager_t manager;
```

每个功能页面需要单独一套功能函数实现，包括页面的显示内容初始化、功能循环、退出等，因此我们需要为每个功能页面创建一个结构体变量，并填充相关函数指针，具体如程序 2 所示。

程序2

```
typedef void (*init_cb_t)(void
*data);
typedef void (*enter_cb_t)(void
*data);
typedef void (*exit_cb_t)(void
*data);
typedef void (*loop_cb_t)(void
*data);
typedef struct page
{
    init_cb_t init;
    // 初始化相关变量
    enter_cb_t enter;
    exit_cb_t exit;
    loop_cb_t loop;
    char *title_en;
    char *title_cn;
    const uint8_t
*icon;
    uint16_t icon_
```

```
width;
    uint16_t icon_height;
    bool sleep_enable; // 睡眠使能
    bool wakeup_btn_effect_enable;
    // 按钮唤醒时，按钮是否起作用
    bool acc_enable; // 是否有加速度计参与
} page_t;
```

在 loop() 中，我们可以通过获取按键状态等事件进行页面内容更新等操作，具体如程序 3 所示。

程序3

```
#include "template.h"
#include "board_def.h"
#include "app/app_key.h"
static void init(void *data)
{
}
static void enter(void *data)
{
    manager_setBusy(false);
}
static void loop(void *data)
{
```

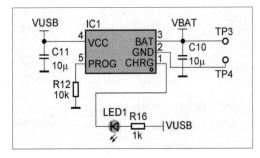

图 7 充电电路

```
KEY_TYPE key;

key = app_key_get();

switch (key)

{

  case KEY1_DOWN:

  break;

  case KEY4_LONG:// 长按

  manager_switchToParent(); // 进入
父项目

  break;

  default:

  break;

}

}

static void exit(void *data)

{

manager_setBusy(true);

}

#include "img.h"

page_t page_template = {

.init = init,

.enter = enter,

.exit = exit,

.loop = loop,

.title_en = "template",

.title_cn = "模板",

.icon = img_bits,

.icon_width = img_width,

.icon_height = img_height,

.sleep_enable = false,

.wakeup_btn_effect_enable = false,

.acc_enable = false,

};
```

具体程序内容较多，这里就不做详细的说明了，相关的源程序已开源到立创开源平台，搜索"3Plus"就可以下载到相关的源程序。安装好platformIO后，打开软件进行程序编译、烧录，如图8所示。

机械结构设计

机械结构主要包含设备主体和按键模块两部分，两者通过FPC软排线进行连接，主体部分3D模型如图9所示，按键模块

▌图8 程序编译、烧录

3D模型如图10所示。为了体验机械键盘的段落感，我选择了图11所示的机械按键轴，由于采用的是热拔插连接器，因此可以随意更换轴体，比如换用无声轴或其他段落感的机械轴。

设备所需要的所有结构件如图12所示。按键部分需要用到亚克力板作为显示屏盖板，可以将设计文件发给立创商城进行制作，注意要使用透明亚克力板，选择底面打印，材料厚度为1.5mm，如果你想自己粘贴面板的话，可不选背胶选项。面板示意如图13所示。

▌图9 主体部分3D模型

▌图10 按键模块3D模型

▌图11 机械按键轴

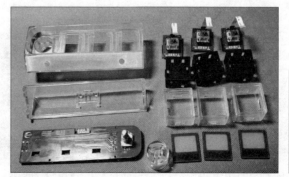

▌图12 设备所需要的所有结构件

▌图13 面板示意

图14 按键模块的组装过程

这个项目已经基本实现了预期效果，但毕竟是第一个版本，还存在很多不足的地方，希望能在未来的版本中得到优化。目前可以改进的部分有：在组装过程中，我发现按键模块与主板PCB连接的排线不太容易穿孔，考虑之后将主板PCB的3个穿线孔做成开放状态；目前设备只支持蓝牙连接，后续考虑更换主控来支持USB连接；显示屏所占的成本比较高，而屏占比却不高，希望能找到更合适的显示屏替代。 Ⓧ

图15 组装完成的按键模块

图17 功能菜单

图16 组装完成的三键客

图18 监控计算机状态

按键模块的组装过程如图14所示，以便大家识别组装是否正确，组装完成的按键模块如图15所示，组装完成的三键客如图16所示。

成果展示

前面介绍的是全透明亚克力板制作的三键客，我还制作了不透明版本的三键客。三键客功能菜单如图17所示，监控计算机状态如图18所示，常用网站快捷键如图19所示。

图19 常用网站快捷键

电子沙漏

▌盛传余

作为一名工科男，每次看见朋友桌面被各种好看的摆件装饰得非常华丽，我都会羡慕不已，但我又是一个实用主义者，我决定制作一个既实用又有观赏性的电子沙漏。

项目介绍

这是一款赛博朋克风格的电子沙漏，可以模拟真实沙漏的流动效果。比起真实的沙漏，这款沙漏还可以设定流动速度，利用 MPU6050 模块让沙漏知道自己的摆放方向，同时 Wi-Fi 模块让这款电子沙漏可以在不使用沙漏功能时，成为一个电子时钟摆件。

硬件介绍

这个项目主要使用的模块如表 1 所示，下面我来简单介绍一下这些模块。

ESP-01S模块

ESP-01S 模块是比较常用的 Wi-Fi 模块，体积小、功能强大、性价比高。缺点是只有 2 个引脚，但是在这个项目中，我只用到它的串口功能，所以它是最合适的选择。ESP-01S 模块具体参数如表 2 所示。

STC89C52RC模块

STC89C52RC 模块（见图 1），适合初学者。其采用 Flash 存储器技术，降低了制造成本，其软 / 硬件与 MCS-51 完全兼容。STC89C52RC 模块工作电源电压范围为 2.7 ~ 6V，当工作电压为 3V 时，电流相当于 6V 电压工作时的 1/4。STC89C52RC 模块工作频率为 12MHz 时，动态电流为 5.5mA，空闲态电流为 1mA，掉电状态电流仅为 20nA。这样的功耗很适合电池供电的小型控制系统。

MPU6050模块

MPU6050 模块是整合性 6 轴运动处理模块，如图 2 所示，内部整合了 3 轴陀螺仪、3 轴加速度计以及一个可扩展的数字运动处理器（DMP），在这里我们仅需要通过 I²C 获取陀螺仪的原始角度数据，通过原始角度数据计算电子沙漏是正放置、倒放置，还是侧放置。

表 1 主要使用的模块

序号	名称	数量
1	ESP-01S 模块	1 块
2	STC89C52RC 模块	1 块
3	MPU6050 模块	1 块
4	MAX7219 点阵模块	2 块

表 2 ESP-01S 模块具体参数

序号	模块	ESP-01S
1	天线形式	板载 PCB 天线
2	工作温度	−20~ 70 ℃
3	供电范围	供电电压 3.0~ 3.6V，供电电流 >500mA
4	支持接口	UART、GPIO、PWM
5	串口速率	支持 110~ 4608000bit/s，默认 115200bit/s

▌图 1 STC89C52RC 模块

▌图 2 MPU6050 模块

▌图 3 MAX7219 点阵模块

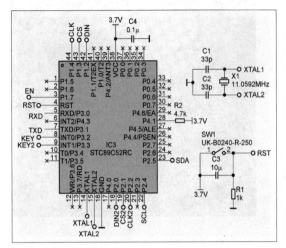

▌图4 STC89C52RC 模块电路

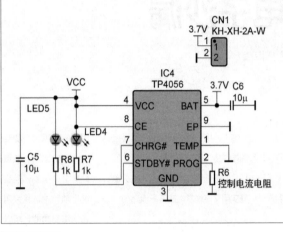

▌图5 充电电路

MAX7219点阵模块

MAX7219 点阵模块如图 3 所示，其与 STC89C52RC 模块相连的引脚有 DIN、CLK、CS，采用 16 位数据串行移位接收方式。在 CLK 引脚的每个上升沿将一位数据移入 MAX7219 点阵模块内部的移位寄存器，在每个下降沿将数据从 DOUT 引脚输出。16 位数据全部移入完毕后，在 LOAD 引脚信号上升沿将 16 位数据输入 MAX7219 点阵模块内相应的位置，在 MAX7219 点阵模块内部动态扫描显示控制电路的作用下实现动态显示（使用共阴极 LED 点阵）。

电路设计

STC89C52RC模块电路

STC89C52RC 模块的电路是比较容易设计的，只需要外加晶体振荡器和复位电路即可，这里我使用的是 11.0592MHz 的晶体振荡器，在使用串口时比较稳定。将 P1.7 作为 ESP-01S 模块的使能引脚，使用串口接收 Wi-Fi 信号时，将此引脚拉高。P1.2、P1.3、P1.4 引脚和 P2.0、P2.1、P2.2 引脚分别控制 1 个 MAX7219 点阵模块，P3.3 引脚连接按键，可以扩展其他功能。P3.0 和 P3.1 引脚作为串口和

Wi-Fi 进行数据传输。STC89C52RC 模块电路如图 4 所示。

充电电路

充电电路采用 TP4056 模块。充电电压固定在 4.2V，充电电流可通过电阻进行外部设置，我通过电阻 R6 控制充电电流，电阻和电流的关系如表 3 所示。充电电流在达到最终浮充电压后，会降至设定值的 1/10，TP4056 模块将自动终止充电循环。我预留了 2 个引脚，可外接 1 块 18650 电池。接入 2 个 LED 作为充电指示灯，充电时红色 LED 亮起，充电完成后绿色 LED 亮起。充电电路如图 5 所示。

表 3 电阻和电流关系

电阻（kΩ）	电流（mA）
30	50
20	70
10	130
5	250
4	300
3	400
2	580
1.6	690
1.4	780
1.2	900
1.1	1000

稳压电路

RT9193 模块稳定输出 3.3V 电压，给 Wi-Fi 模块供电，外接一个 LED，用于观察是否供电正常，稳压电路如图 6 所示。

其他电路

下载电路如图 7 所示，常用的串口下载器都可以用。ESP-01S 模块电路如图 8 所示，MPU6050 模块电路如图 9 所示，在电路板上多放几个排母，插上对应模块就可以使用。

PCB设计

为了方便焊接，我将大部分元器件放在 PCB 正面，所有元器件都标有丝印，这样利用加热台焊接比较简单，初学者可以将焊锡膏和元器件按位置摆放好后，直接放在加热台上加热，最后用电烙铁将排母焊好。考虑到电子沙漏大部分时间都是侧放的，我将按键放在了电子沙漏侧放时的顶部，然后将充电接口放在了侧放时

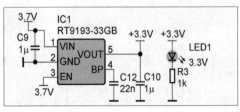

▌图6 稳压电路

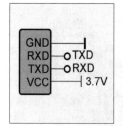

图7 下载电路

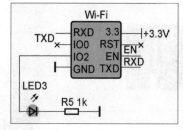

图8 ESP-01S 模块电路

的底部。PCB 3D 模型如图 10 所示，印制完成的 PCB 如图 11 所示。

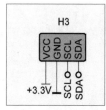

图9 MPU6050 模块电路

图10 PCB 3D 模型

程序设计

ESP-01S模块程序

首先是接入网络，为了避免直接将账号、密码写入程序，我采用 smartConfig 模式配网，这里简单介绍一下 smartConfig 模式的工作原理：手机与处于 AP 模式的智能硬件连接后组成局域网，将 Wi-Fi 的 SSID 和密码发送至智能硬件，智能硬件主动连接指定 Wi-Fi 后，完成接入网络。具体如程序 1 所示。

程序1

```
void smartConfig()
{
WiFi.mode(WIFI_STA);
// 设置为 Wi-Fi 模式为 STA 模式
delay(2000); // 等待配网
WiFi.beginSmartConfig();
while (1) //等待配网成功
{
Serial.print(" 正在配网 \r");
delay(500);
if (WiFi.smartConfigDone())
```

```
//配网成功
{
WiFi.setAutoConnect(true);
// 设置自动连接
break;
}
}
}
```

第二部分就是串口输出 NTP 时间，这部分功能可直接修改示例程序，先安装 NTPClient 库，如图 12 所示，打开自带的示例程序即可。

把 smartConfig 模式配网程序添加到示例程序中，进行简单的修改，即可得到完整的程序，如程序 2 所示。

程序2

```
void setup()
{
Serial.begin(9600);
pinMode(2, OUTPUT);
```

```
WiFi.begin(WiFi.SSID().c_str(),
WiFi.psk().c_str());
delay(6800);// 必须设到 6000 以上，
不然连接不上
while ( WiFi.status() != WL_
CONNECTED )
{
smartConfig();
}
digitalWrite(LED_BUILTIN, HIGH);
timeClient.begin();
}
void loop()
{
timeClient.update();
Serial.println(timeClient.
getFormattedTime());
delay(1000);
}
```

利用串口转 TTL 模块将程序烧录到 ESP-01S 模块中。这里要注意的一点是，

图11 印制完成的 PCB

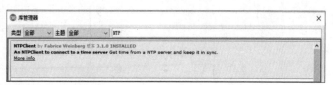

图12 安装 NTPClient 库

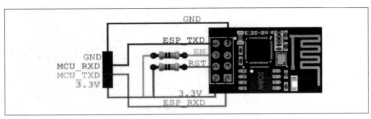

▋ 图13 引脚连接

除了VCC、GND、RX、TX引脚需要连接，还要将EN引脚连接高电平，将GPIO0引脚接地，进入下载模式，引脚连接如图13所示。

STC80C52RC模块程序

利用定时器1控制电子沙漏的下落速度，用定时器2获取陀螺仪的角度，串口接收NTP时钟信息，具体如程序3所示。

程序3

```
void main()
{
  int i;
  UsartInit();// 串口初始化
  InitMPU6050() ;// 陀螺仪初始化
  Timer2Init(); // 定时器2初始化
  Init_MAX7219();// 点阵初始化
  Timer0Init(); // 定时沙漏初始化
  WIFI=1;// 中断优先级
  for(i=1;i<9;i++)
  Write_Max7219(i,0x00),
  Write_Max7219two(i,0x00);
  jianshao();
  while(1)
  {
    if(ax>85&&zf==1)
    {
      zhengfu=1;
      ES=0;
      if(TR0!=1)
      duiji(),jianshao();
      TR0=1;
      }
      else if(ax>80&&zf==0)
      {
```

```
      zhengfu=0;
      ES=0;
      if(TR0!=1)
      duiji(),jianshao();
      TR0=1;
      }
    else {
    if(TR0!=0)
    {
      for(i=1;i<9;i++)
      Write_Max7219(i,0x00),
      Write_Max7219two(i,0x00);
      TR0=0;
      ES=1;
      zhengfu=0;
      }
      xianshitime();
    }
  }
}
```

▋ 图14 电子沙漏

成品展示

准备工作完成后，将各模块组装在一起，如图14所示，电子沙漏就制作完成了，如图15所示。

结语

这个项目并不是十分完美，没有设计外壳，感兴趣的朋友可以设计自己喜欢的外壳。制作这个项目，一方面是供大家学习参考，另一方面是给这个项目留下了更多可能性，可以增加更多的功能。希望这个项目可以得到大家的喜欢，大家一起完善，增加更多有趣、实用的功能。Ⓧ

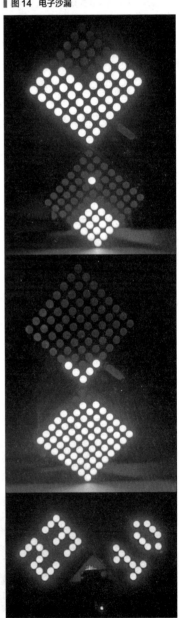

▋ 图15 电子沙漏实物

OELD时间、天气显示桌面小摆件

▊ 严子豪

前一段时间改造了我的桌面后，总觉得还差些什么。我仔细思考，觉得制作一个能显示时间的小摆件是很有必要的。平时DIY的时候我经常会把注意力集中在项目上，Windows系统的时间往往不够显眼，导致经常忘记时间，影响休息。如果有一个显示时间的小摆件就好了，既能让我更容易注意到时间的流逝，又能充当桌面摆设。我决定自己动手制作一个具有电子风格的时钟摆件。

项目概述

OLED时间、天气显示桌面小摆件是一个能实时显示时间和天气预报的物联网设备。它采用ESP8266模块实现网络连接，实时获取精确的时间，同时通过天气服务网站的API，实时获取天气、温度等信息，这些信息会在OELD显示屏上显示出来。

模块介绍

ESP8266模块

ESP8266模块是一款性价比很高的Wi-Fi SoC模块，如图1所示，体积小巧、应用广泛、功能强大，支持IEEE802.11b/g/n协议，内置完整的TCP/IP协议栈。用户可以使用ESP8266模块为现有设备添加网络功能，也可以构建独立的网络控制器。

OLED显示模块

OLED显示模块如图2所示，由OLED显示屏和PCB构成，便于安装。这类小巧的OELD显示模块广泛地应用在各类家电产品以及广大电子爱好者的DIY项目中。

PCB集成电路

我没有使用现成的降压模块以及锂电池充电模块，而是将这些模块的功能都集成在同一块电路板上，如图3所示。这样极大地减少了成本和PCB体积，使得成品具有更简约和更高集成度的外观。

电路设计

我使用的PCB设计软件是国产免费的嘉立创EDA。首先将各功能模块的电路设计好，如图4所示，本项目所包含的主要电路模块有ESP8266模块电路、OLED显示模块电路、USB Type-C供电电路、电源开关电路、3.3V稳压电路和充电管理电路。

确认好合适的布局，在PCB正面，我们通过排针和排母的方式连接ESP8266模块和OLED显示模块，这样显示屏和PCB会有约1cm的间距，正好可以放下

一个502025锂电池，同时电池也会藏在OLED显示屏下面，视觉上更加美观。接插件的好处是安装和拆卸方便，极大程度方便了模块损坏后的更换。这样布局的PCB面积得到了充分利用。

主要的外接模块都集中在PCB正面，PCB背面用来放置电路所需的电容、电阻等一些功能元器件，元器件清单如附表所示。这样PCB的布局就完成了，经过简单的布线，进行CRC没问题后，PCB部分就大功告成。PCB的正面和反面如图5所示。

接下来准备好电烙铁和焊锡丝。按照电路图将对应的元器件焊接好，焊接好的PCB正面和反面效果如图6所示。注意，焊接好后要对照电路图和PCB，用万用表

▊ 图2 OLED显示模块

▊ 图1 ESP8266模块

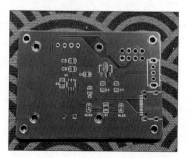

▊ 图3 PCB

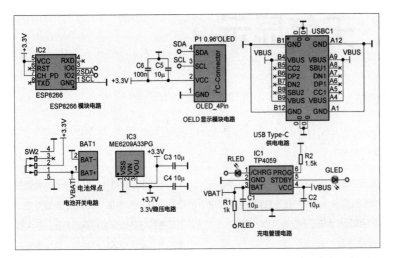

■ 图4 各功能模块的电路

附表 元器件清单

序号	名称	数量
1	电容	6个
2	电阻	2个
3	LED	2个
4	TP4059 充电管理模块	1块
5	3.3V 稳压模块	1块
6	开关	1个
7	USB Type-C 接口	1个

确认是否存在虚焊、短路等问题，确认好后开始编写程序。

程序设计

首先，需要搭建好程序的编译环境。我是用 Arduino IDE 编写程序，编写程序前安装好对应 ESP8266 模块的驱动库：ArduinoJSON、WiFiManager、esp8266-oled-ssd61306。最后，在开发板选项中选择项目对应的"Generic ESP8266 Module"开发板。

接下来编写程序，对于用户来说，程序配置简洁易懂是最重要的，完整的程序参数很多，在这个整体框架下，只有小部分是用户自己需要个性化配置的，我们定义成宏定义，这样对于用户配置来说很方便。

用户配置部分如程序1所示，依次是联网使用的 Wi-Fi 用户名和密码、Bilibili 平台

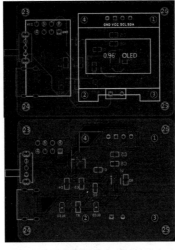

■ 图5 PCB 的正面和反面

■ 图6 焊接好的 PCB 正面和反面

的个人 ID、天气预报网站的天气数据 API 以及所在城市编号。数据更新配置部分，根据注释可以知道是用来设置天气数据以及 Bilibili 粉丝数据的更新间隔的。显示部分设置显示界面的页数，3个页面分别对应时间、当日天气以及未来天气的数据显示。

程序1

```
// 用户配置
#define WIFI_NAME  88-888
#define WIFI_PWD 88888888
#define BILIBILI_ID 12345678
#define HEFENG_KEY ffa20973886643f888e
648b5bb03f888
#define HEFENG_LOCATION CN10119040
// 数据更新配置
#define UPDATE_INTERVAL_SECS 600
// 60min 更新一次天气
#define UPDATE_CURR_INTERVAL_SECS 3600
// 60min 更新一次粉丝数
// 显示
#define DISPLAY_LIGHT  255   // 显示亮度
#define DISPLAY_ REFLASH_RATE  30
// 刷新率
#define PAGE_Num 3    // 显示页面数量
#define PLAY_DIRECTION   SLIDE_LEFT
// 页面切换方向
```

程序2所示为整体框架相关程序。setup() 函数中调用的方法，分别实现初始化串口、初始化显示设置、联网以及获取时间功能。loop() 主循环函数主要处理显示屏、粉丝数据以及天气信息的刷新。先判断是否为首次加载，如果是则将数据在 OLED 显示屏显示出来。后面的3个 if 判断语句，分别判断对应的时间是否到达更新时间阈值，如果达到了阈值，就进行相应的更新。总体实现对 OLED 显示屏的数据显示、对 ESP8266 模块的参数配置、对第三方 API 的调用以获取个性化数据。

程序2

```
void setup()
{
```

```
Serial.begin(115200); // 串口初始化
Serial.println();
display.init(); // 显示初始化
display.clear();
display.display();
display.setContrast(DISPLAY_LIGHT);
// 亮度
ui.setTargetFPS(DISPLAY_ REFLASH_
RATE); // 刷新率
ui.setFrameAnimation(PLAY_DIRECTION);
// 切换方向
ui.init();
webconnect(); // 网络配置
delay(100);
configTime(TZ_SEC, DST_SEC, "国家校
时中心 NIP 地址", "阿里云 NIP 地址");
// 获取 NTP 时间
delay(100);
}
void loop()
{
if (First_Load == true) { // 首次加载
First_Load =false;
updateDatas(&display);
}
if ((Time_Run - Last_Display_
Update_Time) > DisPlay_Update_Time)
{ // 显示屏刷新
WeatherUpdate();
Last_Display _Update_Time = Time_Run;
```

```
}
if ((Time_Run -Last_Fans_Update_
Time) > FansNum_Update_Time) {
// 粉丝数更新
tHefeng.fans(&currentWeather,
BILIBILI_ID);
fans = String(currentWeather.
follower);
Last_Fans_Update_Time = Time_Run);
}
if ((WeatherUpdate_flag == true) &&
GetState.State == true) { // 天气更新
updateData(&display);
}
}
}
```

外壳设计

我使用 CAD 画图工具设计外壳，设计的 CAD 图纸如图 7 所示，也可以设计 3D 打印图纸，这里不选择 3D 打印的原因是 3D 打印一般选用树脂材料，做出来的树脂表面比较粗糙，树脂耐温不高，一般只有四五十摄氏度，而且温度过高会导致树脂颜色发黄。

我选用亚克力板，设计成拼接结构，这样可以将 6 个面组成一个完整的外壳。同时，亚克力板的优势很多，如加工成本低、材料安全无毒、颜色选择多等。就

个人而言，我喜欢电子风格强一些，所以选择的是全透明亚克力板，这样就能把 PCB 和元器件的每个细节都展现出来，别有一番风味！加工好的亚克力板如图 8 所示。

成果展示

所有的材料都准备完成后，就开始组装环节，组装很简单，我们直接展示桌面小摆件成品，如图 9 所示，从左到右依次是正面、背面、侧面充电口和电源开关的效果。

结语

我通过制作一个的桌面小摆件，感悟到了很多道理，也发现自己能力的不足。要制作出成品，就需要掌握电路、单片机、PCB 设计、软件开发以及 CAD 画图等知识。

通过动手实践，我的电路焊接水平和编程水平得到了提升，我最欠缺的还是软件开发能力，好在网络上各类学习资源、优秀的作品非常丰富，这些都给学习提供了支持。如果自己水平还不够高，也可以站在巨人的肩上，去开阔我们的眼界！人总是会有进步的，不断地尝试、研究、反思，努力成为更好的自己吧！⊗

▌图 8 加工好的亚克力板

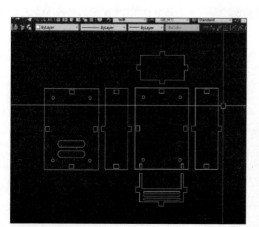

▌图 7 CAD 图纸

▌图 9 桌面小摆件成品

语音控制的三次元胡桃摇

■ 于剑锋

演示视频

在工作的闲暇之余，我会玩一玩《原神》来放松心情。其中有一个角色叫胡桃，娇小可爱又古灵精怪，我非常喜欢，所以会留意网上有关这个角色的作品，瞧瞧哪位画师出了她的同人绘画作品。一次偶然的机会，我发现了一张由外国艺术家 Acumo 发布的非常有趣的胡桃摇，如图 1 所示，完美契合这个角色的形象。

作为一个初学者，我觉得把二维的图变成三维的物体是一件非常有趣且有成就感的事，所以很想动手做一个类似的玩具，能摇动起来。也是偶然吧，我发现了 DIY 手工大师 Kason 刚好制作了一个胡桃摇，他不仅用 3D 打印部件完美地复刻了那幅图片，还把他的 3D 打印文件全部开源了！

接着我就花了很长时间，跟着教程做好了自己的胡桃摇玩具，如图 2 所示。我想是不是还可以加点其他的东西？刚好最近在学边缘 AI，所以我打算给这个胡桃摇玩具赋予一些 AI 功能，可以用语音控制它，同时再增添一个显示屏，可以实现动图的展示，这里就要感谢 RENZO MISCHIANTI 和 Marcelo Rovai 的教程，他们的教程让我做的这个小设备真正落地。

材料清单

制作这个设备的材料清单如表 1 所示。

制作过程

在Grove OLED显示屏上展示胡桃摇动图

为了搭配胡桃娇小玲珑的形象，我觉得在一个小巧的 0.66 英寸（20mm x

■ 图1 胡桃摇

■ 图2 胡桃摇玩具

■ 图3 胡桃摇静态图

表 1 材料清单

序号	名称	数量
1	XIAO nRF52840 Sense	2 块
2	XIAO Expansion Board 扩展板	1 块
3	Grove OLED 显示屏	1 块
4	Grove 继电器	1 个
5	6V TT 电机	1 个
6	3.3V 电池	1 个
7	6V 电池	1 个
8	Grove 连接线	1 根
9	杜邦线	3 根
10	牙签	5 个
11	美术刀	1 把
12	3D 打印机	1 台
13	打印机	1 台

20mm）的显示屏上显示动态图会非常有趣。显示的方式是先截取许多离散的静态图，像连环画一样连续展示以达到动画效果。

首先，将下载好的胡桃摇动态图像更改为静态图像，如图 3 所示。

然后，将图片转化成二维数组之后对二维数组进行操作，才能在 OLED 显示屏上显示出来，我使用的将图片转换成二维数组的工具是 Image2cpp 网站，它可以自动把图片转换成二维数组。Grove OLED 显示屏的分辨率是 64 像素 × 48 像素，我的原始图片较大，选择"cale to fit, keeping proportions"就自动设置好了，Image2cpp 设置界面如图 4 所示。其他参数基本设置为默认值，可以看到预览画面如图 5 所示。

最后，选择"plain bytes"，接着单击"Generate code"就能得到字节程序，如图 6 所示。建立一个数组，将所有的字节程序放入数组中。

■ 图4 Image2cpp 设置界面

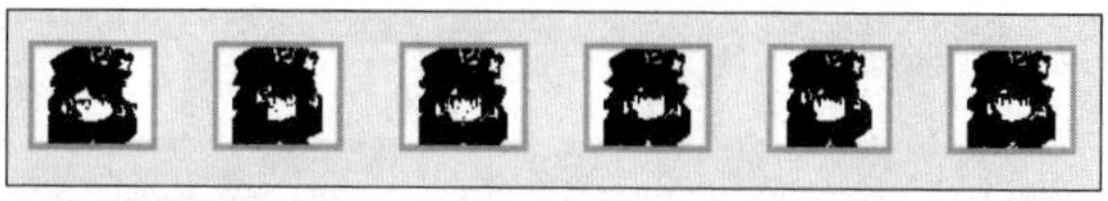

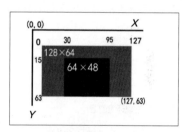

■ 图5 预览画面

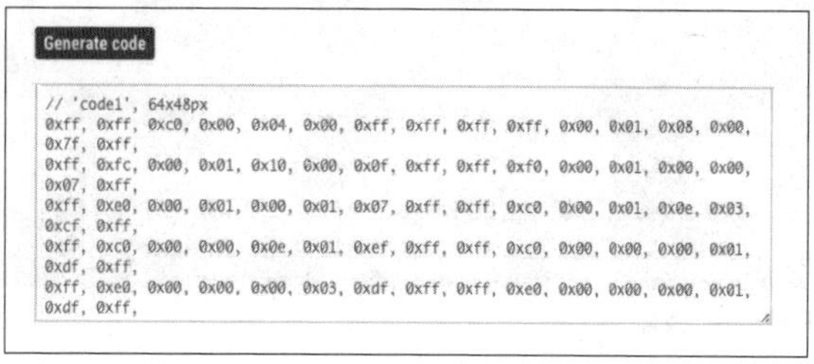

■ 图6 字节程序

OLED 显示屏原理如图 7 所示，由于 64 像素 ×48 像素的显示屏是基于 128 像素 ×64 像素的显示屏制作的，所以在程序中的宽度和高度仍然是 128 和 64，而我的程序中的 range 是从（31,16）到（95,63），这意味着显示的起点是（31,16）而不是（0,0），具体如程序 1 所示。

程序1

```
#include <Wire.h>
#include <Adafruit_GFX.h>
#include <Adafruit_SSD1306.h>
#define SCREEN_WIDTH 128
#define SCREEN_HEIGHT 64
#define OLED_RESET -1
Adafruit_SSD1306
display(SCREEN_WIDTH, SCREEN_HEIGHT,
&Wire, OLED_RESET);
int count = 5;
const unsigned char myBitmap [6]
[3072] PROGMEM =
{
  // 图片字节程序
};
void setup() {
  Serial.begin(115200);
  delay(2000);
  Serial.println(F("Starting!"));
  if(!display.begin(SSD1306_
SWITCHCAPVCC, 0x3C)) {
```

```
  Serial.println(F("SSD1306 allocation
  failed"));
  for(;;);
}
  Serial.println(F("Initialized!"));
}
void loop() {
  display.clearDisplay();
  display.drawBitmap(31, 16,myBitmap
[count], 64, 48, WHITE);
  display.display();
  count--;
  if(count<0) count = 5;
    delay(70);
}
```

使用 Arduino IDE 将程序 1 上传到 XIAO nRF52840 Sense，显示效果如图 8 所示。

3D打印制作设备

原作者机智的 Kason 授权了原始文件，并且很贴心地上传了组装的教学视频，所以我参考他的 3D 打印文件和教学视频，成功设计了我自己的设备模型，模型文件如图 9 所示。

设备模型（不带贴纸）如图 10 所示，贴纸设计如图 11 所示。

将贴纸粘好，装好电机，完成设备组装，接下来就可以训练边缘 AI 的机器学习模型了。

■ 图7 OLED 显示屏原理

■ 图8 显示效果

边缘AI语言控制功能实现

声音文件采集

边缘 AI，也就是将 AI 应用部署在物理设备中，而不是大型计算服务器中，不需要靠云计算设施或者数据中心来实现 AI 功能。换句话说，就是将一个机器学习模型部署在 XIAO nRF52840 Sense 上，用来实现 AI 语音控制的功能。

具体的流程为：语音数据采集→数据预

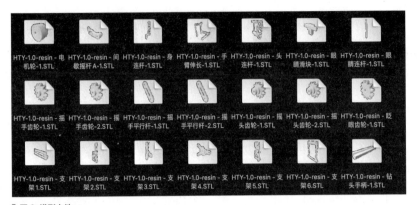

▌图9 模型文件

▌图10 设备模型

处理→生成数据特征→利用数据特征训练模型→生成模型→部署模型
到 XIAO nRF52840 Sense 上，如图 12 所示，其中除了第一步和
最后一步，都在 Edge Impulse 上完成。

　　这阶段我要做的是语音数据采集，XIAO nRF52840 Sense 上
嵌有一个 PDM 话筒，用它来采集我的声音，分别是"hutao""shake"
的语音和常规环境的语音。

　　首先，将 XIAO nRF52840 Sense 连接到 XIAO Expansion
Board 扩展板上，将 SD 卡插入扩展板背面的 SD 卡槽中，如图 13 所示。

　　然后，下载 Seeed_Arduino_FS 库，并将其添加到 Arduino
库中。之后在 example-Seeed Arduino Mic 中找到 mic_Saved_
OnSDcard.ino 并运行。这个程序的功能是每一次运行都使用 XIAO
nRF52840 Sense 的 PDM 记录 5s，并将一个 WAV 文件写入 SD 卡
中。所以每次都需要按下重置键，显示内容如图 14 所示。

　　最后，在 SD 卡中产生的文件如图 15 所示，收集好数据，就可
以在 Edge Impulse 上处理数据训练模型了。

模型训练及产出

　　在 Edge Impulse 网站上，我可以把音频数据直接转换成机器学
习模型。这里的步骤包括数据预处理→生成数据特征→利用数据特征
训练模型→生成模型。

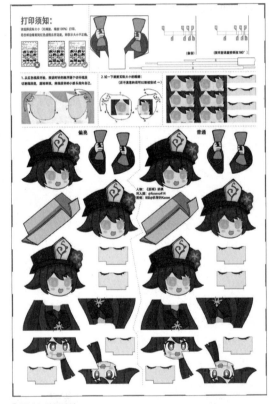

▌图11 贴纸设计

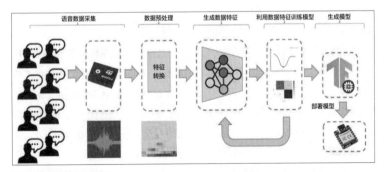

▌图12 语音识别功能流程

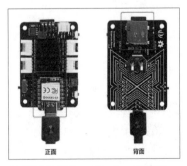

▌图13 XIAO Expansion Board 扩展板

图 14 显示内容

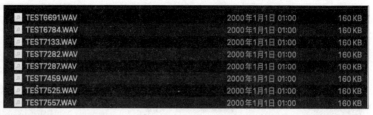

图 15 SD 卡中产生的文件

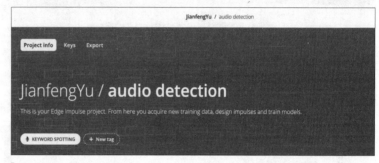

图 16 Edge Impulse 界面

Edge Impulse 界面如图 16 所示，先新建一个账号，然后创建一个新项目。

上传数据（样本），单击"data acquisition"，并选择"Upload Existing Data"上传之前所有的 WAV 文件，可以直接在这里分好训练集和测试集，如图 17 所示。样本显示在数据采集部分，如图 18 所示。

说一个词大约需要 1s，可以对 5s 内的音频进行简单的处理：选择每一行后面的选项，并选择为"Split sample"，将数据分成单个的 1s 音频，同时也有助于减少噪声，以免产生比较大的误差，具体如图 19 所示。

单击左侧的"Create impulse"，设置数据预处理参数，如图 20 所示，可以根据数据本身进行设置。在这个过程中有一些参数需要考虑，比如这里的"Window increase"不应该高于"Window size"，"MFCC"模块适合更好地处理人声等。

因为我选择的是 MFCC 模块，所以左列会出现 MFCC 栏目，单击这里就可以对数据进行数据特征的生成，先保留默认的参数值，然后单击"Next"就可以生成数据特征，如图 21 所示。

模型生成、得到数据特征之后，选择左边一栏的"Classifier"，就可以使用 Edge Impulse 提供的卷积神经网络，通过刚刚得到的数据特征来建立模型，这里仍然保持默认的参数。单击"Start

图 17 上传文件并分好训练集和测试集

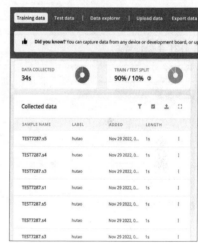

图 18 样本显示在数据采集部分

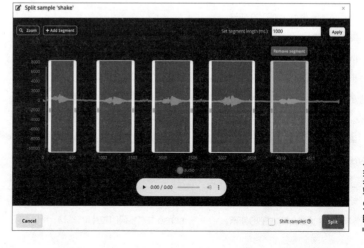

图 19 拆分样本

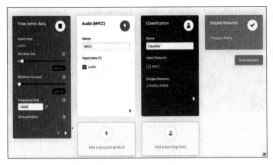

▌图20 设置数据预处理参数

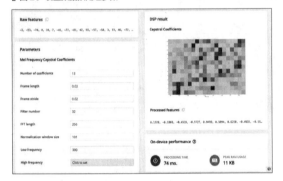

▌图21 生成数据特征

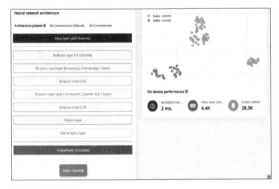

▌图22 训练模型

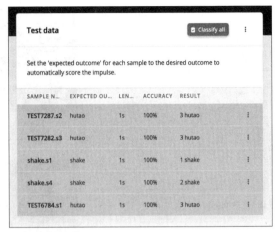

▌图23 模型测试结果

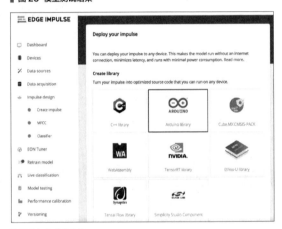

▌图24 生成库文件

▌图25 生成成功

▌图26 生成的文件

training"来训练模型，如图22所示。

模型建好后，我使用了Edge Impulse的"model testing"功能，检测模型是否工作良好，如果测试有问题，就需要更改上面的参数设置。模型测试结果如图23所示。

单击左边的"deployment"，选择"Arduino library"，这样就会生成可以部署在XIAO nRF52840 Sense上的库文件，如图24所示。最后显示生成成功，如图25所示，生成的文件如图26所示。

模型部署及验证

现在对模型进行部署，进而进行实际的验证。

将之前得到的模型（.zip文件）添加到Arduino库中，然后转到file/Examples的选项，在项目名称后面找到名为"nano_ble33_sense_microphone_continuous"的程序，如图27所示。因为XIAO nRF52840 Sense 和nano ble33 sense共享相同的芯片和PDM，所以可以

```
nano_ble33
nano_ble33_sense_microphone_continuous
98    signal_t signal;
99    signal.total_length = EI_CLASSIFIER_SLICE_SIZE;
100   signal.get_data = &microphone_audio_signal_get_data;
101   ei_impulse_result_t result = {0};
102
103   EI_IMPULSE_ERROR r = run_classifier_continuous(&signal, &result, debug_nn);
104   if (r != EI_IMPULSE_OK) {
105       ei_printf("ERR: Failed to run classifier (%d)\n", r);
106       return;
107   }
108
109   if (++print_results >= (EI_CLASSIFIER_SLICES_PER_MODEL_WINDOW)) {
110       // print the predictions
111       ei_printf("Predictions ");
112       ei_printf("(DSP: %d ms., Classification: %d ms., Anomaly: %d ms.)",
113           result.timing.dsp, result.timing.classification, result.timing.anomaly);
114       ei_printf(": \n");
115       for (size_t ix = 0; ix < EI_CLASSIFIER_LABEL_COUNT; ix++) {
116           ei_printf("    %s: %.5f\n", result.classification[ix].label,
117               result.classification[ix].value);
118
119   #if EI_CLASSIFIER_HAS_ANOMALY == 1
120       ei_printf("    anomaly score: %.3f\n", result.anomaly);
121   #endif
122
123       print_results = 0;
124   }
125 }
126
127 /**
128  * @brief      PDM buffer full callback
129  *             Get data and call audio thread callback
130  */
131 static void pdm_data_ready_inference_callback(void)
132 {
133     int bytesAvailable = PDM.available();
```

**▌图 27 "nano_ble33_sense_
microphone_continuous" 程序**

直接上传程序进行测试。

　　将 XIAO nRF52840 Sense 与计算机
连接，用 Arduino 上传程序，单击右上角的
"Monitor" 就可以看到结果，如图 28 所示。

语音控制胡桃摇转动

　　我给组装好的设备电机安装了一个电
池，接出一根电源线连接继电器，将继电
器连接 XIAO nRF52840 Sense，将刚
刚得到的模型部署在 XIAO nRF52840
Sense 上，通过语音控制继电器达到设备
转动的目的。

　　在原先的程序（nano_ble33_
sense_microphone_continuous）上添
加程序 pinMode（D1, OUTPUT），设
置 D1 为控制继电器的数字接口。

　　新增的功能如程序 2 所示：当预测语
音为 "hutao" 时，继电器关闭（D1 为
低电平）；当预测语音为 "shake" 时继
电器打开（D1 为高电平），在这里可以
更新程序，在普通环境中，保持继电器的
状态。

程序2

```
void shake_hutao(int pred_index){
  switch (pred_index){
    case 0: // "hutao"
      digitalWrite(D1, LOW);
```

▌图 28 上传程序结果

```
      break;
    case 1: // "shake"
      digitalWrite(D1, HIGH);
      break;
    case 2: // 普通环境声音
      ei_printf("not voice");
      digitalWrite(D1, LOW);
      break;
  }
}
```

　　在原先的分类输出程序中添加一个比
较程序，具体如程序 3 所示。

程序3

```
if (++print_results >= (EI_
CLASSIFIER_SLICES_PER_MODEL_WINDOW))
{
  ei_printf("Predictions ");
  ei_printf("(DSP: %d ms.,Classification:
%d ms., Anomaly: %d ms.)",
    result.timing.dsp, result.timing.
classification, result.timing.anomaly);
  ei_printf(": \n");
  int pred_index = 2;
  float pred_value = 0.8;
  for (size_t ix = 0; ix < EI_
CLASSIFIER_LABEL_COUNT; ix++)
  {
    ei_printf("    %s: %.5f\n", result.
classification[ix].label,
      result.classification[ix].value);
    if (result.classification[ix].value
> pred_value)
    {
      pred_index = ix;
      pred_value = result.
```

▌图 29 语音控制胡桃

```
classification[ix].value;
    }
  }
  shake_hutao(pred_index);
  ei_printf(": \n");
  ei_printf("%d",pred_index);
}
}
```

　　完整的程序写好后，上传到设备中就可
以看到实际的运行情况了，语音控制胡桃如
图 29 所示。

语音控制动态图

　　我将 XIAO nRF52840 Sense 与 OLED
显示屏和一个电池连接，用语音控制图的
显示。

　　硬件连接如图 30 所示（来自 Seeed
Studio 的运动识别项目）。额外生成一
个对应 "hutao" 语音的图像字节数组和
一个对应普通环境声的图像字节数组，如
图 31 所示，以作备用。

　　在原先的程序（nano_ble33_sense_
microphone_continuous）上新添程序，设
置好像素值，具体如程序 4 所示。

程序4

```
#include <Wire.h>
#include <Adafruit_GFX.h>
#include <Adafruit_SSD1306.h>
#define SCREEN_WIDTH 128
#define SCREEN_HEIGHT 64
```

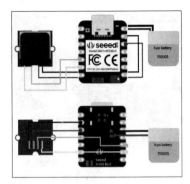

▌图 30 硬件连接

▌图 31 新增图像

```
#define OLED_RESET -1
Adafruit_SSD1306 display(SCREEN_
WIDTH, SCREEN_HEIGHT, &Wire, OLED_
RESET);
int count = 5;
```

然后新增程序 5：当预测语音为
"hutao" "shake" 和普通环境声时展示
不同的图片。

程序5

```
void shake_hutao_display(int pred_
index){
  switch (pred_index){
    case 0:
      display.clearDisplay();
      display.drawBitmap(31, 16,
hutao, 64, 48, WHITE);
      display.display();
      break;
    case 1:
      display.clearDisplay();
      display.drawBitmap(31, 16,
myBitmap[count], 64, 48, WHITE);
      display.display();
      count--;
      if(count<0) count = 5;
```

```
      delay(70);
      break;
    case 2:
      display.clearDisplay();
      display.drawBitmap(31, 16,
hutao_idle, 64, 48, WHITE);
      display.display();
      break;
  }
}
```

写好完整的程序后，上传就可以看到
实际的运行情况，如图 32 所示。

成品展示

我把语音控制胡桃转动和语音控制
动态图两部分集合在一起，就得到了语
音控制的三次元胡桃摇（见图 33），虽
然离我想要的还有些距离，但总归实现
了基础的功能，大家可以扫描文章开头
的二维码观看演示视频。

未来计划

在"语音控制动态图展示"程序中，
原动态图程序和语音识别程序可能会产生
一些冲突并卡住。使用如程序 6 所示的
U8G2 库就可以解决这个问题，不过显示
的图像有些奇怪，之后我会对原来的程序
进行修改。

程序6

```
#include <U8g2lib.h>
#include <Wire.h>
U8G2_SSD1306_128X64_NONAME_F_HW_
I2C u8g2(U8G2_R0, /* clock=*/ D5,
/* data=*/ D4, /* reset=*/ U8X8_PIN_
NONE);
static const uint8_t PROGMEM
mymap0[] =
{
  ...
};
void setup()
{
```

▌图 32 实际的运行情况

▌图 33 语音控制的三次元胡桃摇

```
  u8g2.begin();
}
void loop()
{
  u8g2.drawXBM(0, 0, 64, 48, mymap0);
  u8g2.sendBuffer();
}
```

未来我将把所有部件集成在一个 3D
打印的盒子里，只留胡桃和显示设备在
外面。

结语

目前这个设备只是一个原型，但可以
期待，一个指甲盖大小的 XIAO nRF52840
Sense 可以通过一些简单的操作实现人工智
能，比如这个原型机的语音控制功能，非常
有趣，希望大家喜欢。谢谢！ Ⓧ

Jetson Nano
智能物流配送机器人

▎谢梓腾 郑诗蕴 陈恒

本项目设计的智能物流配送机器人是一个模拟在现实工业园场景下进行物件配送的机器人。其主要运行流程为：扫描二维码确认货物编号和收货地点，打开对应编号舱门，等待物件被放入后关闭舱门，出发前往指定收货区。途中会通过判定区块是否为紫色的，来确认前方是否有红绿灯；通过判断绿灯是否亮起，来确认是否前进；通过判定区块是否为棕色的，判断配送机器人是否顺利到达收货区。到达收货区后等待二维码信息，扫码完成后打开对应舱门，取货完成后关闭舱门，返回黄色出发区。

结构设计

材料清单如表 1 所示，我们先随意搭建了一下，初代底盘如图 1 所示，效果还不错。测试完毕后，开始着手设计上位机 UI 界面，并编写上位机程序。采用 Jetson Nano 作为上位机，与单片机进行通信，控制设备完成各种动作。测试上位机、下位机通信正常后，加入了颜色识别和嵌入式扫码模块，准备进行测试。但是初代底盘空间已经不足以承载这么多模块和控制板，因此我们对配送机器人进行升级。

初代底盘使用麦克纳姆轮，它的优点是可以全向移动，缺点是机器人行驶起来不够稳定，容易打滑。初代底盘用传统的装夹方式将电机放在机器人底盘底部，电机本身具有一定高度，这样会导致机器人整体重心偏高，移动起来会左右摇摆。因此我们抛弃了传统的装夹方式，先在 Solidworks 上进行

建模，将电机安装到底盘上方，使机器人重心降低，经过测试、修改过后，整体移动漂移量明显变小。我们使用 PID 算法调控设备，机器人整体行驶变得稳定，底盘测试完毕后，进行底盘以上的装配。

在设计上要尽可能让机器人体积小，使机器人避障难度降低，但使用了 Jetson Nano 主控搭配 STM32F407，两块主控板占空间较大，于是我们萌发了一个想法，放弃密闭的主控舱，在主控舱左右两侧装上侧板，侧板可以改装成电路板，搭载各种模块，如果需要更换模块以及修改线路，只需要将侧板拆下，即可对内部进行修改。机器人前后两侧留空，空气流通，有利于内部主控板散热。机器人顶部装有两个物料舱和一个工业摄像头，集成云台以及一

表 1 材料清单

序号	名称	构成
1	Jetson Nano	上位机
2	STM32F407	下位机
3	DS3120 数字舵机	舵机
4	四麦克纳姆轮移动底盘	底盘
5	1:30 减速比带编码器减速电机	电机
6	AB 双向增量式磁性霍尔编码器	编码器
7	双路直流电机驱动	电机驱动
8	USB 工业摄像头	摄像头
9	HWT101CT 单轴陀螺仪	陀螺仪
10	SYN-6288 语音模块	语音模块
11	Scanner V3.0 嵌入式扫码模块	扫码模块

▎图 1 初代底盘

▎图 2 配送机器人模型

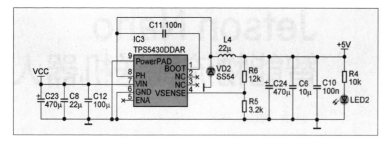

图3 TPS5430DDAR 模块电路

个单轴陀螺仪。

配送机器人模型如图2所示,在设计完成后,使用3D打印机打印出各个结构件,进行组装调试。

电路设计

电路板主要分为电源板和单片机扩展板,电源板采用了TI公司的TPS5430DDAR模块和TPS5450DDAR模块,分别给单片机、显示屏、舵机和Jetson Nano供电。TPS5430DDAR模块电路如图3所示,TPS5450DDAR模块电路基本相同,TPS5430DDAR模块最大供电电流为3A,TPS5450DDAR模块最大供电电流为5A。一开始我们把舵机和单片机扩展板的电源接到了同一个接口上,机器人舱门处的舵机时不时抖动且陀螺仪偶尔工作失常导致走偏。事实上,舵机作为感性负载,工作时会产生感生电动势,影响电源模块。因此,舵机不能与其他阻性负载接在同一个接口上,否则会导致其他元器件工作失常,电源板3D模型如图4所示,电源板实物如图5所示。

在调试和装配阶段中,一开始使用杜邦线进行模块与模块之间的连接。由于引脚多且杂,杜邦线时不时会松掉导致接触不良,为了理线清晰便于接线,我们设计了图6所示的单片机扩展板。

测试之后发现,配送机器人无法正常直行和平移,东倒西歪,于是我们加上了PID算法,使其能够稳定行驶,这时整块STM32F103系统板引脚基本被插满了,看

图4 电源板3D模型

图5 电源板实物

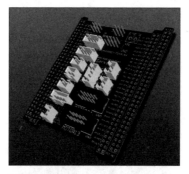

图6 单片机扩展板

着很乱,而且我们担心定时器不够用,于是换成了STM32F407作为底盘控制板。

再次测试后发现,场地不平稳导致麦克纳姆轮悬空,于是我们添加了陀螺仪对其进行矫正,一开始使用的是JY901S 9轴陀螺仪,但是实际上路测试时效果不

是很好,于是更换为HWT101CT单轴陀螺仪。继续调试了一些视觉方面的程序,修改了一些bug后,配送机器人基本完成了,接下来介绍一下程序的设计思路。

程序设计

下位机设计

STM32下位机采用的是STM32F407ZGT6最小系统板,基于HAL库编写了减速电机、编码器、陀螺仪、语音模块、灯模块以及PID算法等程序。

1. 电机驱动

首先实现机器人的运动单元,程序1所示是以第一个电机为例的逻辑程序,包括电机PWM设置和电机的使能设置。

程序1

```
/*--- 设置电机PWM ---*/
void Motor1_pwm_Set(int motor1_n)
// 电机1设置PWM
{
    HAL_TIM_PWM_Stop(&htim1, TIM_
CHANNEL_1);
    Motor_PWM_sConfigOC.Pulse = motor1_n;
    HAL_TIM_PWM_ConfigChannel(&htim1,
&Motor_PWM_sConfigOC,TIM_CHANNEL_1);
    HAL_TIM_PWM_Start(&htim1, TIM_
CHANNEL_1);
}
/*--- 电机使能 ---*/
void Motor1_up_enable(void)
// 电机1正转使能
{
    HAL_GPIO_WritePin(Motor_INA_GPIOx,
Motor1_IN_GPIO, GPIO_PIN_RESET);
    HAL_GPIO_WritePin(Motor_INB_GPIOx,
Motor1_IN_GPIO, GPIO_PIN_SET);
}
void Motor1_lost_enable(void)
// 电机1反转使能
{
    HAL_GPIO_WritePin(Motor_INA_GPIOx,
```

```
Motor1_IN_GPIO, GPIO_PIN_SET);
  HAL_GPIO_WritePin(Motor_INB_GPIOx,
Motor1_IN_GPIO, GPIO_PIN_RESET);
}
  void Motor1_disable(void)
  // 电机 1 失能
{
  HAL_GPIO_WritePin(Motor_INA_GPIOx,
Motor1_IN_GPIO, GPIO_PIN_RESET);
  HAL_GPIO_WritePin(Motor_INB_GPIOx,
Motor1_IN_GPIO, GPIO_PIN_RESET);
}
```

2. PID算法

为了解决配送机器人行走偏移的问题，我们采用的是增量式 PID 算法，利用编码器实现配送机器人四轮的速度闭环。

我们选购的编码器为 AB 双向增量式霍尔编码器，其会将电机运转时的位移信息转变为一段连续的脉冲信号，利用脉冲信号个数可计算位移量。

在开始上手之前需要注意以下几点。

● 首先要把传感器搞定，确保单位时间内获取的编码器脉冲值是正确的。我们使用的编码器是霍尔编码器，即磁电转换的编码器，在组装前已经将编码器外壳拆卸掉了，因此需要确保编码器不会受到外界磁场的干扰。

● 切记给编码器供电的电源板要和单片机共地，我们因为没有和单片机共地导致信号不稳定，耗费了很长时间。

● 注意好 CubeMx 配置的倍频。

假如 50ms 获取一次编码器的当前总值，那么用当前编码器的值除以编码器单圈脉冲数，就能得到 50ms 内电机转的圈数。编码器单圈脉冲数的值 = 倍频数 × 电机线数 × 减速比。同样以第一个编码器为例，编码器值分析如程序 2 所示，（enc_1 / encoder_mc）计算了 50ms 内的圈数，乘以轮周长 girth 则得到 50ms 内的位移，再除以 50、乘以1000，则得到单位时间内的位移。

程序2

```
flfloat girth = 77*3.1415f;
// 轮周长（单位为 mm）
oat encoder_mc = 4*11*30;
// 编码器单圈脉冲数
void HAL_TIM_
PeriodElapsedCallback(TIM_
HandleTypeDef *htim)
// 定时器中断回调函数
{
  if (htim == &htim7) //50ms 调用一次
  {
    enc_1 = -(int32_t)__HAL_TIM_GET_
COUNTER(&htim3);// 获取编码器1值
(enc_1/50ms)__HAL_TIM_SetCounter
(&htim3, 0);//MCU 编码器接口置0
    Motor1_now_Speed = (((float)enc_1
/ encoder_mc)*girth/50)*1000;
    // 计算轮1当前速度（单位为 mm/s）
  }
}
```

增量式 PID 算法如程序 3 所示。

程序3

```
int threshold = 800; // 电机定时器的 ARR 设置
为1000,所以我们这里限幅在-800~800 内
Error = target_Speed - now_Speed;
// 用目标速度减去当前速度得到当前的误差值
P_Error = Error - Last_Error;
I_Error = Error;
D_Error = Error - 2*Last_Error +
Last_Last_Error;
add = KP * P_Error + KI * I_Error +
KD * D_Error;// PID算法公式
PWM += add; // 增加正数或负数的 PID 输出
Last_Last_Error = Last_Error;
// 上一个误差在下一次变为上上个误差
Last_Error = Error;
// 当前误差在下一次变为上一个误差
if(PWM > 800) PWM = 800; // 限幅
else if(PWM <-800) PWM = -800;// 限幅
```

如程序 3 所示，限幅为 800，那么为什么会有一个 -800 呢？其实这也是 PID 算法的特性之一，当判断为负值时反向旋转轮子，并把值置为正数，以电机 1 为例，如程序 4 所示。

程序4

```
if(motor1_pwm >= 0){Motor1_up_enable();}
// 判断 PWM 为正数，正转且可直接赋值
else if(motor1_pwm < 0){Motor1_lost_
enable();motor1_pwm = -motor1_pwm;}
// 判断 PWM 为负数，反转且将 PWM 正负翻转
Motor1_pwm_Set(motor1_pwm);
// 电机 1 赋值 PWM
```

3. 单轴陀螺仪

为了解决麦克纳姆轮悬空而引起的偏移问题，我们决定加上一个陀螺仪来矫正，选用了 HWT101CT 单轴陀螺仪解决了这一问题。首先这块陀螺仪可以满足单 Z 轴上的需求，其次它有一个较好的外壳，受磁场干扰后，只要离开磁场就能自动回到正常状态，不需要搬着整台车翻来覆去地矫正。从 0x52 开始，以 0 为初始值算起的 16 位和 17 位为角度输出的低 8 位和高 8 位。陀螺仪角度获取如程序 5 所示。

程序5

```
uint8_t value_IMU;// 串口输入值
uint8_t getBuffer[22];// 存放数据的数组
uint8_t Enter[] = "\r\n";
float IMU_DATA;// 角度值
uint8_t IMU_DATAL;// 数据位低 8 位
uint8_t IMU_DATAH;// 数据位高 8 位
volatile float IMU_Z = 0.00f;
volatile float IMU_init_data = 0.00f;
// 陀螺仪初始角度
volatile char first_flag = 0;
// 判断第一次录入陀螺仪角度
uint8_t countOfGetBuffer = 0;// 位数累计
char flag = 0;// 判断接收开始
char now_uart_flag = 0;// 当前输入值
char last_uart_flag = 0;// 上一个输入值
void USART3_IRQHandler(void)
{
  HAL_UART_IRQHandler(&huart3);
  last_uart_flag = now_uart_flag;
  // 上一次串口输入值
```

```
now_uart_flag = value_IMU;
// 当前串口输入值
if(last_uart_flag == 0x55 && now_
uart_flag == 0x52)
// 协议判断输入角度值
{
flag = 1;// 开启接收程序
}
if(flag == 1)
{
    getBuffer[countOfGetBuffer++] =
value_IMU;
    if(countOfGetBuffer == 18)// 位长
    {
        flag = 0;
        IMU_DATAL = getBuffer[16];
        IMU_DATAH = getBuffer[17];
        IMU_DATA = (((short)IMU_
DATAH<<8) | IMU_DATAL);// 高8位低8位
        IMU_Z = ((float)IMU_DATA/32768)*180-
180;// 把0°~360°范围改为-180°~180°
        if(first_flag == 0)
// 单片机复位第一次获取陀螺仪值设置为初始正向
        {
            IMU_init_data = IMU_Z;
            first_flag = 1;printf("Start:IMU_
init_data:%.2f\r\n", IMU_init_data);
        }
        memset(getBuffer, 0, countOfGet
Buffer);// 清空数组
        countOfGetBuffer = 0;// 位数清零
    }
}
    HAL_UART_Receive_IT(&huart3,
(uint8_t *)&value_IMU,1);
}
```

4. 语音模块

语音模块使用串口通信的方式控制，如程序6所示。

程序6

```
void speaker0(void)
{
    SYN_FrameInfo(1,(u8 *)"[v6][m6]
```

```
[t5]，高德地图持续为您导航 ");
    HAL_Delay(3000);
}
```

5. 舵机开关舱门

本辆配送机器人共搭载了3个舵机，一个用于控制摄像头，另外两个用于打开和关闭舱门。

首先要将定时器周期配置为20ms，一般以0.5~2.5ms高电平来控制舵机的角度，即PWM占空比为2.5%至12.5%。ARR值设置为1000，因此修改范围为25~125。

舵机PWM占空比设置程序如程序7所示。

程序7

```
/*--- 舵机 PWM 设置 ---*/
// PWM 占空比设置范围为 25 ~ 125
void Servo1_pwm_Set(int Servo1_n)
{
    HAL_TIM_PWM_Stop(&htim2, TIM_
CHANNEL_1);
    Servo_PWM_sConfigOC.Pulse = Servo1_n;
    HAL_TIM_PWM_ConfigChannel(&htim2,
&Servo_PWM_sConfigOC, TIM_CHANNEL_1);
    HAL_TIM_PWM_Start(&htim2, TIM_
CHANNEL_1);
}
```

Jetson Nano上位机程序和可视化界面设计

我们采用Jetson Nano作为上位机，主要功能有扫描二维码并处理二维码信息、判断机器人当前的状态、对下位机发送任务、视觉判定区块和红绿灯状态、人机交互界面等。

1. Jetson Nano端口配置

由于摄像头和STM32都接入Jetson Nano的USB端口，如果按照Jetson Nano系统默认的端口配对，当接入多个端口时，拔插一个端口后名字就会改变，需要一直改程序或者不拔插端口，非常麻

烦。为了防止端口号发生改变导致程序出现错误，我们决定给要用的端口配对好名称，对应摄像头ID配对好摄像头接口名称，只要除摄像头外的接口插在对应的端口上就可以防止以上问题的发生。具体如程序8所示。

程序8

```
udevadm info /dev/videoxx(/dev/
ttyUSBxx) # 查看当前端口所在接口的信息
cd /etc/udev/rules.d
sudo gedit serial.rules
ACTION=="add",KERNEL=="video*",ATTRS
{idVendor}=="0bc8", ATTRS{idProduct}
=="5880", MODE:="0777", SYMLINK+="
car_video"ACTION=="add", KERNELS=="
1-2.1.1:1.0", SUBSYSTEMS=="usb",
MODE:="0777",SYMLINK+="car_scanner"
ACTION=="add",KERNELS=="1-2.2:1.0",
SUBSYSTEMS=="usb",MODE:="0777",
SYMLINK+="car_mcu"ACTION=="add",
KERNELS=="1-2.4:1.0",SUBSYSTEMS=="us
b",MODE:="0777",SYMLINK+="car_gyro"
sudo /etc/init.d/udev restart
```

2.扫码模块

首先需要配置好扫码模块的功能，配置完成后，开始编写扫码模块调用的程序。

在运行主程序前先进入while判断扫码模块是否连接成功，如果连接成功则退出while循环，否则将不停地循环，直至确认连接成功为止。当终端打印出扫码模块连接失败、扫码模块未接入或扫码模块串口端口号错误时，试着拔插扫码模块，即可成功连接，程序退出while循环，正常运行。具体如程序9所示。

程序9

```
while True: # 判断串口是否正常连接，且防
止报错
    try:
        self.scanner_ser = serial.
Serial("/dev/car_scanner", 115200,
timeout=10)  # 定义串口对象
        if self.scanner_ser.isOpen():
# 判断串口是否成功打开
```

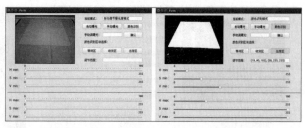

图8 上位机视觉调试界面演示效果

图7 上位机视觉调试界面

图9 上位机主界面

```
    print("扫码模块连接成功。")
    break
else:
    print("扫码模块连接失败。")
    except:
        print("扫码模块未接入或扫码模块串
口端口号错误。")
        pass
def scanner_run(self):# 扫码模式
    scanner_data = self.scanner_ser.
read(4)
    scanner_data = scanner_data.
splitlines()
    if scanner_data:
    scanner_data = scanner_data[0]
    return scanner_data
```

3. 可视化界面

上位机视觉调试界面如图7所示。右侧第2行有3个按钮，自动曝光是摄像头切换自动曝光模式，手动曝光是人为调节曝光度，颜色识别是识别色块或红绿灯的模式。

右侧第3行按钮可实现在手动曝光模式下修改曝光值，输入曝光值后按"确认"即可。

左侧"颜色"识别区块选择，是程序中默认保存的一些阈值，方便快速，切换到某个区域，再进行微调。

下面3个滑块用来调节HSV值，H范围为0~180，S范围为0~255，V范围为0~255。

上位机视觉调试界面演示效果如图8

所示，左边为摄像头拍摄的图像，右边为颜色识别后的图像。

上位机主界面如图9所示。界面左上角图像为小车的颜色识别图像，在其右侧为摄像头拍摄后，进行一定比例缩小的原图像。这两张图像伴随小车行进实时改变，小车在运行中方便确认程序是否存在错误，也可以方便程序调试。界面左下角为配送小车扫描到的二维码信息，将信息可视化便于调试。界面右下角为配送小车主程序运行时打印的信息，同样也便于调试和检测程序是否存在错误。

4. 区块颜色判断以及红绿灯识别

区块颜色判断函数如程序10所示。

程序10

```
def transform(self, image): # 颜色空
间转换函数
    # 颜色空间转换，image 为导入的 RGB 图像
    image_g = cv2.cvtColor(image, cv2.
```

```
COLOR_BGR2GRAY) # GRAY 图像
    image_hsv = cv2.cvtColor(image,
cv2.COLOR_BGR2HSV) # HSV 图像
    return image_g, image_hsv
def color(self, image_hsv, color_
mod): # 颜色识别函数
    if color_mod is 1:
    image_hsv = image_hsv[142:192, 0:255]
    image_color = cv2.inRange(image_
hsv, (109, 78, 77), (157, 180, 180))
    # HSV 图像二值化 (紫色)
    elif color_mod is 2:
    image_hsv = image_hsv[72:182 , 0:255]
        image_color =
cv2.inRange(image_
hsv, (60, 70, 95),
(96, 255, 255))
    # HSV 图像二值化 (绿色)
    elif color_mod is 3:
    if self.brown_
model is 1:
    if self.end_num
is 1:
    image_hsv =
image_hsv[122:192 ,
```

图10 红绿灯自动曝光效果

▌图12 智能物流配送机器人

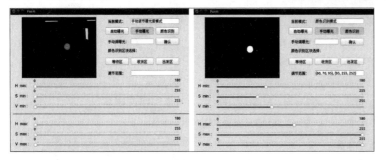

▌图11 手动调节红绿灯曝光度后的效果

```
155:255]
    elif self.end_num is 2:
    image_hsv = image_hsv[122:192, 0:100]
    else:
    pass
    image_color = cv2.inRange(image_
hsv, (0, 95, 36), (13, 255, 255))
    # HSV 图像二值化（棕色1）
    image_color = cv2.erode(image_
color, (3, 3), iterations=5)# 腐蚀
    image_color = cv2.dilate(image_
color, (3, 3), iterations=5)# 膨胀
    return image_colorp
```

一般环境下红绿灯自动曝光效果如图
10 所示，图中亮起的是红灯，由于外部
环境光线影响，效果不是很好，因此我们
决定降低一下曝光度试试效果。

首先需要安装 pexpect 库，自动调节
和手动调节方法如程序 11 所示。

程序11

```
pip3 install pexpect
# 自动调节
child = pexpect.spawn('v4l2-ctl -d /
dev/car_video  -c exposure_auto=3')
time.sleep(1)
# 手动调节
child = pexpect.spawn('v4l2-ctl -d /
dev/car_video  -c exposure_auto=1')
time.sleep(1)
child = pexpect.spawn('v4l2-ctl -d /
car_video  -c exposure_absolute=50')
time.sleep(1)
def video_modeltoled(self):
    self.video.release()
    child = pexpect.spawn('v4l2-ctl
/dev/car_video  -c exposure_auto=1')
    time.sleep(1)
    child = pexpect.spawn('v4l2-ctl
-d /dev/car_video  -c exposure_
absolute=1')
```

```
    time.sleep(1)
    while True:
    self.video = cv2.VideoCapture("/dev/
car_video") # 定义识别红绿灯摄像头对象
    if self.video.isOpened() is True:
    print('摄像头已打开。')
    break
    elif self.video.isOpened() is
False:
    print('未接入摄像头。')
```

手动调节红绿灯曝光度后的效果如图
11 所示，实验证明这种方法的识别效果很
不错，容错率很高。

结语

图 12 所示为最终的智能物流配送
机器人，通过 Jetson Nano 上位机与
STM32 主控芯片控制机器人通信，经过
陀螺仪和 PID 算法控制机器人稳定行进，
依靠摄像头准确定位，进行指定路线配送
与返程。经测试，目前机器人能够胜任对
货物的精准配送，完成自主配送、自动返
回，整个系统能够完成扫码进出货、交通
指示灯识别与判断、机器人自动配送并返
回的整体过程。以上为智能物流配送机器
人的创作思路、程序以及制作过程中遇到
的问题和解决方法。相信在不久的将来，
智能物流配送机器人能够为我们的生活
带来更多的便利！ Ⓧ

玉兔迎春
"Friend Tag"

▌ 常席正

　　2023 年岁逢癸卯年，生肖兔。兔子是全世界喜闻乐见的动物，中西方文化中都有兔子的身影。西方文化里面，兔子象征了春天的复苏和新生命的诞生。在东方文化里，咱们都知道，兔子跟月亮关系不一般，玉兔是月亮最早的"原住民"。传说有年京城闹瘟疫，嫦娥派了玉兔下凡，帮人治病，从而消灭了瘟疫。北京兔儿爷的形象就源自玉兔，代表消病、解灾、好运的美好寓意。

　　我想在兔年，给小朋友们做个与兔子相关的礼物，希望大家在兔年能平安顺遂。我的想法是做一个兔子形状的"Friend Tag"，当小朋友在附近的时候，利用"Friend Tag"就可以知道。5 个不同颜色的 LED 分别代表 5 个小朋友，哪个小朋友在附近，对应的 LED 就会亮起。另外加上一个 LED 阵列，可以在搜寻过程中和成功找到朋友的时候，进行不同的灯光提示。

　　我 的"Friend Tag"是 基 于 TI 的 CC2541 的蓝牙（BLE）方案实现的。CC2541 是一款针对低能耗以及 BLE 应用的片上系统 SoC，其将 RF 收发器和 8051 MCU、闪存、8KB RAM 和丰富的外设

组合在一起，非常适合我们的这次应用。CC2541 部分电路如图 1 所示，使用的是成熟的 2.4GHz 射频电路和 PCB 天线。

　　图 2 和图 3 所示分别是 PCB 设计的 3D 图片、PCB 和焊接完成的"Friend Tag"的正面和反面。

　　CC2541 的 BLE 协议栈是通过操作系统抽象层（OSAL）来统筹调度的。OSAL 支持多任务，而且一个任务内支持多个事件执行。在 OSAL 下，我们可以把

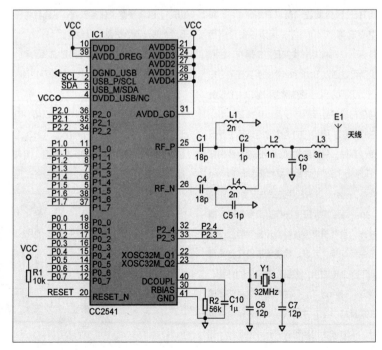

▌ **图1 CC2541 部分电路**

▊ 图2 "Friend Tag" 正面

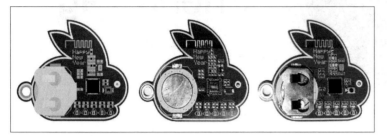

▊ 图3 "Friend Tag" 反面

对数据或者单片机的操作转化成各种任务、各种事件，真正做到有条不紊。我们需要将各种任务添加进任务列表，OSAL 会在合适的时机执行对应任务。不过，这对我们的应用规划和流程处理是个很大的挑战。

进行应用规划时，我曾遇到一个难点，就是 BLE 区分周边设备（Peripheral）和中心设备（Central），周边设备可以通过 Advertiser 相关类实现广播操作，中心设备可以通过 Scanner 相关类实现蓝牙扫描；正常的 BLE 通信需要设备以中心设备角色扫描并连接周边设备，连接之后可以进行通信。但我们的这个应用无须进行连接、通信，只需要实现蓝牙扫描，并根据 "Friend Tag" 的广播报文判断哪个 "Friend Tag" 在附近。这种应用方式决定了 "Friend Tag" 既要实现扫描操作，又要实现广播操作，也就是需要在中心设备和周边设备角色间切换。所以，我重新梳理任务流程如下：上电之后，根据上拉电阻的选择，判断 "Friend Tag" 的归属，这主要体现在广播报文上，并默认以周边设备角色运行，这时候会对其他的 "Friend Tag" 扫描进行广播应答；如果按钮被按下，切换

到中心设备角色并在切换成功之后自动触发扫描动作；根据扫描结果，点亮扫描到的 "Friend Tag" 对应的 LED；扫描完毕之后，切换回周边设备角色，从而又可以被其他的 "Friend Tag" 扫描到；为了省电，工作 5min 之后，将关闭所有的 LED。这就是整个任务流程。下面我将分5 个处理步骤，分别加以说明。

> 步骤 1：根据上拉电阻的选择，判断 "Friend Tag" 的归属，并默认以周边设备角色运行。

首先，需要判断当前标签的归属。电路设计上 5 个 I/O 接口分别接了 10kΩ 上拉电阻，默认只焊接其中一个电阻，用来指示 "Friend Tag" 是哪位小朋友的。另

外，这 5 个 I/O 接口分别接了 "青、橙、紫、粉、黄" 不同颜色的 LED，用来指示哪位小朋友在附近，电路设计如图 4 所示。

然后，将 P2.0、P2.1、P2.2、P2.3、P2.4 这几个引脚初始化为输入模式，并设置内部下拉模式，其中 BV() 函数代表将选定的某位拉高，如程序 1 所示。

程序1

```
#define KEY_RACHEL P2_4
#define KEY_MATTHEW P2_3
#define KEY_DOUBLE P2_2
#define KEY_HANA P2_0
#define KEY_EMMA P2_1
/*
  名称：happy_new_year_initkey()
  功能：设置按键相应的 I/O 接口
*/
void happy_new_year_initkey(void)
{
    // 设置 P2.0/P2.1/P2.2/P2.3/P2.4 为普通 I/O 接口
    P2SEL &= ~(BV(0)|BV(1)|BV(2)|BV(3)|BV(4));
    // 设置 P2.0/P2.1/P2.2/P2.3/P2.4 为输入模式
    P2DIR &= ~(BV(0)|BV(1)|BV(2)|BV(3)|BV(4));
    // 设置 P2.0/P2.1/P2.2/P2.3/P2.4 为下拉模式
    P2INP &= ~(BV(0)|BV(1)|BV(2)|BV(3)|BV(4));
    P2INP |= BV(7);
}
```

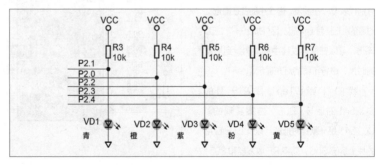

▊ 图4 5 个不同颜色的发光 LED 电路

根据硬件上拉电阻的选择，确定当前标签的 friend_num，如程序2所示。

程序2

```
if (KEY_RACHEL)
{
    friend_num |= BV(0);
} else if (KEY_MATTHEW)
{
    friend_num |= BV(1);
} else if (KEY_DOUBLE)
{
    friend_num |= BV(2);
} else if (KEY_HANA)
{
    friend_num |= BV(3);
} else if (KEY_EMMA)
{
    friend_num |= BV(4);
}
```

重新将 P2.0、P2.1、P2.2、P2.3、P2.4 引脚初始化为输出模式，并点亮 friend_num 对应的 LED，表示这个"Friend Tag"的归属，顺便将 LED 点阵所需 I/O 接口也一并初始化，本次用的是一个 3×8 的 LED 点阵，共需要 11 个 I/O 接口，LED 阵列如图5所示。

初始化如程序3所示。

程序3

```
/*
名称：happy_new_year_initled()
功能：设置 LED 相应的 I/O 接口
*/
void happy_new_year_initled(void)
{
    P2INP = 0x00;
    //P2.0/P2.1/P2.2/P2.3/P2.4 定义为输出口
    P2DIR |=BV(0)|BV(1)|BV(2)|BV(3)
|BV(4);
    //P2.0/P2.1/P2.2/P2.3/P2.4 定义为一般 GPIO
    P2SEL &= ~( BV(0)|BV(1)|BV(2)|BV(3)
```

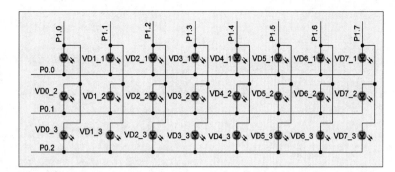

图5 LED 阵列

```
|BV(4));
    P2INP &= ~(BV(0)|BV(1)|BV(2)|BV(3)
|BV(4));
    //P1.0/P1.1/P1.2 定义为输出接口
    P0DIR |=BV(0)|BV(1)|BV(2)|BV(3)
|BV(4)|BV(5);
    //P1.0/P1.1/P1.2 定义为一般 GPIO
    P0SEL &= ~(
BV(0)|BV(1)|BV(2)|BV(3)
|BV(4)|BV(5));
    //P1.0/P1.1/P1.2/P1.3/P1.4/P1.5
/P1.6/P1.7 定义为输出口
    P1SEL &= ~( BV(0)|BV(1)|BV(2)
|BV(3)|BV(4)|BV(5)|BV(6)| BV(7));
}
#define LED_RACHEL P2_4
#define LED_MATTHEW P2_3
#define LED_DOUBLE P2_2
#define LED_HANA P2_0
#define LED_EMMA P2_1
/*
名称：happy_new_year_update_led()
功能：设置对应的 LED
*/
void happy_new_year_update_led(void)
{
    LED_RACHEL= 0;
    LED_MATTHEW= 0;
    LED_DOUBLE= 0;
    LED_HANA= 0;
    LED_EMMA= 0;
    if ((friend_num>>4)&0x01) {
```

```
        LED_RACHEL =1;
    }
    if ((friend_num>>3)&0x01) {
        LED_MATTHEW =1;
    }
    if ((friend_num>>2)&0x01) {
        LED_DOUBLE =1;
    }
    if ((friend_num>>1)&0x01) {
        LED_HANA =1;
    }
    if ((friend_num>>0)&0x01) {
        LED_EMMA =1;
    }
}
```

I/O 接口初始化完毕后，我们需要将 BLE 协议栈首先初始化为周边设备角色，并根据 friend_num 确定这个"Friend Tag"的广播消息内容 scanRspData，如程序4所示。

程序4

```
scanRspData[1] = 0x09;//0x09 代表后面的是设备名
scanRspData[2]='H';
scanRspData[3]='a';
scanRspData[4]='p';
scanRspData[5]='p';
scanRspData[6]='y';
scanRspData[7]='N';
scanRspData[8]='e';
scanRspData[9]='w';
scanRspData[10]='Y';
```

```
scanRspData[11]='e';
scanRspData[12]='a';
scanRspData[13]='r';
if ((friend_num>>4)&0x01)
{
    my_name_len = 18;
    scanRspData[0] = my_name_len+1;
    scanRspData[14] = 'R';
    scanRspData[15] = 'a';
    scanRspData[16] = 'c';
    scanRspData[17] = 'h';
    scanRspData[18] = 'e';
    scanRspData[19] = 'l';
}
else if ((friend_num>>3)&0x01)
{
    my_name_len = 19;
    scanRspData[0] = my_name_len+1;
    scanRspData[14] = 'M';
    scanRspData[15] = 'a';
    scanRspData[16] = 't';
    scanRspData[17] = 't';
    scanRspData[18] = 'h';
    scanRspData[19] = 'e';
    scanRspData[20] = 'w';
}
else if ((friend_num>>2)&0x01)
{
    my_name_len = 18;
    scanRspData[0] = my_name_len+1;
    scanRspData[14] = 'D';
    scanRspData[15] = 'o';
    scanRspData[16] = 'u';
    scanRspData[17] = 'b';
    scanRspData[18] = 'l';
    scanRspData[19] = 'e';
}
else if ((friend_num>>1)&0x01)
{
    my_name_len = 16;
    scanRspData[0] = my_name_len+1;
    scanRspData[14] = 'H';
    scanRspData[15] = 'a';
```

```
    scanRspData[16] = 'n';
    scanRspData[17] = 'a';
}
else if ((friend_num>>0)&0x01)
{
    my_name_len = 16;
    scanRspData[0] = my_name_len+1;
    scanRspData[14] = 'E';
    scanRspData[15] = 'm';
    scanRspData[16] = 'm';
    scanRspData[17] = 'a';
}
scanRspData[my_name_len+2]=0x02;
scanRspData[my_name_len+3]=0x0a;
scanRspData[my_name_len+4]=0;
```

程序 4 中根据电阻的选择，可以将 5 个"Friend Tag"的广播消息中的设备名分别命名为：

"HappyNewYearMatthew"；

"HappyNewYearDouble"；

"HappyNewYearHana"；

"HappyNewYearEmma"；

"HappyNewYearRachel"。

这时候就应该能用计算机的蓝牙扫描到这个设备了，全部"Friend Tag"在计算机的添加蓝牙设备界面中会显示，如图 6 所示。

> 步骤 2：如果按钮被按下，切换到中心设备角色并在切换成功之后自动触发扫描动作。

如前面介绍的，设备默认为周边设备角色，这个角色只能广播，不能发起扫描，所以，在按键被按下后，设备需要切换为中心设备角色，如程序 5 会在按键被按下之后关闭广播，并通过 osal_set_event(masterSlaveSwitch_TaskID, MSS_CHANGE_ROLE_EVT)；添加一个 MSS_CHANGE_ROLE_EVT 任务。

程序5

```
static void masterSlaveSwitch_
HandleKeys(uint8 shift, uint8 keys)
```

图6 计算机扫描到的蓝牙设备列表

```
{
    (void)shift;
    if ( keys & HAL_KEY ) { // 按键处理流程
        asm("nop");
        if (key_busy ==0) {
            key_busy = 1;
            if ((friend_num>>4)&0x01) {
                LED_RACHEL =1;
            }
            if ((friend_num>>3)&0x01) {
                LED_MATHEW =1;
            }
            if ((friend_num>>2)&0x01) {
                LED_DOUBLE =1;
            }
            if ((friend_num>>1)&0x01) {
                LED_HANA =1;
            }
            if (friend_num&0x01) {
                LED_EMMA =1;
            }
            if   (deviceRole == ROLE_
PERIPHERAL) {
                deviceRole = ROLE_CENTRAL;
                uint8 adv_enabled_status = FALSE;
                // 判断是否正在广播
                if (gapPeripheralState ==
GAPROLE_ADVERTISING ) {
                    GAPRole_SetParameter
```

```
(GAPROLE_ADVERT_ENABLED,
sizeof( uint8 ),&adv_enabled_status );
                // 停止广播
        }
        else {// 切换为中心设备角色的回调
函数
        osal_set_event
        (masterSlaveSwitch_TaskID,
        MSS_CHANGE_ROLE_EVT);
        }
      }
    }
  }
}
```

MSS_CHANGE_ROLE_EVT 任 务 会 在 MasterSlaveSwitch_ProcessEvent() 函数中处理，如程序 6 所示，在 GAPCentralRole_StartDevice() 中会将设备切换为中心设备，并在切换成功之后，自动添加一个 GAPCentralRole_StartDiscovery() 任务，执行扫描过程。

程序6

```
if (events & MSS_CHANGE_ROLE_EVT)
// 切换为中心设备的过程
{
  if (deviceRole == ROLE_CENTRAL)
// 切换到中心设备模式
    {
        VOID GAPCentralRole_
StartDevice( (gapCentralRoleCB_t *)
&simpleBLERoleCB );
    if ( !simpleBLEScanning ) // 执行
扫描过程
      {
        simpleBLEScanning = TRUE;
        simpleBLEScanRes = 0;
        /* 执行扫描之前，LED 阵列灯光
效果插入位置 */
        GAPCentralRole_
StartDiscovery(DEFAULT_DISCOVERY_
MODE,
```

```
DEFAULT_DISCOVERY_ACTIVE_SCAN,
        DEFAULT_DISCOVERY_WHITE_LIST
);
      } else {
        GAPCentralRole_
CancelDiscovery();
      }
    }
    return ( events ^ MSS_CHANGE_
ROLE_EVT );
}
```

步骤 3：根据扫描结果，点亮搜索到的"Friend Tag"对应的 LED。

步骤 2 执行了扫描过程，当接收到附近的"Friend Tag"的广播消息后，我们需要根据广播消息，点亮这个"Friend Tag"所对应的 LED。根据步骤 1 中 scanRspData 的生成步骤，设备名分为"HappyNewYear"的前缀和后面的人名；我们只需要判断人名部分就可以区分不同的"Friend Tag"，simpleBLEFindSvcUuid() 函数负责处理这个过程，如程序 7 所示。

程序7

```
static bool simpleBLEFindSvcUuid(
uint16 uuid, uint8 *pData, uint8
 dataLen )
{
  uint8 adLen;
  uint8 adType;
```

```
  uint8 *pEnd;
  pEnd = pData + dataLen - 1;
  // 判断广播报文的尾部
  while (pData < pEnd) {
    // 获得广播报文长度
    adLen = *pData++;
    if ( adLen > 0 ) {
    adType = *pData;
    if (adType == GAP_ADTYPE_LOCAL_
NAME_COMPLETE) {
    // 根据返回的广播报文判断
    adLen--;
    uint8 point = 0;
    char temp_1[32] = {0};
    point = memchr(pData + 13,
0x02, 8);
    memcpy(temp_1, pData + 13,
adLen-12);
    if (!strcmp(temp_1,"Rachel"))
    {
        LED_RACHEL =1;
    }
    if (!strcmp(temp_1,"Matthew"))
    {
        LED_MATHEW =1;
    }
    if (!strcmp(temp_1,"Double"))
    {
        LED_DOUBLE  ;
    if (!strcmp(temp_1,"Hana")) {
        LED_HANA =1;
```

▌图7 搜索到的其他的"Friend Tag"

```
      }
      if (!strcmp(temp_1,"Emma")) {
         LED_EMMA =1;
      }
   } else {
      // 进行下一个
      pData += adLen;
   }
}
// 没有匹配结果返回 FALSE
return FALSE;
}
```

如图 7 所示，当 Double 小朋友搜索到 Hana 小朋友的"Friend Tag"时，对应 Double 和 Hana 的 LED 便会亮起，反之亦然。

> 步骤 4：将设备切换回周边设备角色，从而又可以被其他的"Friend Tag"扫描到。

扫描结束后，simpleBLECentral_EventCB() 回调函数会处理 GAP_DEVICE_DISCOVERY_EVENT 事件，我们在这个事件处理过程中增加了切换回周边设备角色的程序，如程序 8 所示。

程序8

```
case GAP_DEVICE_DISCOVERY_EVENT:
{
   // 扫描完毕之后
   simpleBLEScanning = FALSE;
   // 如果通过 UUID 扫描没有找到结果
   if ( DEFAULT_DEV_DISC_BY_SVC_
UUID == FALSE ) {
      // 复制结果
      simpleBLEScanRes = pEvent-
>discCmpl.numDevs;
      osal_memcpy( simpleBLEDevList,
pEvent->discCmpl.pDevList,
      (sizeof( gapDevRec_t ) *
pEvent->discCmpl.numDevs) );
   }
   if ( simpleBLEScanRes > 0 ) {
```

▌图 8 3 种 LED 阵列灯光效果

```
          /* 如果扫描到其他的"Friend
tag"，LED 阵列灯光效果插入位置 */
      }
```

```
      // 添加一个切换到周边设备模式的任务
      deviceRole = ROLE_PERIPHERAL;
      if (gapCentralState == GAPROLE_
```

```
CENTRAL_INIT_DONE ||
    gapCentralState == GAPROLE_
CENTRAL_DISCONNECTED ) {
    osal_set_event(masterSlaveSwitch_
TaskID, MSS_CHANGE_ROLE_EVT);
    }
}
break;
```

与步骤2类似，MSS_CHANGE_ROLE_EVT任务会在MasterSlaveSwitch_ProcessEvent()函数中处理，但不同的是，需要调用GAPRole_StartDevice()函数将设备切换为周边设备，如程序9所示。

程序9

```
if (events & MSS_CHANGE_ROLE_EVT)
// 切换过程
{
    if (deviceRole == ROLE_PERIPHERAL)
{ // 切换到周边设备角色
    VOID GAPRole_StartDevice(
&masterSlaveSwitch_PeripheralCBs );
    }
}
```

GAPCentralRole_StartDevice()和GAPRole_StartDevice()分别是中心设备角色和周边设备角色的初始化函数。

步骤5：为了省电，工作5min之后，将关闭所有的LED。

"Friend Tag"采用的是CR2330电池供电，为了节能，可以在OSAL初始化时选择电池供电，osal_pwrmgr_device(PWRMGR_BATTERY)；OSAL内置的电源管理程序会在周期性调用程序时，每次休眠100ms，达到节能的目的；而且，为了随时能被扫描到，只能采取PM2的节能模式；为了延长使用时间，我在osal_pwrmgr_powerconserve()执行过程中添加了一个计数，累计到3000次，大概就是5min之后，将关闭所有的LED，但是按键被按下的时候会清零并重新计数。具体如程序10所示。

程序10

```
void osal_pwrmgr_powerconserve(void)
{
    uint32 next;
    halIntState_t intState;
    // 判断是否需要节能模式
    if (pwrmgr_attribute.pwrmgr_
device != PWRMGR_ALWAYS_ON) {
    if (pwrmgr_attribute.pwrmgr_
task_state == 0) {
        // 挂起所有中断
        HAL_ENTER_CRITICAL_SECTION(
intState );
        // 获得下次超时时间
        next = osal_next_timeout();
        // 重新打开中断
        HAL_EXIT_CRITICAL_SECTION(
intState);
        // 设置处理器进入休眠模式
        OSAL_SET_CPU_INTO_SLEEP( next);
        sleep_cnt ++;
        if (sleep_cnt_clr_flg) {
        sleep_cnt = 0;
        sleep_cnt_clr_flg = 0;
        }
        if (sleep_cnt == 3000) {
            LED_RACHEL =0;
            LED_MATHEW =0;
```

```
            LED_DOUBLE =0;
            LED_EMMA =0;
            LED_HANA =0;
            sleep_cnt = 0;
        }
    }
}
}
```

关于LED阵列，我设置的是在扫描前和扫描完成之后，都会出现灯光提示，3种灯光效果有如图8所示。

可以在需要提示的位置随机选择灯光效果。至此，所有的开发都已经完成了。兔子尾巴加上钥匙环作为装饰也很喜庆，如图9所示。

这个项目虽然总体上满足了设计要求，但是也存在几点不足。

● 使用的CR2330电池电量有限，使用时间受限，节能模式应该处理得更好一些。

● BLE的通信距离还是有点近，可以试试和CC2541相同封装的Zigbee芯片CC2530，Zigbee有千米级别的传输距离，应该会好很多。

这份礼物，小朋友们收到之后表示非常喜欢。在兔年，愿所有的小朋友能大展鸿"兔"，"兔"气扬眉。⊗

▌**图9　背包装饰**

拟辉光管时钟

▌肖锦涛

60多年过去了，尽管辉光管已经停产，但有很多工程师仍然对它情有独钟。我用8块液晶显示屏制作了一个拟辉光管时钟，感受复古元素的美感，表达对过去经典的敬意。

项目起源

看过《命运石之门》的朋友应该知道里面有一个"时间线变动仪"，就是用辉光管呈现数字，网上很多电子爱好者也成功用辉光管进行了复刻，效果拔群。对于刚接触电子行业的我来说有点复杂，而且辉光管早已停产，后来我在各个平台寻觅，终于看到了一个用液晶屏显示辉光管图片的方式做的拟辉光管时钟，相比于传统的辉光管，液晶显示屏工作电压低、寿命长、可呈现多种色彩，还可以显示图片，可玩性比较高。在实现时间显示功能的同时，我还给时钟增加了一个AHT10温/湿度模块和一个0.96英寸的OLED显示屏，用于显示室内温/湿度。

材料介绍

主控芯片

本项目主控芯片采用ESP32-WROOM-32D模块（见图1），具有可扩展、自适应的特点。时钟频率的调节范围为80~240MHz，只需极少的外围元器件，即可实现强大的处理性能、可靠的安全性能、Wi-Fi和蓝牙功能。

液晶显示模块

显示屏使用1.14英寸LCD液晶显示模块（见图2），分辨率为135像素

▌图1 ESP32-WROOM-32D模块

▌图3 AHT10温/湿度模块

▌图2 1.14英寸液晶显示模块

×240像素，驱动芯片型号为ST7789，通信方式为4线SPI，接口方式为焊接式，0.7mm的接口间距对焊接比较友好。

AHT10温/湿度模块

温/湿度模块型号为AHT10（见图3），该模块配有一个ASIC专用芯片、一个经过改进的MEMS半导体电容式湿度传感元器件和一个标准的片上温度传感元器件，响应

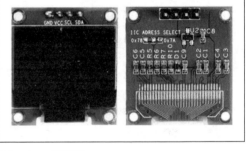

▌图4 OLED显示模块

迅速、抗干扰能力强、性价比高、稳定性好，广泛应用于空调、除湿器及其他相关温/湿度检测控制设备中。

OLED显示模块

OLED显示模块为0.96英寸（见图4），像素为白色的，分辨率为128像素×64像素，接口为I²C。OLED显示屏可视角度大、功耗低、不需背光源、对比度高、厚度薄、反应速度快、可用于挠曲面板、使用温度范围广、结构及制程简单等优异特性，操作方便，功能丰富，可显示汉字、ASCII码、图案等信息。

电路设计

主控部分

　　ESP32-WROOM-32D 模块提供了丰富的 GPIO 接口，温 / 湿度模块的 I²C 接口和 OLED 显示模块以及时间芯片的 I²C 接口复用，减少 I/O 接口的占用，主控电路里使用了一路 ADC 采集，读取环境光亮度采集电路的电压变化来控制显示屏背光，使用了 8 个引脚（CS1~CS8）分别连接 8 块液晶显示屏的引脚，通过电平变化实现对 8 个显示屏的控制，使用一个按键引脚（key1）用于液晶显示屏显示内容的切换，主控电路如图 5 所示。

下载电路

　　本项目使用 CH340C 芯片，该芯片内置晶体振荡器，可以省去晶体振荡器电路，价格便宜，电路简单，配合三极管可实现自动下载功能，下载电路如图 6 所示。

供电及稳压电路

　　供电电路使用了 3 个 Micro USB 接口，方便后期从时钟的左、右、后 3 个方向给时钟供电，使用一个 MSK-12D19 拨动开关实现对电源的通断。

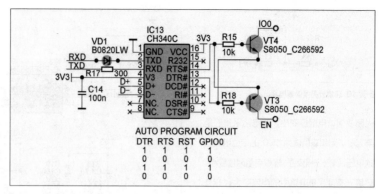

图 6 下载电路

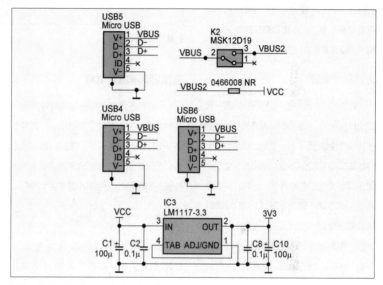

图 7 供电及稳压电路

　　稳压电路使用 LM1117-3.3 芯片，该芯片是一种常见的稳压芯片，价格便宜，电路简单，供电及稳压电路如图 7 所示。

AHT10温/湿度模块电路

　　AHT10 温 / 湿度模块使用 I²C 总线，模块集成度高，仅有 4 个接口，AHT10 温 / 湿度模块电路如图 8 所示。

OLED显示模块电路

　　OLED 显示模块同样使用 I²C 总线，仅有 4 个接口，OLED 显示模块电路如图 9 所示。

环境光亮度采集电路

　　光敏电阻在不同光强度下电阻值不同，

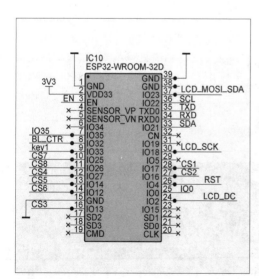

图 5 主控电路

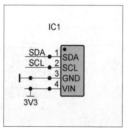

图 8 AHT10 温 / 湿度模块电路

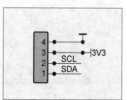

图 9 OLED 显示模块电路

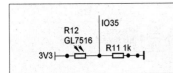

▌图10 环境光亮度采集电路

光照变强，电阻值变小，该电路采集的是与光敏电阻串联阻值为1kΩ的定值电阻两端电压，因为光照变强，光敏电阻阻值变小，环境光亮度采集电路中的电流变大，1kΩ定值电阻两端电压会变大，这样ESP32-WROOM-32D模块采集到的电压与光照强度呈现正相关，方便后期程序调试，环境光亮度采集电路如图10所示。

时钟芯片电路

时钟芯片使用的是PCF8563，是一款工业级内含 I²C 总线接口、具有极低功耗的多功能时钟和日历芯片，性价比很高。电路中增加了 CR1220 电池座，主电源掉电后，可采用备用纽扣电池供电，这里时钟芯片精度不做要求，因为 ESP32-WROOM-32D 模块有 Wi-Fi 功能，在有网络的条件下，程序中可实现启动时获取网络时间完成本地对时，时钟芯片电路如图11所示。

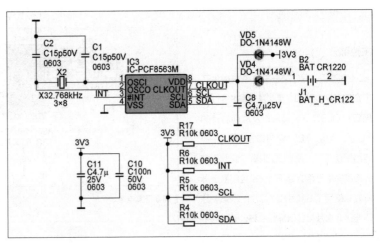

▌图11 时钟芯片电路

液晶显示屏驱动电路

液晶显示屏驱动电路采用开源平台的成熟方案，将需要的引脚引出后，连接到8Pin的NDK/TAT总线插槽里，画成PCB后，显示屏可以像游戏卡带那样直立插到主控板上，液晶显示屏驱动电路如图12所示。

PCB设计

我在设计PCB之前综合考虑了8块液晶显示屏横向排开的间距以及

时钟整体稳定性，将 PCB 大小定为200mm×50mm。将大部分贴片元器件分别布置在 PCB 底层，让顶层保持一定的美观，PCB 面积比较大，留给元器件空间也足够，焊接难度降低。

主控 PCB 整体布局如图13所示，主控 PCB 整体效果如图14所示，在 ESP32-WROOM-32D 模块天线下方区域不覆铜（见图15），防止 PCB 铜箔层对信号产生干扰。为了防止 ESP32-WROOM-32D 模块以及稳压电路工作时产生的热量对 AHT10 温/湿度模块检测室温干扰，将 AHT10 温/湿度模块放置在远离主控芯片和稳压电路的位置（见图16）。

液晶显示屏驱动 PCB 整体布局如图17所示，液晶显示屏驱动 PCB 效果如图18所示，PCB 下方的顶层和底层分别留出4个焊盘（见图19），焊盘通过8Pin的NDK/TAT总线插槽和主控 PCB 连接。

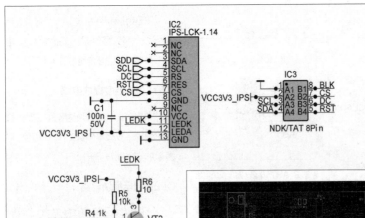

▌图12 液晶显示屏驱动电路

▌图13 主控PCB整体布局

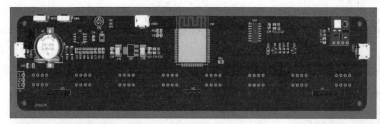

▎图14 主控 PCB 整体效果

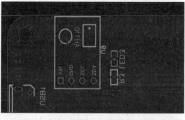

▎图16 AHT10温/湿度模块远离主控芯片和稳压电路

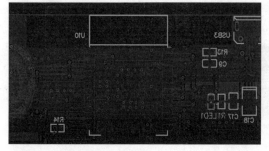

▎图15 ESP32 模块天线下方不覆铜

程序设计

编程环境

我使用 Arduino IDE 1.8.16 版本，软件中的开发板管理器中的 ESP32 开发板版本为 1.0.6（见图 20）。

程序编写

1. 导入库

Arduino 自带很多库文件，可以直接在"库管理器"中安装使用，这个项目用到了支持时钟芯片、支持温/湿度模块、实现 ESP32 模块的 Wi-Fi 功能和断电记忆功能、驱动液晶显示屏显示和驱动 OLED 显示模块显示的相关库文件。

2. 配网功能

这里采用的是乐鑫提供的 SmartConfig 方案，配合手机端 App、EspTouch 使用，当前设备在没有和其他设备建立任何实际性通信连接的状态下，可以一键配置该设备接入 Wi-Fi，如程序1所示。

程序1

```
WiFi.mode(WIFI_STA);
Serial.println("\r\nWait for
Smartconfig...");
```

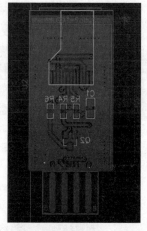

▎图17 液晶显示屏驱动 PCB 整体布局

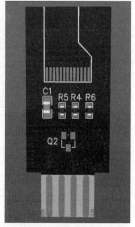

▎图18 液晶显示屏驱动 PCB 效果

▎图19 液晶显示屏驱动 PCB 下方焊盘

```
WiFi.beginSmartConfig();
if (WiFi.smartConfigDone()) {
  Serial.println("SmartConfig
Success");
}
```

3. 获取时间和温度

参考 I2C_BM8563.h 库文件的示例程序，获取时间芯片里的时间和日期，将时、分、秒分别赋值给变量，如程序 2 所示。

程序2

```
I2C_BM8563 rtc(I2C_BM8563_DEFAULT_
ADDRESS, Wire);
I2C_BM8563_DateTypeDef dateStruct;
I2C_BM8563_TimeTypeDef timeStruct;
// 获取时间
```

▎图20 Arduino IDE 版本以及 ESP32 开发板版本

```
rtc.getDate(&dateStruct);
rtc.getTime(&timeStruct);
hours1 = timeStruct.hours;  // 小时
minu1 = timeStruct.minutes;  // 分钟
sece1 = timeStruct.seconds;  // 秒
```

将时、分、秒变量的十位数和个位数分别取出赋值给新的变量，用来对应显示代表数字的图片，如程序 3 所示。

程序3

```
if (hours1<10){
  hours1_1 = 0;
  hours1_2 = hours1 ;
}
```

```
if (hours1>=10){
    hours1_1 = hours1/10%10;
    hours1_2 = hours1/1%10 ;
}
```

参考"Adafruit_AHT10.h"库文件的示例程序,获取温/湿度模块的温度和湿度,将温度和湿度分别赋值给变量,如程序4所示。

程序4

```
Adafruit_AHT10 aht;
Adafruit_Sensor *aht_humidity, *aht_
temp;
sensors_event_t humidity;
sensors_event_t temp;
aht_humidity->getEvent(&humidity);
aht_temp->getEvent(&temp);
wendu = temp.temperature;
shidu = humidity.relative_humidity;
```

4. 将温/湿度数值显示到OLED显示屏

使用"U8g2lib.h"库,设置 OLED 显示模块的驱动类型和硬件连接方式,将从温/湿度模块获取的温度和湿度显示到 OLED 显示屏上,这里以显示温度内容为例,如程序5所示。

程序5

```
U8G2_SSD1306_128X64_NONAME_F_HW_I2C
u8g2(U8G2_R0, /* reset=*/ U8X8_PIN_
NONE);
u8g2.clearBuffer();//清除显示缓存
u8g2.setFontDirection(0); //设置显示
内容旋转
u8g2.setFont(u8g2_font_inr16_mr);
//设置字体
u8g2.drawXBMP(xT1+4,
yT1+1,12,20,wenduji ); //绘制温度计图
标(横坐标、纵坐标、温度图片宽度、温度图
片高度、温度图片名称)
u8g2.setCursor(xT1+16, yT1+16);
//设置冒号坐标
u8g2.print(":");
u8g2.setCursor(xT1+29, yT1+19);
//设置温度数字坐标
```

```
u8g2.print(t);    // 显示温度数值
u8g2.drawCircle(xT1+105,yT1+5,2,
U8G2_DRAW_ALL); // 画圆
u8g2.setCursor(xT1+108, yT1+19);
u8g2.print("C");
u8g2.sendBuffer();//将内容显示到 OLED 显
示屏上
```

5. 将辉光管字体显示到液晶显示屏上

准备好代表0~9的10张辉光管字体图片,通过画图软件将其调整为宽135像素,高240像素,如图21所示。

调整好辉光管字体图片大小后,把数字是 0 的图片通过"jpg 转 Hex"软件转码后创建扩展名是 .h 的文件,命名为a0.h,剩下的图片也按照这种方法处理。

使用 TFT_eSPI.h 库驱动液晶显示屏显示内容,在 setup() 函数中将液晶显示屏与ESP32-WROOM-32D模块连接的CS1~CS8这8个引脚定义为"OUTPUT",以液晶显示屏显示小时的第 2 位数字为例,先把第 2 块液晶显示屏CS引脚拉低让显示屏使能,剩下液晶显示屏CS引脚拉高,通过switch()函数把小时的第二位数字对应的图片显示到第 2 块液晶显示屏上,如程序6所示。剩下各个位置数字用相同办法下拉对应液晶显示屏

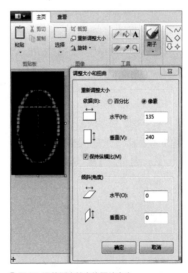

■ 图 21 调整辉光管字体图片大小

的 CS 引脚,将与数字对应的辉光管字体图片显示到对应的液晶显示屏上,程序通过获取时间判断该位置数字是否发生变化,如果改变则会触发 if 语句刷新该位置显示屏内容。

程序6

```
if (hours1_2b != hours1_2a){
// 判断小时第 2 位数字是否变化
    digitalWrite(cs1,HIGH);
    digitalWrite(cs2,LOW);
    digitalWrite(cs3,HIGH);
    digitalWrite(cs4,HIGH);
    digitalWrite(cs5,HIGH);
    digitalWrite(cs6,HIGH);
    digitalWrite(cs7,HIGH);
    digitalWrite(cs8,HIGH);
    hours1_2b = hours1_2a;  // 将小时第 2
位数字赋值给变量作为刷新显示屏的依据
    switch(hours1_2)
    {
    case 0:
TJpgDec.
drawJpg(HGx,HGy,a0, sizeof(a0));
    break;
    case 1: TJpgDec.
drawJpg(HGx,HGy,a1, sizeof(a1));
    break;
    case 2: TJpgDec.
drawJpg(HGx,HGy,a2, sizeof(a2));
    break;
    case 3: TJpgDec.
drawJpg(HGx,HGy,a3, sizeof(a3));
    break;
    case 4: TJpgDec.
drawJpg(HGx,HGy,a4, sizeof(a4));
break;
    case 5: TJpgDec.
drawJpg(HGx,HGy,a5, sizeof(a5));
    break;
    case 6: TJpgDec.
drawJpg(HGx,HGy,a6, sizeof(a6));
    break;
    case 7: TJpgDec.
drawJpg(HGx,HGy,a7, sizeof(a7));
```

图 22 液晶显示屏

图 23 拟辉光管时钟

```
    break;
    case 8: TJpgDec.
drawJpg(HGx,HGy,a8, sizeof(a8));
    break;
    case 9: TJpgDec.
drawJpg(HGx,HGy,a9, sizeof(a9));
    break;
    default: Serial.println(" 显示
Anim错误 ");
    break;
  }
}
```

6. 液晶显示屏背光亮度调节

ESP32 模块从环境光亮度采集电路获取电压值，计算 10 次的平均数，然后将此数值转化为 0~255 范围的液晶显示屏背光亮度，如程序 7 所示。

程序7

```
const int numReadings = 10;
int readings[numReadings]; // 定义从
引脚读取数值的变量
int readIndex = 0;
int total = 0;
int average = 0;
int inputPin = 35; // 读取 35 引脚的数值
total = total - readings[readIndex];
// 减去最后的读数
readings[readIndex] =
analogRead(inputPin);// 从传感器读取
电压值
total = total + readings[readIndex];
```

```
// 将读数加到总数中
readIndex = readIndex + 1;// 前进到阵
列中的下一个位置
if (readIndex >= numReadings) {
// 判断是否在阵列的末端
  readIndex = 0;  // 回到开头
}
if (light_i<10){
  light_read=analogRead(inputPin);
  light_i++;
}
if (light_i>=10){
  light_read = total / numReadings;
// 计算平均值
  light_i=11;
}
  light_a =light_read * (0.12471655);
// 把电压值换算成背光值
  light_b = light_a + 0;  // 把背光值
赋值给变量
if (light_b<=10.00){
  light_b=10;
}
if (light_b>=255.00){
  light_b=255;
}
sigmaDeltaWrite(0,light_b);  // 液晶显
示屏背光控制函数
```

成果展示

将液晶显示屏焊接到液晶显示屏驱动 PCB 上，液晶显示屏背面用双面胶固定，

如图 22 所示，最后制作完成的拟辉光管时钟如图 23 所示。

结语

这个项目里 ESP32-WROOM-32D 模块还有一个 IO34 引脚没有使用，感兴趣的朋友可以利用这个引脚扩展其他功能，目前能想到的是把人体感应模块的信号引脚接到 IO34，这样拟辉光管时钟通过人体感应模块传来的高低电平信号控制显示屏背光的开关，这样拟辉光管时钟在没有人的时候会关闭显示，达到省电的目的。

这 8 块液晶显示屏除了做时钟，还可以显示丰富多彩的内容，通过程序让 ESP32-WROOM-32D 模块利用 Wi-Fi 从互联网上获取信息，比如天气预报、农历、二十四节气，将获取的信息显示到液晶显示屏上。当然这些只是抛砖引玉，想必大家还有更多更好的想法去丰富这个拟辉光管时钟的功能。

我第一次看到辉光管时钟就被它黑暗中橙黄色幽光的独特韵味深深吸引，真没想到自己会用另一种形式将其复刻出来，前期构思花了很长时间，几乎要放弃，可能是念念不忘必有回响，一天查看资料发现了同时点亮两块液晶显示屏并且显示不同内容的方法，于是这个基于液晶显示屏的拟辉光管时钟真的被我做成了。焊接好元器件写入程序最后点亮的那一刻，我感觉一切都值得，那种快乐妙不可言。⊗

简单易制的
低成本电池内阻、容量检测仪

▌ 孙红生

电子爱好者手中都有一些锂电池，我们经常会对其容量和内阻产生疑问，现在买到的镍氢电池、镍铬电池标注的容量都非常大，经常是3000mAh以上，这是真的吗？镍氢电池自放电率较大，自放电率具体是多少，放置多久电池电量就所剩无几了？真的有"一节更比六节强"的干电池吗？普通碱性AA电池可以充电吗？测量电池内阻是对电池容量即时判定的一个重要方法，但电池内阻与电池容量的关系具体如何？

为了解除这些疑惑，我设计制作了一台低成本电池内阻、容量检测仪，检测仪以AVR单片机为核心，通过算法来实现具体功能，硬件电路相对简单，成本较低。

项目介绍

市面上的电池内阻检测仪多数基于交流内阻的方式测量，即在电池两端施加大于电池标称电压的交流电压，用四端点测量技术测量电池两端的电阻。先测量电池的空载电压，然后测量通过已知电阻放电的电压，得到电压差，接着通过已知电阻的电压得到通过电阻的电流，电压差除以电流即电池内阻。

电池容量通过测量每一刻的放电电压，用放电电压除以已知电阻得到放电电流，然后对电流进行积分得到。

我设计的检测仪没有采用恒流源，也没有采用电流采样电阻，所有值均通过电压与已知电阻计算所得，受电阻随温度变化的影响，测量精度也会受到影响，如果不是用于科研测量，仅对电池进行生产型的测量，在一定范围内精度可以满足要求。本检测仪设计主要用于单节电池的测量，一般电压要低于5V，如果用于测量电池组，电压高于5V，需要调整采样电阻、放电电阻，同时需要在程序中修改相应的参数。

电路设计

整体电路如图1所示，为方便使用，检测仪可以用手机充电器供电，还可以使用计算机的USB接口供电，整机耗电较小，主要耗电的是液晶显示屏和继电器，最大工作电流小于60mA。

整个电路以AVR单片机ATmega16为核心，选择8MHz无源晶体振荡器，大家可以采用其他频率的晶体振荡器，只需对计时程序略加修改即可。在多次测试中工作正常，如果电路不起振可以在晶体振荡器两端各接一个10pF的电容。复位电路由R7和C8构成，单片机的AD转换部分使用由L1、C5和C6构成的简单π形滤波器供电，以减少数字电路对AD转换的影响。AD转换使用了单片机内部的2.56V电压参考源，AREF引脚外接一个0.1μF电容，保证AD转换的稳定性。

单片机C接口外接了一个MZL05-12864单色液晶模块用于显示信息，在5V电源电压下也可正常工作。单片机D接口的2、3、4引脚与一个EC11旋转编码器连接，用于调整和控制参数，

周边电阻、电容等元器件构成低通滤波器，以降低开关抖动对电路的影响。由于ATmega16引脚内部有上拉电阻，所以没有使用额外的上拉电阻。测量的主体电路由接在单片机A0接口的无源元器件构成，R1、R2构成2:1分压电路，放电电阻使用了一个15W/6.8Ω的水泥电阻，使用继电器控制放电的开始与终止，通过旋转编码器控制放电终止电压，达到放电终止电压，继电器自动断开，停止放电。检测仪通过放电开始前后电压对比计算电池内阻，通过放电开始到结束的时间对电流积分计算电池容量，由于电阻不变，可以转换为对电压积分。电池是否放电由继电器控制，由于AVR单片机的驱动能力强，所以我采用了一个高灵敏度的5V继电器，使用单片机直接驱动，VD1为防逆流二极管，用来保护单片机引脚。图1中采用了两个1kΩ电阻分压进行电池电压采样，如果要对更高电压的电池组进行测量，需要更改分压电阻的分压比，更改放电电阻即可，注意要保证放电功率小于水泥电阻功率。检测仪所需的元器件清单如附表所示。

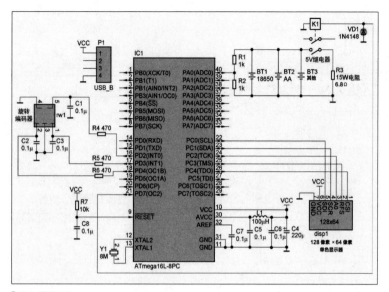

图 1 整体电路

附表 元器件清单

序号	名称	数量
1	18650 电池架	1 个
2	AA 电池架	1 个
3	3.96mm 接线架	1 个
4	0.1μF 电容	7 个
5	220μF 电容	1 个
6	开关二极关	1 个
7	单色显示屏	1 块
8	5V 高灵敏继电器	1 个
9	1000μF 电感	1 个
10	USB 连接器	1 个
11	1kΩ 电阻	6 个
12	6.8Ω 电阻	1 个
13	EC11 旋转编码器	1 个
14	ATmega16	1 个
15	8MHz 晶体振荡器	1 个

程序设计

程序采用 ICCAVR 编写，程序量不大，其中外部中断 0、1 分别接入按动式开关和旋转编码器，在中断处理程序中判断开关状态和旋转编码器方向。在 TIMER0 中断处理程序中，主要完成计时、显示工作，显示设备工作状态和放电终止电压，第一次开始放电时计算内阻并显示，然后按时间累计计算电池容量并更新显示。主程序主要对单片机和显示屏进行初始化，具体如程序 1 所示。

程序1

```
void port_init(void)
{
    PORTA = 0x00;
    DDRA  = 0x00;
    PORTB = 0xFF;
    DDRB  = 0xFF;
    PORTC = 0xFF;
    DDRC  = 0xFF;
    PORTD = 0x7F;
    DDRD  = 0x80;//PORTD PIN7 为继电器控制
}
// 外部中断 0
void int0_isr(void)
{
    if(rotate_key==0){// 未放电状态
        PORTD |=1<<7;   // 关闭常开触点，
开始放电
        rotate_key=1;// 记录标志
        hour=minute=second=0;// 初始化计时器
        firststart=1;// 第一次进入放电状态
    }else{
```

```
        PORTD &=~(1<<7);// 断开继电器
        rotate_key=0;// 记录标志
    }
}
// 外部中断 1
void int1_isr(void)
{
    rotate_code=PIND;
    if((rotate_code & 0x10) == 0x10){
        stopvalue++;
    }else{
        stopvalue--;
    }
}
void timer0_init(void) // 定时器初始化程序
{
    TCCR0 = 0x00; // 停止定时器
    TCNT0=0xCF;
    TCCR0 = 0x02; // 开动定时器
}
void ADInit(void)
{
    ADMUX|=(1<<REFS1)|(1<<REFS0);
    // 选择内部 2.56V 为 ADC 的参考电压
    ADMUX&=~(1<<ADLAR); // 转换结果右对齐
    ADMUX&=~(1<<MUX4);
    ADMUX&=~(1<<MUX3);
    ADMUX&=~(1<<MUX2);
    ADMUX&=~(1<<MUX1);
    ADMUX&=~(1<<MUX0);// 选择通道 ADC0
    ADCSRA|=(1<<ADPS2)|(1<<ADPS0);
    ADCSRA&=~(1<<ADPS1);// 时钟分频系数为 64
    ADCSRA|=(1<<ADEN);// 使能 AD
    ADCSRA&=~(1<<ADATE);// 不自动转换
    ADCSRA&=~(1<<ADIE);// 禁用 AD 中断
}
#pragma interrupt_handler timer0_
ovf_isr:10
void timer0_ovf_isr(void) // 定时器溢
出中断程序，大约 49×8 机器周期中断一次
{
    TCNT0=0xCF;
    secondcount++;
```

```
if(rotate_key==1)//如果开始测量容量,
记时,开始计算容量
  if(secondcount>10933){// 大约 1s, 可
能还要调一下
    secondcount=0;
    second++;
    if(second>59){
      second=0;minute++;
      adccurv[adccurvcount]=63-
(unsigned char)(adccap/16);
      adccurvcount++;
    }
    if(minute>59){
      minute=0;hour++;
    }
    //adccap 来自前一次测试时的电压,电
压除以电阻等于电流,每秒累加电流乘以时间
等于 mAh
    cap+=(((float)adccap
*2.0*2.56*1000.0)/1024.0)/6.8;
  }
  count++; // 每中断一次加 1
  if (count>4096) // 需要估算时间
  { //AD 转换
    ADCSRA|=(1<<ADSC); // 启动一次 AD 转换
    while(!(ADCSRA &(1<<ADIF)))
    {
    //ADIF 为 1 时表示 AD 转换完成
    adc=ADCL;
    adc|=(int)(ADCH<<8);
    adccap=adc;//随时采集电压用于计算容量
    ADCSRA|=(1<<ADIF);
    //AD 转换结束
    };
    if(rotate_key==0)
adcnoloadvalue=adc;
    if(rotate_key==1 && firststart==1){
      firststart=0;
      adcloadvalue=adc;
      res=(((adcnoloadvalue-adcloadv
alue)*2.0*2.56)/1024.0)  //电压差
      cap=0.0;// 初始化容量
      for(i=0;i<128;i++)adccurv[i]=0;
```

```
// 初始化曲线
    adccurvcount=0;
  }
  // 如果电压低于终止电压,停计容量,继
电器断开
  if(adc<stopvalue && rotate_
key==1){
    PORTD &=~(1<<7);
    rotate_key=0;
  }
  adcfloat=2.56*adc/1024.0;
  adcfloat=adcfloat*2;// 真实电路中电压
被分压 1/2
Float2Str(adcbuffer,adcfloat,1,3);
// 格式化成为字符串
  glcdhalf=0;
  glcd_fillScreen(0);
  // 当前电压
  glcd_text57(2,2,adcbuffer,2,1);
  // 是否开始,如果已经开始测量,显示容量
  if(rotate_key==1)
    glcd_text57(96,2,"stop",1,1);
  else
    glcd_text57(96,2,"start",1,1);
  // 时钟
  Num2Str(adcbuffer,hour,2);
  glcd_text57(80,12,adcbuffer,1,1);
  glcd_text57(92,12,":",1,1);
  Num2Str(adcbuffer,minute,2);
  glcd_text57(98,12,adcbuffer,1,1);
  glcd_text57(110,12,":",1,1);
  Num2Str(adcbuffer,second,2);
  glcd_text57(116,12,adcbuffer,1,1);
  adcfloat=2.56*stopvalue/1024.0;
  adcfloat=adcfloat*2;// 真实电路中电压
被分压 1/2
  Float2Str(adcbuffer,adcfloat,1,3);
  glcd_text57(96,24,adcbuffer,1,1);
  // 内阻
  Float2Str(adcbuffer,res,1,3);
  glcd_text57(2,18,adcbuffer,2,1);
  glcd_text57(60,23,"R",1,1);
  // 容量
```

```
Float2Str(adcbuffer,cap
/3600.0,5,1);
  glcd_text57(2,40,adcbuffer,2,1);
  glcd_text57(80,45,"mAh",1,1);
  for(i=0;i<adccurvcount;i++){
    glcd_pixel(i,adccurv[i],1);
  }
  glcd_update();
  glcdhalf=1;
  glcd_fillScreen(0);
  glcd_text57(2,2,adcbuffer,2,1);
  if(rotate_key==1)
    glcd_text57(96,2,"stop",1,1);
  else
    glcd_text57(96,2,"start",1,1);
adcfloat=2.56*stopvalue/1024.0;
  adcfloat=adcfloat*2;// 真实电路中电压
被分压 1/2
  Float2Str(adcbuffer,adcfloat,1,3);
  glcd_text57(96,24,adcbuffer,1,1);
  Float2Str(adcbuffer,res,1,3);
  glcd_text57(2,18,adcbuffer,2,1);
  glcd_text57(60,23,"R",1,1);
Float2Str(adcbuffer,cap/3600.0,5,1);
  glcd_text57(2,40,adcbuffer,2,1);
  glcd_text57(80,45,"mAh",1,1);
  for(i=0;i<adccurvcount;i++){
    glcd_pixel(i,adccurv[i],1);
  }
  glcd_update();
  count=0;
}
```

检测仪显示部分使用了 MZL05 12864 单色显示屏,如果使用其他显示屏,修改相应的参数即可,针对特定硬件的操作主要在 mzl05.c 程序中完成,具体如程序 2 所示,实现了硬件底层操作、帧缓存刷新以及点绘制操作,高层级的图形操作,如线、矩形、圆的绘制由图形库 mygrahics.c 完成。

程序2

```
void LCD_DataWrite(char Dat)
```

```
{
    char Num;
    CS1_L;
    A0_H;
    for(Num=0;Num<8;Num++)
    {
        if((Dat&0x80) == 0)SDI_L;
        else SDI_H;
        Dat = Dat << 1;
        SCK_L;
        SCK_H;
    }
}
void LCD_RegWrite(char Command)
{
    char Num;
    CS1_L;
    A0_L;
    for(Num=0;Num<8;Num++)
    {
        if((Command&0x80) == 0) SDI_L;
        else SDI_H;
        Command = Command << 1;
        SCK_L;
        SCK_H;
    }
}
void LCD_Fill(char Data)
{
    char i,j;
    char uiTemp;
    uiTemp = GLCD_HEIGHT;
    uiTemp = uiTemp>>3;
    for(i=0;i<=uiTemp;i++)
    // 往 LCD 中填充初始化的显示数据
    {
        LCD_RegWrite(0xb0+i);
        LCD_RegWrite(0x01);
        LCD_RegWrite(0x10);
        for(j=0;j<=GLCD_WIDTH;j++)
        {
            LCD_DataWrite(Data);
        }
    }
```

```
    }
}
void glcd_init(void)
{
    //LCD 驱动所使用到的端口的初始化（如果有
    必要的话）
    RES_L;
    RES_H;
    LCD_RegWrite(0xaf); // 开启 LCD
    LCD_RegWrite(0x2f); // 设置上电控制模式
    LCD_RegWrite(0x81); // 电量设置模式(显
    示亮度)
    LCD_RegWrite(0x28); // 指令数据
    0x0000~0x003f
    LCD_RegWrite(0x24); //V5 内部电压调节
    电阻设置 27
    LCD_RegWrite(0xa1); //LCD 偏压设置 a2
    LCD_RegWrite(0xc8); //Com 扫描方式设
    置,反向
    LCD_RegWrite(0xa0); //Segment 方向
    选择,正常
    LCD_RegWrite(0xa4); // 全屏点亮、变暗
    指令
    LCD_RegWrite(0xa6); // 正向、反向显示
    控制指令
    LCD_RegWrite(0xac); // 关闭静态指示器
    LCD_RegWrite(0x00); // 指令数据
    LCD_RegWrite(0x40 +0); // 设置显示起始
    行对应 RAM
    LCD_RegWrite(0xe0); // 设置读写改模式
    glcd_fillScreen(OFF);
    glcd_update();
}
void glcd_update()
{
    char i,j;
    char uiTemp;
    if(glcdhalf==0){
    uiTemp=4;
        for(i=0;i<uiTemp;i++)
        // 往 LCD 中填充初始化的显示数据
        {
            LCD_RegWrite(0xb0+i);
```

```
            LCD_RegWrite(0x00);
            LCD_RegWrite(0x10);
            for(j=0;j<=GLCD_WIDTH;j++)
            {
                LCD_DataWrite(LCD_Buffer[j]
[i]);
            }
        }
    }
    else{
        uiTemp = 4;
        for(i=0;i<uiTemp;i++)
        // 往 LCD 中填充初始化的显示数据
        {
            LCD_RegWrite(0xb0+i+4);// 页地址
            LCD_RegWrite(0x00);// 列起始地址
            LCD_RegWrite(0x10);
            for(j=0;j<=GLCD_WIDTH;j++)
            {
                LCD_DataWrite(LCD_Buffer[j][i]);
            }
        }
    }
}
void glcd_pixel(char x, char y, char
color)
{
    if(glcdhalf==0){
        if(y/8<4){
            if(color==1){
                SETBIT(LCD_Buffer[x][y/8],
y%8);
            }
            else{
CLRBIT(LCD_Buffer[x][y/8], y%8);
            }
        }
    }
    else{
        if(y/8>3){
            if(color==1){
                SETBIT(LCD_Buffer[x]
[y/8-4], y%8);
```

```
        }
        else{
        CLRBIT(LCD_Buffer[x][y/8-4],
y%8);
        }
    }
}

void glcd_fillScreen(char color)
{
    char i,j;
    if(color==1){
        for(i=0;i<GLCD_WIDTH;i++)
            for(j=0;j<4;j++)
                LCD_Buffer[i][j]=0xFF;
    }
    else{
        for(i=0;i<GLCD_WIDTH;i++)
            for(j=0;j<4;j++)
                LCD_Buffer[i][j]=0x00;
    }
}
```

由 于 ATmega16 的 SRAM 只 有 1KB，而 MZL05 12864 显示屏的帧缓存需要 1024 字节，为此程序中将帧缓存分为上下两半屏，分时刷新，实现了在小内存单片机快速刷新显示屏的功能。

组装调试

图 2 所示为检测仪 PCB，其中 18650 电池架和 AA 电池架采用 3D 打印机制作，其他类型的电池可以接入 3.96mm 接线架。显示屏通过双排母座接入 PCB，单片机使用了 IC 插座，其他元器件直接焊在 PCB 上。图 3 所示为制板图，组装完成后如图 4 所示，使用位于左边的移动电源供电。为便于大家制作，检测仪使用了单面板布线，使用自制的 PCB 打印机制板，大家也可以使用热转印技术制板，当然也可以找 PCB 厂商打板。自行设计 PCB 需要注意，连接被测电池和放电电阻间的 PCB

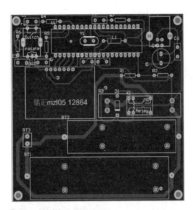

▌图 2 检测仪 PCB

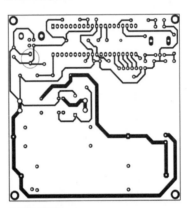

▌图 3 制板图

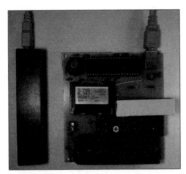

▌图 4 组装完成

布线要足够宽，以保证大放电电流的通过以及降低线路电阻，提高测量准确度。

操作使用

检测仪使用了旋转编码器，操作比较简单，我们使用 USB 电缆接通电源，接入待测电池，转动旋转编码器调整放电终止电压，按动旋转编码器开关即可开始测

▌图 5 一节旧的 18650 锂电池存放半年后的测量结果

▌图 6 一节旧 18650 电池刚充满电时的测量结果

量。首先显示出内阻值，然后开始放电测量容量，直到放电到终止电压，停止放电，显示出电池容量。测试过程中也可以随时调整放电终止电压。图 5 和图 6 分别为一节旧的 18650 锂电池充满电放置半年后和刚充满电时的测量结果，结果显示锂电池的自放电率还是很低的。

结语

检测仪的主体部分经过几个月的试用和改进，工作稳定。使用检测仪先后对各类电池进行了测试，证明了锂电池的内阻与容量不完全正相关；"一节更比六节强"基本成立；碱性干电池可以适当充电，但要注意，容量仅是新电池的 1/3，并且存在危险，不建议大家对干电池充电；镍氢电池的自放电率确实较大。该检测仪也有一定的局限，就是只能测常用的单节电池，按照同样的原理，下一步我准备制作一台库仑计，可以测量任意电池组，当然放电电阻就需要外接了。 ⊗

自制 MagSafe 无线充电器

┃ 姚家煊

我从诺基亚 Lumia 时代开始接触无线充电，先后购买了诺基亚 DT601、DT900 两台无线充电器，分别放在办公室和宿舍，至今仍在使用。在那个手机充电口要区分正反面、充电功率普遍只有 5W 的年代，无线充电器的出现，让手机放在桌面上随时都可以充电，每次外出前我再也不用担心手机电量不足了，这给我的生活带来了极大的方便。

随着手机充电速度的不断提高，大部分手机充电频率也开始减少，但对于办公室一族来说，无线充电还是较为方便的一种充电方式，尤其是从 iPhone 12 系列开始增加了对 MagSafe 的支持，使手机可以通过磁吸的方式自动对准无线充电线圈，进一步提升了充电体验。因此我决定自己动手制作一个支持 MagSafe 的无线充电器。

项目制作

我第一次动手制作这类设备，在保证实用性的情况下尽量将设备设计得小巧精致。我设计的无线充电器满足如下要求。

● 电路简单，减小出错概率，确保能够实现基础的无线充电功能。

● 设计一个透明外壳，从外面可以看到内部电路板，提升无线充电器的科技感。

● 电路板设计得美观、精致。

芯片选型

Qi 是全球首个推动无线充电技术的标准化组织无线充电联盟（WPC）于 2010 年推出的无线充电标准，具备便捷性和通用性两大特征，目前市面上大部分无线充电设备都支持 Qi 标准，因此只要无线充电器支持 Qi 标准，就能够兼容大部分支持无线充电的手机。

我选择了英集芯 IP6826 无线充电发射端控制 SoC 芯片，它兼容 WPC Qi v1.2.4 标准，支持 A11、A11a、MP-A2 线圈，支持 5W、苹果 7.5W、三星 10W 和 15W 充电功率，支持 QC2.0、

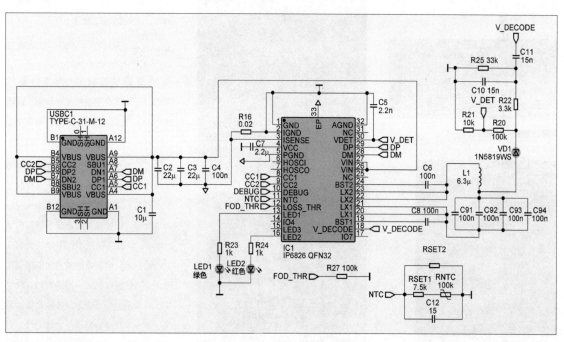

┃ 图1 无线充电器电路

QC3.0、AFC、PD3.0 输入请求,支持 5V、9V、12V 电压输入。该芯片集成 NMOS 全桥驱动和全桥功率 MOS,集成内部电压、电流双路解调,集成度高,整体方案仅需少量的外部无源元器件,可显著降低开发难度和电路板大小。

在选择无线充电线圈时,考虑到 MagSafe 磁铁是一个外径为 54mm、内径为 46mm 的圆环,为了保证线圈能够嵌入磁环中,我选择了外径为 45mm 的 A11 无线发射线圈,其电感值为 6.3μH。

原理图绘制

英集芯 IP6826 芯片的数据手册给出了典型应用外围电路,根据该电路绘制原理图即可。其中 FOD 异物检测参数我选择默认灵敏度,即 PIN12 接 100kΩ 电阻到地、PIN30 接 2.2nF 电容到地,过热保护 NTC 热敏电阻保护温度设置为 70℃。需要特别注意的是,典型应用电路中选用的线圈电感值为 10μH,其搭配了 250nF 谐振电容,这里我采用的线圈电感值为 6.3μH,因此

▌图 3 谐振区 PCB

需要将谐振电容改为 400nF。设计完成的无线充电器电路如图 1 所示。

PCB设计

无线充电器的 PCB 主要可以分为电源区、谐振区和低压信号区 3 部分,在进行元器件布局时有以下注意事项。

● 输入电源的滤波电容要尽量靠近芯片引脚。

● PGND 换层时需要多加过孔,保证足够的过流能力。

● 电流采样走线要尽量短。

● 谐振区电路应尽量靠近芯片,且远离其他低压电路。

图 2 和图 3 所示分别为电源区和谐振区 PCB 设计图。

在设计 PCB 边框时,首先要让电源接

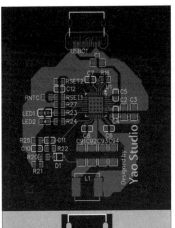

▌图 4 PCB 设计及渲染

口贴着无线充电器外壳的边缘放置,确保安装外壳后 USB Type-C 插头能够正常插入,接着添加 4 个固定孔用于 PCB 和外壳的固定。随着元器件布局的一步步优化,整体布局越来越紧凑,PCB 边框可以做得越来越小,最后做成了小乌龟的形状。对于较复杂的边框轮廓,建议先在制图软件中绘制,再导出 .dxf 文件到 EDA 中,这样可以大幅提高工作效率。最终的 PCB 设计及渲染如图 4 所示。

外壳设计

外壳的设计较为简单,我使用 3D 建模软件设计了一个白色的顶盖和一个透明的底座。在顶盖中心位置加入一个圆柱形凸起,对准无线充电线圈中间的小孔,以便固定线圈的位置;底座则根据 PCB 上固定孔的位置添加 4 个固定柱,同时考虑元器件的高度和 PCB 的厚度来确定固定柱的长度;最后在顶盖和底壳中挖出一个充电口即可。这里外壳的壁厚都设置为 1mm,最终外壳的直径为 58mm,厚度为 9mm,外壳渲染模型如图 5 所示。

成果展示

经过简单的组装,最终自制的 MagSafe 无线充电器如图 6 所示,整体效果和预想的基本一致,通过透明底壳可

▌图 5 外壳渲染模型

▌图 2 电源区 PCB

■ 图6 自制的 MagSafe 无线充电器

■ 图7 MagSafe 充电动画

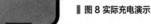

■ 图8 实际充电演示

以清晰地看到内部 PCB，由于外壳较薄，透过顶盖可以隐约看到里面的无线充电线圈，反倒增添了一丝科技感。经过测试，无线充电器中的磁铁吸力较强，可以把手机吸起来不掉落，且对于兼容的手机能够触发 MagSafe 充电动画，如图7所示，实际充电演示如图8所示。同时，本无线充电器具备异物检测功能，当有金属异物落在无线充电器表面时，充电会停止且红色指示灯闪烁，符合最初的设计要求。

结语

这是我第一次进行此类项目开发，在项目开始之初我就希望设计得简单一些，以保证无线充电器能够成功完成，避免项目太复杂和经验不足导致项目无法实现。虽然如此，在项目进行过程中我还是遇到了一些难题，比如 IP6826 芯片是 QFN 封装，手工焊接难度较大，尝试了好几次才掌握了焊接技巧。另外，无线充电器的外壳也可以更进一步优化，使其能够更好地固定内部磁铁。好在最终自制的 MagSafe 无线充电器的基本功能都已实现，目前它已经成为了我的主力充电器。通过这个项目，我也学习到了芯片选型、电路板设计、制作、焊接、电路调试以及 3D 建模打印等技能，熟悉了产品设计、制作的过程，收获良多。有了这次成功的经验，我在以后的设计、制作过程中会更有信心。Ⓧ

仿生连续型机器人

通过借鉴象鼻在应对不同环境时进行局部刚度调控的生物行为，中山大学先进制造学院、航空航天学院吴嘉宁副教授联合大连理工大学工程力学系彭海军教授提出了一种可预编程刚度的仿生连续型机器人。

该研究提出了一种基于张拉整体结构的仿生连续型机器人构型。通过调控连续型机器人的刚度分布，能够有效地控制机器人的弯曲构型，展现出多种非等曲率的弯曲构型，为连续型机器人赋予更强的非等曲率共形交互能力。

科研人员通过 3D 打印的方式制作了一款由 12 个模块串联形式的连续型机器人。该连续型机器人在相同的驱动条件下，能够展现出 O、J、L、V、U 这 5 种不同的弯曲构型，有效地提高了连续型机器人的环境共形交互能力。同时，由于该机器人仅由 3 个舵机驱动，降低了控制系统的复杂性。科研人员将视觉传感器搭载在机器人末端，进一步拓展了连续型机器人的实际工程价值，使其具备了管路探测能力。此外，通过在其末端搭载温度传感器、有害气体浓度传感器等更丰富的装置，能够进一步提高该连续型机器人的应用潜力。

功能广泛的柔性机器人抓手

新加坡科技设计大学（SUTD）仿生机器人与设计实验室研究人员开发了一种新型可重新配置的工作空间柔性（RWS）机器人抓手，其可叠、拣和抓各种物品。

柔性抓手工作空间在很大程度上受到抓手设计的约束，专为高度特定的抓取任务而设计的柔性抓手通常在抓取其他有效载荷时受到限制。为了消除这些限制，SUTD 研究团队设计了使用多模式驱动的 RWS 抓手，其中柔性抓手的抓取工作空间可快速改变，以适应具有不同接触面积要求的有效载荷。

RWS 抓手可使用形状变形手指、可伸缩指甲和可伸缩手掌的组合，将其抓取工作空间增加了 397%。RWS 抓手还能快速重新配置其抓取工作空间，使其成为多任务抓手这一挑战性应用的理想选择。RWS 抓手能可靠地叠取半径小至 1.5mm 的大米，或从平面上拣选名片等薄至 300μm 的物品，它还可抓取质量为 1.4kg 的大型物品，例如瓜、麦片盒或洗涤剂补充袋。

RWS 抓手的全面自适应功能使其在物流和食品行业应用前景广阔，这些行业正在依靠机器人来满足日益增长的高效拣选以及包装物品需求。

3D 打印机添加热床记

呼改娟 赵义鹏

最近闲来无事，我从床底翻出来几年前买的 3D 打印机玩玩。这台打印机自从购买到现在还未组装，更别说打印作品了，这绝对是我心血来潮才买来的。之后用了一个多小时组装完毕，过程还算顺利，但是接下来的事情就不太顺利了。在打印一个直径为 20mm 的圆柱时，发现圆柱体有点翘边。在打印其他更大的零件时，翘边就会变得相当严重，以至于打印高度还没到 10mm，底层就与平台完全脱离。室温在 13℃左右，而打印机没有热床，这应该是翘边的原因。那现在就给打印机添加一个热床吧，于是我决定和朋友一起自制一个热床温控系统。

设计要求

本次设计的热床温控系统要能够灵活设定温度，且能够将温度稳定在设定值。在此基础上，要求热床有断线检测功能，当温度传感器或者控制信号线断线时，能够自动关闭热床，以防止热床温度过高，引发火灾。

电路设计

这里采用模块化设计，采用一块 STC15W408AS 核心板作为控制核心，两个共阳极数码管用于显示温度，一个 MOS 模块控制热床的通断，一个滑动电阻作为调温输入装置，一块含热敏电阻的热床，一个大功率直流电源，外加三极管、电阻、导线等辅助元器件，详细元器件清单如附表所示。

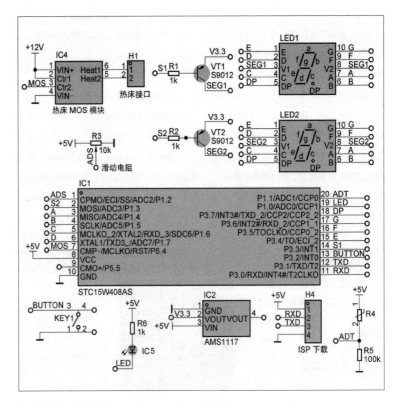

图 1 热床温控系统电路

附表 元器件清单

名称	数量	参数	功能
STC15W408AS 核心板	1个	20 引脚	控制核心
数码管	2个	共阳极	显示温度
滑动电阻	1个	10kΩ	调节温度
热床单元（含热敏电阻）	1个	16cm×16cm，140W；热敏电阻为 NTC 100kΩ	加热
MOS 模块	1个	最大电流 30A	控制热床
三极管	2个	S9012	控制数码管
稳压芯片	1个	AMS1117	给数码管供电
电阻	3个	1kΩ×2，100kΩ×1	限流、配合热敏电阻读温度
洞洞板	1块	5cm×7cm	电路板
细导线	若干	5cm	飞线
开关电源	1个	12V、20A	给热床 MOS 模块供电

接下来绘制电路图，热床温控系统电路如图1所示。STC15W408AS核心板包含一个按钮（在P3.2上）和一个LED（在P1.0上），所以不用再外加按钮和LED。由于个人感觉用洞洞板焊接电路比较麻烦，为了省事就没有给数码管加限流电路，而是用一个稳压芯片来降压，同时也去掉了稳压芯片的前后滤波电容。在这里说明一下，这种方式并不规范，建议大家还是添加上限流电阻比较稳妥。另外给数码管直接采用稳压芯片输出的3.3V电压，亮度会增加，但发热也会增加。为了保险起见，后续我又在稳压芯片输出端串联了一个100Ω的电阻。

热敏电阻在温度为25℃时，阻值为100kΩ。在此串联一个100kΩ的电阻，以方便读取热敏电阻的阻值。热床MOS模块（见图2）的核心为HA210N06大功率MOS管，其栅极依次连接PC817（线性光耦）和MB6S。MB6S为整流桥，这样输入的控制信号可以不用区分正负极。需要注意的是，原模块上的MB6S与PC817之间串联了一个10kΩ的电阻，这导致输入信号是12V才能导通MOS管。现在要用3kΩ电阻替换10kΩ电阻，这样5V就可以驱动该模块了。由于选用的热床功率为140W，原打印机电源功率只有60W，因此添加一个240W的新电源，同时给热床和打印机供电。另外，从打印

图2 热床MOS模块

机电路板上引出5V电源给温控系统电路板供电。

程序设计

热床温控系统的程序设计主要分为4个部分。

读取热床当前温度

利用STC15W408AS自带的AD功能可以读取热敏电阻阻值。其中，R_a为与热敏电阻串联的电阻（标称100kΩ）阻值，我用万用表测得其真实值为98.6kΩ；V_a为单片机读取的ADC值。由于单次ADC值的噪声比较大，所以连续采集3000次，并用其平均值作为V_a。之后，将R_t换算成温度值，其中T_2=298.1℃，代表0℃对应的绝对温度；R为热敏电阻在T_2时的标称阻值，取值为100kΩ；B_0为材料常数，取值为3950。

用滑动电阻器设定温度

读取滑动电阻器的阻值时，采用单片机ADC的第2通道。在这里需要将ADC值转换成期望温度值，Set_Tem为转换得到的温度，TempHight和TempLow分别为滑动电阻器能调节的温度上下限，v_SlidingRes为滑动电阻器的ADC值。

用数码管显示温度值

数码管显示温度值分为两个部分，一是从热敏电阻得到的热床当前温度；二是滑动电阻设定的温度。这两个功能的切换，是通过单片机上的按钮来实现的。系统默认状态是显示热床当前温度，当按下按钮后数码管显示设定温度，此时可以改变滑动电阻来设定温度；再按一下按钮，则又显示热床当前温度，如此往复。为了区分数码管显示数值的含义，在此增加一个功能，当显示设定温度值时，数码管为快速闪烁状态，而显示热床温度时不闪烁。

温控安全检测

使用3D打印机打印零件时，热敏电阻与热床会一起运动，长此以往热敏电阻信号线可能发生断路。那么单片机一直接收不到正确的温度，可能会导致热床一直开启。时间一长，就会把打印机烧掉，甚至引发火灾。为此，信号线断路检测是温控系统安全运行的重点，也是一个难点。

在图1中，以ADT线为分割线，将热敏电阻采集电路分为上下两部分。如果上面部分断路，那么AD信号线等同于直接接地。此时，测得的热床温度会远低于0℃，则关闭热床，并令数码管闪烁显示"00"。当下面部分断路时，单片机采集得到的温度会大于TempHight（温度上限），则关闭热床，并令数码管闪烁显示"01"。当上下两部同时断路时，那么AD信号线是浮空状态，其测量值不确定。在此，引入一个时间量（2min）。其核心思想是，在2min内热床温度没有达到设定温度，同时也没有升高4℃，则认为上下线路都断开，此时关闭热床，并令数码管闪烁显示"03"。

热床温控系统流程如图3所示，具体实现如程序1所示。

程序1

```
#include<STC15.h>
#include<USART.h>
#include<ADC.h>
#include "math.h"
#define uchar unsigned char
#define uint unsigned int
// 定义要采集ADC通道
#define ch_Thermistor
// 即 P1.1 端口，热敏电阻
#define ch_SlidingRes
// 即 P1.2 端口，滑动电阻
sbit Led=P1^0;
sbit Button=P3^2;
uchar code dis_code[]={0xc0,0xf9,
```

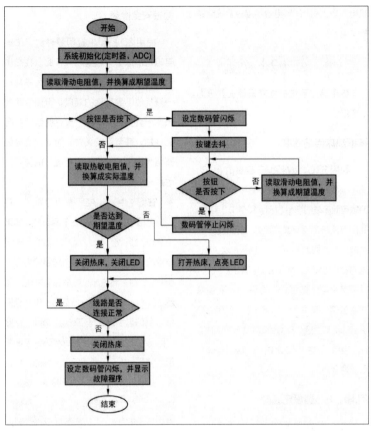

▌图3 热床温控系统流程

```
0xa4,0xb0,0x99,0x92,0x82,0xf8,
0x80,0x90};
// 共阳极数码管段码表
double Rt;// 热敏电阻当前阻值
double R=100000;
// 热敏电阻在 T₂ 时的标称阻值, 100kΩ
double B0=3950;
double T2= 298.15;// 绝对温度
double T1;// 待求温度
double Ra=98600;
// 热敏电阻串联电阻 98.6kΩ
unsigned int TempLow=30;
// 热床温度下限
unsigned int TempHight=80;
// 热床温度上限
void Timer0_Init(void){
  EA=1;
  ET0=1;// 允许 T0 中断
```

```
ET1=1;// 允许 T1 中断
TMOD=0x01;// 设置 T0、T1 工作方式 1
TH0=15536/256;
TL0=15536%256;// 设置 T0 计数初值
TR0=1;// 启动 T0
TH1=15536/256;
TL1=15536%256;// 设置 T1 计数初值
TR1=1;// 启动 T1
}
uint tn;// 记录中断次数
uchar twinkle=0;// 不闪烁
uchar Show_Tem=35;// 数码管显示温度值
uchar flag=0;
void Timer0(void) interrupt 1 {
//T0 中断服务函数
  uchar temp1,temp2;
  P13=1;
  P33=1;
```

```
if(flag==0){// 显示个位
  P33=0;
  temp1=Show_Tem%10;
  flag=1;
}else {// 显示十位
  P13=0;
  temp1=(Show_Tem/10)%10;
  flag=0;
}
  temp2=dis_code[temp1]&0x0f;
  temp2=temp2<<4;
  P1=P1&0x0f;
  P1=P1|temp2;
  temp2=dis_code[temp1]&0xf0;
  P3=P3&0x0f;
  P3=P3|temp2;
if(twinkle){// 数码管闪烁
  TH0=30000/256;
  TL0=30000%256;// 设置计数初值
}else{// 数码管不闪烁
  TH0=60000/256;
  TL0=60000%256;// 设置计数初值
  tn++;
  }
}
/* 报警含义:
  ErrorCode=0:温度低于 0℃, 或者热敏
电阻断路
  ErrorCode=1:热敏电路上的 10kΩ 电阻
断路
  ErrorCode=2:热敏电阻与 10kΩ 电阻同
时断路, 或者热床控制信号线断路
*/
void ShutDown(uchar ErrorCode)
{
  Show_Tem=ErrorCode;
  twinkle=1;// 数码管闪烁
  P54=1;// 关闭热床
  while(1);// 停止运行
}
void main()
{
  unsigned int Va;
  unsigned char result[5]={'\0'};
```

```
  unsigned int v_SlidingRes ;
  unsigned char i;
 uint Current_Tem=0, Previous_
Tem=0;
uchar Set_Tem=35;
    P1M1=0;
    P1M0=0;
    P3M1=0;
    P3M0=0;
InitSerialPort();// 初始化串口
OpenADC_CHx(ch_Thermistor);
GetADCResult(ch_
Thermistor,3000);// 空运算一次，使 AD
稳定
Timer0_Init();
OpenADC_CHx(ch_SlidingRes);
        twinkle=1;// 数码管闪烁
        v_SlidingRes=GetADCResult
(ch_SlidingRes,1000);// 获得滑动电阻
的电压值
        Set_Tem=TempLow+v_
SlidingRes*(TempHight-TempLow)/1024;
// 将滑动电阻值换算为设置的温度（30~80℃）
Show_Tem=Set_Tem;
Delay(500);// 延时一下后，打开热床
P54=0;// 打开热床
twinkle=0;// 数码管不闪烁
tn=0;
OpenADC_CHx(ch_Thermistor);
while(1)
{
if(Button==0) {// 按下核心板上的红色
小按钮，则进入温度设置状态
    twinkle=1;// 数码管闪烁
    Delay(300);
    P54=1;// 关闭热床
    OpenADC_CHx(ch_SlidingRes);
    while(Button==0);
while(Button==1){// 再次按下核心板上
的红色小按钮，则退出温度设置状态
v_SlidingRes=GetADCResult(ch_
SlidingRes,1000);// 获得滑动电阻的电
压值
Set_Tem=TempLow+v_SlidingRes*
(TempHight-TempLow)/1024;
```

```
// 将滑动电阻值换算为设置的温度（30~80℃）
Show_Tem=Set_Tem;
tn=0;
Delay(10);
}
twinkle=0;// 数码管不闪烁
Delay(300);
P54=0;// 打开热床
OpenADC_CHx(ch_Thermistor);
}
Va=GetADCResult(ch_
Thermistor,3000);
Rt=(1023.0-Va)/Va*Ra;// 热敏电阻阻值，
ADD 为 10 位，0~1023
T1=1.0/((log(Rt/R))/B0+1.0/T2);
if(T1<273.15)  ShutDown(0);// 温度低
于 0℃，或者热敏电阻断路，数码管显示 "00"
Current_Tem=T1-273.15;// 将绝对温度
换算为摄氏度
if(Current_Tem>TempHight)
ShutDown(1);// 热敏电路上的 10kΩ 电阻
断路，数码管显示 "01"
Show_Tem=Current_Tem;
if(Current_Tem<Set_Tem) {
```

```
P54=0;// 打开热床
Led=0;// 核心板上指示灯常亮，代表正在加热
}else{
P54=1;// 关闭热床
tn=0;  // 防止触发断路报警
Led=1;// 核心板上指示灯熄灭，代表已经到
达指定温度
}
if(tn>15000){// 大约 1.5min
  tn=0;
    if(abs(Previous_Tem-Current_
Tem)<4){// 先前温度与当前温度差小于 4℃，
则认为热床加热失败
ShutDown(2);// 热敏电阻与 10kΩ 电阻同
时断路，或者热床控制信号线断路，数码管显
示 "02"
    Previous_Tem=Current_Tem;
    }
    for(i=4;i>0;i--){
    result[i-1]=Current_
Tem%10+0x30;
    Current_Tem=Current_Tem/10;
    }
    SendString(result);
        SendByte('\r');
        SendByte('\n');
        Delay(30);
    }
  }
}
```

组装测试

温控系统的电路是焊接在洞洞板上的，电路板布局如图4所示。元器件之间通过飞线的方式连接，这导致连线比较混乱。之后，将电路板安装到3D打印机空闲位置（见图5）。热床及热敏电阻线束通过3D打印机尾部的通孔进入机座内，并在前端伸出，与电路板相连（见图6）。在此提醒一下，原3D打印机的打印平台上的螺丝孔

图 4　电路板布局

▌图5 将电路板安装到3D打印机空闲位置

▌图6 热床及热敏电阻线束走向

位置与热床的螺丝孔位置不一样，所以在拆卸原来3D打印机打印平台之前，需要打印4个转接板来固定热床（见图7）。

直流电源和热床MOS模块体积比较大，放到3D打印机上不美观。经过多次尝试，我们在3D打印机底座找到一个合适的位置来安装（见图8），这样既美观，也不影响内部散热及电路走线。之后，给单片机烧写程序并调试，最终得到满意的热床温控系统（见图9）。现在打印PLA

▌图7 热床转接板

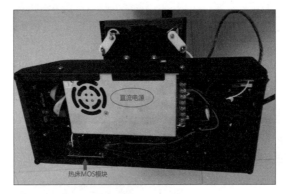

▌图8 安装电源及热床MOS模块

▌图9 热床温控系统正常运行

耗材时，将热床温度设定为50℃，就不会发生翘边的问题了。

该热床除了打印零件，也可以单独拿出来定温加热其他东西。比如可以当保温茶垫，让茶杯中的茶水保持恒温。除此之

外，还可以辅助拆卸手机，现在手机的显示屏和后盖多是采用胶水粘接密封，在常温下很难拆卸，而使用本设备则能恒温加热，这样既能保护手机不被烧坏，又能方便拆卸手机。

结语

初次将程序烧写到单片机后，我们发现数码管有两个LED不亮，心头顿时一震，因为数码管和单片机没有用插座进行转接，而是直接焊上去的，一旦损坏很难更换，更何况电路板背部都是飞线，想想头就大。然后，我们用万用表去测量数码管以及它和单片机之间的引线，发现一切正常。难道是STC15W408AS复位后部分引脚是高阻态？查阅数据手册，也没发现有这种规定，而且网上也没有类似的情况。要不更换单片机引脚？这也不行，因为整个芯片只有一个引脚空余（P5.5），而现在是两个引脚坏了。这个事情折腾了一天多，直到有一次我按住了单片机芯片，发现数码管正常了！从外观上看这芯片引脚的焊接是没有任何问题的，但是它确实虚焊了。然后我们用电烙铁重新补焊了两个有问题的引脚，之后一切正常。通过这件事，我想说明购买的模块不一定是合格的，像这种引脚间距非常小的芯片，如果发生虚焊，既不好发现，也不好测量。所以电路有问题时，不能直接排除现成模块，要一视同仁。⊗

用 FireBeetle
做声音莫尔斯电码
发射装置

▌王岩柏 傅嘉薇

在电报发明之前，远距离通信对人类来说是一件十分艰难的事情，在中国古代是通过驿站、驿道来实现的；近代的欧洲使用信号塔的方法进行消息的传递。显而易见的是，无论哪种办法都无法实现远距离实时通信。

到了近代，法拉第发现了电磁感应现象，人们就开始思考是不是可以利用电来传递信号呢？于是，许多人开始投身于用电来传递信号的研究中，在这些人当中，真正实现用电来传递信号，并且大规模商用的人就是塞缪尔·莫尔斯（见题图）。莫尔斯是"电报之父"，他是美国"地理

学之父"迦地大·莫尔斯的长子。因为莫尔斯电码实在太有名气，让很多人以为莫尔斯是一个发明家。实际上，他还是一名享有盛誉的职业画家，并且是在美国历史上都数得上名次的伟大画家，尤其擅长肖像画。

1838 年，莫尔斯与同为发明家的艾尔菲德·维尔建立了合作伙伴关系，后者提供资金并帮助开发了用于发送信号的点划系统，这个系统最终被称为莫尔斯电码。

莫尔斯电码是一种早期的数字化通信形式，但是它不同于现在只使用 0 和 1 两种状态的二进制代码，它的代码包括 5 种：点、划、每个字符间短的停顿、每个词之

间中等的停顿，以及句子之间长的停顿。

最早的莫尔斯电码是一些表示数字的点和划。数字对应单词，需要查找一本代码表才能知道每个词对应的数字。用一个电键可以敲击出点、划以及中间的停顿。

虽然莫尔斯发明了电报，但他缺乏相关的专业技术。艾尔菲德·维尔构思了一个方案，通过点、划和中间的停顿，让每个字符和标点符号彼此独立地发送出去。他们达成一致，同意把这种标识不同符号的方案放到莫尔斯的专利中。这就是现在我们熟知的美式莫尔斯电码，它被用来传送了世界上第一条电报。

这次的作品使用 DFRobot 的 FireBeetle ESP32 作为主控，通过 BLE 蓝牙键盘输入信息，输入的字符会显示在 OLED 12864 显示屏上，当用户按回车键时，程序将这个信息转化为莫尔斯电码，然后通过电路板上的蜂鸣器将这个信号以声音的形式发送出去。手机上的 Morse Code App 可以将声音解码为字符。

装置制作

首先进行硬件设计，声音莫尔斯电码发射装置电路如图 1 所示。

▌图 1 声音莫尔斯电码发射装置电路

可以看到电路分为两部分：一部分是用于连接 FireBeetle 的排母和蜂鸣器，另外一部分是电池和充放电模块的供电部分。

FireBeetle 通过 IO17 引脚连接到一个 SS8050 三极管，用于控制蜂鸣器。这里选择的是有源蜂鸣器，该蜂鸣器通电后会发出声音。出于体积考虑，作品使用 CR123A 可充电式锂电池，如图 2 所示，它的标准电压为 3.6V，额定容量为 1000mAh，直径为 1.6cm，长 3.4cm。18650 电池直径为 1.8cm，长 6.5cm，相比之下 CR123A 电池更加小巧，适合在轻便设备上使用。

为了配合电池，我选择了图 3 所示的充放电一体模块，它的核心是 IP5306 芯片，配合预留的 USB 公头，可以实现对 CR123A 电池充电，同时能够以 5V 进行输出。这部分相当于将移动电源做到了设备上。需要注意的是，这种模块有两种，一种不支持小电流输出，当输出电流小于一定值时，经过特定时间会自动切断输出，另外一种则没有这种限制，能够持续以小电流进行输出。这里使用的是没有电流限制的模块。

PCB 设计如图 4 所示，PCB 3D 模型如图 5 所示。由于充放电模块灯光非常显眼，所以将该模块设计在 PCB 背面，对应灯光位置加入了阻焊层，这样充放电模块的指示灯能够透到 PCB 正面，并且灯效不会特别显眼。制作好的 PCB 如图 6 所示。最终组装好的声音莫尔斯电码发射装置如图 7 所示。

程序设计

接下来进行程序设计。程序基于 esp32beans 的 BLE_HID_Client 示例程序修改而来（在 BLE 通信中，负责提供数据的被称作 Server，与之对应的是 Client。这次的输入数据来自 BLE 键

图 2 CR123A 可充电式锂电池

图 3 充放电一体模块

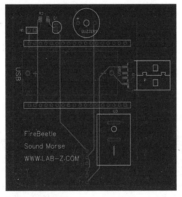
图 4 PCB 设计

盘，FireBeetle 作为接收端负责接收，所以 BLE 键盘是 Server，FireBeetle 是 Client）。此外还需要特别注意，程序只适用于 BLE 键盘，并不支持 Bluetooth 2.0 的传统蓝牙键盘。实验中使用的是图 8 所

图 5 PCB 3D 模型

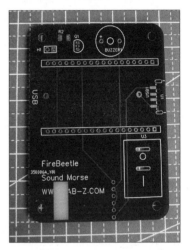
图 6 制作好的 PCB

图 7 声音莫尔斯电码发射装置

示的雷柏 X220T 蓝牙键盘。

BLE_HID_Client 示例程序中，大部分蓝牙操作是框架完成的，比如搜索和连接蓝牙键盘的程序。获取的按键信息会通过程序 1 的函数回报给用户。

程序1

```
notifyCB(NimBLERemoteCharacteristic*
pRemoteCharacteristic, uint8_t*
pData, size_t length, bool isNotify)
{
  std::string str = (isNotify ==
true) ? "Notification" : "Indication";
  str += " from ";
  str += std::string(pRemoteCharacteri
stic->getRemoteService()->getClient()-
>getPeerAddress());
  str += ": Service = " + std::string
(pRemoteCharacteristic-
>getRemoteService()->getUUID());
  str += ", Characteristic = " + st
d::string(pRemoteCharacteristic-
>getUUID());
  str += ", Value = ";
  Serial.print(str.c_str());
  for (size_t i = 0; i < length; i++)
  {
    Serial.print(pData[i], HEX);
    Serial.print(',');
  }
  Serial.println("");
  if (pData[2] != 0) {
    Serial.print(pData[0], HEX);
    Serial.print(" Rev:");
    Received = (char)ScanCode2Ascii
(pData[0], pData[2]);
    Serial.println(Received);
  }
  if (length == 6) {
    Serial.printf("buttons: %02x, x:
%d, y: %d, wheel: %d",
    pData[0], *(int16_t *)&pData[1],
*(int16_t *)&pData[3], (int8_t)
pData[5]);
  }
  else if (length == 5) {
    Serial.printf("buttons: %02x, x:
%d, y: %d, wheel: %d hwheel: %d",
```

▌图 8 雷柏 X220T 蓝牙键盘

```
    pData[0], (int8_t)pData[1], (int8_t
)pData[2], (int8_t)pData[3], (int8_t
)pData[4]);
  }
  Serial.println();
}
```

接收到的数据存放在 pData[ ] 中,是 Scancode 形式的按键信息,为此还需要用 ScanCode2Ascii() 函数将 ScanCode 转换为 ASCII 码,转换后的结果放在变量 Received 中。特别注意,这里只处理了每次只有一个按键被按下的情况,如果同时按下多个按键,第一个被按下之外的按键会被忽略。获取了按键信息,就可以继续进行处理。莫尔斯电码编码方式有如下 5 种。其中时间长度 t 决定了发报的速度,这里设置为 80ms。字母、数字和符号的莫尔斯电码见表 1~ 表 3。

● 点(·):1(读"滴"dit,占据时间为 1t)

● 划(—):111(读"嗒"dah,占据时间为 3t)

● 字符内部的停顿(在点和划之间):0(占据时间为 1t)

● 字符间停顿:000(占据时间为 3t)

表 1 字母莫尔斯电码

字符	电码	字符	电码	字符	电码	字符	电码
A	. —	B	— . . .	C	— . — .	D	— . .
E	.	F	. . — .	G	— — .	H	. . . .
I	. .	J	. — — —	K	— . —	L	. — . .
M	— —	N	— .	O	— — —	P	. — — .
Q	— — . —	R	. — .	S	. . .	T	—
U	. . —	V	. . . —	W	. — —	X	— . . —
Y	— . — —	Z	— — . .				

表 2 数字莫尔斯电码

字符	电码	字符	电码	字符	电码	字符	电码
0	— — — — —	1	. — — — —	2	. . — — —	3	. . . — —
4	. . . . —	5	. . . . .	6	—	7	— — . . .
8	— — — . .	9	— — — — .	–	–	–	–

表3 符号莫尔斯电码

字符	电码	字符	电码	字符	电码	字符	电码
.	. — . — . —	:	— — — . . .	,	— — . . — —	;	— . — . — .
?	. . — — . .	=	— . . . —	'	. — — — — .	/	— . . — .
!	— . — . — —	_	. . — — . —	_	— . . . . —	"	. — . . — .
(	— . — — .	)	— . — — . —	$	. . . — . . —	&	. — . . .
@	. — — . — .	–	–	–	–	–	–

● 单词间的停顿：0000000（占据时间为7*t*）

从编码上可以看出字母"E"和"T"是最短的。最初在设计编码时，莫尔斯统计了每个英文字母出现的频率，结果显示这两个字母出现的频率最高，所以它们被赋予了最短的编码。

在程序中，uint8_t GetEncode（uint8_t character）函数负责将character转化为莫尔斯电码。因为编码长度不同，所以最高位需要用1进行占位操作，用户输入的字符会被拼接在字符串message中，同时还会显示在OLED显示屏上。当收到回车信号后，会对message进行编码，同时使用蜂鸣器进行播放，具体如程序2所示。

程序2

```
if (Received == 1) { // 处理回车信号
  Serial.print("Message>"); Serial.
print(message); Serial.println("<");
  for (uint8_t i = 0; i < Index; i++)
{
    Encode = GetEncode(message.
charAt(i));
    Serial.print(message.charAt(i));
Serial.print(":"); Serial.
print(Encode, HEX);
    while (Encode != 0x1) {
    if ((Encode & 0x1) == 0) { // 短
      digitalWrite(SENDPINT, HIGH);
      delay(DELAYDI);
      digitalWrite(SENDPINT, LOW);
      Serial.print(".");
    } else {// 长
```

```
      digitalWrite(SENDPINT, HIGH);
      delay(DELAYDAH);
      digitalWrite(SENDPINT, LOW);
      Serial.print("-");
    }
    Encode >>= 1;
    delay(DELAYDIDAH);
    }
    delay(DELAYCHAREND);
    Serial.println("");
  }
}
```

键盘输入字符串流程如图9所示。

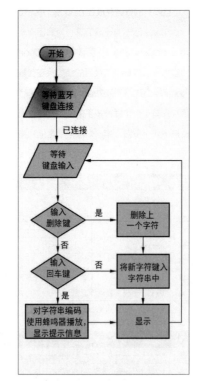

▌图9 键盘输入字符串流程

程序烧录好之后就可以使用声音莫尔斯电码发射装置了。首先，将设备连接上蓝牙键盘，之后蓝牙键盘输入的字符会显示在显示屏上，输入完成后按下回车键，字符串就通过蜂鸣器发出"嘀嗒"的声音，配合手机App将听到的声音还原为字符，可以在手机上看到和输入内容相同的字符串。

结语

普通人最容易接触的莫尔斯电码应该是SOS求救信号。SOS这几个字母组合本不是什么英文缩写，本身也没有任何的意义。选用它是因为"S""O"这两个字母的莫尔斯电码是3个"·"和3个"—"，很容易与其他字母区分。

SOS求救信号的广泛应用还和人类历史上著名的海难——泰坦尼克号沉没有关。1906年，第二届国际无线电会议在柏林召开，这次会议确定了SOS为遇险求救信号。在此之前，英国马可尼无线电公司规定使用CQD作为船舶遇险求救信号。1908年，已经有国际组织建议使用SOS作为官方的国际遇险求救信号，但马可尼公司并没有来得及全面更换新信号。

1912年4月14日23点40分，泰坦尼克号右舷撞到了冰山，船体出现缝隙，海水大量涌入。这艘巨轮并没有立刻沉没，而是开始缓慢地下沉，船上的人还有时间自救。泰坦尼克号电报员菲利普斯发出了求救信号CQD。但因D（—··）易与其他字母混淆，周围船并未意识到这是求救信号，没有快速救援。无奈之下，泰坦尼克号改变了求救信号的内容，添加了SOS的信号。这时候，周围的船只才意识到泰坦尼克号遇险需要救援。卡帕西亚号最先赶到现场，并立即展开了救援工作，最终救出了710名幸存者。这次事件让世界范围内逐渐达成共识：采用SOS作为遇险求救信号。🅧

模仿中国传统拉弦乐器
——电子二胡

▌ 张鹏

演示视频

作为一名理工男，我对音乐有着难以言说的兴趣，但是在音乐领域一直缺乏专业指导，只在小学期间上过几节音乐课，记得一些简谱的概念。后来中学期间忙于学习文化课，大学又选择了电子类专业，我与音乐渐行渐远了。如今我已经参加工作，小时候埋在心里的种子终于发芽了，工作闲暇，我利用自己专业的相关知识，设计了几款电子乐器，和大家分享。

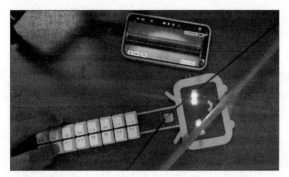

▌ 图1 电子二胡

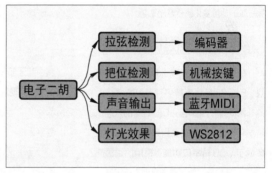

▌ 图2 电子二胡的4个模块

本次给大家介绍的是模仿中国传统拉弦乐器制作的电子二胡，如图1所示，它一共有16个按键，每个按键对应一个音符，演奏时需连接"库乐队"App，借助手机扬声器发出声音。

创作思路

常见的拉弦乐器有很多，如二胡、小提琴等，演奏时一般用左手按弦、右手拉弓。要制作一个可以拉弦的电子乐器，首先要设计拉弦检测电路，通过拉弦控制音量，拉得越快，音量越大。其次要完成把位检测功能，左手手指按在不同的位置，发出不同的声音。然后还要有声音输出的部分，把我们演奏的声音播放出来。最后为了提升演奏时的氛围，我设计了灯光效果。我将整个产品划分成了4个模块，如图2所示。

要设计拉弦动作检测电路，采用滑动变阻器或许是一个简单的方案，但是市面上能买到的滑动变阻器行程普遍较短，难以满足拉弦的要求，而且这种机械结构很容易在拉弦时松动，导致接触不良。我尝试了多种方案后，最终选择了使用EC11旋转编码器（见图3）来检测拉弦动作。首先EC11旋转编码器具备无限行程，可以满足拉弦的要求，其次EC11旋转编码器机械结构相对稳定，长期拉动不易损坏。除了EC11旋转编码器，还需要准备一根木棍和一段细绳，作为弓和弦，将弦缠绕在EC11旋转编码器上，拉动弦带动编码器旋转，通过控制拉弦动作的快慢改变EC11旋转编码器的转速。

正常的编码器在旋转的时候会产生"哒哒哒"的振动，电子二胡需要相对平滑地旋转，拉弦的时候才比较自然。于是我将编码

▌ 图3 EC11旋转编码器

▌ 图4 用镊子取下弹片

器拆开，找到里面的弹片，用镊子取下弹片（见图4），再将其组装回去，编码器旋转的时候就不会振动了。

把位检测部分采用了机械键盘的红轴按键（见图5），我模仿二胡的双弦结构，将按键排成了2列，每列8个按键，按下不同的按键，演奏时发出不同的音。具体的二胡指法如图6所示。

二胡的音色很难通过电路模拟来生成，所以我在声音输出部分利用蓝牙 MIDI 协议连接手机，配合手机上的"库乐队"或者"自乐班"App，用手机扬声器发出声音。灯光效果方面采用了4个 WS2812 灯珠，可根据拉弦的速度变化调节灯光亮度。

硬件设计

在主控芯片上，我选择了 ESP32 模块。ESP32 模块支持多种开发方式，入门非常简单，深受电子 DIY 玩家的欢迎。烧录和调试程序都需要用到串口，该产品集成了 USB 转串口功能，采用的是国产 CH340N 模块。为了方便拿到室外演奏，该设备采用锂电池供电，并配备了锂电池充电功能，充电芯片采用的是 TP4055 模块。指示灯采用的是自带控制器的 WS2812 彩色灯珠，完整的电路如图7所示。

由于二胡体形比较长，所以 PCB 采用了上下分段的设计形式，PCB 上半部分（见图8）是乐器的把位，摆放 16 个红轴按键，其余的元器件放在 PCB 下半部分（见图9）。中间采用 EC11 编码器将上下两部分电路板固定在一起。焊接完成的电路板下半部分如图10所示。

程序设计

ESP32 模块支持多种开发方式，本文用 MicroPython 语言设计简单的程序。首先导入相关的功能模块，如程序1所示。

程序1

```
from machine import Pin
import ubluetooth,time
from ubluetooth import BLE
from neopixel import NeoPixel
```

其中蓝牙部分，需要按照蓝牙 MIDI 协议的要求，实现对应的服务、特性，如程序2所示。

程序2

```
ble = BLE()
ble.active(True)
MIDI_SERVER_UUID=ubluetooth.
UUID('03B80E5A-EDE8-4B33-A751-
6CE34EC4C700')
MIDI_CHAR_UUID=ubluetooth.
UUID('7772E5DB-3868-4112-A1A9-
F2669D106BF3')
MIDI_CHAR = (MIDI_CHAR_UUID,
ubluetooth.FLAG_READ | ubluetooth.
FLAG_WRITE | ubluetooth.FLAG_
NOTIFY , )
MIDI_SERVER = (MIDI_SERVER_UUID,
(MIDI_CHAR , ), ) #把 MIDI 特性放入
MIDI 服务
SERVICES = (MIDI_SERVER, ) #把 MIDI 服
务放入服务集合中
((char_midi, ), ) = ble.gatts_
register_services(SERVICES) #注册服务
到 gatts
#开启蓝牙广播
ble.gap_advertise(100, adv_data =
b'\x02\x01\x05\x05\x09\x45\x72\x68\
x75',resp_data = b'\x11\x07\x00\xC7\
xC4\x4E\xE3\x6C\x51\xA7\x33\x4B\xE8\
xEd\x5A\x0E\xB8\x03')
```

EC11 旋转编码器部分采用引脚中断的形式，编码器每转动1格，就产生一次中断，在中断处理中将中断计数加1，单位时间内的中断次数就能反映 EC11 旋转编码器的转速。灯光部分设计使用 NeoPixel 库，使用起来十分方便，只需要设置一下驱动引脚编号和灯珠数量即可，如程序3所示。

程序3

```
ec11_a = Pin(15, Pin.IN, Pin.PULL_
UP) #编码器引脚 A
ec11_b = Pin(17, Pin.IN, Pin.PULL_
UP) #编码器引脚 B
np = NeoPixel(Pin(13, Pin.OUT), 4)
#引脚13驱动4个 WS2812 灯珠
counter=0 #编码器计数
def func(v):
  global counter
  counter +=1 #每旋转1格编码器计数值加1
ec11_a.irq(trigger=Pin.IRQ_FALLING,
handler=ec11_func)
```

把位按键检测同样使用了中断的形式，每个按键对应1个引脚，初始化时，将按

图5 红轴按键

3	5̣
4	6̣
5	7̣
6	1
7	2
1̇	3
2̇	4
3̇	5

图6 二胡指法

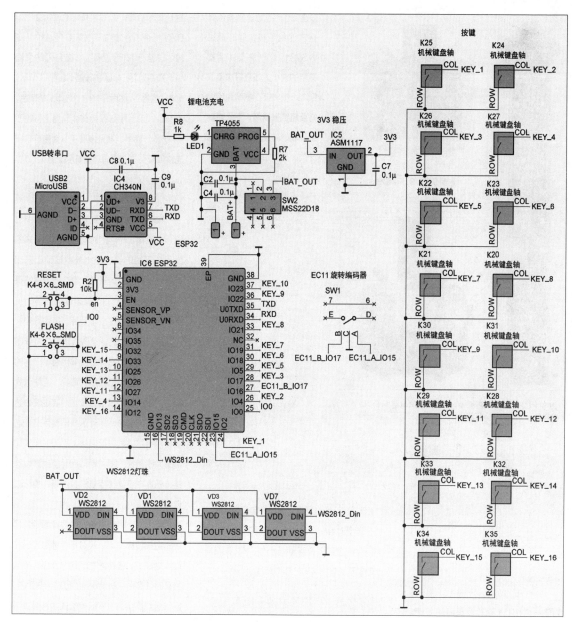

图7 完整的电路

键对应的引脚设置为上拉输入模式，按下按键时产生下降沿中断，松开按键时产生上升沿中断。在中断程序中，首先检测当前中断是下降沿中断还是上升沿中断，如果是下降沿中断，则演奏音符；如果是上升沿中断，则停止演奏，然后将音符对应的MIDI指令通过蓝牙MIDI协议发送给手机。具体如程序4所示。

程序4

```
midi_start = 0x48
midi_inve = [0,2,4,5,7,9,10,12,9,10,
12,14,16,17,19,21]
keys = [Pin(i, Pin.IN, Pin.PULL_UP)
for i in (2,4,17,14,5,18,19,21,22,23
,27,26,25,33,32,12)]
def key_func(k):
print(k)
```

```
if k > 99: #上升沿中断
  ble.gatts_notify(0, char_midi,
bytearray([0x80, 0x80, 0x80,midi_
start + midi_inve[k-100],
0x00]))
else:#下降沿中断
  ble.gatts_notify(0, char_midi,
  bytearray([0x80, 0x80, 0x90,midi_
  start + midi_inve[k],0x63]))
```

▌图9 PCB 下半部分

▌图8 PCB
上半部分

▌图10 焊接完成的电路板下
半部分

过蓝牙 MIDI 协议将音量数据发送给手机，同时通过 WS2812 灯珠来反映演奏音量的大小。注意每次读取 EC11 旋转编码器转速后，需要将数据清零，下一时刻编码器的转速重新从零开始计数。具体如程序 5 所示。

程序5

```
while True:
    v=counter
    counter = 0
    v = int(v/5)
    if v > 128:v=128
    print(v)
    ble.gatts_notify(0,
    char_midi, bytearray
    ([0x80, 0x80, 0xB0,
    0x07, v]))
    np[0] = (0,v,0)
    np[1] = (V,0,0)
    np[2] = (0,0,v)
    np[3] = (0,v,v)
    np.write()
    time.sleep_ms(100)
```

```
keys[0].irq(trigger=Pin.IRQ_FALLING|
Pin.IRQ_RISING,handler=lambdap:key_
func(p.value()*100+0)) #16个按键设置相
同，此处给出第 1 个和第 16 个设置
keys[15].irq(trigger=Pin.IRQ_FALLING|
Pin.IRQ_RISING,handler=lambdap:key_
func(p.value()*100+15))
```

在程序的 While 循环中，每隔 100ms 读取一次 EC11 旋转编码器的转速，将编码器的转速映射成演奏的音量，然后通

Python 是一种解释型语言，执行效率相对较低，所以通过上述程序实现的功能，在演奏时会有一些时延。感兴趣的读者可以尝试通过 C 语言重写上述程序，在演奏时实现更好的实时性和稳定性。

操作方法

首先在手机上安装"库乐队"App，

打开蓝牙功能，然后给我们的设备上电，在"库乐队"App 中依次单击"设置""高级""蓝牙 MIDI 设备"，在打开的页面中选择名为"eErhu"的设备，如图 11 所示，单击"连接"。然后在软件中选择二胡音色，用准备好的弓和弦缠绕在编码器上，如图 12 所示，就可以准备演奏了。大家可以扫描文章开头的二维码观看演示视频。

结语

从萌生设计想法到把电子二胡制作出来，大概花了一年的时间。最终做出来的成品与开始的设想相比既有设计上的创新，也有功能上的妥协。最令我满意的是在设计中采用 EC11 旋转编码器作为拉弦的元器件，不仅成本低廉、结构稳定，还在很大程度上还原了真实的二胡拉弦感觉。不足之处则是使用按键代替了二胡的弦，只能演奏一些固定的音符，无法像真实的二胡那样通过音与音之间的过渡表达更加丰富的情感。另外这款乐器目前还需要连接手机才能进行演奏，很多时候使用起来并不是很方便，期待后面能通过设计让该乐器在不连接手机的情况下，也可以自己发出声音。

制作过程中我也遇到了很多困难，但是一直都没有放弃，经过不停地思索，一点点地改进，最终才有了这个作品。灵感很多时候都是在动手制作的过程中产生的，所以遇到瓶颈时，不断地尝试才是解决问题的最好方法。🅧

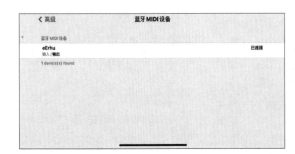

▌图11 连接"eErhu"

▌图12 准备演奏

DIY 电动滑板

▌刘鹏 易建钢 朱宇飞 龙小羽 田程

当今社会生活中，各种轻巧便捷的代步工具成为了一种潮流，电动滑板由于其自由的运动方式和在滑行时所带来的运动快感，广受青少年的青睐。基于滑板的智能化需求，我们DIY了一款多传感器数据融合的智能电动滑板，使用Arduino对超声波传感器及光照传感器的信息进行读取，实现自动灯光控制和自动紧急刹车控制。同时，该电动滑板搭载了无线通信模块，用户可以利用手机蓝牙控制其加速或后退，在用它代步的同时也能体会到运动的乐趣。

近年来，电动滑板车受到越来越多人的关注，在一些欧美城市甚至成为个人代步的主力军。电动滑板车是以传统滑板为基础，加上手扶杆和电力套件的两 / 三 / 四轮交通工具。

比起电动摩托车、电动自行车，电动滑板车出现的时间相对较晚，并且是随着前两者的发展而逐步完善的。我们在学校里上课，有时离教室比较远，于是想自己动手做一个代步工具。我们打算做一个电动滑板，但在方便出行的同时，也要注意使用安全。

制作原理

本设计的系统结构如图 1 所示，采用长板滑板板面直流无刷电机，通过 CAD（计算机辅助设计）软件绘制特殊规格的长板滑板的皮带轮及电机支架。以 11.1V、4500mAh 的 3S 航模电池供电，配以专用直流无刷电调。主控电路连接 HC-05 蓝牙模块，以 Arduino UNO 为控制核心，采用PWM（脉冲宽度调制）方式驱动无刷电机，使用蓝牙数据通信协议进行无线数据传输。

机械模块

滑板部分采用长板双翘，推荐板面选材加拿大枫木，采用冷压成型工艺制作出 9 层板面，使板面更弹更韧，承重可达 250kg，且不易断裂，机械模块主要解决的是传动系统搭建及电机的安装。设计高 64mm、长 248mm 的支架作为电机。

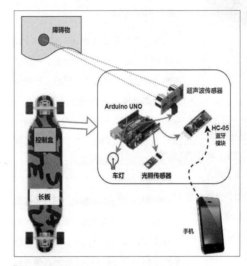

▌图 1 系统结构

▌图 2 机械模块零件

传动系统采用同步带轮传动，使用皮带连接。大齿轮为 36 齿，小齿轮为 12 齿，用5mm×270mm 的齿轮带连接，传动比为3:1。机械模块零件如图 2 所示。

动力电机选型

电机的 KV 值决定着电机的转速增加量，KV 值越大，转速越快。由于静摩擦的存在，电动滑板在启动时的阻力非常大，之后阻力会突然变小，所以电动滑板在启动时常常有顿挫感。因此，电机的选择对电动滑板的安全性尤为重要。根据滑板的启动特性，应选用 KV 值较小的电机。

1. 无刷电机

首先从电机型号上来说，如 N5065 电机，它的直径为50mm，长度为 65mm，前面的 N 表示系列号。N 和 C是常见的电机系列号，与 C系列电机相比，N 系列电机的做工更好、工作效率较高、功率大、发热小、扭力大、磁铁长度和定子长度稍微大一些。N 系列电机的尾部为平面，C 系列电机的尾部为锥形。部分常见无刷电机的参数见表 1。

可以看到，KV 值同为 400 的 N5065电机比 C5065 电机的功率大、电压高、质量大。（注：这里只说了 KV 值为 400，你也可以选择 270。）

根据公式：转速 =KV 值 × 电压，可得出 N5065 电机转速为 8800r/min，C5065 电机转速为 8000r/min。

本设计选用 KV 值为 270 的 N5065外转子无刷电机（见图 3），它具有较宽的电压、电流区间，且价格十分亲民，质量适中，一定速度下转矩大、启动快。

▋图 3 N5065 无刷电机（左）与 C5065 无刷电机（右）

▋图 4 80A 电调

2. 无刷电调

电调，全称电子调速器，它根据控制信号调节电机的转速。针对不同电机，电调可分为有刷电调和无刷电调。电调输入为直流，可以接稳压电源或锂电池，一般需 2~6 节锂电池供电。输出为三相脉动直流，直接与电机的三相输入端相连。如果上电后电机反转，只需要把这 3 根输出线中的任意两根对换位置即可。电调还有一根信号线引出，用来与接收机连接，控制电机的运转，连接信号线需共地。部分电调的参数见表 2。

电调有 4 种非常贴心的保护功能。

● 欠压保护：由用户通过程序设定，当电池电压低于保护阈值时，电调自动降低输出功率。

● 过压保护：输入电压超过允许输入范围时，电调将不予启动，自动保护，同时发出急促的"哗哗"告警声。

● 过热保护：内置温度检测电路，MOS 场效晶体管温度过高时，电调自动关断。

● 遥控信号丢失保护：遥控信号丢失 1s 后，电调降低功率，再有 2s 无遥控信号则关闭输出。

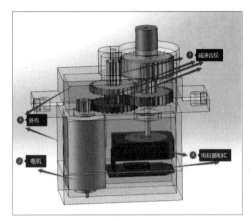

▋图 5 舵机内部结构

本设计采用 80A 电调（见图 4）。连接无刷电调与 3S 航模电池时，一定要注意两种接口方式，这里采用 T 形插头连接。此时将 80A 电调自带的 BEC 连接 Arduino UNO 开发板供电，80A 电调 BEC 有 5V/7A 的输出（内置开关稳压模式），足够带动其他外部设备。

3. 电机控制

用单片机输出控制信号，可以轻松输出 0 或 1。假设速度峰值时单片机输出的控制信号是 1，停止时为 0，那么中等速度的控制信号可以用 0.5 表示。单片机不能直接输出 0.5，但我们可使单片机的

输出快速地在 0 和 1 之间切换，其输出结果与 0.5 相似。具体地，通过 analogWrite() 函数来进行控制。也可参考舵机控制，舵机内部结构如图 5 所示。

在本设计中使用的电机是 KV 值为 270 的 N5065 无刷电机。无刷电机和有刷电机有相似之处，也有转子和定子，只不过和有刷电机的结构相反：有刷电机的转子是线圈绕组，与动力输出轴相连，定子是永磁磁钢；无刷电机的转子是永磁磁钢，连同外壳一起和动力输出轴相连，定子是绕组线圈，去掉了有刷电机用来交替变换电磁场的换向电刷。依靠改变输入无刷电机定子线圈上的电流波交变频率和波形，在绕组线圈周围形成一个绕电机几何轴心旋转的磁场，这个磁场驱动转子上的永磁磁钢转动，电机就转起来了，电机的性能和磁钢数量、磁钢磁通强度、电机输入电压大小等因素有关，更与无刷电机的控制性能有很大关系，因为输入的是直流

表 1 部分常见无刷电机参数

型号	KV 值	直径（mm）	轴径（mm）	额定电压（V）	额定电流（A）	功率（W）	质量（g）	电流（A）
C5055	800	50	8	16	80	1290	380	80~100
C5065	400	50	8	20	80	1665	380	80~100
C6364	270	63	10	30	90	2650	645	90~120
C6374	270	63	10	30	100	2900	790	100~120
N5055	400	50	8	20	80	1560	329	80~100
N5065	400	50	8	22	80	1820	430	80~100

表 2 部分电调参数

型号	输出（A）	输入（V）	长 × 宽 × 高（mm）	质量（g）
12AE	12 ~ 15	7.4	38 × 18 × 7	10
30A	30 ~ 40	7.4 ~ 11.1	68 × 25 × 8	37
50A	50 ~ 65	7.4 ~ 14.8	68 × 25 × 12	43
80A	80 ~ 100	11.1 ~ 18.5	86 × 38 × 12	80
N5055	400	50	–	20
N5065	400	50	–	22

电，需要电调将其变成三相交流电，还需要从遥控器接收机那里接收控制信号，控制电机的转速，以满足模型使用需要。相比于传统直流有刷电机，无刷电机具有能量密度高、力矩大、质量小、性能好等优点，更加可靠，但是无刷电机的驱动比有刷电机要复杂得多，需要使用专门的电子驱动器（电调）。为降低开发难度，该部分采用了汽车模型用的无刷电调，这种电调可根据输入的 PWM 信号占空比来控制无刷电机的转速。

主控板及其遥控模块

本设计选用 Arduino UNO 开发板作为控制芯片，手机 App 收发作为上位机进行遥控。

1. 主控芯片选择

Arduino UNO 基于 ATmega328P 的开发板有 14 个数字输入 / 输出引脚（其中 6 个可用于 PWM 输出）、6 个模拟输入引脚，一个 16MHz 的晶体振荡器，一个 USB 接口，一个 DC 接口，一个 ICSP 接口，一个复位按钮。它包含了微控制器所需的一切，用户只需简单地把它连接到计算机的 USB 接口，或者使用 AC-DC 适配器或电池，就可以使用它。

2. 无线通信模块的选取

本设计的无线通信模块选择 HC-05 主从机一体蓝牙模块，该模块功耗低，稳定性强，具有很好的抗干扰能力。使用蓝牙模块以后，可以实现双向通信，加入显示模块及其他传感器模块后，遥控器可显示电池电量、行驶速度、行驶里程和载重等，为之后功能的增加和改进提供了便利。同时，大量搭载蓝牙的设备可以用于控制滑板，例如开发手机 App 控制端，将手机作为遥控器端使用。

本设计的遥控器和主控板上分别有一块 Arduino UNO 和一个 HC-05 蓝牙模块。在蓝牙模块设置了自动配对之后，上电时它们就进入传输状态，这时，在程序

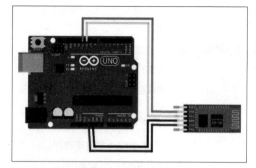

■ 图 6 蓝牙模块接线

中使用 mySerial.available() 及 mySerial.read() 函数，便可实现遥控器与主控板之间的数据传输。这一部分的实现有两个主要步骤：首先是进入 AT 模式对蓝牙模块进行设置，这里要注意正确接线，设置完成后，就可以将蓝牙模块的 TXD 与 Arduino UNO 的 RX 引脚连接，RXD 与 Arduino UNO 的 TX 引脚连接；再编写程序，实现数据的传输与读取。HC-05 蓝牙模块与 Arduino UNO 开发板的连接如图 6 所示，再通过 Android 平台上的蓝牙串口调试助手 App，来测试我们的试验是否成功。

通过 Arduino IDE 在 Arduino UNO 开发板中烧程序 1。

程序 1

```
#include <SoftwareSerial.h>
// Pin10 为 RX 引脚，接 HC-05 的 TXD 引脚
// Pin11 为 TX 引脚，接 HC-05 的 RXD 引脚
SoftwareSerial BTSerial(10,11);
char val;
void setup() {
    Serial.begin(9600);
    Serial.println("Enter AT
commands:");
    BTSerial.begin(38400);}
void loop() {
    if(BTSerial.available())
    Serial.write(BTSerial.read());
    if(Serial.available())
    {
        val = Serial.read();
```

```
        Serial.
println(val);
        BTSerial.
write(val);
    }}
```

成功将程序烧录后，在串口监视器里面输入相应的 AT 指令就可以了。下面是设置 AT 指令的步骤（这里先将蓝牙叫作 A，然后将 A 设置为 Master）。

● 恢复 A 默认设置：在串口监视器中输入 AT+ORGL，蓝牙模块回复 OK。

● 将 A 重命名为 2345vor：在串口监视器中输入 AT+NAME=2345vor，回复 OK。

● 设置 A 为主端：在串口监视器中输入 AT+ROLE=1，蓝牙模块回复 OK。

至此，蓝牙 AT 指令已全部设置完成，接下来只要断电后，将蓝牙模块连接 3V3 的线拔掉后重新接上，连接成功的标志是 A 模块同步闪烁，并且隔 2s 闪两次。

3. 自动紧急刹车控制

防追尾系统对于驾驶员来说是一大辅助驾驶利器。本设计的防追尾系统主要应用了超声波传感器，利用超声波在空气中的传播速度和时间来测量距离。超声波具有指向性强、能量消耗慢，且在介质中传播距离较远的特点。说到超声波传感器，我们会想到蝙蝠，是的，它的工作原理就是模仿蝙蝠的特性。超声波传感器先发射超声波，然后接收返回的超声波，通过发射和接收到超声波的时间差来计算距离。所以我们就要有一个机制，发出多长时间的超声波信号，理论上在发出信号的同时就要采集了。

本设计的 Arduino UNO 开发板采用的是单线程的程序运行机制，故而发送信号的同时肯定不能采集信号，一般要等发送完毕后开始采集，所以这个模块中就有一个缓冲机制，将收到的信号暂时存储，等待设备来读取。我们同样

要编写串口程序，这里不再赘述。使用超声波传感器模块时，我们要特别注意pulseIn()函数的使用，它用于检测引脚输出的高/低电平的脉冲宽度。

实验设计

实验材料

DIY 电动滑板的材料见表 3。

搭建电路

● 蓝牙 RXD 引脚连接主控板的 TX 引脚，蓝牙 TXD 引脚连接主控板的 RX 引脚。

● 有源蜂鸣器连接主控板的引脚 2。

● 继电器接主控板的引脚 4，然后单独接 LED 后与外接电源串联。

● ESC 定义无刷电机连接主控板的引脚 9，电调提供电源。

● 超声波传感器的 Trig 引脚连接主控板的引脚 6，Echo 引脚连接主控板的引脚 5。

● 光照传感器接主控板的 A0。

电路的整体连接如图 7 所示。

搭建完成的实物整体效果如图 8 所示。

设计程序

打开 Arduino IDE 新建 Sketch，复制程序 2 并进行保存编译上传。

程序2

```
String throttle;// 定义蓝牙通信的字符串
volatile unsigned int speed_min;
// 定义滑板的最小运动速度
volatile unsigned int speed_level;
// 定义滑板的基础运动速度
volatile unsigned int speed_one;
// 定义滑板的运动速度1
volatile unsigned int speed_two;
// 定义滑板的运动速度2
volatile unsigned int speed_three;
// 定义滑板的运动速度3
volatile unsigned int speed_max;
// 定义滑板的最大运动速度
volatile unsigned int speed_add;
// 定义滑板的单个加速度
volatile long mTime;// 定义当前时间
volatile long test;// 定义中间测试变量
volatile int item;// 定义中间过渡变量
volatile int length;// 定义蓝牙通信的字符串长度
volatile int buzzer;// 定义滑板的扬声器状态
volatile int ledPin;// 定义滑板的车灯状态
volatile int ESC;// 定义滑板的电调输出状态
volatile int light;// 定义滑板的光敏电阻状态
volatile boolean heart;// 定义滑板的蓝牙连接状态
/*
void Action(String throttle)
蓝牙控制滑板的动作响应函数，包含停止、速度
```

表3 材料清单

序号	名称	数量	接线	功能
1	Arduino UNO 开发板	1块	主控板	电动滑板的控制核心
2	传感器扩展板	1块	与 Arduino UNO 开发板对插	板载接口全部引出，方便接线
3	USB 线	1个	VCC、GND、RX、TX 引脚	连接 Arduino UNO 开发板计算机进行程序下载、调试
4	HC-SR04 超声波传感器	1块	接主控板的 VCC、GND、6（Trig）、5（Echo）引脚	超声波测距，检测前方障碍物到滑板的距离
5	光照传感器	1块	接主控板的 VCC、GND、A0 引脚	检测光照强度，判断是白天还是黑夜
6	N5056 无刷电机	1个	三相 UVW 连接电调	滑板的动力部分
7	80A 电调	1个	接主控板的 VCC、GND、9 引脚	连接 3S 航模电池，驱动电机，给主控板供电
8	LED	1块	接继电器的 COM、NC 引脚	滑板的车灯
9	1 路高电平触发继电器	1个	接主控板的 VCC、GND、4 引脚	车灯的开关驱动器
10	有源蜂鸣器	1个	接主控板的 2 引脚	滑板的报警器，相当于车的扬声器
11	HC-05 蓝牙模块	1块	接主控板的 VCC、GND、RX（TXD）、TX（RXD）引脚	接收手机发送的指令信息，转发给主控板
12	3S 航模电池	1块	T 形接头连接 80A 电调	电动滑板的电源
13	长板	1个	–	滑板的主体
14	同步带传动模块	1条	–	电机带动滑板前轮的减速传动装置
15	盒子	若干	–	把电子设备全部包裹起来，起到防水作用
16	泡沫	若干	–	安装电池、主控板核心附着，起到支撑、减震作用
17	热熔胶	若干	–	固定走线和相关封装
18	公母线	若干	–	连接各个电子模块
19	螺丝刀	1套	–	螺栓螺丝紧固
20	电烙铁	1套	–	给盒子开孔和接线
21	安装 Arduino IDE 开发环境的计算机	1台	–	编写程序
22	安装 SPP 蓝牙的手机	1个	–	手机借助 SPP 蓝牙软件发送特定指令的字符串

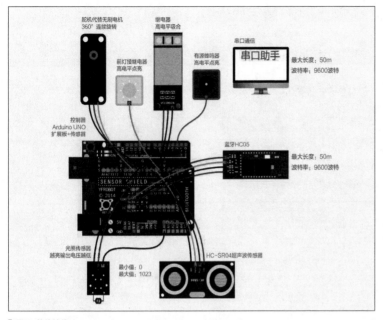

▌图7 整体接线

```
1/2/3/4、加减速、开关灯、鸣笛
参数String throttle是滑板蓝牙接收的数据，
属于字符串类
*/
void Action(String throttle) {
  if (throttle == "stop") {// 滑板停止
指令,关闭电机,此状态可自由滑行(无电机阻尼)
    analogWrite(ESC, speed_level);
    pinMode(buzzer, OUTPUT);
    digitalWrite(buzzer,LOW);
    pinMode(ledPin, OUTPUT);
    digitalWrite(ledPin,LOW);
    item = speed_level;
    buzzer2(1, 500);
  } else if (throttle == "decrease")
{// 滑板降速指令
    if (item > speed_level) {
      for (int i = (item); i >= (item
- speed_add); i = i + (-1)) {
        analogWrite(ESC, i);
        delay(100);
      }
      item = item - speed_add;
      buzzer2(1, 100);
    }
```

```
  } else if (throttle == "increase")
{// 滑板增速指令
    if (item < speed_max) {
      for (int i = (item); i <= (item
+ speed_add); i = i + (1)) {
        analogWrite(ESC, i);
        delay(100);
      }
      item = item + speed_add;
      buzzer2(1, 200);
    }
  } else if (throttle == "one") {
// 滑板速度1指令
    if (item <= speed_one) {
      for (int i = (item); i <=
(speed_one); i = i + (1)) {
        analogWrite(ESC, i);
        delay(50);
      }
    } else {
      for (int i = (item); i >=
(speed_one); i = i + (-1)) {
        analogWrite(ESC, i);
        delay(50);
      }
    }
```

```
  }
    item = speed_one;
    buzzer2(1, 150);
  } else if (throttle == "two") {
// 滑板速度2指令
    if (item <= speed_two) {
      for (int i = (item); i <=
(speed_two); i = i + (1)) {
        analogWrite(ESC, i);
        delay(50);
      }
    } else {
      for (int i = (item); i >=
(speed_one); i = i + (-1)) {
        analogWrite(ESC, i);
        delay(50);
      }
    }
    item = speed_two;
    buzzer2(2, 150);
  } else if (throttle == "three")
{// 滑板速度3指令
    if (item <= speed_three) {
      for (int i = (item); i <=
(speed_three); i = i + (1)) {
        analogWrite(ESC, i);
        delay(50);
      }
    } else {
      for (int i = (item); i >=
(speed_three); i = i + (-1)) {
        analogWrite(ESC, i);
        delay(50);
      }
    }
    item = speed_three;
    buzzer2(3, 150);
  } else if (throttle == "four") {
// 滑板速度4指令
    if (item <= speed_max) {
      for (int i = (item); i <=
(speed_max); i = i + (1)) {
        analogWrite(ESC, i);
```

```
      delay(50);
    }
  } else {
      for (int i = (item); i >=
(speed_max); i = i + (-1)) {
        analogWrite(ESC, i);
        delay(50);
    }
  }
  item = speed_max;
  buzzer2(4, 150);
  } else if (throttle == "turn on")
{// 滑板开灯指令
    pinMode(ledPin, OUTPUT);
    digitalWrite(ledPin,HIGH);
    buzzer2(1, 200);
  } else if (throttle == "turn off")
{// 滑板关灯指令
    pinMode(ledPin, OUTPUT);
    digitalWrite(ledPin,LOW);
    buzzer2(1, 200);
  } else if (throttle == "buzzer on")
{// 滑板长鸣笛指令
    buzzer2(2, 300);
  } else if (throttle == "buzzer
off") {// 滑板短鸣笛指令
    buzzer2(2, 100);
  }
  Serial.print("item=");
  Serial.print(item);
  Serial.println(throttle);
  throttle = "";
}
/*
void lanya()
手机蓝牙与滑板蓝牙通信解析函数，包含获取手
机蓝牙下发的指令，检查是否启动滑板和复位滑
板功能
*/
void lanya() {
  if (Serial.available() > 0) {
    throttle = Serial.readString();
    if (throttle == "start") {// 检查
```

```
是否满足启动滑板要求，开始指令
      Serial.println("Bluetooth
mode");
      Serial.println("Start,read go!");
      buzzer2(3, 200);
      throttle = "";
      do{
        throttle = Serial.
readString();
        if (throttle == "reset") {
// 复位重启滑板指令
          analogWrite(ESC, speed_min);
          pinMode(buzzer, OUTPUT);
          digitalWrite(buzzer,LOW);
          pinMode(ledPin, OUTPUT);
          digitalWrite(ledPin,LOW);
          Serial.println("reset");
          buzzer2(1, 500);
          break;
        } else if (throttle !=
"reset" && throttle != "") {// 正常运
行滑板指令
          delay(10);
          Action(throttle);
        }
        delay(10);
      }while(true);
    }
  }
}
/*
void buzzer2(int x, int y)
滑板扬声器响应函数
参数x是鸣笛次数，参数y是延迟时间
*/
void buzzer2(int x, int y) {
  for (int i = (1); i <= (x); i = i
+ (1)) {
    pinMode(buzzer, OUTPUT);
    digitalWrite(buzzer,HIGH);
    delay(y);
    pinMode(buzzer, OUTPUT);
    digitalWrite(buzzer,LOW);
```

```
    delay(y);
  }
}
/*
void light_check()
自动开灯检测函数，如果检测光照强度小于
200，则自动打开滑板灯光
*/
void light_check() {
  light = analogRead(A0);
  if (light < 200) {
    pinMode(ledPin, OUTPUT);
    digitalWrite(ledPin,HIGH);
  } else {
    pinMode(ledPin, OUTPUT);
    digitalWrite(ledPin,LOW);
  }
}
/*
void setup()
初始化函数，定义前期变量赋值，设置蓝牙通信
波特率，使能滑板的电机驱动器和其他相关设备
*/
void setup(){
  throttle = "";
  speed_min = 80;
  speed_level = 100;
  speed_one = 140;
  speed_two = 165;
  speed_three = 190;
  speed_max = 220;
  speed_add = 10;
  mTime = 0;
  test = 0;
  item = speed_level;
  length = 0;
  buzzer = 2;
  ledPin = 4;
  ESC = 9;
  light = 0;
  heart = 0;
  Serial.begin(9600);
  analogWrite(ESC, speed_level);
```

```
pinMode(ledPin, OUTPUT);
digitalWrite(ledPin,LOW);
pinMode(buzzer, OUTPUT);
digitalWrite(buzzer,LOW);
buzzer2(1, 500);
pinMode(A0, INPUT);
}
/*
void loop()
主函数，循环执行手机蓝牙与滑板蓝牙通信解析
函数和自动开灯检测函数
*/
void loop(){
  do{
    lanya();
    delay(10);
    light_check();
  }while(true);
}
```

MIxly 图形化程序如图 9 所示。

动手操作

首先进行光照检测，如光线较弱，则电动滑板会自动打开前灯。

连接蓝牙，发送"start"开始遥控，发送"one""two""three""four"即可实现稳步增速，发送"increase""decrease"即可实现精准调速，发送"turn on""turn off"即可打开 / 关闭前灯的高电平触发继电器，发送"buzeer on""buzeer off"即可触发 / 关闭有源蜂鸣器。

发送"stop"即可关闭所有增益，发送"reset"即可实现复位跳出循环，再次发送"start"又重新开始遥控，操作界面如图 10 所示。

超声波传感器检测到与前方物体的距离小于 100cm 时，所有增益及时关闭，实现电动滑板的自动紧急刹车保护，程序执行时，有源蜂鸣器会鸣响作为反馈。此外，心跳包程序可判断蓝牙是否断开连接，若蓝牙断开连接，所有增益及时关闭，实现电动滑板的失控保护。

图 8 整体效果

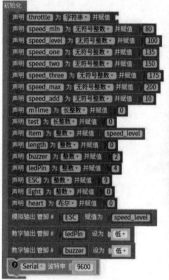

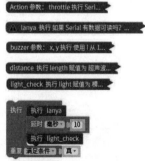

图 9 MIxly 图形化程序

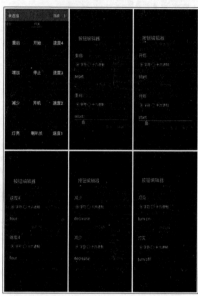

图 10 操作界面

结语

本设计中，我们基于 Arduino UNO 开发板设计了一个电动滑板，加入 HC-05 蓝牙模块进行无线通信，并设计开发了机械零部件，编写主控板及遥控器程序，实现了电动滑板的功能。

通过测试，本设计功耗低，续航能力强，能轻松爬陡坡；速度容易调节，可通过遥控器进行调节，也可通过后续开发蓝牙设备上位端进行调节。

编写了失控保护程序，当电机在运转时，如果与上位机断开连接，Arduino UNO 开发板会将油门值降为零，大大避免了事故的发生。

本设计还留有其他接口，并预留了一定的扩展空间，方便产品的后续研发与升级。⊗

桌面氛围灯摆件

▍23studio

最近看到很多人在使用类似灯箱的电气灯（见图1），我受此启发，有了自制一款桌面氛围灯的想法。

我通过立创面板定制服务（见图2）来制作桌面氛围灯的外观，选用大小为200mm×300mm、厚2mm的透明亚克力面板，组装后的成品大小为150mm×55mm×50mm。

这款桌面氛围灯支持电池供电和外部供电，具有无级调光、灯光记忆等多种模式。

▍图1 电气灯

▍图2 立创面板定制

硬件介绍

LED选型

光源采用26mm LED灯丝（见图3）。LED灯丝可以实现360°发光，且不需要加透镜，它的驱动电压范围大，不会因为被直接接入电池而受损。

电池

桌面氛围灯采用聚合物锂电池（见图4）供电，电池的大小为30mm×20mm×5mm，正好可以被粘贴在侧板上而不影响美观。

调光芯片

调光芯片采用SGL8022W（见图5），它的应用电路简单，外围元器件少，而且这款芯片加工方便、成本低，可在多种介质下实现触摸功能。

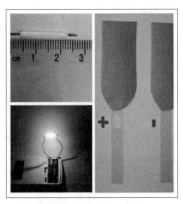

▍图3 26mm LED 灯丝

▍图4 聚合物锂电池

电源管理芯片

电源管理芯片采用MCP73831T-2ATI/OT（见图6）。外部供电与锂电池供电的切换电路主要由AO3401与两个肖特基二极管构成。

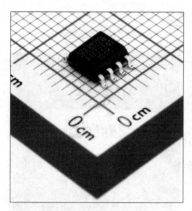

▌图5 SGL8022W

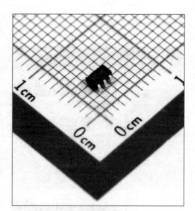

▌图6 MCP73831T-2ATI/OT

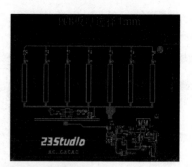

▌图7 PCB 整体设计

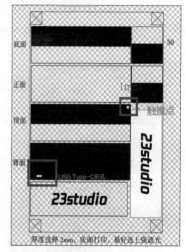

▌图8 面板设计

附表 所需元器件及封装

序号	名称	位号	封装	序号	名称	位号	封装
1	USB Type-C 母座、卧贴	IC10	6Pin	10	10μF 电容	C14、C6	0603
2	2kΩ 电阻	R6、R13、R8	0603	11	20Ω 电阻	R91、R92、R93、R94、R95、R96	0603
3	SGL8022W	IC8	SOP-8_150mil	12	100nF 电容	C16、C15	0603
4	1kΩ 电阻	R14	0603	13	10nF 电容	C17、C6	0603
5	47Ω 电阻	R15	0603	14	S8050	VT6	SOT-23
6	1μF 电容	C7、C8	0603	15	SGM2036-3.0YN5G/TR	U5	SOT-23-5
7	1.5A/13.2V 保险丝管	IC11	1206	16	SS24F	VD1、VD2	SMAF_L3、5-W2、6-LS4、7-RD
8	AO3401	VT3	SOT-23	17	10kΩ 电阻	R1、R88	0603
9	MCP73831T-2ATI/OT	IC2	SOT-23-5	18	LED	LED1、LED2	0603

稳压器

桌面氛围灯采用 SGM2036-3.0YN5G/TR 进行 3V 稳压，这是一款低功耗、低压差、高 PSRR、低纹波的线性稳压器。

所需元器件及封装

制作桌面氛围灯所需的元器件及封装见附表。

PCB设计

PCB 的整体设计如图 7 所示，为了实现立式结构的要求，将 PCB 设计为两块分板，采用焊接方式连接。这样设计使桌面氛围灯既能竖直发光，又可以满足充电要求。LED 灯丝的供电电压为 3V，串联 20Ω 电阻限流，实测其亮度适中，并无发热现象。

面板设计

为了实现面板的最大化利用，我设计了一套外壳和两片插板（见图8）。其中，可在插板上自定义图案和文字。

组装测试

1 将 PCB 切割成两块分板，打磨边缘后即可焊接使用。

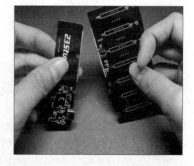

2 依次将所需元器件放置在对应位置，采用回流焊工艺进行焊接，最后焊接两块分板。

4 焊接触摸点。

5 最后放入中间插板，本项目完成，就获得了一个桌面氛围灯摆件。

3 通过美纹纸固定亚克力侧板，在缝隙滴入适量亚克力黏合剂。完成固定后，撕掉美纹纸即可。

结语

本桌面氛围灯仅需要很少的元器件即可实现，操作简单、价格实惠，而且有不错的效果，用来显示个人的标志是非常合适的。目前，这个桌面氛围灯的功能还比较单一，我会在后续开发 RGB 色彩模式、人体传感等功能。 Ⓧ

利用蝗虫触角和人工智能使机器人具有嗅觉

以色列特拉维夫大学的研究人员研制出一款有"嗅觉"的机器人，该机器人识别气味的灵敏度是专业设备的 10000 倍。

研究人员通过生物传感器为机器人开发出嗅觉能力，该机器人制作灵感来源于蝗虫触角。研究人员将他们的机器人描述为生物混合平台，它具有一组从沙漠蝗虫身上提取的触角，该触角连接到一个电子系统，该系统可以测量触角在检测到气味时产生的电信号。

研究人员将机器人与算法配对，该算法学习利用信号输出来描述气味。通过这种方式，该团队创建了一个可以可靠地区分 8 种"纯"气味（包括天竺葵、柠檬和杏仁糖）以及两种不同气味混合物的系统。实验结束后，研究人员继续识别其他不同和不寻常的气味，如各种类型的苏格兰威士忌，结果发现与标准测量设备的比较表明，这套系统中蝗虫触角识别气味的灵敏度比如今使用的设备高约 10000 倍。

由于该机器人是可移动的，科学家们现在正在研究如何让它跟随气味找到气味来源。人们希望这项技术最终能够应用于炸弹检测或追踪罪犯等。

基于 HomeKit 协议的
智能灯控板

▌ 洪立玮

演示视频

HomeKit 是苹果公司推出的一个智能家居平台，它可以让用户使用苹果设备对智能家居设备进行配置、通信和控制。用户可以在 HomeKit 服务中设计房间、物品和动作，通过 Siri 利用简单的语音命令或通过"家庭"App 实现对智能家居设备的自动化控制。

本文采用非商用版 HAP 协议，其为免费版本，但是无法获得 MFi 认证，也不会有横幅提示，相比认证的设备功能有所减少，自适应照明、HomeKit 安全视频等进阶功能都必须通过苹果 MFi 认证才能激活，但对于一般用户，使用时基本没有差别，仅仅是在配对接入时会提醒该设备未经认证，直接忽略即可。任何完成注册的开发者都可以在网站上获取该协议，但采用非商用版 HAP 协议的设备不得用于商业用途，也不能公开分发或者销售。

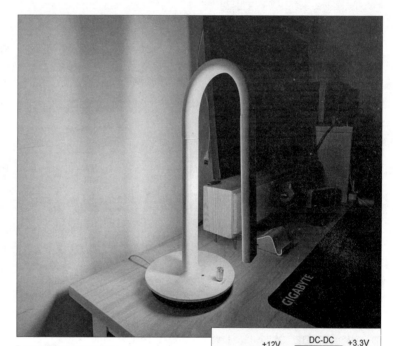

▌ 图 1 改造后的飞利浦台灯

▌ 图 2 12V 转 3.3V 电路

项目介绍

本项目设计并制作了双路无极调光灯控板，通过 Wi-Fi 接入苹果"家庭"App，可实现手机、语音和本地 3 种控制方式。预留了光线传感器（GY-30 模块）输入引脚、两路人体传感器输入引脚、按键引脚和烧录引脚，可应用于台灯智能化改造、智能小夜灯或其他低压直流调速场景。我将供电电路被烧毁的飞利浦台灯改为 HomeKit 接入，并实现了原有功能，改造后的飞利浦台灯如图 1 所示。

硬件介绍

12V 转 3.3V 电路

12V 转 3.3V 电路如图 2 所示，整体电路共两级电压，电路输入为 12V 直流电压，供给 12V 灯带，通过 N-MOS 控制占空比，调节亮度；另一边经过 12V 转 3.3V 的 DC-DC 电源模块降压滤波后，给 ESP-12F 模块和其他传感器供电。人体传感器提供了 12V 和 3.3V 两种电压，使用时需要注意区分。由于 12V 转 3.3V

的 DC-DC 电源模块并非标准模块，使用我提供的 PCB 文件打样时，需注意 DC-DC 模块封装大小，读者可根据自身需求进行对比后选购。

主控电路

本项目主控采用 ESP-12F 模块，该模块核心处理器为 ESP8266，在较小的封装下集成了 Tensilica L106 超低功耗 32 位微型 MCU，主频支持 80MHz 和 160MHz，支持 RTOS，集成 Wi-Fi MAC/BB/RF/PA/LNA。ESP-12F Wi-Fi 模块支持标准的 IEEE802.11 b/g/n 协议，可以利用 Wi-Fi 功能实现 HomeKit 通信。我在 ESP-12F 模块供电处增加了供电和去耦电容，在 RST 引脚增加了复位按钮，主控电路如图 3 所示。

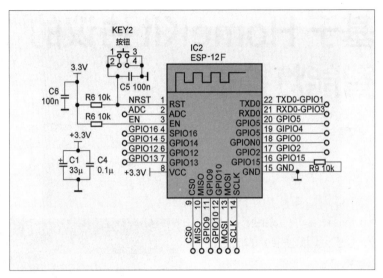

图 3 主控电路

PWM信号电平转换及驱动电路

开关采用 NCE3010S SOP 封装 N 沟道 MOSFET，其耐压值为 30V，漏极持续电流为 10A，可以满足大多数灯带调光功率的需求。在 PWM 输出引脚与 MOSFET 门极之间增加了 PNP 三极管电平转换电路，当 ESP-12F 输出低电平时 S8550 导通，门极电压为 0V；当 ESP-12F 输出 3.3V 时 S8550 关断，门极电压为 10V，保证 N-MOSFET 完全导通。PWM 信号电平转换及驱动电路如图 4 所示。

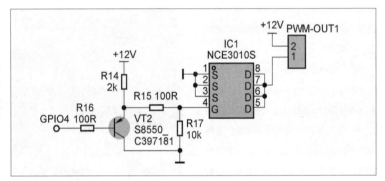

图 4 PWM 信号电平转换及驱动电路

传感器引脚电路

ESP-12F 模块提供的 I/O 引脚并不多，为了物尽其用，在电路设计时我尽可能将引脚全部引出，板载预留了 GY-30 通信引脚（GPIO12、GPIO14）、按键输入引脚（GPIO3，该引脚也为 UART 通信的 RX 引脚，建议优先使用其他引脚）和两路数字输入引脚（GPIO13、GPIO5），针对不同用途，这些以排针形式预留的引脚也可以接入单总线设备或作为输出引脚使用。传感器引脚电路如图 5 所示。

烧录接口电路

ESP-12F 采用串口烧录，烧录接口电路如图 6 所示，简化了烧录流程和对设备的需求，仅需要一块 USB 转 TTL 转接模块即可完成烧录，烧录时需将

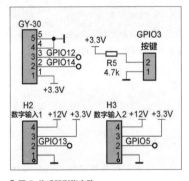

图 5 传感器引脚电路

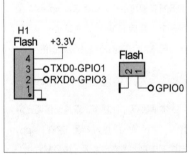

图 6 烧录接口电路

GPIO0 引脚对地短接，复位后模块启动进入烧录模式，将 USB 转 TTL 转接模块的 RX、TX 引脚与 PCB 上的 TX、RX 引脚相连，连接好电源后即可使用烧录工具进行烧录。

共地磁环

电路板数字地与模拟地分开走线，在 DC-DC 模块下方用共地磁环（见图 7）连接。实际应用中，因输出功率较小且

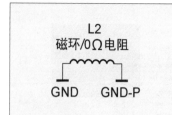

图7 共地磁环

频率较低，相互影响不大，也可以直接短接 L2。

依据 ESP-12F 模块设计手册，为了避免外电路对天线的影响，模块板载天线部分有 3 种处理方式：伸出 PCB、在天线下方挖槽、天线下方不走线（尤其是高频线）且不覆铜。本项目不涉及高频外电路，所以采取不覆铜的方法，整体电路板如图 8 所示，PCB 引脚定义如图 9 所示。

程序与固件

利用上述硬件对一台供电电路损坏的台灯进行改造，台灯光源为两路 12V 灯珠，原台灯控制方式为多路触摸按键，因 ESP-12F 引脚有限，改为用旋转编码器控制，原台灯的光强采集功能可通过 GY-30 光线传感器代替，基本实现了原有功能的完美替代。

我为大家提供了多个示例程序和一个完整的双路调光开关固件，其中固件提供的功能如下。

● 双路 12V 灯带无极调光，一路主灯一路辅助照明，每路 8 比特，共 256 个挡位。

● EC11 旋转编码器用于两路灯光的调光与开关，短按控制主灯开关，长按控制辅灯开关，旋转用于主灯调光，按住并旋转编码器用于辅灯调光。

● 灯光调整加入了伽马校正，保证光线强度线性调整。

● 首次上电模块会自动开启无线接入点，用手机连接后打开 192.168.4.1 可进行 Wi-Fi 扫描并配网，配网完成后

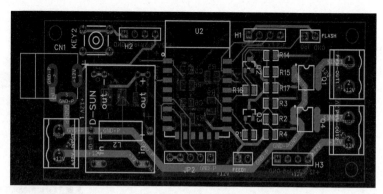

图8 整体电路板

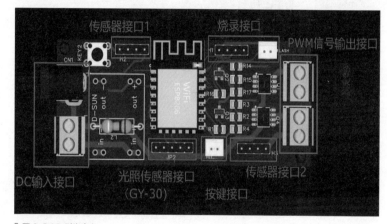

图9 PCB 引脚定义

用苹果"家庭"App 可发现设备并接入 HomeKit。

● 配对后若想重新配对，可以先断电再上电，上电后 10s 内快速单击编码器按钮 8 次，模块会抹除当前配对密钥并等待再次配对。

● 固件对设备命名的方式采用 "Light"+MAC 地址后 6 位的方式，不同模块烧录时不会有重命名导致多台设备无法配对。

● 如果遇到网络不通的情况，10min 后模块会重启，基本避免了配件未响应的问题，目前我家中改造的台灯运行数月尚未遇到"配件未响应"的情况。

固件引脚配置如附表所示。本固件功能相对简单但完成度较高，供初学者复刻和学习，如需要更多自定义功能，我也提供了多个参考程序。

附表 固件引脚配置

ESP-12F 引脚（NodeMCU 丝印脚位）	外设引脚
GPIO12(D6)	EC11(A)
GPIO14(D5)	EC11(B)
GND	EC11(C)
GND	EC11(D)
GPIO13(D7)	EC11(E)
GPIO4(D2)	主灯 PWM 信号输出
GPIO2(D4)	辅灯 PWM 信号输出
8	30V/5A 整流电源
9	红色小球

程序设计

对于有一定 Arduino 编程基础的读者，可以通过修改程序实现自己想要的功能，示例程序中使用到的相关库如下。

● HomeKit-ESP8266 库，作者 mixiaoxiao，版本 1.2.0，提供 HomeKit 协议接入。

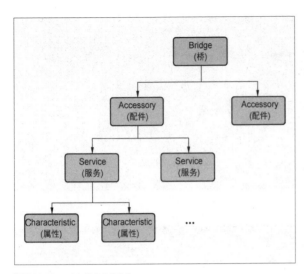

▌图 10 Homekit 设备定义结构

8.23 灯具

属性	值
UUID	00000043-0000-1000-8000-0026BB765291
类型	public.hap.service.lightbulb
必要属性	"9.70 On" (page 191)
可选属性	"9.11 Brightness" (page 162)
	"9.44 Hue" (page 179)
	"9.62 Name" (page 188)
	"9.82 Saturation" (page 197)
	"9.21 Color Temperature" (page 167)

▌图 11 Homekit 中灯具服务的定义

● WiFiManager 库，作者 tzapu，版本 2.0.9-beta，提供 Wi-Fi 配网功能。

● Button2 库，作者 Lennart Hennigs，版本 2.0.3，提供按钮功能，如短按、长按、双击等。

● ESP Rotary 库，作者 Lennart Hennigs，版本 1.6.0，提供编码器旋转功能。

● FadeLed 库，作者 Timo Engelgeer，版本 1.6.0，提供伽马校正功能。

Homekit 设备定义结构如图 10 所示，参考 HAP 开发文档，在 HomeKit 中，每个独立的设备被称为一个配件（Accessory），每个配件可以有多个服务（Service），每个服务又有多个属性（Characteristic）。HAP 文档中规定了 HomeKit 设备的定义方法和包含的属性及服务，如果我们 DIY 的设备不属于其中任何一种，也可以使用定义多个配件的方法，把需要的服务进行拼接，这样就形成了桥（Bridge），这种方式对于 Homebridge 使用者来说应该非常熟悉，不过在 DIY 智能设备时通常以"配件"为单位，因此本文主要介绍苹果预定义的配件。

程序解读

Arduino 工程共两个文件，my_accessory.c 中包含了对 HomeKit 设备的设备类型和属性的定义，two-chanel-lightbulb-rotary.ino 为主文件，包含了所需的配置初始化和逻辑操作。

定义配件步骤非常关键，在 HomeKit-ESP8266 库中，作者提供了示例程序，我们只需要在此程序的基础上进行修改，即可完成所需功能。

my_accessory.c 定义了设备的类型、包含服务和各个服务的属性，定义方式严格遵循 HAP 文档规范。HAP 文档规定了如果我们想要定义一个灯具，那么该设备的 accessory_category 是 Lighting（对应值为 5），这个设备需要控制灯光，那么就需要灯光控制的服务，该灯具服务的定义如图 11 所示。

可以看到，该服务下有多个属性，其中"On"属性是必须包含的（灯最基本的控制就是开和关），其他属性都是可选属性，台灯需要调光，那么就需要添加一个"Brightness"属性。每个服务对应一个灯带，两路灯光需要用不同名称加以区分，那么就要再增加一个"Name"属性实现。

除此之外，文档还规定了每个配件都必须定义一个"Accessory Information"服务，这个服务中的属性为硬件版本、制造商等固定属性。

my_accessory.c 程序中定义了所有服务需要的属性，其中 device_name 为名称属性，chanel_X_cha_on 和 chanel_X_char_bright 对应两个灯带的"On"和"Brightness"属性。HAP 文档对各个服务包含的属性变量类型定义非常严格，在后续修改变量值时需要注意，如果变量类型定义错误，会导致"配件未响应"，该错误非常隐蔽，需要重点关注。具体如程序 1 所示。

程序1

```
HomeKit_characteristic_t device_
name = HOMEKIT_CHARACTERISTIC_(NAME,
"Light");
HomeKit_characteristic_t chanel_one_
cha_on = HOMEKIT_CHARACTERISTIC_(ON,
false);
HomeKit_characteristic_t chanel_one_
cha_name = HOMEKIT_CHARACTERISTIC_
(NAME, "Philips Lamp");
HomeKit_characteristic_t chanel_one_
cha_bright = HOMEKIT_CHARACTERISTIC_
(BRIGHTNESS, 66);
HomeKit_characteristic_t chanel_two_
cha_on = HOMEKIT_CHARACTERISTIC_(ON,
false);
HomeKit_characteristic_t chanel_two_
```

```
cha_name = HOMEKIT_CHARACTERISTIC_
(NAME, "Ambient Lamp");
HomeKit_characteristic_t chanel_two_
cha_bright = HOMEKIT_CHARACTERISTIC_
(BRIGHTNESS, 60);
```

程序1首先定义了该HomeKit设备只有一个配件，该设备类型是HomeKit_accessory_category_lightbulb，这个灯具有3个服务，各自属性参见程序2。可以看到定义属性有两种方式，在初始化函数中直接利用HOMEKIT_CHARACTERISTIC()进行初始化，也可以通过预先定义属性，再通过引用的方式进行初始化，但通过引用的属性可以在运行过程中进行状态的变化和修改，在前面单独定义也是为了方便在程序中使用（后续在.ino文件中会使用这些属性进行设备操作及状态更新）。

程序2

```
HomeKit_accessory_t *accessories[] =
{
  HOMEKIT_ACCESSORY(.id=1, .category
=HomeKit_accessory_category_
lightbulb, .services=(HomeKit_
service_t*[]) {
   HOMEKIT_SERVICE(ACCESSORY_
INFORMATION, .characteristics=
(HomeKit_characteristic_t*[]) {
      &device_name,
      HOMEKIT_CHARACTERISTIC
(MANUFACTURER, "Arduino HomeKit"),
      HOMEKIT_CHARACTERISTIC(SERIAL_
NUMBER, "0123456"),
      HOMEKIT_CHARACTERISTIC(MODEL,
"ESP8266/ESP32"),
      HOMEKIT_CHARACTERISTIC(FIRMWARE_
REVISION, "1.0"),
      HOMEKIT_CHARACTERISTIC(IDENTIFY,
my_accessory_identify),
      NULL
   }),
```

```
   HOMEKIT_SERVICE(LIGHTBULB,
.primary=true,
.characteristics=(HomeKit_
characteristic_t*[]) {
      &chanel_one_cha_on,
      &chanel_one_cha_name,
      &chanel_one_cha_bright,
      NULL
   }),
   HOMEKIT_SERVICE(LIGHTBULB,
.primary=false,
.characteristics=(HomeKit_
characteristic_t*[]) {
      &chanel_two_cha_on,
      &chanel_two_cha_name,
      &chanel_two_cha_bright,
      NULL
   }),
   NULL
});
};
```

my_accessory.c定义了配件的数据结构，并且单独定义了需要改变的属性，如程序3所示，这样我们在主文件two-chanel-lightbulb-rotary.ino中就可以通过调用、更改这些属性来完成想要的设备功能。

程序3

```
extern "C" HomeKit_server_config_t
accessory_config;
extern "C" HomeKit_characteristic_t
chanel_one_cha_on;
extern "C" HomeKit_characteristic_t
chanel_one_cha_bright;
extern "C" HomeKit_characteristic_t
chanel_two_cha_on;
extern "C" HomeKit_characteristic_t
chanel_two_cha_bright;
extern "C" HomeKit_characteristic_t
device_name;
```

主程序定义了HomeKit初始化函数。函数首先将设备名称的属性设置成

Name+MAC后6位的形式，以避免重名。然后给两个灯光的"On"和"Bright"属性设置回调函数，当手机端对设备进行操作时，设备端需要利用回调函数执行相对应的操作。以chanel_one_set_bright()函数为例，具体如程序4所示。

程序4

```
void my_HomeKit_setup() {
  uint8_t mac[WL_MAC_ADDR_LENGTH];
  WiFi.macAddress(mac);
   int name_len = snprintf(NULL,
0, "%s_%02X%02X%02X",device_name.
value.string_value, mac[3], mac[4],
mac[5]);
   char *name_value = (char*)
malloc(name_len + 1);
   snprintf(name_value, name_len +
1, "%s_%02X%02X%02X",device_name.
value.string_value, mac[3], mac[4],
mac[5]);
  device_name.value = HOMEKIT_STRING_
CPP(name_value);
  chanel_one_cha_on.setter = chanel_
one_set_on;
   chanel_one_cha_bright.setter =
chanel_one_set_bright;
   chanel_two_cha_on.setter = chanel_
two_set_on;
   chanel_two_cha_bright.setter =
chanel_two_set_bright;
   arduino_HomeKit_setup(&accessory_
config);
}
void chanel_one_set_bright(const
HomeKit_value_t v) {
   int bright = v.int_value;
   chanel_one_cha_bright.value.int_
value = bright;
   chanel_one_current_brightness =
bright;
   chanel_one_updateBrightness();
}
```

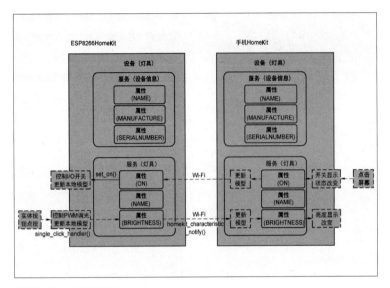

图12 Homekit 控制逻辑

手机端进行 chanel_one 的调光操作后，会调用 chanel_one_set_bright() 函数，对象 v 中存储了远程控制传来的光线亮度参数，用 v.int_value 来获取控制值。得到控制值后，首先要将本地定义的设备模型中的属性值通过语句与远程设备进行同步，然后根据控制值对本地灯光亮度进行调节。智能台灯不单可以用手机控制，也可以用本地旋钮控制。此时我们不仅需要对 MOSFET 控制引脚的 PWM 占空比进行控制，还要通知手机端设备的最新状态，否则手机和本地显示的状态会不一致，这就要通过 HomeKit_characteristic_notify() 函数实现。在按键处理函数中，首先确认当前灯光开关状态，即该函数功能为开关状态的翻转，完成翻转功能后，将翻转后的状态赋值给本地 HomeKit 模型，然后把最新的模型状态值同步到手机端，这样就可以保证手机端和本地设备的模型状态一致了。具体如程序5所示。

程序5

```
void single_click_handler(Button2&
btn){
  if(chanel_one_is_on){
```

```
    mainled.off();
    chanel_one_is_on = false;
  }
  else if(!chanel_one_is_on){
    chanel_one_is_on = true;
  }
  chanel_one_cha_on.value.bool_value
= chanel_one_is_on;
  HomeKit_characteristic_
notify(&chanel_one_cha_on, chanel_
one_cha_on.value);
  chanel_one_updateBrightness();
}
```

图12展示了 HomeKit 控制逻辑，自右向左为手机端（或 Siri 语音）控制的流程，自左向右为本地操作并与手机端同步的流程。

在编辑程序的过程中，始终记得只要有状态变化，就要将本地模型和手机端模型进行状态同步，剩下的就是常规的逻辑处理步骤，在此不再赘述。

固件烧录与调试

固件准备

如果使用本文的预编译固件，可以

下载 two-chanel-lightbulb-rotary.ino.generic.bin 文件，使用 ESP8266 烧录器进行烧录，我使用的是 tasmotizer，其为 tasmota 固件的烧录程序，也适用于其他 .bin 格式固件烧录。

硬件准备

烧录程序需要准备 USB 转 TTL 转接模块，TTL 通信端使用排针引出，如 CH340 转接模块。转接模块在安装完驱动程序后方可使用。验证驱动程序方法：在计算机管理左侧栏目中选择设备管理器（见图13），然后在中间窗口打开"端口"下拉菜单，出现"USB-SERIAL CH340(COM4)"时代表安装正确，该名称根据购买的模块芯片型号不同会有所差异，但都会分配一个 COM 端口。

预编译固件烧录

打开 tasmotizer，Select port 会显示自动识别的对应端口，如果没有识别通过，可通过右侧下三角进行选择。如果只有 COM1，此端口是计算机默认端口，一般是没有安装驱动程序造成的。单击"open"按钮，选择下载 bin 固件的路径，将"erase before flashing"勾选后，单击"Tasmotize！"进行烧录。

源码编译与烧录

使用源码编译、烧录的读者可以在下载完所有所需库文件后，自行进行源码修改与编译，编译需要对编译环境参数进行配置（见图14），在 Arduino IDE 中打开"工具"菜单，在对应选项中按照如下进行配置，未提及的选项保持默认。

● Module: Generic ESP8266 Module（用于开启所有选项设置）。

● FlashSize: 至少 470KB（ESP-12F 模块 Flash 为 4MB）。

● LwIP Variant: v2 Lower Memory

图13 设备管理器

图14 编译环境参数配置

（可减少内存占用）。

● Debug Level: 无（减少内存占用）。

● Espressif FW: nonos-sdk 2.2.1+119(191122)（HomeKit 作者使用的编译库文件的环境）。

● SSL Support: Basic SSL ciphers（减少 Flash 占用）。

● Erase Flash: 选 择"all flash content"。

● CPU Frequency: 160MHz（必须选择 160MHz，否则可能因为运算速度慢导致配对失败）。

● 端口：选择 USB 转 TTL 对应的 COM 端口号。

环境设置正确后，若库文件没有问题，可以单击 Arduino IDE 左上角的对钩进行编译，编译通过后可单击"→"按钮进行烧录。

配网

使用固件的读者烧录完成后将模块重启，模块重启后会自动生成一个名为"AutoConnectAP"的无线热点，用手机或带有无线网络功能的计算机连接该热点（部分手机会提示当前无线网络无法上网，是否改用移动网络，选否），打开浏览器，在地址栏输入"192.168.4.1"打开配网页面，部分设备打开网页后会直接跳转至配网页面，单击"Configure Wi-Fi"，模块会自动扫描周边 2.4GHz Wi-Fi 信号并列出，单击 Wi-Fi 名称并输入连接密码后单击"Save"即可完成配网，ESP-12F 不支持 5GHz 频段。配网信息是自动保存的，下次重启无须再次配网。

若读者自行编译固件，可根据自身需求使用不同的 Wi-Fi 管理库，我使用的是 wifimanager 库，成熟稳定，推荐使用。

接入HomeKit

完成配网后模块会自动连接路由器并分配 IP 地址，我们不需要获取具体的 IP，只需要手机和 ESP-12F 在同一个 Wi-Fi 网段下即可。打开苹果手机的"家庭"App，单击右上角"+"，选择"添加或扫描配件"，在弹出对话框中选择"更多选项"，此时会在列表里弹出 Light_XXXXXX（名称为 Light_MAC 后 6 位）的灯具卡片，单击后会弹出"未认证配件"的提示，这是因为我们使用的是非商用版 HomeKit 协议，未经过 MFi 认证，但并不影响使用，选择仍然添加，输入配对代号"12345687"后进行配对，配对会花费一点时间进行配对密钥校验，完成后就可以选择设备位置和重命名了。如果配对失败，则重启模块，重新在 HomeKit 中配对，接入 Homekit 操作如图 15 所示。大家可以扫描文章开头的二维码观看演示视频。

常见问题及故障排查

遇到问题时，首先检查模块供电是否足够，烧录后改为外接电源供电，不要用转接板上的电源；电源问题解决后遇到任何问题首先使用串口调试助手（Arduino IDE 自带）查看串口信息，绝大部分错误

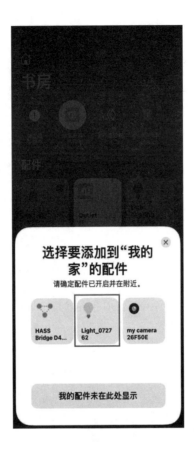

▌图15 接入 Homekit 操作

会反映在串口信息中。以下是常见的故障及相应的解决方法，供读者参考。

● 烧录时一直等待连接，没有烧录进度。

首先，查看是否正确安装 USB 转 TTL 模块驱动。

然后，检查烧录模块与 ESP8266 引脚是否正确连接（一端 TX 引脚接另一端 RX 引脚）。

最后，检查电路板上的 Flash 短接脚是否已短接。

● 烧录完成未出现"AutoConnectAP"热点。

首先，烧录完成后是否已经拿掉 Flash 短接跳线。

然后，检查模块供电，不要使用 USB 转 TTL 模块，使用外接电源供电。

打开串口监视器查看输出信息。

● 配置热点后无法连接 Wi-Fi。

首先，检查供电模块，如模块供电不足，改用外部 12V 电源供电。

然后，检查双频路由器，如双频路由器设置了 5GHz/2.4GHz 融合模式，则取消融合模式并连接 2.4GHz 频段。

● HomeKit 设备外网无法控制。

HomeKit 采用本地控制方式，如需要外网访问需要中枢网关，目前可用的中枢有 iPad、AppleTV 和 HomePod，有中枢设备在同一网络内并登录 iCloud 后可以远程控制。

● 使用中模块出现"未响应"，无法控制。

固件中已经设置了断线重连功能，查看 Wi-Fi 路由器是否故障。自编译

源码时增加关于网络故障的校验。查看电路板供电质量是否良好，供电功率是否足够。使用 iPad 作为中枢时，会因 iPad 电源策略导致短时间内配件未响应，刷新后恢复。

自编译程序时，如果增加了新的属性，注意属性值的类型（比如 HAP 定义了 int 型变量，但是程序中使用了 float 型变量会导致未响应）。

● 设备配对后再次修改程序，烧录后无法在苹果"家庭"App 中找到配件。

在"工具""erase flash"选项中选择"all flash content"才会清除之前的配对信息，"only sketch"选项无法清除配对信息。

在保持设备通电的情况下，在手机端删除配件，这样 HomeKit 设备会同步清除自身存储的配对信息。🚫

STM32 姿态控制及记忆的智慧台灯

❚ 谢嘉帅 苏永刚

现在市面上大部分台灯在实现基本照明功能的同时，也将提升能源转换效率、提高办公生产效率、关注使用者的健康状态作为发展趋势。在老师的支持下，我决定制作一款 STM32 姿态控制及记忆的智慧台灯。

整体方案设计

本智慧台灯以 STM32 作为核心控制器，元器件清单如附表所示，STM32 与舵机驱动电路、LCD 显示电路、编码器调参电路、语音模块、温 / 湿度模块、LED 灯源控制电路等外围电路连接，通过电源模块驱动全局电路。智能台灯以机械结构为载体，微控制器为主控，外围传感器和结构、光源等控制电路作为执行单元。整体设计框架如图 1 所示。

外形结构设计

构建模型

台灯 3D 模型采用 SketchUp 创建，台灯的结构主要有底座、底盖、底柱、力臂 1、力臂 2 以及灯源框。

台灯底座

底座设计成高为 30mm、直径为 150mm 圆柱底座，内部有高 20mm、直径为 110mm 的圆柱形凹槽，用于放置电路板以及控制器。凹槽的底部还有一个方形凹槽，用来嵌入台灯底柱。底座模型如图 2 所示。

台灯底盖

台灯底盖高为 8mm、直径为 110mm，

附表 元器件清单

序号	名称	数量
1	人体感应模块（TDL-2022WB）	1 块
2	超声波测距模块（HC-SR04）	1 块
3	STM32 模块	1 块
4	继电器	1 个
5	恒流源模块	1 块
6	语音模块	1 块
7	温 / 湿度模块（DHT11）	1 块
8	光照强度模块（GY-302）	1 块
9	MCU 定时器	1 个
10	TFT-LCD 显示屏（ST7789V2）	1 个
11	ED11 编码器	1 个

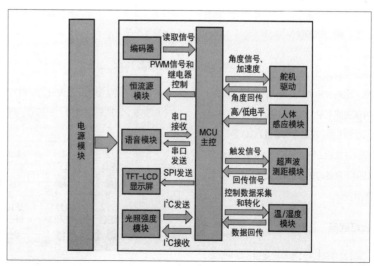

❚ 图1 整体设计框架

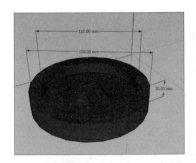

■ 图2 底座模型

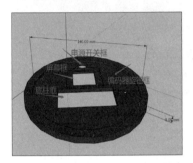

■ 图3 台灯底盖模型

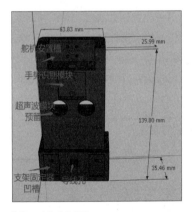

■ 图4 台灯底座模型

底部留有高3mm、直径为140mm的凹槽，用来扩充台灯底座的内部空间，防止内部空间不足。台灯的底盖也是台灯控制面板的底板，底盖上将安置LCD显示屏、编码器旋钮、电源开关、还要留出台灯底柱向下延伸时的底柱框。台灯底盖模型如图3所示。

台灯底座

　　台灯底柱涉及与底座连接、模块安置、舵机安装、导线通道的预留等问题。首先

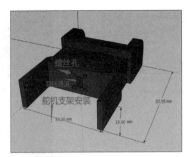

■ 图5 舵机支架

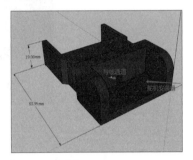

■ 图6 舵机安装槽

设计一级固定，台灯底柱与台灯底座连接，用台灯底座的凹槽与台灯底柱凸起部分进行嵌入。然后利用直角固定支架使台灯底柱与台灯底座固定。超声波模块和手势识别模块通过凹槽嵌入内部。导线通道采用一条主通道，多条支路汇集的方式。在底柱中间预留一条从上到下的主通道，将各个传感器、舵机、灯源的导线就近开孔，与主通道连接，最终汇入台灯底座，台灯底座模型如图4所示。

力臂1和力臂2

　　两个力臂形状相同，主要分为舵机支架（见图5）、舵机安装槽（见图6）两

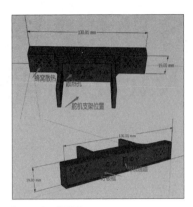

■ 图7 灯源框模型

个部分。力臂长84mm、高19mm、宽59mm。中间留有导线通道，方便走线。考虑到舵机会转动，为防止结构件卡住，进行了弧形倒角，使舵机转动角度范围更大。

灯源框

　　灯源框设计需要注意舵机支架安装位置、灯源散热、导线通道、灯板安装位置。舵机支架位置安装顶端、侧面均有螺丝孔，方便安装固定。灯源框的两边采用蜂窝散热，将蜂窝的六边形改为圆形，圆柱形孔径承受力更强。安装灯板的凹槽深3mm、高17.5mm、长129mm。灯板的中间位置有灯板导线的通道，灯源框模型如图7所示。

制作模型

　　本设计的结构模型均采用3D打印技术制作，选用材料为PLA，该材料是一种可再生生物降解材料，具有高强度、低收

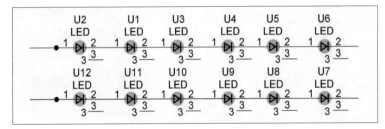

■ 图8 灯源电路

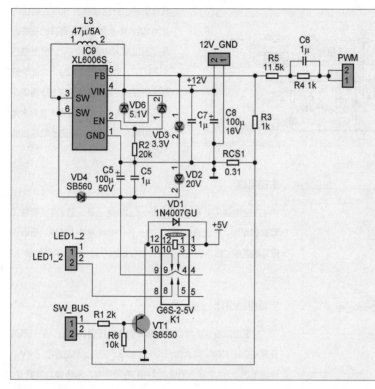

图9 恒流源电路

缩、抗静电等特点。打印设置参数：线径为 1.75mm、底板温度为 60℃、底板材质为玻璃。

由于舵机参数均为人工测量以及 3D 打印会产生误差，孔径、各种框以及槽大小并不标准，所以安装时还用到了扩孔、打磨等工序。

电路设计

灯源电路

灯源为混联电路，两路串联电路分别为暖色光和白色光 LED。为了利于 LED 散热、提高 LED 转化效率，PCB 使用单层铝基板。灯源电路如图 8 所示。

恒流源电路

恒流源电路采用 XL6006 芯片设计恒

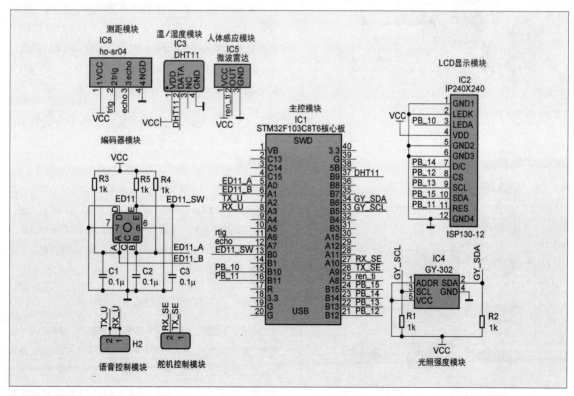

图10 主控电路

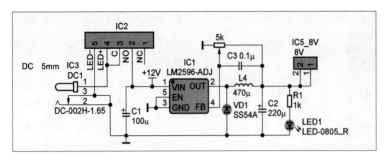

▌图 11 12V 转 8V 电路

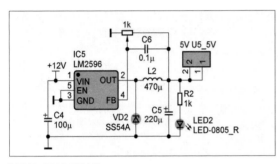

▌图 12 12V 转 5V 电路

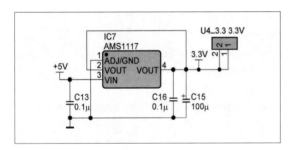

▌图 13 5V 转 3.3V 电路

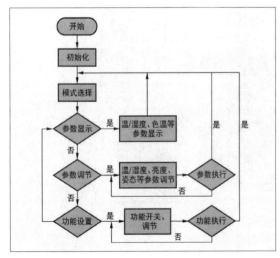

▌图 14 程序流程

流源驱动，升压最高为 60V，输出电流为 5A。恒流源电路具有开路保护，通过测试输入电压为 12V，输出电压为 21.7V，输出电流为 2μA，证明开路保护有效。继电器改变 LED 通路，进而改变色温。PWM 信号改变电流大小，控制 LED 亮度。恒流源电路如图 9 所示。

主控电路

主控电路主要包括 STM32、LCD 显示屏、温/湿度模块、编码器模块、光照强度模块。由于各个模块分布比较散，所以采用导线连接、锡丝固定、扎带打结整理的方式。主控电路如图 10 所示。

电源电路设计

根据电路设计需求以及对整体电流电压测试得出，恒流源部分需要电压 12V、最大电流 1A 的电源；舵机驱动需要电压 8V、峰值电流 0.8A、静态电流 0.4A 的电源供电；语音模块需要 5V 电压、电流大于 0.5A 的电源；微控制器以及各类传感器模块均用 3.3V 电压供电。12V 电源通过外部电源适配 DC-DC 供电，12V 转 8V 和 12V 转 5V 均用 LM2596 电源芯片，5V 转 3.3V 采用 AMS1117 稳压芯片，设计可以提供接近 1A 的输出电流，电压误差在 1.5% 以内。2V 转 8V 电路如图 11 所示，12V 转 5V 电路如图 12 所示，5V 转 3.3V 电路如图 13 所示。

程序设计

开发环境

程序在 Keil 5 中编写，Keil 5 能够满足大部分 STM32 系列微控制器开发需求，可提供编译器、下载、调试跟踪等功能。SWD 下载速度是 Keil 4 的 5 倍，采用全新的窗口管理系统，用户可以利用这个系统同时使用多台监视器对相关信息进行实时查看。

程序设计

程序设计思路是先编写每个传感器、控制器、微控制器外设等模块的底层驱动，再根据模块特有的功能设计台灯功能，最后对所有的功能进行逻辑整合。

首先智慧台灯接通电源后，系统初始化并读取内部 Flash 的参数，控制台灯色温、亮度、姿态等，开机过程中 LCD 显示屏呈现笑脸的开机页面，之后进入模式调节页面，可选择参数显示、参数调节、功能调节 3 种功能。选择模式后进入相关页面，设置相关功能后执行该设置。程序流程如图 14 所示。

程序使用 C 语言编写，首先加载头文件，如程序 1 所示。

程序1

```
#include "stm32f10x.h"
#include "stdio.h"
#include "usart.h"
#include "sys_tick.h"
#include "fashion_star_uart_servo.h"
#include "lcd.h"
#include "bh1750.h"
```

DHT11 温 / 湿度传感器为单总线通信协议，DHT11 的数据格式为：8bit 湿度整数数据 +8bit 湿度小数数据 +8bit 温度整数数据 +8bit 温度小数数据 +8bit 校验和。其中校验和数据为前 4 个字节相加。首先主机发起启动信号，然后等待从机应答，最后主机接收从机数据。具体如程序 2 所示。

程序2

```
uint8_t DHT_Read(void)
{
  uint8_t i;
  uint8_t retry = 0;
  DHT11_GPIO_OUT();
  GPIO_WriteBit (GPIOB ,GPIO_Pin_9,
Bit_RESET );
  delay_ms(20);
  GPIO_WriteBit (GPIOB ,GPIO_Pin_9,
Bit_SET );
  delay_us(20);
  DHT11_GPIO_IN();
  delay_us(30);
  if(GPIO_ReadInputDataBit(GPIOB,GPIO_
Pin_9)==0)
  {
```

```
    while(GPIO_ReadInputDataBit
(GPIOB,GPIO_Pin_9)==0&&retry<100)
    {
      delay_us(1);
      retry++;
    }
    retry=0;
while(GPIO_ReadInputDataBit
(GPIOB,GPIO_Pin_9)==1&&retry<100)
    {
      delay_us(1);
      retry++;
    }
    retry=0;
    for(i=0;i<5;i++)
    {
      dht[i]=DHT_Read_Byte();
    }
    delay_us(50);
  }
  sum=dht[0]+dht[1]+dht[2]+dht[3];
  if(dht[4]==(sum))
  {
    return 1;
  }
  else
    return 0;
}
```

编写编码器旋钮的底层驱动程序，两个端点接的 I/O 接口均采用下拉输入，使用外部中断来检测 EC11 端点电平变化，触发中断的端点为高电平时，判断另一端点电平状态是高还是低，以此来判断旋转方向是顺时针还是逆时针。针对旋转速度大小，可以调节中断服务函数里的延时。具体如程序 3 所示。

程序3

```
if(GPIO_ReadInputDataBit (GPIOA ,
GPIO_Pin_1)==RESET)
{
  if(GPIO_ReadInputDataBit (GPIOA ,
GPIO_Pin_0)==SET)
```

```
  {
    if(mode==0)
    {
      count%=3;
      count++;
    }
  }
}
```

超声波测距模块采用 I/O 接口 TRIG 触发测距，给最少 10μs 的高电平信号。模块自动发送 8 个 40kHz 的方波，自动检测是否有信号返回，有信号返回，通过 I/O 接口 ECHO 输出一个高电平，同时开定时器计时，当此接口变为低电平时就可以读定时器的值，高电平持续的时间就是超声波从发射到返回的时间。具体程序如程序 4 所示。

程序4

```
unsigned int get_distance()
{
  static  unsigned int distance=0;
    if(in_mon==0)
    {
    in_mon=1;
    GPIO_WriteBit (GPIOA ,GPIO_
Pin_6 ,Bit_SET);
    delay_us (50);
    GPIO_WriteBit (GPIOA ,
GPIO_Pin_6 ,Bit_RESET);
    }
    else
    {
      if((dis_ext_out==1)&&(dis_
ext_in ==0))
      {
      dis_ext_out=0;
      dis_ext_in=0;
      in_mon=0;
      tim_dis_count=0;
      }
    }
    if(dis_ext_in ==1&&dis_ext_
```

```
out ==1)
    {
        dis_ext_in=0;
        dis_ext_out=0;
        in_mon=0;
        distance = 1.70 *tim_dis_count ;
        tim_dis_count=0;
    }return distance ;
}
```

台灯的记忆功能利用 STM32 的内部 Flash 存储数据实现。上电后读取 Flash 内部数据，然后控制台灯姿态以及灯源亮度。当台灯数据发生变化且变化 1min 后，将数据存储在 Flash 中。此处的 1min 为防呆设计，如果 1min 之内发生变化就说明当前数据不是使用者的习惯数据。程序 5 为 Flash 的底层读写驱动程序，程序 6 为数据读取控制程序，程序 7 为数据的存储程序。

程序5

```
void flash_send_data(uint16_t
*data,uint16_t num)
{
    uint16_t i=0;
    FLASH_Unlock ();
    FLASH_ErasePage (page31_data );
    for(i=0;i<num ;i++)
    {
        FLASH_ProgramHalfWord (page31_
data+i*2 ,data [i]);
    }
    FLASH_Lock ();
}
uint16_t flash_read_data(uint16_t
data)
{
    return *(volatile uint16_t *)
(page31_data +data *2);
}
void flash_rcv_data(uint16_t
*data,uint16_t num)
{
```

```
    uint16_t i=0;
    for(i=0;i<num ;i++)
    {
        data[i] =flash_read_data(i);
    }
}
```

程序6

```
flash_rcv_data(data_rcv_num,6);
jiuzuo_time= data_rcv_num[0];
light_tempture=data_rcv_num[1];
light_count=data_rcv_num[2];
note_1 =data_rcv_num[3];
note_2 =data_rcv_num[4];
note_3 =data_rcv_num[5];
while(count_tim !=5)
{
    count_tim++;
    interval = 7000;
    FSUS_SetServoAngle(servo_usart,3,
note_3,interval,power,wait=0);
    SysTick_DelayMs(100);
    interval =7000;
    FSUS_SetServoAngle(servo_usart,2,
note_1,interval,power,wait=0);
    SysTick_DelayMs(100);
    interval = 8000;
    FSUS_SetServoAngle(servo_usart,1,
note_2,interval,power,wait=0);
    SysTick_DelayMs(100);
    FSUS_QueryServoAngle(servo_usart,
1, &angle_read_1);
    FSUS_QueryServoAngle(servo_usart,
2, &angle_read_2);
    FSUS_QueryServoAngle(servo_usart,
3, &angle_read_3);
}count_tim=0;
delay_ms (10000);
TIM_SetCompare2 (TIM4 ,100+(30+(100-
light_count)*0.3)*7-offse);
```

程序7

```
if(mon_tim_flag==1)
{
    mon_tim_flag=0;
```

```
data_mon[0]=jiuzuo_time;
data_mon[1]=light_tempture;
data_mon[2]=light_count;
data_mon[3]=note_1;
data_mon[4]=note_2;
data_mon[5]=note_3;
flash_send_data(data_mon,6);
```

为了确保显示和执行的实时性，本设计设置了标志位，通过编码器旋钮的外部中断改变标志位，显示和功能与标志位均一一对应，并且在主函数的 while(1) 中执行。具体如程序 8 所示。

程序8

```
if(mode_3_1_1_4==1)
{
    distance_cut =get_distance ();
    for(dis_i =0;dis_i <dis_lenth-
1;dis_i++)
    {
        dis_temp [dis_i]=dis_temp [dis_
i+1];
    }
    dis_temp [dis_i]=distance_cut ;
    for(dis_i =0;dis_i <dis_lenth ;
dis_i++)
    {
        dis_mon[dis_i]=dis_temp [dis_i ];
    }
    for(dis_i=0;dis_i<dis_lenth
-1;dis_i++)
    {
        for(dis_j=dis_i;dis_j <dis_lenth;
dis_j++)
        {
            if(dis_mon [dis_i]<dis_mon[dis_
j])
            {
                dis_temp_tran =dis_mon [dis_j ];
                dis_mon [dis_j]=dis_mon [dis_
i];
                dis_mon [dis_i]=dis_temp_tran;
            }
```

图15 组装完成的智慧台灯

图16 台灯开机显示页面

```
        {
          if((dis_up_mon-dis_
upp_mon)>tuobei_2)
          {
            if(yuyin_end_flag
==0)
            {
              tuobei_flag =1;
              yuyin_end_flag=1;
              for(dis_i=0;dis_
i<20;dis_i++)
              {
                zuozi_mon[dis_
i]=0;
              }
            }
          }dis_up_
mon=distance_cut;  }
}
```

```
    }
  }
  qdistance_cut=(dis_mon[dis_
lenth/2]+dis_mon[dis_lenth /2+1]+dis_
mon [dis_lenth /2-1])/3.0;
  for(dis_i=0;dis_i <20-1;dis_i ++)
  {
    zuozi_mon [dis_i]=zuozi_mon [dis_
i+1];
  }zuozi_mon [dis_i]=distance_cut;
  dis_up_mon=(zuozi_mon[3]+zuozi_
mon[4]+zuozi_mon[5])/3.0;
  dis_upp_mon =(zuozi_mon[17]+zuozi_
mon[16]+zuozi_mon[15])/3.0;
    if(tuobei ==0)
    {
      if((dis_up_mon -dis_upp_
mon)>tuobei_0)
      {
      if(yuyin_end_flag ==0)
      {
        tuobei_flag =1;
        yuyin_end_flag=1;
        for(dis_i=0;dis_i<20;dis_i++)
```

```
        {
          zuozi_mon[dis_i]=0;
        }
      }
    }
    dis_up_mon=distance_cut;
    }
  if(tuobei ==1)
  {
    if((dis_up_mon-dis_upp_
mon)>tuobei_1)
    {
    if(yuyin_end_flag ==0)
    {
      tuobei_flag =1;
      yuyin_end_flag=1;
      for(dis_i=0;dis_i<20;dis_i++)
      {
        zuozi_mon[dis_i]=0;
      }
    }
    }dis_up_mon=distance_cut;
  }
  if(tuobei ==2)
```

成品展示

组装完成的智慧台灯如图15所示，图16为台灯开机显示页面，通过测试，智慧台灯LCD显示屏、旋转编码器、各个传感器、舵机控制、电源模块等硬件功能和温/湿度、亮度以及色温调节、台灯姿态调节、各个功能设置以及执行等软件功能均实现。

结语

智慧学习、办公设备逐渐成为主流，本文在现有台灯功能的基础上设计了台灯的姿态控制以及参数记忆、坐姿提醒等功能，向着智慧调节、智慧办公、智慧节能、智慧健康的方向发展。我在开发过程中也遇到了许多困难，由于自己所学专业为电子类，对于机械结构设计、3D建模等领域都没有涉及，只能边学边推进项目，以至于进度缓慢。但我最后还是克服困难完成了本项目，也要感谢同学的鼓励和老师的指导。Ⓧ

基于视觉识别的天平式无刷电机平衡球杆系统

■ 房忠

演示视频

视觉识别的一个基本应用是色块跟踪，无论在 OpenMV、K210 还是 OpenCV 中都有很多基础案例。平衡球杆系统（Ball and Beam System）是一个比较"古老"的项目，它是一套典型的非线性控制系统，结构简单、便于观察，也是方便学习理解 PID 控制的教具。平衡球杆系统分为感知、计算控制系统以及执行机构 3 个部分，实现方法非常多。

自从在 B 站看到用户用单端控制、乐高积木和乐高电机的方法制作平衡球杆系统，我开始对这个项目感兴趣。平衡球杆系统从感知小球平衡位置的实现方法来分，有超声波法、电阻法以及视觉识别法等。执行机构分为单端控制（固定一端，对另一端高度进行控制）以及天平式（电

机在中间，类似天平的中间部分）。本文使用的天平式结构，通过安装在平衡位置的电机控制球杆的倾角，控制小球停留在球杆中部并保持平衡，这种结构非常简单，控制也比较直观，但对电机的精准度和扭力有一定要求，无刷电机可以满足这个要求。我制作了视觉识别实现的天平式无刷电机平衡球杆系统，包含了 AI 视觉识别、上位机 Processing 编程以及通过 SimpleFOC 对无刷电机进行控制等环节。通过采集、运算、控制和执行，实现对小球在球杆上保持平衡的闭环控制。当然也要求用户具备一定软件和硬件知识。

结构设计

首先大家可以扫描文章开头的二维码观看演示视频，对整个项目运行过程有一

个整体认识。项目逻辑如图 1 所示，所需要的软件知识如图 2 所示。

SimpleFOC 驱动板和 AS4108 无刷电机如图 3 所示。SimpleFOC 驱动板是一款低成本、模块化、用户友好的驱动方案，用于驱动具有 FOC 算法的无刷直流电机。这款驱动板以及配套 Arduino 库可以降低用户使用门槛，使用 FOC 算法对无刷直流电机进行速度、角度控制。与 Arduino 的初衷非常吻合，这是一个开源项目，大家也可以自己制作驱动板。

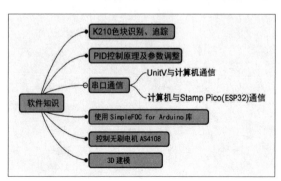

PC端（Processing）上位机
- 调整PID参数
- 监测小球位置
- 下发电机控制指令

- UnitV视觉传感器
- 捕捉并发送小球坐标

- Stamp Pico(ESP32)
- 接收上位机控制指令
- 控制 M5SimpleFOC

- 接收Stamp Pico指令
- SimpleFOC控制无刷电机
- 让小球在球杆保持平衡状态

▌ **图1 项目逻辑**

表 1 元器件清单

序号	名称	数量
1	UnitV 视觉识别传感器	1 块
2	M5Stamp Pico 模块	1 块
3	SimpleFOC 驱动板	1 块
4	AS4108 无刷电机	1 个
5	光轴	1 个
6	支架	1 个
7	杜邦线	若干
8	30V/5A 整流电源	1 个
9	红色小球	1 个

K210色块识别、追踪

PID控制原理及参数调整

UnitV与计算机通信
串口通信
计算机与Stamp Pico(ESP32)通信

软件知识

使用 SimpleFOC for Arduino 库

控制无刷电机 AS4108

3D 建模

▌ **图2 软件知识**

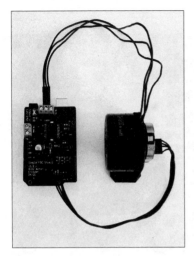

▌图 3 SimpleFOC 驱动板和 AS4108 无刷电机

▌图 4 M5Stamp Pico 模块

M5Stamp Pico 模块如图 4 所示，它是一款即插即用、高性价比的最小核心板，采用 ESP32 主控芯片。外形非常小巧（18mm×24mm×4.6mm），内含 5V 转 3.3V DC-DC 电路、12 个 GPIO 接口、一个可编程 RGB LED 以及一个按键。在本项目里，M5Stamp Pico 模块作为控制核心，通过 SimpleFOC 驱动板控制无刷直流电机，提供天平式球杆系统的控制动力。

M5Stamp Pico 模块与 SimpleFOC 驱动板、AS4108 无刷电机引脚连接分别如表 2、表 3 所示，组装起来的平衡球杆系统如图 5 所示，UnitV 传感器在导轨的中点上部，俯瞰由两根不锈钢光轴组成的导轨，可以观察到小球水平移动。无刷直流电机在导轨中部，可以顺时针、逆时针旋转，驱动导轨偏转，构成一个简洁的天平式结构。光轴两端是限位器，根据实际情况，UnitV 传感器的视野达不到两端，所以我用深色橡皮筋做了一对临时限位器，使小球的摆动在 UnitV 的视野范围内。

程序设计

SimpleFOC 驱动程序

M5Stamp Pico 模块实现位置控制功能，通过串口从计算机接收上位机控制命令，M5Stamp Pico 模块只做控制，不做计算分析。我们的平衡球杆是天平式的，电机安装在支架和球杆后方，光轴并非处于水平位置，AS4108 无刷电机安装后会有一个偏角，需要顺时针修正 30°。

UnitV 颜色识别程序

颜色识别流程如图 6 所示，首先设置目标色块（红色小球）的阈值参数，根据阈值寻找红色小球，使用矩形框以及十字线标记红色小球的中心点坐标，根据

表 2 M5Stamp Pico 模块与 SimpleFOC 驱动板引脚连接

序号	M5Stamp Pico 模块引脚	SimpleFOC 驱动板引脚
1	26	5
2	25	9
3	18	6
4	19	7
5	3V3	3V3
6	GND	GND

表 3 M5Stamp Pico 模块与 AS4108 无刷电机引脚连接

序号	M5Stamp Pico 模块引脚	AS4108 无刷电机引脚
1	22	SCL 红色
2	21	SDA 白色（绿）
3	3v3	VCC 黑色
4	GND	GND 黄色

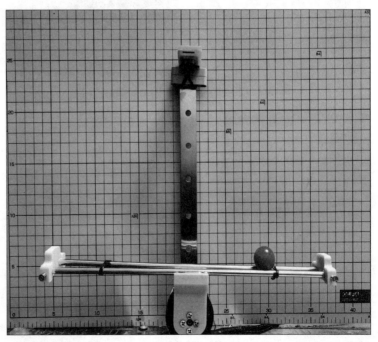

▌图 5 平衡球杆系统

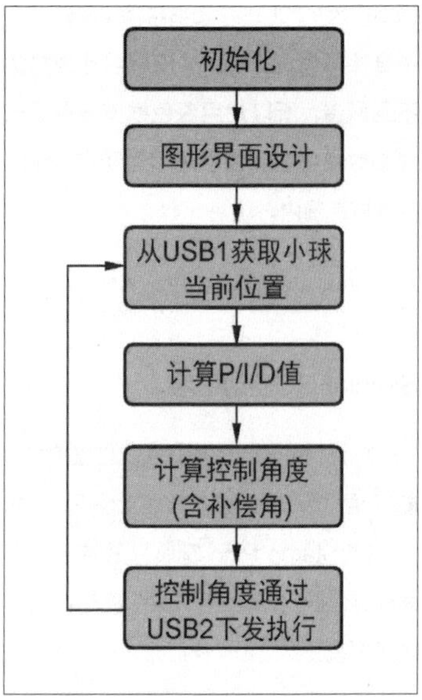

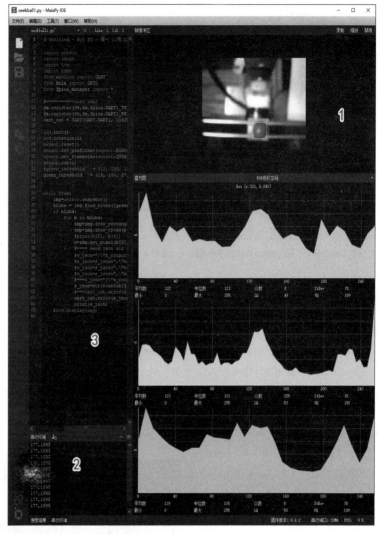

图6 颜色识别流程

与上位机制定的规则,将坐标生成字符串
(x,y\$,其中字符 $ 作为结尾),通过串
口发送至计算机。软件界面如图7所示,
颜色追踪具体如程序1所示。

程序1

```
import sensor
import image
import lcd
import time
from machine import UART
from Maix import GPIO
from fpioa_manager import *
fm.register(34,fm.fpioa.UART1_TX)
fm.register(35,fm.fpioa.UART1_RX)
uart_out = UART(UART.UART1, 115200,
8, None, 1, timeout=1000, read_buf_
len=4096)
lcd.init()
lcd.rotation(2)
sensor.reset()
sensor.set_pixformat(sensor.RGB565)
sensor.set_framesize(sensor.QVGA)
sensor.run(1)
# 在IDE中,随着颜色的调整、过滤,得到红色
小球的颜色阈值
```

图7 软件界面

```
green_threshold    = (13, 100, 27,
127, -128, 127)
while True:
  # 从摄像头获取图片
  img=sensor.snapshot()
  # 寻找目标色块 (红色小球)
  blobs = img.find_blobs([green_
threshold])
  if blobs:
    for b in blobs:
      # 根据我们的需求操作红色色块对象
      tmp=img.draw_rectangle(b[0:4])
      # 在小球中心绘制一个十字
```

```
      tmp=img.draw_cross(b[5], b[6])
      c=img.get_pixel(b[5], b[6])
      # 编制一个带有小球中心点x, y坐标的字符串
      s_json=str(round(b[5]))+","+str(
round(b[6]))+"$"
      uart_out.write(s_json)
```

上位机的图形界面及功能

上位机工作流程如图8所示,然后进
行图形界面设计,其功能包括显示小球的
轨迹、PID参数设置以及控制指令下发
和停止按钮,设计完成的图形界面如图9
所示。

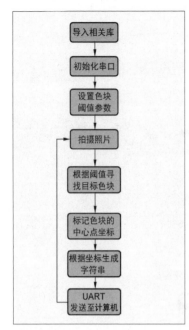

图8 工作流程

分步调试和联调

用 SimpleFOCStudio 工具对 SimpleFOC 驱动板和无刷直流电机进行参数设定（包括电机控制的 PID 参数，不同于上位机对小球位置跟踪、控制的 PID），确保电机控制的精度和响应速度符合要求。SimpleFOC 驱动板、Arduino 库和无刷直流电机相配合，才可以确保对电机位置、速度的控制精准、响应迅速（避免振荡）。这是确保平衡球杆系统准确执行的基础。操作界面如图 10 所示。

上位机单步调试：利用串口助手模拟 USB1 上传小球轨迹，提取出横坐标后，在上位机绘图区显示小球轨迹；利用串口助手模拟 USB2 下发控制指令，烧写好控制程序后，观察 SimpleFOC 和电机的运行情况是否符合设定角度。

将小球色块追踪的轨迹与上位机联调，UnitV 模块识别红色小球，然后将轨迹上传至上位机，在上位机程序的绘图区进行展示，确定小球轨迹与绘图区相吻合。

PID 流程如图 11 所示。关于 PID 的介

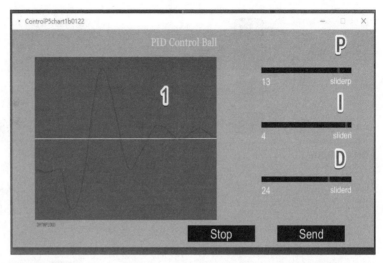

图9 图形界面

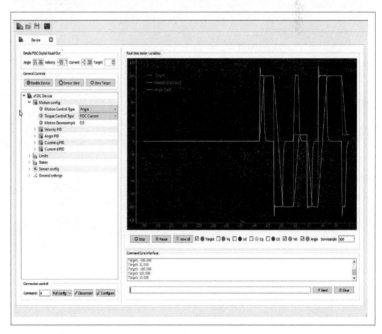

图10 操作界面

绍汗牛充栋，有的严谨而学术，有的通俗活泼。我比较喜欢一位国外工程师的讲解，便于理解，借此分享我的学习体会。P（比例）是对当下误差的判断做出的响应，I（积分）是对过去误差累计的响应，D（微分）是对未来趋势的预判和调节。知乎作者"帅气的徐小明"的表述是：专注现在、总结过去、预测未来。具体实现如程序 2 所示。

程序2

```
import processing.serial.*;
Serial USB1;
Serial USB2;
import controlP5.*;
ControlP5 cp5;
Chart myChart;
int SampleTime = 20;   //10ms
int sliderp = 10;
int slideri = 10;
```

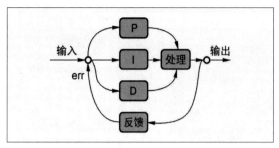

▋图11 PID 流程

```
int sliderd = 10;
float c_p=0.00001;
float c_i=0.00000001;
float c_d=0.005;
float Kp =0.1; // 初始值
float Kd =0.1;
float Ki =0.1;
// 定义工作区域
int Rint = 15; // 设定内限范围
int Rext = 153; // 设定外限范围，相对位置
int Setpoint =163; // 设定小球的中点位置，用于计算相对位置
// 计算平均速度所需要的参数
int pos; // 用于计算速度的上一个位置
float pError,iError,dError;
float Output;
float prevError;
long prevTime,now;
float dt;
float target_angle=-0.259; // 考虑电机初始位置校正后的角度
String command_out="";
boolean if_send = false;
int c1=0;
// 获取小球位置所需参数
String message = null;
int jmax = 100000;
int j = 0;
int x = 0;
String [] com = new String [1];
int a=0;
int b=0;
int v_sliderp=0;
int v_slideri=0;
int v_sliderd=0;
Textlabel myTextlabelA;
```

```
void setup() {
  noStroke();
  smooth();
  println(Serial.list());
  USB1 = new Serial(this, "com3", 115200);
  // 按实际 COM 口设置
  USB2 = new Serial(this, "com6", 115200);
  PFont pfont = createFont("Arial",18,true);
  ControlFont font = new ControlFont(pfont,241);
  size(800, 400);
  cp5 = new ControlP5(this);
  myTextlabelA = cp5.addTextlabel("label")
    .setText("PID Control Ball")
    .setPosition(300,10) .setColorValue(0xffffff00)
    .setFont(createFont("Georgia",20))
    ;
  cp5.addButton("Send")
    .setValue(0)
    .setPosition(585,360)
    .setSize(150,30)
    ;
  cp5.getController("Send")
    .getCaptionLabel()
    .setFont(font)
    .toUpperCase(false)
    .setSize(24)
    ;
  cp5.addButton("Stop")
    .setValue(0)
    .setPosition(385,360)
    .setSize(150,30)
    ;
  cp5.getController("Stop")
    .getCaptionLabel()
    .setFont(font)
    .toUpperCase(false)
    .setSize(24)
    ;
  myChart = cp5.addChart("dataflow")
            .setPosition(50, 50)
            .setSize(400, 300)
            .setRange(-150, 150)
            .setView(Chart.LINE)
```

```
            .setStrokeWeight(1.5)
            .setColorCaptionLabel(color(255,0,0))
            .setColorBackground(color(128,128,128))
        ;
  myChart.addDataSet("incoming1");
  myChart.setColors("incoming1",
color(255,0,255),color(255,0,0));
  myChart.setData("incoming1", new float[100]);
  myChart.setStrokeWeight(1.5);
  myChart.addDataSet("incoming2");
  myChart.setColors("incoming2", color(255), color(0, 255,
0));
  myChart.updateData("incoming2", new float[100]);
...
    cp5.getController("sliderp").getValueLabel().
align(ControlP5.LEFT, ControlP5.BOTTOM_OUTSIDE).
setPaddingX(0);
    cp5.getController("sliderp").getCaptionLabel().
align(ControlP5.RIGHT, ControlP5.BOTTOM_OUTSIDE).
setPaddingX(0);
    cp5.getController("slideri").getValueLabel().
align(ControlP5.LEFT, ControlP5.BOTTOM_OUTSIDE).
setPaddingX(0);
    cp5.getController("slideri").getCaptionLabel().
align(ControlP5.RIGHT, ControlP5.BOTTOM_OUTSIDE).
setPaddingX(0);
    cp5.getController("sliderd").getValueLabel().
align(ControlP5.LEFT, ControlP5.BOTTOM_OUTSIDE).
setPaddingX(0);
    cp5.getController("sliderd").getCaptionLabel().
align(ControlP5.RIGHT, ControlP5.BOTTOM_OUTSIDE).
setPaddingX(0);
}
void draw() {
  background(190);
    while (USB1.available () > 0) {
    message = USB1.readStringUntil(36); // 644, 659, 725, 733$
    if (message != null) {
      if (j < jmax - 2) {
        j++;
      }
      else {
        j = 0;
      }
      message = message.substring(0, message.length()-1);
// 644, 659, 725, 733
      String[] com = splitTokens(message, ",");
      a= int(com[0]);
      b = int(com[1]);
      myChart.push("incoming1",(a-Setpoint));
// 推送至 chart
    }
    // 根据小球位置、速度以及 PID 参数，计算电机的目标控制角
    Kp=v_sliderp*c_p;
    Kd=v_sliderd*c_d;
    Ki=v_slideri*c_i;
    //PID 计算
    now = millis();
    dt = (now - prevTime);
    if (dt>=SampleTime)
    {
    pError = a-Setpoint;
    dError = (pError-prevError)/dt;
      if(abs(pError)>Rint && abs(pError)<Rext){
      iError = iError + pError*dt;
      }
      else {
        iError=0;
      }
      Output = Kp*pError+Ki*iError+Kd*dError;
      print("Kp*pError= ");
      println(Kp*pError);
      print("Ki*iError= ");
      println(Ki*iError);
      print("Kd*dError= ");
      println(Kd*dError);
      print("output= ");
      println(Output);
      // 计算电机的目标控制角
    if (Output < -0.5236) {
    Output=-0.5236;
    }
    if (Output >0.5236){
      Output=0.5236;
    }
    Output=Output+target_angle;// 目标角度需要加上修正角度（30°）
```

```
if (if_send==true) {
    command_out="T"+str(Output)+"\r\n";
    USB2.write(command_out);
// 向 USB2 发送控制命令
    println(command_out);
}
    prevError = pError;
    prevTime = now;
        }
    }
}
void sliderp(int theColorp) {
    println("a slider event. setting background to
"+theColorp);
    println(theColorp);
    v_sliderp=theColorp;
}
void slideri(int theColori) {
    println("a slider event. setting background to
"+theColori);
    println(theColori);
    v_slideri=theColori;
}
void sliderd(int theColord) {
    println("a slider event. setting background to
"+theColord);
    println(theColord);
    v_sliderd=theColord;
}
public void Send(int theValue) {
    c1=theValue+1+c1;
    println("a button event from send: "+c1);
    if ((if_send==true)&&(c1>1)){
        if_send=false;
    }
    if ((if_send==false)&&(c1>1)){
        if_send=true;
    }
}
public void Stop(int theValue1) {
    c1=theValue1+1+c1;
    println("a button event from stop: "+c1);
    if ((c1>1)){
```

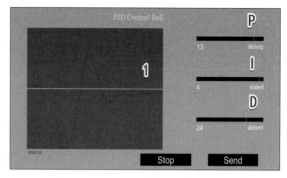

▌图 12 PID 调参

```
    c1=0;
    if_send=false;
    }
}
public void controlEvent(ControlEvent theEvent) {
    println(theEvent.getController().getName());
}
```

综合联调和 PID 调参是相辅相成的。我的经验是先设置参数 Kp，其余置零，确认比例控制有效，即便有振荡也很正常。然后逐步提升参数 Ki 消除稳态误差，最后调整参数 Kd 解决过调和振荡问题。这是一个比较复杂、费时的过程，并没有一个通用的 PID 经验参数，需要不断去尝试、分析和理解。我的经验是做好笔记，最终可以寻找到合适的 PID 参数。如图 12 所示的绘图区，显示出控制过程中还存在振荡，需要修改参数 Kd 去消除。

结语

这个项目融合了视觉识别、无刷电机的控制与驱动、PID 理论学习、上位机编程等知识，是一个不错的教具。每个部分的难度都不大，但是需要耐心。我做这个项目时间跨度长达一年，其中有我自己时间分配的原因，有项目本身也需要克服很多问题。几种知识融合起来可以使自己的知识更加系统、完整，尤其是对 PID 的理解更加直观深刻。

未来我可能会从几个方面改进：视觉识别方面，我采用了 Processing 编写的上位机程序，所以可以直接使用 USB 摄像头和 OpenCV 编写视觉识别部分，更容易上手；结构方面，这次使用的是天平式结构，后续有可能尝试一端固定的单端控制结构，也可能会用乐高电机和乐高结构件进行尝试，大国小匠师兄试制了一种铝型材结构，我也可能会去尝试；关于 PID 调节，M5Stack 出品了一款旋转编码器，我也许会尝试用实体按钮调节 PID 参数，会增加很多感性认识。

用三极管制作模数转换器

俞虹

模数转换器是把模拟量转换为数字量的元器件。例如，我们使用的数字万用表，就是通过这种元器件将测量的电压、电流转换为数字显示出来。计算机经常对测量的模拟量进行模数转换，再进行运算和处理。模数转换的方式有很多种，我使用常见的三极管来制作直接比较型模数转换器，它能输出3位的数字量。这个制作可以让大家对模数转换器有更多的了解。

工作原理

在介绍三极管模数转换器的电路之前，先介绍和三极管模数转换器相关的几个电路，它们是 TTL 与非门、简单型运算放大器、D 触发器、TTL 或门、TTL 异或门。

TTL 与非门

TTL 与非门电路和逻辑符号如图 1 所示。当输入端 A 或 B 为 0 以及 A、B 都为 0 时，VT1 和 VT2 的基极电位较低，不足以向 VT3 提供基极电流，VT3 截止，VT5 也截止，而 VT4 导通，输出端 Y 为高电平。当输入端 A 和 B 都为 1 时，电源通过 VT1 和 VT2 向 VT3 提供基极电流，VT3 导通，VT5 也导通，而 VT4 截止，输出端 Y 为低电平。从而实现"有 0 出 1，全 1 出 0"的功能。

简单型运算放大器

简单型运算放大器电路和符号如图 2 所示，它由 6 个 PNP 三极管、6 个 NPN 三极管以及 3 个电阻组成。第一级为 VT1 和 VT2 组成的差分放大电路，由 VT3 和 VT4 以及 R2 组成的微电流源为其提供偏置，并使用 3 个三极管作为有源负载。第二级由 VT8 和 VT9 组成达林顿管，要求偏置合适，这样 VT4 和 VT10 以及 R3 组成另一个微电流源为三极管 VT8 提供偏置。输出级三极管 VT11 和 VT12 组成互补推挽电路，通过二极管 VD1 和 VD2 消除交越失真。互补推挽电路提供低输出电阻，所以运算放大器在驱动负载时，可以将负载效应最小化。略改变 R3 阻值可以改变流过三极管 VT8 和 VT10 的电流，进而改变这些三极管的集射极电压。这样，

在输入端 V+ 和 V− 之间加微小电压时，输出端会输出高电平或低电平。

D 触发器

D 触发器逻辑电路如图 3 所示，符号如图 4 所示。它由 6 个与非门组成，其中 G1、G2 组成基本触发器，G3、G4 组成时钟控制电路，G5、G6 组成数据输入电

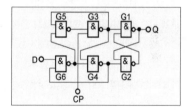

▌图 3 D 触发器逻辑电路

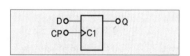

▌图 4 D 触发器符号

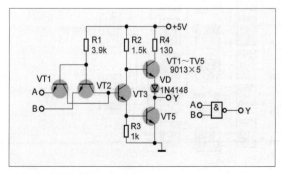

▌图 1 TTL 与非门电路和逻辑符号

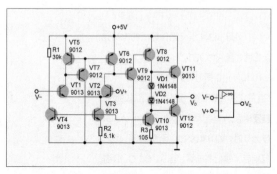

▌图 2 简单型运算放大器电路和符号

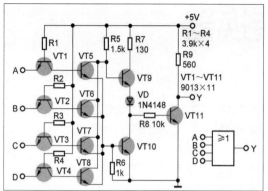

▌图5 TTL 或门电路和符号　　　　　　　　　　　▌图6 TTL 异或门电路和符号

路。如果 D 为 0，当 CP 为 0 时，G3、G4 和 G6 的输出都为 1，G5 因输入端全为 1 而输出为 0，D 触发器状态不变。当 CP 从 0 跳转到 1 时，G6、G5 和 G3 输出不变，而 G4 因输入全为 1，其输出由 1 变 0，这时 D 触发器被置 0。同时 G4 输出反馈到 G6 输入端，使 CP 为 1 时，D 触发器保持 0 状态不变；如果 D 为 1，当 CP 为 0 时，G3、G4 输出为 1，G6 输出为 0，G5 输出为 1，D 触发器状态不变。当 CP 从 0 跳到 1 时，G3 输出由 1 变 0，D 触发器被置 1，G3 输出反馈到 G4 和 G5 的输入端，使 CP 为 1 时，D 触发器保持 1 态不变。即实现 CP 信号到来时，Q 端和 D 端的电平一致的功能。

TTL或门

TTL 或门电路和符号如图 5 所示，它由 11 个 NPN 三极管和 9 个电阻等组成。（R1、VT1、VT5），（R2、VT2、VT6），（R3、VT3、VT7），（R4、VT4、VT8）这 4 组元器件组成的电路完全相同。当 A 为 1 时，B、C、D 为 0 时，VT5 和 VT10 同时导通，VT9 截止，电阻 R8 的左端为低电平，经 VT11 组成的反相器反相后，Y 输出高电平；当 B 为 1，A、C、D 为 0 时，VT6 和 VT10 导通，VT9 截止，反相后 Y 输出高电平。当 A、B、C、D 都为 0 时，VT5~VT8 同时截止，VT10 也截止，

VT9 导通，经 VT11 组成的反相器反相后，输出 Y 为低电平。

TTL异或门

TTL 异或门电路和符号如图 6 所示，电路中只要 VT7 和 VT8 中有一个基极为高电平，都能使 VT9 截止、VT10 导通，输出 Y 为低电平。当 A、B 同时为 1 时，则 VT7 和 VT10 导通而 VT9 截止，输出 Y 为低电平。反之，如果 A、B 同时为 0 时，则 VT5 和 VT6 同时截止，使 VT8 和 VT10 导通而 VT9 截止，输出 Y 也为低电平。当 A、B 不同时为 0 时，VT1 和 VT2 有一个导通，

从而使 VT7 截止。同时，由于 A、B 中有一个为 0，使 VT5 和 VT6 有一个导通，从而使 VT8 截止。VT7 和 VT8 同时截止后，VT9 导通，VT10 截止，输出 Y 为高电平。从而实现"不同为 1，相同为 0"的功能。

三极管模数转换器电路

设计完成的三极管模数转换器电路如图 7 所示，由电阻分压方式形成比较电平作为量化刻度，输入的模拟信号与这些刻度值进行比较。当输入电压 V_{in} 高于比较器的比较电平时，比较器输出为 1，当 V_{in} 低于比较器的比较电平时，比较器输

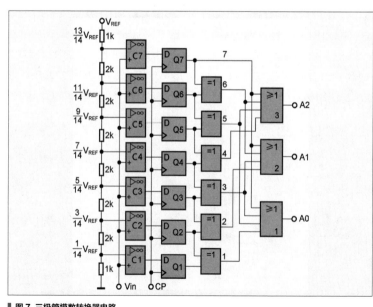

▌图7 三极管模数转换器电路

三位模数转换真值表

输入模拟信号 $V_{REF}=4.5V$时的V_{in}(V)	量化值	比较器输出							输出为1的异或门	输出 $A_2\,A_1\,A_0$		
		C_7	C_6	C_5	C_4	C_3	C_2	C_1				
$0<V_{in}<0.32$	0	0	0	0	0	0	0	0		0	0	0
$0.32<V_{in}<0.96$	0.64V	0	0	0	0	0	0	1	1	0	0	1
$0.96<V_{in}<1.6$	1.3V	0	0	0	0	0	1	1	2	0	1	0
$1.6<V_{in}<2.3$	1.9V	0	0	0	0	1	1	1	3	0	1	1
$2.3<V_{in}<2.9$	2.6V	0	0	0	1	1	1	1	4	1	0	0
$2.9<V_{in}<3.5$	3.2V	0	0	1	1	1	1	1	5	1	0	1
$3.5<V_{in}<4.2$	3.9V	0	1	1	1	1	1	1	6	1	1	0
$4.2<V_{in}<4.5$	4.5V	1	1	1	1	1	1	1	7	1	1	1

▌图8 模数转换器转换真值表

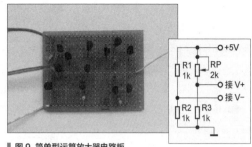

▌图9 简单型运算放大器电路板

▌图10 电阻电路

出为 0。各比较器的输出送由 D 触发器组成的缓冲存储器中，以避免由于各比较器响应不同而造成错误。缓冲存储器的输出再经过异或门和或门组成的 3 位二进制码产生电路输出 A_2、A_1、A_0，模数转换器转换真值表如图8所示。

当输入的模拟量 V_{in} 为 2.6V 时，比较器 C_1、C_2、C_3、C_4 的输出都为 1，由于 2.6V 小于 2.9V，所以 C_5、C_6、C_7 的输出都为 0。在时钟脉冲的作用下，对应 D 触发器寄存了各比较器的输出为 0001111，那么异或门 1、2、3 的输入都为 1，所以输出为 0，异或门 5、6 输入都为 0，输出也为 0。由于 Q_4 为 1，Q_5 为 0，异或门 4 输出为 1，所以或门 3 输出为 1，即 A_2、A_1、A_0 输出为 100。

当输入的模拟量为满刻度时，即 V_{in} 为 V_{ref}（4.5V）时，所有的比较器输出都为 1，在时钟脉冲的作用下，D 触发器的 Q 端都为 1，所有的异或门的输出都为 0，比较器 C_7 对应的 D 触发器为 1，使 3 个或门的输出都为 1，即 A_2、A_1、A_0 输出为 111，其他情况大家可以自行分析。这种模数转换器适用于速度要求高、输出位数较少的场合。

制作电路板

元器件清单如附表所示，为了使制作三极管模数转换器有更大的把握，这里先制作相关的单元电路。

制作简单型运算放大器

用一块 5cm×7cm 的万能板制作运算放大器，将 6 个 PNP 三极管和 6 个 NPN 三极管按电路中的位置焊接在万能板上，并焊上电阻和 2 个二极管，然后用锡线连接电路。焊接完成后进行一次检查，确保电路连接没有错误，PNP 和 NPN 三极管没有焊错，制作完成的简单型运算放大器电路板如图9所示。接着进行测试，电路板接 5V 电源，将输入端 V+ 和 V- 接如

附表 元器件清单

序号	名称	数量
1	9012 三极管	50 个
2	9013 三极管	400 个
3	1N4148 二极管	72 个
4	2kΩ 电阻	12 个
5	1kΩ 电阻	55 个
6	560Ω 电阻	3 个
7	10kΩ 电阻	22 个
8	130Ω 电阻	51 个
9	1.5kΩ 电阻	51 个
10	3.9kΩ 电阻	55 个
11	150Ω 电阻	7 个
12	5.1kΩ 电阻	7 个
13	39kΩ 电阻	7 个
14	75kΩ 电阻	1 个
15	33kΩ 电阻	1 个
16	22μF 电容	1 个
17	0.1μF 电容	1 个
18	NE555 时基电路	1 个
19	LED	1 个
20	万能板	9 块
21	螺丝	4 个

图 10 所示的电阻电路。微调电阻 RP，使输出 V_0 在 V+ 和 V- 之间有微小的电压变化，输出高电平和低电平，说明电路工作正常，运算放大器制作成功。

制作D触发器

用一块 5cm×7cm 的万能板来制作 D 触发器电路。D 触发器由 6 个与非门组成，需要在万能板上焊接 6 个与非门。其中 G5 有 3 个输入端，所以这个与非门需要多焊接一个三极管。先将 31 个三极管焊在万能板上，再焊接电阻和二极管，最后连接电路。比较近的元器件用锡线连接，较远的用软线连接，制作完成的 D 触发器电路板如图11所示。检查焊接无误后，可进行测试。脉冲发生器电路如图12所示，

▌图11 D 触发器电路板

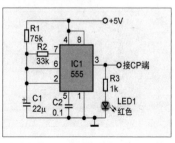

▌图12 脉冲发生器电路

先制作一个脉冲发生器，将 D 触发器接脉冲发生器，并接 5V 电源，可以在 D 触发器输出接一个 LED（串联一个 1kΩ 电阻）。将 D 触发器的 D 输入端接电源正极，在 CP 脉冲到来时，要求 LED 变亮；再将 D 输入端接地，在 CP 脉冲到来时，要求 LED 从亮转为灭即可。

制作异或门

用 5cm×7cm 万能板制作异或门。先将 10 个三极管焊在万能板上，再焊接电阻和二极管，制作完成的异或门电路板如图 13 所示。检查焊接无误后可以测试，将电路板接 5V 电源，A、B 端都接电源正极，输出 Y 应为低电平。再将 A、B 端接地，输出同样应为低电平；只有 A、B 一个接电源正极、一个接地，输出 Y 为高电平，说明制作成功。如有问题，应检查有无错焊和连焊的情况。

制作或门

用 5cm×7cm 万能板制作或门。先将 11 个三极管焊接在万能板上，再焊接电阻和二极管，三极管的排列以容易焊接为准，制作完成的或门电路板如图 14 所示。检查元器件焊接无误后，可进行测试。将电路

▋图 13 异或门电路板

▋图 14 或门电路板

板接 5V 电源，先将 A、B、C、D 端接电源正极，输出应为高电平。再将 A、B、C、D 端接地，输出 Y 应为低电平。接着将 A、B、C、D 端分别接电源正极（其他接地），输出应为高电平，说明电路工作正常。如果有问题，可以根据电路原理检查电路板。

制作三极管模数转换器

用 5 块 9cm×15cm 万能板制作简单型运算放大器组，该运算放大器组由 7 个运算放大器组成，可以按图 15 的运算放大器布局，将三极管焊在万能板上，再焊接电阻和二极管。接着用锡线连接电路，制作完成的简单型运算放大器组电路板正面如图 16 所示，反面如图 17 所示，检查元器件焊接无误后进行测试。要注意正负极不能短路，电路不能有断焊和连焊的问题。另外，分压电阻可以直接焊在运算放大器电路板上的适当位置。

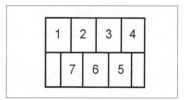

▋图 15 运算放大器布局

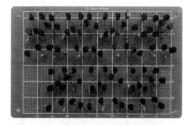

▋图 16 简单型运算放大器组电路板正面

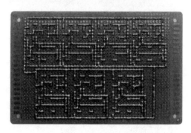

▋图 17 简单型运算放大器组电路板反面

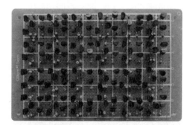

▋图 18 D 触发器布局

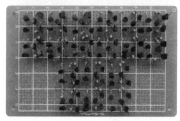

▋图 19 两块 D 触发器组电路板正面

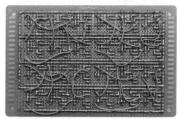

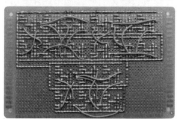

▋图 20 两块 D 触发器组电路板反面

D 触发器有 7 个，用的三极管比较多，按图 18 所示的 D 触发器布局排列，用两块 9cm×15cm 万能板制作。也是先焊一个 D 触发器，等连接成功后，再焊接其他 D 触发器。先焊三极管，再焊电阻和二极管，接着用锡线连接电路，最后用软线连接较远的电路。制作完成的两块 D 触发器组电路板正面如图 19 所示，反面如图 20 所示。检查元器件焊接无误后，将电路板接 5V

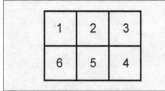

▌图 21 异或门布局

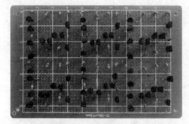

▌图 22 异或门组电路板正面

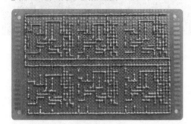

▌图 23 异或门组电路板反面

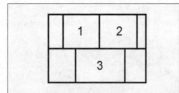

▌图 24 或门布局

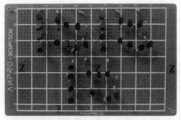

▌图 25 3 个或门电路板正面

▌图 26 3 个或门电路板反面

▌图 27 组装完成的电路板

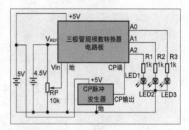

▌图 28 电源电路

▌图 29 完整的模数转换器

▌图 30 A_2、A_1、A_0 输出 110 时的显示情况

电源，对每个 D 触发器进行测试，直到正常。

电路中有 6 个异或门，按图 21 所示的异或门布局排列，用 1 块 9cm×15cm 的万能板制作。先焊接三极管，再焊接其他元器件，用锡线连接电路，制作完成的异或门组电路板正面如图 22 所示，反面如图 23 所示。检查元器件焊接无误后，测试每个异或门直到正常。

用 1 块 9cm×15cm 的万能板制作或门组，按图 24 所示的或门布局排列，将 3 个或门焊接在万能板上。这块万能板焊接的元器件较少，但要求每个或门的 4 个输入三极管纵向排列，要整齐，方便连线。制作完成的 3 个或门电路板正面如图 25 所示，反面如图 26 所示。同样，检查元器件焊接无误后，对 3 个或门进行测试，直到正常。

总装和测试

制作完成这些电路板后，按或门→异或门组→ D 触发器→简单型运算放大器的

顺序连接，电路板向上重叠放置，简单运算放大器电路板放在最上面。电路板之间的连线放在板的后方，这样方便检查每块电路板。另外，每块电路板都需要连接出正负极引线。连接完成后再做一次检查，直到没有错误，然后用 4 个 6cm 长的螺丝将电路板固定在一起，组装完成的电路板如图 27 所示。按图 28 所示的电源电路，将 4.5V 电源、5V 电源、脉冲发生器电路板、输出显示发光管和三极管模数转换器连接在一起，最终完整的模数转换器如图 29 所示。这里 5V 电源可以用 4 节 5 号碱性电池，也可以用 5V 稳压电源，4.5V 电源可以用 3 节 5 号碱性电池。考虑到运算放大器 V+ 和 V− 输入端电压在靠近 5V 时，会工作失常，所以使用两个电源。这里 5V 电源是主电源，工作电流比较大，可达 350mA。另外，脉冲发生器电路板中的 22μF 电容在这里需要改为 1μF 电容。

连接完成后，最后调微调电阻，使 V_{in}

从 0 开始增大，这时输出的 A_2、A_1、A_0 按 000、001、010、011、100、101、110、111 顺序变化，说明模数转换成功。如果有问题，可以根据输出 LED 的显示进行问题分析，找到问题所在。图 30 所示是 A_2、A_1、A_0 输出 110 时的显示情况。🅧

CH552g Dial 旋钮

王煌鑫 杨安

普通用户桌面上常见的外设通常有鼠标、键盘、耳机等。在办公过程中，调节音量、显示屏亮度，这些操作似乎都需要鼠标来完成，缺少一个更便捷的方式。现如今，许多键盘上增加了旋钮、显示屏等模块，在用户使用中能够带来不少便利。但是目前这些键盘上的旋钮功能大多还比较单一，无非调节声音或者 RGB LED 亮度，不觉得不够酷吗？因此，我设计了一个更好用一点的旋钮。

项目介绍

此旋钮是基于 CH552G 芯片设计的一个开源硬件项目，带有 4 个 RGB LED 和 2 个不同封装的振动电机。旋钮模拟 Surface Dial 的功能，可以在 Windows 10（包含）以上的系统中自定义编码器旋转、按下的功能。旋钮设置和旋钮自定义功能如图 1 和图 2 所示。

旋钮可以在以下场景使用。

● 可以在打游戏、看剧、听歌时调节系统音量、显示屏亮度。

● 在看电子书、浏览网页时代替鼠标滚轮翻页。

● 在使用剪辑软件剪视频时，使用旋钮拖动进度条。

● 在使用绘画软件创作时，使用旋钮调整笔刷大小。

● 作为快捷键使用。

工作原理

实现旋钮功能的这一个元器件名称叫作 EC11 旋转编码器，如图 3 所示，它和鼠标滚轮一样，都是增量式编码器。编码器时序如图 4 所示，顺时针旋转时，A 通道信号超前于 B 通道；逆时针旋转时，则滞后于 B 通道。

在电路图设计中，将 A 引脚接在单片机的 P3.3（INT1）引脚，靠外部中断识别

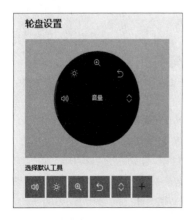

■ 图 1 旋钮设置

■ 图 2 旋钮自定义功能

■ 图 3 EC11 旋转编码器

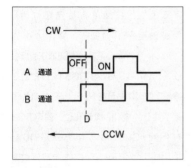

▌图4 编码器时序

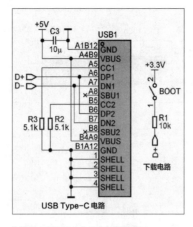

▌图6 USB Type-C 及下载电路

▌图8 0408 空心杯（左）和1027 扁平（右）振动电机

旋钮的正转与反转。A 相进入下降沿触发中断。当进入中断时，如果 B 相的电平为高就是顺时针，反之是逆时针。

电路设计

主控电路

CH552 芯片是一款兼容 MCS51 指令集的增强型 E8051 内核单片机。内置了 ADC 模数转换器、触摸按键、3 组定时器、PWM、SPI、USB 设备控制等功能模块。外设资源比较丰富，且价格实惠，常见封装价格约 2 元。

CH552 芯片有多种封装（CH552E、CH552G、CH552T、CH552P 等），综合考虑价格、引脚数、焊接难度等因素，最终在本设计中选择了 SOP-16 封装的 CH552G。CH552G 可以用来自 USB 的 5V 电压直接驱动，不需要 LDO 降压电路。

CH552G 最小系统的外围电路十分简单，仅需在 V33 和 VCC 引脚各并联一个

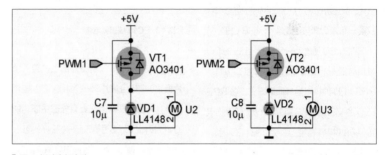

▌图7 振动电机电路

100nF 电容即可。其内部已集成 24MHz 时钟，不需要外接晶体振荡器也可以稳定运行。CH552G 外围电路如图 5 所示。

USB Type-C 及下载电路

USB Type-C 接口具有体积小，可以正反插的优势，目前普遍使用在鼠标、键盘等数码产品上，已经逐渐取代了 Micro USB 接口。

接口引出 5V 供电、D+/D- 差分线及

GND 端。CC1、CC2 引脚接 5.1kΩ 下拉电阻即可识别 CtoC 数据线。

上电时 D+ 上拉则进入下载模式，即先按下 BOOT 按键再插入 USB Type-C 数据线，即可进入下载模式。USB Type-C 及下载电路如图 6 所示。

振动电机

振动电机使用单片机 PWM 控制 P 沟道 MOS 管 AO3401 通断，实现对电机振动强度以及振动时间的控制。在电机两端并联 LL4148 二极管作为续流二极管，在 MOS 管 S 极并联一个 10nF 电容作为滤波电容。振动电机电路如图 7 所示。

两组电机驱动电路结构相同，但两个电机使用的封装不同，一个为 1027 扁平振动电机，另一个为 0408 空心杯振动电机，如图 8 所示。单个电机带来的振动反馈比较单调，两个电机组合使用，通过调

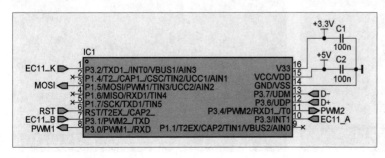

▌图5 CH552G 外围电路

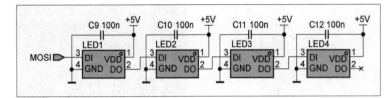

▍图9 WS2812B 电路

节电机的振动时间和振动强度，可以实现操作旋钮时具有不同的手感。

WS2812B电路

旋钮采用 4 个 WS2812B 封装的 RGB LED。WS2812B 集控制电路与发光电路于一体。数据协议采用单线归零码的通信方式，仅需一个接口即可控制 4 个 RGB LED。4 个 RGB LED 通过上一个 RGB LED 的 DO 接口与下一个 RGB LED 的 DI 接口级联。RGB LED 的供电为并联的方式，各 RGB LED 的 VCC 引脚分别并联一个 100nF 电容，防止供电不稳定，导致 RGB LED 闪烁。WS2812B 电路如图 9 所示。

EC11编码器电路

EC11 的 A、B 引脚为信号端，C 引脚为公共端接地，D、E 引脚可以看作一个

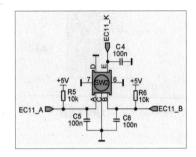

▍图10 EC11 编码器电路

按键开关。将 A、B 引脚外部上拉接入单片机 I/O 接口且各并联一个 100nF 的电容消抖，A 引脚需要接在具有外部中断功能的 I/O 接口上。D、E 引脚则一端接 I/O 接口、一端接地，并联一个 100nF 电容消抖即可。EC11 编码器电路如图 10 所示。

PCB设计

总体上元器件数量不算多，故采

用双面板。在简单布置元器件后，最终确定 PCB 为圆形，整体大小为 3.6mm×3.6mm。EC11 编码器正面居中放置，4 个 WS2812B RGB LED 放置在编码器四周。并且在 RGB LED 的旁边预留了共计 4 个 M2 螺丝孔位，固定 PCB 与外壳。CH552G 芯片为 SOP-16 封装，如图 11 所示，正好完美地可以放置于 EC11 编码器的引脚之间。两个振动电机选择在 PCB 左右两侧开槽竖直放置。USB Type-C 接口放置于底面上方，程序烧录键放置于底面下方。PCB 正面和底面如图 11 和图 12 所示，PCB 3D 预览如图 13 所示。

程序设计

USB 协议是一个大坑，虽然 CH551 官方 Demo 有底层，但是底层过于简单。想要实现更多功能，还要从 USB 官网下载技术文档配合阅读，想用起来就得把每个寄存器都理解才能修改。我当时也是到处找资料，慢慢修改、调试，连续啃了一个星期，写出来后才感悟不过如此。

DIAL 协议的程序如程序 1 所示。

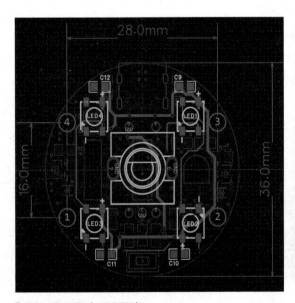

▍图11 PCB 正面（已隐藏覆铜）

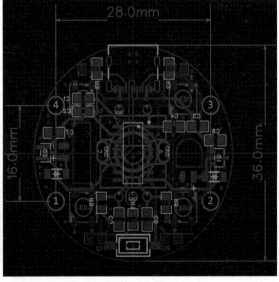

▍图12 PCB 底面（已隐藏覆铜）

 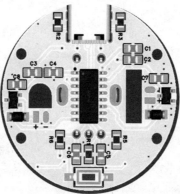

▌图 13 PCB 3D 预览

▌图 14 模型渲染

程序1

```
/*******************************

功能：发送旋钮数据

传入参数：

wheel：滚轮变化量

*******************************/

void drv_usb_dial(int wheel)

{

  char buf_tx[4];

  memset(buf_tx, 0, sizeof(buf_tx));

  buf_tx[0] = 4;

  buf_tx[1] = *((char *)&wheel + 1);

  buf_tx[2] = *((char *)&wheel + 0);

  drv_usb_write_ep2(buf_tx, 3);

}
```

程序 2 的主要功能是获取按键状态。

程序2

```
static uint idata event_tick=0;

static uint idata sw_num=0;

uchar get_key_state()

{

  uchar out_temp=0;

  if(EC11_K==0)    // 如果输入被拉低

  {

    sw_num++;

    if(sw_num==5)

    {

      event_tick/=1000;

      event_tick++;

      event_tick*=1000;// 保留千位

      return 0xFE;// 按下事件

    }

  }

  else

  {

    if(sw_num>=5)

    {

      sw_num=0;

      return 0xFF;

// 松开事件

    }

    else

      sw_num=0;

  }

  if(event_tick)

// 连击事件处理

  {

    event_tick++;

    if(event_tick%1000==500)

    {

      if(sw_num==0)// 松开时才会触

发连击事件

out_temp=event_tick/1000;

      event_tick=0;

    }

  }

  return out_temp;

}
```

外壳设计

外壳主要依据旋钮帽的选型进行设计。

整体分为外壳主体和底盖，使用 3D 打印机制作。白色 3D 打印材料的透光性良好，可以很好地展现 RGB 灯效。且相比于注塑、CNC 等其他方法，3D 打印成本低，性价比更高。设置好开孔大小，使用自攻螺丝即可锁紧外壳与底盖，不需要内嵌热熔螺母，减小了制作难度，降低了成本。模型渲染如图 14 所示。

有一部分玩家为了追求颜值更高的线材，选择了客制化线材。因此我在 USB Type-C 接口的开槽处扩大了一些，可以兼容更多的线材。

底部可以使用不干胶直接固定或者粘贴硅胶、橡胶材质的脚垫以增大底部与桌面的摩擦力，防止旋钮旋转时，电机振动带来位移。

结语

本项目的初代版本制作于 2021 年 8 月，当时的我还是一名"电子小白"，东拼西凑，照猫画虎地制作出了我的第一块旋钮 PCB。时至今日，PCB 版本、固件版本已经进行了多次迭代升级。在这期间，我不断地学习、画板，对单片机、写程序、PCB 绘制已经有了更深的了解。整个项目的 PCB、外壳、固件等所有制作文件已经在立创开源平台开源，感兴趣的读者可以在平台上搜索"丐 dial"获取。 Ⓧ

千里江山入行空，只此为青绿

┃ 杨少东　徐千千

　　2022年央视春晚以北宋名画王希孟《千里江山图》为灵感的节目《只此青绿》将传统书画艺术与优美舞蹈融为一体，视觉效果震撼，更让观众惊叹传统艺术之美，给人留下了深刻的印象。

　　此项目灵感主要源自舞蹈节目《只此青绿》，以行空板为载体，实现"名画复活"（"名画复活"为合肥市蜀山区第四届创客微剧场活动主题），用简单的图形化编程，结合行空板上的全彩互动屏和板载传感器实现趣味交互效果，在千里江山图上展示《只此青绿》的舞蹈效果，"复活"千里江山图。《千里江山图》信息如图1所示。

行空板赏画

　　千里江山图是一幅很长的画卷，本项目第一个任务就是需要将千里江山图放入行空板中，并能够欣赏千里江山图的全貌。行空板的显示屏分辨率为240像素×320像素，但画布的坐标系是无限的，超出显示屏大小的画面依然存在，所以赏画的方法则是将"千里江

《千里江山图》

作者：北宋王希孟，时年18岁

主题：刻画自然，人与自然和谐共存

　　　隐藏了唐代诗人孟浩然的五言诗
　　　《彭蠡湖中望庐山》

取景：庐山和鄱阳湖（江南特色）

┃ 图1 《千里江山图》信息

山图（部分）"的宽度调为240像素，使画能够充满整个显示屏。长度自动调整，通过行空板板载加速度计，检测左右倾斜，实现画面的左右移动效果，以达到赏画的目的。行空板分辨率与坐标系如图2所示。

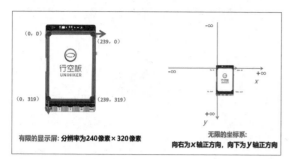

■ 图 2 行空板分辨率与坐标系

有限的显示屏：分辨率为240像素×320像素

无限的坐标系：
向右为x轴正方向，向下为y轴正方向

舞蹈互动

　　行空板 LCD 彩屏可触控交互，能够检测点击对象和触屏的坐标。将《只此青绿》的人物素材放置在千里江山图合适的位置上，点击人物素材后，不停地切换人物造型图片，以达到舞蹈动态效果，人物开始翩翩起舞，跃然画中。项目构想示意图如图 3 所示。

背景音乐

　　行空板带有一个 USB 接口，可外接扬声器、摄像头。为整个项目找到合适的配乐，加入听觉辅助，可更好地体验此项目。行空板功能介绍如图 4 所示。

所需材料

　　本项目材料清单如附表所示。

附表 材料清单

设备名称	备注
行空板	1块
USB Type-C 接口数据线	1根
计算机	Win7 及以上系统
USB 接口扬声器	1个
编程平台	Mind+
项目素材	背景、音频和已处理过的舞蹈动作图

■ 图 3 项目构想示意图

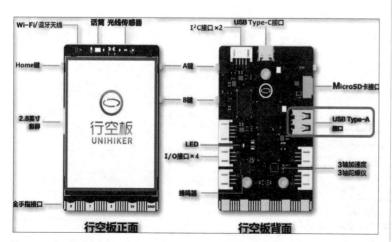

■ 图 4 行空板功能介绍

设备连接

1 将行空板与计算机连接。

2 将扬声器与行空板连接。

项目实现过程

第一步：素材导入

素材包含背景、音频和已处理过的舞蹈动作图（见图5和图6）。舞蹈动作图的格式为 .png，以数字编号逻辑来命名，这样可通过控制变量的变化来实现图片的切换。

打开 Mind+，将素材导入 Mind+ 中。素材导入步骤如图7所示：打开 Mind+ → 选择 Python 模式→单击左侧"模块"编程→打开文件系统→选择项目中的文件→ 打开文件位置→将素材放入文件夹中。

完成导入后，单击文件目录处的刷新按钮，即可在列表中查看到导入的素材文件，如图8所示。

在 Mind+ 平台中连接行空板如图9所示：单击 Mind+ 左下角"扩展"→在库中选择"行空板"，单击返回→连接远程终端。连接成功后，则可以使用模块化的程序指令，控制行空板。行空板模块化编程指令如图10所示。

图5 角色、背景、音乐素材

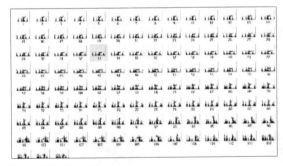

图6 角色素材

图7 素材导入步骤

图8 刷新查看素材文件

图9 在 Mind+ 平台中连接行空板

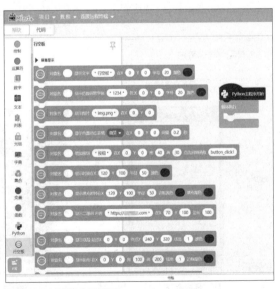

图10 行空板模块化编程指令

第二步：将千里江山图放入行空板中

创建对象"BG"，将背景图显示在（0，0）位置（见图11和图12）。单击Mind+右上角的运行按钮，此时只能在显示屏中看见千里江山图的一个角落。

在设计图片显示效果时，为实现更好的观赏体验，可将背景图在行空板中显示的高度调为与行空板高度一致，宽度则等比例缩小。单击程序运行按钮后，则能看到高度较为完整的背景图了（见图13和图14）。

图11 程序1

图12 程序运行效果1

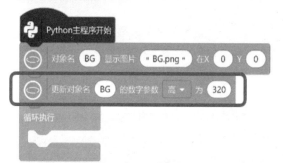

图13 程序2

图14 程序运行效果2

背景素材图的分辨率为3043像素×1200像素，行空板的分辨率为240像素×320像素，经过程序对图片高度进行调整后，图片的分辨率约为811像素×320像素。调整完高度后的背景图如图15所示。

图15 调整完高度后的背景图

第三步：能够左右移动行空板赏画

在用行空板展示此画时，左右移动不能超过画的宽度，所以画在行空板中的x坐标移动范围为−570~0，如图16所示，临界值即为行空板能看到到画的最右边(x=−570)和最左边(x=0)的x坐标，y坐标恒为0。

当画的x坐标减小时，画面向左移动，我们则能够看到画面右边的风景；如果x坐标减小到−570，则画面不能继续移动。当画的x坐标增大时，画面向右移动，我们则能够看到画面左边的风景；如果x坐标增大到0，则画面不能继续移动。

选择合适的交互方式控制画面的移动，以增强体验感。行空板板载传感器非常丰富，还可以通过触摸屏进行交互控制，极大地增加了交互方式的多样性。对于赏画的功能来说，效果是左右移动，

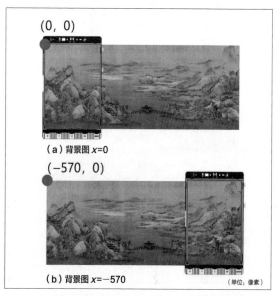

（a）背景图 x=0

（b）背景图 x=−570

（单位：像素）

图16 背景图在行空板中的移动范围

那直观又简洁的交互方式则是手拿行空板微微左倾或者右倾来实现左右移动的控制。这就需要用到行空板板载的 3 轴加速度计进行左右倾斜检测。

在使用传感器之前，需要先进行传感器测试，了解传感器的检测范围和使用方式，以便找到合适的阈值用于程序设计中。

从测试效果来看，当行空板左倾时，y 轴加速度值会随着左倾的幅度增加在 0~1 范围内增大；当行空板右倾时，y 轴加速度值会随着右倾的幅度增加在 0~-1 范围内减小。所以检测行空板左倾还是右倾，则判断 y 轴加速度值的大小即可，如果大于 0.1 则左倾，如果小于 -0.1 则右倾（0.1 约为微倾时读取到的 y 轴加速度值），程序和程序运行效果如图 17 和图 18 所示。

再结合画面移动效果，要实现画向右移动（x 坐标增大），需满足两个条件：行空板左倾，画的 x 坐标小于最大值（0）。

同理，要实现画向左移动（x 坐标减小），需满足两个条件：行空板右倾，画的 x 坐标大于最小值（-570）。用 3 轴加速度计控制画面如图 19 所示，程序参考如图 20 所示。

第四步：加入角色

加入角色时，需要调整好角色的尺寸及位置，在画中找到合适的位置（480，320），坐标更新为角色的正下方，将角色的高度调整为 230。在程序中编写图片名时，juese/1.png 表示文件夹 juese 中命名为 1.png 的图片。

当背景图移动时，角色要和画一起移动，以保持画在角色上的位置不变，所以需要循环更新角色的 x 坐标。让角色 x 坐标 = 背景 x 坐标 +480，这样就能保证角色在画的指定位置，随着画的移动而移动。程序和运行效果如图 21 和图 22 所示。

第五步：点击角色，实现互动

在能够让角色和画保持同步移动后，接下来实现点击互动的效果。角色是从一段舞蹈逐帧剪辑下来的多张图片，按照数字序号逻辑进行命名，当点击角色的时候，角色按照图片命名的顺序快速切换，在画面中就能呈现跳舞的动态效果。

▌图 17 程序 3

▌图 18 程序运行效果 3

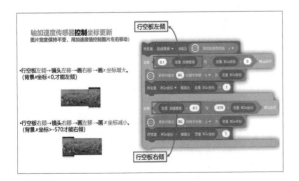

▌图 19 用 3 轴加速度计控制画面

▌图 20 程序参考

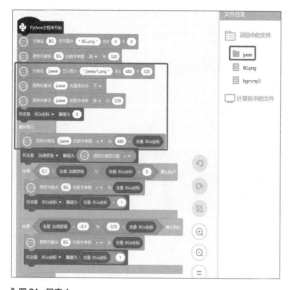

图 21　程序 4

（480,319）

（单位：像素）

图 22　程序运行效果 4

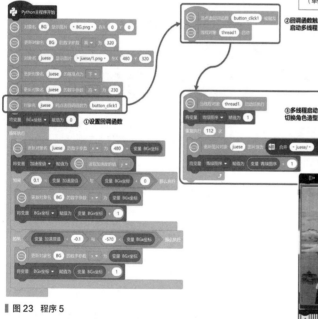

①设置回调函数

②回调函数触发启动多线程

③多线程启动切换角色造型

图 23　程序 5

在设计交互效果时，将对象"juese"设置为回调函数，能够检测角色是否被点击。当回调函数被触发（角色被点击）时，如果循环执行 112 次（共 112 个角色造型）切换造型，角色将会出现卡顿的现象，卡顿后角色切换到第 114 个造型，中间切换过程无法正常展示，所以切换造型的程序指令需要放入主循环中或者是以多线程的方式运行，本项目中以多线程方式来运行，这样可在触发角色跳舞时，继续实现赏画功能。程序和运行效果如图 23 和图 24 所示。

图 24　程序运行效果 5

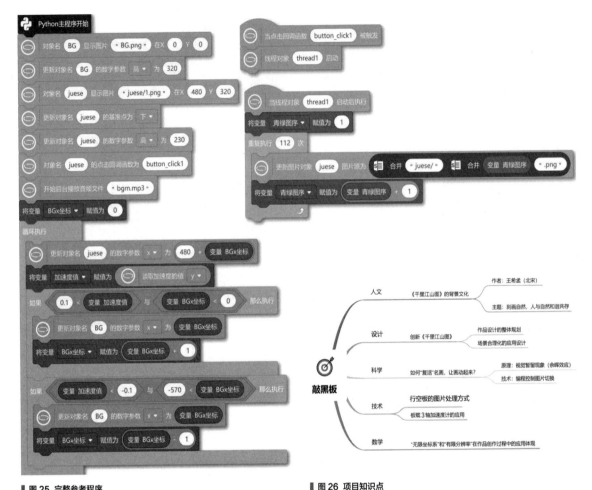

▎图 25 完整参考程序

▎图 26 项目知识点

第六步：加入背景音乐

　　行空板外接 USB 扬声器后，可根据程序，后台播放音频文件。赏画与互动已经提供了视觉和触觉的交互体验，加入合适的音乐，能够将用户带入场景中，增强项目的体验感。

　　要添加音频，只需要在初始化部分（主循环前）加入后台音乐播放程序模块。当程序启动时，音乐就会在后台播放，同时还能进行赏画与交互。

完整程序

　　完整参考程序如图 25 所示。

结语

　　此项目在交互体验的过程中，还是相对流畅的。我也邀请了我的一些同事进行了测试，测试反馈整理如下。

● 项目的新颖、趣味程度较好。

● 赏画时，画面移动的流畅度还可以进一步提高。

● 在画面中还可以加入更多的交互效果。

● 左右移动画面的设计，缺少相关的提示符号。

　　除此之外，我自己在体验此项目的时候，也在思考项目的意义。从创作者角度来说，"复活千里江山图"需要先较为全面地了解此图。千里江山图也是当时时代背景的产物，记录当时的大好河山与千里风光。作为后人，我们既要有对传统文化的传承，也需要有自己时代的创新。用行空板"复活千里江山图"仅仅是我自己领域的创新。而"复活千里江山图"的方式非常之多，舞蹈、毅行、绘画、社会调研等均是对文化的传承与创新。中华文化共传承，笃行思创新。我们一起来加油吧！本项目涉及的知识点如图 26 所示。Ⓧ

低功耗电磁摆

▌胡靖

此项目一开始是在 2017 年制作的，其间经历了很多次失败，那时候我用的元器件是电视机电路板拆机件，失败原因主要是三极管引脚不是常见的 EBC 排列。这一次是因为我看见了嘉立创开源平台的"Sakana 摇摇乐"项目，萌生了做一个配套电路开源出来的想法。于是我对电路进行了翻新，更换了新的元器件。

项目简介

这是一个纯模拟电路的作品，不需要编写程序。基础功能是当线圈两端出现感应电动势就会使电路工作，给线圈供电 20ms。此电路有两个特点，第一，功耗低，因为线圈每次只工作 20ms，经过计算，1800mAh 的电池足够电路正常工作 197 天；第二，可扩展性强，因为基础功能的通用性高，以此电路为基础可以制作很多设备，例如无刷电机模型、驱鸟器等。

电路原理

电磁摆电路如图 1 所示，当磁铁经过线圈，线圈两端（L1、L2）会产生出一个感应电动势，当磁铁接近线圈为正半周，磁铁远离线圈为负半周，而电容可以通过交流电隔绝直流电，所以感应电动势会经过 C4、C5、R6 构成回路。当正半周时 VT3 基极被感应电动势拉高，使 VT3 导通，VT1 基极被 VT3 拉低，使 VT1 导通，而 VT1 导通会把 VT2 基极拉高，使 VT2 导通，VT2 导通又会把 VT1 基极拉低，形成正反馈，在极短的时间内，VT1、VT2 会完全导通。此时同时发生了两件事：第一件事是 VT1 发射极被拉低，C6 通过 R7、R8 和 VT4 发射结充电，电容充电的一瞬间可以看作短路，所以会导致 VT4 基极被拉低，在被拉低的一瞬间 VT4 会导通，线圈通电，获得推力，

随后又被 R8 拉高使 VT4 截止；第二件事是 C2 通过 VT1 被 R2 放电，C2 电压跌至不足以维持 VT1、VT2、VT3 导通，VT1、VT2、VT3 全部截止，然后 C2 通过 R1 被充电，电路进入下一个循环。图 1 中 R5-1~R5-4 这 4 个电阻串联，是因为 4MΩ 的电阻不常用，所以我用比较常用的 1MΩ 电阻来替代。

驱动部分实测工作电流是 0.14mA，这款 24V 中间继电器线圈的电阻是 650Ω，根据欧姆定律，电流为 6mA。然后根据 VT4 集电极波形（见图 2），时基是 100ms，每一小格是 20ms，线圈每次工作一格，频率是 4Hz，其中有个感应电动势线圈是不工作的，因为电容 C2 还在充电，每秒钟线圈工作 40ms，使用加权平均数就可以算出平均电流为 0.38mA。如果用 1800mAh 的电池，可以 24h 不间断工作 197 天，印证了这个电路是极其省电的（以上计算值均有取整）。

根据电路原理可以知道，线圈需要自己提供一个上升沿脉冲来启动电路，电路

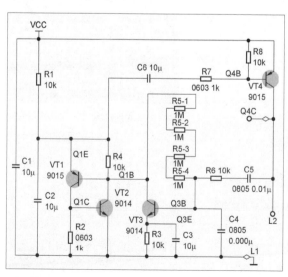

▌图 1 电磁摆电路

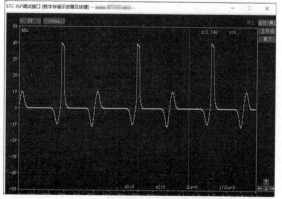

▌图 2 VT4 集电极波形

的工作电流与摆动周期有关，周期与摆长有关，摆长越长，周期越长，也就越省电。有一种办法可以控制周期，那就是配重，摆臂上端越比下端重，周期越长。如果摆臂两边对称就能做出无刷电机模型。另外底板上两个支架固定的焊盘是带电的，也就是说，我们可以在支架上进行设计，将单片机和LED放在上面。还可以给支架做半孔，或者在摆轴接触支架的地方焊接一根排针，让摆轴搭在排针上，这样扩展性就更高了，比如制作发光摩天轮。但是要注意！摆轴带上电压后就不能用普通二极管当摆轴了，普通二极管一旦放反就会直接短路，可以用气体放电管或者双向触发二极管作为摆轴。

元器件选型

元器件的选型既要考虑元器件布局、布线的可行性，又要考虑焊接难度，为了锻炼焊接能力，本项目元器件包含0603贴片电阻、0805贴片电阻、2.54mm脚距排针、2.0mm脚距三极管、1/4W插件电阻等一些常用封装。为了降低制作难度，充电电路直接使用TP4056模块（见图3）。线圈则是拆解中间继电器（见图4）内的线圈（见图5）。

▌图3 TP4056模块

▌图4 未拆解的中间继电器

▌图5 拆解后的中间继电器线圈

PCB设计

我自己创建了TP4056充放电模块和继电器线圈这两个元器件及封装，如图6和图7所示。

为了PCB更美观，我还修改了三极管的封装（见图8）。PCB正面预览如图9所示，背面预览如图10所示。

测量接口

VT1 ~ VT4所有三极管的集电极、发射极、基极都引出了测试排针，方便查看电路工作波形和三极管的工作状态。这两组排针配备了两个板载LED，将VT4C与LED2短接，可以简单地查看

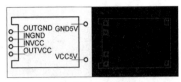

▌图6 TP4056模块元器件及封装

▌图7 继电器线圈元器件及封装

▌图8 修改前（左）和修改后（右）的三极管封装

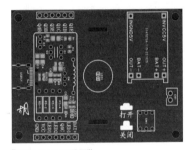

▌图9 PCB正面预览

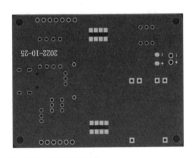

▌图10 PCB背面预览

电路是否正常工作，如果正常则1s闪烁两次，且每次都是在磁铁经过线圈上方时闪烁；如果不正常，LED可能常亮或不亮。LED1是为了美观而设计的，如果将VCC与LED1短接，即可使线圈发出科幻的光芒（见图11）；也可以将VCC与BAT+短接，这样LED1同样发光，且不受按键

▍图 11 将 VCC 与 LED1 短接后线圈发光

▍图 13 将垂直底板插入支架

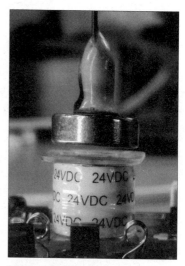

▍图 16 磁铁与线圈的距离

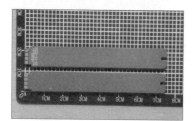

▍图 12 支架 PCB

的控制,只要电池有电就会常亮。当然,点亮 LED,耗电也会有所增加。PCB 有两种充电接口,分别是 USB Type-C 以及 TP4056 模块自带的传统 Micro USB。

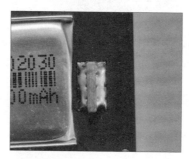

▍图 14 固定焊盘

产品组装

底座驱动支架部分

底座驱动支架部分使用两块 PCB 垂直拼接焊接固定。需要将支架 PCB(见图 12)垂直插入底座驱动支架的预留挖槽内(见图 13),然后在背面对应焊盘焊接,一共有 8 个固定焊盘(见图 14),为了更加稳固,将同侧的 4 个焊盘作为一个大焊盘。

摆轴部分

摆轴部分使用一个稳压二极管垂直焊接一根 1.3mm 直径的铜制摆臂(见图 15),

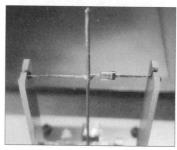

▍图 15 铜制摆臂

摆臂另一端使用 AB 胶固定一颗螺丝钉,使磁铁吸附在螺丝钉上。仔细调整摆臂的长度,使磁铁经过线圈上方时不会与线圈摩擦,同时不能距离太远(见图 16),否则线圈产生的磁力将无法给摆臂持续提供动力。摆轴两端可以适量涂抹一些黄油。

以上制作完成后,即可使用 6 角柱支撑电路板,以维持电磁摆摆动时稳定,电磁摆便制作完成了。

▍图 17 工作时的电磁摆

成品展示

工作时的电磁摆如图 17 所示。

结语

当我把这个作品开源后,有一位朋友很感兴趣,并复刻出来了(见题图),也算达到了我的初衷,为"Sakana 摇摇乐"做了一个配套电路。这件事也鼓舞了我,第一次明确地知道自己的设计被他人喜欢、复刻,这种成就感是无与伦比的,大概就是开源吸引我的原因吧。🅧

从 0 到 1，搭建一个 20 键的复古风数字键盘

| [爱沙尼亚共和国] 陶诺·埃里克（Tauno Erik）
翻译：李丽英（柴火创客空间）

读者朋友们，今天跟大家分享的是一位来自我们柴火创客空间社区的海外maker的精彩项目：一个做工超级精致的20键的复古风数字键盘。这个项目的作者是Tauno Erik，他是一位自学成才的艺术家和摄影师，出生于爱沙尼亚。他日常主要从事绘画、摄影等艺术创作，但最近他开始自学编程，积极跨界学习开源硬件，并借用不同的硬件平台实现他的设计项目。或许是因为具有深厚的艺术设计功底，他的硬件项目也总会自带浓郁的艺术家气息。今天给大家分享的这个项目，是他参加矽递科技在2022年举办的XIAO机械键盘设计大赛时提交的项目。

Tauno 设计的这个键盘，由矽递科技研发的 XIAO RP2040 搭载一个 Tauno 自己设计的 PCB 组成，其键盘结构部分包含 20 个按键（数字 0~9、加减乘除、等号、逗号、百分比以及 3 个未定义的空白键）。这些按键上的字符采用了中世纪由修道士创立的数字符号，在橡木和桦木板上手工雕刻而成。以下是 Tauno 对这个项目从 0 到 1 的简单的项目记录过程。

这个键盘项目对我来说更像是一个艺术项目，通过这个项目，我获得了一个更深入了解事物运作方式的机会。同时，我了解了一些底层程序和一些历史故事，我也希望通过这个项目可以引起更多人的好奇心，激发大家不断跨界创作的积极性。

项目所用物料

软件：Arduino IDE。

硬件材料清单如附表所示。

附表　硬件材料清单

序号	名称	数量
1	Seeed XIAO RP2040	1 块
2	PCB	1 块
3	键盘按键开关	20 个
4	USB Type-C 转 USB Type-A 转接线	1 根
5	自制键盘外壳（桦木胶合板、螺丝）	若干
6	自制键帽（实心橡木和桦木胶合板）	若干

我最初选用 Seeed XIAO RP2040 作为键盘的主控，是因为它与树莓派的 RP2040 芯片类似。这个 MCU 具有如下功能和特性让我很心动。

● 超小尺寸 20mm × 17.5mm。它应该是目前市面上同等性能下最小的 MCU。

● 具有 USB Type-C 接口。

● 具有 11Pin 和电源 Pin。

● 具有复位键。

● 具有开机键。

● 具有 RGB LED（用户可编程 LED）。

● 具有电源 LED（具有 2 种颜色）。

● 具有用户 LED。

● 具有 264KB SRAM 和 2MB 闪存。

● 具有双核 ARM Cortex M0+ 处理器，133 MHz。

● 以 3.3V 电压工作。

XIAO RP2040 示意和 XIAO RP2040 引脚如图 1 和图 2 所示。

定制电路板

我的电路板设计包含了 20 个键盘按键开关，以四列、五行方式分布。这是我第一次设计键盘电路板，因此我在每个按键开关之间预留的空间比较紧凑，我也计划在新的设计中，让按键之间的预留空间更多，更方便键帽的安装。PCB 设计如图 3 所示。

为了更好地配合木制机械键帽和键盘

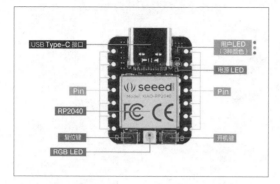

图 1 XIAO RP2040 示意

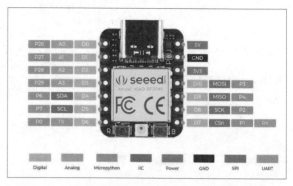

图 2 XIAO RP2040 引脚

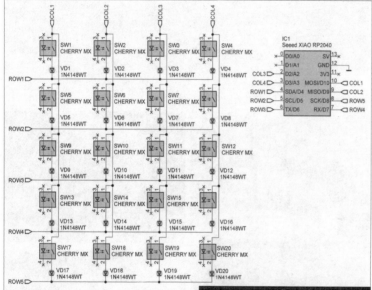

图 3 PCB 设计

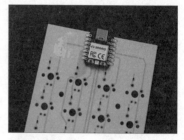

图 4 定制 PCB

图 5 键盘的外壳效果

整体外壳，我这次用了黄色的 PCB，焊盘直接镀金，很有质感。我这次用了 Seeed Fusion 线上的 PCB 制造服务。我一共订购了 5 个 PCB，并用了 PCB 组装服务对其中两个进行了组装。收到实物 PCB 时，整体颜色和做工我都很满意，算是一次非常满意的电路板定制体验。定制 PCB 如图 4 所示。

设计思路

我用的数字系统是修道士在 13 世纪早期设计的，是一种简洁的数字书写方式。这个数字符合系统只包含了 0 ~ 9999 的每个数字，并不包含其他任何数字。目前

这个数字系统常被用于一些复古书籍中的日期和页码。

我也是无意中了解到这个数字系统的，当时第一眼看到的时候，就觉得特别惊艳，感觉有一种神秘且历史重现的复古气息。因此，当我这次参加键盘设计大赛时，我觉得我可以尝试运用这个数字符号系统来呈现一个数字小键盘。

在构思整个数字键盘的设计思路时，我主要聚焦在键帽设计，因为这个部分是整个设计的核心，其他部件我都以简单、少即多的思路来安排。为了将整个键盘的电子元器件完全遮挡，我用胶合板设计了一个键盘的外壳，使用激光切割之后，再用螺丝固定组装。键盘的外壳效果如图 5 所示。

关于每个键帽的排布，键盘的 USB 接

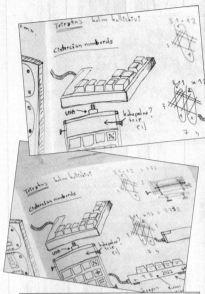

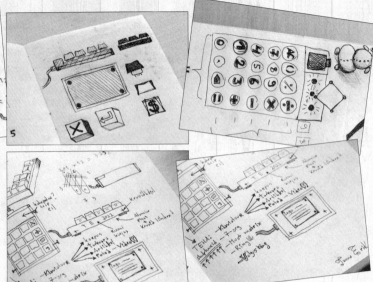

▌图 6 功能设计图纸

口，以及除了数字按键，具体要放哪些功能按键，这些我都做了很多的思考和演练，功能设计图纸如图 6 所示。

键帽设计与制作

这个项目是我第一次自主设计、制作键盘，因此我花了很多时间和精力来探索键帽制作方法。直接购买现成的塑料键帽确实是最高效的方式，但是我本身对这个数字键盘的外观有一定的要求，我希望键帽的排列可以对称，且键帽上的字符足够独特，所以我就用了胶合板来制作。每一个键帽都是两层叠合而成，顶层我使用了实心的橡木，底层则使用了桦树胶合板。为了体现这个数字键盘上的字符的复古设计，键帽都是采用全手工雕刻的。键帽制作如图 7 所示。

▌图 7 键帽制作

在手工制作键帽的过程中，我觉得最难的部分是将键帽打磨成满意的形状。因为是全手工打磨，确实特别花时间，也很考验耐心。如果大家可以看到这个键盘的实物的话，你会发现，我设计的这些键帽比普通键盘上的键帽稍大一些，因为我个人感觉这个大小更符合我自己的使用习惯。

软件测试

一开始我计划用 PlatformIO（PlatformIO 为不同的嵌入式平台提供不同的框架，开发者可以选用厂商提供的或者跨平台的 SDK，比如 Arduino 框架）调用 Arduino 框架来完成这个键盘项目的编程，但是没想到我这次使用的键盘主控 XIAO-RP2040 还不支持 PlatformIO，所以最终就直接用了 Arduino IDE 来实现所有编程，但其实除了 Arduino IDE（一定要记得先安装 XIAO RP2040 开发板），还有很多不同的编程方式可以采用，我把这些编程平台列出来，欢迎各位选择自己喜欢的平台编程。

● CircuitPython/MicroPython 和 Thonny（Thonny 是一个专为初学者设计的 Python 集成开发环境，由程序员 Aivar Annamaa 创建。它支持单步执行程序的方式，逐步地对表达式测试，调用栈的详细可视化以及用于解释引用和堆概念的模式）。

● 树莓派 Pico C/C++ SDK。

● 带有 Arduino 框架的 PlatformIO（尚不支持）。

设计程序如程序 1 所示。

程序1

```
#include <Keyboard.h>
const uint8_t DEBUG = 0;
// 键盘设置
const uint8_t NUM_COLS = 4;
const uint8_t NUM_ROWS = 5;
// XIAO RP2040 主控引脚
uint8_t COL_PINS[NUM_COLS] = {D10,
D9, D2, D3};
uint8_t ROW_PINS[NUM_ROWS] = {D4,
D5, D1, D0, D8};
const uint8_t KEYS[NUM_ROWS][NUM_
COLS] = {
  {'#', '#', '%', 0x2F},
  {'7', '8', '9', 0x2A},
  {'4', '5', '6', 0x2D},
  {'1', '2', '3', 0x2B},
  {'0', ',', 0x20, 0x3D},
};
// 在按键被按下或释放之前反弹
const uint8_t MAX_DEBOUNCE = 5;
// 每次按键进行防抖计数
static int8_t debounce_count[NUM_
COLS][NUM_ROWS];
static void scan_row() {
static uint8_t currentRow = 0;
digitalWrite(ROW_PINS[currentRow],
LOW);
  // 扫描这一行的按键
  for (uint8_t j = 0; j < NUM_COLS;
j++) {
  // 读取按键
  if (digitalRead(COL_PINS[j]) ==
LOW) {
    // 增加防抖计数
    if (debounce_count[currentRow][j]
< MAX_DEBOUNCE) {
  debounce_count[currentRow][j]++;
    // 如果防抖计数达到最大防抖值
    if ( debounce_count[currentRow][j]
== MAX_DEBOUNCE ) {
    // 触发按键
    if (DEBUG) {
    Serial.print("Key pressed ");
    Serial.println(KEYS[currentRow]
[j], HEX);
    } else {
      }
    }
  }
```

```
  } else {
    // 否则按键被释放
  if (debounce_count[currentRow][j] >
0) {
      debounce_count[currentRow]
[j]--;
      if (debounce_
count[currentRow][j] == 0) {
      // 如果防抖计数达到0
      // 触发按键释放
      if (DEBUG) {
        Serial.print("Key
released ");
        Serial.
println(KEYS[currentRow][j], HEX);
      } else {
        // 键盘
      }
    }
  }
}
}
// 完成扫描后，通过写入高电平取消选择开关
  digitalWrite(ROW_PINS[currentRow],
HIGH);
  for (uint8_t i = 0; i < NUM_ROWS;
i++)
    // 默认选择
    digitalWrite(ROW_PINS[i], HIGH);
  }
  // 增加当前行数，所以下次可以扫描下一行
currentRow++;
  if (currentRow >= NUM_ROWS) {
    currentRow = 0;
  }
}
static void setup_switch_pins() {
  // 行: 激励时写入低电平，否则写入高电平
  for (uint8_t i = 0; i < NUM_ROWS;
i++) {
    pinMode(ROW_PINS[i], OUTPUT);
    // 默认未选择
digitalWrite(ROW_PINS[i], HIGH);
```

```
    }
    // 按钮选择列，通过电阻拉高到高电平，激
活时则变为低电平
    for (uint8_t i = 0; i < NUM_COLS;
i++) {
        pinMode(COL_PINS[i], INPUT_
PULLUP);
    }
}
void setup() {
    if (DEBUG) {
        Serial.begin(115200);
    } else {
        Keyboard.begin();
    }
    setup_switch_pins();
    // Initialize the debounce counter
array
    for (uint8_t i = 0; i < NUM_COLS;
i++) {
        for (uint8_t j = 0; j < NUM_ROWS;
j++) {
            debounce_count[i][j] = 0;
        }
    }
}
void loop() {
    scan_row();
}
```

我遇到的一些难题

这次设计的 20 键数字小键盘，遇到了几个难点和异常，这边也着重跟大家讲一讲。

当电路板组装好，我开始编程时，发现有一个异常：当我按下"0"键时，整个键盘的第 3 行所有按键都没反应。当然这些按键可以被按下，但是 MCU 收不到按键被按下的任何信号。当我按下"，"键时，同样的异常会再次出现，但这次是键盘的第 4 行所有按键失灵。

对我来说，这可能是做电子跨界项目中最有趣的部分。因为当结果没有按照你的预期呈现时，你就需要进行全方位的排查，看看问题到底出在哪里：这是软件错误还是硬件故障？值得庆幸的是，我当时多做了一块 PCB 并且手头有另一块 XIAO RP2040 主控，所以我换上了新的硬件进行测试。但同样的异常在新换的板子上再次出现了，因此这让我有比较大的把握觉得是软件上有 Bug。

所以，我再次检查了我所用的程序。我先把键盘每一行的按键接的引脚都设置为低电平，然后让主控一个一个读取每一列的按键引脚。正常情况下，当按下一个键时，这列按键的引脚都会保持低电平；没按下时，则为高电平。而测试之后我发现，当我按下上面提到的异常按键时，一些行的引脚则一直保持低电平（好像也没什么问题）。

因此，我再次检查了所有硬件连接，确认没有出错。于是我有了一个大胆的猜测，或许是主控上我目前接线的引脚是 RX 和 TX 导致的异常？因为电路板上还有两个引脚空闲，我决定重新焊接（见图 8）。重新焊接说得轻松，但确实不是一件容易的事，因为我设计的 PCB 上的走线实在太细了，太考验焊接技术了。万幸的是，我重新焊接之后，异常就消失了。

图 8 引脚重新焊接

结语

目前，这个成品复古风数字键盘（见图 9）放在我的工作台上，我最近想重新启动这个项目。之前设计的这个复古风数字小键盘中，我还留了 3 个未定义的空白按键，我想通过 CircuitPython 和 Thonny 来进行编程，这两个工具我都比较熟悉，我相信用这两个工具编程对我来说会更容易些。此外，目前我使用的手工雕刻木键帽的方式虽然效果很好，但确实很低效。如果要提高效率，后面我应该会考虑直接用激光切割机来切好键帽的形状和上面的字符，这样虽然还需要手工打磨，但相对来说，工作量会小很多。 Ⓧ

图 9 复古风数字键盘

自制"废土版"胆单端晶雅音管

E2A499816DD489

早年间，索尼公司推出过一款落地音箱 NSA-PF1 sountina，其独特的造型和奇特的发声原理格外引人注目。但其高昂的价格注定其不能"飞入寻常百姓家"。几年后，索尼又推出了一款 LSPX-S1 蓝牙音箱，发声原理与 NSA-PF1 sountina 一样，并以 4000 多元的价格进入市场。之后，索尼又陆续推出了 LSPX-S2、LSPX-S3 蓝牙音箱，使这个拥有独特发声原理的产品广为人知，并且还有一个特别的名字——晶雅音管。

我购买了其中一款音箱，并被它深深吸引。同时，作为拥有一个充满好奇心的孩子，我决定探个究竟。在浩瀚的网络里，我并没有把晶雅音管弄清楚，于是我决定自己摸索，最佳捷径就是自己动手制作一个晶雅音管。如何制作呢？我认为依样画瓢是毫无意义的，要制作就必须了解原理、特性，然后根据学到的知识自己设计、制作，直到复现。但是作为一个业余爱好者，要完全理解并复现晶雅音管，无疑是痴人说梦，况且我既没有任何理论基础，也没有专业的测试环境和设备。于是我决定以"不强求完全理解，只望广纳知识"为原则，以晶雅音管为蓝本，动手设计并制作一个类似的作品。

制作计划

本制作最终成品像晶雅音管一样，实现 360° 播放音乐的单声道有源音箱。制作计划大致分成两个阶段，第一阶段为箱体设计、电路设计与调试等；第二阶段为外观设计、建模、成型等。制作使用的元器件清单如附表所示。

第一阶段

箱体设计

最初箱体设计得非常随意，我仅仅用铅笔简单地画了一个直观模型的草图。不久之后，我购买了扬声器，使用瓦楞纸进行简单的组装。经过多次尝试和实验，得出了如图 1 所示的一种可以实现 360° 播放声音的结构。

众所周知，扬声器是有指向性的，用它制作出来的音箱也一样，要获取最佳听感，必然需要找到一个最佳位置。而 360° 播放声音的结构，可以使听者无须寻找最佳位置，在任意位置都能获取极佳听感。而这个结构也是晶雅音管的精髓之一。

有了第一手的理论体系，我制作了

附表 元器件清单

序号	名称	数量
1	3D 打印套件	1 套
2	定制亚克力板	1 套
3	6C7B 电子管	1 个
4	6N8P 电子管	1 个
5	40W DC-DC 升压器	1 个
6	6cm×6cm 万用板	3 块
7	电容、电阻	若干
8	φ2.5mm 铜柱	若干
9	φ2.5mm 嵌铜螺母	若干
10	80mm 铜柱	4 个
11	20mm 铜柱	4 个
12	3W、5kΩ 输出变压器	1 个
13	4cm 低音扬声器	1 个
14	7cm 高音扬声器	2 个

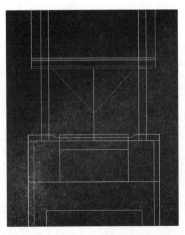

图 1 可以实现 360° 播放声音的结构

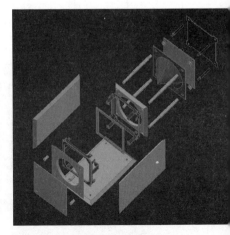

图 2 360° 发声箱体结构 3D 模型

360°发声箱体结构 3D 模型，如图 2 所示，扬声器垂直放置在音箱箱体上，下部有一个被动振膜。声音通过红色结构部分，从垂直方向变换成水平方向，实现 360°播放音乐的效果。

电路设计与调试

箱体结构设计好后，接下来设计功率放大器。索尼 LXPS 系列拥有着行业顶尖的音频处理技术和先进的音频处理系统，这是我无法复现的。LXPS 系列还具有灵魂性和表现力的光效！利用光效以

形显声是它的一大卖点，给人带来视听的双重享受。同样，它的光效我也很难复刻。取而代之，我想复刻的是更为人所熟知的电子管。电子管作为 20 世纪早期被广泛使用的器件，现大多已被晶体管取代，其过低的转换效率也预示了注定会被淘汰。但是在音响领域，电子管有着无可撼动的地位！在幽暗的环境下，电子管发出的那微微的暖光犹如夜空中的萤火，氛围感十足。而采用电子管的音箱发出的声音就像其展现的暖光一样，浑厚、温暖、悠扬。

我决定把这些光、声部分都用电子管代替，并开始设计电子管后级放大器，也称为胆后级。我选择了单端甲类放大器，这类放大器虽然效率较低，但是结构简单、容易成形、声音失真低、饱满有力，是理想的放大器电路。电路选型后，我开始选择供电模式，最终决定使用低压升压给电子管阳极供电、低压降压给灯丝供电的模式。这样一来，我就不需要将一个硕大的变压器压在音箱上，有效减小了音箱体积，同时也可选择更多的低压输入方式。

接下来设计电路。第一版功放电路如图 3 所示，这里有一个小插曲，后级电路中出现的 6SN7（6N8P）是著名的前级管，有很多人讨论过它作为后级电路的可行性，我决定先做出来之后再讨论。功放电路由两个部分组成，前级由一个二级放大器把输入电压放大，然后把信号通过 C2 耦合至后级。6N16B 是双三极管（两个三极管封装在一起），当时也是希望把电子管都利用起来。

电路图画好之后便开始试验，第一次试验的结果确实充分证明了我的才疏学浅，噪声差点"压垮"了扬声器，而输入的声音也没有反馈到扬声器上。经过不懈地努力和尝试，最终完成调试。调试结束之后，我翻出参考书，重新设计电路。

设计的第二版功放电路如图 4 所示，结构非常简单，使用的电阻的规格很有意思，我决定将这个电路命名为 1k250R 电路。我在试验中对 1k250R 电路进行各种改进，同时总结出制作功放电路的具体思路：12V 输入→升压→RC 滤波→功放→输出。

我设计的最终版功放电路如图 5 所示，初级的 6N16B 被替换成单三极管 6C7B。升压后的电源，经过一个二级 RC 电路给次级阳极供电，再经过一个 RC 电路给初级阳极供电。双声道信号通过 Y 形接法合成一个信号，经电位器输送

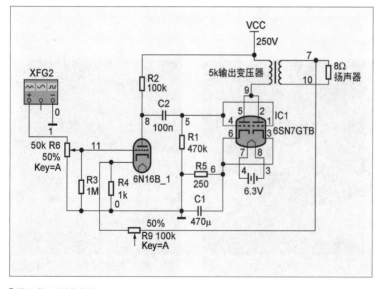

▌图 3 第一版功放电路

▌图 4 第二版功放电路

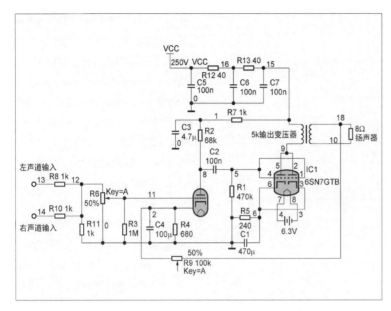

图5 最终版功放电路

图6 最终完成的功放

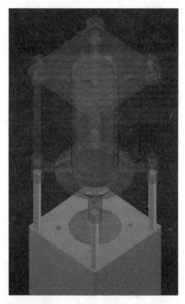

图7 音管结构示模型

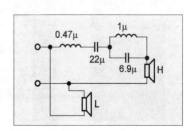

图8 分频器电路

给初级，初级经过电压放大之后，通过电容耦合至次级。次级双管并联，放大后的信号经过变压器输出至扬声器，并把一小部分信号负反馈给初级，以减少失真和减小噪声。电路设计完成后，我直接完成了整个功放的制作，如图6所示。调试后，反馈电阻设置为61kΩ，没有接反馈电容，至此，功放系统设计完成。

扬声器选型

接下来进行扬声器的选型。因为种种原因，我无法亲历现场，体验扬声器的品质，只能从网上进行扬声器选型。秉承DIY低成本优先的原则，我从海量的扬声器中挑选了数个低成本的扬声器，并使用瓦楞纸做了数个简陋箱体进行试验。不得不说，这种选型方式无疑就是在赌博。最终我选中了一款4cm的低音扬声器。在进一步测试时，发现该扬声器高频不足，所以我又购买了一个2cm高音扬声器用于声音补偿。

我还需要一个音管结构，它是一个比较陌生的结构，思来想去，我决定把音管套在高音扬声器上，看是否可以引起音管共振，使音管发声，音管结构模型如图7所示。如果不可行，则直接取消该设计，让高音单元直接发出声音。

虽然取消了扬声器激发音管引起共振发声的设计，但是高音扬声器也不是直接安装就可以，还需要对其分频、调音。我的思路很简单，直接加一个一阶分频器，并且根据高音扬声器特性加一个选频器。经过多次试验和论证，最终完成的分频器电路如图8所示，全频段信号直通至低音扬声器，中高频信号则经过电感增加高频阻抗，再通过电容耦合至下一级，然后经过一个LC选频器最终流向高音扬声器。我使用的方法是通过LC的等效阻抗曲线设计的。分频器阻抗曲线如图9所示，绿色线是选频器电感的感抗曲线，橙色线是选频器电容的容抗曲线，红色线是选频器的等效电阻，蓝色线是整个高通分频器的等效电阻。乍一看觉得完全脱离了分频器的样子，显得不伦不类。但是，这确实是经过试听验证过的，也只能说可能因为我经验不足，所以做出了一个比较另类的结果。

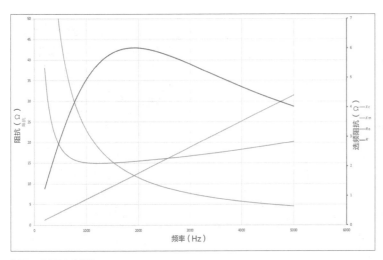

图 9 分频器阻抗曲线

第二阶段

外观设计

早在设计箱体的时候，我就顺手制作了一个初版外观效果模型，如图 10 所示。音箱方正、修长，像一盏台灯。整个音箱分 3 段结构，上部分是功放，电子管功放架在一个托盘上，被透明的亚克力板包裹起来；中间部分是 360° 发声结构；下部分是扬声器箱体，箱体内部藏有变压器。

经过第一阶段的设计、调试后，初版的音箱结构已经无法满足需求，于是我重新起草，根据第一阶段的结论，再次设计了一版能满足需求的结构，并绘制了一张二维视觉效果图，如图 11 所示。

建模、成形

心中有了明确的目标，建模变得非常容易，结构也非常清晰，整个模型只

有 4 个结构件，如图 12 所示。音箱箱体放在底部，分两个结构件，上部结构件用于安装扬声器和藏匿输出变压器，下部结构件用于安装电源接口、开关、输入接口电位器和被动振膜。用螺丝固定上下两个部件。然后音箱通过 4 个铜柱向上延伸，顶部托着一个圆锥形结构件，用于安装扬声器，并且留有音管槽位，方便音管结构安装。圆锥形结构件上连着 4 个铜柱，顶部托着托盘。

最终建三维模型如图 13 所示，整个结构非常模块化。三段式结构，底部是音箱，中部是声音折射构件和高音扬声器，顶部是被亚克力板包裹着的功放系统。功放引出的线缆经 4 个铜柱引至音箱内。最后我还特意设计了一个带有音管的音箱以查看效果。

组装

设计完成之后，我便开始 3D 打印和购置材料。材料到了之后，我便开始组装。在组装的过程中，因为箱体体积太小，走线非常困难，而且上下部分之间的走线藏在铜柱里，增添了组装的难度。最后我终于完成了组装，并得到了如图 14 所示的"废

图 10 初版外观效果模型

图 11 二维视觉效果图

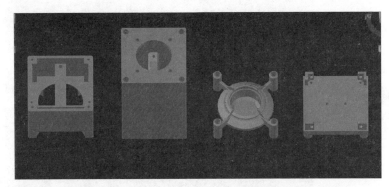

▌图 12 4 个结构件

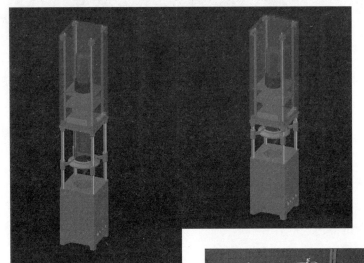

▌图 13 最终版三维模型

土版"胆单端晶雅音管。幽暗环境下的演示效果如题图所示,修长的身形和裸露的电子元器件组合在一起,给人一种奇特的感受,就像废土朋克幻想般的风格。电子管点亮以后,摆在幽暗的环境中,微弱的橘色光芒和幽蓝的 LED 光芒交织在一起,非常引人注目。

试听感受

与废土朋克风格的外形完全不同,它的高音清澈但不清晰、若隐若现、粗狂而不刺耳。中音如琴,舒缓、清脆、悠扬。低音"闷"字当头,就像一张帆布盖住了扬声器,声音得不到尽情释放,动态也不

▌图 14 "废土版"胆单端晶雅音管

够完美。最后我在箱体里塞了一些纸巾用于吸音,使声音不至于特别沉闷。得益于电子管放大器的加持,低频显得浑厚而不至于浑浊,整体声场还算宽阔,表现力尚可,个人觉得比较满意。

结语

经历了两个月的设计、调试、组装,我最终完成了该作品。其间虽然遇到各种困难,但是经过努力,都得到了解决。我最害怕的是,遇到困难没有解决方案,但是本次 DIY 的运气不错,并没有遇到这种问题。作为一个业余的 DIY 爱好者,我手里拥有的最先进设备仅仅是一块万用表,所以,我无法以量化的方式给这个 DIY 作品一个客观的评判。但我愿意享受这个过程和结果,也愿意分享这份心情。

另外,前面提到 6N8P 作为后级到底是怎么样的?因为我做出了实物,所以我也有了一些定论。如前人所言"前级出声,后级出力。"6N8P 后级也不例外,我用录音的方式验证过,这个后级所放出来的确实是 6C7B 的声音,无论多么顺滑的人声,都会给人一种稍微沙哑的感觉。在静静聆听的时候,偶尔会感觉到一种"吱吱"的噪声。而早期测试 6N16B 的时候,声音是极其清脆的。6N8P 输出变压器的初级阻抗为 5kΩ 更合适,我没尝试过更小或者更大阻抗的变压器,只是把 8Ω 的扬声器接到输出变压器 4Ω 的次级阻抗上,相当于输出变压器的初级阻抗变成了 10kΩ,测试发现功率不足。

在我撰稿的时候,我收到了购买的音箱,同时也试着搭建了一个简陋的"音管",然后进行测试。结果让我欣喜,虽然它声音很微弱,但是,确实与那款高高在上的音管所发的声音相似。不过,这都是后话了,本次制作到此结束。Ⓧ

揣在口袋里的
游戏机

■ 白李霖

我偶然在购物软件上看到一款迷你游戏机，价格不贵，就下单买了回来，如图1所示。用了几天发现除了《俄罗斯方块》，没有什么经典的游戏，于是就有了这个项目，欢迎大家欣赏这个"艺术品"。制作过程中会用到电烙铁、加热台等工具，若掌握不熟练的话，还是应该请一位有经验的"老师傅"来帮忙，全程请牢记安全第一。

考虑到使用场景，游戏机需要有极高的便携性和较长的续航。要想玩更多的游戏，肯定少不了一个性能强悍的MCU，但是毕竟我还是一名中学生，要考虑成本。还有游戏机要有较好的使用体验，包括优秀的性能、舒适的按键和握持感等。

外观和元器件

外观

外观采用和常规游戏机类似的设计，长方形，上方是显示屏，下方是按键。大小为3cm×5cm。按键布局是经典的"左四右二"。我在其他项目中发现，两层

PCB"夹心"的设计十分美观，而且更具科技感，虽然防护性会差一些，我还是决定参考这个设计。

元器件

1. 主控和闪存

经多方位对比，ATmega32u4在性能、功耗、价格上基本平衡，最终我决定使用该芯片。考虑到要存储大量的游戏，

闪存使用华邦W25Q128JVSQ，容量为16MB。焊接完成的主控和闪存如图2所示。

2. 电源

电源稳压方案主要有两种，一种是"低压差线性稳压器（LDO）"，另一种是"开关电源（DC-DC）"。DC-DC需要搭配一颗电感使用，在这"寸土寸金"的PCB上，我选择了LDO。在众多LDO中，首先想到的就是AMS1117，但是因为它体积

■ 图1 迷你游戏机

■ 图2 焊接完成的主控和闪存

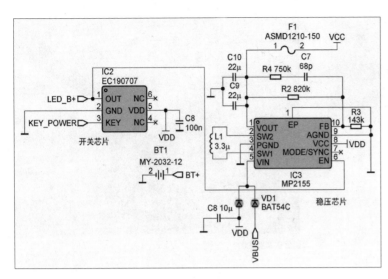

图3 电源电路

图4 烧录触点

较大，价格相对较高，这个系统也没有大电流需求，所以放弃了它。为方便对比，我把几种常见的 LDO 数据都测试了一遍，因为系统不涉及大电流，且测试设备不支

持，故没有测试最大输出电流及温升。RT9013 虽然性能不错，可惜不满足要求，经过一番搜索，我终于找到了 MP2155，它最适合应用在我的制作上。

为了续航更长，我选择了一块 380mAh 的动力电池，容量不错的同时，还能以较快的速度充电。我使用了常用的充电管理芯片 LTC4054，它具有体积小、效率高、能耗低（待机电流 3μA）、电流大等特点。

另外，我还使用了 EC190707，长按 3s，输出引脚高低电平转换，可以连接到 MP2155 的使能引脚上，控制其工作。EC190707 的待机电流为 5μA，MP2155 待机电流为 1μA，加起来也可忽略不计。EC190707 的外围元器件只有一个滤波电容，体积很小而且价格很低。最终的电源电路如图 3 所示。

3. 接口

考虑到体积，我放弃在硬件上保留串口芯片，采用外置烧录器的方式，在上层板正面预留 6 个烧录触点（见图 4），使用烧录探针（见图 5）上传索引及游戏文件。考虑到充电的方便性，采用 USB Type-C 接口进行充电。

4. 显示屏

游戏机采用 0.96 英寸的高亮白色 OLED 显示屏（见图 6），分辨率为 128 像素 ×64 像素，显示效果还不错。选择高亮的白色版本虽然增加一些功耗，但可以让其在强光条件下更方便浏览，优先提供更好的使用体验。

5. 按键

PCB 顶部有一个侧向的轻触开关（见图 7）作为长按待机开关，在必要时降低能耗。操控按键采用与经典的 GameBoy 相同的布局，经多次迭代，现使用稍有些高度的轻触开关，手感极佳。

6. 蜂鸣器

考虑到体积问题，游戏机使用板载蜂鸣器作为发声装置（见图 7），它可以通过下方的拨动开关（见图 8）物理关闭。

图5 烧录探针

图6 OLED 显示屏

图7 轻触开关和蜂鸣器

▌图 8 拨动开关和指示灯

7. 指示灯

指示灯（见图 8）使用 TC3838 RGB 灯珠，用于展示充电状态，开机时也会点亮 3s 进行提示。

▌图 9 弹簧触点

电路设计

电路原理

电路使用嘉立创 EDA 绘制，多使用网络接口，直观简洁。由于要将功能分布于上、下两块 PCB，下层 PCB 只负责开关、指示灯及电池连接功能，所以设计电路时将下层的元器件取消"转到 PCB"，这样在电路图转 PCB 后，就只有上层板的元器件，无须再次删除。

PCB设计

PCB 使用上、下两层"夹心"的结构，上、下 PCB 应如何连接呢？首先我考虑了软排线，但是市面上买不到长度小于 5cm 的排线，需要特殊定制，但是定制的价格较高，周期较长；其次考虑了飞线，飞线不方便连接，也不利于后期维修；最后，我使用了一种类似智能手环充电的弹簧触点（见图 9）将下层 PCB 与上层 PCB 的空焊盘连接，价格合理。另外我还复用了固定用的 4 根铜柱，使其作为电池的导线，并可以使上、下两 PCB 共地，方便下层的开关走线及控制。

接下来是显示屏部分，我考虑过在焊盘上开一条槽（见图 10），但由于体积问题，改为正面直接焊接，虽然显示屏会有一些突起，但是空出更大的面积为布线提供了方便。

为了成品美观，游戏机正面仅保留操作按钮、复位按钮、显示屏及上传接口，其余元器件均摆放在上层 PCB 反面。因 PCB 反面元器件密度过大，我使用了四层板，多了两个内层板用来布线。

制作过程

印制PCB

在嘉立创平台打板，将 PCB 大小改为 7cm×7cm，对四周进行切割，这里要求布线时要稍远离边框，否则可能断线，造成 PCB 不可用。

焊接

收到 PCB 后，将其他元器件焊接好，推荐使用焊台进行再流焊。如果用热风枪，焊接带有塑料部分的元器件（如轻触开关）时，要注意风速和温度，焊接 OLED 显示屏时，不要用热风直吹显示区域，否则会损坏显示屏。焊接完成的 PCB 如图 11 所示。

程序上传

首先通过探针连接游戏机上传触点，在 Arduino 中添加 Homemade Arduboy

▌图 10 开槽

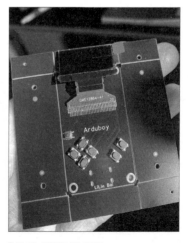

▌图 11 焊接完成的 PCB

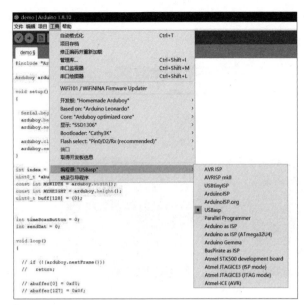

图 12 烧录 Bootloader

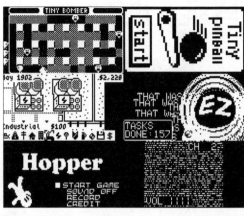

图 13 游戏截图

库，更改对应参数及烧录器，烧录 Bootloader，如图 12 所示。

然后上传游戏文件，待软件提示上传成功后就可以开始玩游戏了，当然也可以从官网寻找国内外爱好者制作的游戏，自己制作成组合包，烧录进游戏机。游戏截图如图 13 所示。

结语

揣在口袋里的游戏机如图 14 所示。因为我在学校住宿，这个项目历时一年左右才正式完成。我想说的是，面对你所热爱的事情，不要放弃，坚持下去，总会有收获的。也希望这个项目能引起大家对硬件开发的兴趣，加入硬件开发这个大家庭，做出自己想做的、生活中需要的、有意义的设备，加油！ ⊗

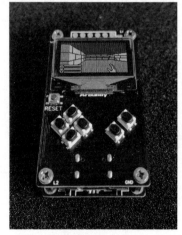

图 14 揣在口袋里的游戏机

采用强化学习的机器人帮助垃圾分类

谷歌的研究人员探讨了采用强化学习（RL）的机器人在日常环境中工作的问题，他们在两年内部署了一个由 23 个支持 RL 的机器人组成的群组，用于在谷歌办公楼中进行垃圾分类和回收。

在谷歌的实验中，机器人在办公楼周围漫游，任务是到达每个垃圾站进行垃圾分类，在不同垃圾箱之间运输物品，以便将所有可回收物品放入可回收垃圾箱，将所有可堆肥物品放入可堆肥垃圾箱，其他所有东西都放在其他垃圾箱里。使用的机器人系统将来自真实世界数据的可扩展深度强化学习与来自模拟训练的引导和辅助对象感知输入相结合，以提高泛化能力，同时保留端到端训练的优势，通过对 240 个垃圾站进行 4800 次评估试验来验证。研究人员收集

了 54 万个试验数据，在实际部署环境中收集了 32.5 万个试验数据。最终系统的平均准确率约为 84%，随着数据的增加，性能稳步提高。研究人员记录了 2021—2022 年实际部署的统计数据，发现系统可以按质量将垃圾桶中的污染物减少 40% ~50%。

智能门锁
—— 一点点升级，一点点改变

张希淼

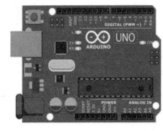

图1 Arduino UNO

众所周知，传统意义上的机械锁需要使用钥匙开门，但人们经常会忘记携带钥匙，也可能因为操作不当导致门锁损坏。我每天都要往返于宿舍和实验室之间，经常忘记携带钥匙，无形之中浪费了很多时间。所以"一怒之下"我决定把实验室的传统门锁改造成IC卡门锁，除了使用IC卡，也可以用手机NFC代替IC卡，实现开锁，摆脱了传统门锁的束缚。

项目概述

IC卡以Arduino UNO为主控，配合继电器以及RC522模块来实现开锁功能。它可以通过配合手机NFC功能实现近距离开门，使人们彻底告别出门忘带钥匙、不小心弄丢钥匙的烦恼。其次若IC门禁卡不慎丢失，也只需要注销该卡，不需要更换门锁。材料清单如附表所示。

元器件介绍

Arduino UNO

Arduino UNO（见图1）的处理核心是ATmega328p，由14个数字输入/输出引脚（其中6个可用作PWM信号输出）、6个模拟信号输入、16MHz晶体振荡器、USB连接、电源插孔、ICSP接头和复位按钮组成。我们通过USB数据线连接计算机就能实现供电、程序下载和数据通信。

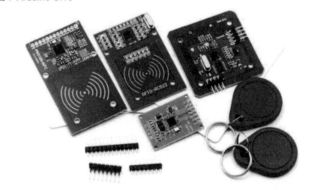

图2 MFRC522感应模块

MFRC522感应模块

MFRC522感应模块（见图2）是应用于13.56MHz非接触式通信中高集成度读写卡系列芯片中的一员。非接触式IC又称射频卡，由IC和感应天线组成，封装在一个标准的PVC卡片内，芯片及天线无任何外露。卡片在一定距离范围（5~10cm）

附表 材料清单

序号	名称	数量
1	Arduino UNO	1块
2	MFRC522感应模块	1块
3	直流小型电磁锁	1个
4	12V继电器	1个
5	7号4节电池盒	2个
6	7号电池	8个

图3 继电器

内靠近读写器表面，通过无线电波传递信息完成数据的读写操作。

继电器

继电器（见图3）是一种电控制元器件，它具有控制系统和被控制系统，通常应用于自动化控制电路中，在电路中起着自动调节、安全保护、转换电路等作用。

▌图4 电子锁

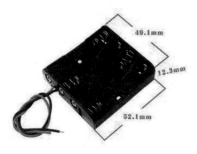

▌图5 电池盒

其他元器件

其他元器件还包括电子锁（见图4）、7号电池和电池盒（见图5）。

项目制作

加载库

在 Arduino 中打开管理库，单击项目中的"加载库"，如图6所示，会出现管理库选项，单击并搜索"MFRC522"，选择 MFRC522 进行安装，如图7所示。

程序设计

将开发板选择为 Arduino UNO，如图8所示。

然后在文件→示例→MFRC522中找到示例程序 DumpInfo，如图9所示。

首先添加头文件，并进行初始定义，如程序1所示。

程序1
```
#include <SPI.h>
#include <MFRC522.h>
```

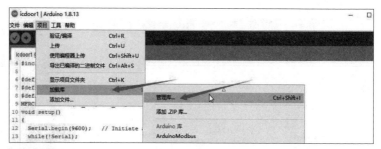

▌图6 加载库

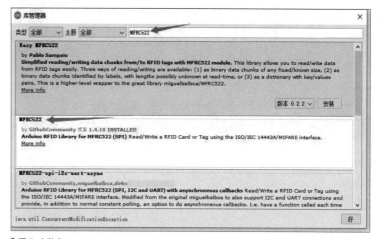

▌图7 安装库

▌图8 开发板选择

```
#define SS_PIN 10
#define RST_PIN 9
#define door 4
```

在 setup() 函数中将引脚4设置为输出模式，同时写入高电平。在 loop() 函数中将卡号存入 mfrc522.uid 中，同时对卡号进行判定。如果是正确的卡号则进行低高电平的切换；如果不是正确的卡号则不进行操作。具体如程序2所示。

程序2
```
MFRC522 mfrc522(SS_PIN, RST_PIN);
void setup()
{
  Serial.begin(9600);
  while(!Serial);
  SPI.begin();
  mfrc522.PCD_Init();
  pinMode(door, OUTPUT);
  digitalWrite(door, HIGH);
  Serial.println("Put your card
to the reader...");
  Serial.println()
}
void loop()
{
  Serial.print(door);
  if ( ! mfrc522.PICC_
IsNewCardPresent())
  {
    return;
```

图9 示例程序 DumpInfo

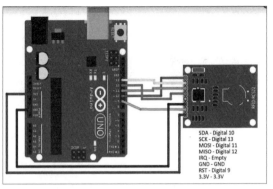

图10 硬件连接示意图（1）

```
}

if ( ! mfrc522.PICC_ReadCardSerial())

{

    return;

}

Serial.print("UID tag :");

String content= "";

byte letter;

for (byte i = 0; i < mfrc522.uid.size; i++)

{

    Serial.print(mfrc522.uid.
uidByte[i] < 0x10 ? " 0" : " ");

    Serial.print(mfrc522.uid.
uidByte[i], HEX);

    content.
concat(String(mfrc522.uid.
uidByte[i] < 0x10 ? " 0" : " "));

    content.
concat(String(mfrc522.uid.
uidByte[i], HEX));

}

Serial.println();

Serial.print("Message : ");

content.toUpperCase();
```

图11 修改开发板类型

```
if (content.substring(1) == "CA
56 82 82")

{

    Serial.println("Authorized
access");

    Serial.println();

    delay(500);

    digitalWrite(door, LOW);

    delay(300);

    delay(2000);

    digitalWrite(door, HIGH);

}

else  {

    Serial.println(" Access
```

```
denied");

    }

}
```

硬件连接

根据图10所示的硬件连接示意图将
Arduino UNO 与 MFRC522 感应模块
连接在一起。

读取卡号

将已经连接好的 Arduino UNO 连接
到计算机上，并将写好的程序上传到开发
板。上传时需要更改开发板的类型以及端
口，分别如图11和图12所示。

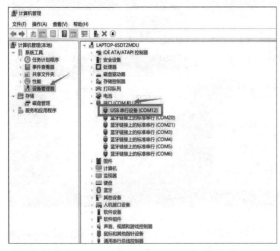

图 12 修改端口

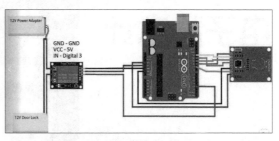

图 15 硬件连接示意图（2）

```
13:43:44.420 -> Message :   Access denied
13:43:44.467 -> 66646674UID tag : CA 56 82 82
13:43:44.514 -> Message :  Access denied
13:43:44.514 -> 668466940UID tag : CA 56 82 82
13:43:44.561 -> Message :  Access denied
13:43:44.608 -> 67046714UID tag : CA 56 82 82
13:43:44.608 -> Message :  Access denied
13:43:44.656 -> 672467340UID tag : CA 56 82 82
13:43:44.656 -> Message :  Access denied
13:43:44.703 -> 67446754UID tag : CA 56 82 82
13:43:44.750 -> Message :  Access denied
13:43:44.750 -> 67646774UID tag : CA 56 82 82
13:43:44.798 -> Message :  Access denied
13:43:44.846 -> 67846794UID tag : CA 56 82 82
13:43:44.846 -> Message :  Access denied
13:43:44.893 -> 68046814UID tag : CA 56 82 82
13:43:44.893 -> Message :  Access denied
13:43:44.941 -> 68246834UID tag : CA 56 82 82
```

图 13 Arduino IDE 的串口监视器

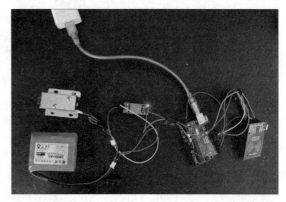

图 16 智能门锁

将卡片放置到 MFRC522 感应模块上，打开 Arduino IDE 的串口监视器，可以看到一段字符，如图 13 所示。

将 CA 56 82 82（对于不同的卡，该处的数字也会不一样）替换到程序中（见图 14）。

连接继电器和电子锁

将电子锁与开发板按图 15 所示连接，将连接好的硬件与计算机连接，将程序上传到开发板。

注意事项

如果 IC 卡没办法被检测，可以将电子锁断开，再重新检测一遍，可能是电子锁的连接有问题；要分清继电器和继电器各个接口的作用；如果程序遇到问题，要搞明白程序中的逻辑关系；复制卡号时一定要注意空格是否正确。

```
55   byte letter;
56   for (byte i = 0; i < mfrc522.uid.size; i++)
57   {
58       Serial.print(mfrc522.uid.uidByte[i] < 0x10 ? " 0" : " ");
59       Serial.print(mfrc522.uid.uidByte[i], HEX);
60       content.concat(String(mfrc522.uid.uidByte[i] < 0x10 ? " 0" : " "));
61       content.concat(String(mfrc522.uid.uidByte[i], HEX));
62   }
63   Serial.println();
64   Serial.print("Message : ");
65   content.toUpperCase();
66   if (content.substring(1) == " CA 56 82 82")
67   {
68       Serial.println("Authorized access");
69       Serial.println();
70       delay(500);
71       digitalWrite(LED_G, LOW);
72   // tone(BUZZER, 500);
73       delay(300);
74   // noTone(BUZZER);
75   // myServo.write(180);
76       delay(2000);
77   // myServo.write(0);
78       digitalWrite(LED_G, HIGH);
79   }
80
81   else  {
82       Serial.println(" Access denied");
83   // digitalWrite(LED_R, HIGH);
```

图 14 程序修改位置

结语

图 16 所示是制作完成的智能门锁系统，将设备固定到门上即可使用，到这里项目已经完成。大多数新款手机支持 NFC，可以选择用手机代替 IC 卡，但是一些旧手机不支持 NFC，所以仍然需要携带 IC 卡，所以下一步我打算添加一个指纹模块，将 IC 卡解锁修改为指纹解锁，这样就能适用于大部分人。❿

电子静电计

▌丁望峰

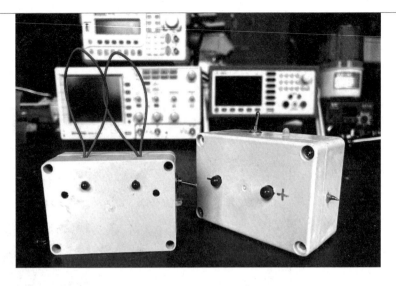

天气变得干燥时，我们在室内活动时身体很容易带上静电，此时如果用手去触摸一些金属物品，就会发生小小的"电击"，如果和他人有所接触，还会引发不小的社交尴尬。如果我们能事先知道自己身上是否带静电，就可以通过触摸墙壁、地面、木制桌椅等方式缓和地释放静电，避免猝不及防的"电击"。

对于一名电子爱好者而言，防范静电还有另一层面的意义。众所周知，许多半导体元器件十分"害怕"静电，所以一些精密电子芯片、模块的包装都是防静电的。在使用这些元器件时，操作者必须先去除身上的静电才能进行操作。但这样的操作规范往往只能在生产车间得到落实，被许多普通用户抛之脑后。此时，如果能在工作台上安装一个探测静电的装置，当带电物体靠近时就会发出警报，将显得十分有意义。

静电探测原理

在介绍本制作之前，先来了解一下静电探测的原理。

当带电体靠近一个不带电的导体时，导体距带电体的近端和远端会感生出不同极性的电荷，这就是静电感应现象。如图1所示，一个带正电荷的带电体靠近右边的中性导体时，导体左端会感生出一定量的负电荷，而远离带电体的右端则会产生相应数量的正电荷。此时导体相对于带电体的近端与远端之间就会产生电势差，通过检测这个电势差的存在及其方向，就可以判断是否有带电体靠近以及电荷的正负极性。

在图1中，如果带电体从远处缓慢靠

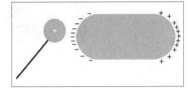

▌图1 静电感应现象

近导体，导体两端的感生电荷会有一个逐渐增加的过程，这个动态的过程体现在导体内电荷的定向移动上。电荷的定向移动会产生电流，即感应电流，通过检测感应电流的大小和方向，就可以检测带电体是否带电以及其正负极性。

电子静电计通过静电感应原理产生的感应电压或感应电流来检测并判断带电体的正负极性，这两种检测方法各有各的特点，本文后面会作比较分析。

电路设计与实现

想要通过静电感应产生的感应电压来检测静电，可以利用场效应晶体管（FET）的电压控制特性实现。FET是电压控制型半导体元器件，它的种类较多，这里需要使用增强型的绝缘栅效应晶体管（也称金属氧化物半导体场效应管，即MOSFET）。图2左侧所示为N沟道

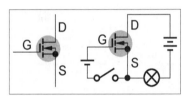

▌图2 N沟道MOSFET电路符号及其电压控制开关电路

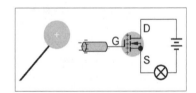

▌图3 N沟道MOSFET检测静电电路

MOSFET电路符号，它有3个电极，分别是栅极G、漏极D和源极S。图2右侧所示为N沟道MOSFET典型的电压控制开关电路，要使主电路中的灯发光，需要在栅源极G、S之间加一个大于阈值的正向电压V_{GS}。当开关断开，V_{GS}为0时，D、S极不再导通，灯也会随之熄灭。耗散型的MOSFET在V_{GS}为0时还会处于导通状态，因此在这里并不适用。

通过N沟道MOSFET进行静电检测的原理是把导体产生的感应电压作用在栅源极上，以此来控制电路的通断。如图3所示，G、S极为开路状态，栅极G与一

根充当感应天线的导体连接。当带正电的物体靠近天线时，N沟道MOSFET内部的G极上会产生一定量的正电荷，进而产生一个正向的V_{GS}，当V_{GS}大于阈值时，主电路导通，灯泡发光。值得一提的是，当带电体从另一侧（见图3右侧）靠近N沟道MOSFET时，会产生一个反向的V_{GS}，所以利用该原理进行静电检测是有方向性的。

检测正、负电荷的电路需要分开，通常使用N沟道MOSFET检测正电荷，用P沟道MOSFET检测负电荷。当然也可以利用上述的方向特性，使用两个相同沟道的MOSFET来检测正负电荷，但通常不建议这么做。

图4左侧所示为电子静电计的基本电路（未包含开关、电源指示灯等），实物如图4右侧所示，采用的芯片FDS8958A是由P沟道MOSFET和N沟道MOSFET组成的，分别用于控制绿色和红色两个LED。红色LED亮代表检测到正电荷，绿色LED亮代表检测到负电荷。R1、R2是LED的限流电阻，采用了一个电压为3V的CR2032锂电池供电，此时可选择200Ω左右的限流电阻。电路中还加入了工作电压为3V的有源蜂鸣器，LED亮起时会发出蜂鸣声。整个电路的待机电流实测很低，在没有带电体靠近、不触发报警的情况下基本不耗电。

芯片FDS8958A的引脚2和引脚4分别连接了一根独立的感应天线。这段天线由一段包裹绝缘层的导线弯折而成，这样做的目的是尽可能避免带电体靠近时，有电荷跑到天线上，破坏天线整体的电中性。当然这种情况往往是不可避免的，所以在天线与电源正负极之间增加了按键开关，用于天线的"除电"。在没有带电体靠近、LED常亮的情况下（通常在有较强带电体经过之后），按下相应的除电按键可以使LED熄灭，恢复到待测状态。

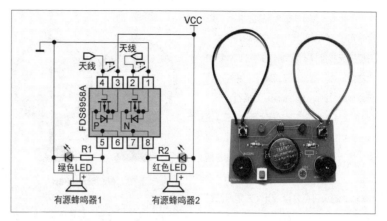

图4 基于感应电压设计的电子静电计电路和实物

若是利用静电感应产生的瞬时感应电流进行检测，则需要对微小电流进行放大，可以利用普通三极管的放大电路实现。一个三极管有基极b、集电极c和发射极e这3个电极，图5左侧所示是一个典型的NPN型三极管放大电路，当b、e极导通并有微弱的电流I_b流过时，c、e极就会导通，通过的电流I_c在达到饱和前为I_b的几十至几百倍。当b、e极截止时，c、e极也会断开。由于感应电流非常微弱，通常需要采用多级放大电路，图5右侧所示为三级放大的电流型静电计电路，其中三极管采用了常见的S8050（NPN型）和S8550（PNP型）。这里采用三级放大是一个比较合理的选择，如果是四级则过于灵敏，会引入许多不必要的干扰因素，如无线电波、220V家用交流电等；而采用二级又会因为电流放大倍数太低，使静电计过于迟钝。为了共用一根感应天线，电路中增加了隔离电容C1和C2，这里对电容容量并无要求，选择无极性的陶瓷电容即可。如果不用隔离电容，也可以设置两根独立的天线。天线形状、大小的选择非常关键，经过反复测试，我选择了一段比较粗，但是很短且一端带尖的金属，如图6所示，目的是尽量避免电磁波的干扰。

图5 NPN型三极管放大电路和电流型静电计电路

图6 电流型静电计及其内部结构

实际上，图 6 中的电流型静电计电路也常用于 220V 交流电的非接触式检测，只要把天线换成一段稍长的导线或体积较大的金属体，提高灵敏度即可，将静电计天线靠近 220V 电源插座，就能看到红、绿 LED 同时点亮，而实际上两个 LED 正以 50Hz 的频率快速交替闪烁。出现该现象的原因，是因为 220V 的交流电插座相当于一个电压为 311V 的正带电体和一个 −311V 的负带电体以 50Hz 的频率交替靠近静电计天线，致使红、绿 LED 轮流被点亮。

所以电流型静电计的优点是灵敏度很高，但缺点也十分明显，主要缺点如下所示。

● 无法检测静止的电场。当带电体相对静电计静止时，电场将不发生变化，感应电流消失，静电计检测不到电场信号。

● 当带电体远离静电计时，导体上电荷恢复均匀分布的电中性状态，会产生相反的感应电流，导致相反的指示灯亮起，干扰使用者的判断。

● 感应天线接收到各种电磁波的信号，有时也会导致指示灯亮起。由于电路采用多级放大，会把天线中的微弱电流信号放大，常常出现不明原因的亮灯现象。

附表　部分物质的静电序列

序号	容易失去电子物质
1	玻璃
2	有机玻璃
3	尼龙
4	皮毛
5	丝绸
6	棉织品
7	纸
8	金属

序号	容易获得电子
9	橡胶
10	涤纶
11	维尼纶
12	聚苯乙烯
13	聚丙烯
14	聚乙烯
15	聚氯乙烯
16	聚四氟乙烯

▌图 7　传统指针式静电计

相比之下，电压型静电计表现相对稳定，灵敏度也较高，更适合普通场景下的静电检测，所以以下文中提到的电子静电计均指电压型静电计。

电子静电计的应用

我在教育系统工作，经常和中小学教师打交道。该电子静电计作品完成之后，引起了科学老师和物理老师的极大兴趣。现在中小学使用的静电计多为机械指针式的结构（见图 7），灵敏度较低，在一些潮湿的环境中，实验效果就会大打折扣。同时传统的静电计也无法区分正负电荷，致使连教科书上经典的摩擦起电实验（玻璃与丝绸、皮毛与橡胶棒摩擦）也无法得到直接验证。经过调查发现，一些教师对这种电子静电计的需求非常高，于是我鼓励老师们自己动手制作。为了让没有电子电工基础的老师能够自己动手做一个电子静电计，我设计了一个极简版的电子静电计，所需材料只有一个 P 沟道

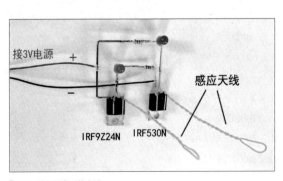

接 3V 电源　　　＋　　　　感应天线
IRF9Z24N　　IRF530N

▌图 8　简易版电子静电计

MOSFET、一个 N 沟道 MOSFET、红色和绿色 LED 各一个、两个 200Ω 电阻和一些导线。由于电子静电计对 MOSFET 参数没有特别要求，只要是增强型的大多可以使用，所以这里选择较大体积封装的 MOSFET，以便手工焊接。如图 8 所示的简易版电子静电计使用的是 IRF9Z24N 和 IRF530N，两者的 G 极和 S 极引脚都向上弯折，形成一个除电"按键"，只要用一根手指同时接触这两个电极，即可达到除电目的。

结语

制作完成的电子静电计如题图所示，有了电子静电计之后，我们不仅可以用它来检测静电，还可以用来探究静电形成的原因，从而达到预防静电的目的。附表展示了一部分物品的静电序列，排在表前面的物品容易带正电，排在后面的容易带负电，当两种物品相互摩擦时，可以根据它们在静电序列中的相对位置来判断起电难易程度以及各自带何种电荷。比如现在好多衣物的材质都是聚酯纤维，也就是附表中的涤纶，如果把该材质的衣物和皮毛类的衣物穿在一起，就会很容易起静电，相比之下，选择棉类的衣物搭配着穿就会好很多。事实上，生活中所有的物品都可以放进这个静电序列中。判断两种物质是否容易起电，不仅要看它们在静电序列中的相对位置，还要看摩擦时的有效接触面积、在空气中的放电特性等。比如棉织品、纸之类的纤维具有很大的表面积，其所带电荷很容易释放到空气中去，所以它们即使带了电，也不可能长时间维持。因此探究静电来源的最好办法就是做实验，而此时电子静电计就派上了用场。⊗

自制电子
微距显微镜

▋ 何元弘

在电路板焊接后、调试前，要进行的第一步是确认焊接是否正确，防止出现虚焊或短路，从而避免一打开电源就出现冒烟甚至是起火的情况。我自己设计电路时，通常会选择 0603 封装的元器件，其标准大小为 1.6mm×0.8mm，只不过"芝麻大小"，而一些 QFN 封装的芯片引脚对应的焊盘宽度及焊盘间隙只有 0.1778mm，在这样的间隙下，仅通过肉眼较难准确判断焊接情况，尤其在虚焊时难以发现，从而在调试开始前就埋下了隐患。

有人说，工具推动人类文明发展进步，一路从刀耕火种，走到今天的信息时代，其间历经了多少次生产力变革，也一步步对生产工具开始改革，而工具则帮助人类更高效地发展、更轻松地进步。以前，我通过手机摄像头检查焊接情况，后来我买了一部带有微距镜头的手机，可以近距离对焦焊点进行检查，但当面对大量需要检查的引脚时，使用手机微距镜头则有些力不从心，会遇到手持不够稳定、对焦范围较小等问题，并且大部分手机只有单个补光灯，会有阴影区不便于进行检查。

在立创"星火计划"的交流群中讨论时，我偶然了解到了一种网络摄像头模组，可以通过网络和计算机连接，再配合不同的镜头，以实现变焦、广角、微距等各种效果，于是我便决定通过这一模组制作一个低成本的微距显微镜方便进行检查，当然也要一起解决以前使用手机时遇到的痛点问题。

设计目标

● 通过网络摄像头与微距显微镜头组成低成本微距显微镜。

● 通过自制 PCB 实现紧凑的无极调光环形成补光灯。

● 摄像头＋补光灯＋支架总成本控制在 150 元以内。

主要功能

微距显微摄像头部分

● 具有 400 万像素，实现清晰成像。

● 可进行网络通信，只需要通过网线就能连接计算机。

● 具有标准工业镜头 C/CS 接口，满足不同场景的不同镜头需求。

● 工作距离 55~285mm，适用于不同的检查场景。

环形补光灯部分

● 最高支持 32 个 2835 封装的贴片 LED。

● 可直接使用摄像头的电源进行供电，不需要额外电源。

● 触摸无极调光，调光时不会因为旋钮或按钮操作等因素造成摄像头抖动。

设计思路与硬件介绍

微距显微摄像头部分

摄像头模组电路较为复杂，并且对生产制造工艺有较高要求，因此选择直接购买摄像头模组。本项目采用了一块 400 万像素分辨率 H.265 编码的高性价比网络摄像头模组，400 万像素分辨率，但价格仅为 50 元，降低项目成本的同时成像效果也很好。

由于直接采用了摄像头模组，并没有对电路进行改变，电路部分很简单，根据接线图把线头插进端子即可，随后将线缆与摄像头模组上的接口连接就可以了。需要注意的是，此时不需要用 2Pin 电源线，但应将电源线接头做好或对正负极先分开并用绝缘胶带包裹，防止在上电时短路。

外壳使用 Fushion360 建模，本项目

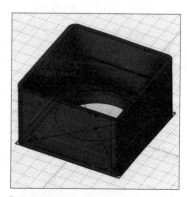

▋ 图 1 外壳建模

主打简约设计，没有做太多修饰（见图1）。外壳组装方式为：先将摄像头装入外壳，再从外壳底部装入镜头转接环，最后拧上转接环固定螺丝和模组固定螺丝。

摄像头支架部分

传统桌面电子显微镜有一个巨大的底座保证摄像头稳定，但是也占用了桌面空间，并且常规的底座只能调整摄像头高度，当需要以不同角度拍摄时则显得不够灵活。

本项目使用了"桌面夹具＋万象魔术手＋蟹钳夹"的组合（见图2），可以灵活地变换拍摄角度和高度，并且夹具只需要占用桌面边缘极小的面积，还可以在不适用时折叠万象魔术手进一步减少摄像头占用的空间。在摄像头的连接方面，我采用了一个蟹钳夹进行固定，保证稳固的同时，可以在不需要使用摄像头时快速拆卸它，也可以在取下摄像头后夹取不同的物体，比如我会使用它夹住热风枪组成一个简易的BGA焊接台。

环形补光灯部分

环形补光灯（见图3）部分在设计之初就决定尽可能进行紧凑化设计，在减少桌面空间占用的同时便于配合摄像头进行不同角度的拍摄，因此我舍弃了直接购买补光灯板的方案，决定通过嘉立创EDA自己绘制PCB并进行制作。

注意事项：由于PCB采用紧凑型设计，因此我删除了元器件位号来节约面积，可以使用"焊接辅助工具"功能确定元器件位置。

考虑到开源项目会有许多爱好者进行制作，因此提升项目的稳定性和容错率也是在设计之初就要考虑的，我在灯光控制电路的电源输入部分增加了防反接二极管，防止因为接反电源直接烧毁后级电路，通过较小的成本避免更大的损失。本项目功率较小，且降压输出电压大于输入电压，

因此二极管的压降不会对后级电路造成影响，而电流较大时，则应考虑使用MOS管等方案组成理想二极管减少内阻和压降。

降压电路使用了TPS563201作为DC-DC芯片，前面提到的摄像头模组采

■ 图2 "桌面夹具＋万象魔术手＋蟹钳夹"的组合

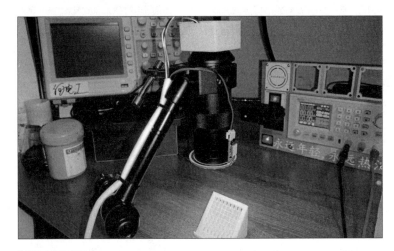

■ 图3 环形补光灯

用12V供电，此款降压芯片提供了4.5～17V电压输入，因此也可以直接用摄像头的电源给灯板供电，非常方便。此芯片不需要使用续流二极管，可以缩小面积，电感选用了4020的迷你封装，进一步缩小降压电路的PCB占用面积。

灯光控制方面使用了SGL8022W作为触摸调光芯片，此款芯片是一款常用的触摸调光芯片，可以通过外部电路设置无极调光或挡位调光模式，也可以设置是否开启断电记忆功能，使用效果比较理想。之所以采用触摸调光而不是更加精确的电位器或者编码器方案，主要希望在进行调光时减少对摄像头的扰动，避免进行调光时画面发生抖动。

环形补光灯一共采用了32个灯珠保证360°的照明效果，我把灯圈分为了4个

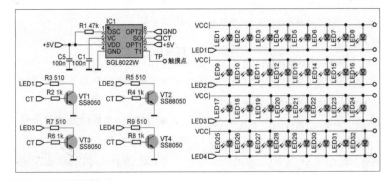

■ 图4 环形补光灯电路

▌图5 辅助观察底座

90°的扇区，每个扇区8个LED，均摊驱动电流，降低驱动压力。当然也可以采用交错不同驱动控制灯珠的设计，交错灯珠驱动的优势在于，如果选择使用更少的灯珠（比如只使用一半的灯珠），可以少焊一路驱动电路降低成本。在环形补光灯的背面，我使用了大面积的开窗增强散热，此部分开窗是没有电气连接关系的，不用担心短路。环形补光灯电路如图4所示。

辅助观察底座

为了更好地观察QFN等封装的芯片的焊点情况，需要斜向放置PCB，但是使用手扶既不方便，也不稳固，因此我设计了一款辅助观察底座（见图5）。

有时候需要检查已经焊接了排针的PCB，普通斜面底座不太稳固，因此我还在底座上设计了网格，可以将排针引脚插入辅助固定，也可以将直插元器件等插入

固定，扩展了微距显微镜的适用范围。

环形补光灯制作

环形补光灯的PCB使用了开源项目"一体化照明灯板"中的PCB（见图6），此PCB为控制板+环形灯板二合一设计。另一个"分体辅助照明灯板"为单纯灯板，不带控制电路，如果你自己有灯光控制电路可以使用此灯板进行改装。

电路焊接时建议优先焊接灯珠，如果条件允许推荐使用加热台，没有加热台则建议使用热风枪从PCB背面吹风焊接，正面直接吹容易造成封装LED的环氧树脂发黄甚至脱落，并且有概率损坏LED。

焊接好灯珠部分后，用可调电源的恒流（限流）模式进行测试，确保没问题再焊接后面的部分，如存在问题可以及时修理。这种分模块焊接+测试的工作流程可以有效地避免返工，也可以防止在直接焊接完全部电路后发生故障，造成无法定位的问题。

然后焊接DC-DC降压部分，通电输入12V电压，测试输出电压是否正常，输出电压应该为5V。在电路的焊接调试过程中，根据前文中说到的逐级调试方法，应当在电源部分确定正常工作后再焊接后级电路，如果已经焊接后级电路，则应当在断开后级电路的情况下进行调试，防止电源电路故障输出错误电压导致后级电路烧毁。

最后焊接触摸灯控部分，在触摸控制芯片的检测引脚旁边有一个迷你触摸焊盘，孔直径为0.3mm，可以插一根剪断的直插元器件引脚作为引线。

如果你需要垂直安装控制板（和我的使用方案一样），请沿图7所示中的竖线掰断PCB，并对毛刺进行修剪。其中最左侧的是触摸板，通过叠层焊接，与前文中提到的触摸焊盘中穿出的引线进行焊接，焊接后可以在触摸板和主控板之间打上导热硅脂，如果不理解，看我安装完的控制板（见图8）就知道怎么焊接了。

▌图8 安装完的控制板

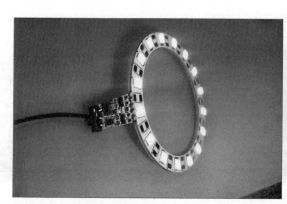

▌图6 "一体化照明灯板"中的PCB

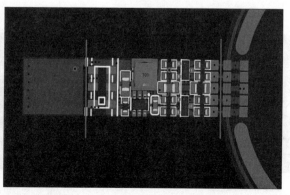

▌图7 安装控制板

▌图 9 触点垂直焊接部分

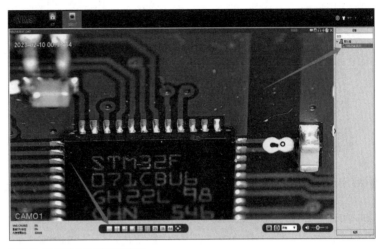

▌图 10 打开摄像头的 12V 电源供电

如果不垂直安装控制板,控制板部分则作为灯板的把手,可以配合放大镜等工具一起使用。

控制模组触点垂直焊接部分如图 9 所示。进行焊接时,可以先在灯圈的焊盘上多加些焊锡,将灯板平放在桌面,再用手将控制板立在灯板上,使用电烙铁熔化刚才的焊锡堆来初步固定灯板,最后焊接所有的连接触点即可。此时的焊锡除了导电,也充当了"胶水",触点的连接焊盘推荐多堆焊锡增加稳定性。

环形补光灯和微距显微摄像头通过摩擦力在安装后保持固定,在安装时如果发现过紧难以装入,可以适当打磨 PCB,或使用工具对灯圈内部扩孔。

软件部分

在使用软件前,需要将摄像头通过网线与计算机网口或局域网路由器连接,并打开摄像头的 12V 电源供电(见图 10)。

打开监控软件,按如下步骤操作(以下步骤在监控模组配套的 VMS 软件中进行,如果是其他软件,操作大同小异)。

步骤 1:在软件中添加设备(摄像头),选择自动搜索 IP,通常可以自动搜索到;如果不能自动搜索,则可以根据摄像头模组资料中的方案进行解决。

步骤 2:打开监视界面,双击摄像头的 IP 地址,等待几秒后,摄像头拍摄的画面便会出现。如果画面全黑,往往是因为没有摘下镜头盖。

步骤 3:双击显示屏下方的单一画面显示按钮,也就是全窗口显示按钮,便可以正常使用摄像头了。

步骤 4:如果需要放大画面,可以使用鼠标左键单击显示屏后拖动,会出现一个方框,松开鼠标左键后,方框内的画面便会全屏显示,实际使用效果如图 11 所示。

结语

本项目中所有三维模型均预留了一定的公差来适应不同的打印机,如果复刻时发现不能良好地安装,可以使用工具对打印件进行修正,如果发现多次修正依旧不能正常安装,请检查是否买错了。

环形补光灯请在使用独立电源供电确认工作正常后,再使用摄像头电源接入,防止补光灯电路异常造成摄像头模组损坏。 ⓦ

▌图 11 实际使用效果

计算机上的虚拟乐队

▌ 魏天祺

2020 年我开始学习合唱和交响乐指挥，我发现不仅是像我这样的业余爱好者，即使是指挥专业的学生，在练习指挥（见图 1）的时候，也很少有机会接触到真正的乐队，只能跟着音频"指挥空气"。然而跟着录音练习与真正指挥乐队演奏（见图 2）相比有很大差别，跟录音练习并不能让我们有效地发现自己的问题，也缺少乐队对指挥的反馈信息。而且录音本身也不是我们自己的音乐，就算阅读总谱的时候，我们可以在钢琴上演奏，但弹钢琴的动作也和指挥毫无关联。我希望在练习指挥时能够得到乐队的反馈信息，于是我决定制作一个计算机上的虚拟乐队。

设计思路

交互流程

我发现指挥虚拟乐队的问题非常适合用交互的方式来解决。计算机通过传感器识别手部动作，计算机中的虚拟乐队根据动作进行演奏，通过画面和声音对练习者进行信息反馈，整个交互流程如图 3 所示，我希望可以指挥计算机上的虚拟乐队，就像指挥一个真正的交响乐队一样。

研究过程

1. 动作输入

乐队处理信息、提供反馈的流程如图 4 所示，指挥者通过双手的动作对乐队发出指令，乐队通过指挥者的动作调整演奏。想要模拟这个过程并达到真实的练习效果，不能改变指挥者的动作，需要使用传感器识别双手在空中的动作。我选择了精度相对较高且主要针对手势识别的 Leap Motion 传感器（见图 5）进行开发。

▌ 图 1 练习指挥

▌ 图 2 指挥乐队

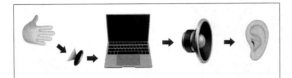

▌图3 交互流程

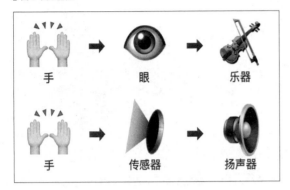

▌图4 乐队处理信息、提供反馈流程

▌图5 Leap Motion 传感器

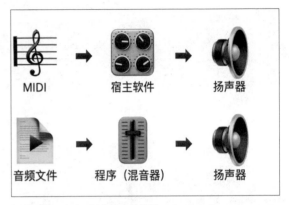

▌图6 理想方案（上）与现实方案（下）

▌图7 交互流程

2. 声音来源

理想方案和现实方案如图6所示，理想的情况是在宿主软件（编曲软件）中实时操作 MIDI 文件，但是宿主软件并不会给用户提供开发接口，而且使用宿主软件实时演奏几十个声部，对于计算机性能要求过高，目前无法实现。只能提前使用宿主软件制作好每个声部的音频，通过程序对音频进行实时处理和调整，来模拟指挥乐队演奏的过程。

3. 信息交互

在练习指挥时，视觉和听觉上都需要收到信息反馈，头部不适合佩戴重物，例如使用 VR 设备。我选择使用显示屏和扬声器（或耳机）来提供视觉和听觉的信息反馈。编写交互程序时，我发现 Processing 是比较合适的工具。

交互流程如图7所示，显示屏上显示手部动作对应的光标和乐队各声部；扬声器用于播放音频；用户接收到乐队状态、声部情况后，利用动作进行指挥调节。

项目准备

计算机

想要运行这个交互程序，我们的计算机需要有 USB 接口用来连接传感器，要满足可以同时处理多个音轨的信息，还要有显示器和音频的输出接口。

传感器

我使用了 Leap Motion，这是一个近距离识别手势动作的传感器，需要放在桌面上，或者用支架支撑以靠近手的位置。传感器的距离与精度可以在驱动程序中进行调整。如果没有 Leap Motion，使用摄像头、Microsoft Kinect（Xbox 游戏机的动作传感器），或者其他可以提供 1~2 个点的坐标的设备也是可行的。实在没有办法，也可以使用鼠标或多点触控屏。因为我的程序是使用平面中的点坐标来进行操作的。

显示屏

一个较高分辨率（1080 像素 × 1080 像素以上）的显示器是最好的，程序默认分辨率为 1080 像素 × 1080 像素，也可以进行调整。显示器分辨率越大，用户使用的体验越好。毕竟指挥面对的交响乐队所在的舞台是一个十分巨大的建筑空间。

扬声器

虚拟乐队主要使用音乐进行信息反馈，所以我推荐使用至少有两个声道的、解析度较高的设备。尽量不要使用计算机内置的扬声器，因为音乐中细节的变化是最迷人的。推荐使用外置音箱或耳机播放音乐。

软件

Leap Motion 并 不 支 持 在 macOS Monterey 和 macOS Ventura 系统进行下开发，也就是说较旧版本的 macOS 可以使用这个传感器。在 Windows 和 Linux 系统中可以正常开发。

我推荐使用 Processing IDE，这是比较简单和完善的开发环境。虽然我也尝试了其他开发环境，但在实际测试中发现同样支持 Processing(Java) 的 Intellij 在使用之前需要极其烦琐的配置，而 Processing IDE 下载、安装好就可以使用。

我在示例程序中使用的曲目是拉赫玛尼诺夫的《c 小调第二钢琴协奏曲》，我们可以把它换成其他喜欢的音乐。对于现有的古典音乐，我们可以在网上下载 MIDI 文件，导入可以处理音频的软件（比如打谱软件或宿主软件）中进行编辑，导出多音轨的文件即可。

项目制作

图形界面

程序的默认图形界面参考了交响乐队标准的舞台布置（见图 8），可以保证指挥者的动作习惯，而经过抽象后的虚拟舞台（见

▌图 8 交响乐队标准的舞台布置

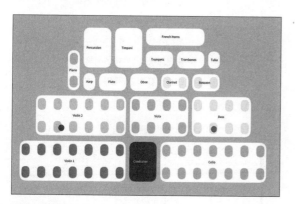

▌图 9 虚拟舞台

图 9）去除了无关的干扰信息。每个白色区域代表一个声部。每个点代表一个乐手，而点颜色的动态变化代表声部的音量。两个光标代表指挥的两只手。代表不同功能的手势对应不同的光标。

图形界面可以自己随意进行修改，包括舞台的位置、界面的颜色、声部的数量和名称等。

程序设计

程序流程如图 10 所示，因为功能比较简单，所以我使用基于 Java 的 Processing 编写了一个程序完成了所有的功能。需要注意的是，Processing IDE 并不支持中文编码，所以源程序中的中

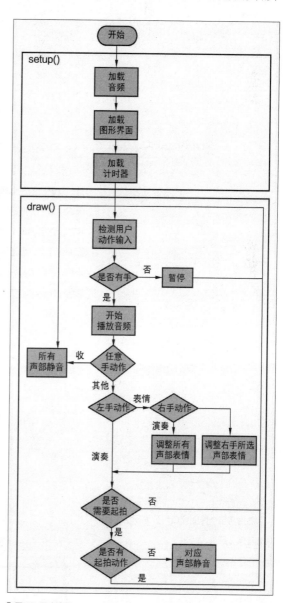

▌图 10 程序流程

文注释无法正常显示在 Processing IDE 中，实际程序中只能使用英文注释。

加载程序中需要使用 Sound 库和 Leap Motion 库，然后定义音频与交互界面的基本参数，具体如程序 1 所示。

程序1

```
import processing.sound.*;
import de.voidplus.leapmotion.*;
/* 处理音频的基本参数 */
Sound s;
AudioIn in;
Amplitude amp;
/* 交互界面的基本参数 */
static final int n_parts = 18;
static final int n_grid_X = 16, n_
grid_Y = 7;
static final int sizeX = 1920, sizeY
= 1080;
static final int globalX = 50, globalY
= 50;
/* 根据上面的基本参数来定义对象和数组 */
static SoundFile soundfilePtr[] = new
SoundFile[n_parts];
static Amplitude ampPtr[] = new
Amplitude[n_parts];
public static int[][] unitAttributes
= new int[n_parts][4];
public static float[][] textAttributes
= new float[n_parts][2];
public static int[][] colors = new
int[n_parts][3];
public static float[] ampvalue = new
float[n_parts]; // 音轨的实际输出值
public static float[] ampVals = new
float[n_parts]; // 输入值来纠正音轨的音量
static float ampValCoef = 1;
static LeapMotion leap;
```

然后将整个界面窗口划分为网格，具体如程序 2 所示。

程序2

```
static final int unitX = (sizeX -
globalX * 2) / n_grid_X, unitY =
(sizeY - globalY * 2) / n_grid_Y,
rectRad = 40;
static final int dX = unitX / 4, dY =
unitY / 4; // 绘制图形界面时，矩形网格之
间的空隙
public static int lookupTable[][] =
new int[n_grid_Y + 1][n_grid_X + 1];
public static int states[] = new
int[2];
/* 与分析用户输入有关的参数 */
static int minY = 0, maxY = sizeY,
minX = 0, maxX = sizeX;
static final float grabThreshold = 0.8,
releaseThreshold = 0;
static final float lowVoiceVal = 0.01;
static boolean isPlaying = false;
static long playTime = 0;  // 计算播放
音频文件的时间
static long lastTime;
```

刚才绘制好的网格是图形界面的基础。以窗口的左上角为坐标轴的原点，在网格中填色，连起来的网格区域就是一个声部。然后将每个声部的数据写入图形界面的程序中，如程序 3 所示。格式：垂直坐标，水平坐标，垂直长度，水平长度，颜色（0~255，灰阶）。

程序3

```
/* 定义图形界面 */
public static int[][] units =
{{2, 5, 1, 2, 255},
{2, 7, 1, 2, 255},
{2, 9, 1, 2, 255},
{2, 11, 1, 2, 255},
{0, 8, 1, 4, 255},
{1, 8, 1, 2, 255},
{1, 10, 1, 2, 255},
{1, 12, 1, 1, 255},
{0, 6, 2, 2, 255},
{0, 4, 2, 2, 255},
{1, 3, 2, 1, 255},
{5, 0, 2, 7, 255},
{3, 1, 2, 6, 255},
```

```
{3, 7, 2, 4, 255},
{5, 9, 2, 7, 255},
{3, 11, 2, 4, 255},
{2, 4, 1, 1, 255},
{5, 7, 2, 2, 100}
};
```

然后按照刚才的顺序，在每个区域中定义此区域的声部名称，以文字的形式显示在程序 3 数组中定义的区域中心，具体如程序 4 所示。

程序4

```
public final static String[] texts =
{"Flute",
…
"Conductor"
};
// 必须确保文本（声部名称）的长度与此前定
义的图形界面中单元的长度（在数量上）一致
public final static boolean[] muted =
{ false,
…
true,
true,
};// 有些声部是空的，不需要加载音频文件，
就改为 true
```

下面定义单元的位置。每一个有乐手（点）的网格中显示一个小点。每一个小点被所在声部的区域围起来，这里为了显示出声部在显示屏上的关系，所以点最小，其次是声部区域。为了在视觉上区分各个区域，在每个区域之间还需要保留间隙，所以声部区域并不能占满整个网格。图形界面相关的功能实现如程序 5 所示，为了让界面看起来更加精致，使用了圆角，每一个对应区域的大小都可以在程序 5 中调整。

程序5

```
/* 绘制图形界面的功能 */
private void deriveAttributes() {
  for (int i = units.length - 1; i >
-1; --i) {
    unitAttributes[i][0] = globalX +
```

```
    units[i][1] * unitX;
    unitAttributes[i][1] = globalY +
units[i][0] * unitY;
    unitAttributes[i][2] = units[i]
[3] * unitX - dX;
    unitAttributes[i][3] = units[i]
[2] * unitY - dY;
    textAttributes[i][0] = globalX
+ (units[i][1] * 2 + units[i][3]) *
unitX / 2 - 8 * texts[i].length();
    textAttributes[i][1] = globalY
+ (units[i][0] * 2 + units[i][2]) *
unitY / 2 - 10;
    colors[i][0] = (units[i][4] <
128) ? 255 : 0;
    colors[i][1] = colors[i][0];
colors[i][2] = colors[i][0];
  }
};
private void _deriveColors() {
  _updateAmpVal();
  for (int i = units.length - 1; i >
-1; --i) {
    colors[i][0] = int(_normalize
(ampvalue[i], 0, 1, 255, 0));
    colors[i][1] = int(_normalize
(ampvalue[i], 0, 1, 255, 0));
    colors[i][2] = int(_normalize
(ampvalue[i], 0, 1, 255, 0));
  };
};
private void drawParts() {
  noStroke();
  _deriveColors();
  for (int i = units.length - 1; i >
-1; --i) {
    //声部的区域
    if (units[i][4] != -1) fill(units
[i][4], units[i][4], units[i][4]);
    else fill(150, 200, 175);
    rect(unitAttributes[i][0],
unitAttributes[i][1],
unitAttributes[i][2],
```

```
unitAttributes[i][3], rectRad);
    //乐手的区域（点）
    if (i != 17) {
      fill(colors[i][0], colors[i]
[1], colors[i][2]);
      for (int j = units[i][2] - 1;
j > -1; --j) {
        for (int k = units[i][3] - 1;
k > -1; --k) {
          rect(unitAttributes[i][0] + k
* unitX + dX / 2, unitAttributes[i]
[1] + j * unitY + dY / 2, unitX - 2
* dX, unitY - 2 * dY, rectRad);
        }
      }
    }
    // 声部名称
int c = (units[i][4] < 128) ? 255 : 0;
    fill(c, c, c);
    textSize(20);
    text(texts[i], textAttributes[i]
[0], textAttributes[i][1]);
  }
};
/* 控制音频的功能 */
private static void playAll() {
    // 开始播放所有音轨
    if (isPlaying) return;
    for (int i = soundfilePtr.length
- 1; i > -1; --i) {
      if (!muted[i]) soundfilePtr[i].
play();
    }
    isPlaying = true;
};
private static void pauseAll() {
    // 暂停所有音轨
    if (!isPlaying) return;
    for (int i = soundfilePtr.length -
1; i > -1; --i) {
      if (!muted[i]) soundfilePtr[i].
pause();
    }
```

```
    isPlaying = false;
  }
};
private static void setAmp(boolean
lowerVoice) {
    // 更新音轨的音量
    if (lowerVoice) {
      for (int i = units.length - 1; i
> -1; --i) {
        if (i == 10) soundfilePtr[i].
amp(1);
        else soundfilePtr[i].
amp(lowVoiceVal);
      };
    } else {
      for (int i = units.length - 1; i
> -1; --i) {
        if (i == 10) soundfilePtr[i].
amp(1);
        else soundfilePtr[i].amp(ampVals
[i] * ampValCoef);
      };
    }
};
private static void _updateAmpVal()
{
    for (int i = units.length - 1; i >
-1; --i) {
      ampvalue[i] = ampPtr[i].analyze();
    }
};
/* 记录时间的功能 */
private static void
updateTime(boolean playFlag) {
    long curTime = System.
currentTimeMillis();
    long timeElapsed = curTime -
lastTime;
    lastTime = curTime;
    if (playFlag) playTime +=
timeElapsed;
}
/* 处理用户输入的信息 */
private static int _isPointingAt(Hand
```

```
hand) {
    ArrayList<Finger> fingers = hand.
getOutstretchedFingers();
    if (fingers.size() > 2 || fingers.
size() == 0) return -1;
    int X = int(_normalize(fingers.
get(0).getPosition().array()[0],
minX, maxX, 0, n_grid_X));
    int Y = int(_normalize(fingers.
get(0).getPosition().array()[1],
minY, maxY, 0, n_grid_Y));
    return lookupTable[Y][X];
}
private static boolean isOpen(Hand
hand) {
    return hand.getGrabStrength() <=
releaseThreshold;
}
public static int isPointingAt(Hand
hand) {
    int ret = _isPointingAt(hand);
    System.out.println(ret);
    return ret;
}
private static float _normalize(float
x, float inf, float sup, float target_
inf, float target_sup) {
    return (x - inf) * (target_sup -
target_inf) / (sup - inf) + target_inf;
};
private static void
deriveLookupTable() {
    for (int i = lookupTable.length -
1; i > -1; --i) {
        for (int j = lookupTable[0].
length - 1; j > -1; --j) {
            lookupTable[i][j] = -1;
        }
    }
    for (int i = units.length - 1; i >
-1; --i) {
        for (int j = units[i][0]; j <
units[i][0] + units[i][2]; ++j) {
```

```
            for (int k = units[i][1]; k <
units[i][1] + units[i][3]; ++k) {
                lookupTable[j][k] = i;
            }
        }
    }
};
```

最后介绍核心功能。Processing 程序的结构类似 Arduino 程序，分为 setup() 和 draw() 两个部分。我在 setup() 中初始化需要加载的内容时，这些程序会执行这一次。但是 draw() 部分的程序会反复执行，这也是 Processing 进行交互的原理，图形界面之所以会动，是因为一帧一帧连续播放图像，带给我们视觉上动态的效果。

我们在 setup() 中初始化 Leap Motion 的功能和声音对象，初始化图形界面（窗口的大小和背景的颜色，以及 draw() 刷新的帧率）。

因为我们需要传感器时刻捕捉用户的动作，所以我将动作（手势）和坐标的识别功能放入 draw() 部分中。传感器识别手势（手部动作，识别手指之间的距离来计算手势）、手的坐标（对应声部的区域或者音量），然后根据识别到的数据处理音频播放的参数，通过图形界面和扬声器播放音频进行反馈。

检测手势的逻辑是检查右手是否指向一个特定的部分（手的坐标出现在对应区域），如果某声部被指着，左手的绝对 Y 坐标决定被指向的声部音量；如果没有指向任何部分，检查左手是否打开（手指之间的距离大于设定好的界限），如果是的话，绝对 Y 坐标决定所有声部的总音量，否则，不做任何调整。

定义颜色的 3 个值分别代表红、绿、蓝，在 0~255 范围进行混色，数值越大，这个颜色添加得越多。以此为原理定义颜色变化的显示。具体的颜色数值可以在网上查找相关的网页版工具，调色可以出现数值。

核心功能的具体实现如程序 6 所示。

程序6

```
/* 核心功能 */
void setup() {
    /* 初始化 Leap Motion 和声音对象 */
    leap = new LeapMotion(this);
    System.out.println("Load
soundtracks.");
    for (int i = units.length - 1; i >
-1; --i) {
        System.out.println(i);
        ampPtr[i] = new Amplitude(this);
        soundfilePtr[i] = new SoundFile
(this, "./shortened/" + texts[i] +
".mp3");
        ampPtr[i].input(soundfilePtr[i]);
        ampVals[i] = 1;
    }
    /* 初始化图形界面 */
    size(1920, 1080);
    deriveAttributes();
    deriveLookupTable();
    frameRate(60);
    lastTime = System.currentTimeMillis();
};
void draw() {
    boolean playFlag = true, lowerVoice
= false;
    int target = -1, tmp = 255;
    states[0] = -1; states[1] = -1;
    int leftHand = -1, rightHand = -1;
    /* 捕获用户输入 */
    ArrayList<Hand> hands = leap.
getHands();
    int handCount = hands.size();
    /* 识别双手的位置 */
    for (int i = hands.size() - 1; i >
-1; --i) {
        if (hands.get(i).isLeft())
leftHand = i;
        else if (hands.get(i).isRight())
rightHand = i;
        if (hands.get(i).isLeft()) {
            if (hands.get(i).getGrabStrength()
```

```
<= releaseThreshold) states[0] = 0;
    else if (hands.get(i).
getGrabStrength() > grabThreshold)
states[0] = 2;
    else states[0] = 1;
    }
    else if (hands.get(i).isRight())
{
        int num_fingers = hands.get(i).
getOutstretchedFingers().size();
    if (0 < num_fingers && num_
fingers <= 2) states[1] = 0;
    else if (hands.get(i).
getGrabStrength() > grabThreshold)
states[1] = 2;
    else states[1] = 1;
    }
    }
    /* 处理 flags */
    if (handCount == 0) playFlag =
false;
    if (states[0] == 2 || states[1] ==
2) lowerVoice = true;
    if (!lowerVoice) {
        if (leftHand != -1 && rightHand
!= -1) {
        if ((target = isPointingAt(hands.
get(rightHand))) != -1) {
            ampVals[target] = max(min(_
normalize(hands.get(leftHand).
getPosition().array()[1], maxY, minY,
0, 1), 1), 0);
            tmp = units[target][4];
            units[target][4] = -1;
        } else
            if (isOpen(hands.
get(leftHand))) {
            ampValCoef = max(min(_
normalize(hands.get(leftHand).
getPosition().array()[1], maxY, minY,
0, 1), 1), 0);
            };
        };
```

```
    };
    /* 根据 flags 执行 */
    if (playFlag) playAll();
    else pauseAll();
        setAmp(lowerVoice);
    /* 更新图形界面 */
    background(200);
    drawParts();
    float LX = 0, LY = 0, RX = 0, RY = 0;
    if (leftHand != -1) {
        LX = hands.get(leftHand).
getPosition().array()[0];
        LY = hands.get(leftHand).
getPosition().array()[1];
    }
    if (rightHand != -1) {
        ArrayList<Finger> fingers
= hands.get(rightHand).
getOutstretchedFingers();
        if (states[1] == 0 && 0 < fingers.
size() && fingers.size() <= 2) {
            RX = fingers.get(0).
getPosition().array()[0];
            RY = fingers.get(0).
getPosition().array()[1];
        } else {
            RX = hands.get(rightHand).
getPosition().array()[0];
            RY = hands.get(rightHand).
getPosition().array()[1];
        }
    }
    switch (states[0]) {
    case 0:
        fill(255, 200, 50);
        rect(LX, LY, 30, 10, 4);
        break;
    case 1:
        fill(50, 50, 200);
        circle(LX, LY, 20);
        break;
    case 2:
        fill(150, 50, 150);
```

```
        circle(LX, LY, 3);
        break;
    }
    switch (states[1]) {
    case 0:
        fill(50, 150, 100);
        triangle(RX, RY, RX + 10, RY -
20, RX + 20, RY - 10);
        break;
    case 1:
        fill(50, 100, 100);
        circle(RX, RY, 20);
        break;
    case 2:
        fill(125, 50, 125);
        circle(RX, RY, 3);
        break;
    }
    if (target != -1) units[target][4]
= tmp;
}
```

Processing 官网有非常完整的免费教程和文档，需要的大部分功能可以在文档中进行查询。在 Processing IDE 中下载好 Leap Motion 库之后，会附带 3 个源程序文件，文件中的功能非常具体，运行源程序可以看到演示效果，找出其中需要的功能就可以使用。

操作介绍

完整的程序有图形界面和声音输出两个部分，图形界面如图 11 所示。

程序加载好音频之后，会显示交响乐队台图。将手抬起，显示屏上出现光标，乐队开始演奏。左手和右手分别有 3 个手势，指代不同的功能，如图 12~图 14 所示。演奏过程中，各声部会分别显示演奏状态（声音可视化），例如在需要给声部起拍的时候，手（光标）需要出现在声部框内，如果没有给到起拍，框会变红，该声部不演奏，如图 15 所示。任意一个手做收的手势时，所有声部静音，如图 16 所示。

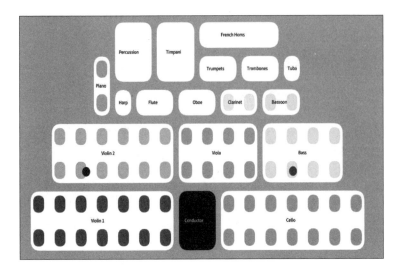

图 11 图形界面

结语

这个项目是我在交互设计领域中的第一次实践，我是从学习指挥的经历中获得灵感的，希望这个简单的项目可以帮助到各位音乐爱好者指挥演奏自己内心所想的音乐，也帮助大家来理解指挥这个"神奇"的角色。项目还有不完善的地方，也请大家批评指正。Ⓧ

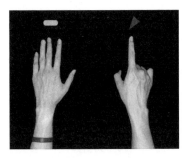

图 12 手掌展开和指

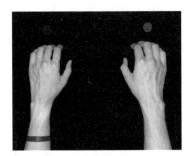

图 13 放松

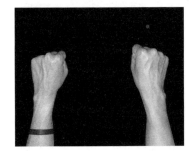

图 14 收

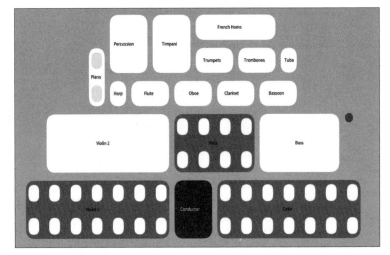

图 15 声部变红提示漏掉操作

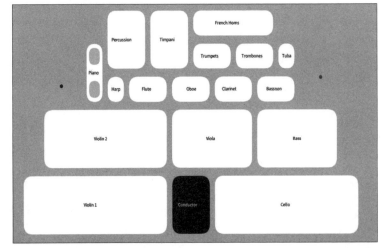

图 16 手势为收，所有声部静音

可以检测色盲的
智能小夜灯

▎昊玩

孩子晚上上厕所不喜欢开灯，说家里的灯太刺眼，摸黑上厕所又不是很安全，于是我准备做一个温柔的智能小夜灯来照明，再也不担心孩子晚上摸黑上厕所了。

▎图1 Arduino UNO 开发板

项目分析

白天智能小夜灯一直亮着比较费电，所以我利用光敏电阻，让小夜灯只在晚上才会亮。晚上小夜灯一直亮着也会费电，我添加了人体传感器，达到人来灯亮、人走灯灭的功能，真正做到节约电能。

如果想换个灯光颜色怎么办呢？RGB LED 模块理论上可以调配出任何你想要的颜色，我利用语音模块控制小夜灯变换成想要的颜色。语音模块配合 RGB LED 模块，还可以制作一个考验视力的小游戏：小夜灯随机闪烁不同颜色，玩家依次正确说出颜色，就会进入下一关，升级难度，说错了则重新开始。它不仅是一个小游戏，还可用来检测色盲。

硬件选择

材料清单如附表所示。我选用的 Arduino UNO 开发板如图1所示，其通用性强、性价比高，十分适合这个项目。

RGB LED 模块如图2所示，性价比高，发射出的光线比较均匀。

人体传感器采用的是 HC-SR501 模块，如图3所示，主要功能是人体感应，人靠近时灯亮，人离开时灯熄灭。

▎图4 光敏电阻

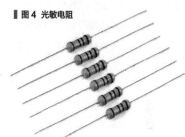

▎图5 色环电阻

▎图6 杜邦线

光敏电阻如图4所示，可实现只有光线足够暗时才开灯，节约电能。

色环电阻如图5所示，用于连接光敏电阻，以免电流过大，损坏电路，选择1kΩ 色环电阻即可。

杜邦线如图6所示，用于连接主控板和各模块，免去焊接的步骤，拔插方便。

附表 材料清单

序号	名称	数量
1	Arduino UNO	1块
2	RGB LED 模块	1块
3	HC-SR501 模块	1块
4	SU-03T 语音模块	1块
5	光敏电阻 5528	1个
6	色环电阻	1个
7	杜邦线	若干
8	面包板	1块
9	电池盒	1个
10	塑料瓶	1个

▎图2 RGB LED 模块

▎图3 HC-SR501 模块

面包板如图 7 所示，本项目使用 170 孔的面包板。

电池盒如图 8 所示，本项目通过 5 号电池供电，也可以使用 USB 接口供电。

塑料瓶如图 9 所示，本项目选择半透明的废旧材料，资源再利用。

功能设计

夜灯功能

硬件配置齐全后，先设计工作流程，如图 10 所示。

我们把人体传感器连接到 Arduino UNO 上，信号线接 Arduino UNO 引脚 7，RGB LED 模块 R、G、B 引脚分别接 Arduino UNO 的 9、10、11 引脚。再把光敏电阻连接到面包板，并与 Arduino UNO 的 A0 引脚连接，如图 11 所示。

硬件连接完成以后，我们进行程序设计，实现人靠近时灯亮、人离开时灯熄灭的功能。具体如程序 1 所示。

程序1

```
void setup() {
Serial.begin(9600);// 查看串口信息，
设置波特率
}
void loop() {
  Serial.println(digitalRead(7));
```

图 7 面包板

```
// 人体传感器信号: 1 或者 0
  Serial.println(analogRead(14));
// 光敏电阻数值: 0~1024
  if (digitalRead(7) == 1 &&
analogRead(14) > 800)
  {
  // 判断 2 个条件都满足才执行
    Serial.println(" 我亮了 ");
    // 设置小灯颜色
    analogWrite(10, 255);
    analogWrite(9, 0);
    analogWrite(11, 255);
  }
}
```

声控功能

我们把语音控制模块 RXO、TXO、VCC、GND 引脚分别与 Arduino UNO 的 RX、TX、5V、GND 引脚相连接，并在语音控制网站上设置好语音指令，就可

图 8 电池盒

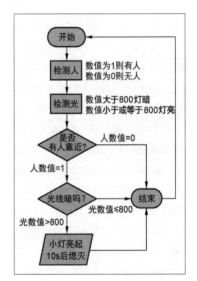

图 9 塑料瓶

图 10 工作流程

开始

检测人 —— 数值为1则有人 数值为0则无人

检测光 —— 数值大于800灯暗 数值小于或等于800灯亮

是否有人靠近？ —— 人数值=0

人数值=1

光线暗吗？ —— 光数值≤800

光数值>800

小灯亮起 10s后熄灭

结束

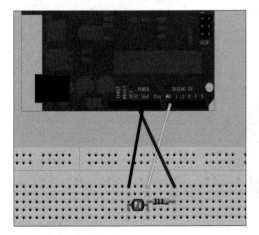

图 11 光敏电阻连接路

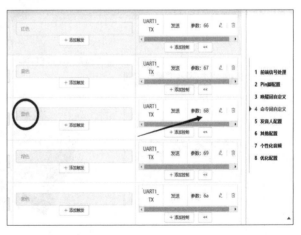

图 12 语音模块设置界面

1 拍端信号处理
2 Pin脚配置
3 唤醒词自定义
4 命令词自定义
5 发音人配置
6 其他配置
7 个性化音频
8 优化配置

以通过语音控制小夜灯变换不同颜色，语音设置界面如图 12 所示。

当语音模块的话筒接收到声音指令时，就会做出相应的反馈，具体如程序 2 所示。

程序 2

```
if (yuyin==68) // 设置语音模块接收到"蓝
色"语音，输出 68 到开发板
  {
    Serial.println(" 蓝色 ");
    // 设置小夜灯以蓝色点亮
    analogWrite(10, 0);
    analogWrite(9, 0);
    analogWrite(11, 255);
  }
if (yuyin==106) // 设置语音模块接收到"彩
色"语音，输出 106 到开发板
  {
    Serial.println(" 彩色 ");
    // 设置小灯依次以红、紫、绿点亮，间隔
1s，颜色可以自定义
// 红
    analogWrite(10, 255);
    analogWrite(9, 0);
    analogWrite(11, 0);
    delay(1000);
// 紫
    analogWrite(10, 255);
    analogWrite(9, 0);
    analogWrite(11, 255);
    delay(1000);
// 绿
    analogWrite(10, 0);
    analogWrite(9, 255);
    analogWrite(11, 0);
delay(1000);
  }
```

色盲检测游戏

游戏介绍：第一关，小夜灯随机闪烁 1 种颜色后，你来回答，回答正确则进入第二关；小夜灯依次闪烁 2 次，按顺序依次回答小夜灯颜色，正确则进入第三关；小夜灯

▌图 13 制作完成的智能小夜灯

依次闪烁 3 次，以此类推，如其中有一次回答错误，则挑战失败，重新回到第一关。

功能实现：定义数组存储 6 个数值，设置 6 种颜色，初始顺序为红、黄、蓝、绿、紫、白，随机选取颜色。如果小夜灯多次闪烁，则打乱小夜灯顺序再闪烁，随机选取数组中不重复的元素，这里用到了洗牌算法，首先通过变量 temp 来存储 shuzu[i] 的初始数值，当 shuzu[i] 对应数值改变为 shuzu[randNumber] 后，temp 把 shuzu[randNumber] 替换 shuzu[i] 的初始数值，用替换的方式达到不重复随机排列的目的，此方法不改变随机数次数，具体参考程序 3。

程序 3

```
int randNumber;// 随机数
int guan = 3; // 关卡设置为3，亮3次灯
int shuzu[6] = {11, 22, 33, 44, 55,
66};//11 红、22 黄、33 蓝、44 绿、55 紫、
66 白
int temp = 0;
// 定义一个变量用于存放数值
void setup() {
  Serial.begin(9600);// 串口通信波特率
  randomSeed(analogRead(0));// 从 A0 读
取一个值作为随机数的种子来生成随机数
  // 洗牌算法
  for ( int i = 0; i < guan; i++)
  { randNumber = random(0, 6);
//randNumber 取值范围为 0~5 的整数，和数
组下标对应
    Serial.println(randNumber);
// 打印随机数
    int  temp = shuzu[i];
    shuzu[i] = shuzu[randNumber];
    shuzu[randNumber] = temp;
    Serial.println(shuzu[i]);
// 打印 shuzu[i] 的值
  }
    Serial.println(" 分界线 ");
  // 在串口中打印新排序的数组
  for (int i = 0; i < guan; i++)
  { Serial.println(shuzu[i]);
  }
}
```

结语

制作完成的智能小夜灯如图 13 所示，它的第一个功能比较实用，如果没有语音模块，也可以用按钮来控制。色盲检测游戏可以设置更多颜色，或者缩短闪烁停留时间来增加游戏难度，还可以录制自己的个性化语音导入语音模块，增强游戏的趣味性。本项目手工制作步骤较少，所需材料比较容易获得，特别适合零基础入门的朋友，希望大家有所收获。Ⓧ

用 ESP32-S3 制作
无线 USB 鼠标 PS/2 转接器

▎王岩柏

PS/2 接口在一些老旧的或者特别定制的设备上仍然作为鼠标、键盘接口使用，而现在早已是 USB 接口的天下了。使用如图 1 所示的转接器能将市面上的部分 USB 鼠标接口转接为 PS/2 接口。实现原理是将其插入鼠标后，鼠标芯片识别出主机使用的是 PS/2 接口，会将 USB 协议切换为 PS/2 协议解析。显而易见的是并非所有 USB 鼠标都支持这种切换。从实验结果来看，只有有线 USB 鼠标支持该功能，使用 USB 接收器的无线鼠标都不支持。

针对这个需求，两年前我曾制作过一个转换设备，并刊登在《无线电》杂志 2020 年第 1 期。该项目基于 Arduino Pro Micro（主控芯片为 Atmel 328p）和 Arduino USB Host Shield（核心芯片为 MAX3431e），能够实现 USB 鼠标转为 PS/2 接口。但是这个设计存在如下缺点。

● 使用开发板设计，整体体积较大。

● 为了实现 USB 鼠标数据的解析，使用了 Arduino USB Host Shield 芯片。近一两年，因为供应链的问题，MAX3421e 芯片的价格接近翻倍，这导致制作成本大幅上升。

▎**图 1 USB 转 PS/2 直连转接器**

● PS/2 接口使用线缆直接焊接，整体看起来更像功能原型机，而不是让用户直接使用的设备。

文章刊登后，有很多读者提出改进建议，这里使用 ESP32-S3 再次实现 USB 对 PS/2 接口的转换。基本原理是使用 ESP32-S3 的 USB Host 功能解析得到 USB 鼠标数据，整理之后，转为如表 1 所示的数据报格式。因为 ESP32-S3 的工作电压为 3.3V，所以还要进行电平转换，转化为 PS/2 接口的 5V 电平，这样上位机就能正确识别鼠标动作。

电路设计

与之前的设计相比，这次的设计围绕 ESP32-S3 主控进行，整体电路非常简单。首先介绍最核心的 ESP32-S3，ESP32-S3 最小系统电路如图 2 所示，外部只需要一个 10kΩ 电阻、一个 22μF 电容和一个 0.1μF 电容，配合 3.3V 供电即可让 ESP32-S3 工作起来。IO19、IO20 分别是 USB 接口的 D- 和 D+ 信号。此外，IO13 用作 PS/2 接口的 DATA，IO21 用作 PS/2 接口的 CLOCK。

表 1 PS/2 鼠标协议数据报格式

Byte 1	Bit 7	Bit 6	Bit 5	Bit 4	Bit 3	Bit 2	Bit 1	Bit 0
	Y 轴溢出标志	X 轴溢出标志	Y 轴超范围标志	X 轴超范围标志	始终为 1	中键	右键	左键
Byte 2	X 方向移动数据							
Byte 3	Y 方向移动数据							
Byte 4	Z 方向移动数据							

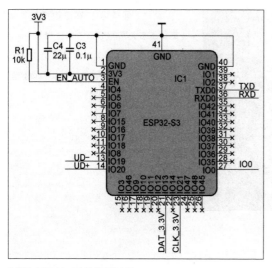

▌图 2 ESP32-S3 最小系统电路

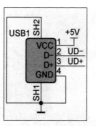

▌图 5 USB 母头电路

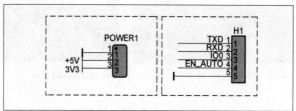

▌图 6 PS/2 接口电路

▌图 7 外部供电和调试接口电路

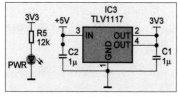

▌图 3 ESP32 供电电路

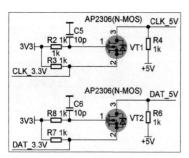

▌图 4 双向电平转换电路

ESP32 供电电路如图 3 所示，设计上使用了 TLV1117 的方案，这个芯片负责将输入的 5V 转为 3.3V 供 ESP32-S3 使用。此外还有一个 LED，用于指示当前电路板的供电状态。

PS/2 接口属于传统接口，使用 5V 电平作为通信电压，这里需要进行电平转换，这里沿用了之前的双向电平转换电路（见图 4），使用 AP2306 N-MOSFET 来实现该功能。

电路板上带有一个 USB 母头电路（见图 5）用于连接 USB 鼠标。

PS/2 接口电路如图 6 所示，需要特别注意，因为使用了双公头的 PS/2 线缆，此处接口并非标准线序的 PS/2 母头，二者的区别在下文会进行介绍。

用于测试的外部供电和调试接口电路如图 7 所示，在 ESP32-S3 焊接完成之后，可以从 POWER1 引脚输入 3.3V 电源，就可以通过右侧 H1 接口进行程序烧写。这样的好处是在焊接初期即可进行测试，能够尽早发现问题。

电路设计完成之后开始着手 PCB 设计，前文提到这次使用的 PS/2 接口和正常的 PS/2 接口是有差别的，产生区别的

原因是这次设计使用了 PS/2 延长线进行连接，可以认为两个 PS/2 母头相对连接，因此会出现部分信号位置发生变化的现象。标准的 PS/2 母头接口如图 8 所示，这次设计使用的 PS/2 母头接口如图 9 所示，其引脚编号和功能如表 2 所示。最终 PCB 设计如图 10 所示，PCB 3D 预览如图 11 所示，制作完成的成品和 PCB 如图 12 所示。

表 2 引脚编号和功能

引脚编号	功能
1	5V 供电
2	Clock
3	Data
4	GND

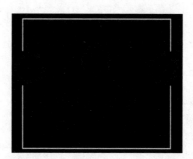

▌图 8 标准 PS/2 母头接口

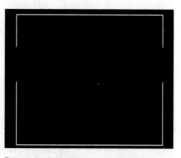

▌图 9 本次设计使用的 PS/2 母头接口

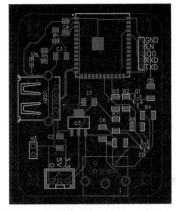

▌图10 PCB 设计

▌图11 PCB 3D 预览

程序设计

硬件设计完成后即可着手进行程序设计。首先确定模拟 PS/2 设备的库，经过比较我最终选择了 esp32-ps2dev 这个库，它支持 PS/2 键盘和鼠标的模拟，这次使用的是模拟 PS/2 鼠标的功能。这个库本身存在两个问题。

第一，对于标准 PS/2 鼠标不支持滚轮，于是我修改了 esp32-ps2dev.cpp 文件，默认情况下打开滚轮支持，具体如程序 1 所示。

程序1

```
{
  write(0x00);
#if defined(_ESP32_PS2DEV_DEBUG_)
  _ESP32_PS2DEV_DEBUG_.println
("PS2Mouse::reply_to_host: Act as
standard PS/2 mouse.");
#endif
  _has_wheel = true;
  _has_4th_and_5th_buttons = false;
}
```

第二，如果报告 PS/2 数据过于频繁（频率大于 100Hz），会导致 PS/2 Host 方面出现问题。为此我在程序中增加检测功能，避免频率过快，具体如程序 2 所示。

程序2

```
void PS2Mouse::_report() {
  if(millis()-Elsp<10) {
      return ;
  }
  Elsp=millis();
// 在程序的起始处指定 PS/2 的时钟和数据引脚
  const int CLK_PIN = 21;
  const int DATA_PIN = 13;
  esp32_ps2dev::PS2Mouse mouse(CLK_
PIN, DATA_PIN);
```

接下来在 setup() 函数中使用 mouse.begin() 函数，就可以通过 mouse 对象进行 PS/2 鼠标操作。

这次使用的 ESP32-S3 功能和之前的 USB Mouse Host 差别不大，在 Mouse_transfer_cb() 函数中解析 USB 鼠标数据如程序 3 所示。

▌图12 成品和 PCB

程序3

```
void Mouse_transfer_cb(usb_transfer_
t *transfer)
{
  if (Device_Handle == transfer-
>device_handle) {
    isMousePolling = false;
    if (transfer->status == 0) {
    if (transfer->actual_num_bytes
== Mouse_IN_BUFFER_SIZE) {
    uint8_t *const p = transfer-
>data_buffer;
      ESP_LOGI("", "HID report:
%02x %02x %02x %02x %02x %02x %02x
%02x",p[0], p[1], p[2], p[3], p[4],
p[5], p[6], p[7]);
...
  }
```

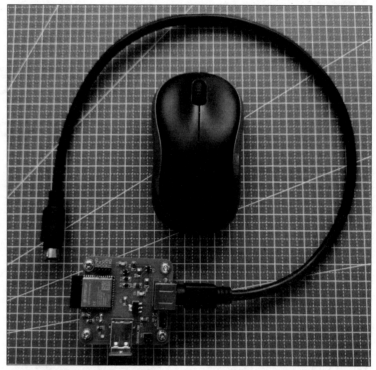

图 13 无线 USB 鼠标 PS/2 转接器

取得的数据在 p [ ] 这个数组中。为了正确处理鼠标左键、右键和中键的状态，使用变量进行标记。以左键为例，如果左键没有被按下（变量 bLPressed 的值为 False），并且 USB Host 解析出 USB 鼠标左键被按下的消息，那么除了使用 mouse.press 发送左键被按下之外，还要用变量 bLPressed 记录这个事件。接下来，如果当前已经发生鼠标左键抬起，并且 USB Host 解析出 USB 鼠标左键抬起的消息，那么就用 mouse.release() 函数发送 PS/2 鼠标左键抬起的命令。具体如程序 4 所示。

程序4

```
if ((bLPressed==false)&&
((p[0]&0x01)!=0))
{
  mouse.press(esp32_
ps2dev::PS2Mouse::Button::LEFT);
  ESP_LOGI("", "Left Pressed");
  bLPressed=true;
  }
    if ((bLPressed)&&((p[0]&0x01)
==0)) {
```

```
    mouse.release(esp32_ps2dev:
:PS2Mouse::Button::LEFT);
    ESP_LOGI("", "Left Released");
    bLPressed=false;
  }
```

从程序 4 可以看出，使用 bLPressed 变量的最主要原因是 p[0] 能够反应当前鼠标按键状态，但是无法给出鼠标按键的切换状态。例如，p[0]==0 时，我们能够知道鼠标左键没有被按下，但是我们无法得知之前是否发生过 p[0]==1 的事件，因此我们无法判定是否应该发送 PS/2 鼠标抬起的消息。这里也涉及 USB 协议和 PS/2 协议的差别。

接下来将 USB 鼠标的数据格式转换为表 1 给出的 PS/2 鼠标的数据格式，具体如程序 5 所示。

程序5

```
int16_t x, y;
int8_t  z;
```

```
x = p[3] << 8;
x = p[2] + x;
y = p[5] << 8;
y = -(p[4] + y);
z = -p[6];
ESP_LOGI("", "x: %d %x %x", x, p[2],
p[3]);
ESP_LOGI("", "y: %d %x %x", y, p[5],
p[4]);
ESP_LOGI("", "z: %d", z);
mouse.move(x,y,z);
```

如果在实际使用中遇到无法正常解析鼠标数据的情况，可能是因为鼠标不支持 Boot Protocol，可以尝试使用 Usblyzer 工具来查看鼠标实际的数据格式，然后进行程序调整。

结语

制作完成的无线 USB 鼠标 PS/2 转接器如图 13 所示，整体焊接难度不大，有兴趣的朋友可以尝试自行制作。🅦

部署在嵌入式系统上的 ChatGPT 智能问答网页

——基于矽递科技 XIAO ESP32C3 的 ChatGPT 系统

▌ 黎孟度

▌ 图1 Seeed Studio XIAO ESP32C3

2022 年年底，由 OpenAI 开发的大型语言模型 ChatGPT 横空出世，卷起了全社会对人工智能话题的又一热潮。时至今日，让 ChatGPT 协助我们快速解决问题、完成日常简单的工作成为当今科技潮人的必备技能。

ChatGPT 可以进行多种对话，如聊天、智能客服、问答系统等，并且通过使用深度学习技术和自然语言处理算法，可以生成语法正确、连贯流畅、语义合理的文本，从而实现与人类用户的自然交互。也正是这些先天的优势，让我觉得，如果能够在嵌入式系统上使用 ChatGPT，将会有更多的可能性！

本项目的实现难度并不算高，是嵌入式系统连接 ChatGPT 服务的基本方法和思路，我希望通过本项目的分享，帮助对此有兴趣的开发者扫清前期阻碍，发挥 ChatGPT 在嵌入式系统中的重要作用。

项目准备

在硬件方面，本项目所使用的开发板是 Seeed Studio XIAO ESP32C3（见图1）。Seeed Studio Xiao ESP32C3 是一款基于乐鑫 ESP32C3 Wi-Fi/蓝牙双模芯片的物联网迷你开发板。它支持 Wi-Fi 和蓝牙功能，并且完美支持 ESP32 官方提供的 HTTP 客户端和 HTTPS 服务器。

本项目使用的是 Arduino IDE，Arduino IDE 是专为 Arduino 平台设计的编程平台，同时也可以完美兼容 XIAO ESP32C3。关于如何在 Arduino IDE 上配置使用 XIAO ESP32C3，可以阅读矽递科技相关教程进行学习和操作。

项目制作

连接网络

要使用 XIAO ESP32C3 的 Wi-Fi 功能，首先，需要在程序中包含"WiFi.h"，这代表我们将导入 Wi-Fi 库。

然后，我们需要设置 Wi-Fi 模式。当 ESP32C3 被设置为"站模式"（Station Mode）时，它可以连接到其他网络，在这个场景中，路由器会为 XIAO ESP32C3 分配一个唯一的 IP 地址。

之后，便可以使用 WiFi.begin(ssid, password) 函数连接网络。其中，ssid 是指你想要 XIAO ESP32C3 连接到的 Wi-Fi 名称，而 password 是该 Wi-Fi 对应的密码。请确保 XIAO ESP32C3 在网络的覆盖范围之内以及支持的网络频段内，Wi-Fi 名称和密码不要有特殊的字符，以免造成连接失败。连接到 Wi-Fi 网络可能需要一段时间，所以我们通常会添加一个 while 循环来检查网络连接是否已经建立。通过使用 WiFi.status() 函数来判断连接的状态，当连接成功建立时，将返回 WL _ CONNECTED 的结果。

最后，为了获得 XIAO ESP32C3 的 IP 地址，我们需要在与网络建立连接之后调用 WiFi.localIP() 函数查看，具体见程序1。

程序1

```
#include <WiFi.h>
const char* ssid = "YOUR_SSID";
const char* password = "YOUR_
PASSWORD";
void setup() {
  Serial.begin(115200);
  WiFi.mode(WIFI_STA);
```

```
WiFi.disconnect();
WiFi.begin(ssid, password);
Serial.print("Connecting to ");
Serial.println(ssid);
while(WiFi.status()!= WL_
CONNECTED) {
   delay(1000);
   Serial.print(".");
}
Serial.println("connected");
Serial.print("IP address: ");
Serial.println(WiFi.localIP());
}
```

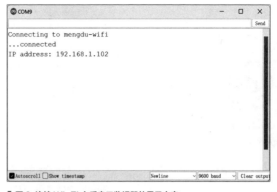

图 2 连接 Wi-Fi 之后串口监视器的显示内容

程序 1 是一个非常简单的 Wi-Fi 连接程序，将程序上传到 XIAO ESP32C3，然后打开 Arduino IDE 的串口监视器，设置波特率为 115200 波特。如果连接顺利，你将会看到设备的 IP 地址在监视器中显示（见图 2）。

构建嵌入式网页

ESP32C3 在 Wi-Fi 库中集成了许多非常有用的 Wi-Fi 客户端功能，这使我们可以自由地设计和开发嵌入式网页。对于 XIAO ESP32C3 来讲，想要将用户的问题记录并最终发送出去，通过 Wi-Fi 客户端建立一个嵌入式网页，在网页中记录问题是比较合适的选择。

建立嵌入式网页的第一步，需要创建一个新的 WiFiServer 对象，以便使用该对象来控制 XIAO ESP32C3 建立的物联网服务器。

在程序中添加了 WiFiServer server (80);WiFiClient client1; 后，你可以使用与 XIAO ESP32C3 在同一局域网的任何主机上的浏览器，输入 XIAO 的 IP 地址，查看新建的页面。当你看到一个空白的网页出现，这就表示，你已经成功建立了一个空白的嵌入式网页。

现在让我们创建一个数组存储我们使用 HTML 编写的网页提问界面程序，具体如程序 2 所示。

程序 2

```
const char html_page[] PROGMEM = {
  "HTTP/1.1 200 OK\r\n"
  "Content-Type: text/html\r\n"
  "Connection: close\r\n"
  "\r\n"
  "<!DOCTYPE HTML>\r\n"
  "<html>\r\n"
  "<head>\r\n"
  "<meta charset=\"UTF-8\">\r\n"
  "<title>Cloud Printer: ChatGPT</title>\r\n"
  "<link rel=\"icon\" href=\"https://files.矽递科技网址/wiki/xiaoesp32c3-chatgpt/chatgpt-logo.png\" type=\"image/x-icon\">\r\n"
  "</head>\r\n"
  "<body>\r\n"
  "<img alt=\"SEEED\" src=\"https://files.矽递科技网址/wiki/xiaoesp32c3-chatgpt/logo.png\" height=\"100\" width=\"410\">\r\n"
  "<p style=\"text-align:center;\">\r\n"
  "<img alt=\"ChatGPT\" src=\"https://files.矽递科技网址/wiki/xiaoesp32c3-chatgpt/chatgpt-logo.png\" height=\"200\" width=\"200\">\r\n"
  "<h1 align=\"center\">Cloud Printer</h1>\r\n"
  "<h1 align=\"center\">OpenAI ChatGPT</h1>\r\n"
  "<div style=\"text-align:center;vertical-align:middle;\">"
  "<form action=\"/\" method=\"post\">"
  "<input type=\"text\" placeholder=\"Please enter your question\" size=\"35\" name=\"chatgpttext\" required=\"required\"/>\r\n"
  "<input type=\"submit\" value=\"Submit\" style=\"height:30px;width:80px;\"/>"
  "</form>"
  "</div>"
  "</p>\r\n"
  "</body>\r\n"
  "<html>\r\n"
};
```

程序 3 是 Web 服务器处理的流程。其中，Client1 是指建立了 Web 服务器后的 Socket 客户端。

程序 3

```
client1 = server.available();
if (client1){
  Serial.println("New Client.");
  boolean currentLineIsBlank = true;
  while (client1.connected()){
    if (client1.available()){
      char c = client1.read();
      json_String += c;
      if (c == '\n' && currentLineIsBlank) {
        dataStr = json_String.substring(0, 4);
        Serial.println(dataStr);
        if(dataStr == "GET "){
          client1.print(html_page);
        }
```

图3 XIAO ESP32C3 搭建的提问嵌入式网页

```
        json_String = "";
        break;
    }

    if (c == '\n') {
    currentLineIsBlank = true;
        }
    else if (c != '\r') {
    currentLineIsBlank = false;
        }
    }
    }
    }
}
```

程序3的主要作用是对使用C语言存储的HTML网页文本进行解析，并通过GET()函数发布出去，形成我们需要的提问页面。一旦运行了上面的程序，并且使用浏览器打开XIAO ESP32C3的IP地址，那么WiFiClient的GET()函数就会开始执行。此时，在客户端print()函数的帮助下，我们提交了页面的HTML程序，运行效果如图3所示。

提交问题

在上面制作好的提问页面中会有一个问题输入框。输入框是我们获取提问内容的来源。接下来我们需要将下面的3个问题解决并串联起来。

1. 如何判定用户的输入结束

这个问题其实已经在提问页面设计之初就已经考虑到。我们通过使用HTML编写一个Submit提交按钮，当用户输入问题并结束时，需要单击该按钮来提交问题，表明问题输入已经结束。而我们所做的工作，就是记录这个按钮被按下的状态，每被按下一次，就将输入框清空，并触发记录问题的任务。

2. 如何记录和存储用户的问题内容

关于这个问题，可以肯定的是我们需要使用字符串（String）型变量进行存储，因为我们不能保证用户提出的问题是某个特定长度的数组。那么这个变量存储的是在Submit按钮被按下之后输入框中的内容。在程序中，我们将这个输入框命名为chatgpttext，通过使用json_String.indexOf()函数，就能够获取以特定字符串开头的内容索引值。通过这样的方式，我们就可以准确定位问题的字符串位置，并将问题存储下来。

综上所述，完善之前的程序，得到如程序4所示的完整的嵌入式网页构建方案。

程序4

```
client1 = server.available();
if (client1){
  Serial.println("New Client.");
  boolean currentLineIsBlank = true;
  while (client1.connected()){
    if (client1.available()){
      char c = client1.read();
      json_String += c;
      if (c == '\n' &&
currentLineIsBlank) {
        dataStr = json_String.
```

```
substring(0, 4);
      Serial.println(dataStr);
      if(dataStr == "GET "){
        client1.print(html_page);
      }
      else if(dataStr == "POST"){
        json_String = "";
        while(client1.available()){
          json_String += (char)
client1.read();
        }
        Serial.println(json_String);
        dataStart = json_String.
indexOf("chatgpttext=") +
strlen("chatgpttext=");
        chatgpt_Q = json_String.
substring(dataStart, json_String.length());
      client1.print(html_page);
      delay(10);
      client1.stop();
      }
      json_String = "";
      break;
    }
    if (c == '\n') {
      currentLineIsBlank = true;
    }
    else if (c != '\r') {
      currentLineIsBlank = false;
    }
    }
  }
}
```

3. 如何将记录的问题按照ChatGPT提供的API格式发送出去

在解决这个问题之前，我们需要拥有自己的ChatGPT API，并且了解API对应的消息格式是怎么样的。

你可以访问OpenAI的主页（见图4），如果你之前有OpenAI的账号，那么也可以直接选择登录。登录之后，在OpenAI的主页面右上方的个人头像中，你可以找到API的入口。

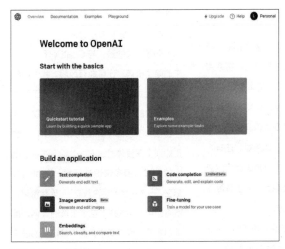

图 4 OpenAI 的主页

获取值；POST 用于向服务器发送数据以创建或更新资源。ESP32C3 可以使用 3 种不同类型的主体请求发出 HTTP POST 请求：URL 编码、JSON 对象或纯文本。JSON 对象就是我们需要的格式。具体如程序 6 所示。

获取答案

这一步是整个教程的最后一步，得到 ChatGPT 的答案并输出。那么要想解析 ChatGPT 返回的数据内容并获取答案，我们需要了解 ChatGPT 返回的 HTTP 内容是怎么样的。程序 7 是 OpenAI 官方提供的参考程序。

接下来，我们需要在 API 页面中新建一个 API 密钥，以便我们使用它。请注意，这个密钥的使用会消耗 OpenAI 代币，所以请务必注意保密。我们使用一个数组来存放 API 的密钥。

同时，OpenAI 官网提供了非常详细的 API 使用说明，方便开发者们能够快速上手，进行二次开发工作。程序 5 是 ChatGPT 调用的一段示例程序。

程序 5

```
curl https://OpenAI 官网网址 /v1/
completions \
-H "Content-Type: application/json"
\
-H "Authorization: Bearer YOUR_API_
KEY" \
-d '{"model": "text-davinci-003",
"prompt": "Say this is a test",
"temperature": 0, "max_tokens": 7}'
```

至此，我们可以获得的信息有：ChatGPT 的 HTTPS 服务器地址、发送数据的格式、需要使用的语言模型、问题内容等。接下来我们就可以定义需要的常量，并且将收集到的问题按照以上格式发送出去。

超文本传输协议（HTTP）是客户端和服务器之间的请求 - 响应协议。GET 用于从指定资源请求数据，它通常用于从 API

程序 6

```
#include <HTTPClient.h>
HTTPClient https;
const char* chatgpt_token = "YOUR_
API_KEY";
char chatgpt_server[] = "https://
OpenAI 官网网址 /v1/completions";
if (https.begin(chatgpt_server)) {
    https.addHeader("Content-Type",
"application/json");
    String token_key = String("Bearer
") + chatgpt_token;
    https.addHeader("Authorization",
token_key);
    String payload = String("{\"model\":
\"text-davinci-003\", \"prompt\": \"")
+ chatgpt_Q + String("\", \"temperature\":
0, \"max_tokens\": 100}");
    httpCode = https.POST(payload);
    payload = "";
}
else {
    Serial.println("[HTTPS] Unable to
connect");
  delay(1000);
}
```

在程序 6 中，我们通过 HTTP POST 的方法将有效负载发送到服务器。

程序 7

```
{
  "id": "cmpl-GERzeJQ4lvqPk8SkZu4
XMIuR",
  "object": "text_completion",
  "created": 1586839808,
  "model": "text-davinci:003",
  "choices": [
    {
      "text": "\n\nThis is indeed a
test",
      "index": 0,
      "logprobs": null,
      "finish_reason": "length"
    }
  ],
  "usage": {
  "prompt_tokens": 5,
  "completion_tokens": 7,
  "total_tokens": 12
  }
}
```

显然，我们想要的答案，就在以 text: 为前缀的字典对应的键值中。根据在前面制作的嵌入式网页的内容，这里我们也可以同样使用 json_String.indexOf() 函数来提取我们需要的字符串，具体如程序 8 所示。

程序 8

```
dataStart = payload.indexOf("\"text\":
\\n\\n") + strlen("\\n\\n");
dataEnd = payload.indexOf("\",\""
dataStart);
chatgpt_A = payload.
substring(dataStart, dataEnd);
```

项目整合

项目进行到这里，结构已经非常清晰，最后就是要将上面比较零散的步骤整合，即什么时候获取用户的提问，什么时候给ChatGPT发送问题，什么时候获取问题的答案等。我们在程序一开始定义一个结构体，里面存放了表示当前程序步骤状态的标志。当前一个任务执行完毕，则更新一次标志、执行下一个任务，通过这种方式配合分支结构，就能让程序在不同的阶段执行不同的程序任务，具体如程序9所示。

程序9

```
typedef enum
{
  do_webserver_index,
  send_chatgpt_request,
  get_chatgpt_list,
}STATE_;
STATE_ currentState;
switch(currentState){
  case do_webserver_index:
    ...
  case send_chatgpt_request:
    ...
  case get_chatgpt_list:
    ...
}
```

完整程序的运行效果如图5所示，在这个结构里面，我们只需要将各个阶段的程序放到对应的分支里面即可。在loop()函数里面执行的程序，就会一直循环往复，从创建嵌入式网页开始，等待用户输入问题并提交，提交后发送问题，返回答案，并将答案打印在串口监视器上，然后再等待用户提问……依次循环往复进行。

但是在上传该程序之前，请务必将程序中的Wi-Fi名称、密码和API密钥替换成你自己的信息，否则程序不起作用。

结语

正如我在文章一开始所说，将ChatGPT部署到嵌入式系统上，将会带来更多的可能性。例如，在本文的基础上，增加一个语音转文字的识别模块和发声模块，把提问的方式变成语音提问，将ChatGPT的回答变成语音回复。这样，一款超现实的智能语音交互系统就可以诞生，智能语音助手被戏称为"人工智障"的魔咒说不定就此被打破。

又或者，你可以给这套系统添加一个显示屏，集成各种各样的家庭控制传感器，让ChatGPT接入这些传感器数据并进行分析和管控。我相信，经过调教的ChatGPT，也会成为一个合格的智能小管家。

不得不说的是，与ChatGPT一同而来的除了机遇，还可能有风险。我们虽然承认ChatGPT的诞生是人类在人工智能领域探索的标志性事件，但是也不能无条件自信、不加思考地滥用ChatGPT。也正如很多深度体验过ChatGPT的朋友指出的那样，很多常识性问题，ChatGPT都在"一本正经地胡说八道"。而我希望，所有使用ChatGPT这个工具的人们，都需要牢记"取其精华，去其糟粕"的进步思想，不要被一个"工具"禁锢了自己进步的步伐。🅧

图5 完整程序的运行效果

横扫桌面，
ESP32 交互式
桌面机器人

▌王朝越

我和大家分享一下低成本的 ESP32 交互式桌面机器人的制作。

总体规划

在我看来，一款适用于在桌面上使用的机器人需要满足以下特点：机器人不能占用太多桌面的空间，大小要合适。在外观上有一定的美感，闲置时也能成为桌面上的装饰品。当然，最重要的是用户与机器人之间的交互体验。为了达到良好的交互体验，我给机器人添加了以下功能。

●用户可以远程控制机器人的运动。

●机器人能够播放音乐、进行语音交互。

●机器人可以当作桌面时钟。

●机器人可显示私人专属相册。

●机器人有游戏功能。

材料介绍

材料清单如表 1 所示，下面我来介绍一下各个材料。

ESP32模块

ESP32 模块如图 1 所示，是乐鑫公司继 ESP8266 之后，推出的一款集成 Wi-Fi 功能的微控制器。ESP32 有 48 个

▌图1 ESP32 模块

表1 材料清单

序号	名称	数量
1	ESP32 模块	1 块
2	TFT 显示屏	1 块
3	L298N 电机驱动模块	1 块
4	DC-DC 5V 降压模块	1 块
5	HC-05 蓝牙模块	1 块
6	MAX98357 音频放大器模块	1 块
7	N20 减速电机	2 个
8	11.1V 可充电锂电池	1 块

引脚，具有多种功能，能够使用多种通信协议，如 SPI、I²C、I²S、UART 等。ESP32 还具有成本低、体积小的特点，是实现低功耗电子设备和轻型物联网设备的不二选择。此外，ESP32 支持多方集成开发平台以及多种编程语言，供开发者进行开发。

TFT显示屏

TFT 显示屏如图 2 所示，大小为

▌图2 TFT 显示屏

▌图3 L298N 电机驱动模块

1.3 英寸，分辨率为 240 像素 ×240 像素，采用 ST7789 驱动，支持 SPI 通信协议，配有通用 7 针 SPI，支持 ESP32、ESP8266、STM32、51W806 等各种单片机。

L298N电机驱动模块

L298N 电机驱动模块如图 3 所示，是意法半导体集团量产的一款电机驱动模块，拥有工作电压高、输出电流大、驱动能力强、

■ 图 4 DC-DC 5V 降压模块

■ 图 6 MAX98357 音频放大器模块

■ 图 8 N20 减速电机

■ 图 5 HC-05 蓝牙模块

■ 图 7 扬声器

■ 图 9 φ43mm 轮子

发热量低、抗干扰能力强等特点，通常用来驱动继电器、螺线管、电磁阀、直流电机以及步进电机。理论上可以把 L298N 当作一个电压放大器。一般情况下，来自单片机的 I/O 接口输出电压不足以驱动一些电机，当输出的电压通过 L298N 模块放大后，才可以驱动电机等设备，实现单片机控制电机等操作。

DC-DC 5V 降压模块

此项目所有的电子模块供电电压都是 3.3V/5V，但很多时候我们使用的外部供电电压远大于 5V，如果直接给模块供电，会烧毁元器件。DC-DC 5V 降压模块如图 4 所示，能够将 6～30V 的电压转成标准的 5V 电压，从而保证电路的供电安全（3.3V 供电的模块可以直接使用 ESP32 上的 3.3V 供电接口）。

HC-05蓝牙模块

HC-05 蓝牙模块如图 5 所示，是使用最广泛的一款蓝牙模块，HC-05 蓝牙模块具有两种工作模式：命令响应工作模式和自动连接工作模式；支持 UART 通信协议；采用蓝牙 2.0 协议，可与任何版本的蓝牙兼容通信，可实现串口透传功能；支持波特率为 4800～1382400 波特（一般采用 9600 或 115200 波特）。用户在使用的过程中仅需了解 UART 串口的使用即可，极大地方便了项目开发。

MAX98357音频放大器模块

MAX98357 模块如图 6 所示，是数字输入 D 类音频功率放大器，拥有小巧的外形。此模块能够以 D 类放大器效率实现 3.2W 的 AB 类放大器音质，获得绝佳的高保真音效，适合很多产品应用。MAX98357 模块支持 I²S 通信协议，采样率支持 8～96kHz，结合扬声器（见图 7）可以播放美妙的音乐。

N20减速电机

N20 减速电机如图 8 所示，是一款微型金属减速电机，工作电压为 3～9V，通过驱动轴承转动带动 φ43mm 轮子（见图 9）转动。

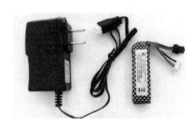

■ 图 10 11.1V 可充电锂电池

11.1V可充电锂电池

11.1V 可充电锂电池（见图 10）给桌面机器人供电。

桌面机器人制作

开发环境

项目使用 Thonny IDE 进行 ESP32 的开发，使用的编程语言为 MicroPython。第一次使用 Thonny 与 ESP32 连接时需要配置解释器，烧录开发环境至 ESP32 模块。当页面出现 Python 的交互窗口并且显示 MicroPython 设备时，表明解释器配置成功。

表2 HC-05与ESP32引脚连接

HC-05引脚	ESP32引脚
5V	Vin
GND	GND
RX	TX(33)
TX	RX(32)

```
connecting to network...
正在连接...1
◆◆◆在连接...2
正在连接...3
network config: ('192.168.110.247', '255.255.255.0', '192.168.110.1', '192.168.110.1')
等待对方连接...
```

▌图11 IP地址

调试HC-05蓝牙模块

HC-05 蓝牙模块通过 UART 协议进行信息交互,我们采用的交互模式是通过用户手机端进行蓝牙指令发送,HC-05 接收到手机端传来的指令后,将信息传给 ESP32 模块从而控制机器人的行为。HC-05 和 ESP32 的引脚连接如表 2 所示。HC-05 模块默认波特率为 9600 波特,所以手机蓝牙发射端以及 ESP32 接收端的波特率都设置为 9600 波特。我们通过 uart.readline() 函数读取数据,然后通过 bytes.decode() 函数将 byte 类型的数据转为字符串类型的数据。具体如程序 1 所示。

程序1

```
from machine import UART
uart1=UART(1,baudrate=9600,tx=33,rx=32)
while True:
    get_data=uart1.readline()
    if get_data!=None:
        get_str=bytes.decode(get_str)
        print(get_str)
```

TFT显示屏显示指定图片

接下来要将欲显示的照片转成分辨率为 240 像素 ×240 像素的 .jpg 格式照片,用 Python 将 .jpg 格式图片转化为 .dat 格式文件,具体如程序 2 所示。

程序2

```
import struct
import numpy as np
from PIL import Image
def color565(r, g, b):
    return (r & 0xf8) << 8 | (g & 0xfc)
<< 3 | b >> 3
```

```
def main():
    img = Image.open("16.jpg")
    print(img.format, img.size, img.mode)
    img_data = np.array(img)
    with open("16.dat", "wb") as f:
        for line in img_data:
            for dot in line:
                f.write(struct.pack("H",
color565(*dot))[::-1])
```

我使用 ESP32 的 Wi-Fi 功能接收从 PyCharm 发送过来的 .dat 格式文件。在 wlan.connect() 函数中填入 Wi-Fi 信息和即将接收到的 .dat 文件的文件名,运行 Thonny 中的程序,在 Thonny 交互端可以得到局域网的 IP 地址,如图 11 所示,将此 IP 地址填入 PyCharm 端的 Python 程序中发送。

Thonny 交互端显示接收完毕后,会在 MicroPython 设备一栏显示已经接收到的 .dat 文件。TFT 显示屏与 ESP32 的引脚连接如表 3 所示,导入驱动 TFT 显示屏的程序文件 st7789_itprojects.py,进行 TFT 显示屏的初始化,调用 show_img() 函数显示刚刚上传至 Thonny 的 .dat 文件从而显示图片。具体如程序 3 所示。

程序3

```
from machine import Pin, SPI
import st7789_itprojects# 驱动库
tft = st7789_itprojects.ST7789_
Image(SPI(2, 80000000), dc=Pin(2),
cs=Pin(5), rst=Pin(15))
tft.fill(st7789_itprojects.
color565(0, 0, 0))  # 将背景设置为黑色
def show_img():
    with open("16.dat", "rb") as f:
```

表3 TFT显示屏与ESP32的引脚连接

TFT 显示屏引脚	EPS32 引脚
GND	GND
VCC	VCC
SCL	GPIO18
SDA	GPIO23
RES	GPIO15
DS	GPIO2
CS	GPIO5
BL	5V

```
        for row in range(0,240,24):
            buffer = f.read(11520)
            tft.show_img(0, row, 239,
row+24, buffer)
show_img()
```

TFT 显示屏和 HC-05 蓝牙模块结合后,便能实现私人专属相册的功能。预先将图片通过上述方式存储进 ESP32 中,通过 HC-05 蓝牙模块发送指令让 TFT 显示屏显示想要浏览的照片(见图 12)。私人专属相册功能封装成了 Picture() 函数,具体如程序 4 所示。

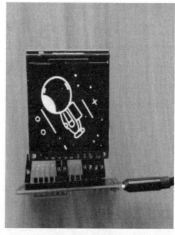

▌图12 TFT显示屏显示图片

程序4

```
import st7789_itprojects
import vga1_bold_16x32 as font #ASCLL 库
import font_gb24
import time
from machine import Pin, SPI, ADC,
UART,RTC,I2S
import random
import urequests
import utime
import ujson
import network
TFT_WIDTH=240
TFT_HEIGHT=240
uart1=UART(1,baudrate=9600,tx=33,rx=32)
tft = st7789_itprojects.ST7789_Image
(SPI(2, 80000000), dc=Pin(2), cs=Pin(5),
rst=Pin(15))f_list = [open("img{}.dat".
format(i), "rb") for i in range(1, 5)]
name=" "
station = network.WLAN(network.STA_IF)
in1=Pin(19,Pin.OUT)
in2=Pin(21,Pin.OUT)
in3=Pin(25,Pin.OUT)
in4=Pin(26,Pin.OUT)
sck_pin = Pin(12)  # 串行时钟输出
ws_pin = Pin(14)   # 字时钟
sd_pin = Pin(13)   # 串行数据输出
audio_out = I2S(1, sck=sck_pin,
ws=ws_pin, sd=sd_pin, mode=I2S.TX,
bits=16, format=I2S.MONO, rate=44100,
ibuf=20000)
def picture():
  for i in range(1,7):
    show_img_one("{}.dat".format(i))
    time.sleep(1)
  count_p=6
  while True:
    s=uart1.readline()
    if s!=None:
      get=bytes.decode(s)
      if get=='last':
        if count_p>1 and count_p<=6:
```

```
          count_p-=1
          show_img_one("{}.dat".
format(count_p))
      elif get=='next':
        if count_p>=1 and count_p<=5:
          count_p+=1
          show_img_one("{}.dat".
format(count_p))
      elif get=='exit':
        Break
```

播放音乐功能

MAX98357 与 ESP32 的引脚连接如表 4 所示，MAX98357 与 ESP32 采用 I²S 通信协议，将来自 ESP32 的音频信号放大后传给扬声器进行播放。音乐本质上是一段长音频，将音乐转化为 ESP32 所能分辨的 .wav 格式文件，再将 .wav 格式文件通过 Thonny 传入 ESP32 中，通过 I²S 协议将 .wav 文件中的音频信号发送给 MAX98357，从而实现在扬声器中播放相应的音乐。如果采用这种形式进行音乐播放，ESP32 内存不够，可以将 .wav 文件（以及照片）存到服务器中，然后连接局域网，调取服务器中 .wav 格式文件的数据进行音乐播放，具体如程序 5 所示。

程序5

```
from machine import I2S
from machine import Pin
import urequests
import network
import time
sck_pin = Pin(12)  # 串行时钟输出
ws_pin = Pin(14)   # 字时钟
sd_pin = Pin(13)   # 串行数据输出
audio_out = I2S(1, sck=sck_pin,
ws=ws_pin, sd=sd_pin, mode=I2S.TX,
bits=16, format=I2S.MONO, rate=44100,
ibuf=20000)
def do_connect():
    # 连接 Wi-Fi
    wlan = network.WLAN(network.STA_IF)
```

```
    wlan.active(True)
    if not wlan.isconnected():
        print('connecting to
network...')
        wlan.connect('', '') # 填入 Wi-Fi
名和 Wi-Fi 密码
        i = 1
        while not wlan.isconnected():
            print(" 正在连接···{}".format(i))
            i += 1
            time.sleep(1)
        print('network config:', wlan.
ifconfig())
do_connect()
response = urequests.get(".wav",
stream=True) # 填入服务器中 .wav 文件位置
response.raw.read(44)
print(" 开始播放音频···")
while True:
  try:
    content_byte = response.raw.
read(1024)
    if len(content_byte) == 0:
      break
    audio_out.write(content_byte)
  except Exception as ret:
    print(" 产生异常···", ret)
    audio_out.deinit()
    break
audio_out.deinit()
```

机器人行动控制

L298N 电机驱动模块与 ESP32 模块的引脚连接如表 5 所示。当左右两边的轮子都正转时，机器人向前行进，反之则后

表 4 MAX98357 与 ESP32 的引脚连接

MAX98357 引脚	ESP32 引脚
VCC	Vin
GND	GND
BCLK	GPIO12
DIN	GPIO13
LRC	GPIO14

表5　L298N 和 ESP32 的引脚连接

L298N 引脚	ESP32 引脚
5V	Vin
GND	GND
IN1	19
IN2	21
IN3	25
IN4	26

退。左边轮子不动，右边轮子正转时，机器人左转，反之右转。通过控制 ESP32 的 4 个 I/O 输出接口，就能控制电机的转动。项目中用 CarPlay() 函数进行机器人行动控制，具体如程序 6 所示。

程序6

```
in1=Pin(19,Pin.OUT)
in2=Pin(21,Pin.OUT)
in3=Pin(25,Pin.OUT)
in4=Pin(26,Pin.OUT)
def car():
  show_img_one("car.dat")
  while True:
    get_byte=uart1.read(10)
    if get_byte!=None:
      get_str=bytes.decode(get_byte)
      if get_str=='forward':
        show_img_one("smile.dat")
        in1.value(1)#left tire
        in2.value(0)#left tire
        in3.value(1)#right tire
        in4.value(0)#right tire
      elif get_str=='backward':
        show_img_one("cry.dat")
        in1.value(0)
        in2.value(1)
        in3.value(0)
        in4.value(1)
      elif get_str=='right':
        show_img_one("smile.dat")
        in1.value(1)
        in2.value(0)
        in3.value(0)
        in4.value(0)
        time.sleep_ms(100)
```

```
        stop()
      elif get_str=='left':
        show_img_one("cry.dat")
        in1.value(0)
        in2.value(0)
        in3.value(1)
        in4.value(0)
        time.sleep_ms(100)
        stop()
      elif get_str=='rotate':
        show_img_one("smile.dat")
        in1.value(1)
        in2.value(0)
        in3.value(0)
        in4.value(1)
      elif get_str=='stop':
        show_img_one("car.dat")
        stop()
      elif get_str=='exit':
        stop()
        break
```

显示时间

机器人在闲置的时候，可以用来当作一个桌面时钟，设计思路为当 Timing() 函数被调用时，通过蓝牙模块发送 Wi-Fi 域名和 Wi-Fi 密码，通过局域网访问相关网址获取实时时间，具体如程序 7 所示，机器人显示时间如图 13 所示。

程序7

```
def timing():
  show_img_one("img1.dat")
  time.sleep_ms(10)
  tft.text(font,"Input WIFI:",0,20,
0xFFE0,0)
  while True:
    s=uart1.readline()
    if s!=None:
      wifi_name=bytes.decode(s)
      tft.text(font,wifi_name,0,60,
0xffff,0)
      break
  tft.text(font,'Input
```

```
Passward:',0,100,0xFFE0,0)
    while True:
      k=uart1.readline()
      if k!=None:
      passward=bytes.decode(k)
      tft.
text(font,passward,0,140,0xffff,0)
        break
  num_get=do_connect(wifi_name,
passward,station)
  if num_get!=0:
  response = urequests.get("http://
api.m.淘宝网址/rest/api3.do?api=mtop.
common.getTimestamp")
  #将从 JSON 中提取的时间戳解析为日期时间
信息元组
  timeTup=utime.
localtime(getInfoFromJSONStr
(response.text))
    # 创建 RTC 对象
    rtc=RTC()
    # 设置 RTC 时间
    rtc.datetime(convertTurple
(timeTup))
    show_img_one("daynight.dat")
    while True:
      s=uart1.readline()
      if s!=None:
        get=bytes.decode(s)
        if get=='exit':
          station.active(False)
          break
timeNr=fromTurpleToTimeStr(rtc.
datetime())
tft.text(font,timeNr[0],40,80,
0xffe0,0)
time.sleep_ms(10)
tft.text(font,timeNr[1],60,120,
0xffe0,0)
time.sleep_ms(100)
      else:
        tft.fill(0)
        time.sleep_ms(10)
```

```
    tft.text(font,"Fail Connected",
5,80,0xF800,0)
      time.sleep(1)
      station.active(False)
```

贪吃蛇游戏

贪吃蛇游戏封装在 Game() 函数中，用户可以通过蓝牙端控制贪吃蛇，最高分存入 ESP32 中，具体如程序 8 所示。

程序8

```
def Game():
  command=''
  while True:
   if command=='exit':
     break
   command=' '
   tft.fill(0)
   time.sleep_ms(5)
   snake_body=[[12,12],[23,12],
[34,12]]
   food_pos=[]
   score=0
   snake_body=snake(snake_body)
   while True:
     get_byte=uart1.readline()
     if get_byte!=None:
      command_fir=bytes.decode
(get_byte)
      command=command_fir
      if command=='exit':
          break
      snake_body,food_pos,score
=move(command,snake_body,food_
pos,score)
      snake(snake_body)
tft.fill_rectangle(food_pos[0],food_
pos[1],12,12,st7789_itprojects.RED)
      time.sleep_ms(5)
      if juge(snake_body):
        int_h_score=1
        with open("snake.txt","r")
as f:
          str_h_score=f.read()
```

▌图 13 机器人显示时间

```
      int_h_score=int(str_h_
score)
      if score>int_h_score:
        with open("snake.txt","w")
as f:
          f.write("{}".format(score))
        tft.fill(0)
        time.sleep_ms(10)
        tft.text(font,"GAME
OVER",40,40,st7789_itprojects.RED)
        time.sleep_ms(5)
        tft.text(font,"score:{}".
```

```
format(score),50,100,st7789_
itprojects.GREEN)
        time.sleep_ms(5)
        tft.
text(font,"Highest Score:{}".
format(score),40,140,st7789_
itprojects.YELLOW)
      else:
        tft.fill(0)
        time.sleep_ms(10)
        tft.text(font,"GAME
OVER",40,40,st7789_itprojects.RED)
        time.sleep_ms(5)
        tft.text(font,"score:{}".
format(score),50,100,st7789_
itprojects.GREEN)
        time.sleep_ms(5)
        tft.text(font,"Highest:{}".
format(int_h_score),40,140,st7789_
itprojects.YELLOW)
      time.sleep(2)
       break
      time.sleep_ms(50)
```

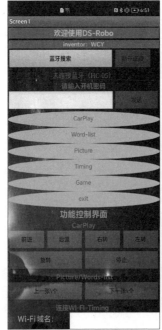

▌图 14 App 界面

图15 机器人外壳3D模型

```
(get_byte)
        if command_fir=='exit':
            break
        elif command_fir=='next' and
    wordnum<len(Dicts)-1:
            wordnum+=1
        elif command_fir=='last' and
    wordnum>0:
            wordnum-=1
        tft.fill(0)
        tft.text(font,Dicts[wordnum],
    70,100,0x001f,0xffff)
```

手机交互App

我用App Inventor制作了的手机交互App，App中加入了蓝牙组件，能够高效快速地搜索并匹配HC-05蓝牙模块，App界面如图14所示。

3D打印外壳

此项目桌面机器人外壳为长方形结构，我用SoildWorks进行3D建模，内部设有ESP32卡槽，方便进行二次开发和数据线实时供电。顶部设有总开关，可实现一键启动，机器人外壳3D模型如图15所示。

```
# 单词可自行修改
def words():
  wordnum=0
  tft.fill(0)
  tft.text(font,Dicts[wordnum],70,
100,0x001f,0xffff)
  while True:
    get_byte=uart1.readline()
    if get_byte!=None:
      command_fir=bytes.decode
```

结语

此项目从设计到制作再到最终成功交互时半个月。中间我也遇到了许多困难，导致项目一度停滞不前，但是对于一名嵌入式开发者来说，乐趣与成就感不正是来源于一次次的"柳暗花明又一村"吗？在我看来，开源意味着又一次的重生，期待各位读者的二次开发！ⓧ

成果展示与改进

制作完成的桌面机器人如图16所示，我使用SR04超声波模块装饰了机器人的眼部，但并没有利用SR04超声波模块的功能。我认为未来可以给机器人添加感应解锁、距离感应的显示屏交互，或是避障防摔功能。

当我们没有自己的服务器时，前文中所讲述的音乐播放功能无法使用。在此我又写了一个词典功能的函数用来优化之前的音乐功能，具体如程序9所示。

程序9

```
Dicts=['alter','burst','dispose',
'blast','consume','split','spit',
'spill','slip','slide','bacteria',
'breed','budget','candidate','campus',
'liberal','tansform','transmit']
```

图16 制作完成的桌面机器人

智能无线人体存在
感应插座

▌杨润靖 邢延刚

在日常生活中，我们经常会看到很多利用人体感应控制的灯具、自动门等装置。当它们感应到有人来到某个区域后，就会开启灯光或者把门打开；而当人们离开感应区域时，就会自动关闭灯光或者把门关闭。那它们的工作原理是什么呢？

这里我们就不得不提到热释电红外传感器和微波传感器。

热释电红外传感器（见图1）通过目标与背景的温差来检测目标，它主要由高热释电系数的材料制成，如锆钛酸铅系陶瓷、钽酸锂、硫酸三甘肽等，传感器大小一般为2mm×1mm。每个探测器内装入了一个或两个探测元器件，将两个探测元器件以反极性串联，以抑制由于自身温度升高而产生的干扰。探测元器件将探测、接收到的红外辐射转变成微弱的电压信号，经装在探头内的场效应管放大后向外输出。为了提高探测器的灵敏度，增大探测距离，一般在探测器的前方装设一个菲涅耳透镜，该透镜用透明塑料制成，将透镜的上、下两部分各分成若干等份，制成一种具有特殊光学系统的透镜，它和放大电路相配合，可将信号放大70dB以上，这样就可以检测出20m范围内人的行动。

菲涅耳透镜利用透镜的特殊光学原理，在探测器前方产生一个交替变化的"盲区"

▌图1 热释电红外传感器

▌图2 人体热释电红外传感器

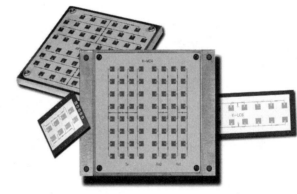

▌图3 微波传感器

和"高灵敏区"，以提高探测、接收灵敏度。当有人从透镜前走过时，人体发出的红外线就从"盲区"不断地交替进入"高灵敏区"，这样就使接收到的红外信号以忽强忽弱的脉冲形式输入，从而强化其能量幅度。

人体辐射的红外线中心波长为9~10μm，而探测元器件的波长灵敏度在0.2~20μm范围内几乎稳定不变。在传感器顶端开设了一个装有滤光镜片的窗口，这个滤光片可通过光的波长范围为7~10μm，正好适合用于人体红外辐射的探测，而其他波长的红外线由滤光片予以吸收，这样便形成了一种专门用作探测人体辐射的红外线传感器。

人体热释电红外传感器（见图2）本身不发出任何类型的辐射，传感器功耗低、隐蔽性好、价格低廉，具有防小动物、抗电磁干扰等特点。但是容易受各种热源、光源干扰，被动红外穿透力差，人体的红外辐射容易被遮挡，不易被探头接收。环境温度和人体温度接近时，探测的灵敏度明显下降，有时还会出现短时失灵的情况。

所以大部分情况下在室内灯具控制等低成本场合应用。

微波传感器（见图3）是利用微波特性进行检测的元器件，包括感应物体的存在、运动速度、距离、角度等。发射天线发出的微波，遇到被测物体时将被吸收或反射，使功率发生变化。若利用接收天线接收通过被测物体反射的微波，并将它转换成电信号，再由测量电路处理，就实现了微波检测。微波传感器主要由微波振荡器和微波天线组成。微波振荡器是产生微波的装置，构成微波振荡器的有速调管、磁控管等某些固体元器件。由微波振荡器产生的振荡信号需用波导管传输，并通过天线发射出去。为了使发射的微波具有一致的方向，天线应具有特殊的构造和形状。

微波是指频率为300 MHz~300 GHz的电磁波，波长范围为1mm~1m，是分米波、厘米波、毫米波、亚毫米波的统称。

微波传感器可在未识别到人的情况下关闭部分电源减少能源浪费，非常敏感，能够检测到最轻微的运动；覆盖范围广，检测距离可达百米，可以穿透薄墙、玻璃、塑料等；精度高，可用于较为恶劣温度条件下，但是容易因风吹物体、荧光灯等而误报；微波频率不能穿透金属物体；微波辐射对健康有害，因此首选低功率微波传感器；与被动探测的热释电红外传感器相比成本、能耗更高。

人体感应只能控制灯具和自动门吗？答案是否定的。于是我有了这样的想法：当我进入一个空间时，需要用到的设备会立即通电，当我离开一段时间后，设备会自动断电。一是为了节能减排，二是为了防止发生用电器起火等危险情况。传统的感应装置和灯具需要用线连接，传感器的空间布局和放置距离就会受到限制。于是我们设计了一款可以控制任何用电器的智能无线人体存在感应插座。

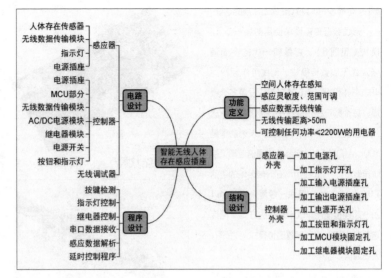

图4 项目框架

制作过程

项目框架如图4所示，整个作品的制作过程分为4个部分：功能定义、电路设计、结构设计、程序设计。

功能定义

首先，我们对智能无线人体存在感应插座做了功能定义，它要能够感知一定区域内人体的存在，而且可以设置感应的灵敏度以及范围。感应的数据可以通过无线信号进行传输，无线传输的距离要大于50m，能够适合更远距离的感应控制，并可以控制功率在2200W以内的任何用电器。有了以上的功能定义后，接下来进行电路的设计。

电路设计

电路设计主要包含了3个部分：感应器、控制器以及无线调试器。

感应器主要包含人体存在传感器、无线数据传输模块、指示灯、电源插座4个部分。其中识别人体存在的传感器使用的是LD2410生命存在感应模块（见图5）。

LD2410是一款高灵敏度的人体存在状态感应模块，属于微波传感器。它的工作原理是利用FMCW（调频连续波），对设定空间内的人体目标进行探测，结合雷达信号处理、精确人体感应算法，实现高灵敏度的人体存在状态感应，可识别运动和静止状态下的人体，并可计算出目标的距离等辅助信息。它主要应用在室内场景，感知区域内是否有运动或者微动的人体，实时输出检测结果。最远感应距离可达5m，探测角度可达±60°，具有区间内识别准确、支持感应范围划分、屏蔽区间外干扰等特点。它使用的是2.4GHz ISM

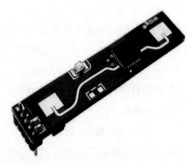

图5 LD2410生命存在感应模块

频段,可通过 FCC 和 CE 频谱法规的认证。

无线数据传输模块使用的是 HC-12 模块(见图6)。它是新一代的多通道嵌入式无线数传模块。无线工作频段为433.4~473.0MHz,并且可以设置多个频道,每个频道的步进频率是 400kHz,总共可以设置 100 个。模块最大发射功率是100mW,在 5000bit/s 空中通信速率下接收灵敏度为 -116dBm,在开阔区域的通信距离达 1000m。模块一般两个或两个以上一起连接使用,以半双工的方式互相传送数据。同时,必须设置透传模式、波特率、无线通信频道其中之一。

指示灯(见图7)和插座(见图8)相对简单一些,指示灯用于表示感应状态,感应到有人时,指示灯会亮。

DC5.5V-2.1V 的插座通过电源线给感应器供电,感应器的供电电压为 DC 5V。

感应器电路如图9所示,当人体存在感应模块 LD2410 感应到有人时,OUT 引脚会输出高电平,LED 会被点亮;反之则为低电平,LED 熄灭。LD2410 模块和 HC-12模块的波特率均设置为 115200 波特。

控制器主要由电源插座、MCU 部分、无线数据传输模块、AC/DC 电源模块、继电器模块、电源开关、按钮和指示灯组成。电源插座又分为输入电源插座和输出电源插座。输入电源插座为 8 字电源插座,供电的电源线为 8 字电源线,输出电源插座为方形的嵌入式插座。

MCU 部 分 使 用 的 是STM32G030F6P6 最 小 系 统 板(见 图10),具 有 32KB Flash、8KB RAM、64MHz 主频、5 通道 DMA、12 位 ADC、两路 I²C 接口、两路 USART、两路 SPI等丰富的资源。

AC/DC 电源模块(见图 11)可以将 220V 的交流电压转为 5V 的直流电压,输出电流为 700mA,模块背部预留AMS1117-3.3 的位置,模块除了输出 5V

图 6 HC-12 模块

图 7 指示灯

图 8 插座

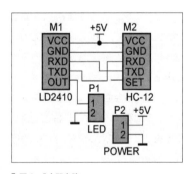

图 9 感应器电路

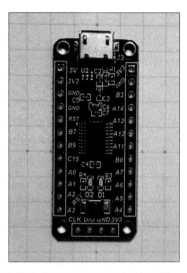

图 10 STM32G030F6P6 的最小系统板

图 11 AC/DC 电源模块

图 12 继电器模块

电压,还可以输出 3.3V 电压。该模块体积小巧,非常适合嵌入产品内部。

继电器模块(见图 12)用于对输出电源进行控制,模块自带继电器驱动和光耦隔离电路,单片机的 I/O 接口可直接驱动模块。

控制电路如图 13 所示,电源开关为自锁带灯开关,可以控制整个系统的电源。按钮和指示灯为复位带灯开关,作为按键输入和状态指示灯。

无线调试器使用的是 USB 转无线模块(见图 14),它内置了 433MHz 无线串

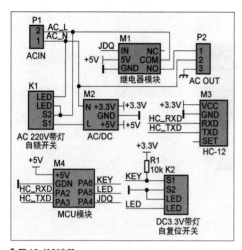

图13 控制电路

图14 USB转无线模块

口模块HC-12，并且内置3色状态灯，指示灯不同颜色对应模块不同的状态。

模块旁边是一个KEY键。可以通过按下KEY键用AT指令设置模块的无线通信参数及波特率，与感应器配合使用，波特率一般设为115200波特。该无线调试器也可以通过上位机软件远程调试和设置感应器的参数。

结构设计

结构设计部分主要包括感应器外壳和控制器外壳的设计、加工及组装。感应器的制作过程如下。

1 感应器外壳选择ABS材质的方盒，大小为51mm×51mm×20mm，适用的环境温度为-40℃~85℃。

2 在上壳加工出指示灯孔和电源孔。

3 按照电路连接，并安装各部分模块和元器件。

4 安装底壳，完成感应器的制作。

控制器的制作过程如下。

1 控制器外壳也选择ABS材质，大小为178mm×135mm×60mm。

2 在上壳加工出输入电源插座孔和输出电源插座孔，以及电源开关孔、按钮和指示灯孔。

3 安装上壳的元器件并连接好线路。

4 在底壳加工MCU模块固定孔以及继电器模块固定孔，安装下壳的元器件并连接好线。

5 连接好上、下壳电路，并将上、下壳组装好。

6 感应器和控制器制作完成。

程序设计

按键检测用于在常开模式和感应控制模式之间切换工作模式。常开模式下继电器常闭，输出电源插座一直有电；感应控制模式下，插座接收无线感应数据，判断接收数据中是否有人体存在数据，如有人体存在则开启继电器，接通电源，具体如程序1所示。

程序1

```
if(KEY_IN==0)//检测到按键被按下
{
  HAL_Delay(10);//延时去抖
  if(KEY_IN==0)//再次检测到按键被按下
  {
    while(KEY_IN==0);//等待按键被松开
    if(InductiveControlEnable==0)
    {
      LED_OFF;//锁定灯关闭
      JDQ_OFF;//继电器关闭
      InductiveControlEnable=1;
      UARTx_ENABLE(huart2);//使能串口接收
    }
    else
    {
```

```
      LED_ON;//锁定灯开启
      JDQ_ON;//继电器开启
      InductiveControlEnable=0;
      UARTx_DISABLE(huart2);
//关闭串口接收
    }
  }
}
if(InductiveControlEnable==1)
//使能感应控制
{
  if(RxStatus==1&&(TargetStatus!=0x00))//判断数据包是否接收完成，并且判断是否有人体存在
  {
    JS=1;
    Ts=0;
    JDQ_ON;//打开继电器
    RxStatus=0;//清除接收标志
  }
}
else
{
  JS=0;//关闭计时
  RxStatus=0;//清除接收标志
}
```

结语

制作完成的智能无线人体存在感应插座如图15所示，我们用上位机软件设置了灵敏度等参数，效果还不错。它实现了根据人体存在情况控制插座闭合的功能，无线控制方式让感应器的位置可以更灵活。⊗

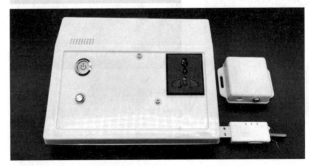

▌图15 智能无线人体存在感应插座

基于 PID 控制的
双轮自平衡小车

李德强

演示视频

近年来，我们经常可以看到很多人使用两个轮子的平衡车。无论是小孩还是成年人都对这种平衡车情有独钟。这种小车更小、更轻，便于出行，在操控上也比较简单，人们可以通过自身倾斜轻松地控制小车。

事实上，想要制作一辆能够载人并推向市场的双轮自平衡车是非常复杂的，既要有良好的功能，也要有良好的用户体验，同时又要保证用户安全。例如需要在小车上安装超速报警器、低电量报警器等。我将其简化为一辆体积较小、非载人类型的双轮自平衡小车，以便让大家了解它的控制原理和制作方法。双轮自平衡小车通过传感器进行数据采集，得到小车当前的位置、速度、姿态、角速度等信息，再根据这些信息对小车进行运动控制，从而使小车自己达到平衡状态。并且小车可以匀速前进、后退、左转、右转等。接下来我就讲述双轮自平衡小车具体的制作过程。

控制原理

双轮自平衡小车的重心在两个轮子上方，在没有对其做自平衡控制时，小车是无法保持直立的。这就像将一根木条直立在地面上，无法维持长时间平衡。

当小车的车体向前倾斜时，我们可以让小车的两个轮子同时向前转动，使小车恢复平衡；当小车的车体向后倾斜时，我们可以让小车的两个轮子同时向后转动，

图 1 平衡原理

使小车恢复平衡。平衡原理如图 1 所示。

原理还是比较容易理解的，但实际上我们需要使用一个姿态传感器来检测小车当前的角度信息和角速度信息，才能确定小车当前的姿态。再根据小车的姿态对两个电机进行控制，使小车达到平衡。然而仅仅达到平衡是不够的，我们还需要让小车匀速前进、后退、转向等，所以我们要根据小车的运动速度和方向进行自动化控制，使小车能够平稳地运动。

控制小车自动保持平衡的方法采用了 PID 算法，即比例、积分、微分控制方法。我们在对小车进行控制时，采用了一个双环串级 PID 算法，将一个速度环控制器与一个姿态环控制器串联起来完成小车的自动控制，如图 2 所示。

除此之外，我们还需要对小车的运动方向进行控制，也就是说小车在运动的

程中要保持相同的运动方向，或是根据指定的方向进行转弯。同样的，我们根据姿态传感器的数据获取小车的运动方向，并让其始终保持正确的运动方向。我们根据小车的俯视图可以清楚地知道，如果希望小车保持相同的运动方向，需要让左、右两个电机的运动速度相同；如果希望小车顺时针转弯，则需要让左侧电机的速度大于右侧电机的速度；如果希望小车逆时针转弯，则需要让右侧电机的速度大于左侧电机的速度；如果希望小车原地顺时针转动，则需要左侧的电机向前转动，右侧电机向后转动；如果希望小车原地逆时针转动，则需要左

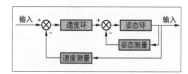

图 2 双环串级 PID 算法

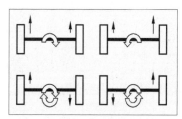

图 3 转向原理

侧的电机向后转动，右侧电机向前转动。这4种小车的转向原理如图3所示。

我对小车的自动化控制可以大致分为4个方面：速度控制、姿态控制、运动方向控制和混合控制器。

● 速度控制：控制小车前进或后退的速度。输入为电机编码器测量的速度，输出为小车的姿态期望。

● 姿态控制：控制小车的俯仰姿态，输入为姿态传感器测量的角度和角速度，输出为俯仰运动的控制量。这种控制我们也可以称它为俯仰控制。

● 运动方向控制：控制小车的运动方向，输入为姿态传感器测量的运动方向角度和运动方向角速度，输出为水平移动的控制量。

● 混合控制器：简称混控，将俯仰运动的控制量和水平移动的控制量进行混合控制，最终输出为两个电机的控制信号。

材料介绍

制作双轮自平衡小车所用到的材料清单如表1所示。

编码电机

我采用的是520编码电机（见图4），这是一款直流有刷减速电机，工作电压为

表1 材料清单

序号	名称	数量
1	520编码电机	2个
2	电机支架	2个
3	车轮	2个
4	联轴器	2个
5	底盘板	1块
6	车体载板	2块
7	3S锂电池	1个
8	M3铜柱	8个
9	M3螺丝	若干
10	M3螺母	若干
11	MP2451DT 降压芯片	1块
12	PT5126A 电机驱动芯片	2块
13	STM32F103C8T6 主控芯片	1块
14	MPU6050 传感器	1块

▌图4 520 编码电机

▌图5 电机支架

▌图6 车轮与联轴器

▌图7 3S 动力电池

12V，减速比为30∶1，转速为330r/min。其本身带有AB相增量式霍尔编码器，我们可以通过编码器得到电机当前的转动速度。

电机支架

为了将电机与小车的底盘架固定在一起，我们还需要两个电机支架（见图5）。

车轮与联轴器

在为电机安装车轮时，需要在中间使用联轴器。将电机主轴与联轴器固定，再将联轴器与车轮固定。车轮与联轴器如图6所示。

动力电池

由于电机需要12V电源供电，因此我选用了3S锂电池作为小车的电源。3S锂电池为3节串联锂电池，每一节锂电池的满电电压为4.2V，空电电压为3.7V。因此3S锂电池的满电电压为12.6V，空电电压为11.1V。其容量为1800mAh，可以以1800mA的电流持续放电1h。其可提

供的最大放电电流为45A，放电时间由1h缩短为2.4min。实际上小车在运行过程中的放电电流并不大（700～900mA），因此小车理论可运行时间约为2h。3S动力电池如图7所示。

STM32F103C8T6主控芯片

我们采用的这款STM32F103C8T6主控芯片采用48引脚LQFP封装，可用I/O引脚数为37，Flash大小为64KB，RAM大小为20KB，最高主频为72MHz。

MPU6050传感器

MPU6050是一款6轴姿态传感器，包括3轴加速度计和3轴陀螺仪。MPU6050内置加速度和角速度融合算法，可以输出比较稳定的姿态数据信息，包括3轴的角度和3轴的角速度。但其3轴加速度精度并不高，因此不能用来测量小车的运动速度。我采用电机编码器来测量电机的转速从而得到小车的运动速度。

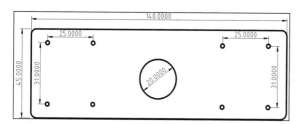

▌图8 底盘结构（单位：mm）

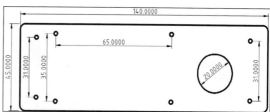

▌图9 载板结构（单位：mm）

结构设计

底盘结构

我设计并制作了一个底盘结构用于固定电机和轮子，大小为140mm×45mm×5mm。其长度刚好可以并排放入两个电机，中间有一孔可穿过电机和编码器的排线。底盘宽度与电机支架宽度保持一致，既可以将电机固定牢固，又显得美观。其5mm厚度可使底盘具有一定的稳定性。4个角做半径为3mm的倒角。底盘结构如图8所示。

车体载板

车体载板用于承载主控PCB和动力电池，我制作了两个载板分别与底板进行下、中、上排列。与底板不同的是，中间层载板需要搭载PCB，因此其开孔位置与底板不同。我们需要将电路板安装在左侧，将开孔置于右侧，载板结构如图9所示。为了方便起见，中层载板与上层载板的结构可以设计成完全一致的。

组装

最后我们将所有部件组装在一起，最终组装成果如图10所示。

电路设计

电源电路

由于动力电池能够提供的电压范围为11.1～12.6V，而主控芯片

STM32F103C8T6所需的供电电压为3.3V。因此我们采用MP2451DT降压芯片将11.1～12.6V电压转为3.3V，并加入一个电源状态显示LED。如果LED亮起，表示电源电路正常工作，LED熄灭则表示电源电路异常。电源电路如图11所示。

MPU6050传感器电路

MPU6050传感器电路同样需要3.3V供电。我们采用芯片的I²C接口接入主控芯片。值得注意的是I²C接口中的CLK和SDA都需要接入一个10kΩ的上拉电阻。MPU6050传感器电路如图12所示。

▌图10 最终组装成果

电机驱动电路

电机驱动电路采用两个PT5126A驱动芯片来驱动左、右两个电机。每个驱动芯片都需要12V的电源供电和3.3V的逻

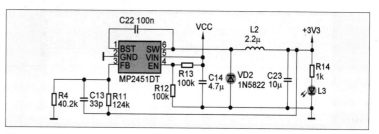

▌图11 电源电路

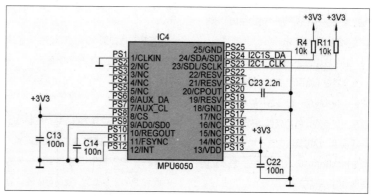

▌图12 MPU6050传感器电路

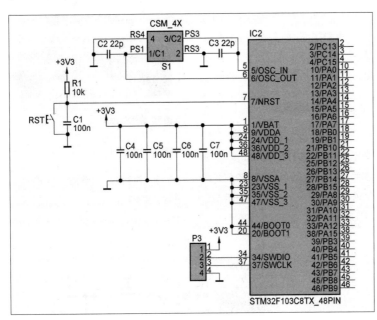

▌图13 电机驱动电路

▌图14 基本功能电路

辑参考电压。我采用4路PWM控制信号（TIM2_CH1～TIM2_CH4）对电机进行控制，包括正转与反转。PWM控制信号接入主控芯片的PWM输出引脚。电机驱动电路如图13所示。

主控芯片电路中包括基本功能电路与平衡车控制电路两个部分。基本功能电路即最小系统电路，它是芯片能够正常运行的最简单电路，包括外部16MHz晶体振荡器电路、按钮复位电路、烧录接口电路和电容辅助供电电路几个部分。基本功能电路如图14所示。

平衡控制电路包括4路PWM信号输

出（TIM2_CH1～TIM2_CH4）、电机编码器数据采集、MPU6050的I^2C接口、调试串口、辅助LED电路，具体如图15所示。

PCB布线如图16所示，将各个芯片焊接到PCB上的效果如图17所示。

LED驱动

我们采用LED作为程序运行的状态标识。这样做的好处是可以更加方便地观察、调试程序。由于LED连接在主控芯片的PA11和PA12引脚上，我们可以通过对这两个脚进行初始化，然后将电平拉低点

亮LED，将电平拉高熄灭LED，具体如程序1所示。

程序1

```
// 初始化 LED
void led_init(void)
{
    led_off(0); // 熄灭 LED1
    led_off(1); // 熄灭 LED2
}
// 点亮 LED
void led_on(int num)
{
    if (num == 0) // 点亮 LED1
    {
        HAL_GPIO_WritePin(GPIOA, GPIO_PIN_11, GPIO_PIN_RESET);
    }
    else if (num == 1) // 点亮 LED2
    {
        HAL_GPIO_WritePin(GPIOA, GPIO_PIN_12, GPIO_PIN_RESET);
    }
}
// 熄灭 LED
void led_off(int num)
{
    if (num == 0) // 熄灭 LED1
    {
        HAL_GPIO_WritePin(GPIOA, GPIO_PIN_11, GPIO_PIN_SET);
    }
    else if (num == 1) // 熄灭 LED2
    {
        HAL_GPIO_WritePin(GPIOA, GPIO_PIN_12, GPIO_PIN_SET);
    }
}
// 让 LED 闪烁
void led_blink(int num)
{
    if (num == 0) // 让 LED1 闪烁
    {
        HAL_GPIO_TogglePin(GPIOA, GPIO_
```

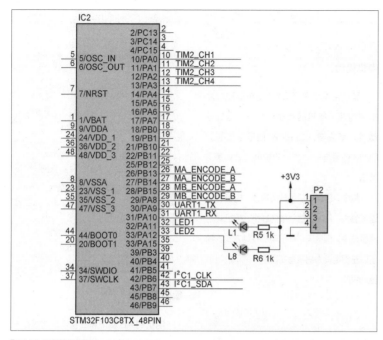

图 15 平衡控制电路

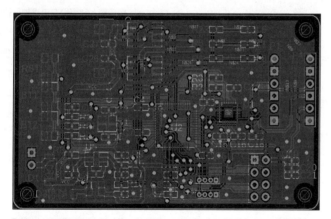

图 16 PCB 布线

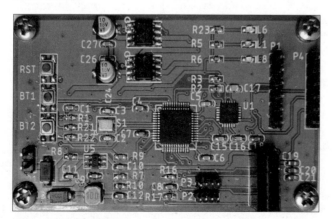

图 17 焊接完成的 PCB

```
PIN_11);
    }
    else if (num == 1) // 让 LED2 闪烁
    {
        HAL_GPIO_TogglePin(GPIOA, GPIO_
PIN_12);
    }
}
```

MPU6050传感器驱动

主控芯片采用 I²C 接口来读取 MPU6050 传感器采集的姿态数据。这里我们使用 MPU6050 内部姿态融合算法来获取其融合后的姿态数据，包括 x、y、z 这 3 轴的角度、角速度和加速度。具体如程序 2 所示。

程序2

```
// 读取 MPU6050 的 3 轴测量数据
int MPU6050_value(double *x, double
*y, double *z, double *gx, double
*gy, double *gz,
  double *ax, double *ay, double *az)
{
  if (!dmpReady) // DMP 数据是否准备好了
  {
    return -1;
  }
    fifoCount = mpu6050_getFIFOCount();
// 获取数据队列中的数据个数
  if (fifoCount >= 42) // 如果数据大小正
确则开始解析数据
    {
    mpu6050_getFIFOBytes(fifoBuffer,
packetSize);
  // 读取数据队列中的数据
    mpu6050_dmpGetQuaternion(&q,
fifoBuffer);
  // 获取 4 元数
    mpu6050_dmpGetGravity(&gravity,
&q);
  // 获取加速度
    mpu6050_dmpGetYawPitchRoll(ypr,
```

```
&q, &gravity);
// 获取姿态角
    mpu6050_getRotation(&ggx, &ggy,
&ggz);
// 获取角速度
    // 得到 x、y、z 姿态角
    *x = ypr[2];
    *y = ypr[1];
    *z = ypr[0];
    // 得到 x、y、z 加速度
  *ax = (double) gravity.x / 7848.0
* 9.8;
  *ay = (double) gravity.y / 7848.0
* 9.8;
  *az = (double) gravity.z / 7848.0
* 9.8;
// 得到角速度
  *gx = (double) ggx / 131.0;
  *gy = (double) ggy / 131.0;
  *gz = (double) ggz / 131.0;
  return 0; // 返回成功
  }
  else if (fifoCount >= 42 * 4)
// 如果数据超出队列范围
  {
    mpu6050_resetFIFO(); // 重置数
据队列
    return -1; // 返回失败标志
  }
```

表 2 PWM 信号与驱动芯片的控制方式

PWM 通道	PWM 信号	电机	转动方式
第 1 通道	等于 0	左侧	停止
第 2 通道	等于 0		
第 1 通道	大于 0	左侧	正转
第 2 通道	等于 0		
第 1 通道	等于 0	左侧	反转
第 2 通道	大于 0		
第 3 通道	等于 0	左侧	停止
第 4 通道	等于 0		
第 3 通道	大于 0	左侧	正转
第 4 通道	等于 0		
第 3 通道	等于 0	左侧	反转
第 4 通道	大于 0		

```
    return -1; // 返回失败标志
  }
```

电机驱动

我使用两个 PT5126A 电机驱动芯片来控制两个电机的转动，每一个电机驱动芯片都需要两路 PWM 信号来控制。PWM 信号与驱动芯片的控制方式如表 2 所示。

其中，PWM 信号数值越大，电机转动速度越大；PWM 信号数值越小，电机转动速度越小。根据表 2 中的电机控制方式，我们以左侧电机为例编写如程序 3 所示的电机驱动程序。

程序 3

```
// 电机驱动
void motor_set_value(int index,
double value)
{
  if (index == 0) // 如果是左侧电机
  {
    if (fabs(value) < 0.01) // 停止转动
    {
    __HAL_TIM_SET_COMPARE(&htim2,
TIM_CHANNEL_1, 0); // 第 1 通道 PWM 信号
为 0
    __HAL_TIM_SET_COMPARE(&htim2,
TIM_CHANNEL_2, 0); // 第 2 通道 PWM 信号
为 0
    }
    else if (value > 0)
// 电机正转
    {
      int pwm = PWM_MIN
+ (PWM_MAX - PWM_MIN) *
fabs(value); // 计算 PWM 数值
      __HAL_TIM_SET_
COMPARE(&htim2, TIM_
CHANNEL_1, pwm); // 第 1
通道 PWM 信号为 pwm
      __HAL_TIM_SET_
COMPARE(&htim2, TIM_
```

```
CHANNEL_2, 0); // 第 2 通道 PWM 信号为 0
    }
    else if (value < 0) // 电机反转
    {
      int pwm = PWM_MIN + (PWM_MAX -
PWM_MIN) * fabs(value); // 计算 PWM
数值
    __HAL_TIM_SET_COMPARE(&htim2, TIM_
CHANNEL_1, 0); // 第 3 通道 PWM 信号为 0
    __HAL_TIM_SET_COMPARE(&htim2,
TIM_CHANNEL_2, pwm); // 第 4 通道 PWM 信
号为 pwm
    }
  }
}
```

编码器驱动

电机的 AB 相增量式霍尔编码器是一种采用霍尔传感器来读出电机转动速度的编码器。它可以在电机轴每转过一个小角度时发出一个脉冲信号。这个脉冲信号我们称之为电机的步数。通常我们可以根据 A、B 相的脉冲输出得到电机的正反转状态和其转过的角度，进而可以计算得到电机的转动速度。根据电机转动速度来计算小车前进速度的公式如下：

$$v = \frac{step}{C \times S \times t} \times D \times \pi$$

其中，v 为前进速度；step 为电机步数；C 为电机轴转一圈编码器识别编码个数；S 为电机主轴减速比；t 为时间间隔；D 为电机减速比。编码器驱动程序具体见程序 4。

程序 4

```
// 根据编码计算步数
void stepper_calc(int ind, uint8_t
value)
{
  if (value != value_pre[ind])
// 与上一次计算比较
  {
    if (value == 1 && value_pre[ind]
```

```
== 3) // 与上一次转动方向一致
    {
        step_cnt[ind] += 1; // 步数增加
    }
    else if (value == 0 && value_
pre[ind] == 1) // 与上一次转动方向一致
    {
        step_cnt[ind] += 1; // 步数增加
    }
    ...
    else if (value == 2 && value_
pre[ind] == 3) // 与上一次转动方向相反
    {
        step_cnt[ind] -= 1; // 步数减少
    }
    else if (value == 0 && value_
pre[ind] == 2) // 与上一次转动方向相反
    {
        step_cnt[ind] -= 1; // 步数减少
    }
    else if (value == 1 && value_
pre[ind] == 0) // 与上一次转动方向相反
    {
        step_cnt[ind] -= 1; // 步数减少
    }
    value_pre[ind] = value; // 更新
上一次的编码值
}
// 计算速度
void stepper_speed(void)
{
    double dt = 1.0f / 100; // 计算周期
    for (int i = 0; i < 2; i++) // 循环
计算 2 个电机
    {
        // 计算速度
        v[0] = (A << 1) | B;
        stepper_calc(0, v[0]); // 计算左
侧电机步数
        // 获取右侧电机编码
        ...
    }
}
```

控制算法

运动方向控制

运动方向控制是我们首先需要完成的内容，它可以使我们的小车在运动的过程中始终保持稳定的方向。这个方向可以保持一个固定的角度不变，也可以根据指定的期望方向进行转动，而当期望方向始终与实际运动方向相同时，小车保持稳定运动。控制算法是用期望方向与实际运动方向的角度误差通过 PID 算法得到方向控制量，最后通过混合控制器生成对电机的控制信号。具体如程序 5 所示。

程序5

```
// 方向角参数 P
double ctl_param_yaw_angle_p = 55.0;
// 方向角速度 PID 参数
const double ctl_param_yaw_rate_p =
0.035;
const double ctl_param_yaw_rate_i =
0.002;
const double ctl_param_yaw_rate_d =
0.005;
// 方向上一次角度误差
double devi_yaw_rate = 0;
double devi_yaw_rate_pre = 0;
// 方向 PID 控制
void pid_ctl_yaw()
{
    double devi_yaw_angle = yaw_expect_
total - o_z; // 运动方向角度误差 = 期望方
向角度 — 实际运动方向角度
    double ctl_yaw_angle = ctl_pid(devi_
yaw_angle, devi_yaw_angle_pre, ctl_
param_yaw_angle_p); // 方向角度控制 PID
    double devi_yaw_rate = ctl_yaw_
angle - o_gz; // 运动方向角速度误差 = 期
望方向角速度 — 实际运动方向角速度
    double ctl_yaw_rate = ctl_pid(devi_
yaw_rate, devi_yaw_rate_pre, ctl_
param_yaw_rate_p,
```

```
ctl_param_yaw_rate_i, ctl_param_
yaw_rate_d, &ctl_integral_rate_yaw);
// 角速度控制 PID
    devi_yaw_angle_pre = devi_yaw_
angle; // 更新角度误差
    devi_yaw_rate_pre = devi_yaw_rate;
// 更角速度新误差
}
```

俯仰控制

与控制运动方向类似，我们还需要对小车的俯仰运动进行控制。俯仰运动控制算法可以使小车在运动过程中始终保持垂直平衡，或保持指定的姿态。当小车的俯仰角为 0 时，小车保持静止或匀速运动；当俯仰角大于 0 时，小车保持匀加速运动；当俯仰角小于 0 时，小车保持匀减速运动。算法为用期望俯仰角与实际俯仰角的误差通过 PID 算法得到俯仰姿态控制量，最后通过混合控制器生成对电机的控制信号。具体如程序 6 所示。

程序6

```
// 俯仰角参数 P
double ctl_param_pitch_angle_p =
70.0;
// 俯仰角速度参数 PID
const double ctl_param_pitch_rate_p =
0.05;
const double ctl_param_pitch_rate_i
= 0.0035;
const double ctl_param_pitch_rate_d= 0.015;
// 俯仰上一次角度误差
double devi_pitch_pre = 0;
double devi_pitch_rate_pre = 0;
// 俯仰 PID 控制
void pid_ctl_pitch(double ctl_pitch_angle)
{
    double devi_pitch_angle = ctl_
pitch_angle - o_z; // 俯仰角度误差 = 期
望俯仰角度 — 实际俯仰角度
    double ctl_pitch_angle = ctl_
pid(devi_pitch_angle, devi_pitch_
```

```
angle_pre, ctl_param_pitch_angle_p);
// 角度 PID 控制
  double devi_pitch_rate = ctl_pitch_
angle - o_gz; // 俯仰角速度误差 = 期望俯
仰角速度 — 实际俯仰角速度
  double ctl_pitch_rate = ctl_
pid(devi_pitch_rate, devi_pitch_rate_
pre, ctl_param_pitch_rate_p,
  ctl_param_pitch_rate_i, ctl_param_
pitch_rate_d, &ctl_integral_rate_
pitch); // 角速度 PID 控制
  devi_pitch_angle_pre = devi_pitch_
angle; // 更新角度误差
  devi_pitch_rate_pre = devi_pitch_
rate; // 更新角速度误差
}
```

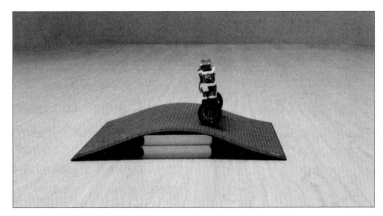

图 18 小车轻松地完成上坡和下坡

速度控制

我们在对小车进行俯仰控制时，可以指定小车的俯仰角，但小车的运动状态都是加速或减速，这对于小车来说是非常困难的，当小车加速运动到一定程度之后电机转动速度达到最大，此时小车将无法继续加速，也就无法恢复平衡，于是小车将会跌倒。为了避免这种情况的发生，我们就需要对小车进行速度控制，希望小车可以以指定的速度匀速运动。这样既方便控制，又可以保证小车的安全。

我采用串级 PID 算法对小车的速度进行控制，用期望速度与实际速度的误差通过 PID 算法得到速度控制量，将这个速度控制量作为俯仰控制的期望俯仰角进行输入，通过俯仰控制得到俯仰角控制量，最后通过混合控制器生成对电机的控制信号。具体如程序 7 所示。

程序7

```
// 速度 PID 参数
double ctl_param_vel_p = 1.7;
double ctl_param_vel_i = 0.005;
double ctl_param_vel_d = 2.3;
// 上一次速度误差
```

```
double devi_vel_pre = 0;
// 外环速度 PID 控制
void pid_ctl_vel()
{
  double devi_vel = ctl_vel - o_vel;
// 速度误差 = 期望速度 — 实际速度
  double ctl_pitch_angle = ctl_
pid(devi_vel, devi_vel_pre, ctl_
param_vel_p, ctl_param_vel_i,ctl_
param_vel_d, &ctl_integral_vel, 0.8);
// PID 得到速度控制量（期望俯仰角度）
  devi_vel_pre = devi_vel;// 更新误差项
  pid_ctl_pitch(ctl_pitch_angle);
// 内环俯仰 PID 控制
}
```

混合控制器

当我们通过速度控制、俯仰控制和运动方向控制，最终得到了俯仰控制量和运动方向控制量之后，我们还需要将这两个控制量混合在一起生成两个电机的控制信号。由于小车在做俯仰运动时，两个电机转动方向是相同的；而在做转向运动时，电机转动方向是相反的，因此我们可以得到当小车同时做俯仰运动和水平移动时的混合控制方法，具体如程序 8 所示。

程序8

```
// 混合控制器
```

```
double ctl_mixer(double ctl_p, double
ctl_y)
{
  ctl_motor[0] = ctl_p + ctl_y; // 左
侧电机控制信号 = 俯仰控制量 + 水平移动控制量
  ctl_motor[1] = ctl_p - ctl_y; // 右侧
电机控制信号 = 俯仰控制量 — 水平移动控制量
  motor_set_value(0, ctl_motor[i]);
// 对左侧电机生成 PWM 信号
  motor_set_value(1, ctl_motor[i]);
// 对右对侧电机生成 PWM 信号
}
```

注意：在小车前进或后退的过程中转向时，经过混合控制器输出的信号使电机转动方向相同，但转动速度不同，于是小车就实现了转弯。其本质上是运动方向控制量的反向混合。即左侧加，右侧减。当俯仰控制量为 0，而运动方向控制量不为 0 时，小车将会原地转向。

结语

大家可以扫描文章开头的二维码观看双轮自平衡小车的运动效果。小车可以自由地前进、后退、左转、右转。在运动过程中，小车可以很好地保持自身平衡。而为了展示它的平衡性，可以让它穿过一个斜坡。小车的通过自动控制算法可以很轻松地完成上坡和下坡，如图 18 所示。Ⓧ

自适应无人机起落架

储逸尘

随着无人机走进千家万户，人们使用无人机进行航拍、农药喷洒以及设备检修等越来越常见。虽然无人机的起降场所需求相比固定翼飞机要宽松很多，但还是需要一片平整的地面。在凹凸不平的地面上，无人机很难实现起降功能，自适应起落架则可以使无人机的起降脱离地面平整度的限制，实现在复杂地形也可以平稳起落。

我们先一起了解一下自适应起落架有什么特点。

● 适应性：自适应起落架可以通过机械杆组之间的被动调整，实现对不平整地面的高度补偿。

● 能量回收：自适应起落架可以通过机械杆组中的关联悬挂系统和阻尼器减震系统，吸收降落时的势能差，并将其储存起来，在无人机起飞时释放能量助力。

● 低功耗：自适应起落架在降落过程中的适应动作均不需要控制系统参与，由机械结构被动调整，不消耗电能，降落稳定后由单片机控制舵机将起落架相位锁定，整体起降过程耗能极低。同时，起落架装有太阳能电池板，可以储存太阳能。

● 使用便捷：自适应起落架采取大疆精灵 3 起落架相同接口，卸下原装起落架即可安装。自适应起落架和原装起落架大小相似，可以装进原包装。

机械部分

结构主体——串/并联平行四边形杆组

通过多次实验发现，平行四边形的可

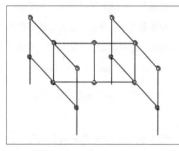

图 1 串 / 并联平行四边形杆组结构简图

图 2 尼龙烧结 3D 打印的起落架主体

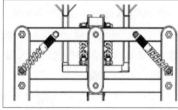

图 3 关联悬挂系统

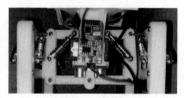

变形角度极大，并且其 4 条边始终两两平行，可以通过端部腿的相位来调节主体的相位，以达到相位关联的目的。但平行四边形结构只能在一个平面内对角度进行适应，现实情况中，无人机降落的地点会更加复杂，所以我将两个并联的平行四边形结构与另一个平行四边形结构串联（见图 1），以达到更强的适应能力。

结构主体用 SolidWorks 进行建模设计，主要设计重点需要考虑杆组连接处转动副的受力特征并尽可能减小转动副处所受的摩擦力。结构主体建模设计完成后采用尼龙烧结 3D 打印机打印，尼龙烧结 3D 打印的起落架主体如图 2 所示。结构主体的摩擦力一般以两种形式存在：一是杆组接触面之间的摩擦力；二是连

接轴与安装孔接触面之间的摩擦力。对于第一种摩擦力，在杆组转动副处采用的是 6mm×3mm×3mm 的深沟球轴承减小杆组连接孔和轴接触面之间的摩擦力，杆组采用 M3 螺栓和防松螺母充当旋转的轴，将杆组连接在一起；对于第二种摩擦力，在两杆组的接触的部分留出适当缝隙，采用自润滑垫片减小两个相对运动面之间的摩擦力。起落架结构主体的框架。

能量回收——关联悬挂、阻尼器减震系统

为了将无人机降落时起落架的势能进行回收与储存，减少无人机降落时冲力对无人机的损坏，我添加了关联悬挂系统（见图 3）、阻尼器减震系统（见图 4）配

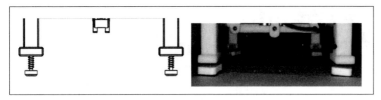

▌图4 阻尼器减震系统

合平行四边形机械结构。由于平行四边形机械结构独特的平行特性，降落时平行四边形保持不动，重心与几何中心始终重合，当一条腿先接触地面，起落架会发生形变，随着形变量不断增加，无人机速度逐渐减小，弹簧不断被压缩或拉长，无人机的动势能逐渐转化为弹簧的弹性势能。

这里选用了玩具越野遥控车通常采用的减震器来制作悬挂系统，我采用手钻以及 M3 螺栓、螺母将减震器对称分布在结构主体的夹角处（减震器的安装夹角推荐选择45°）。由于弹簧的弹力呈线性增加，我通过校核载荷大小，调整弹簧的刚度，更好地实现了起落架适应不同载荷下的降落，实现能量的回收与储存。同时又将无人机对地面的作用时间拉长，在相同的降落方式下，减少地面对其的作用力，降低了降落对无人机产生的损害。同时选用 AC0604 液压缓冲阻尼器，阻尼器本体长 29mm，需要在主体结构的腿部中预留孔洞进行安装，阻尼器有效行程为 4mm。阻尼器内部活塞在油缸中实现往复运动，产生较多的阻尼力，吸收振动所形成的能量，消除能量影响，更好地适应软硬不同的着陆面，起到稳定机体的作用，并且抗冲击能力强，大大提升了安全性能。

电控部分

锁定系统——定高抓夹刹车结构

本项目的电控装置设计在抓夹锁定系统内。该结构模仿自行车线控碟刹的构造，在平行四边形中间杆件的轴内装入类似刹车片的铁片，铁片以杆件轴心为圆心，由激光切割形成的圆弧。在弹簧抓夹的两端粘贴胶皮垫，增加夹持时的摩擦力。在抓夹尾部的弹簧中穿入钢绳，3 条钢绳的末端同时连接中间的舵机，舵机转动时收紧钢绳，进而压缩弹簧，抓夹夹紧刹车片，实现相位锁定。电机旁有测高系统，自然状态下，弹簧为原长状态，抓夹张开，为未锁定状态（见图5）。降落稳定后，测高定位系统发出信号，舵机带动舵机臂转动一定角度，钢绳收紧，抓夹夹紧中间杆件的轴，实现相位锁定（见图6）。

这里测定高度采用的传感器是 HC-SR04 超声波测距模块，采用 STM32 单片机进行控制，控制程序如程序 1 所示。电源采用两节 18650 芯 3.7V 两并电池组。需要注意的是抓夹处的复位弹簧和舵机扭矩的选取，由于 3 个锁定结构的抓夹均由同一舵机连接舵机臂驱动，所以舵机的扭力需要大于 3 个抓夹中复位弹簧的弹力之和，以确保锁定后不需要长时间通电就可以保持舵机臂相位。这里选取的是 SG90 舵机，工作电压为 3~7.2V，绘制好的电路如图7 所示。

程序1

```
#include "stm32f10x.h"
#include "delay.h"
#include "sys.h"
#include "gpio.h"
#include "tim.h"
#include "usart.h"
uint8_t sta=0;
float dis = 0;
void Suoj(void){
    TIM_SetCompare2(TIM2, 90);
}
void Fang(void){
    TIM_SetCompare2(TIM2, 50);
}
int main(void)
```

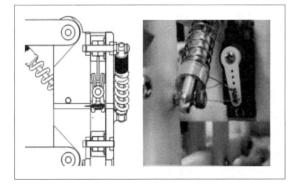

▌图5 未锁定状态

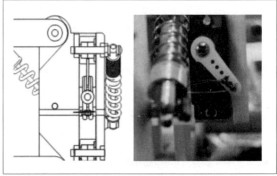

▌图6 实现相位锁定

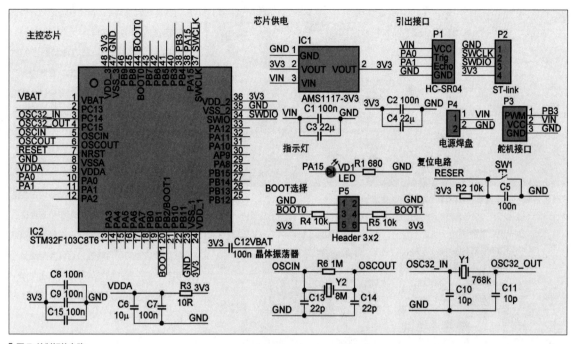

▌图7 绘制好的电路

```
{
  u32 start = 0;
  u32 end = 0;
  u32 zc = 0;
  RCC_Config();
  delay_init();
  TIM3_Init(11,11);
  TIM2_Init(1200-1,1200-1);
  GPIO_ResetBits(GPIOA, GPIO_Pin_0);
  delay_ms(5);
  GPIO_SetBits(GPIOA, GPIO_Pin_15);
  while(1){
    GPIO_SetBits(GPIOA, GPIO_Pin_0);
    delay_us(30);
    GPIO_ResetBits(GPIOA, GPIO_Pin_0);
    while(1){
      zc = sibat;
      if(GPIO_ReadInputDataBit
(GPIOA, GPIO_Pin_1)){
        if(sta == 0){
          sta = 1;
          start = sibat;
        }
```

```
      }else{
        if(sta == 1){
          sta = 0;
          end = sibat;
          sibat = 0;
          break;
        }
      }
      if(sibat - zc > 5000){
        delay_ms(20);
        sta = 0;
        start = 0;
        end = 0;
        sibat = 0;
        zc = 0;
        break;
      }
    }
    if(end - start==0){
      break;
    }else{
      dis = 1.0 * (end -
start) * 0.034;
```

```
      if(dis <= 6){
        Suoj();
      }else{
        Fang();
      }
    }
    delay_ms(10);
  }
}
```

成果展示

将起落架通电后开机,起落架底部的HC-SR04超声波测距模块对起落架和地面的相对距离进行测定,当距离小于60mm的时间超过2s后,单片机会控制舵机将起落架杆组相位锁定,实现稳定的降落。

自适应起落架的能量回收系统在降落触地后会触发起落架减震器的形变,从而吸收降落时的势能差从而达到无人机在崎岖地面平稳降落的效果(见图8)。通过

▌图8 搭载自适应起落架的无人机在崎岖地面平稳降落

对自适应起落架不同降落状态进行分类，将自适应起落架的降落状态分为5种，如图9~图13所示。对5种状态下的减震器压缩比例进行测算得出减震器中储存的能量，结合崎岖面势能差得到储存能量曲线如图14所示，能量回收率最高可达到13.27%。

结语

随着科技的发展，空中设备也在逐渐增加。自适应起落架集适应性和安全性为一体，动能、重力势能与减震器弹簧的弹性势能之间的相互转换，可以提高能量利用率。感兴趣的朋友可以尝试自己制作一个自适应起落架，让你的无人机摆脱地形的束缚！⊗

▌图9 单边障碍

▌图10 同一平行四边形双边障碍

▌图11 交叉双边障碍　　**▌图12 不同平行四边形同边双边障碍**　　**▌图13 三边障碍**

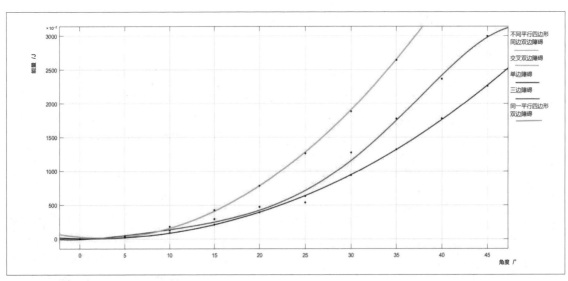

▌图14 不同情况下储存能量的曲线

LED 大灯泡

▌ 核子 -NUCL

演示视频

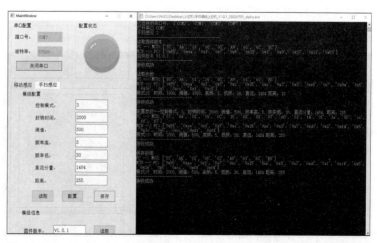

　　游戏《OneShot》中主角手持的大灯泡深深吸引了我，于是我决定利用自己的课余时间，复刻一款游戏中的大灯泡。经过近两个月的不断寻找、尝试，我终于制作出一款令我相当满意的大灯泡。我希望这款大灯泡能够带给大家一些快乐，它还可以作为照明小夜灯、桌面装饰、工艺品摆件等。

设计方案

　　本作品具备实用性、个性化、便携性、节能环保等优点，制作过程简单易懂，适合个人 DIY。设备采用 3.7V 聚合物锂离子电池供电，通过拨动开关选择两种亮灯感应方式：通过触碰或接近灯球即可点亮灯泡（灯泡亮度为最大亮度）；通过触碰灯尾指定位置，也可点亮灯泡，再次触碰可以调节灯泡亮度。

硬件介绍

无极调光

　　无极调光电路采用单通道触控型芯片 RH6618。相比于 SGL8022W，RH6618 的 PWM 信号频率更高，调光更丝滑，有效改善了频闪的问题。RH6618通过触摸 TCH 引脚来实现触摸调光，芯片工作时，POUT 引脚输出 PWM 信号，该引脚连接 NMOS 管的栅极以驱动较大电流的 LED 软灯丝。通过控制模式配置引脚（MOD1、MOD2）的高低电平来改变无极调光工作模式。MOD1、MOD2 默认为高电平。配置高电平时可直接将引脚悬空，配置低电平时将该模式配位引脚接地。其中 TCH 为触摸感应引脚，可将铜箔贴到非金属薄片上实现触摸感应。我们将模式配位引脚 MOD1 接地、MOD2 悬空或接电源正极（VDD）即可配置模式为不带亮度记忆，渐明渐暗的无极调光功能。

锂电池充电管理

　　锂电池充电管理电路采用 TP4056锂电池充电管理芯片。该芯片成本低、性能优良、应用广泛。接入 5V 电源，当 LED1 发光时，表明电池正在充电；当LED2 发光时，即为电池已充满电。其中，BAT 接锂电池正极。我们可以改变 R4 的阻值来限制电源管理芯片充电的电流。

微波雷达模块

　　本项目采用 HLK-LD102 10GHz 微波雷达模块，它基于多普勒效应，可实现对物体运动和微动的检测，支持修改感知参数。

　　在海凌科官网下载该产品固件后，将雷达模块通过 USB 转 TTL 模块连接计算机，即可修改雷达模块的感知参数。

▌ 图 1　修改雷达模块参数

在这里，我们通过手触碰或接近灯球来触发雷达模块。我修改了控制模式：3（条件触发后灯逐渐变亮，再次触发后渐灭）；封锁时间：2000（在触发后2000ms内无法再次触发，防止短时间重复触发）；阈值：500（阈值越小，触发越灵敏）；距离：255（距离越大感知范围越大，最大值为255），具体如图1所示。

PCB设计

LED大灯泡电路如图2所示，VT1的栅极连接无极调光芯片信号输出（POUT）和微波雷达模块的信号输出（OUT）。为避免产生相互干扰，保险起见，我在微波雷达模块信号输出处加了一个二极管。使用三挡切换开关可让两个模块独立运行。在设计电路时，我们应该将所有电容放置在对应的芯片附近，以便更好地发挥其作用。对于无极调光芯片，应尽可能避免在其附近覆铜，特别是TCH引脚。此外，我们需要保持周围走线与TCH线路的距离，避免对无极调光芯片产生不利干扰。PCB设计如图3所示，PCB 3D预览如图4所示，焊接完成的PCB如图5所示。

灯泡3D建模

我使用Autodesk Fusion 360绘制了两个模型，一个是灯尾外壳（见图6），另一个是内部固定件（见图7）。通过3D打印机打印出灯尾（见图8），再将灯尾外壳进行上色处理。

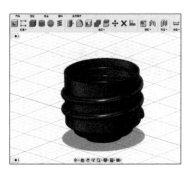

▌图6 灯尾外壳

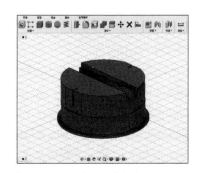

▌图7 内部固定件

▌图8 灯尾

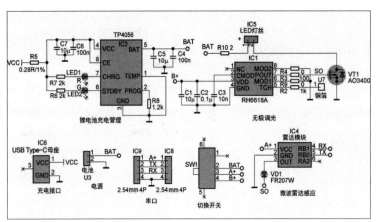

▌图2 LED大灯泡电路

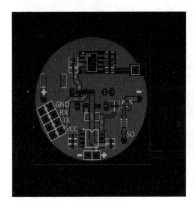

▌图3 PCB设计

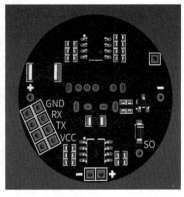

▌图4 PCB 3D预览

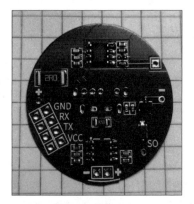

▌图5 焊接完成的PCB

制作过程

1 用热缩管、钢丝、LED 软灯丝、漆包线制作可定型灯丝，以二甲基硅油辅助润滑，防止灯丝在套入热缩管时被损坏，可定型灯丝绕 3 圈后加热热缩管，使灯丝完全定型。

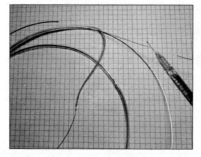

2 在固定件中安装灯丝和雷达模块，并打上热熔胶固定。

3 在 PCB 上焊接元器件、电子模块和电池。

4 用热熔胶固定 PCB 和外壳。再将灯丝塞入灯球，稍微调整灯丝位置后，将固定件卡进灯球。

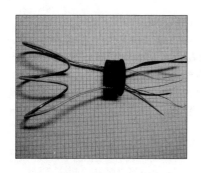

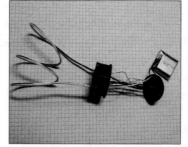

5 整理好电线后安装灯尾，安装完成后，仅需触碰或靠近即可点亮大灯泡。

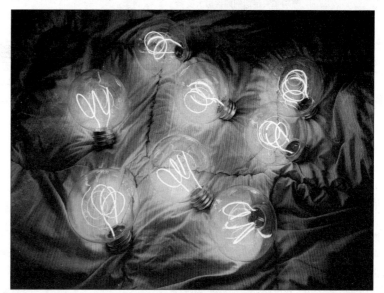

结语

为尽可能复刻游戏中的灯泡，我花了两个月时间来整理、测试方案。现在，我终于做出了一款令自己满意的作品。目前该作品已同步发布至立创开源平台，大家可以扫描文章开头的二维码观看演示视频。最后，很感谢电子圈内各位前辈的指导和建议，接下来，我会继续优化和完善该作品。🅧

Q&A 问与答

读者若有问题需要解答，请将问题发至本刊邮箱：radio@radio.com.cn或者在微博@无线电杂志，也可以在《无线电》官方微信公众号评论中留言。如果读者不能通过网络途径投送自己的提问，请将来信寄到本刊《问与答》栏目，信中最好注明您的联系电话。

Q 一部手机的原配18W充电头损坏了，我在网上购买了一个能够代替原配充电头的PD充电器，其输出为5V/3A、9V/2.2A、12V/1.67A，最大功率为20W。收到货发现这个充电头体积小巧，但是输出口明显小于常见的USB充电口，不知这是什么接口，需要用何种充电数据线匹配？ （上海 唐荣等）

A USB-PD（Power Delivery）是由USB-IF组织制定的一种快速充电规范，是目前主流的快充协议之一。PD充电采用USB Type-C输出口，常见的USB Type-A充电线是没法插入的（见附图）。PD充电器的功率常见有18W（20W）、30W、45W、65W、87W等多种规格，实际选用哪种规格要按你使用的手机（设备）最大支持的电源功率决定，例如给最大支持18W快充的手机可配用18W（20W）的PD充电器等。 （王德沅）

附图 USB Type-C插口

Q 最近我网购了一个20W的PD充电器，其输出为5V/3A、9V/2.2A、12V/1.67A，最大功率为20W。使用数月效果不错。就是输出口为USB Type-C，无法用常见USB监测仪来测量充电电压、电流等数据，因为手头已有好几个USB监测仪，不想再买专用USB监测仪了，不知可否有简单实用的转换方法？ （江苏 赵飞龙等）

A 可以采用OTG转换头来实现USB检测，具体如附图所示。OTG是On-The-Go的缩写，由USB标准化组织发布，主要用于连接不同设备或移动设备进行数据交换。最常见的就是手机和U盘两者连接，实现不需要PC即可完成手机和U盘之间的数据交换。同样，可用OTG转换头来实现USB和USB Type-C的转换，从而正常连接USB接口的电压、电流监测仪。 （王德沅）

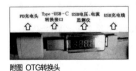

附图 OTG转换头

Q 我在网络平台上直播时，发现直播声音中经常混有嗞嗞的电流声，虽然不是很明显，但直播间粉丝大多觉得听着不舒服，希望改进一下。不过我至今没找到原因，有时嗞嗞声会自动消失，有时又会莫名其妙地出现，曾经把各个插头、插座都清理后重新插好也没见改善，这是何故，怎么排除？ （贵州 王宏超等）

A 这种嗞嗞声主要是电源、谐波干扰等信号窜入了话筒（声卡）输入电路所致。噪声时有时无与设备和连接线的摆放位置有很大关系，例如在实践中我们发现在某个直播间，补光灯的电源连接线靠近话筒总接线就会出现嗞嗞声，两者分开一定距离后噪声消失。所以排除这种故障并不难，只要把补光灯等的电源线适当远离话筒和听筒等的连接线就可，具体位置可在调试中决定。另外如果话筒连接线外层有屏蔽网线，要把屏蔽网线与USB或其他插头的外壳焊在一起。有条件的也可换一个性能优良的话筒。 （王德沅）

Q 在检修一台设备的开关电源时，发现电路中有一个外形像陶瓷电容的元器件，已经碎裂损坏，不知道这是什么元器件，工作原理和主要特性如何？ （江西 张瑞）

A 从附图来看，这是陶瓷气体放电管（Gas Discharge Tubes，GDT），其内部有一对放电电极，电极间隙内充有惰性气体，是一种密闭型保护元器件。当两电极端的浪涌电压达到GDT内的气体击穿值时，GDT放电，由平时的高阻态转为低阻态，于是浪涌电压被短路迅速下降至接近零，从而保护了后面的电路不受浪涌电压冲击。GDT特性参数有多项，对一般应用，主要考虑额定击穿电压、最大冲击电压、耐冲击电流等参数，如附图所示的2R-230 202，参数分别为230V、600V、5000A。 （王德沅）

附图 陶瓷气体放电管

Q 我有一块使用多日都正常的东芝500GB移动硬盘，最近一次在复制几个GB影视文件后，退出时出现弹窗，显示"无法卸载移动设备，有程序正在使用"，等了好久，并且反复单击退出也无用。该移动硬盘内已经复制了一百多GB的重要文件，不敢贸然直接拔下，不知该如何妥善处理？ （河南 吕国亮等）

A 解决此问题，首先可解除正在使用移动硬盘的程序，可在任务管理器中或用"U盘助手"之类的软件查找，找到后停止该程序即可安全退出移动硬盘。如果仍然找不到或无法解除该占用程序，可在不退出硬盘的情况下将计算机关机，再开机，再试着安全退出硬盘。倘若仍然不行，可以再复制一个大文件到移动硬盘，然后删除，再看能否安全退出；也可将原先复制的最后一个或几个文件删除，这样多半情况就可退出了。 （王德沅）

读者若有问题需要解答，请将问题发至本刊邮箱：radio@radio.com.cn或者在微博@无线电杂志，也可以在《无线电》官方微信公众号评论中留言。如果读者不能通过网络途径投送自己的提问，请将来信寄到本刊《问与答》栏目，信中最好注明您的联系电话。

Q 一台液晶显示器的开关电源芯片UC3843AN被烧坏，更换同型号芯片和其他损坏的电阻、电容等元器件后，通电试机，发现输出电压基本正常，但是开关电源会发出比较明显的噪声，这是什么原因，怎么解决？
（四川 袁宏楷等）

A UC3843AN是电流控制型PWM电源芯片。如附图所示，常用的UC3843AN是双列直插8脚封装，另一种是较少见的SO-14脚封装。对前者而言，引脚4（RT/CT）是定时端，外接RT×CT的数值决定开关电源的振荡频率，RT×CT的数值越大，电源振荡频率越低，但是RT×CT的数值不能太大，不

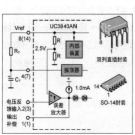

附图 UC3843AN电路及封装

然振荡频率达到音频范围，就会产生噪声，还会影响最大输出占空比，导致输出电压降低。通常推荐CT选用1000~3300pF的电容，RT选用4.7~7.3kΩ的电阻。如典型电路中CT选用2200pF的电容，RT选用6.2kΩ的电阻，振荡频率在远离音频的100~150kHz，也就不会产生噪声。
（王德沅）

Q 一台便携式示波器中的电源电路出现故障，检查后发现一个贴片电阻样式的元器件被烧坏，元器件上只有一个字母"F"，但是印制电路板上标注有"FUSE"，这应该是一个贴片保险丝，但是我怎么确定它的额定电流呢？
（江苏 王振林等）

A 这种用一个字母表示额定电流的贴片保险丝，其常用规格的字母与额定电流的对应关系如附表所示。你所提的字母"F"代表该贴片保险丝的额定电流为0.5A。
（王德沅）

附表 贴片保险丝字母与额定电流的对应关系

字母	B	C	D	F	G	H	J
额定电流	0.125A	0.2A	0.25A	0.5A	0.75A	1.0A	1.25A
字母	K	L	N	O	P	S	T
额定电流	1.5A	1.75A	2.0A	2.5A	3.0A	4.0A	5.0A

Q 一台微波炉在加热时经常出现打火现象，检查发现炉腔内有一片像青壳纸的绝缘片被烧焦，炉腔周围也有焦痕，拆除该绝缘片，并清除粘在炉腔内的烧焦物残痕后，通电试机，微波炉工作正常，打火现象消失，不知能否不用这绝缘片，长期使用微波炉是否会有不良影响？
（辽宁 马建华等）

A 这种绝缘片大多为云母片，其主要作用是防止微波炉加热时产生的水蒸气和油污气等通过微波输出腔管侵蚀磁控管等元器件，从而避免出现打火现象，保护磁控管等不被腐蚀损坏，所以不能不用。云母片被烧焦后，可去电器市场买一片普通云母片，再按照原云母片大小裁剪并打孔后更换。若云母片只是被轻微烧焦，并且焦痕不在中心区域，可以将它清洁后反向安装，再使用一段时间。
（王德沅）

Q 我从相关资料上看到介绍，说TVS反应速度很快，最适合作为限压型浪涌保护元器件，特别是用于低压电路中的浪涌保护，这是为什么呢？
（湖南 陈志等）

A TVS是瞬态电压抑制二极管，这是一种基于二极管雪崩效应的浪涌保护元器件。TVS通常与被保护元器件并联，平时呈现高阻态，当两端浪涌超过其击穿电压时，TVS被击穿，电压大幅下降并被限制在TVS钳制电压上，从而使受保护的元器件不被浪涌电压击穿损坏。常用的限压型浪涌保护元器件有压敏电阻、气体放电管、TVS等，其中TVS反应时间最快，为皮秒级，而且最低反向峰压可达5V左右，因此最适用于低压电路的浪涌保护，包括低压电源和信号、数据线等，比如计算机硬盘、通信设备等。
（王德沅）

Q 我经常在一些资料中看到"共地干扰"这个名词，看了几篇文章，对共地干扰的理解还是不太清楚，贵刊能否比较简明、通俗地介绍一下？
（浙江 宋晖等）

A "共地干扰"是一种由公共地线阻抗造成的干扰。以音频功放电路为例，如附图所示，电源电路的接地点G1和前置放大器的接地点G2之间是一条公共地线，这条地线在许多场合下都会被看作无阻抗的导线，但实际上是存在一定阻抗的，可看作电阻与电感串联的等效阻抗，接地点G1和G2之间就会产生干扰电压△V，从而对前置放大器和其他电路造成干扰，这就是由共地引起的干扰。共地干扰对处理敏感微弱信号的前置放大器以及采样等电路有很大影响，必须在电路设计或调试中予以避免。

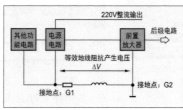

附图 音频功放电路
（王德沅）

读者若有问题需要解答，请将问题发至本刊邮箱：radio@radio.com.cn或者在微博@无线电杂志，也可以在《无线电》官方微信公众号评论中留言。如果读者不能通过网络途径投送自己的提问，请将来信寄到本刊《问与答》栏目，信中最好注明您的联系电话。

Q 新购一个某品牌128GB USB 3.0 U盘，在复制文件过程中，常常会突然停顿，接着计算机便出现蓝屏，重启计算机后可恢复正常，但是不定什么时候又突然蓝屏了，根本没法稳定工作。奇怪的是，将这个U盘插入同一计算机的USB 2.0接口，就不会出现蓝屏现象。这是为什么？是否因为USB 3.0是9针接口，USB 2.0只有4针，两者是否存在转换或兼容问题？

（四川 杜明尚等）

A USB 3.0 U盘或移动硬盘等通常都可向下兼容USB 2.0接口，只是传输速度与USB 2.0相同或略高。USB 3.0的标准A型接口大小与USB 2.0的一样，可直接插入USB 2.0接口，虽然USB 3.0 A型接口触片为9针，但它按"前4、后5"方式排列（如附图所示），当插入USB 2.0接口时，仅前方的4针被接触连接，后方的5针属USB 3.0，2.0针不会与它们接触，所以不存在转换兼容问题。对于USB 3.0 U盘造成计算机蓝屏，多半是U盘问题，可先使用确认好的U盘试试，即可作出明确判断。

（王德沅）

附图 USB 2.0与USB 3.0接口

Q 我在选购和使用U盘时遇到了一些问题，就是USB接口原来主要有USB 1.0、USB 1.1、USB 2.0以及USB 3.0之分，后来出现了USB 3.1和USB 3.2，还分为USB 3.1 Gen1和USB 3.1 Gen2等，这么多类别让人不易理解，特别是带Gen的。它们的区别究竟何在，能否简明通俗地介绍一下？

（江西 黄少林）

A 除了命名，它们之间最大的差别就是传输速度不同。具体参数如附表所示。

（王德沅）

附表 不同USB接口传输速度

USB类别命名	等级	理论传输速度
USB 1.1 \ USB 2.0	全速	12 Mbit/s
USB2.0 \ USB 2.0	高速	480 Mbit/s
USB 3.0 \ USB 3.1 Gen 1	超速	5Gbit/s
USB 3.1 \ USB 3.1 Gen 2	超速	10Gbit/s
USB 3.2 Gen 2	超速	10Gbit/s
USB 3.2 Gen 2x2	超速	20Gbit/s

Q 我的一块500GB移动硬盘，连接到台式计算机前置的USB接口，不能被识别，但是把移动硬盘插入机箱后的USB接口就能正常工作，由于连接机箱后的USB接口比较麻烦，就想用一条USB延长线来连接，可竟然还是不能被识别，这是为什么，怎么解决？

（江苏 周桂华等）

A 这种故障多半是计算机前置USB接口供电不足造成的。计算机USB 2.0/3.0标准接口一般能提供0.5A/0.9A的电流，而5V移动硬盘的额定工作电流多在0.5~1.0A，计算机的电流裕量不太足，前置USB接口受连接线电阻等影响更会减小其电流，所以有些前置USB接口就不能识别移动硬盘。至于使用USB延长线连接仍然不识别的问题，那是因为延长线也是有内阻的，而且不少延长线的内阻较大，明显限制了USB接口的电流，故而不能使移动硬盘工作。只要换一根优质延长线即可解决问题，注意延长线的长度越短越好，够用即可。也可用5V/0.5A以上有源HUB集线器，这样不但可使USB接口扩展为多个，而且能保证供电充足。

（王德沅）

Q 我在维修一台不能上网的台式计算机时，发现网卡损坏的可能性很大，查看网卡印制板及其芯片等元器件都没什么异常，但是对一个标注为PPT 0808 PM45-1016M的多引脚元器件有怀疑，如附图所示。它有6个引脚与网卡电路连接，实测电阻都很小，不知这是什么功能模块，还是专用集成电路？

（贵州 李然等）

A PPT 0808 PM45-1016M不是集成电路，而是小型网络隔离变压器，主要应用在网卡电路中。在6个与网卡电路连接的引脚中，其中与网线连接的4个引脚，正向电阻只有几欧姆，反向电阻有100Ω左右，与网卡内电路连接的2个引脚正向和反向电阻都仅几欧姆。除非经过雷电、高压冲击或不当拆装等，通常PPT 0808 PM45-1016M变压器损坏的可能性不大。

（王德沅）

附图 PPT 0808 PM45-1016M

Q 在有些电源的浪涌保护电路中不止采用单个保护元器件，而是用多个保护元器件组成所谓"多级浪涌保护"，不知其意义何在，基本组成结构和原理如何？

（河北 张博等）

A 在通信等对浪涌保护要求较高的设备中，采用单个保护元器件往往无法满足要求，需要将几种保护元器件组合起来，构成多级保护才行，通常采用三级保护才算较完善的方案。一般将气体放电管用作第一级，可泄放大电流，但是对浪涌尖峰电压反应较慢，所以要由后级电压反应较快的钳位元器件对尖峰电压保护。第二级大多用压敏电阻，第三级保护基本由TVS（瞬态电压抑制二极管）担任。各级保护电路互相配合，将高幅值浪涌电压限制到后级电路可耐受的范围，从而达到可靠的浪涌保护。

（王德沅）

Q&A 问与答

读者若有问题需要解答，请将问题发至本刊邮箱：radio@radio.com.cn或者在微博@无线电杂志，也可以在《无线电》官方微信公众号评论中留言。如果读者不能通过网络途径投送自己的提问，请将来信寄到本刊《问与答》栏目，信中最好注明您的联系电话。

Q 我网购了一块L298N组成的电机驱动模块，按照说明书仔细连接好单片机STM32的PWM的输出端，L298N驱动输出2/3、13/14分别连接两台直流电机。通电后发现电机不会转动，反复检查了各个连接都是正常的，电源电压是15V左右，单片机单元和L298N模块的5V共用共地，这是为什么，怎么解决？

（四川 杜明尚等）

A L298N（见附图）是应用广泛的电流电机驱动模块，市场上L298N模块一度热销，但是质量参差不齐，有些成品模块的说明书很简单，用户容易搞错，特别是步进电机更易接错。电机不转的另一个主要原因是模块的电机供电电源容量不足，L298N的电机工作电压常用12V，一些爱好者爱用多节5号电池，但普通5号电池的容量及大电流放电性能不行，导致电机因电源容量不足而难以转动。所以要采用较大容量的电池，如18650锂电池或某些特高功率5号电池等。 （王德沅）

附图 L298N

Q 在网上和技术资料上经常看到"浪涌及防浪涌"名词，但是我对于浪涌的理解还是比较模糊，希望贵刊简明通俗地讲解一下。另外有人讲"充电一夜"容易遭受浪涌，造成充电头甚至手机损坏，是这样吗？

（江西 周海等）

A 浪涌通常是指出现在电源或信号电路上的远大于正常线路电压的瞬变干扰。浪涌的出现将带来瞬间能量巨变，造成电路严重过压或过流，相关元器件遭受巨大冲击，甚至烧坏连接在电路上的全部元器件。浪涌主要由自然界的雷电、电源系统感性负载开关切换引起，虽然每次浪涌维持时间很短，大多仅几毫秒，但是一旦中招，损失严重，所以许多电子设备都设有防浪涌措施。手机和充电头连接于市电线路，市电线路容易发生浪涌，尤其是夜间更易出现，所以最好不要充电一夜不断电。 （王德沅）

Q 我有一块东芝500GB、USB 3.0移动硬盘，里面主要是备份文件，已经多日没使用，最近需要提取备份文件，就找出来想连接到计算机进行复制，但是发现原配USB连接线找不到了，想用手机USB 3.0连接线代替，却发现不能用，上网查询请教，被告知这个原配USB是特殊品种，外形扁平两段式，是东芝公司特有USB 3.0插头座，普通型不能代替，不知是否这样？

（上海 叶涛等）

A 这种USB 3.0移动硬盘采用的是USB 3.0 Micro-B型标准插头座，并非某厂商专用品种。USB 3.0通常分3种插头座：USB 3.0 Type-A，USB 3.0 Type-B，USB 3.0 Micro-B，如附图所示。其中USB 3.0 Type-A型是最常用的品种，它与USB 2.0 Type-A兼容；USB 3.0 Type-B比较少用；USB 3.0 Micro-B则是微小型插座，在移动硬盘等电子产品中已获得广泛应用。 （王德沅）

附图 USB 3.0

Q 我有一台小巧的有源音箱，想将手机或者计算机输出的音频信号连接至音箱放大后听music。该音箱背板上有4个输入插口，两红两白，其中一红一白两个插口上面分别标示着HI，另外两个则标示为LO。不知怎么连接，需要什么配件？

（云南 江睦等）

A 这是分频输入的有源音箱（见附图），4个输入插口中，HI表示高音输入，LO表示低音输入。连接计算机或手机时，需要一根一分二插头，即3.5mm插头转RCA莲花头的音频线。然后将此线的3.5mm插头插入计算机或手机的音频（耳机）输出口，RCA另一端插头插入音箱的音频输入口LO（红）、LO（白）即可。若要同时使用HI插口，可把HI和LO插口的（红）、（白）端分别相连即可。 （王德沅）

附图 有源音箱示意

Q 我使用的某牌号U3闪存卡性能很不稳定，有时正常，有时报错、提示闪存卡已经损坏，这是否为闪存卡不兼容造成的？我曾经按网上介绍的chkdsk方法试图修复，但是无效，不知有无其他简便的解决方法？

（浙江 刘超荣）

A chkdsk的全称是checkdisk，就是磁盘检查的意思。这是系统中自带的检查磁盘的工具，其基于被检磁盘分区所用的文件系统，创建和显示磁盘的状态报告，还会列出并纠正磁盘上的错误。闪存卡不稳定大多是文件系统存在错误造成的，试用chkdsk不行后，可在Windows下用文件系统修复：右键单击"计算机"闪存卡盘符，然后单击属性→工具→开始检查→自动修复文件系统错误→开始，完成后会有提示，最后退出闪存卡，即可正常使用。 （王德沅）

读者若有问题需要解答，请将问题发至本刊邮箱：radio@radio.com.cn或者在微博@无线电杂志，也可以在《无线电》官方微信公众号评论中留言。如果读者不能通过网络途径投送自己的提问，请将来信寄到本刊《问与答》栏目，信中最好注明您的联系电话。

Q 人工智能、机器学习、深度学习之间有什么关系？

A 人工智能是希望机器变得智能，可以具备类似人类解决问题的能力，其应用范围很广，涵盖诸多领域和算法，早期的硬编码棋类程序也属于人工智能的范畴。早期人们认为只要编码规则足够复杂，机器就能具有类似人脑的思考能力，并以为很快就能实现，但事实是这一目标目前还是遥不可及。对于复杂问题，人类可以制定的编码规则非常有限，因此催生出了这样的想法：既然人没有能力找到复杂的规则，能否让机器从大量数据中自行寻找规则呢？于是就产生了机器学习。

机器学习经过几十年的发展，已经产生诸多算法，也在人工智能领域取得成效，但总体而言，效果比较有限，很少让人惊艳。后来出现了深度学习，也就是使用多层神经网络来实现复杂的函数表达，这一发现也是几经沉浮，随着互联网海量数据的涌现和飞速发展的算力支撑，深度学习在诸多领域取得了质的飞跃，虽然和人脑还相差"十万八千里"，但以往很难实现的任务，现在已经得到了比较完美的解决，更重要的是让科技人员看到了曙光，知道了方向所在。

目前深度学习在机器视觉、语音识别、机器翻译等领域都已经获得长足发展，而且现代的人工智能还具备创造性，生成式AI让我们有了更多的想象空间。人工智能、机器学习、深度学习之间的关系如附图所示。

（闫石）

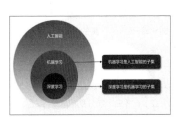

附图 人工智能、机器学习、深度学习之间的关系

Q 曾经风光无限的强化学习方法DQN，现在已经过时了吗？

A DQN是一种基于神经网络的强化学习方法，最初由DeepMind提出，并应用于Atari游戏。虽然DQN在其首次提出时非常先进，但随着时间的推移，出现了更多强化学习算法和技术，DQN不再是最先进的强化学习算法。然而，DQN仍然是强化学习领域中一个非常重要的里程碑，因为它为之后的研究提供了基础和灵感。同时，在某些情况下，DQN的表现仍然很出色，并且可以作为一种基准来比较新算法的表现。此外，DQN也可以作为一个入门的案例，用于理解强化学习的基本概念和技术。 （闫石）

Q 激活函数是什么？

A 激活函数的设计理念最初来源于模拟生物神经元，生物神经元有这样一个特性：当一个神经元受到其他神经元刺激时，会将刺激叠加，如果超过其自身阈值，会将刺激传导至其他神经元；如果没有超过自身阈值，则保持不动。最开始的神经网络也是模拟生物机制，构建了激活函数，最初的激活函数就是阶跃函数，实现起来比较简单，超过特定阈值就置1，否则就置0。但随着研究的深入，各种各样的激活函数不断涌现，早期激活函数使用的是Sigmoid，现在最常见的激活函数是ReLU。 （闫石）

Q 深度学习的"学习"是什么意思？

A 监督学习就是学习的内容有明确答案，专业术语称之为标签；无监督学习则没有答案，算法自行查找分析数据内在的规律并进行处理。监督学习因为可以及时获得反馈，因此算法难度相对较低，目前这方面做得也相对成熟；无监督学习因为没有正确答案，因此算法难度更高，效果还远不及有监督学习。AlphaGo严格意义上被称为强化学习，这种学习是有目标的，只不过这个目标非常滞后，AlphaGo要下了很多手棋，最后输了或者赢了，才能得到反馈。强化学习难度很大，也不容易训练出来，但强化学习更接近于人的思考方式，目前强化学习在一些游戏程序上取得了不错的效果，例如游戏AI玩《超级马里奥》。

（闫石）

Q&A
问与答

读者若有问题需要解答，请将问题发至本刊邮箱：radio@radio.com.cn或者在微博@无线电杂志，也可以在《无线电》官方微信公众号评论中留言。如果读者不能通过网络途径投送自己的提问，请将来信寄到本刊《问与答》栏目，信中最好注明您的联系电话。

Q 损失函数是什么？

A 损失函数用来描述模型的评估数据与实际数据的偏差，以此作为调整网络参数的依据。举例来说：某位学生成绩不太理想，他计算和第一名的差距，发现数学差了50分，语文差了10分，英语差了20分，知道了这个损失，他针对性地调整学习计划，也就是调整学习网络的参数值，因为数学差距最大，数学方向的参数调整就应该最剧烈。整个调整的最终目的，就是降低该名同学与第一名的差距——损失，如果这个损失为0最好；如果不为0，只要差距足够小，也可以让人满意。这就是损失函数的根本追求。

（闫石）

Q 深度学习的神经网络结构怎样设置？是否有明确的算法将其确定？

A 目前，深度学习的理论基础还不完备，我们已经确定只要神经网络足够复杂，就可以模拟任意连续函数，因此其能力是无上限的，例如OpenAI声称ChatGPT拥有1750亿的参数，这个数量级极其恐怖。尽管参数数量巨大，但到底应该怎样设置网络结构，例如应该设置多少层、每层多少个神经元、需要设置多少个卷积核等，现在还是基于经验判断，没有明确的数学依据，也就是工程上可以实施，并且取得了效果，那就接受，至于这样的设计是不是最优，那只能不断地尝试。

（闫石）

Q 为什么现代AI需要GPU参与，CPU不行吗？

A 做个简单比喻，GPU就像大量建筑工人组成的工程队，CPU像某位大学教授。如果做复杂任务，例如计算微积分，那么教授肯定做得好，但如果只是要建筑高楼，那建筑工程队更适合，人多干得快，成本也低。现在AI底层进行的就是乘加运算，虽然任务单一，但数量巨大，因此GPU非常适合现代AI模型。如果使用CPU，理论上肯定可以，那就需要CPU集群，成本将完全超出预算，而且有"杀鸡用牛刀"之嫌。

（闫石）

Q 如果数学基础不好，是否可以学习AI？

A 在应用层面，数学基础不好一样可以学习AI，就像我们不懂电子知识也一样看电视；但如果希望深层次理解AI，数学是绕不过去的门槛。最少需要理解求导、线性变换和概率统计，这些都学习还是需要一些精力的。AI应用于不同领域，还涉及相关学科的前置内容，比如研究语音分析，要对原始信号进行特征提取，有很多语音相关专业知识要掌握……相对来说，对于初学AI的读者，研究图像分析更适合，因为基本不需要相关前置内容，即可设计模型。

（闫石）

Q 有关AI的几大开发框架，该选择哪个？

A 首先说一下什么是开发框架，其实可以理解为封装好的SDK（软件开发包），屏蔽掉很多底层细节，用较少程序就能完成很复杂的AI功能。

TensorFlow：最有名的开发框架，一度占据绝大部分市场，由谷歌公司主导，随着竞争加剧，市场占有率已经下跌，但仍旧是主流选择。

PyTorch：FaceBook主导的开发框架，虽然推出时间较晚，但设计理念很新，成长很快，目前更多人选择这个开发框架。

CNTK：微软公司的开发框架，相对于前两者，市场占有率并不是很高。

MXNet：亚马逊公司主导的开发框架，推出时间并不晚，但在巨头的竞争中没有优势，使用人群较少。

Keras：也是谷歌推出的开发框架，其实它是做了一个前端，后端支持前面的几大开发框架，但因为进行了更高层次封装，程序异常简洁，却能实现绝大多数AI功能，可以快速搭建出完整的AI模型。其一经推出就广受好评，也是初学者最喜欢学习、使用的AI框架。

国内主要是百度公司的飞桨——PaddlePaddle，因为它是国产框架，对国内用户很友好，更新也较快，比较有前景。

（闫石）

Q 用哪些工具可以实现AI功能？

A 实现AI的工具可以多种多样，最常见的就是使用Python语言+开发框架，但也有人使用数学建模工具，例如使用MATLAB和Mathematica实现，甚至用Excel也能完成简单的AI功能。工具很重要，但不是最重要的，思想和行动才是学习AI的根本。

（闫石）

机器视觉背后的人工智能（1）

目标检测概述

▌闫石

　　现今人工智能（AI）被各个国家重视，大数据、人脸识别、自动驾驶等技术正在潜移默化地改变我们的生活。目前教育界关注的各种科技赛事，很多围绕人工智能开展，硬件厂商也陆续推出了各种人工智能芯片。从本文开始，我们结合芯片中集成的数学模型，深层次讲解机器视觉背后的人工智能。

　　阅读本系列文章需要具有相对全面的深度学习理论知识，对于激活函数、损失函数、全连接、卷积神经网络、残差结构、上采样/下采样等术语要有初步的了解，缺乏基础的读者，请参看我发表在《无线电》杂志的《漫话人工智能》系列文章。

　　人工智能作为热门科研领域，大致具有两个研究方向，其一是纯软件开发，其二是软件、硬件相结合开发。纯软件开发对于大多数非专业人员来说是极其困难的。结合硬件，利用芯片自身的功能进行人工智能开发，这是比较高效的开发方式，因此本系列文章立足于软件、硬件结合的方式，循序渐进地阐述人工智能。

　　人工智能本质是算法，是数学模型，虽然可以采用智能硬件降低学习门槛，但如果没有理论基础，基于硬件的开发也会受到很大制约，通常只能进行简单的分类识别或特定目标检测。虽然这些技术可以应用在很多场景，如垃圾分类、口罩识别等，但场景变换不涉及技术的本质，因此还需要深入探究理论，这是我们学习 AI 无法绕过的门槛。

　　我选用的是嘉楠科技的计算芯片 K210，K210 内置的算法模型为目标检测，本系列文章就针对这个主题展开。K210 自带神经网络模型，体积小、功耗低、性价比高，是性能优良的 AI 载体，已经被广大硬件厂商选中，现在嘉楠科技又发布了 K510，面向高端应用场景。

　　机器学习主要处理 3 类问题：分类、回归、聚类。其中分类和回归属于监督学习，聚类属于无监督学习。目前监督学习发展相对成熟，一些算法也开始投入生产实践，AI 芯片集成的大多是监督学习模型。

　　K210 属于视觉识别领域的智能芯片，机器视觉很早就开始研究，也有很多算法涌现，但直到卷积神经网络出现，才真正大放异彩。

　　机器视觉领域主要有 2 类任务，一类是单目标和多目标分类检测，如图 1 所示；另一类是图像分割，如图 2 所示。

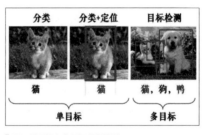

▌图1 单目标和多目标分类检测

单目标分类检测

　　一张图片对应一个目标，识别图片将其分类是最简单的分类问题，只需要使用卷积神经网络模型即可解决。单目标分类问题处理如图 3 所示，前面是一系列卷积、池化，然后拉平成 4096 维向量，再经过全连接层映射为 1000 维向量，从而实现 1000 个种类的识别。这是知名的神经网络模型，它引起了学者对深度学习的热情，属于深度学习入门内容，这里不再赘述。

单目标分类+定位

　　一张图片对应一个目标，识别其分类并找出其位置边框。因为这类问题已经明确只有一个目标物体，因此处理起来也不是特别困难，我们可以使用卷积网络模型进行特征提取，得到 4096 维向量后，兵

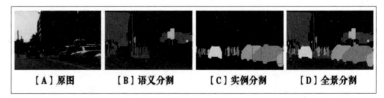

▌图2 图像分割

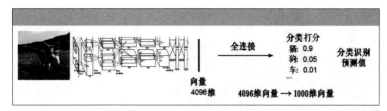

▌图3 单目标分类问题处理

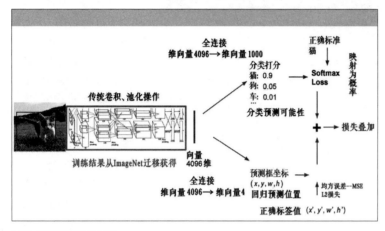

▌图4 分类+定位类问题处理

分两路，一路用于传统的分类预测，另一路进行目标边框的位置预测。分类问题中，注意使用归一化（Softmax）函数，因为计算得到的是数值，而标签（Label）提供的最终结果是概率，虽然都是数字，但表达的含义不同，损失（Loss）函数（数据不断更新迭代，损失函数的结果会越来越小，趋近于零时，神经网络训练完成）不能直接计算两者的差值，必须将计算得到的数字转换为概率，然后利用交叉熵函数计算损失。预测边框位置时，使用L2损失函数将预测值与标签值差值运算后求平方和，这是常见的损失函数之一。同时，因为以回归方式预测，所以将4096维向量映射成4维向量，其中x、y是预测框的中心坐标，w、h是预测框的宽、高。最后，类别损失和预测框损失结果叠加，再运用梯度下降和反向传播训练网络，如图4所示。

也许有些读者会想如果不用Softmax()

函数将数值转换为概率，使用其他函数或者直接将其应用于损失计算，就一定不行吗？可以很确定地回答，不使用Softmax()函数，神经网络也可以训练，甚至也有可能进行正确的预测，但使用Softmax()函数是最合理的方式，也最容易获得理想的结果，对于多分类问题，使用Softmax()函数处理是基本操作，但后续的YOLO系列算法没有使用Softmax()函数，以后我会谈到。

多目标检测

一张图片对应多个目标，识别其分类并找出其位置边框。相较于前两种问题，目标检测的挑战大了很多，不能直接套用分类＋定位的算法，因为在不知道图片里到底有多少个目标的情况下，将目标全部找到并标识出位置，难度很大。但目标检测在生产实践中特别有用，例如安防和自动驾驶领域必须快速、准确识别，为此科研人员不懈努力，设计出很多算法，目标检测算法（按时间先后顺序）如图5所示。

当然，这么多算法，我们没必要全部学会，但至少要了解其中最重要的6个，分别是：

- R-CNN;
- Fast R-CNN;
- Faster R-CNN;
- YOLO v1;
- YOLO v2;
- YOLO v3。

这些算法，随着难度逐渐上升，效率也逐渐提高，尤其是YOLO系列，在K210这么小的芯片上，就可以实时完成多目标检测，这在以往是无法想象的，因此非常有必要学习算法的设计思想。

看到这里，有些读者可能会有疑问，既然不知道图像里面到底有多少个目标，那直接设置一个最大值，例如1000，一幅

R-CNN → OverFeat → MultiBox → SPP-Net → MR-CNN → DeepBox → AttentionNet →

Fast R-CNN → DeepProposal → RPN → Faster R-CNN → YOLO v1 → G-CNN → AZNet →

Inside-OutsideNet(ION) → HyperNet → OHEM → CRAFT → MultiPathNet(MPN) → SSD →

GBDNet → CPF → MS-CNN → R-FCN → PVANET → DeepID-Net → NoC → DSSD → TDM →

Feature Pyramid Net(FPN) → YOLO v2 → RON → DCN → DeNet → CoupleNet → RetinaNet →

Mask R-CNN → DSOD → SMN → YOLO v3 → SIN → STDN → RefineDet → RFBNet → …

▌图5 目标检测算法列表（按时间先后顺序）

■ 图6 多目标检测示例

■ 图7 重复多目标检测

图片里面我们感兴趣的目标通常不会超过这个数量，因此设置了合理的上限值，是完全能够满足实际工作需要的。下面我们来尝试一下，对图6所示的多目标检测示例，我预先设定1000个预测框，图片里目标数量有3个，只要算力足够，可以闲置997个预测框。这样的话，多目标检测问题可以使用与单目标检测问题相同的方式解决，只不过浪费了一些算力。

这个想法不无道理，但认真思考会发现实施起来有很大问题。首先预置1000个检测框，每个框都包含目标的x、y、w、h和目标种类的预测，但实际操作时，没有办法将图片上的目标和神经网络模型的检测框进行对应。

图6中只有3个目标，我们可以闲置997个检测框，但问题是3个目标和投入使用的3个检测框应该如何对应。你可以将"dog"对应于检测框01、"bicycle"对应于检测框02、"truck"对应于检测框03，但你为什么这样设定？数据集里面每张图片的目标种类、位置、大小都随机变化，没有任何规律，如果没有特定的对应规则，神经网络训练的结果也无法达到预期。

有些读者可能想到，在定义模型时，我就规定01检测框的类别是"dog"、02检测框的类别是"bicycle"、03检测框的类别是"truck"，这样做理论上可以，但只限于每个种类图像中仅有一个目标出现，如果遇到图7所示的重复多目标检测，这么多的"person"并不属于同一个检测框，这样我们就无法处理了。

在实践中，目标检测对于实时性要求是很高的，运算太慢是无法满足实际需要的，浪费算力的行为是不被允许的。因此目标检测实现起来有很大困难，YOLO系列就是解决这种问题的具体算法，后续系列算法讲解会深入挖掘。

语义分割

语义分割就是为图像中每个像素设定类别，算法根据自己的理解进行划分，对于图像而言，就是理解元素的构成。语义分割对图像中的每一个像素进行标注，因此也属于分类问题，只要是同一个类别，就将其归在一起。

下面我们介绍一下语义分割问题的解决思路。

语义分割使用了全卷积网络（FCN），它没有传统神经网络的全连接层，模型中全部都是卷积、池化等操作。FCN结构如图8所示，传统神经网络读取图像数据，产生的输出是一串数字向量，而FCN输入的是原始图像，输出的就是与之大小相等的图像。

FCN卷积流程如图9所示，原始图像最开始经过层层卷积、池化等操作，形成不同层级的特征图（Feature Map），最后的特征图和中间层的特征图结合，生成最后的预测全图。通过图10所示的结果对比可以看出，最终的卷积层直接上采样，得到的FCN-32s结果并不好，而结合了多个特征图的FCN-8s与标签图最接近，这是因为最后一层直接上采样，丢失了太多细节，导致结果失真，而FCN-8s既有大局观、又有细节展现，因此效果最好（Ground truth是用户预先制作好的正确标签图）。

FCN的网络架构并不复杂，采用全卷积操作，结果非常惊艳，而且输入尺寸不受限制。

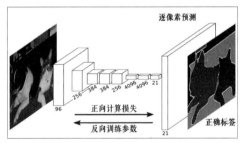

■ 图8 FCN结构

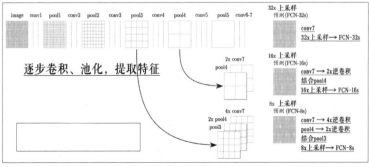

■ 图9 FCN卷积流程

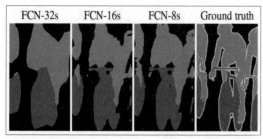

▌图10 结果对比

▌图11 实例分割精准的遮挡形状

实例分割

一张图片对应多个分类，识别其分类并找出其轮廓遮罩。实例分割和目标检测比较接近，只不过对预测框进一步细化，不再是矩形框，而是精准的遮挡形状，如图11所示。实例分割可以对相同类别下的不同对象进行区分，例如可以将紧邻的多个汽车有效分割开。与语义分割相比，实例分割可以忽略不关心的目标，例如自动驾驶算法可以忽略飘扬的旗帜，也可以暂时忽略太远的目标，只把和自己最相关的目标找到并标识出来，同时实例分割不处理背景，蓝天白云这些都会被标黑处理。

实例分割也有困难之处，一是准确抠图，二是目标重叠，尤其是后者，挑战更大。我们人类看到被遮挡的物体，能够凭借经验或联想识别出物体，但机器要将其准确识别并非易事。

全景分割

分辨出全部目标和背景，并准确找出轮廓遮罩。全景分割其实就是将语义分割和实例分割结合在一起，这两个方案如果成熟，全景分割自然完美解决。全景分割是图像分割最难的部分，目前还在研究中。

以上是计算机视觉领域主要的课题，其中目标检测和图像分割是自动驾驶（见图12）的核心算法，车载摄像头探测到路面情况后，图像被输送到神经网络模型，模型实时运算，将其分割归类，实现对行人、车辆的避让。神经网络模型让车辆知道附近

有障碍物，依靠激光雷达技术达来获得距离数据。

我们使用的芯片K210，支持YOLO v1和YOLO v2，2020年12月以后出产的K210内置了YOLO v3，也支持MobileNet v2。YOLO系列算法是业界非常认可的、成熟的、高效的检测算法，它的出现对于产业领域非常重要，此前的数学模型，基本只存在于实验室，除了少数研究人员，大众对其并不知晓，但YOLO系列算法的出现，使机器视觉算法真正进入我们的生活，可以应用于自动驾驶、无人机监控等诸多场合，极大地改善了我们的生活。虽然之前的R-CNN、Fast R-CNN、Faster R-CNN在此领域受到较少关注，但作为科技人员，要了解其发

展历史，这样才能对整个算法设计脉络有更深刻的认识，很多想法并不是研发人员灵光一现，而是在不断克服各种问题后才可能得到的结果。只有掌握了算法，才能真正理解机器视觉，才有可能设计出高质量的作品。

后文，我们将详细介绍R-CNN、Fast R-CNN、Faster R-CNN的设计思路和实现方式，这些算法在目标检测研究初期起到了开山引路的作用，其中一些设计思想对于后续YOLO系列算法和SSD算法的研究带来很大启发。

语义分割、实例分割和全景分割我不再做更加详细的介绍，毕竟这些算法还没有完全成熟，也没有应用于硬件设备，感兴趣的读者可以继续关注本系列文章。Ⓥ

▌图12 自动驾驶

STM32入门100步（终章）

回顾总结

▌杜洋　洋桃电子

现在技术教学内容全部结束了，我们来做最后的总结，用新的眼光回看STM32入门系列文章，会得出一些新的概念。结束也是开始，结束的是我们的入门教学，开始的是你的自学之路。在这里学到的知识、经验和方法，能帮助你开展更多的学习，达到独立开发的程度才能真正掌握单片机的开发要领。

如图1所示，第1~13步是基本简介。由于是入门教学，我们需要在开始处进行简单的介绍，让大家对什么是ARM、什么是STM32、STM32的内部功能有基本了解。这个部分没有实验操作，只有知识点的讲述，让大家在脑子里有一点印象，形成基本概念，这对后边内容的讲解是重要的引导。第14~23步是平台建立，包括硬件平台、洋桃1号开发板、软件平台、IDE开发环境。首先介绍硬件部分，包括开发板、ISP下载、最小系统、Keil软件安装、工程简介、调试流程、固件库安装、固件库调用、添加工程文件，这些是在计算机上完成的软件部分。建立平台后，我们能在开发板和计算机上完成后续的学习和开发。由此可知，学习单片机的条件并不多，只需要有一台计算机、一块开发板，剩下的工作就是在计算机上编写程序，将程序下载到开发板上观察试验效果。第24~41步是核心板部分，主要介绍核心板部分的功能

开发。首先介绍最简单的LED，完成点亮和熄灭两种状态的设置，根据点亮和熄灭做出LED闪灯；加快闪烁频率、调节占空比做出LED呼吸模式。接下来加入按键控制LED，加入Flash读写、保存数据。接下来是蜂鸣器驱动，让蜂鸣器播放音乐。USART串口部分讲的内容较多，除了单一数据的发送和接收，还有超级终端的人机交互界面。接下来是RTC实时时钟，以及RTC作为标准时间的设置，最后是RCC系统时钟设置。核心板部分是单片机最小系统部分，基于核心板的功能可以完成最基本的单片机开发。第42~76步介绍开发板功能，把洋桃1号开发板的所有功能全部纳入进来。介绍每个功能的电路连接，分析驱动程序，包括触摸按键、数码管驱动、I2C总线、旋转编码器、OLED显示屏、继电器、步进电机、RS232、RS485、CAN总线、ADC模数转换器、模拟摇杆、MP3播放芯

片、SPI总线、U盘文件系统等，囊括单片机开发的全部基础应用。掌握这些功能的电路原理和驱动程序，我们在未来的开发中可直接使用示例程序进行调整，也可从中学到驱动程序的运作原理，为今后自己编写驱动程序打下基础。第77~91步是配件包功能，洋桃1号开发板还有一个配件包，包括一些扩展模块和元器件，这里介绍了4×4阵列键盘、舵机、DHT11温/湿度传感器、MPU6050模块，这些功能可以帮助我们扩展开发板之外的应用，学到更多知识。第92~97步是内部功能讲解，包括低功耗模式、看门狗、定时器、CRC校验和芯片ID。不使用这些功能也不会影响开发，但学会它们可以让我们的开发过程如虎添翼。第98~100步是总结部分，全部学习结束后再回看单片机内部功能框图，如图2所示，其中90%的内容已经学到，无论是介绍核心板还是开发板，本质上都是介绍单片机的内

▌图1 100步的全部内容

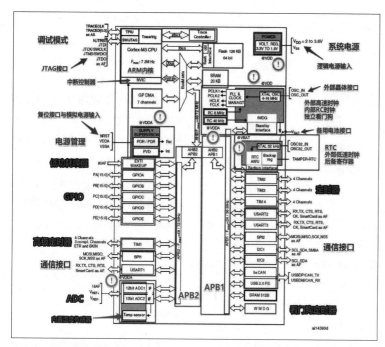

图2 单片机内部功能框图

部功能。开发板上的每个功能都要与单片机建立连接，以某种方式通信。比如OLED显示屏用I2C总线，U盘读写芯片用SPI总线，LED和按键用I/O端口。学习功能驱动实际上是学习如何用单片机内部功能接口（I/O端口、I2C总线等）实现外部电路的通信和控制。掌握内部功能的操作后再掌握与之相关的外部功能，可用同一内部功能操作不同的外部功能，这样才能举一反三、一通百通。学习单片机最重要的就是掌握内部功能。由于我们是进行入门教学，在介绍内部功能时有一些较深、较难的部分没有展开讲解，入门以后，深入而复杂的知识还需要大家自己努力研究，培养自学能力。

接下来从另外一个角度回看我们的学习过程。图3给出了STM32入门系列学习的流程图，我们回看一共完成了怎样的操作、学到了怎样的知识和经验。首先是"基本概念"，我们知道了什么是单片机、什么是STM32、它有哪些功能、每个功能的作用。接下来是"熟悉开发板"，大家第一次接触单片机硬件，了解开发板的结构、每个

功能的"样子"、跳线设置方法。接下来是"安装工具软件"，建立学习、实验的平台。我们安装Keil、ISP等软件，掌握如何下载程序。接下来是"熟悉开发流程"，打开Keil工程、分析或修改程序、重新编译、重新下载、在开发板上观察实验效果，开发流程在后续的每次开发中都进行了反复操作。接下来是"学习某个功能"，了解基本原理、电路连接方式、阅读数据手册、了解引脚定义、外部电路连接方法等。接下来是"下载示例程序"，把HEX文件下载到单片机中，在开发板上观看效果。接下

来用Keil打开工程，在工程里设置驱动程序文件。分析主程序、分析驱动程序、简单修改程序以观察效果的变化。这是学习"STM32入门100步"的基本操作流程。未来当我们继续学习新知识时，也要按照这样的操作流程。表面上看，我们在学习单片机的各种功能，实际上是完成了一系列重复的操作，通过重复操作来练习开发过程、加深印象、养成开发者思维、达到熟练掌握的程度。今后当你独立开发时，这些重复的过程都轻车熟路了。

我们再从硬件和软件的角度回看学到的知识。如图4所示，我把知识分成了4个部分，左边是硬件，右边是软件。硬件部分的上方是学到的相关芯片，下方是涉及的元器件。软件部分上方是涉及的计算机软件（开发环境），下方是单片机程序。你会发现不管学习哪个功能都要涉及这4个部分，单片机入门正是要丰富这4个部分，让每个部分不断增加，同时找到彼此之间的联系。

接下来我给出我学习STM32的一些心得总结，我的总结仅为个人经验，供各位参考。我们学习单片机，单片机的功能核心是什么？在我看来，单片机只做两件事：通信和运算。通信是单片机和外部设备之间的通信，包括单片机和计算机、外部设备、开发板上的各种功能电路的通信，也包括单片机内部各功能的通信。无论如何，单片机始终在通信，如果单片机断开与外部的通信，它就失去了存

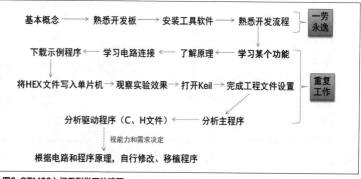

图3 STM32入门系列学习的流程

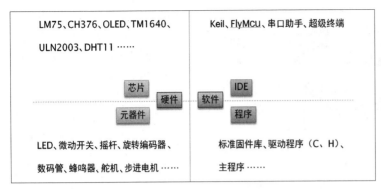

LM75、CH376、OLED、TM1640、 ULN2003、DHT11 ……	Keil、FlyMcu、串口助手、超级终端
芯片	软件	IDE
元器件 硬件		程序
LED、微动开关、摇杆、旋转编码器、 数码管、蜂鸣器、舵机、步进电机……	标准固件库、驱动程序（C、H）、 主程序……

▌图4 硬件与软件对比关系图

在的意义（见图5）。通信方面我们要学习什么呢？那就是通信接口。与计算机通信有USB、RS232、RS485，与外部设备通信有GPIO、RS232、RS485、CAN总线，与开发板上的功能电路通信有USART、I2C、SPI、GPIO、PWM。学习单片机就是学习这些接口通信方法。掌握了接口的通信方法，单片机就学会了一半。另一半是运算，运算是在单片机内部完成的，运算的核心是ARM内核，它可以运行程序并计算数据。单片机运算所需要的数据通过通信得到，运算结果再用通信发送出去。单片机如何运算呢？如何处理数据？这是学习的重点。在内部功能中RTC时钟、定时器、看门狗、RCC时钟、电源，这些功能都是辅助运算的。你会发现单片机的所有功能都可以分为3个部分：通信、运算、辅助运算和通信。只要从这3个部分入手就能掌握单片机入门的核心要义。

最后我再谈一下学习的问题。你认为初学入门最重要的是什么呢？有朋友认为是记下知识点、看懂电路图、看懂程序、自己设计电路、独立编程。这些都很重要，但在我看来这些是表面现象。我认为学习一项技术最重要的是：掌握方法和反复练习。掌握方法是当你进入这个行业时跟着前辈学习怎样工作。在我们的教学中，我教给大家的建立平台、分析程序，都是掌握一种学习方法。掌握方法之后要反复练习。我们反复打开示例程序、反复

下载HEX文件、反复打开工程、反复分析程序，对每个功能的分析都不同，我们做的工作都是反复练习、熟悉过程。如果没有掌握正确的方法，即使再多的练习也是无用功。如果只掌握方法，没有练习，那也是纸上谈兵。掌握方法是理论，反复练习是实践。理论结合实践才能学好一门技术。学习技术的目的是什么呢？我认为学技术的目的是解决问题。人生就是在不断地解决问题，怎样生存，怎样生活得更好，这是每个人都要解决的问题。学习单片机可能是为了大学毕业设计，或是为了找份工作，或是出于爱好，或是出于个人的理想。学技术本身是解决问题的过程。如何才能学会单片机？STM32是什么？CAN总线怎样通信？LM75驱动程序怎么写？每向前进一步就会遇到新的问题，解决了问题后又进一步，走完100步再回头看，一路下来解决了阻挡我们的所有问题，这就是成长的一部分。从解决问题的角度回看"100

步"，你会对学习有新的认识。

学习STM32之前总容易心存恐惧，因为STM32是32位ARM内核单片机，听起来很高级、很复杂、很神秘。即使学过51单片机的朋友也会被某些新功能、新知识吓怕了。在实践中，我发现有一些问题确实是STM32入门的难点，还有一些则是徒有其表，实际并不难。为了把这些难点分辨清楚，我特别写下这节，希望大家在战略上藐视敌人，在战术上重视敌人，用平常心按部就班地一步一步学习，如果你这样做了，我保证你能战胜它们。

4个不难学的难点

电压兼容问题

学过51单片机的朋友一定习惯使用5V电源给单片机供电，一旦改用STM32的3.3V电源，可能会有些不适应。而且，如果周边使用的元器件、芯片都是5V电压的，STM32单片机的3.3V电压能不能与它们兼容呢？如果不能兼容，是不是还要加电平转换芯片？这感觉平添了很多麻烦。电压问题确实是STM32电路设计上需要考虑的问题，但并不很难，因为STM32单片机的I/O接口有很多是兼容5V电压的。只要是兼容5V电压的I/O接口就可以像51单片机的接口一样使用，不需要额外的电路就能连接5V电压的元器件和芯片。不兼容5V的I/O接口可以用

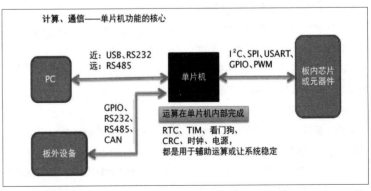

▌图5 单片机的计算与通信

来连接 3.3V 电压的元器件和芯片。在实际开发中，电压兼容问题并没有给我带来困扰，对电压问题的担心没有必要。

电路复杂度

STM32 电路设计的复杂度确实要比 51 单片机高一些。比如最小系统电路，51 单片机只需要 1 个外部晶体振荡器和 2 个起振电容，5V 电源只连接 1 组 VDD 和 GND 即可。而 STM32 要 2 个晶体振荡器，3.3V 电源要连接 3 组（甚至更多）VDD 和 GND，还有一组模拟电源 VDDA 和 GNDA。电路设计上还要加上 BOOT0 和 BOOT1 启动模式跳线，看起来复杂很多。STM32 比 51 单片机多出一个 32.768kHz 晶体振荡器，但那是给单片机内部的 RTC 功能使用的，如果不使用 RTC 功能或用内部低速 RC 振荡器，就可以省去这个晶体振荡器。多组电源输入的问题其实并不复杂，把多组电源并联即可。ADC 输入精确度要求不高的时候，VDDA 和 GNDA 可以跟 VDD 和 GND 并联。BOOT0 和 BOOT1 启动模式的设计难度不大。除此之外，STM32 电路设计与 51 单片机差不多，也许某些内部功能的使用方法有所差别，但不难学习。

32位寄存器操作

51 单片机的 SFR 特殊功能寄存器是 8 位的，STM32 采用 32 位 ARM 指令集，每个功能寄存器是 32 位的，指令复杂度比 51 单片机高很多。这一点确实是困难，但 ST 公司已经想了各种办法来帮我们降低寄存器操作的难度。比如在 51 单片机中操作一组 I/O 端口可以用 P1=0x01 这样的指令，在 STM32 上用 GPIOA=0x00000001 这样操作容易出错。于是 ST 公司制作并发布了固件库，避免用户直接操作寄存器，固件库把需要操作的寄存器程序封装成一个函数，在函数内操作寄存器，调用这个函数只需要给出参数或读取返回值即可。这样

用户只要记住哪些函数有什么功能即可，而不需要记住寄存器地址。一旦习惯了固件库方法，就会觉得 STM32 也并不难。ST 公司最近又发布了一款更强大的工具：STM32CubeMX。这是一款图形化程序生成器，你可以像设置计算机软件一样，用勾选、下拉列表、按按钮等操作配置好单片机功能，只要按一下按钮就能自动生成程序，不需一步一步编程。所以说 STM32 不仅不难，还可能比 51 单片机更简单。

I²C、SPI总线

我发现很多初学者对总线学习有恐惧，一看到总线就后退三步。经常有初学者说总线内部的时序关系看不懂，特别是 I²C 和 SPI 总线。其实 I²C、SPI 总线是不需要用户考虑时序问题的，只是因为 51 单片机没有硬件总线，只能用程序模拟，而模拟的过程难免有兼容问题，程序移植不良就需要分析时序图，看看哪里有 bug。不过这个问题在 STM32 单片机上不会出现，因为 STM32 集成了硬件 I²C 和 SPI 总线，只要开启硬件功能，硬件就能完成收发，使用效果和 USART 串口一样方便。我还特意测试了 I²C 和 SPI 总线的稳定性，比软件模拟好很多。用户不需要考虑底层，只要发送或接收数据就好了。

以上是我总结的 4 个"看难实易"的知识点。不论如何，我们都不能被别人灌输的观念吓倒。技术难不难是由我们自己在学习过程中总结的，每个人的学习能力不同，对同一技术会有不同的认识。如果被"前辈"的经验影响，害怕了，失去了学习的兴趣和信心，那我们怎么还有勇气去面对真正的困难呢？

真正难学的点

RCC系统时钟

STM32 单片机比 51 单片机难的地方

在于它功能多，且每个功能都有复杂的设置。RCC 设置就是比较麻烦的设置，因为你必须从原理上明白，才能知道每个设置起什么作用，才能计算倍频与分频关系。51 单片机上的时钟频率是由外接晶体振荡器决定的，晶体振荡器频率是多少，主频就是多少。用户不能用程序设置系统时钟，这样的设计虽然功能不强大，但学习起来简单。而 STM32 的 RCC 系统时钟需要用户设置 PLL 倍频器、AHB 总线分频、APB1 总线分频、APB2 总线分频，还有各个功能的分频。各功能的分频又与总线频率、PLL 倍频相关。初学者一般会用教学给出的经典倍分频设置，省去设置的烦恼。可是一旦要自己做项目开发，RCC 系统时钟设置是一个难点，需要深入了解原理才行。

定时器的复杂功能

STM32 单片机有多个 TIM 定时器，功能复杂，不易使用。相比之下，51 单片机的定时器就很简单，只有定时和计数两个功能，定时是以系统机械周期计数，计数是对外部电平的计数，总之都是计数。STM32 的 TIM 定时器虽然也是对时间计数、对外部电平计数，但它带有捕获器、输出比较器、PWM 脉宽调制器功能。如果你不了解这些功能，就没办法设置好定时器。另外，STM32 中定时器的 32 位计数单元也有很多需要设置的内容。定时器是 STM32 入门的重要和难点，需要下一些功夫才行。

CAN总线

RS232 和 RS485 是两种常用的通信方式，在 51 单片机的教学中无一例外会讲到，因为这两种通信方式设置简单、使用方便。STM32 集成了更复杂的 CAN 总线，它的协议要复杂许多，总线上可以挂接几乎无限多个设备。CAN 总线在汽车内部做

电子设备通信已经非常成熟，在需要高稳定性的工业控制环境中也很常用。CAN总线学起来有一些难度，因为它不像I²C总线那样有地址概念，而是使用叫标识符的新概念。要想全方位使用CAN总线，需要了解全部的设置项，这也是很麻烦的事，需要初学者花费很多精力。

启动汇编程序

要说STM32最复杂的部分当属启动程序。51单片机没有启动程序的概念，因为51单片机内核简单，只要从Flash中指定的位置开始PC指针就行了。STM32采用32位的ARM内核，内核启动需要用效率最高的汇编语言编写，对ARM内核做基本设置和初始化，再转用C语言启动内核相关的功能并设置参数，等这些结束之后才运行用户程序。一般情况下，我们都使用ST公司提供的固件库开发，固件库带有写好的启动程序。可是一旦我们学习操作系统移植，或者想使用内核深层的应用，了解启动程序是必要的工作。了解启动程序对初学者来说是很大的挑战，幸运的是，如果你掌握了这个难点，就算真正学通了STM32。

可能会有朋友会说，学习嵌入式操作系统不是也很复杂吗？但这个复杂并不是STM32单片机所独有的，将操作系统移植到任何单片机上都有难度。而且移植系统也不算是学习STM32，而是学习操作系统。我能总结到的入门难点大概就是这些，希望能帮助你预见学习前路中可能遇到的问题，希望各位知难而进，知易而快进，加油！

入行十余年，我所见业内轶事众多，当初的一些想法，如今也在实践和事实面前有所转变。所以我要写的是对自己过去的评论，反思自己的思想转变，分享今昔之差异，抛砖引玉。在单片机的学习过程中随着经验的增加，思考方式有了几个大的变化，写出来与大家分享。

我设计你生产 → 你生产我设计

我总结的单片机开发的思考误区，其实都是我们在行业内把自己的地位看得太重而导致。今天先讲关于设计开发与加工生产的主次问题。单片机开发涉及的内容众多，入门的门槛也高一些，技术人员很少与其他行业的资深人士交流，于是刚入行的单片机开发者会认为自己是产业链中端，上游有元器件供应商，下游有加工生产制造商，而我所学的技术都是元器件厂商决定的，元器件厂商做好的芯片、写好的数据手册，很有权威性。我们技术人员要学会这些知识才能找到工作，才能顺利进行设计开发。而下游的加工生产商，是我们花钱让它们生产加工，它们得按我们的要求生产，达不到要求，我们还能退货。

这些是显而易见的，业内很多人士都持类似的看法，我们会认为上游决定下游，我们被上游元器件厂商控制，又控制下游加工生产商。但如今，我经历了多次与加工生产商打交道，在生产中遇见种种困难，思考方式慢慢转变。也许换一个角度想，事情恰恰相反。

我们先看决定市场的最根本因素，那就是消费者。在市场经济环境下，供大于求，商家竞争激烈，消费者用钱投票，选择他们喜欢的产品。而产业链所有环节都要为消费者服务。所以应该是终端决定中端，也决定始端。消费者对大屏手机的需求，决定了厂商做大屏手机，决定了显示屏厂商做大显示屏。虽然也有创新产品创造消费新需求的例子，但毕竟是极少数。

在产业链条上，下游加工生产商的工艺水平决定了我们设计开发的上限。而我们开发需要什么样的元器件，决定了元器件厂商未来的供货方向。表面上，我们开发者是主导者，但其实加工生产水平控制着我们的设计范围。从开发者的角度来说，我们要学习元器件厂商的数据手册，

从元器件厂商角度来看，它们也正在制造我们想要的元器件。

控制关系好像正好反转了，但幸好我们还有一些权力。但是现实情况是产业升级需要时间，下游加工生产商的工艺升级缓慢，上游元器件推出也滞后一段时间。但设计开发层面的竞争非常激烈，使上下游的限制与压力都集中在我们这里。表面上看我们是行业的领头羊，但本质上我们谁也领导不了，还要受到行业的各种限制。所有参与单片机开发的公司或个人都在这个限制的范围之内发挥了自己最大的竞争力。机遇与挑战是一体两面。

技术越强越成功 → 技术越强死得越快

思维固化在技术圈里是一个很严重的问题，只是因为大家的思维普遍固化，所以也没感觉有问题，即大家都一样，也就正常了。我在20岁出头的年纪也特别迷恋技术，对前沿技术充满好奇。当时我就职于一家ARM产品的研发型公司，我也被环境感染了，我充满自信要达到技术的最高点，我想成为某一项技术的高手，心想只要学好某某技术，学到无人能敌就是最大的胜利。

后来我辞去了工作，自主创业。创业所经历的不只这门技术，还有众多门类。刚开始我都疲于应对，但慢慢地，我发现了各门类的奥妙，虽不能说应对自如，但也明白了怎么回事。从此我开始发展技术的广度，遇事也会换角度考虑。在随后的一段时间里，我发现自己的思维展开了，好像之前从来没有想到的事情都逐渐清晰起来。我开始研究在有限技术下的创新，我发现技术还有另一种玩法、另一种思维方式。我开始学习其他技能，从中获取灵感，在研发我自己的产品时，多门类的技术给了我很多不曾想过的精彩。

我的思想转变并不代表我是正确的，

只能说如果让我重新选择一次的话，我还会选择现在的状态。原来的技术思维使我固化保守，而这种固化形成了一种信仰，让我活在自己的小世界中。我与技术应该是相互影响吧，也可能是我内向的性格使我喜欢上了技术，而技术反过来巩固了我的内向。要不是创业维艰，我也不能突破自己的桎梏。我们都想通过技术得到成就感，但追求技术的高峰并不是唯一的出路。当努力追赶某个技术高峰的时候，技术很有可能反过来绑架我们的思维。

所以我要说：技术越高死得越快。这里说的死不是技术的死，只要有想追求技术高峰的年轻人，技术就永不会死。死的不是生命，而是思维。思维贵在多元交汇之中产生的灵光。

我在追求技术高峰的路上走了很久，现在以一个"叛徒"的身份，提醒那些向技术狂奔的宅男们。技术是美好的，但也得防止固化在某项技术之中，失了聪明，也许我们更需要的是开拓的思维和眼界。

创新带来进步 → 创新造成不稳定

科技是一把双刃剑，带给我们方便的同时也造成了同等的问题和麻烦。我只把眼光放在优点上，忽略了那些不易察觉则影响深远的问题。当我意识到科技创新的负面时，开始对于我最热衷的技术创新有了反思。从前我一直认为做科技行业，特别是电子技术开发，最重要的就是创新，新设计、新功能、新性能、新外观，只有在技术上体现创新，技术才能不断进步。事实也确实如此，不论是手机还是计算机都是在不断进化的，没有人能阻挡创新，也没有人想这样做。科技的进步也确实让我们的生活更便捷，更大限度满足了欲望。在单片机开发当中，我们愿意使用更新的开发工具软件，改用更新款的单片机型号，加入新型传感器和元器件。好像这样是最好的选择，但后来我发现追求创新

也要付出一定代价。

创新的负面问题很多，最显而易见的问题是稳定性。传统可以理解为陈旧，也可以理解为稳定。AT89C51单片机之所以能在如此竞争激烈的市场存活至今，稳定是主要原因之一，被无数开发者实践验证过的稳定才能在市场上长久立足。稳定性对于一款工控、医疗产品的意义远大于创新，而很多实践经验不足的开发者很容易忽略这一点。创新的风险在于拿稳定性来交换与众不同。但是没有办法，为了打败竞争对手，挤占市场，只有创新才能带来消费者的关注，才能创造更大的销量。而在科技社会里，消费者不喜欢传统，而喜欢新奇、特别的东西。科技的创新反过来又促进了消费者的偏爱。在相互促进的循环中，创新是被迫的选择。当你发现买到的最新款手机经常死机、软件Bug太多时，不用恼火，这正是追求创新带来的负面影响。早年间，在我开发经验不足的时候，总是想做些新东西，也因此吃了不少苦头。

如今我在开发中更加谨慎，特别是在项目开发中，把稳定性放在第一位。并不是说我要放弃创新，那也会失去创新的众多优势。我需要在稳定与进步、传统与创新之间找到一个平衡，要把开发内容和环境也考虑进去，找到一个有针对性的平衡。比如我现在用的开发工具软件都不是最新版本，当然也不是最旧的版本，我只会在功能和性能都达到要求的情况下，找到最稳定的版本。比如在元器件的选择上，不能执念于最新、最好的，还要考虑成本、生产工艺还有可替换等问题，我通常会在较新的元器件当中找到综合条件最好的元器件。在单片机的使用和选择上我更加谨慎，在做重要的项目开发时，所用的单片机一定要是在小项目中反复验证多年的产品。这是应该守旧的地方，应该延续传统。而应该创新的地方，通常是那些传

统当中问题最多、麻烦最大的部分。我们还要坚持变革，但是这需要高超的智慧去辨析二者，在该创新处创新，在该保守时保守。

创新是美好的，但不应该只看到美好的一面，而忽略了创新所带来的不可预见的破坏力。同时关注创新的创造力和破坏力，并运用智慧在其间找到适度的平衡点，创新才能在我们的驾驭之下增加便捷，并减少麻烦。

在对单片机的学习中，怎样才算真正入门了呢？在我看来就是拥有用单片机解决问题的能力。当你遇到问题时，你能知道问题出在哪里，知道去哪里找到答案，最终独立解决问题。拥有这样的能力就表明你已经学会了单片机。但是这个能力有大有小、有高有低，只有反复练习、反复解决问题，在过程中积累经验、不断成长，才能解决更多的问题。入门是技巧和方法，入门之后继续往里走，就是反复练习、积累经验，这是循序渐进的过程。初学者常问我一些问题，因为他们并没有入门，没有得到解决问题的能力。已经入门的人还会问我更难的问题，因为他们没有丰富的经验，不知道如何解决新问题。当你能够通过各种方法循序渐进地独立解决问题，才表示你真正意义上学会了单片机。不论是技术还是人生，当你解决的问题比别人多时，你就是高手。"STM32入门100步"像一个孩子在学步时最开始走过的100步，需要大人搀扶孩子。随着不断地练习和适应，大人慢慢放手直至完全放开，孩子则可以独立前行。在蹒跚学步的过程中有跌倒和退步，是必然的。坚持站起来继续走，任何人都能走完这100步。学会走路表示什么呢？表示你通过实践和反复练习，掌握了一种新的解决问题的方法。学完了"STM32入门100步"，你不再需要我的搀扶，接下来的路需要你自己慢慢走。祝大家一路顺风！⊗

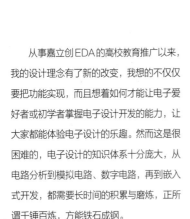

OSHW Hub 立创课堂

逐梦壹号四驱智能小车（1）

智能小车硬件电路分析

▌莫志宏

　　小时候，我希望可以自己造一辆属于自己的遥控小车，长大后，我已经掌握了如何自己造车的秘诀，也曾做过各种各样的智能小车。本次制作的这辆小车我给它命名为：逐梦壹号。希望逐梦壹号能给各位朋友带来一点帮助，开启电子世界的逐梦之旅。送给每一位有造车梦的朋友！

　　从事嘉立创EDA的高校教育推广以来，我的设计理念有了新的改变，我想的不仅仅要把功能实现，而且想着如何才能让电子爱好者或初学者掌握电子设计开发的能力，让大家都能体验电子设计的乐趣。然而这是很困难的，电子设计的知识体系十分庞大，从电路分析到模拟电路、数字电路，再到嵌入式开发，都需要长时间的积累与磨炼，正所谓千锤百炼，方能铁石成钢。

　　在与各地高校教师、电子爱好者进行深入交流后，我决定做一个电子工程师启蒙的电子项目——逐梦壹号四驱智能小车，从电路讲解、原理图、PCB设计、焊接调试再到软件编程，逐一讲解设计要点与注意事项，结合视频与文档介绍，帮助电子爱好者与电子小白掌握基础项目的开发能力，快速入门，提升自己设计的水平。我始终相信，实战项目是提高设计水平最好的方式，而一个趣味性高的项目无疑会加快大家学习的积极性。在案例的选择上，我选择了使用STC最新推出的STC32单片机作为核心主控，以插件电路为主，适合新手焊接学习。不管是用于学习PCB设计还是单片机开发都是极为合适的。我

们可以自由设计小车的外形，充分释放内心的想法，把小时候的梦想变成现实，这辆小车我给它命名为：逐梦壹号，希望逐梦壹号能给各位朋友带来一点帮助，开启电子世界的逐梦之旅。

　　逐梦壹号智能小车配套27讲教学，其中包括电路设计9讲、焊接调试9讲以及程序编码9讲，为方便大家学习，我将27讲整理归纳为9个步骤进行介绍，分阶段学习，一层一层扒开智能小车设计的面纱，内容安排如下。

　　● 智能小车设计第1步：智能小车硬件电路分析。

　　● 智能小车设计第2步：智能小车PCB设计就这么简单。

　　● 智能小车设计第3步："焊武帝养成记"智能小车焊接说明。

　　● 智能小车设计第4步：模拟车灯闪烁与模式切换实验。

　　● 智能小车设计第5步：开车怎么能离开音乐呢，蜂鸣器音乐播放实验。

　　● 智能小车设计第6步：电量警报，ADC电压采样原理。

　　● 智能小车设计第7步：加速！加速！

让小车全速行驶。

　　● 智能小车设计第8步：超声波避障与红外循迹实验。

　　● 智能小车设计第9步：蓝牙App设计与无线控制实验。

功能介绍

　　一辆优秀的四驱智能小车的功能必须是强大的，逐梦壹号具备以下8项核心功能，每一项功能都能对应单片机知识点，通过逐梦壹号的学习，可同时掌握单片机开发的能力。

　　● 车头放置两个LED，模拟汽车灯光系统，学习单片机的输出功能。

　　● 使用独立按键，模拟汽车一键启动功能，学习单片机的输入检测。

　　● 无源蜂鸣器音乐产生，让行驶途中不再枯燥，学习定时器功能配置。

　　● 路上没电怎么办，使用电池电压检测功能，学习ADC电压采集功能。

　　● 四路电机独立控制，实现小车行走，学习电机驱动及PWM输出功能。

　　● 前方有障碍物，超声波避障让小车行驶更安全，学习传感器的使用。

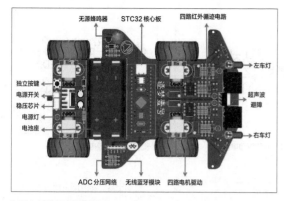

▌图1 逐梦壹号功能布局

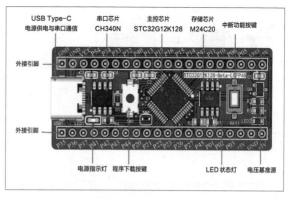

▌图2 STC32核心板功能布局

● 红外光电对管，实现小车无人驾驶循迹功能，学习传感器的使用。

● 使用蓝牙模块，通过手机App控制小车行驶，掌握串口协议与数据传输。

技能掌握

在逐梦壹号的学习过程中，从硬件设计到软件编程，每一步都至关重要，要成为一名优秀的电子工程师，不仅要掌握电路设计，还需要掌握PCB设计、焊接、程序编写等基本技能，通过逐梦壹号四驱智能小车的学习，希望你可以通过对小车的制作学习掌握单片机项目的开发能力。

● 学习单片机电路分析的方法，学会如何看懂电路原理图。

● 学习单片机电路设计方法，初步掌握元器件选型与数据手册阅读。

● 掌握EDA设计原理图和PCB设计方法，设计属于自己的智能小车。

● 掌握元器件焊接的基础方法与硬件调试技能，成为新一代"焊武帝"。

● 学习STC32单片机的基础功能和外设使用，上手STC32项目开发。

● 掌握嵌入式开发、程序的阅读与Bug调试的方法与技巧。

总体设计方案

逐梦壹号以STC32核心板为主控，两节3.7V 14500锂电池供电，经过7805稳压芯片输出5V电压给单片机和其他模块供电。

一个独立按键用于模拟一键启动、模式切换等功能；两个车灯模拟汽车行驶过程中的单闪、双闪以及近光灯和远光灯的功能；无源蜂鸣器用于产生音乐及警报功能；ADC电阻分压网络给单片机采集电池电压、电量过低时报警；蓝牙模块用于与手机连接进行无线控制；使用XD393比较器电路与红外光电传感器检测地面黑线，实现循迹功能；超声波模块读取与前方障碍物距离，避免撞车，实现四驱车的避障。逐梦壹号功能布局如图1所示。

硬件电路设计

相信聪明的你已经对逐梦壹号的功能有了一个大致了解，那么这些功能是如何实现的，它们的电路应该如何设计呢？接下来我们一起一层层剖开电路设计的面纱。

核心板电路

逐梦壹号的主控是一块可拔插的STC32核心板，使用核心板的好处是可以自由设计更换主控，而且焊接起来更加方便。在完成逐梦壹号四驱车的设计后，还可以用核心板去设计其他的扩展项目。另外，核心板体积小巧，可以直接插到面包板或者洞洞板，实现快速搭建电路模块并进行验证。STC32核心板功能布局如图2所示。

核心板上板载CH340N串口芯片，配合程序下载按钮，可以直接进行程序烧录以及串口调试。M24C02存储芯片用于程序空间的扩展，适应更加复杂的项目开发，使用431基准电源给芯片提供稳定的基准电压。作为最小系统必备的元器件，独立按键和LED也是必不可少的，单独对核心板进行学习，也能够掌握STC32的基本开发能力，接下来要做的就是通过一些扩展项目培养和加强个人项目开发的能力。

电源输入电路

在设计电源电路时需要重点考虑四驱小车整体的工作电压。比如STC32核心板的工作电压是5V，电机参考电压是6V，那么电源输入电压就不能低于6V。常见的供电设备是外接电池，一般的干电池电压是1.5V，那至少需要4节干电池，但干电池不能循环充电，容易造成资源浪费。故而选择支持充电的锂电池，而锂电池的种类很多，主要根据体积以及容量来选型。综合考虑小车整体大小，最终选用了2节14500锂电池供电，电源电压为3.7×2=7.4（V）。电源输入电路如图3所示。

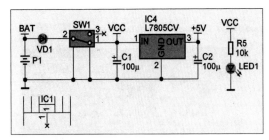

▌图3 电源输入电路

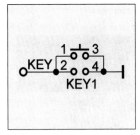

▌图4 LED驱动电路

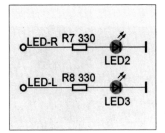

▌图5 独立按键电路

图3中P1为双节14500的电池座，装上电池后，经过VD1防反接的二极管，打开开关SW1，电源通过7805线性稳压器稳压到5V输出，C1和C2为电源滤波电容。LED1为电源指示灯，R5为限流电阻（这里取10kΩ），让LED发光不会太亮，同时也减少了项目中所用元器件的种类。IC1为L7805CV稳压器的散热片，避免工作过久芯片发热严重，给它降温。

LED驱动电路

没有车灯的小车是没有灵魂的，选择高亮的LED用来模拟汽车的左右车灯。LED的阴极接电源地（GND），这里限流电阻取值就稍微小一些，让LED电流更大，灯更亮。LED的程序控制也比较容易，R7电阻左端连接一个LED-R的网络标签与单片机引脚连接，当引脚输出高电平时，二极管导通，LED点亮。利用定时器和I/O接口输出配置，就可以实现车灯闪烁以及高亮和弱亮的呈现效果了。LED驱动电路如图4所示。

按键输入电路

为了模拟一键启动以及模式切换功能，在智能小车上使用一个独立按键进行控制，可以实现长按以及短按的功能。该按键引脚与单片机的中断引脚相连，也可以进行中断实验演示。检测原理为：单片机的引脚与按键连接，当按键按下时，按键导通接到GND，即单片机引脚检测到低电平后告诉单片机已经检测到按键按下的信号，可以去

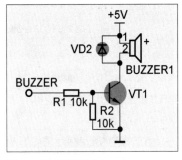

▌图6 无源蜂鸣器驱动电路

执行操作。这就是单片机外部信号检测的基本原理。独立按键电路如图5所示。

蜂鸣器驱动电路

为了使智能小车能发出声音，你可能会加上一个扬声器，但是同样还需要一个声音信号的产生，如此设计的话整体电路会变得比较复杂。在众多电子元器件中，有一种神奇的元器件，可以发出各种音调的声音，它就是无源蜂鸣器。相对于无源蜂鸣器，它还有个亲兄弟叫有源蜂鸣器。

值得注意的是，这里的"源"指的是振荡源而不是电源。有源蜂鸣器只要通上电就可以发出响声，无须外围电路，缺点是只能固定发出某个频率的音调，不能更改。而无源蜂鸣器不能直接通电使用，还需要外部输入一个振荡信号，外围电路设计相对复杂，但能够自由控制蜂鸣器输出的声音，我们可以使用无源蜂鸣器这一特性生成一些美妙的音乐。

由于单片机的I/O接口驱动电流太小，不能直接驱动无源蜂鸣器，所以需要专门

设计一个驱动电路，如图6所示。S8050三极管VT1起到开关作用，当输入信号为高电平时，三极管导通，蜂鸣器发声。二极管VD2起到续流作用，保护蜂鸣器不会损坏。

ADC检测电路

ADC即模拟信号转数字信号的转换器。电压信号是一个模拟值，一直不断地变化状态，使用单片机的ADC功能，可以将变化的电压状态转换成我们所需要的电压参数。我们所用的锂电池电压为3.7V不代表电池满电电压是3.7V，满电电压是4.2V，当电池电压为3.7V时电量仅剩20%，此时应注意充电。有了ADC电压检测功能就可以很方便地时刻监控电池的容量，再结合无源蜂鸣器做一个电量过低的警报，提醒我们该去充电了。

逐梦壹号使用2节锂电池供电，电压为4.2×2=8.4（V），这个电压是不能直接接到单片机的I/O接口的，容易损坏单片机。通用的处理方式是使用电阻进行分压或者使用运放电路将电压降低到单片机能承受范围。这里我们使用了3个10kΩ的电阻进行分压，取1/3电压点接到单片机的ADC引脚。ADC电阻分压电路如图7所示。

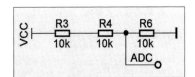

▌图7 ADC电阻分压电路

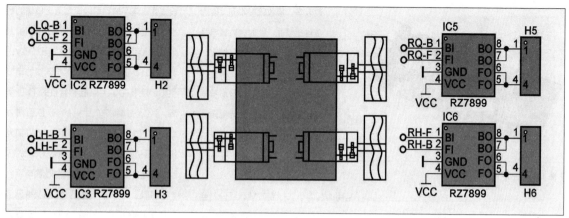

▌图8 电机驱动电路

电机驱动电路

电机驱动是智能小车运动的基础。单片机直接输出的电流大小，不足以带动小车运动。电机电路采用了 RZ7899 电机专用驱动芯片，该芯片外围电路简单，非常适合智能小车等小型电机驱动的应用。它由逻辑输入端口 BI 和 FI 控制电机前进、后退以及制动，配合单片机 PWM 输出可以控制电机转速。在焊接时注意在电机上并联一个瓷片电容，起到防干扰的作用。使用 N20 电机，小巧精致，电机焊接时使用排针直接与电机控制引脚连接，十分方便。电机驱动电路如图8所示。

超声波避障电路

为了避免逐梦壹号在行驶过程中出现撞车事故，使用了一个超声波模块放置在小车车头。超声波模块的型号为 HC-

▌图9 HC-SR04 超声波模块

SR04（见图9），使用 4 个引脚与单片机连接，分别是 GND、VCC、TRIG 以及 ECHO 引脚，除去电源引脚，只需要两根信号线就可以发射超声波检测前方障碍物的距离，检测原理方法将在软件部分讲解。超声波模块接口电路如图 10 所示。

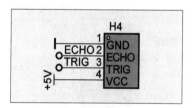

▌图10 超声波模块接口电路

红外循迹电路

红外循迹电路以 ITR9909 传感器为核心，使用 XD393 比较器进行检测输入状态，配合精度调整的电位器，测量距离在 1~15mm 范围内可调节。

小车循迹一般是在白色地板上沿着一根黑线行走，利用红外光对不同颜色的反射情况进行识别。一直对外发射红外光，车底如果是白色地板，光线会被折射回去，此时接收管接收到的信号经过比较器输出低电平，LED 灯亮，单片机检测到低电平；如果车行驶在黑线周边，红外光被黑色吸

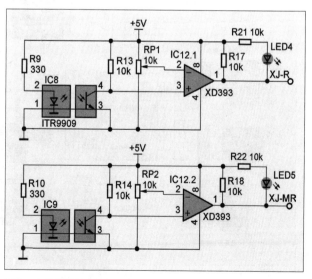

▌图11 红外光电循迹电路（右侧两路）

图 12 HC-05 蓝牙主从模块

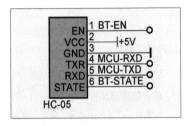

图 13 蓝牙模块接口电路

收较多，接收管接收到反射的信号比较弱，此时比较器电路输出为高电平，LED 灯熄灭，单片机检测到高电平。循迹其实是一个寻找黑线以及沿着黑线运动的过程。红外光电循迹电路（右侧两路）如图 11 所示。

蓝牙接口电路

常用的智能小车控制方案有红外、蓝牙、Wi-Fi、2G/4G 等方案。逐梦壹号所选用的是蓝牙控制，这种方式电路简单，手机就是遥控器，另外还可以学习蓝牙 App 的设计。

智能小车上使用 HC-05 蓝牙模块（见图 12），一共有 6 个引脚（见图 13）。EN 引脚用于控制蓝牙模块进入 AT 指令，

设置为高电平时，可以设置蓝牙模块的状态与数据传输；VCC 引脚和 GND 引脚为电源输入引脚，输入电压范围为 3.6~6V；TXD 和 RXD 是用于与单片机连接的串口引脚，其中 RXD 引脚接单片机的 TXD 引脚，TXD 引脚接单片机的 RXD 引脚，此处需注意不能接反；最后一个引脚为 STATE 引脚，功能是显示蓝牙配对的状态。当蓝牙连接上手机时，该引脚输出高电平。

将以上电路进行整合，我们就得到了整体电路设计图，如图 14 所示。至此，智能小车第一步：智能小车硬件电路分析介绍到此结束，看到这里是不是也觉得智能小车的电路其实也没那么难吧，那么下一步，我们将介绍如何在 PCB 设计软件中设计原理图以及 PCB 外形、布局和走线，感兴趣的读者请继续相约《无线电》！⊗

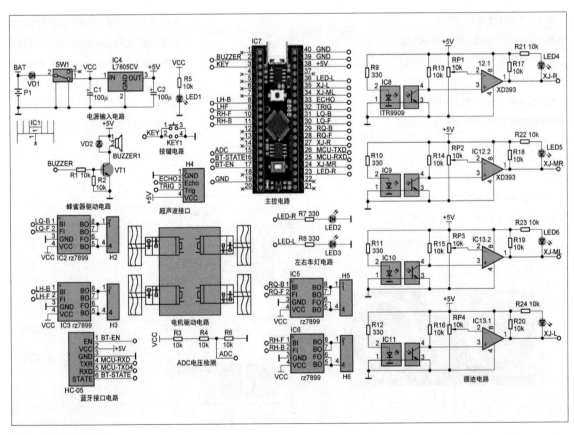

图 14 逐梦壹号整体电路

鸿蒙 eTS 开发入门（6）
Swiper 组件

▋ 程晨

新的一年，华为将发布 HarmonyOS 3.1 版本，SDK 将全面升级 ArkTS 声明式开发体系，这个体系围绕华为基于 eTS 全新自研的开发语言 ArkTS，包含了设计系统 HarmonyOS Design、编译器 ArkCompiler、测试工具 DevEco Testing 以及上架分发平台 AppGallery Connect，对设计、开发、测试、上架全流程进行了全面优化。

ArkTS 在 eTS 的基础上，更好地匹配了 ArkUI 框架，扩展了声明式 UI 语法和轻量化并发机制，让跨界开发和并行化任务开发更加简洁高效。

新年新气象，本人将开发环境升级了一下，接下来将使用 ArkTS 语言进行程序编写。虽然 ArkTS 是华为全新推出的编程语言，不过从入门学习的角度来说，其与 eTS 差别并不大，反而会使开发更加便捷。

下面我们回到文章主线，在完成了一个有标签选项卡的界面之后，这次我们将通过图片滑块容器组件"Swiper"在其中一个标签选项卡中循环显示几张图片。

因为要显示图片，所以第一步依然是添加图片，在目录 resources/base/media 下添加两张图片，具体过程这次就不介绍了，这两张图片一张是《无线电》杂志名称图片，另一张是一个收音机图片。

图片准备好之后，下面来看程序实现部分。第一步，创建一个图片数据模型 ImageData，具体如程序 1 所示。

程序1

```
export class ImageData {
  id: string
```

```
  img: Resource
  name: string
  constructor(id: string, img:
Resource, name: string) {
    this.id = id // 图片 id
    this.img = img // 图片地址
    this.name = name // 图片名称
  }
}
```

对于一张图片来说，图片数据模型包含 3 个信息：id、图片地址以及图片名称。数据模型创建好之后，我们创建一个数组变量用来保存对应的图片信息数据，具体如程序 2 所示。

程序2

```
private imageSrc: ImageData[] = [
  { "id": "0", "img": $r('app.media.
radio'), "name": '杂志名称' },
  { "id": "1", "img": $r('app.media.
icon'), "name": '图标' },
  { "id": "2", "img": $r('app.media.
radio1'), "name": '收音机' },
]
```

这里我们添加了 3 张图片，能看到除了新添加的 2 张图片，还有一张是项目自带的 icon.png。

最后就是在"页面内容"容器中添加 Swiper 组件，具体如程序 3 所示。

程序3

```
if(this.menuIndex == 0)
{
  Text("这是文档页面")
    .fontSize(30)
    .fontWeight(FontWeight.Bold)
```

```
  Rect({width: 300, height: 2})
    .fill(Color.Blue)
    .margin(10)
  Swiper() {
    ForEach(this.imageSrc, item => {
      Image(item.img)
        .objectFit(ImageFit.Contain)
        .height(150)
    }, item => item.name)
  }
  Text("鸿蒙应用开发入门1")
    .fontSize(20)
    .margin(20)
  Text("鸿蒙应用开发入门2")
    .fontSize(20)
}
```

由于这个组件放在"文档"选项卡中，因此这段程序在开头判断变量 menuIndex 的值是否等于 0。然后在添加的 Swiper 组件中，通过 ForEach 语句循环访问数组变量 imageSrc 中的所有信息。同时，在当前"文档"选项卡的页面中，增加了一个矩形框和两个文本组件。矩形框通过绘制组件中的 Rect() 完成，矩形框宽 300 像素，高 2 像素，这样看起来就像一条线。两个文本组件显示的内容分别为"鸿蒙应用开发入门1"和"鸿蒙应用开发入门2"，这样从效果上看，好像《无线电》杂志名称图片中的具体内容一样，在页面中增加 Swiper 组件如图 1 所示。

这样 Swiper 组件就添加好了，不过此时组件内的图片不会自动更换，如果想实现组件更多的功能，需要详细了解一下组件的方法。组件方法如附表所示。

通过这些方法，可以进一步设置 Swiper 组件，比如设置组件内图片自动纵向滚动播放，间隔时间为 4000ms，显示导航点，切换的动画时长为 1000ms，图片之间的间隙为 0，具体如程序 4 所示。

程序4

```
Swiper() {
  ForEach(this.imageSrc, item => {
    Image(item.img)
      .objectFit(ImageFit.Contain)
      .height(150)
  }, item => item.name)
}
.autoPlay(true)
.interval(4000)
```

图1 在页面中增加 Swiper 组件

```
.indicator(true)
.loop(true)
.duration(1000)
.itemSpace(0)
.vertical(true)
```

附表 Swiper 组件方法

方法	参数类型	说明
index	number	设置起始时容器中显示内容的索引值，默认值为 0
autoPlay	boolean	子组件是否自动播放，自动播放状态下，导航点不可操作，默认值为 false
interval	number	自动播放时播放的时间间隔，单位为 ms，默认值为 3000
indicator	boolean	是否启用导航点指示器，默认值为 true
loop	boolean	是否开启循环，默认值为 true
duration	number	子组件切换的动画时长，单位为 ms，默认值为 400
vertical	boolean	是否纵向滑动，默认值为 false
itemSpace	number 或 string	设置子组件与子组件之间的间隙，默认值为 0
displayMode	SwiperDisplayMode	设置子组件显示模式，SwiperDisplayMode Stretch 表示滑动一页的宽度为 Swiper 组件自身的宽度；SwiperDisplayMode.AutoLinear 表示滑动一页的宽度为子组件宽度中的最大值。默认值为 SwiperDisplayMode.Stretch
disableSwipe	boolean	禁用组件滑动切换功能，默认值为 false
displayCount	number 或 string	设置一页中显示子组件的个数，设置为 "auto" 时等同于 SwiperDisplayMode.AutoLinear 的显示效果，默认值为 1

indicatorStyle	{
	left: Length,
	top: Length,
	right: Length,
	bottom: Length,
	size: Length,
	mask: boolean,
	color: ResourceColor,
	selectedColor: ResourceColor
	}
		设置导航点样式
		– left: 设置导航点距离组件左边的距离
		– top: 设置导航点距离组件顶部的距离
		– right: 设置导航点距离组件右边的距离
		– bottom: 设置导航点距离组件底部的距离
		– size: 设置导航点的直径
		– mask: 设置是否显示导航点蒙层样式
		– color: 设置导航点的颜色
		– selectedColor: 设置选中的导航点的颜色

这样 Swiper 组件中添加的图片就会自动重复更换了。

针对 Swiper 组件，最后还有一点需要说明，如果想要控制组件的图片，需要定义一个 Swiper 组件的控制器，如程序 5 所示。

程序5

```
private swiperController: Swiper
Controller = new SwiperController()
```

然后将此控制器绑定至 Swiper 组件，这样就可以通过它控制 Swiper 组件内图片的翻页。绑定控制器的 Swiper 组件如程序 6 所示。

程序6

```
Swiper(this.swiperController) {
  ForEach(this.imageSrc, item => {
    Image(item.img)
      .objectFit(ImageFit.Contain)
      .height(150)
  }, item => item.name)
}
.autoPlay(true)
.interval(4000)
.indicator(true)
.loop(true)
.duration(1000)
.itemSpace(0)
.vertical(true)
```

只需要将定义的控制器放到 Swiper 组件后面的括号中即可。对应 showNext() 方法为翻至下一页，showPrevious() 方法为翻至上一页。

假设通过一个按钮将 Swiper 组件中的图片翻到上一页，具体如程序 7 所示。

程序7

```
Button('上一页') .onClick(() =>
{
  this.swiperController.showPrevious()
}
```

大家可以自己尝试添加 2 个按钮来实现这个功能。至此，关于 Swiper 组件的内容就介绍到这里。Ⓧ

STM32 物联网入门30 步（第1步）

教程介绍与学习方法

▌杜洋　洋桃电子

本系列文章是针对从事物联网开发工作的朋友的物联网单片机入门教程。我将采用目前主流的32位ARM单片机作为低功率物联网设备的核心组件，主要讲解基于蓝牙模块、Wi-Fi模块的联网通信。在开发平台上，我将使用最新的STM32CubeIDE集成开发环境，使用STM32CubeMX图形化编程工具、主流的HAL库来完成入门的教学。教学内容包括基础知识的讲解和各功能模块的编程与应用，最后带领大家完成一个基于阿里云物联网平台的小项目，通过项目开发实践来验证学习成果。

第1步先不着急展开教学内容，而是系统地介绍一下教程特色，给出我推荐的学习方法。要知道，学习方法比学习本身更重要，好的学习方法可以让你事半功倍。全面地了解本教程，也能帮助你在学习过程中认清自己的方位，确立学习的目标，不至于学而不思或思而不学。

教学介绍

教学目标

● 掌握STM32CubeIDE的基本功能的使用。

● 掌握HAL库的概念和基本使用方法。

● 掌握STM32CubeMX图形化编程的方法。

● 掌握洋桃IoT开发板各功能的驱动与基本应用。

● 掌握Wi-Fi模块、蓝牙模块的通信原理和基本应用。

目标是能跟随教程完成阿里云物联网平台的连接，完成物联网小项目。

目标是努力的方向，又包含了学有所成的标准。当你学完全部教程，完成相关实验和作业，再回看教学目标也是对自己学业的总结。

第1个目标是掌握STM32CubeIDE的

基本功能。图1所示为STM32CubeIDE界面。STM32CubeIDE是集成开发环境，是开发过程的核心组件，其他工具都要围绕它运行。有朋友可能会问，单片机不是核心吗？是的，单片机也是核心，但它是产品应用层面上的控制核心，在项目开发完成后，产品工作运行时单片机才是核心。而在项目开发阶段，单片机只是辅助开发环境的调试工具。由于我们关注的重点是物联网开发，在开发环境方面，只讲解最基础的功能，能够让大家学会在STM32CubeIDE中进行图形化编程、程

序编写、编译和下载调试。

第2个目标是掌握HAL库的概念和基本使用方法。HAL库听起来高端大气，但学习起来比标准库简单很多，因为在HAL库中，对库函数的基本参数设置是通过图形化的方式进行的，初学者不需要熟悉程序就能完成。技术的发展让开发者的工作变得更高效、更简单。但我知道多数初学者对陌生的技术抱有恐惧。我会结合实例来由浅入深地讲解HAL库的原理和使用方法，让你在学会之后可能会感慨，原来HAL库并不难。

让 H A L 库如此简单的原因，是

▌图1 CubeIDE界面

图2 蓝牙模块和Wi-Fi模块

STM32CubeMX的图形化编程功能。这就要说到第3个目标，掌握STM32CubeMX图形化编程的方法。STM32CubeMX不仅可以设置所有I/O端口的工作模式，还能设置单片机内部功能的各种参数，在不编写任何一行程序的前提下，也能完成单片机全部功能的初始化。这是一项伟大的发明，图形化编程将会成为未来单片机开发的重要方式之一。同时，它也将单片机的开发门槛降低，可能有一波程序员会失业，只能说有利有弊吧！

第4个目标是掌握洋桃IoT开发板各功能的驱动和基本应用。洋桃IoT开发板是教程的配套硬件，接下来讲到的各项功能，都会在洋桃IoT开发板上进行实验，最终产品的运行效果也是在硬件电路上呈现的，所以在学习过程中，硬件实验是非常必要的。要知道，不同于计算机软件开发，单片机开发更考验开发者的软/硬件综合开发能力，要求开发者既要会设计电路，又要会单片机编程，在软/硬件之间不断发现问题、解决问题，最终才能具备独立完成单片机项目开发的能力，才能成为社会真正需要的技术人才。

第5个目标是掌握Wi-Fi模块、蓝牙模块的通信原理和基本应用。图2所示为蓝牙模块和Wi-Fi模块。物联网与传统自动化控制的最大区别，是产品能否接入互联网。在智能家居领域，最常见的联网方式

是通过Wi-Fi和蓝牙进行连接，它们都具有通信模块体积小、功耗低、通用性强、连接方便等特点。所以在教学视频中，除了会讲到传统的RS-485、CAN总线、Wi-Fi模块和蓝牙模块也是重点讲解的内容。Wi-Fi模块重点讲解AT指令和连接无线路由器的应用，蓝牙模块重点讲解手机App操作开发板的应用。

把以上5个目标都掌握之后，我们就可以结合一些实际应用来完成一个完整的物联网小项目开发，在实践中发现问题，解决问题。解决问题的过程是最好的学习机会，我会讲解实际项目开发中会遇到哪些问题，还会分享我多年的开发经验。物联网开发的综合应用与实践，是重点也是难点，请紧跟我的步伐，一起走向最后的胜利。

教学大纲

接下来介绍教学大纲（见图3）。《STM32物联网入门30步》共有30步，分成4个部分，第1部分是第2~6步，重点讲解开发环境的建立，包括软件的安装、

教学大纲

洋桃IoT开发板配套30集教学视频
《STM32物联网入门30步》

1. 教程介绍与学习方法
2. CubeIDE的安装与汉化
3. 创建CubeIDE工程
4. STM32CubeMX图形化编程
5. 工程的编译与下载
6. HAL库的结构与使用
7. RCC时钟与延时函数
8. LED与按键驱动程序
9. 蜂鸣器与继电器驱动程序
10. 串口通信与超级终端
11. ADC与DMA驱动程序
12. RTC与BKP驱动程序
13. 温/湿度传感器驱动程序
14. SPI存储芯片驱动程序
15. USB从设备驱动程序
16. 省电模式、CRC与芯片ID
17. 外部中断与定时器
18. RS-485总线驱动程序
19. CAN总线驱动程序
20. 蓝牙模块驱动程序
21. 蓝牙AT指令与控制应用
22. 蓝牙模块的扩展应用
23. Wi-Fi模块原理与AT指令
24. Wi-Fi模块的TCP通信
25. Wi-Fi模块的控制应用
26. 创建阿里云物联网平台
27. STM32连接阿里云平台
28. 物联网项目开发实例1
29. 物联网项目开发实例2
30. 物联网项目开发实例3

图3 教学大纲

开发流程的操作方法。这是基础操作内容，只要按照教程一步一步完成即可，依次完成之后，后续不需要重复操作。第2部分是第7~17步，讲解物联网基础功能的电路原理，分析驱动程序和应用程序。学会单片机的过程就是不断开发更复杂、更有难度的功能模块的过程，在一次又一次反复经验积累之中，锻炼出高效的思维方式，提高对技术问题的敏感度。第3部分是第18~27步，专门介绍物联网相关的通信功能，重点讲解蓝牙模块、Wi-Fi模块等时下最常用的无线连接技术，并通过MQTT协议连接阿里云物联网平台，实现全球远程控制物联网。第4部分是第28~30步，用3步来完成物联网小项目的开发实践，实践过程相当于一次考试，验证是否能够对所学知识应用自如，从而对整个学习过程进行最好的总结。

理清关系

《STM32物联网入门30步》与《STM32入门100步》的关系

我已经在《无线电》杂志刊登了《STM32入门100步》系列教程，同名图书也已出版。在《STM32入门100步》中，我采用了Keil MDK开发环境和标准库，并在洋桃1号开发板上完成实验。有很多读者已经看过《STM32入门100步》，突然看到《STM32物联网入门30步》可能会有点迷惑，不知如何是好。所以在这里，我要特别梳理下两个系列教程中不同的部分，包括视频教程、库函数、开发板和开发环境的对比，目的是通过比较差异发现特征、取长补短。要知道，没有哪种开发方式是完美无缺的，我们能做的是尽量学会更多的开发方式，在实际应用中选择最适合的一种。

先来对比两套教程（见图4）。两套教程使用了不同的开发板和开发平台。

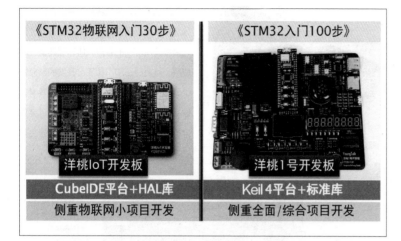

图4 两款教程的对比

《STM32入门100步》重点是STM32单片机的基础入门，是普及型通用教程。以单片机为核心，讲解了OLED显示屏、数码管、旋转编码器等人机交互应用；继电器、步进电机等机电一体化应用；MP3播放、U盘读写等多媒体应用。也就是说，它面向各种不同应用场合，100步的体量才能容下这么多内容。《STM32物联网入门30步》只面向物联网开发这一种应用场合，用30步就能讲明白。内容上，二者都面向初学者，只不过一些基础知识在《STM32入门100步》中讲过，《STM32物联网入门30步》涉及相同知识时不再赘述。

HAL库与标准库的关系

接下来介绍HAL库与标准库的关系。库是什么？它有什么作用？要知道单片机只认程序，库函数就是由官方或第三方预先编写好的一部分程序，把这些程序按作用封装成模块化函数，再按照功能放在不同的文件和文件夹里，这些文件和文件夹的整体就是一个库函数。开发者可以直接调用库函数，不需要自己编写，节省了时间，提高了效率。如果想自己编写库函数，需要了解单片机底层寄存器结构和各种软/硬件之间的协调关系，这是复杂又

困难的事情。现在已经有人把这些工作做好了，对我们来说直接使用是很方便的选择，这样我们可以把精力放在应用层面，更快地开发出完善、稳定的产品。HAL库和标准库都是ST（意法半导体）公司官方编写的库函数，标准库的出现早于HAL库，《STM32入门100步》中使用的就是标准库。标准库以单纯的程序方式实现，开发者要手动将这些文件复制到工程文件夹里，在Keil MDK开发环境中添加库文件。相比之下，添加HAL库就简单多了，只要在STM32CubeIDE开发环境中单击几下鼠标，HAL库就会被自动添加好，就像在手机上安装App一样简单。

修改库函数中的参数时，在标准库里，开发者需要找到参数所在位置，并记住参数的修改规则，每个参数的功能和规则都不同，要查看数据手册才能看懂它们的意义，这就要对库函数中的程序有一定了解，需要开发者花些工夫。相比之下，HAL库的参数设置是图形化的，参数都在下拉列表、单选框、复选框、输入框里面放置好了，只需单击鼠标就能完成设置。就像在手机的"设置中心"里设置手机功能一样简单。如此简单又好用的HAL库，一定是官方主推的产品，所以ST公司放弃了标准库的更新，全力更新HAL库。但是我们也不要被"技术先进"迷了双眼，标准库也有它的优势，无数开发者验证了标准库有很好的稳定性，又因为它要求开发者了解一部分底层库函数原理，更适用于入门教学。如果直接从HAL库入门，可能只会单击鼠标，没有历练的机会。我的建议是先学标准库，能对单片机底层原理有一定认知；再学HAL库，能在实际开发中提高效率。图5所示是两种库的对比，你会发现标准库在各方面比较平衡，HAL库的开发效率更高。

洋桃IoT开发板与洋桃1号开发板的关系

再来介绍洋桃IoT开发板与洋桃1号开发

HAL库	标准库
STM32CubeIDE图形化界面自动生成程序	用户自行复制/修改程序
用户不需要了解底层库函数的原理，图形化配置	用户需要了解部分底层库函数原理，以方便修改配置
官方主推HAL库+STM32CubeIDE开发环境，不断更新	官方已停止更新，稳定性好

	易学性	易用性	移植性	占用空间	完善程度	执行效率	硬件覆盖范围
寄存器操作	差	差	差	小	差	高	小
标准固件库	中	中	中	中	中	中	中
STM32CubeIED(HAL)	优	优	优	大	优	低	大
STM32CubeIED(LL)	优	差	差	小	中	高	小

图5 两种库的对比

板的关系。要知道洋桃1号开发板是由1号核心板和1号底板两部分组成。如图6所示，STM32单片机在核心板上，核心板可以从底板上取下来单独使用，还可以插到其他底板上使用，洋桃IoT开发板就是另一块可以插入核心板的底板。也就是说，同一个核心板，插在1号底板上就具有1号开发板的功能，插在IoT底板上就具有IoT开发板的功能。1号底板是针对各类应用场合而设计的，IoT底板是针对物联网的项目开发而设计的。当然，你可以同时购买一个核心板和两款底板，用排线将它们连接起来，形成更强大的全功能开发板。已经有1号开发板的用户，只需再单独购买一个IoT底板，就能扩展物联网的学习实验。教学中还会用到ST-LINK仿真器，这是选配的开发工具。没有仿真器也能通过核心板上的USB接口下载程序。但仿真器的下载速度更快，具有仿真调试功能。大家可以根据自己的需求选择。图7所示是洋桃IoT开发板的功能说明，从中可以了解开发板的布局和功能。所有功能模块都通过跳线连接，单片机GPIO端口可通过跳线断开连接，还能通过排线引出端口。其中，Wi-Fi模块、蓝牙模块、存储芯片是洋桃IoT开发板的特有功能。

■ 图6 一个核心板可用于两款底板

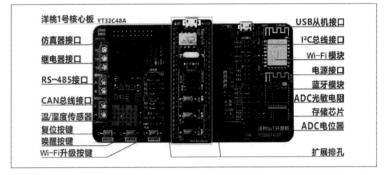

■ 图7 洋桃IoT开发板的功能说明

STM32CubeIDE与Keil MDK的关系

最后介绍STM32CubeIDE与Keil MDK的关系。两款软件开发环境的对比见附表。STM32CubeIDE如今已经发展稳定，其内部直接集成了HAL库。STM32CubeIDE功能强大，包括程序编辑、图形化编程、编译、在线调试等，支持ST公司的STM32和STM8系列单片机的开发，不支持其他品牌的单片机。而Keil MDK则是由ARM公司发布的开发平台，支持几乎所有ARM内核的各种品牌的单片机。由此导致二者的重要区别是，STM32CubeIDE针对STM32单片机有很好的优化，拥有HAL库的图形化开发

界面；而Keil MDK没有针对某型号单片机的优化，但通用性更强。同时，使用STM32CubeIDE时程序的编辑、编译、下载过程都能在软件之内完成，集成度高；若在Keil MDK中使用HAL库，图形化编程要在CubeMX内完成，程序编辑、编译、下载要切换到Keil MDK，操作更分散、更麻烦。另外，STM32CubeIDE可在Windows、macOS和Linux多操作系统下安装；Keil MDK只能在Windows操作系统下安装。

学习方法

每一套教程都有它的注重点，有些注重理论知识，有些注重底层开发，有些注重上层应用。面向的用户不同，教程的

注重点也不同，这些注重点并没有好坏之分。本教程所面向的是终端产品开发，面向最终使用产品的客户，所以更注重上层应用，讲解理论知识和底层开发的部分较少。需要明确的是，这是一套入门教学，你不能期望它全面、系统、完善地讲完单片机开发的所有内容，它能让大家自主完成一些简单的应用层项目开发就已达到目的。若想加深理论知识，提升底层开发能力，可在学完本教程后另外学习。在此我总结了应用层开发中常见的3个问题。

问题1：不会底层不算会单片机？

回答：本教程重点关注物联网应用层的学习与开发，很少涉及单片机寄存器与库函数的原理分析。单片机底层基本有现成库函数可以控制。单片机底层原理的讲解复杂又枯燥，不适合初学者。当应用层开发得心应手之后再学习底层会事半功倍。

问题2：不自己写程序不算会单片机？

回答：这种说法就像"不自创字体不算会书法"。初学者能临摹别人的程序已属不易。针对应用要求直接从现有程

附表 两款开发环境的对比

STM32CubeIDE	Keil MDK
由 ST 公司开发，专用于自家的 STM 系列单片机	由 ARM 公司开发，通用于所有 ARM 单片机
只能用于 STM32、STM8 等 ST 的单片机开发	可用于 STM、AT 等所有 ARM 单片机开发
集成了图形化界面、编辑器、编译器、仿真器	集成编辑器、编译器、仿真器，无图形化界面
集成度高，针对 STM 单片机有优化	通用性强，无特别优化
支持微软 Windows、苹果 macOS、Linux 多系统	支持微软 Windows

逐梦壹号四驱智能小车（2）

智能小车 PCB 设计就这么简单

莫志宏

在电子设计领域，PCB 设计属于一项基础技能，但有一部分电子爱好者在学习过程中，经常使用洞洞板或者面包板以及跳线完成电子制作，难道是 PCB 设计太难了吗？PCB 设计的确比较困难，但国产的 PCB 设计软件嘉立创 EDA 简化了 PCB 设计，人人都可以轻松学会 PCB 设计。在了解完逐梦壹号四驱智能小车电路原理后，接下来我们一起进行第二步的内容：PCB 的设计与制作。逐梦壹号四驱智能小车项目的电路图与 PCB 设计整体流程分为以下 5 个步骤。

● 元器件选型。

● 电路图绘制。

● 智能小车外形设计。

● PCB 布局与走线。

● PCB 调整与优化。

元器件选型

元器件选型是一个技术活，比如一个 10kΩ 的电阻有不同的封装、功率、精度等参数，为了方便初学者区分这些参数的影响，我大致总结一下选型的基础原则，按照这几条原则大家在选型时就可以找到合适的元器件了。

● 根据电路选择参数合适的元器件，尽量使用通用元器件，比如能用 10kΩ 的电阻，就避免使用 9.1kΩ 的特殊电阻，这需要对电路设计有一定理解。在电路设计过程中尽量使用同种型号的元器件，既节约成本又方便管理。

● 入门选型时不要过多注意厂商，要注意型号与价格，价格过高的元器件可以适当寻找替代品，节约成本是电子工程师设计电路的一个要素。

● 选型时要注意电路特性，比如在电容选型时，需要根据电路中工作电压大小选择合适耐压值的电容，一般选取 2 倍耐压值电容即可，比如工作在 5V 电路中的电容，选择耐压值为 10V、16V、25V 的电容都是可以的，耐压值越高，其价格也越高。

● 选型时还需考虑库存与供求问题，避免使用冷门物料，以免遇到买不到芯片的尴尬局面。在进行同类型芯片替代时，也要注意两款芯片的引脚与功能特性是否一致，不能由于疏忽大意，直接换个不同厂商的芯片，可能引起电路故障。

● 选型小技巧：选型时可以直接在立创商城中搜索所需的物料，并将其元器件编号复制到嘉立创 EDA 中，搜索电路图即可，嘉立创 EDA 元器件搜索页面如图 1 所示。也可以直接在嘉立创 EDA 中进行选型，画电路的同时就把元器件选好了，大大加快了采购元器件速度，提高设计与生产效率。

电路图绘制

了解基础的选型方法后，接下来我们需要在嘉立创 EDA 中完成智能小车电路图的绘制工作，也就是电路图的设计环节。

嘉立创 EDA 是一款优秀的国产 PCB

序中把需要的程序复制、粘贴即可。

问题3：学会单片机的标准是什么？

回答：能根据项目要求对现有的硬件和程序进行移植、整合，开发过程中遇到问题可借助资料与网络独立解决。

本教程会反复提到实践的重要性，因为目前用仿真软件学习单片机的大有人在。这里所指的实践是在开发阶段通过硬件电路来完成调试开发。人们常说实践出真知，其实每个人都知道实践的重要性，但是当发现软件仿真很方便，发现单片机的重点是编程时，就会不由

自主地把功夫放在软件层面。可不要忘了，单片机是软/硬件高度结合的产物，软件、硬件缺一不可。只有在实践之中才能掌握真正的经验，才能真正理解程序在硬件上运行的效果，才能通过效果的异常发现程序的错误。这是每位单片机开发者必备的素质。

实践是我们学习理论的最终目的。只有通过实践验证，理论才能扎实地被看见、被感受。实践能使知识记忆深刻，如果你的脑、手、眼都与开发板互动，就能把知识和经验融化在记忆里，这是死记硬

背达不到的。实践能锻炼出独立解决问题的能力，随着经验的增长，你能敏锐地观察到现象中的细节，并且从细节中思考程序的运行过程。这虽然听起来奇幻，却是我的经验。别人看不出的问题，我能一眼就找到原因，这是长期实践训练的结果。所以我建议大家不要用仿真软件，不要只看程序、不碰硬件，请拿起开发板去实践吧！顺便说一句，本教程中的每句话都是重点，请反复观看，做好笔记。当你对学习感到困惑和迷茫时，请回看第1步，第1步就像故乡，总能给你前进的动力。Ⓦ

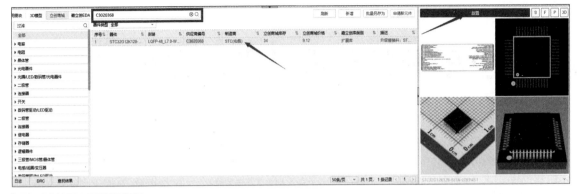

▋图1 嘉立创EDA元器件搜索页面

▋图2 嘉立创EDA专业版

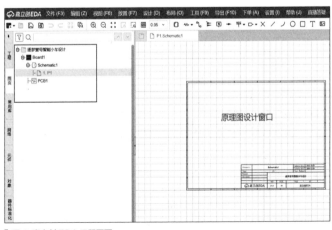

▋图3 新建一个工程

设计工具，目前共有标准版与专业版两个版本，可以直接在浏览器中使用，也可以下载客户端，在计算机桌面打开使用。由于嘉立创EDA是基于云端设计的，这让工程文件保存在云端数据库中，非常方便，不再需要使用U盘到处复制了。

打开浏览器，进入嘉立创EDA官网，选择"立即下载"即可下载对应的客户端，我们以在浏览器中使用专业版为例，选择嘉立创EDA专业版打开，如图2所示。

进入嘉立创EDA专业版后需先注册或登录自己的账号，然后新建一个工程，如图3所示，接下来就可以在新建的工程中进行电路设计。

嘉立创EDA工程页面如图4所示，在电路图设计窗口放置元器件，按照逐梦壹号四驱智能小车的电路图进行连接。可以使用快捷键S打开EDA的底部面板，根据元器件编号搜索到所需的元器件，然后进行放置。如果你对选型还不够熟悉，可以参照附表中

的物料编号和元器件名称进行选择，没有物料编号的可以直接用元器件名称搜索。

在放置完所需的元器件后，根据逐梦壹号电路（见图5），将元器件合理摆放并连接起来。

在进行电路图绘制时有以下几点注意事项。

●可以使用导线直接连接各个电路模块，也可以使用网络标签连接，使用网络标签相当于给导线命名，两根相同名字的导线在电路连接时连在一起。

●循迹电路中使用了393比较器芯片，由于一个芯片内部集成了2个比较器电路，电路中需要4个比较器，所以只需要2个393比较器芯片。

●电路连接完毕后进行电路整理，将

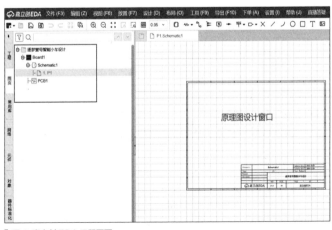

▋图4 嘉立创EDA工程页面

附表 材料清单

序号	元器件名称	数量	封装	物料编号
1	蜂鸣器	1个	BUZ-TH_BD9.2-P4.00-D0.6-FD	C2693580
2	电解电容	2个	CAP-TH_BD6.3-P2.50-D1.0-FD	C19504
3	开关二极管	2个	DO-41_BD2.4-L4.7-P8.70-D0.9-RD	C402311
4	排针	4个	HDR-TH_4P-P2.54-V-M	C492403
5	独立按键	1个	KEY-TH_4P-L6.0-W6.0-P3.90-LS6.5	C2834896
6	发光二极管（红色）	1个	LED-TH_BD3.0-P2.54-FD	C99771
7	发光二极管（白色）	2个	LED-TH_BD5.8-P2.54-FD	C331025
8	发光二极管（绿色）	4个	LED-TH_BD3.0-P2.54-FD	C330929
9	三极管	1个	TO-92-3_L5.1-W4.1-P1.27-L	C2826359
10	电阻	18个	RES-TH_BD2.4-L6.3-P10.30-D0.6	C410695
11	电阻	6个	RES-TH_BD2.3-L6.5-P10.50-D0.5	C713986
12	可调电阻	4个	RES-ADJ-TH_3P-L10.0-W10.0-P2.50-L	C118954
13	拨动开关	1个	SW-TH_SK-12E12-G5	C136720
14	散热片	1个	HEATSINK-TH_L15.5-W10.5-XSD1226-005	C108928
15	RZ7899	4个	SOP-8_L4.9-W3.9-P1.27-LS6.0-BL	C92373
16	L7805CV	1个	TO-220-3_L10.0-W4.5-P2.54-L	C111887
17	ITR9909	4个	OPTO-TH_ITR9909	C53399
18	XD393	2个	DIP-8_L9.7-W6.4-P2.54-LS7.6-BL	C561266
19	HC-05	1个	HC-05	–
20	超声波测距模块	1个	HC-HR04	–
21	直流电机N20	4个	直流电机N20_水平装配	–
22	145002插针电池座	1个	145002 插针	–
23	STC32G12K128核心板	1个	STC32G12K128 核心板	–

相同电路使用一个矩形框围住，加上这部分电路的功能说明，相当于按照模块进行划分，使得整体电路看起来整齐清晰，便于读图以及后续的功能调试。

智能小车PCB形状设计

一辆帅气的四驱智能小车，必须拥有精致的外形。说到四驱小车，不得不说四驱车的典型代表——田宫四驱车。我们可以在网上找到各式各样田宫四驱车的车型，选择一款喜欢的车型进行参考设计，田宫四驱车T2底盘如图6所示。如果你会3D建模，也可以为自己的小车设计一个漂亮的PCB形状，打造属于自己、独一无二的智能小车。

智能小车的外形可以在专业的CAD软件中设计，然后将DXF文件导入嘉立创EDA专业版中，作为板框层（即PCB的外形）。逐梦壹号的车型设计时参照了技小新四驱智能小车（见图7），结合电路

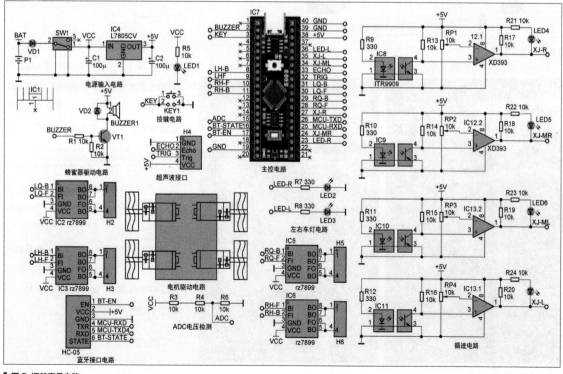

图5 逐梦壹号电路

■ 图6 田宫四驱车T2底盘

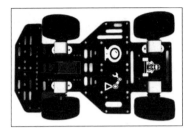

■ 图7 技小新四驱智能小车

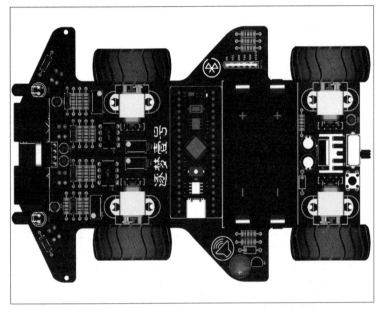

■ 图8 逐梦壹号PCB

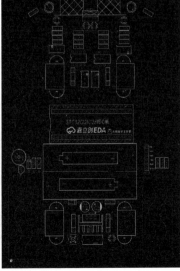

■ 图9 逐梦壹号布局

结构特性设计而成，完美地将所有元器件合理地摆放在PCB上，如图8所示，即使不加外壳也十分好看。

PCB布局与走线

PCB布局

在进行PCB设计时，一定需要注意布局的合理性，在有限的电路板空间内放置电池、电机、核心板以及其他电路模块。

在对智能小车进行布局时，需要根据小车的功能区域进行摆放，4个电机分布在电路板两侧，超声波模块放前面，光电循迹传感器靠近车头，电池盒和核心板放在中间位置，电源及开关放在车尾，便于操作。这样智能小车整体布局已经完成，左右两翼可以根据电路情况摆放蓝牙模块以及蜂鸣器电路。总结一下，先放核心元器件，再摆放其他元器件，元器件布局时按各个电路模块放置，考虑电气特性，摆放整齐合理。逐梦壹号布局如图9所示。

PCB走线

一个好的布局相当于完成了PCB设计的一大半工作。在PCB走线时，需要将电源线适当加粗，网络线粗细关系为GND线＞电源线＞信号线。在逐梦壹号四驱智能小车设计中，主电源输入线宽为40mil（1mil=0.0254mm），VCC及+5V网络线宽为30mil，常规信号线宽为15mil（见图10），电机驱动处使用80mil粗导线连接（见图11），提高导线过流与散热能力。

走线避免走直角，使用45°角折线或者圆弧走线，走线以横平竖直为主，需要拐弯时拐角要小，保持走线的美观性。走线示例如图12所示。

PCB检查与优化

PCB走线完成后，接下来进行整理与

优化。这一步需要把可能存在的问题依次排除，最后再加上丝印标记以及 Logo，完成整个 PCB 设计，大家可根据以下步骤逐一优化 PCB。

1. 进行DRC（设计规则检查），并根据提示解决DRC错误

DRC 在 PCB 设计中尤为重要，为了避免走线遗漏以及走线太近等问题，在完成 PCB 设计后，需进行 DRC。单击嘉立创 EDA 顶部工具栏的"设计""检查 DRC"，也可以使用快捷键 S 打开底部面板，选择"DRC"，单击"检查DRC"，检查出问题后单击问题的对象，即可在 PCB 中定位到错误的地方，根据

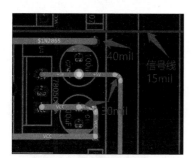
▍图 10 电源线、网络线与信号线线宽

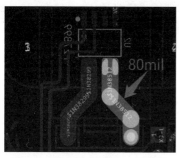
▍图 11 电机驱动芯片线宽

报错进行修改即可。图 13 所示的错误是忘记连接 GND 导线，这个问题可以用覆铜功能快速解决。

2. 放大PCB，逐步检查走线连接情况

这一步是用鼠标滚轮放大 PCB，从电源输入部分到控制电路逐一排查，对整体走线进行优化。需要检查的地方有：导

（a）圆弧拐角走线（正确）

（b）135°拐角走线（正确）

（c）直角拐角走线（错误）

（d）拐角折线过长（错误）
▍图 12 走线示例

线超过焊盘冒尖、导线折角过长、差分等长走线未对齐、焊盘出线方向不对、导线太细、导线间距太窄、电源走线不合理等问题，检查完毕后需要对整体 PCB 添加泪滴操作，以加固焊盘与导线的连接，避免焊接过程过热导致导线铜皮脱落。

3. 添加丝印及Logo

走线优化完成后，PCB 设计已经接近尾声，丝印标记以及 Logo 添加也是必不可少的。

逐梦壹号四驱智能小车上需要外接一个蓝牙模块以及超声波模块，设计时需要留意是否明显标记引脚功能，防止模块插反报废。标记接口位置后对所有的元器件位号进行整理，位号摆放位置需要一致，在空间允许的情况下，还可以把元器件的参数显示出来，焊接时就会十分方便。最后在合适的位置加上自己喜欢的图案以及 Logo，完成 PCB 的设计。

我们调整后的逐梦壹号 PCB 布局效果如图 14 所示，之后我们将一起学习逐梦壹号电路焊接技巧，掌握各种常规元器件的焊接方法，为成为一名电子工程师打下坚实的基础！⊗

▍图 13 忘记连接 GND 导线

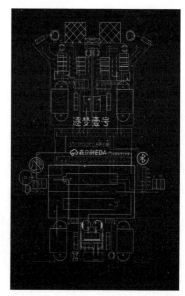
▍图 14 逐梦壹号 PCB 布局效果（覆铜已隐藏）

ESP8266 开发之旅 应用篇（1）

基于 ESP8266 的 Wi-Fi 自动打卡考勤系统

▍单片机菜鸟博哥

现代社会中，基本人手一部自带 Wi-Fi 功能的智能手机。打开手机的 Wi-Fi 功能，我们就可以通过自动捕获手机发出的 802.11 帧获取手机的 MAC 地址（介质访问控制地址）。如果我们在后台服务器上预先配置好 MAC 地址，将其与用户信息（如用户名字、用户工号、学生编号等）关联，并且把捕获的 MAC 地址上传到后台服务器进行对比，我们就可以实现自动考勤或者无线点名功能。整个过程是无感知、全自动的。

我们在学习 ESP8266 的过程中掌握技术之后，再把技术应用到本文基于 ESP8266 的 Wi-Fi 自动打卡考勤系统中。这个系统的出发点是实现无感打卡。

Wi-Fi探针

Wi-Fi探针是什么

用户手机在打开无线局域网的状态下，会自动向周围释放寻找无线网络的信号，

当我们走进探针信号覆盖区域内，探针盒子发现信号后，就会迅速识别用户手机的 MAC 地址，继而转换成 IMEI（国际移动设备标志），再转换成手机号。

当然，如果用户习惯性关闭 Wi-Fi 扫描功能，这个条件就不成立了！

所以这里我们暂且可以总结出一个这样的思路：MAC 地址对应用户手机号或者 IMEI。

Wi-Fi探测针特点

Wi-Fi 探测针的主要特点如下。

● 用户无须安装 App。已经连接 Wi-Fi 的手机就可以被探测。

● 自动实时探测区域内的 Wi-Fi 终端的 MAC 地址。

● 自动记录每个 Wi-Fi 终端进入区域的时间（log_time）、场强。

● 兼容 iOS 和 Android 操作系统，开启 Wi-Fi 的智能手机、笔记本计算机、平板计算机等移动设备都能探测。

探针技术原理

如图 1 所示，先来了解一下 Wi-Fi 建立连接的过

程：（0）AP 周期性地广播 Beacon 帧；（1）Station 广播 Probe Request 到达 AP；（2）AP 向 Station 发送 Probe Response；（3）Station 向 AP 发送 ACK；（4）Station 向 AP 发送 Authentication Request；（5）AP 向 Station 发送 ACK；（6）AP 向 Station 发送 Authentication Response；（7）Station 向 AP 发送 ACK；（8）Station 向 AP 发送 Association Request；（9）AP 向 Station 发送 ACK；（10）AP 向 Station 发送 Association Response；（11）Station 向 AP 发送 ACK；（12）Station 和 AP 开始相互通信。

重点关注第（1）步，根据 802.11 协议，我们可以获取到 Probe Request。我们的目的是获取 Probe Request 管理帧，然后获取里面的 MAC 地址。

Probe Request管理帧

图 2 所示为 Probe Request 管理帧的组成，需要特别注意。

Probe Request 管理帧，Type=0，Subtype=4。

▍图1 探针技术原理

▍图2 Probe Request管理帧的组成

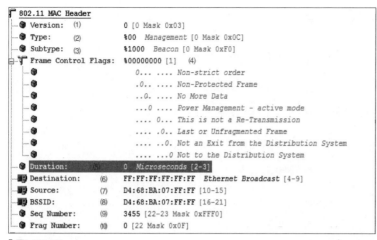

```
┌ 802.11 MAC Header
├ ● Version:     (1)      0 [0 Mask 0x03]
├ ● Type:        (2)      %00  Management [0 Mask 0x0C]
├ ● Subtype:     (3)      %1000 Beacon [0 Mask 0xF0]
├ ┳ Frame Control Flags: %00000000 [1]   (4)
│ ├ ●                     0... .... Non-strict order
│ ├ ●                     .0.. .... Non-Protected Frame
│ ├ ●                     ..0. .... No More Data
│ ├ ●                     ...0 .... Power Management - active mode
│ ├ ●                     .... 0... This is not a Re-Transmission
│ ├ ●                     .... .0.. Last or Unfragmented Frame
│ ├ ●                     .... ..0. Not an Exit from the Distribution System
│ └ ●                     .... ...0 Not to the Distribution System
├ ● Duration:    (5)      0  Microseconds [2-3]
├ ● Destination: (6)      FF:FF:FF:FF:FF:FF  Ethernet Broadcast [4-9]
├ ● Source:      (7)      D4:68:BA:07:FF:FF [10-15]
├ ● BSSID:       (8)      D4:68:BA:07:FF:FF [16-21]
├ ● Seq Number:  (9)      3455 [22-23 Mask 0xFFF0]
└ ● Frag Number: (10)     0 [22 Mask 0x0F]
```

图3 MAC Header

MAC Header

图 3 所示为 MAC Header 部分，各项的含义如下。

（1）Version：版本号，目前为止，802.11 协议只有一个版本，所以版本号为 0 。

（2）Type：00 表示管理帧，01 表示控制帧，10 表示数据帧。

（3）Subtype：和 Type 一起表示不同的帧。

（4）Frame Control Flags 含义如下：

① To DS：表明该帧是 BSS 向 DS 发送的帧，当你用到 MAC 地址的时候必须重点关注。

② From DS：表明该帧是 DS 向 BSS 发送的帧，当你用到 MAC 地址的时候必须重点关注。

③ More Frag：用于说明长帧被分段的情况，是否还有其他的帧。

④ Retry（重传域）：用于帧的重传，接收 STA 利用该域消除重传帧。

⑤ Pwr Mgt（能量管理域）：为 1 表示 STA 处于 power_save 模式，为 0 表示处于 active 模式。

⑥ More Data（更多数据域）：为 1 表示至少还有一个数据帧要发送给 STA；

⑦ Protected Frame：为 1 表示帧体部分包含被密钥处理过的数据。

⑧ Order（序号域）：为 1 表示长帧分段传送采用严格编号方式。

（5）Duration：表明该帧和它的确认帧将会占用信道多长时间。

（6）Destination：目的地址（广播地址），要重点关注。

（7）Source：源地址，要重点关注，我们这里要用到它。

（8）BSSID：和源地址一样，要重点关注。

（9）Seq Number（序列控制域）：由代表 MSDU（MAC Server Data Unit）或者 MMSDU（MAC Management Server Data Unit）的 12 位序列号（Sequence Number）与表示 MSDU 和 MMSDU 的每一个片段的编号的 4 位片段号（Fragment Number）组成。

（10）Frag Number：表示 MSDU 和 MMSDU 的每一个片段的编号的 4 位片段号组成。

Frame Body

● SSID（Service Set Identity）：服务集标识符，由字节所形成的字符串，用来表示所属网络的 BSSID，即我们在连接 Wi-Fi 前看到的接入点名称。

● Supported Rates：支持速率。

● Extended Supported Rates：扩展支持速率。

基于ESP8266的Wi-Fi探针程序实现

上面介绍了那么多，那么在 ESP8266 的基础上，Wi-Fi 探针要怎么实现呢？如程序 1 所示。

程序1

```c
/* 功能: Wi-Fi 探针, 主要探测 Probe Request */
#include <stdint.h>
#include <stdbool.h>
#include <string.h>
#include <ctype.h>
#include "Arduino.h"
#include "ESP8266WiFi.h"
// 因为需要用到ESP8266 NO-OS SDK 中的函
数, 所以需要引入该头文件
#include <user_interface.h>
enum SubType{
AssociationRequest = 0, // 关联请求
AssociationResponse,    // 连接响应
ReassociationRequest,   // 重连接请求
ReassociationResponse,  // 重连接响应
ProbeRequest,  // 探测请求
ProbeResponse, // 探测响应
Beacon = 8, // 信标, 被动扫描时 AP 发出
ATIM,  // 通知传输指示消息
Disassociation, // 解除连接
Authentication, // 身份验证
Deauthentication, // 解除认证
Reserved  // 保留, 未使用
};
// 声明函数
void initWiFi(void);
static void enable_promisc(int channel);
int hop_channel = 0;uint32_t hop_time
= 0;
// 总共 8 个字节
struct RxControl {
```

```
    signed rssi: 8;

    unsigned rate: 4;

    unsigned is_group: 1;

    unsigned: 1;

    unsigned sig_mode: 2;

    unsigned legacy_length: 12;

    unsigned damatch0: 1;

    unsigned damatch1: 1;

    unsigned bssidmatch0: 1;

    unsigned bssidmatch1: 1;

    unsigned MCS: 7;

    unsigned CWB: 1;

    unsigned HT_length: 16;

    unsigned Smoothing: 1;

    unsigned Not_Sounding: 1;

    unsigned: 1;

    unsigned Aggregation: 1;

    unsigned STBC: 2;

    unsigned FEC_CODING: 1;

    unsigned SGI: 1;

    unsigned rxend_state: 8;

    unsigned ampdu_cnt: 8;

    unsigned channel: 4;

    unsigned: 12;

};

struct RxPacket {

    struct RxControl rx_ctl;

    uint8_t buf[];

};

// 802.11帧 frame_control 位置，共2个字节

typedef struct ieee80211_frame_
control

{

    uint8_t    version: 2;

    uint8_t    type: 2;

    uint8_t    subtype: 4; // 我们需要关注
这项

    uint8_t    to_ds: 1;

    uint8_t    from_ds: 1;

    uint8_t    more_frag: 1;

    uint8_t    retry: 1;

    uint8_t    power: 1;

    uint8_t    more_data: 1;
```

```
    uint8_t    wep: 1;

    uint8_t    order: 1;

} __attribute__ ((__packed__))
ieee80211_frame_control;

//  802.11 通用帧

typedef struct ieee80211_mgmt_frame

{

    ieee80211_frame_control ctl;

    uint16_t   duration;

    uint8_t    addr1[6];

    uint8_t    addr2[6];

    uint8_t    addr3[6];

    uint16_t   seq_ctrl;

} __attribute__ ((__packed__))
ieee80211_mgmt_frame;

/* 格式化打印 MAC 地址 */

static void print_mac(const uint8_t
* mac){

    char text[32];

    sprintf(text,"%02X:%02X:%02X:%02X:
%02X:%02X",mac[0], mac[1], mac[2],
mac[3], mac[4], mac[5]);

    Serial.println(text);

}

/* 判断，解析抓取到的数据包 */

void do_process(uint8_t *buf, signed
rssi, unsigned channel){

    ieee80211_mgmt_frame *mgmt =
(ieee80211_mgmt_frame *)buf;

    uint8_t type = mgmt->ctl.type;

    uint8_t sub_type = mgmt->ctl.
subtype;

    uint8_t sta_addr[6];

    if (type == 0){

        // 管理帧

        if (sub_type == ProbeRequest){

            // 获取 MAC 地址

    memcpy(sta_addr, mgmt->addr2, 6);

    print_mac(sta_addr);

        } else {

            // 待实现

        }

    } else if (type == 1){
```

```
        // 控制帧

    }

}

/* 解析抓取到的数据包 */

/*

 * 函数说明: 解析抓取到的数据包

 * 参数:

 *    1. buf: 收到的数据包

 *    2. len buf: 长度

 */

static void promisc_cb(uint8_t * buf,
uint16_t len){

    if (len == 12){

    /*

    * len == 12

    * buf 的数据是结构体 RxControl，该
结构体的是不太可信的，它无法表示包所属
的发送和接收者也无法判断该包的包头长度，
对于 AMPDU 包，也无法判断子包的个数和每
个子包的长度。该结构体中较为有用的信息
有：包长、rssi 和 FEC_CODING。rssi 和
FEC_CODING 可以用于评估是否是同一个设
备所发

    */

        // 待实现，不需要重点关注

    } else if (len == 128){

        struct RxPacket * pkt = (struct
RxPacket*) buf;

        signed   rssi = pkt->rx_ctl.rssi;

        unsigned   channel = pkt->rx_ctl.
channel;

        do_process((uint8_t *)&pkt->buf,
rssi, channel);

    } else if (len % 10 == 0){

        // 待实现，不是关注重点

        /*

        * len == 10

        * buf 的数据是结构体 sniffer_buf，该
结构体是比较可信的，它对应的数据包是通过
CRC 校验正确的

        */

    }

}
```

```
/* 函数说明: 启用特定信道的混杂模式参数:
channel 设置信道 */
static void enable_promisc(int channel)
{
    wifi_set_channel(channel);  // 初始
化信道
    wifi_promiscuous_enable(0);  // 先关
闭混杂模式
    // 注册混杂模式接收数据的回调函数, 每收
到一包数据, 都会进入注册的回调函数里
    wifi_set_promiscuous_rx_cb(promisc_
cb);
    wifi_promiscuous_enable(1);  // 开启
混杂模式
}
/* 函数说明: 关闭混杂模式, 参数: channel
设置信道 */
    static void disable_promisc(int
channel){
    wifi_promiscuous_enable(0);
}
void setup(void){
    Serial.begin(115200);
    delay(10);
    Serial.println("ESP SNIFFER!\n");
    initWiFi();
}
void initWiFi(){
    WiFi.mode(WIFI_STA);
    WiFi.disconnect();
    hop_channel = 5;
    hop_time=30000;// 每个信道的工作时间,
单位为 ms
    //hop_count=0;
    enable_promisc(hop_channel);
}
void loop(void){
    // 每1s切换一次信道
    if (millis() - hop_time >= 1000) {
        hop_time = millis();
        hop_channel++;
        if (hop_channel > 13) {
            hop_channel = 1;
```

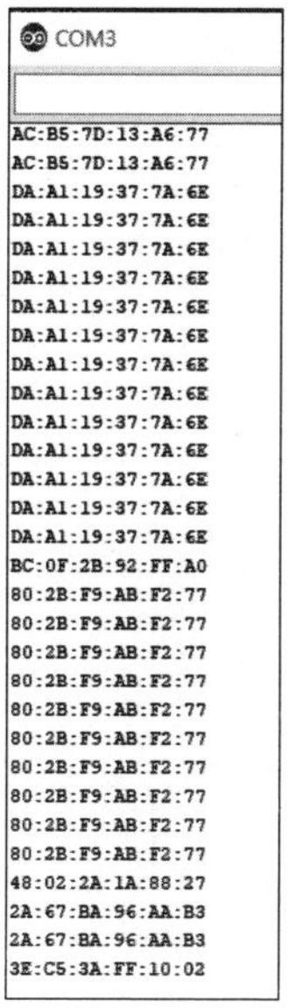

■ **图4 获取的MAC地址**

■ **图5 Wi-Fi自动打卡考勤系统的实现思路**

■ **图6 NodeMCU ESP8266开发板**

```
    }
    wifi_set_channel(hop_channel);
    }
}
```

测试效果: 根据程序 1, 我们就可以得到环境的所有 MAC 地址 (见图 4)。接下来我们在此基础上实现 Wi-Fi 自动打卡。

Wi-Fi自动打卡考勤系统的实现思路

如图 5 所示, 该系统的实现思路分为 2 步。

● 利用 Wi-Fi 探针获取设备的 MAC 地址。

● 将 MAC 地址上传到 Node.js 服务器, 后台服务器会对 MAC 地址和用户信息进行对比, 通过的打卡信息会被存入 MySQL 数据库。信息校验通过后, 打卡信息会被发送到班级群里面。

硬件准备

硬件只需要一个NodeMCU ESP8266 开发板 (见图 6) 和 USB 线即可。

ESP8266自动考勤系统程序实现

ESP8266 自动考勤系统程序实现如程序 2 所示, 将其烧录到 NodeMCU 中。

程序2

```
/*
    * 功能: ESP8266 自动考勤系统
    * 描述:
    * 1. 开启混杂模式, 收集 MAC 地址
    * 2. 把获取的 MAC 地址上传到 Node.js 服务器
*/
// 导入必要的库
#include <ESP8266WiFi.h>
// 导入 Wi-Fi 核心库
#include <ArduinoJson.h>
// 导入 HttpClient 库
#include <ESP8266HTTPClient.h>
// 导入 HttpClient 库
#include <stdlib.h>
// 导入定时库
#include <Ticker.h>
#include "H_project.h"
// 上传服务相关
#include "H_80211Frame.h"
// 混杂模式相关定义库
void setup() {
// put your setup code here, to run
```

```
once:
  initSystem();
}
void loop() {
  // 每1s切换一次信道，也就是每个信道的工
作时间是1s
  if (millis() - hop_time >= 1000) {
    hop_time = millis();
    hop_channel++;
    if (hop_channel > 13) {
      isUploadMac = true;
      hop_channel = 1;
    }
    Serial.println(hop_channel);
    enable_promisc(hop_channel);
  }
  // 捕获完一轮之后上传一次，也就是 1~13
信道
  if (isUploadMac){
    isUploadMac = false;
    if (unique_num > 0){
      upload_mac_to_server();
    } else {
      Serial.println("-------------
No Match ------------------");
    }
    Serial.println("-------------
END ------------------");
    Serial.println("-------------
START ---------------");
  }
}
/* 初始化系统 */
  void initSystem(void){
  Serial.begin (115200);
  Serial.println("\r\n\r\nStart
ESP8266 自动考勤 ");
  Serial.print("Firmware Version:");
  Serial.println(VER);
  Serial.print("SDK Version:");
  Serial.println(ESP.getSdkVersion());
  wifi_station_set_auto_connect(0);
  // 关闭自动连接
```

```
  ESP.wdtEnable(5000);
  pinMode(LED_BUILTIN, OUTPUT);
  hop_channel = 1;
  enable_promisc(hop_channel);
  Serial.println("-------------
  START ---------------");
}
/* 连接到AP */
void connectToAP(void){
  int cnt = 0;
  WiFi.begin(ssid, password);
  while (WiFi.status() != WL_
CONNECTED) {
    delay(500);
    cnt++;
    Serial.print(".");
    if(cnt>=40){
      cnt = 0;
      // 重启系统
      delayRestart(1);
    }
  }
}
/*
 *  WiFiTick() 函数
 *  检查是否需要初始化 Wi-Fi
 *  检查是否连接上 Wi-Fi
 *  控制指示灯
 */
void wifiTick(){
  static bool ledTurnon = false;
  if ( WiFi.status() != WL_CONNECTED )
{
    if (millis() - lastWiFiCheckTick >
1000) {
    lastWiFiCheckTick = millis();
    ledState = !ledState;
digitalWrite(LED_BUILTIN, ledState);
    ledTurnon = false;
    }
  }else{
    if (ledTurnon == false) {
    ledTurnon = true;
```

```
    digitalWrite(LED_BUILTIN, 0);
    }
  }
}
/* 判断, 解析抓取到的数据包 */
void do_process(uint8_t *buf){
  ieee80211_mgmt_frame *mgmt =
(ieee80211_mgmt_frame *)buf;
  uint8_t type = mgmt->ctl.type;
  uint8_t sub_type = mgmt->ctl.
subtype;
  uint8_t sta_addr[6];
  unsigned long now = millis();
  int do_flag = 0;
  if (type == 0){
    // 管理帧
    if (sub_type == ProbeRequest){
    // 获取MAC地址
    memcpy(sta_addr, mgmt->addr2, 6);
    if (is_normal_mac(sta_addr)){
      add_mac(now,sta_addr);
    }
    }
  } else {
    // 此情况下, addr1 为 AP, STA 为
addr2, 由手机发出
    if (mgmt->ctl.from_ds == 0 &&
mgmt->ctl.to_ds == 1){
      memcpy(sta_addr, mgmt-
>addr2, 6);
      do_flag = 1;
    }
    // 此情况下, addr2 为 AP, 如果
addr3 等于 addr2, 由路由发出
    if (mgmt->ctl.from_ds == 1 &&
mgmt->ctl.to_ds == 0){
    memcpy(sta_addr, mgmt->addr1, 6);
    do_flag = 1;
    }
    if (mgmt->ctl.from_ds == 0 &&
mgmt->ctl.to_ds == 0){
    memcpy(sta_addr, mgmt->addr2,
6);
```

```
            do_flag = 1;
        }
        if (do_flag == 0){
        return ;
        }
        if (is_normal_mac(sta_addr)){
            add_mac(now,sta_addr);
        }
    }
}
/*
 * 函数说明: 解析抓取到的数据包
 * 参数:
 *   1. buf: 收到的数据包
 *   2. len buf: 数据包的长度
 */
static void promisc_cb(uint8_t * buf,
uint16_t len){
    if (len == 12 || len < 10){
        return;
    }
    struct RxPacket * pkt = (struct
RxPacket*) buf;
    do_process((uint8_t *)&pkt->buf);
}
/*
 * 函数说明: 启用特定信道的混杂模式
 * 参数:
 * channel 设置信道
 */
static void enable_promisc(int
channel){
    WiFi.disconnect();
    WiFi.mode(WIFI_STA);
    wifi_set_channel(channel);
    // 初始化为信道
    wifi_promiscuous_enable(0);
    // 先关闭混杂模式
    // 注册混杂模式下的接收数据的回调函数,
每收到一包数据,都会进入注册的回调函数里面
    wifi_set_promiscuous_rx_cb(promisc_
cb);
    wifi_promiscuous_enable(1);
```

```
    // 开启混杂模式
}
/*
 * 函数说明: 关闭混杂模式
 * 参数: channel 设置信道
 */
static void disable_promisc(int
channel){
    wifi_promiscuous_enable(0);
}
/* 格式化打印 MAC 地址 */
static void print_mac(const uint8_t
* mac){
    char text[32];
    sprintf(text,
    "%02X:%02X:%02X:%02X:%02X:%02X",
    mac[0], mac[1], mac[2], mac[3],
    mac[4], mac[5]);
    Serial.println(text);
}
/* 判断是否是普通MAC地址 */
static bool is_normal_mac(const
uint8_t * mac){
    char text[32];
    char c;
    sprintf(text, "%02X:%02X:%02X:%02X:
%02X:%02X", mac[0], mac[1], mac[2],
mac[3], mac[4], mac[5]);
    c = text[1];
    if (c == '0' || c == '4' || c ==
'8' || c == 'C') {
    return true;
    }
        return false;
}
/* 保存MAC地址到已经上传列表 */
static void add_upload_mac(const
uint8_t *mac){
    for (int i = 0; i < unique_upload_
num; i++) {
    if (memcmp(mac, upload_mac[i].mac,
6) == 0) {
    // 已经上传过
```

```
    return;
    }
    }
    if (unique_upload_num < UPLOAD_
MAC){
    memcpy(&upload_mac[unique_upload_
num].mac, mac, 6);
    unique_upload_num++;
    } else {
        Serial.println("unique_upload_
num OVER MAX==========");
    }
}
/*
 * 检测扫描到的 MAC 地址是否已存在
 * 不存在,并且还有空间,添加保存,返回
true
 * 没空间,返回 false
 * 已存在更新时间戳,返回 false */
static bool add_mac(unsigned long
now, const uint8_t *mac){
    int i;
    for (i = 0; i < unique_upload_num;
i++) {
        if (memcmp(mac, upload_mac[i].
mac, 6) == 0) {
        // 已经上传过
        return false;
        }
    }
    // 判断是否已经存在过
    for (i = 0; i < unique_num; i++) {
    if (memcmp(mac, unique_mac[i].mac,
6) == 0) {
    // 更新时间
        unique_mac[i].last_seen = now;
        return false;
        }
    }
    // 还有足够空间就添加进去
    if (unique_num < MAX_MAC) {
    Serial.print("New Mac: ");
    print_mac(mac);
```

```
    memcpy(&unique_mac[unique_num].
mac, mac, 6);
    unique_mac[unique_num].last_seen
= now;
    unique_num++;
    return true;
    } else {
        Serial.println("unique_num OVER
MAX=========");
        // could not fit it
        return false;
    }
}
/*
 * 功能: MAC 地址生命周期检测, 从列表清除
长时间未检测到的 MAC 地址
 * 参数:
 *  1. now: 当前时间
 *  2. expire: 过期间隔
 */
tatic void expire_mac(unsigned long
now, unsigned long expire) {
    char text[32];
    int i;
    for (i = 0; i < unique_num; i++) {
        if ((now - unique_mac[i].last_
seen) > expire) {
            // 过期之后, 用数组的最后一个内容覆盖
过期位置
            if (--unique_num > i) {
                sprintf(text, "%10d: ", now);
                Serial.print(text);
                print_mac(unique_mac[i].mac);
                sprintf(text, " expired: %d\
n", unique_num);
                Serial.print(text);
                memcpy(&unique_mac[i],
&unique_mac[unique_num], sizeof
(mac_t));
            }
        }
    }
}
```

```
/* 上传MAC 地址 */
static bool upload_mac_to_server(){
    uint8_t *mac;
    disable_promisc(hop_channel);
    DynamicJsonDocument doc(2048);
    // 在 doc 对象中加入 data 数组
    JsonArray datas = doc.
createNestedArray("datas");
    for(int i = 0;i < unique_num ; i
++){
        char text[32];
        JsonObject value = datas.
createNestedObject();
        mac = unique_mac[i].mac;
        sprintf(text,"%02X:%02X:%02X:%02X:
%02X:%02X", mac[0], mac[1], mac[2],
mac[3], mac[4], mac[5]);
        value["value"] = text;
    }
    String data;
    serializeJson(doc, data);
    serializeJsonPretty(doc, Serial);
    connectToAP();
    retry = 0;
    Serial.println("Upload Start");
    while(!postToDeviceDataPoint(data))
{
    retry ++;
    ESP.wdtFeed();
    if(retry == 20){
        retry = 0;
        delayRestart(1);
    }
    }
    Serial.println("Upload Success!");
    for (int i = 0; i < unique_num;
i++){
        add_upload_mac(unique_mac[i].mac);
        memset(&unique_mac[i], 0x00,
sizeof(mac_t));
    }
    unique_num = 0;
    enable_promisc(hop_channel);
```

```
    return true;
}
```

这一部分程序的核心逻辑如下。

● 每隔 1s 切换一次信道, 然后捕获当前信道获取的 MAC 地址。

● 捕获完一轮, 也就是 1~13 信道之后, 就会给服务器上报一次数据。

服务器实现

我们需要使用两个服务器, 一个是用来处理数据存储 (存储打卡信息) 的 MySQL 服务器, 另一个是用来处理业务逻辑的 Node.js 服务器。

1. MySQL服务器配置

● 我们通过 DBeaver (一个数据库工具) 建立一张新表 (见图 7), 表名为 check_record。

表列包括:

● uid (用户编号), 类型为 BIGINT UNSIGNED;

● usemame (用户名字), 类型为 varchar(100);

● mac (用户 MAC 地址), 类型为 varchar(100);

● checktime (打卡时间), 类型为 TIMESTAMP。

最终生成的 DDL 如图 8 所示, 得到的新表, 如图 9 所示。

到这一步, 我们的表已经创建成功, 接下来就是 Node.js 服务器的业务实现。

2. Node.js服务器业务实现

整体程序结构如图 10 所示。程序比较多, 这里我们只讲核心部分。对接 Express 服务器如程序 3 所示。

程序3

```
// 1.导入所需插件模块
const express = require("express")
const {getIPAdress} = require('./
utils/utils.js')const bodyParser =
require('body-parser')const {router
```

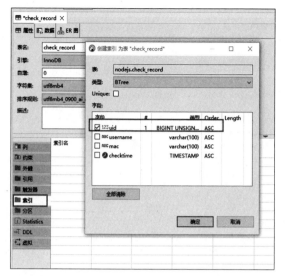

▌图7 建立新表

▌图8 生成的DDL

```
= require('./router/router.js')
// 2. 创建 Web 服务器
let app = express()const port = 8266
// 端口号
const myHost = getIPAdress();
// 3. 注册中间件, app.use()函数用于注册
全局中间件
/*
  * Express(npm ls 包名 参考版本号) 内
置了几个常用的中间件:
  * express.static 快速托管静态资源的中
间件, 比如 HTML 文件、图片、CSS 等
  * express.json 解析 JSON 格式的请求体数
据 (post 请求: application/json)
  * express.urlencoded 解析 URL-encoded
格式的请求体数据 (表单 application/
x-www-form-urlencoded)
*/
// 3.1 预处理中间件
app.use(bodyParser.json());
app.use(bodyParser.urlencoded({
extended: true }));
 app.use(function(req, res, next){
    // URL 地址栏出现中文则浏览器会进行 ISO-
8859-1 编码, 解决方案是使用 decode 解码
    console.log(' 解码之后 ' + decodeURI
(req.url));
```

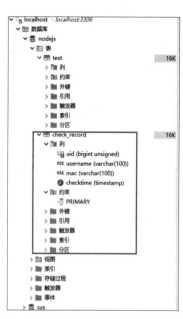

▌图9 得到一张新的表

```
    console.log('URL:' + req.url);
    console.log(req.body);
    next()
}))
// 3.2 路由中间件
app.use(router)
// 3.3 错误级别中间件 ( 专门用于捕获整个项
目发生的异常错误, 防止项目崩溃 ), 必须注册
在所有路由之后
```

▌图10 NodeJS服务器业务实现的整体程序结构

```
app.use((err, req, res, next) => {
    console.log(' 出现异常: ' + err.
message)
    res.send('Error: 服务器异常, 请耐心等
待! ')
})
// 4. 启动 Web 服务器
app.listen(port,() => {
    console.log("express 服务器启动成
```

功 http://"+ myHost +":" + port);
});

这一部分主要完成路由映射。ESP8266 会通过 Express 服务器提供的 API URL 上传数据。对接 MAC 地址处理如程序 4 所示。

程序4

```
// 1. 导入所需插件模块
const express = require("express")
const time = require('../utils/time.
js')const checkQQ = require('../
alarm/check_qq.js')const userConfig
= require('../config/user_config.
js')const mysql = require('../pool_
mysql')
// 2. 创建路由对象
const router = express.Router();
// 3. 挂载具体的路由
// 配置 add URL 请求处理
// 参数1: 客户端请求的 URL 地址
// 参数2: 请求对应的处理函数
// req: 请求对象 (包含与请求相关属性方法)
// res: 响应对象 (包含与响应相关属性方法)
router.post('/api/add/check', (req,
res) => {
    var body = req.body
    var datas = body.datas
    var name = ''
    if (datas){
    datas.forEach(element => {
        var value = element.value
        var userInfo = userConfig.
checkUser(value)
        // 匹配成功
        if (userInfo) {
        // 写入数据库, 有待优化, 批量写入
        mysql.insertCheckRecord(userInfo.
uid,userInfo.name, value, time.
getCurrentDateTime())
        // 往 QQ 群发送信息
        checkQQ.sendGroupMsg(userInfo.
group,'${userInfo.name} 打卡了! ')
```

```
        console.log('${name} 打卡了! ')
        // throw new Error(' 模拟项目抛出错误! ')
        } else {
        console.log('${value} 无法在配置表中找到! ')
        }
        });
    }
    res.send("OK")
})
// 4. 向外导出路由对象
module.exports = {
    router
}
```

首先把用户配置信息映射为一个 map 对象 (主要程序在 user_config.js 中), 如程序 5 所示。

程序5

```
[{
    "name": "霍同学",
    "uid": 202202001,
    "mac": "B0:E1:7E:70:25:CD"}, {
    "name": "华同学",
    "uid": 202202002,
    "mac": "78:DA:07:04:5D:18"}]
```

有数据传送时需要匹配 map, 然后把数据写入数据表 check_record 中, 如程序 6 所示。

程序6

```
// 写入数据库, 有待优化, 批量写入
    mysql.insertCheckRecord(userInfo.
uid, userInfo.name, value, time.
getCurrentDateTime())
```

同时通知到对应的 QQ 群, 具体如程序 7 所示。

程序7

```
const {createClient} = require
("oicq");const uin = xxxxx;
// 填上自己的 QQ 号码
const password = "xxxxx"
// 填上自己的 QQ 密码
```

```
const bot = createClient(uin);
bot.on("system.login.captcha", ()=>{
    process.stdin.once("data", input=>{
        bot.captchaLogin(input);
    });
});
bot.on("system.online", ()=>console.
log(" 服务器: QQ 上线"));
// system.offline.kickoff 被其他客户
端踢下线, 默认不自动重登录 (见相关配置
kickoff)
bot.on("system.offline.kickoff",
()=>console.log(" 服务器踢下线"));
// system.offline.network 网络不通畅
或服务器繁忙, 默认自动重登录 (见相关配置
reconn_interval)
bot.on("system.offline.network",
()=>console.log(" 网络错误导致下线"));
bot.login(password)
// 发送群组消息 function
sendGroupMsg(groupid, text) {
    bot.sendGroupMsg(groupid, text)
}
// 发送私聊消息 function
sendPrivateMsg(uid, text) {
    bot.sendPrivateMsg(uid, text)
}
module.exports = {
    sendGroupMsg,
    sendPrivateMsg
}
```

测试效果

运行NodeMCU效果

运行 NodeMCU 的效果如图 11 所示, 系统收集到很多 MAC 地址信息, 然后上传到服务器。

运行Node.js效果

运行 Node.js 的效果如图 12~14 所示, 可以看到打卡数据被插入数据库里面。

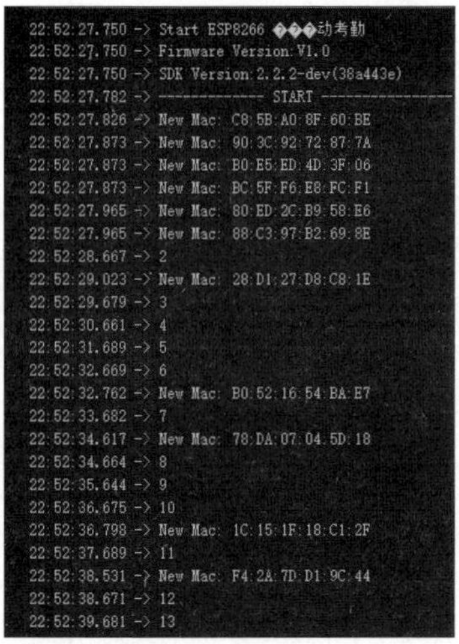

■ 图11 运行NodeMCU的效果

QQ群显示效果

QQ 群显示效果如图 15 所示，我设置了一个 22 届电子 1 班，后面所有打卡记录就可以显示在这里了。

结语

基 于 ESP8266 的 Wi-Fi 自 动 打卡考勤系统结合了非常多的技术，包括ESP8266 开 发、MySQL 开 发、Node.js开发、QQ 客户端开发等。麻雀虽小，五脏俱全，希望同学们能通过这个项目学习到物联网的相关知识。Ⓧ

■ 图12 运行Node.js的效果1

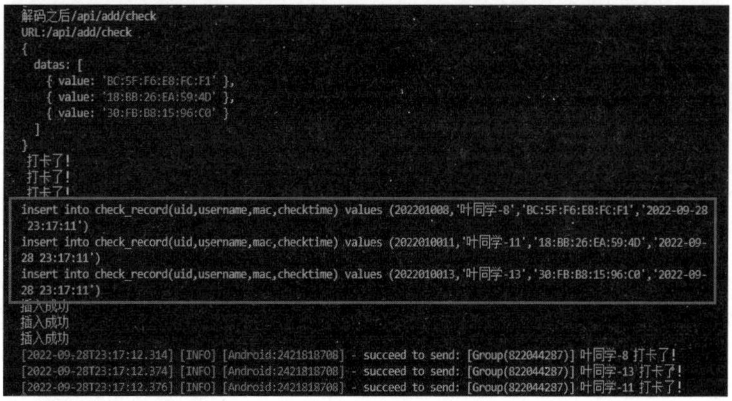

■ 图13 运行Node.js的效果2

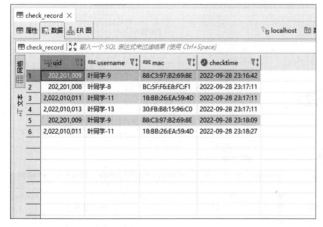

■ 图14 运行Node.js的效果3

■ 图15 QQ群显示效果

STM32 物联网入门30步（第2步）

STM32CubeIDE 的安装与汉化

▌ 杜洋 洋桃电子

从这一步开始，我们将安装一系列软件，在计算机上建立起单片机的开发平台。安装软件的过程都是流程化、机械化的操作，只要严格按照我的操作步骤，一步一步进行即可，对于每一步的操作具体起什么作用并不用深究。这一步的目的就是在计算机上安装好软件平台，编程开发的过程我会在后面详细讲解。软件的安装是一次性操作，只有在未来重装系统或更换新计算机时，才需要重新安装。这里以Windows操作系统为例，安装环境是台式机、i5处理器、4GB内存、256GB硬盘、64位Windows10家庭版系统，可供大家做安装的参考。如果在安装的过程中出现意外，大多数原因是没有严格按照步骤操作，请退回开始部分重新操作。调换步骤顺序、省略步骤都可能导致遇到意想不到的问题。

这一步的主要内容是在计算机上安装STM32CubeIDE，共分成4个部分。

● 在 ST 公 司 官 方 网 站 下 载 STM32CubeIDE。

● 将STM32CubeIDE安装在计算机上。

● 下载并安装汉化补丁包。

● 对STM32CubeIDE进行初始化设置。

STM32CubeIDE的下载

首先介绍STM32CubeIDE的下载，包括下载地址、获取软件、解压缩3个部分。为了不混淆步骤顺序，接下来我将用步骤1、步骤2……的方式讲解。

步骤1：下载STM32CubeIDE。STM32CubeIDE和STM32单片机都是ST公司的产品，STM32CubeIDE的下载站点是ST公司官方网站。此外，大家也可以在洋桃电子官方网站进行下载（见图1）。

步骤2：如图2所示，如果是在ST公司官方网站进行下载，在进入下载页面后，单击"获取软件"按钮。

步骤3：如图3所示，在"获取软件"的列表中找到"产品型号"为"STM32CubeIDE-Win"的选项，在"选择版本"的下拉列表中选择"1.8.0"（本教程的示例程序都采用1.8.0版本编写），然后单击"获取软件"按钮。初学期间请下载与本教程相同的版本，避免一些版本不同导致的问题，熟练掌握之后再更新版本。

步骤4：如图4所示，在弹出的"许可协议"页面中单击"接受"按钮。然后会

网盘下载　到洋桃电子官方网站可找到下载链接

洋桃电子官方网站首页→洋桃IoT开发板页面→工具软件及驱动程序→STM32CubeIDE安装包

▌图1 洋桃官方网站的STM32CubeIDE下载地址

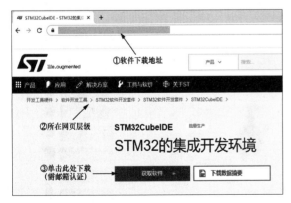

▌图2 下载页面

▌图3 "获取软件"列表

▌图4 "许可协议"页面

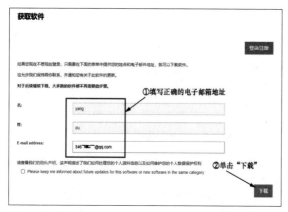

图5 "获取软件"页面

弹出输入框，如图5所示，需要填写姓名和电子邮箱地址。电子邮箱是用来获取验证码的，请填写常用的电子邮箱地址，然后单击"下载"按钮。

步骤5：如图6所示，现在可以打开你填写的电子邮箱，在收件箱里会收到一封来自ST公司的邮件。打开邮件并单击"立即下载"按钮。浏览器会自动弹出下载窗口，按照正常的文件下载方式进行下载。下载完成后，在下载文件夹中会显示一个ZIP压缩文件，如图7所示。用解压缩软件解压缩。注意，不能在压缩文件里运行安装软件，必须在解压缩后安装。

en.st-stm32cubeide_1.8.0_9029_20201210_1234_x86_64.exe.zip

图7 ZIP压缩文件

st-stm32cubeide_1.8.0_9029_20201210_1234_x86_64.exe

图8 解压缩后的安装文件

STM32CubeIDE的安装

接下来介绍STM32CubeIDE的安装过程。包括安装软件、运行软件和软件升级3个部分。

步骤6：如图8所示，在解压缩后的文件夹里找到"st-stm32 cubeide_1.8.0_9029_20201210_1234_x86_64.exe"，双击运行。如果计算机弹出安全提示，则可在文件上单击鼠标右键，选择"以管理员身份运行"。接下来开始安装，如图9所示，在弹出的欢迎窗口中，单击"Next"（下一步）按钮。

步骤7：如图10所示，在弹出的"License Agreement"（许可协议）窗口中单击"I Agree"（我同意）按钮。

步骤8：如图11所示，在"Choose Install Location"（选择安装位置）窗口中确定软件安装在系统盘（C盘）默认路径，然后单击"Next"（下一步）按钮。特别注意，STM32CubeIDE一定要安装在系统盘默认路径，不然在后续升级时会出现很多问题。

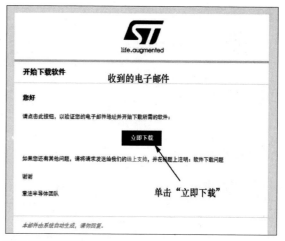

图6 收到的电子邮件

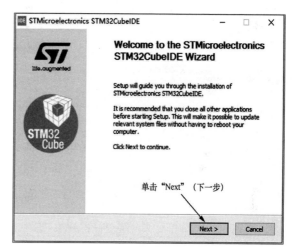

图9 欢迎窗口

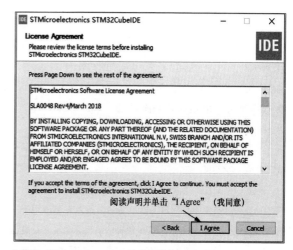

图10 "License Agreement"（许可协议）窗口

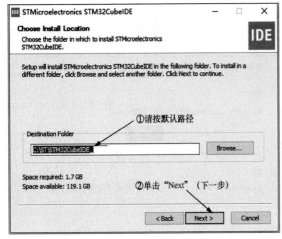

图11 "Choose Install Location"（选择安装位置）窗口

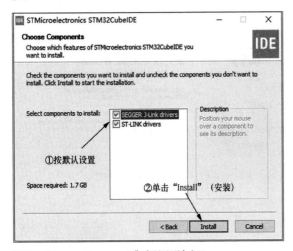

图12 "Choose Components"（选择组件）窗口

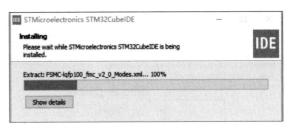

图13 "Installing"（正在安装）窗口

图14 "Windows安全中心"对话框

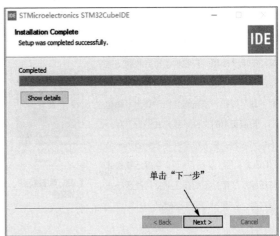

图15 安装过程窗口

图16 安装完成窗口

步骤9：如图12所示，在弹出的"Choose Components"（选择组件）窗口中接受默认设置，勾选这两项的作用是额外安装J-LINK和ST-LINK的驱动程序，这是STM32单片机开发中最常用的两款仿真器，现在安装好可在后续使用时省去很多麻烦，即使不使用也不会占用太多计算机资源。确定后单击"Install"（安装）按钮。

步骤10：如图13所示，在弹出的"Installing"（正在安装）窗口中等待安装结束，这个过程可能需要几分钟。

步骤11：如图14所示，在安装过程中系统可能会弹出"Windows安全中心"对话框，询问你是否安装通用串行总线设备。这是一款用于ST单片机的串口驱动程序，是STM32CubeIDE的一部分，但Windows操作系统怀疑它是不安全的软件，所以弹出提示，可以单击"安装"按钮，放心安装。

图17 桌面快捷图标

步骤12：如图15所示，安装完成，单击"Next"（下一步）按钮。

步骤13：如图16所示，在最后弹出的安装完成窗口里勾选"Create desktop shortcut"（创建桌面快捷方式）选项，然后单击"Finish"（完成）按钮。到此STM32CubeIDE已经被成功安装到你的计算机上了。

步骤14：接下来运行软件。如图17所示，可以双击计算机桌面上图17所示的图标。如图18所示，也可以在安装路径里找到stm32cubeide.exe应用程序文件。图19所示为软件的启动界面。这个软件比较大，打开的过程需要一段时间。

步骤15：如图20所示，第一次打开软件时会弹出"Select a directory as workspace"（选择一个目录为工作空间）的对话框。工作空间的路径按默认即可，同时勾选窗口左下角的"Use this as the default and do not ask again"（将此作为默认设置，不再询问），然后单击"Launch"（发起）按钮。

步骤16：如图21所示，部分计算机会弹出"Windows安全中心警报"对话框，让你选择是否允许软件访问网络。这里要选择"允许访问"，否则后续操作无法进行。

步骤17：如图22所示，第一次打开软件时还会弹出协助改进对话框，大意是询问用户是否愿意上传报错的数据，帮助ST公司改进软件。可以根据自己的意愿进行选择，此操作不影响软件使用。软件正常打开的界面如图23所示。

步骤18：如图24所示，在升级软件版本时，单击菜单栏的"Help"（帮助），在弹出的下拉菜单中选择"Check for Updates"（检查更新）。如果有新的软件版本，计算机会自动在

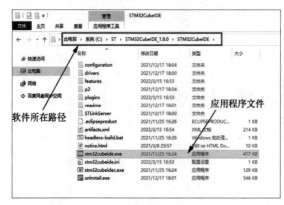

图18 安装路径

图19 软件启动界面

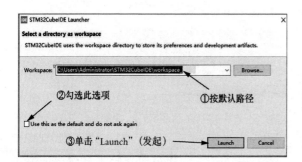

图20 "Select a directory as workspace"（选择一个目录为工作空间）对话框

图21 "Windows安全中心警报"对话框

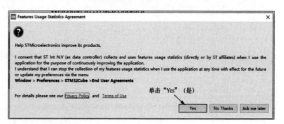

图22 协助改进对话框

机器视觉背后的人工智能（2）

早期算法介绍

■ 闫石

本文，我们介绍早期计算机视觉领域的目标检测算法。这些算法因为执行效率和预测精度低，已经逐渐淡出研究视线，但其设计理念和思想，对于后续算法的推陈出新十分重要。因此，我们介绍一下早期算法原理，不会过多涉及具体的实现细节（后续YOLO系列算法会详细讲述），感兴趣的读者可以自行查阅相关论文，下面按照时间顺序进行介绍。

滑窗算法

滑窗算法是比较古老的目标检测算法之一，其原理十分简单，就是在输入的图像上，滑动不同比例和大小的窗口，然后进行特征提取，将提取的数据传到分类器识别，滑窗算法如图1所示。

显而易见，这种算法效率低下，需要海量的滑窗进行识别，而且受限于人工特征提取，无论精度还是效率，都无法满足实际需要。但在深度学习出现之前，滑窗算法一直占据主导地位。

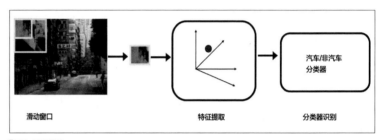

■ 图1 滑窗算法

R-CNN算法

2014年，出现了 R-CNN（区域卷积神经网络）算法，这是目标检测领域的开山之作，因为作者利用卷积神经网络实现了目标检测，在 PASCAL VOC 数据集上，平均预测精度达到53.3%，这是巨大的飞跃，是一个有可能用于工业领域的解决方案，虽然速度还不是很理想，但精度比之前提高太多。我们现在也许觉得慢，但在当时对比其他算法还是很快的。从此，人们看到了目标检测领域的曙光，确定了这

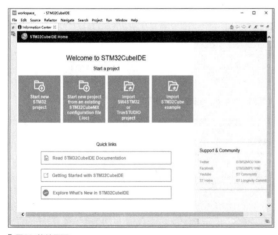

■ 图23 软件界面

■ 图24 检查更新的操作

线安装，安装前请确保网络连接正常。需要注意，开发类软件不同于休闲娱乐软件，并不是越新越好，而是更注重稳定性。建议不要升级到最新的软件版本，新版本可能会存在很多问题。可以升级到次新版本，或者等待新版本发布一段时间后再使用。Ⓦ

图2 Selective Search算法示例

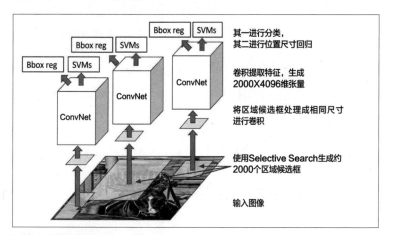

图3 R-CNN处理流程

其一进行分类，
其二进行位置尺寸回归

卷积提取特征，生成
2000X4096维张量

将区域候选框处理成相同尺寸
进行卷积

使用Selective Search生成约
2000个区域候选框

输入图像

图4 诸多候选框

度、纹理等特征，将图像分割为超像素，Selective Search 算法示例如图 2 所示。

CNN特征提取

将 Selective Search 算法处理得到的候选框，统一大小为 227 像素 ×227 像素，送入 CNN 卷积网络。对比了 AlexNet 和 VGG-16，发现 VGG-16 的精度更高，但是参数太多、运算量过大，我们选择相对简单的 AlexNet 做介绍。AlexNet 经过一系列卷积，最终生成一个 4096 维向量，因为一张图大概产生 2000 个候选框，因此最终得到 2000×4096 维张量。

候选框分类识别

将 2000×4096 维张量送入 SVM（支持向量机）分类器，进行种类识别。SVM 是之前非常流行的机器学习算法，其本质是二分类，随着深度学习的广泛研究，SVM 算法现在应用已相对减少。

SVM 分类器处理之后，生成了 2000×20 维张量，2000 对应 2000 个候选框，20 对应 20 个分类。对于每一个候选框都预测出其类别概率，因为当时使用的是 PASCAL VOC 数据集，因此只有 20 个种类，这时要进行非最大值抑制（NMS），就是去除负样本和重复的预测框，只保留那些概率最大的预测结果。非最大值抑制算法会在 YOLOv1 中详细介绍。

修正候选框位置和范围

将非最大值抑制处理过的结果做回归运算（L2 损失函数），进一步提高位置和尺寸的精度。

以上就是 R-CNN 算法的基本内容，R-CNN 处理流程如图 3 所示，现在看上去很简单，貌似没有什么过人的想法和技巧，但当时的确开拓了大家的思路，为后续的目标检测铺平了道路。

R-CNN 算法与传统算法相比精确度

个方向可行，因此 R-CNN 算法具有里程碑意义。

作者 Ross Girshick 致力于计算机视觉和机器学习。他在诸多算法领域都有涉及，而且带队参赛多次获奖，是位"大神"级人物。在 R-CNN 算法之前，也有使用深度学习进行目标检测的算法，例如 OverFeat 算法，但检测效果并不惊艳，没有引起重视。Ross Girshick 的理论和实践能力都很强，论文发表后，业界一下转到卷积神经网络方向，现在大家都知道采用

R-CNN 算法做目标检测，但当时这条路能否走通没有人知道，因此 R-CNN 算法的确具有奠基作用。

R-CNN 算法也不是非常复杂，基本分为 4 步。

生成候选区

这一步，采用的是传统的 Selective Search 算法，从输入图像中，可以提取 1000~2000 个区域候选框（Region Proposal），然后根据图像的颜色、灰

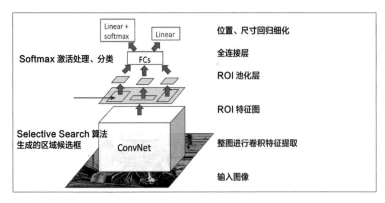

▌图5 Fast R-CNN流程（来源：斯坦福大学公开课）

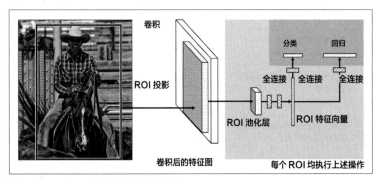

▌图6 Fast R-CNN流程（来源：作者原论文）

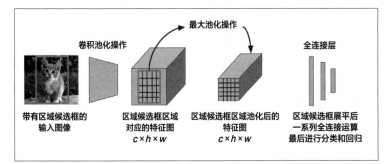

▌图7 ROI池化的过程（来源：斯坦福大学）

大幅提高，但也存在一些问题，最主要的问题是处理速度太慢，一幅图生成候选框一般需要3~5s，2000个候选框进行卷积需要约50s，一张图片尚且如此，大量数据无法估计，实时性应用更是无从谈起，而且2000个候选框中很多是重复的，例如图4所示的诸多候选框，我们用肉眼观察，图中不过是猫和狗两个目标，但是算法把这么多候选框都进行卷积，做了大量无用功。

另外，SVM进行分类，存储资源要求也非常高，5000幅图片的训练集，就需要几百GB的空间，每张图要保留大量特征信息，那时的存储资源还比较昂贵，再说也没必要在这上面耗费这么多资源。

因此，R-CNN尽管远超之前的算法，但性价比还有许多提升空间。

Fast R-CNN算法

基于R-CNN算法的种种不足，Ross Girshick完善了该算法，新的算法称为

Fast R-CNN，Fast R-CNN算法就是在R-CNN算法最耗时的卷积处理上做了文章，因而大幅提高处理速度。

R-CNN不是存在大量的重复卷积吗？现在一次性整图卷积，然后根据候选框来抠取对应的特征区域进行分类回归。

图5来自于斯坦福大学公开课的Fast R-CNN流程，图6源自于作者论文的Fast R-CNN流程，个人觉得斯坦福大学的流程更容易理解一些。能这么处理，最主要是因为卷积操作具备特征的空间位置不变性，因此可以直接将特征图对应到原始图像。

因为最耗时的卷积浪费被解决，因此效率大幅提升，Fast R-CNN算法的确比R-CNN算法快很多。Fast R-CNN算法使用VGG-16作为主干网，在PASCAL VOC数据集上平均预测精度从62%提升到66%。

现在具体介绍一下工作过程。

（1）将图像输入网络，整图卷积操作形成整图的特征。

（2）将Selective Search算法生成的候选框投影到特征图上，获得相应的特征矩阵。

（3）将每个特征矩阵通过ROI池化层缩放为$h×w$的特征图。

（4）将$h×w$的特征图展平，经过一系列全连接层分别进行分类和回归。

图7来自于斯坦福大学李飞飞教授的PPT，展现了ROI池化的过程。

对比之前的R-CNN算法，R-CNN的Selective Search、CNN、分类、回归这4块业务分别由4个模块完成，彼此相对独立；Fast R-CNN算法除了Selective Search是独立的，其余3块都在同一个网络模型内完成，因此效率更高。

Faster R-CNN算法

在2016年，Ross Girshick和他的

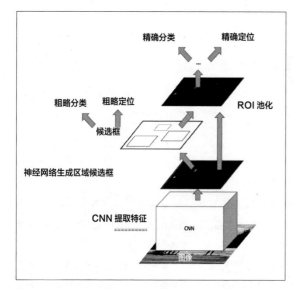

▌图8 Faster R-CNN算法

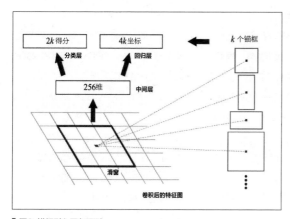

▌图9 锚框引入回归预测

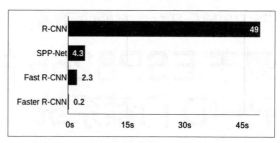

▌图10 R-CNN系列目标检测速度对比

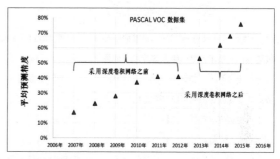

▌图11 算法性能发展历程

同事完成了 Faster R-CNN 算法，如图8所示，该算法主要有以下几个特点。

● 采用区域候选网络（RPN）生成区域候选框，不是传统的 Selective Search 算法。

● 是个端到端（end to end）的解决方案，是 One Stage 算法。

● 提出锚框（anchor box）的概念。

● 运行速度进一步提升。

Faster R-CNN 算法本质就是 RPN + Fast R-CNN，RPN 是个很具有创新性的想法，提出的锚框概念对后续算法启发很大，下面介绍 RPN 的主要思想。

的区域是不是"目标"，因为卷积具有特征的空间不变性，因此可以这样操作。经过一系列卷积操作，k 个锚框生成 $2k$ 个得分和 $4k$ 个坐标，其中得分代表滑窗内的是不是目标，这时并不进行具体分类，只是输出其是否为目标的概率值；坐标则估测其大致的位置和大小。用这种方式，在特征图上大致筛选出目标的数量、位置和大小，这部分操作代替了之前采用的 Selective Search 算法。

对于特征图每个点，生成 9 个矩形锚框，共有 3 种形状，长宽比为 1:1、1:2、2:1，这样各种比例和大小的锚框滑动中基

锚框引入回归预测如图9所示，在整图卷积操作生成的特征图上，使用一系列系统预置的锚框在特征图上滑动，映射回原始图像，然后根据交并比（IOU）判定框选

本覆盖了整张图。关于锚框，在 YOLOv2 中会有详细的讲解。之后的步骤就和 Fast R-CNN 基本一致了。

我们看图 10 所示 R-CNN 系列对比，R-CNN、Fast R-CNN、Faster R-CNN，算法速度不断提高，Faster R-CNN 虽然还达不到实时检测的标准，但已经接近实用指标了，图 10 中的横坐标表示检测一张图需要的时长，R-CNN 算法是 49s，Faster R-CNN 达到了 0.2s。

最后，我们回顾一下算法性能发展历程，如图 11 所示，采用深度学习之前，平均检测精度最高也就 40%，但采用卷积网络之后，平均检测精度达到了 70%，而且还有提升空间，目前来说，目标检测基本上是已经解决的问题，当然还可以进一步优化，后来的 YOLO 系列算法已经进入实用阶段，这些算法终于从纸面进入了实际产品。

本文粗略地介绍了 4 种算法，大家了解其设计思想即可，之后开始讲解大名鼎鼎的 YOLOv1 算法，我们拭目以待。 ⊗

ESP8266 开发之旅 应用篇（2）

基于 ESP8266 的 RFID 门禁系统

▋单片机菜鸟博哥

射频识别（RFID）技术，又被称为无线射频识别技术，是一种通信技术，可通过无线电信号识别特定目标并读 / 写相关数据，而无须在识别系统与特定目标之间建立机械或光学接触，这种技术被普遍应用于企业 / 校园一卡通、公交储值卡、高速公路收费、停车场、小区门禁管理等。本次我们将结合 ESP8266 和 RFID 技术来构建一套简单的门禁系统，支持后台查阅刷卡记录。同时，在一些场景下，我们也可以自己接入提醒信息。

RFID 系统由两个部分组成（见图 1）。

● RFID Tag（RFID 标签）：一般被做成方形或者水滴形的卡，用于存储识别信息。

● RFID Reader/Writer（RFID 读写器）：用于读取 / 写入 RFID 标签上的数据。

RFID 标签为待感应设备，此设备不包含电池，只包含微型集成电路芯片和存储数据的介质，以及接收和发送信号的天线。读取 RFID 标签中的数据时，首先要将其放到 RFID 读写器的读取范围内。RFID 读写器由射频模块及高频磁场组成，会产生一个磁场，因为磁能生电，根据楞次定律，RFID 标签中会产生电流，从而激活设备。随后 RFID 标签中的芯片进行响应，发送信号，将 RFID 标签中存储的数据发给 RFID 读写器。

这里我们使用如图 2 所示的套件即可。

图 2 中左边是 RFID-RC522 模块，相当于 RFID 读写器，右上角是一张白色 IC 卡，右下角是一个水滴形的 IC 卡。

RFID-RC522 模块（见图 3）各引脚的定义如下。

● VCC：连接 2.5~3.3V 电源，如果连接 5V 电源，此 RFID-RC522 模块可能会被烧坏。

● RST：复位和断点输入引脚，此引脚接低电压时，RFID-RC522 关闭，包括振荡器、输入引脚、SPI（串口外围接口）。

● GND：接地引脚。

● IRQ：中断警告引脚，当 RFID 标签靠近该设备时，RFID-RC522 模块通过此引脚进行触发。

● MISO（Master In Slave Out）/SCL/TX：当 SPI 开启时有效。当使用 I2C 接口时，此引脚为串口时钟；当使用 UART 接口时，此引脚为串口数据输出接口。

● MOSI（Master Out Slave In）：该引脚为此模块的 SPI。

● SCK（Serial Clock）：接收 SPI 提供的脉冲信号。

● SS/SDA/RX：当 SPI 启动时，该引脚为输入信号引脚。当使用 I2C 接口时，此引脚为串口数据端；当使用 UART 接口时，此引脚为串口输入接口。

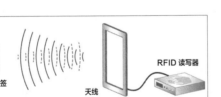

▋图 1 RFID 系统的组成

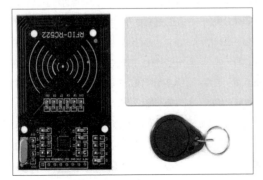

▋图 2 RFID-RC522 套件

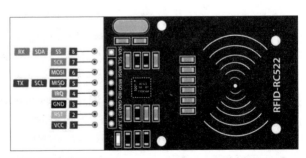

▋图 3 RFID-RC522 模块

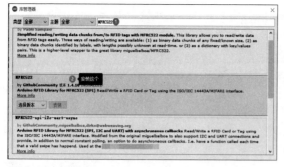

图 4　安装 MFRC522

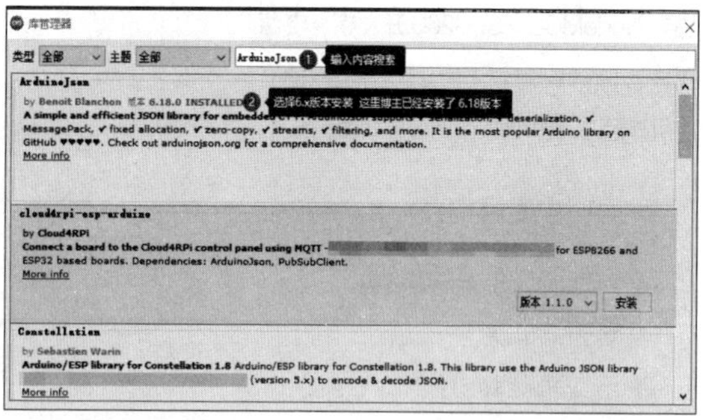

图 5　安装 ArduinoJson 库

我们需要读取卡片信息，所以先来简单了解一下卡片信息的存储结构。

Mifare 卡的存储容量为 1KB，采用 EEPROM 作为存储介质。整个结构分为 16 个扇区，被编为扇区 0 ～ 15；每个扇区有 4 个块（Block），分别为块 0、块 1、块 2 和块 3；每个块有 16 字节。一个扇区共有 64Byte。

每个扇区的块 3（即第 4 块）也被称作尾块，包含了该扇区的密码 A（6 字节）、存取控制（4 字节）、密码 B（6 字节）。

表 1　硬件材料清单

序号	名称	数量
1	NodeMCU ESP8266 开发板	1 块
2	面包板	1 块
3	RFID-RC522 套件	1 组
4	电源模块和开关电源适配器	1 个
5	杜邦线	若干

表 2　RFID-RC522 模块与 NodeMCU ESP8266 开发板连接引脚

RFID-RC522 模块引脚	NodeMCU ESP8266 开发板引脚
RST	D1
SDA	D2
MOSI	D7(GPIO13)
MISO	D6(GPIO12)
SCK	D5(GPIO14)
VCC	3V3
GND	GND

表 3　电源模块与 NodeMCU ESP8266 开发板连接引脚

电源模块引脚	NodeMcu 引脚
GND	GND

其余 3 个块是一般的数据块。

扇区 0 的块 0 是特殊的块，包含了厂商代码信息，这些信息在生产卡片时被写入，用户不可改写。其中，第 0 ～ 4 字节为卡片的序列号，第 5 字节为序列号的校验码，第 6 字节为卡片的容量"SIZE"字节，第 7、8 字节为卡片的类型号字节，即 Tagtype 字节；其他字节由厂商定义。

本项目功能分为两部分。

● 给空白 IC 卡刷入用户信息。我们会选择一个块也就是 16 字节存储用户名字信息，同时以第 16 字节记录名字长度，这是我们自定义的协议。

● 在 RFID 读写器上刷卡，读取到刷卡用户信息，上传到后台服务器。

项目准备

大家在之前的学习中已经安装了

ESP8266 的软件开发环境，所以这里不再重复介绍。

软件环境准备

1. 安装 MFRC522

打开 Arduino IDE，选择"工具"—"管理库"，在"库管理器"中搜索"MFRC522"，选择安装最新版本（见图 4）。安装这个库是为了能够操作 RFID-RC522 模块。

2. 安装 ArduinoJson 库

打开 Arduino IDE，选择"工具"—"管理库"，在"库管理器"中搜索"ArduinoJson"，选择安装最新版本（见图 5）。

硬件准备

硬件材料清单见表 1。

根据表 2 和表 3 将 RFID-RC522 模

图 6　硬件连接

块与 NodeMCU ESP8266 开发板、电源
模块与 NodeMCU ESP8266 开发板的对
应引脚相连，硬件连接后的效果如图6所示。

项目实现

整个项目分为 3 个步骤实现。
● 给空白卡配置用户信息。
● 用读写器读取卡片信息。
● 将用户信息上传到后台服务器中。

给空白卡配置用户信息

首先我们需要配置卡片信息，每个卡片
有各自唯一的 ID，为了容易记忆，要给它
配置一个名称，这就类似于身份证号码和身
份证上的名字。直接在 ESP8266 上烧录
程序 1。

程序1

```
/* 功能: 用于配置 IC 卡信息，包括 UID 和用
户名字 */
#include <SPI.h>#include <MFRC522.h>
// 常量声明
#define RST_PIN D1
// 配置引脚
#define SS_PIN D2
// 用户名字
#define USER_NAME "菜鸟哥" // 注意: 目
前仅支持 3~4 个汉字
void dump_byte_array(byte *buffer,
byte bufferSize);
void dump_char(byte *buffer, byte
bufferSize, byte maxSize);
MFRC522 mfrc522(SS_PIN, RST_PIN);
// 创建 522 对象
MFRC522::MIFARE_Key key;
// 读写密钥
// 扇区编号 0~15
byte sector = 0;// 块地址，和扇区对应关
系为 sector×4 到 sector×4 + 3 7/6/5/4//
0: 3/2/1/0
byte blockAddr= 1; // 数据块地址
MFRC522::StatusCode status;
byte name[16] = USER_NAME;
byte size_name = sizeof(USER_NAME);
void setup() {
Serial.begin(115200);// 初始化串口，
设置波特率为 115200 波特
while (!Serial);
Serial.println("");
Serial.
println("====================");
SPI.begin(); // 初始化 SPI 总线，用来与
射频卡芯片 RC522 通信
mfrc522.PCD_Init();
// 初始化射频卡芯片 RC522
mfrc522.PCD_DumpVersionToSerial();
// 打印 RFID 读写器固件版本信息，准备射频
卡的 A 区和 B 区密码，出厂值为 0xFF。
for (byte i = 0; i < 6; i++) {
key.keyByte[i] = 0xFF;
}
Serial.println("欢迎使用射频卡配置
功能");
println("**********************
************");
if(size_name >10)
{Serial.println("名字太长了，无法
配置!"); while (1);
}
// 自定义协议，最后一位用来存名字字节长度
name[15] = size_name;
}
void loop() {
// 寻找新卡，选择一张卡
if (!mfrc522.PICC_
IsNewCardPresent())
{
delay(50);
return;
}
// 选择一张卡
if (!mfrc522.PICC_ReadCardSerial())
{
delay(50);
return;
}
```

```
Serial.println(F("正在认证射频卡
..."));
// 显示卡片的详细用户信息
Serial.print(F("卡片 UID:"));
dump_byte_array(mfrc522.uid.
uidByte, mfrc522.uid.size);
Serial.println();
Serial.print(F("卡片类型: "));
MFRC522::PICC_Type piccType =
mfrc522.PICC_GetType(mfrc522.uid.
sak);
Serial.println(mfrc522.PICC_
GetTypeName(piccType));
// 检查兼容性
if (piccType != MFRC522::PICC_TYPE_
MIFARE_MINI
&& piccType != MFRC522::PICC_
TYPE_MIFARE_1K
&& piccType != MFRC522::PICC_
TYPE_MIFARE_4K) {
Serial.println(F("仅仅适合 Mifare
Classic 卡的读写"));
return;
}
// 射频卡读操作，需要用 A 密码认证
status = (MFRC522::StatusCode)
mfrc522.PCD_
Authenticate(MFRC522::PICC_CMD_
MF_AUTH_KEY_A, blockAddr, &key,
&(mfrc522.uid));
if (status != MFRC522::STATUS_OK)
{
Serial.print(F("身份验证失败? 或者是
卡连接失败，请重新再试试~"));
Serial.println(mfrc522.
GetStatusCodeName(status));
mfrc522.PICC_HaltA();
mfrc522.PCD_StopCrypto1();
delay(50);
return;
} else {
Serial.println(F("身份验证成功
"));
```

```
    }
    byte buffer[18];
    byte len = 18;
    // 读取块数据，也就是旧用户名字
    Serial.print(F(" 用户名字:"));
    status = (MFRC522::StatusCode)
mfrc522.MIFARE_
Read(blockAddr,buffer,&len);
    if (status != MFRC522::STATUS_OK)
{
        Serial.println(F(" 数据读取错误 "));
        mfrc522.PICC_HaltA();
        mfrc522.PCD_StopCrypto1();
        delay(50);
        return;
    }
    dump_char(buffer,buffer[15],len);
    // 接下来修改用户名字
    Serial.print(F(" 修改用户名字:"));
    Serial.println(USER_NAME);
    status = mfrc522.PCD_
Authenticate(MFRC522::PICC_CMD_
MF_AUTH_KEY_A, blockAddr, &key,
&(mfrc522.uid));
    if (status != MFRC522::STATUS_OK)
{
        Serial.print(F(" 身份验证失败？
或者是卡连接失败 "));
        Serial.println(mfrc522.
GetStatusCodeName(status));
        mfrc522.PICC_HaltA();
        mfrc522.PCD_StopCrypto1();
        delay(50);
        return;
    } else {
        Serial.println(F(" 身份验证成功
"));
    }
    // 写数据块
    status = mfrc522.MIFARE_Write
(blockAddr, name, 16);
    if (status != MFRC522::STATUS_OK)
{
```

```
        Serial.print(F(" 写数据失败~: "));
        Serial.println(mfrc522.
GetStatusCodeName(status));
        mfrc522.PICC_HaltA();
        mfrc522.PCD_StopCrypto1();
        return;
    } else Serial.println
(F(" 写数据成功 "));
    mfrc522.PICC_HaltA();
    mfrc522.PCD_StopCrypto1();
    delay(1000);
}
// 将字节数组打印到串口
void dump_char(byte *buffer, byte
bufferSize, byte maxSize){
    if (maxSize < bufferSize) {
        Serial.println(F("maxSize
< bufferSize, 数据异常 "));
        return;
    }
    for (uint8_t i = 0; i < bufferSize;
i++) {
        Serial.write(buffer[i]);
    }
    Serial.println();
}
// 将字节数组转储为串行的十六进制值
void dump_byte_array(byte *buffer,
byte bufferSize) {
    for (byte i = 0; i < bufferSize;
i++) {
        Serial.print(buffer[i] < 0x10
? " 0" : " ");
        Serial.print(buffer[i], HEX);
    }
}
```

这段程序的主循环非常简单，就是不断去检测卡信息。

● 寻找新卡。

● 选择一张卡。

● 显示卡片的详细用户信息。

● 检查兼容性。

● 射频卡读操作，需要用 A 密码认证。

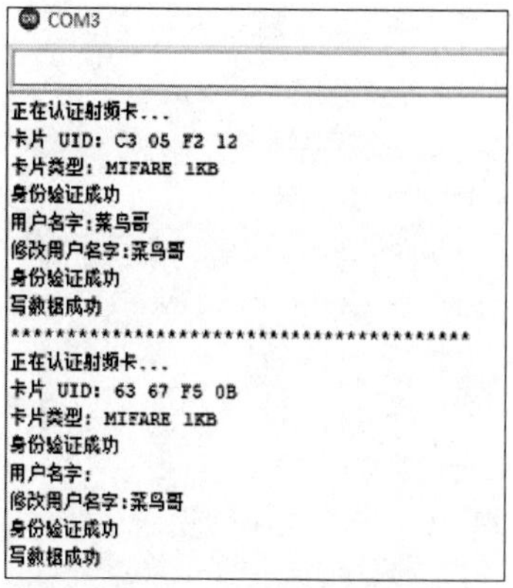

■ 图7 配置 IC 卡的串口打印内容

● 读取块数据，也就是旧用户名字。

● 修改用户名字。

● 写数据块。

重点关注这几行程序。

```
// 用户名字
#define USER_NAME " 菜鸟哥 "
// 注意：目前仅仅支持 3~4 个汉字
```

改成自己想配置的名字，比如我分别烧录了菜鸟哥、孙悟空和猪八戒等卡片，这里会同时得到对应的 UID 信息。

```
{0xC3, 0x05, 0xF2, 0x12}, // 孙悟空
{0x63, 0x67, 0xF5, 0x0B} // 猪八戒
```

正常情况下，Arduino IDE 串口会打印如图 7 所示的内容。

用RFID读写器读取卡片信息

接下来在 ESP8266 上烧录程序 2。

程序2

```
/**
 * 功能：用于配置 IC 卡信息，包括 UID 和用户名字
 * 详细描述
 * 连接 RFID-RC522 模块和 NodeMCU
ESP8266 开发板
 * 整体业务逻辑流程
 * 1.首先初始化 RFID 模块
 * 2.不断循环检测以下流程
 * 当有人刷卡时，检测卡是不是认证可通行卡
(UIDs)
 * 2.2 通过检测后，人通过
```

```
* 2.3 将以上数据上报到云服务
#include <SPI.h>
#include <MFRC522.h>
#include <ESP8266WiFi.h>
// 引入 Arduino ESP8266 核心库
#include <ESP8266HTTPClient.h>
// 引入 HttpClient 库
#include <ArduinoJson.h>
// 引入 JSON 处理库
#include <Ticker.h>
// 引入定时库
#define WIFI_SSID "TP-LINK_5344"
// Wi-Fi 账号，更改成自己的
#define WIFI_PASSWORD "xxxxx"
// Wi-Fi 密码，更改成自己的
#define RST_PIN D1
// 配置引脚
#define SS_PIN D2
#define UIDS_SIZE 4
// 当前所有 UID 个数，根据需要去改动
#define UID_LENGTH 4
// 每个 UID 的数据大小
#define MAX_SIZE 300
// 发送到云平台的数据大小
void dump_byte_array(byte *buffer,
byte bufferSize); // 将字节数组转储为串
行的十六进制值
void dump_char(byte *buffer, byte
bufferSize, byte maxSize); // 将字节
数组打印到串口
bool checkUID(byte *buffer, byte
bufferSize); // 检查对应用户 UID
void showRoundCheckStart();
// 打印检测开始状态
void showRoundCheckEnd();
// 打印检测结束状态
void resetmfrc522(bool end);
// 重置 RC522
void initWifiConnect(void);
// 初始化 Wi-Fi 连接
void doWiFiConnectTick(void);
// 检测 Wi-Fi 连接状态
void sendToServer(void);
```

```
// 将数据发送到 Node.js 服务器
char param[MAX_SIZE]; // 缓存数据
static WiFiClient espClient;
// TCP Client
Ticker delayTimer;
// 表示定时模块，用来做一个定时器
MFRC522 mfrc522(SS_PIN, RST_PIN);
// 创建 522 对象
MFRC522::MIFARE_Key key;
// 读写密钥
static HTTPClient http;
// 记录当前可以通过的 UID 列表，随机替换为
自己的，后续可以考虑动态下发
byte uids[UIDS_SIZE][UID_LENGTH] = {
    {0xD3, 0x66, 0x0B, 0x13}, // 王五
    {0x53, 0xE7, 0x1D, 0x0C}, // 菜鸟哥
    {0xC3, 0x05, 0xF2, 0x12}, // 孙悟空
    {0x63, 0x67, 0xF5, 0x0B} // 猪八戒
};
// 扇区编号 0-15
// 块地址和扇区对应关系为 sector×4
到 sector × 4 + 3
byte blockAddr = 1; // 数据块地址
MFRC522::StatusCode status;
void setup() {
    Serial.begin(115200);// 初始化串口，
设置波特率为 115200 波特
    while (!Serial);
    Serial.println("");
    Serial.println(F(" 程序开始运行 "));
    SPI.begin();// 初始化 SPI 总线，用来和
射频卡芯片 RC522 通信
    mfrc522.PCD_Init(); // 初始化射频卡芯
片 RC522
    mfrc522.PCD_DumpVersionToSerial();
// 打印 RFID 读写器固件版本信息
// 准备射频卡的A区和B区密码，出厂值为
0xFF
    for (byte i = 0; i < 6; i++) {
        key.keyByte[i] = 0xFF;
    }
    initWifiConnect(); // 初始化 Wi-Fi 连接
    ESP.wdtEnable(5000); // 启用看门狗
```

```
    Serial.println(" 欢迎使用射频卡检测功能
");
}
void loop() {
    ESP.wdtFeed();// 定时喂狗
    // 寻找新卡，选择一张卡 (同程序 1)
    …
    // 选择一张卡 (同程序 1)
    …
    // 显示卡片的详细用户信息 (同程序 1)
    …
    // 检测卡是否在允许卡列表范围中
    if (!checkUID(mfrc522.uid.uidByte,
mfrc522.uid.size)){
        Serial.println(F(" 此卡不在可通行
卡列表中，请使用正确卡 !"));
        resetmfrc522(true);
        delay(1000);
        return;
    }
    Serial.print(F(" 卡片类型： "));
    MFRC522::PICC_Type piccType =
mfrc522.PICC_GetType(mfrc522.uid.
sak);
    Serial.println(mfrc522.PICC_
GetTypeName(piccType));
    // 检查兼容性 (同程序 1)
    …
    // 射频卡读操作，需要用A密码认证 (同程序 1)
    …
    // 读取块数据，也就是旧用户名字 (同程序 1)
    …
    resetmfrc522(false);
    sendToServer(buffer, mfrc522.uid.
uidByte, mfrc522.uid.size); // 将数据
发送到云中
    delay(1000); //change value if you
want to read cards faster
    }
    // 初始化 Wi-Fi 连接
void initWifiConnect(void){
    wifi_station_set_auto_connect(0);
    // 关闭自动连接
```

```
  Serial.printf("Connecting to
WiFi:%s\n",WIFI_SSID);// 串口打印当前
Wi-Fi 热点的名称
  WiFi.disconnect(); // 默认断开之前的
连接, 回归初始化非连接状态
  WiFi.mode(WIFI_STA); // 设置 ESP 工作
模式为 Station 模式
  WiFi.begin(WIFI_SSID, WIFI_
PASSWORD); // 连接到 Wi-Fi
  int cnt = 0; // 记录重试次数
  while (WiFi.status() != WL_
CONNECTED) // 当还没有连接上 Wi-Fi 热点时
  {
    delay(1000);// 延时等待 1s
    cnt++;// 累计次数 +1
    Serial.print("."); // 串口输出, 表
示设备正在连接 Wi-Fi 热点
    if(cnt>=40)// 超过 40s 还没有连接上
网络
    {
      delayRestart(1); // 一直连接不上
就重启 ESP 系统
    }
  }
  Serial.println(WiFi.localIP());
// 打印当前 IP 地址
}
// 检测 Wi-Fi 连接状态
void doWiFiConnectTick(void){
  static uint32_t lastWiFiCheckTick
= 0; // 记录最近一次检测 Wi-Fi 连接状态的
时间点
  static uint32_t disConnectCount =
0;   // 记录 Wi-Fi 断开连接的次数
  if(WiFi.status() == WL_CONNECTED)
// 当前 Wi-Fi 处于连接状态
  {
    disConnectCount = 0;// 重置 Wi-Fi
断开连接为 0
    return;
  }
  if(millis() - lastWiFiCheckTick >
1000) // 检测间隔大于 1s
```

```
  {
    lastWiFiCheckTick = millis();
// 记录时间点
    Serial.println("WiFi disConnect!");
// 串口输出, 表示设备已经断开连接
    disConnectCount++; // Wi-Fi 断开连接
的次数累计加 1
    if(disConnectCount>=40) // 断开连接
累计次数达到 40 次, 表示可能 Wi-Fi 连接异常
    {
      delayRestart(1); // 一直连接不上就
重启 ESP 系统
    }
  }
}
// 延时重启
void delayRestart(float t) {
  Serial.print(F("Restart after "));
  Serial.print(t);
  Serial.println("s");
  delayTimer.attach(t, [](){
    Serial.println(F("\r\nRestart
now!"));
    ESP.restart();
  });
}
// 将数据发送到 Node.js 服务器
void sendToServer(byte *buffer, byte
*uid, byte uidSize){
    memset(param, 0, MAX_SIZE);
// 清空缓存数据
    char bufferUid[30];
    // the UID. 4, 7 or 10.
    if (uidSize == 4) {
    sprintf( bufferUid,"%02X-%02X-
%02X-%02X",uid[0],uid[1],uid[2],u
id[3]);
    } else if(uidSize == 7){
      sprintf( bufferUid, "%02X-%02X-
%02X-%02X-%02X-%02X-%02X", uid[0],u
id[1],uid[2],uid[3],uid[4],uid[5],u
id[6]);
    } else if (uidSize == 10){
```

```
    sprintf( bufferUid, "%02X-%02X-
%02X-%02X-%02X-%02X-%02X-%02X-%02X-
%02X-%02X", uid[0],uid[1],uid[2],uid
[3],uid[4],uid[5],uid[6],uid[7],uid[
8],uid[9]);
    }
    Serial.print(F("[sendToServer]
begin...\n"));
    bool sendMessageOK = false;
    sprintf(param, "{\"name\":\"%s\",
\"uid\":\"%s\"}", buffer,bufferUid);
// 构成需要上传的 JSON 数据
    Serial.printf("param:%s\n",
param); // 串口输出最终发送的数据
    if(http.
begin("http://192.168.1.103:8266/
api/add")) {
      http.addHeader("Content-
Type","application/json");
      int httpCode = http.POST(param);
      if(httpCode > 0) {
        Serial.printf("[sendToServer]
POST... code: %d\n", httpCode);
        if (httpCode == HTTP_CODE_
OK || httpCode == HTTP_CODE_MOVED_
PERMANENTLY) {
          String payload = http.
getString();
      Serial.println(payload);
      sendMessageOK = true;
        } else {
          String payload = http.
getString();
      Serial.println(payload);
      Serial.printf("[sendToServer]
POST... failed, error: %s\n", http.
errorToString(httpCode).c_str());
          sendMessageOK = false;
      }
      http.end();
    }
    } else {
      Serial.print(F("[HTTPS] Unable
```

```
to connect\n"));
   }
   if (sendMessageOK) {
     Serial.print(F("[sendToServer]
sendMessage Ok...\n"));
   } else {
     Serial.print(F("[sendToServer]
sendMessage error...\n"));
   }
   Serial.print(F("[sendToServer]
end...\n"));
}
// 标记一轮检测的开始
void showRoundCheckStart(){
   Serial.println("*************** 开
始检测 ***************");
}
// 标记一轮检测的结束
void showRoundCheckEnd(){
   Serial.println("*************** 结
束检测 ***************");
}
// 重置 MFRC522
void resetmfrc522(bool end){
   mfrc522.PICC_HaltA();
   mfrc522.PCD_StopCrypto1();
   if (end){
     showRoundCheckEnd();
   }
}
/**
 * 检查对应用户 UID
 * 参数: buffer 卡号信息
 *        bufferSize 信息长度
 * 返回值: true 检测通过
 *          false 检测失败
 */bool checkUID(byte *buffer, byte
bufferSize){
   if (bufferSize != 4){
     Serial.println(F("UID长度不对, 非
法卡"));
     return false;
   }
```

```
for (byte row = 0; row < UIDS_SIZE;
row++){
   bool isOk = false;
   for (byte column = 0; column <
UID_LENGTH; column++){
     if (uids[row][column] !=
buffer[column]){
   isOk = false;
   break;
   }
   // 匹配 UID 成功
   if (column == UID_LENGTH - 1){
   isOk = true;
   }
   }
   if (isOk){
     Serial.println(F(" 此卡可以通过
~"));
     return true;
   }
   }
   Serial.println(F(" 此卡不可以通过
~"));
   return false;
}
// 将字节数组打印到串口
void dump_char(byte *buffer, byte
bufferSize, byte maxSize){
   if (maxSize < bufferSize) {
     Serial.println(F("maxSize <
bufferSize, 数据异常 "));
     return;
   }
   for (uint8_t i = 0; i < bufferSize;
i++) {
     Serial.write(buffer[i]);
   }
   Serial.println();
}
// 将字节数组转储为串行的十六进制值
void dump_byte_array(byte *src, byte
bufferSize) {
   for (byte i = 0; i < bufferSize;
i++) {
```

```
   if (src[i] < 0x10) {
     Serial.print(" 0");
   } else {
     Serial.print(" ");
   }
   Serial.print(src[i], HEX);
   }
}
```

这段程序的主循环也非常简单, 就是不断检测是否有人打卡, 打卡就获取用户信息。

● 寻找新卡。

● 选择一张卡。

● 显示卡片的详细用户信息。

● 检测卡是否在允许卡列表范围, 只有合法卡程序才能继续跑下去。

● 检查兼容性。

● 射频卡读操作, 需要用 A 密码认证。

● 读取块数据, 也就是用户名字。

● 上传到 Node.js 服务器。

正常情况下, 串口打印日志如图 8 所示。

如果你的串口打印日志出现图 9 所示的内容, 说明卡号没在通行卡列表里面, 需要在程序中加入白名单通信卡信息。具体如程序 3 所示。

程序3

```
#define UIDS_SIZE  4 // 当前所有 UID 个
数, 根据需要去改动
// 记录当前可以通过的 UID 列表, 随机替换为
自己的, 后续可以考虑动态下发
byte uids[UIDS_SIZE][UID_LENGTH] = {
   {0xD3, 0x66, 0x0B, 0x13}, // 王五
   {0x53, 0xE7, 0x1D, 0x0C}, // 菜鸟哥
   {0xC3, 0x05, 0xF2, 0x12}, // 孙悟空
   {0x63, 0x67, 0xF5, 0x0B}  // 猪八戒
};
```

后台服务器实现

服务器实现要分为两部分功能, 一个是用来处理数据存储(存储刷卡记录)的文件功能, 另一个是用来处理业务逻辑的 Node.js 服务器。

整体程序结构如图 10 所示。由于程序比较多，这里我们只讲核心部分。

1. 对接 Express 服务器

程序 4 主要是在服务端构建一个 Web 服务器，通过服务器来监听客户端发起的数据上报请求。

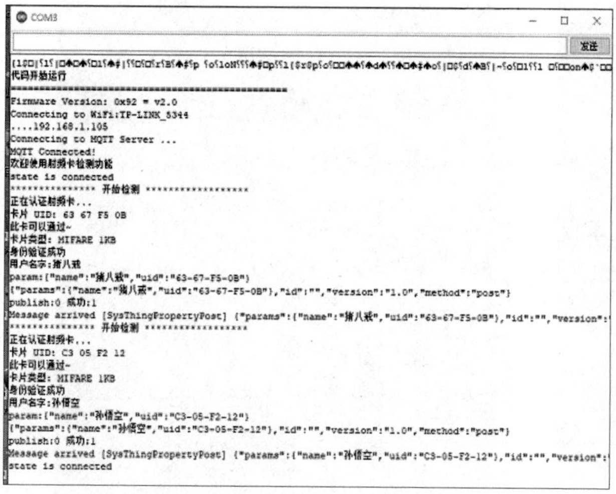

程序 4

```
// 1. 导入所需插件模块
const express =
require
("express");const {getIPAdress} =
require('./utils/utils.js');
const bodyParser = require('body-
parser');const {router} = require('./
router/router.js')const {router2} =
require('./router/router2.js');
// 2. 创建 Web 服务器
let app = express();
const port = 8266;
// 端口号 const myHost =getIPAdress();
// 3. 注册中间件,app.use() 函数用于注册
全局中间件
/***
 * Express(npm ls 包名 参考版本号) 内
置了几个常用的中间件:
 * express.static 快速托管静态资源的中
间件,比如 HTML 文件、图片、CSS 等
 * express.json 解析 JSON 格式的请求体数
据 (post 请求: application/json)
 * - express.urlencoded 解析 URL-
encoded 格式的请求体数据 (表单
application/x-www-form-urlencoded)
*/
// 3.1 预处理中间件
app.use(bodyParser.json());
app.use(bodyParser.urlencoded({
extended: true }));
```

图 8 正常情况下读取卡片信息的串口打印日志

```
app.use(function(req, res, next){
// URL 地址栏出现中文则浏览器会进行
ISO8859-1 编码,解决方案是使用 decode 解码
  console.log('解码之后 ' +
decodeURI(req.url));
  console.log('URL:' + req.url);
  console.log(req.body);
  next()
})
// 3.2 路由中间件
app.use(router)
// 3.3 错误级别中间件 (专门用于捕获整个项
目发生的异常错误,防止项目崩溃),必须注册
在所有路由之后
app.use((err, req, res, next) => {
  console.log('出现异常: ' + err.
message)
  res.send('Error: 服务器异常,请耐心
等待! ')
})
// 4. 启动 Web 服务器
app.listen(port,() => {
  console.log("express 服务器启动成功
http://"+ myHost +":" + port);
});
```

这一部分程序主要做的是请求 URL 路由映射，核心程序在 router.js 文件上。

图 9 异常情况下读取卡片信息的串口打印日志

ESP8266 会通过 Express 服务器提供的 API URL 上传数据。

2. 对接用户信息存储

程序 5 提供了 GET() 和 POST() / api()/add() 的函数。用户通过该 API 将数据上传到服务器，然后通过 fs 库来操作存储记录，将文件命名为"日期 _ 打卡记录 .txt"，并且将每次上传的数据追加在文件末尾。

程序 5

```
// 1. 导入所需插件模块
const express = require("express")
const fs = require('fs')const time =
require('../utils/time.js')
// 2. 创建路由对象
const router = express.Router();
// 3. 挂载具体的路由,配置add URL请求处理。
参数 1: 客户端请求的 URL 地址; 参数 2: 请求
对应的处理函数; req: 请求对象 (包含与请求
相关属性方法); res: 响应对象 (包含与响应
相关属性方法)
router.get('/api/add', (req, res) =>
{
  //req.query 默认是一个空对象
  var query = req.query;
  var name = query.name;
  var uid = query.uid;
```

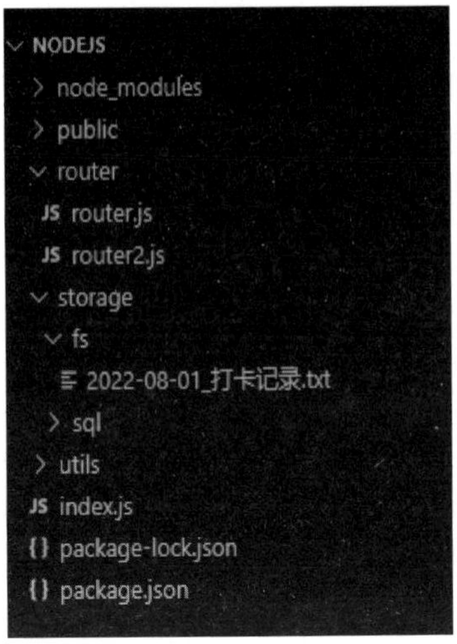

■ 图10 整体程序结构

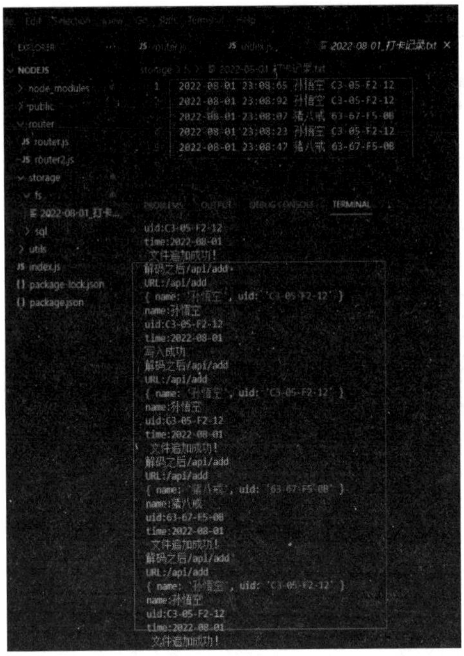

■ 图11 打卡记录的打印信息

```
if (name == null || uid == null) {
res.send('我是服务器返回的信息,请带上
参数')
return
}
var date = time.getCurrentDate();
console.log('time:' + date);
var fileName = './storage/fs/' +
date + '_打卡记录.txt';
var exist = fs.existsSync(fileName)
var content = time.
getCurrentDateTime() + ' ' + name +
' ' + uid + '\n'
if (exist) {
fs.appendFile(fileName, content,
function (err, fd){
   if (err) {
     return console.error(err);
   }
   console.log(" 文件追加成功! ");
});
} else {
   fs.writeFile(fileName, content,
{flag: 'a'}, function(err){
   if(err){
   return console.log(err);
     }else {
       console.log("写入成功");
```

```
     }
   });
 }
     // throw new Error('模拟项目抛出
错误!')
     res.send('我是服务器返回的信息,收
到数据!')
})
 router.post('/api/add', (req, res)
=> {
     var body = req.body;
     var name = body.name;
     var uid = body.uid;
     console.log('name:' + name);
     console.log('uid:' + uid);
   if (name == null || uid == null) {
     res.send('我是服务器返回的信息,请
带上参数')
     return
   }
var date = time.getCurrentDate();
   console.log('time:' + date);
   var fileName = './storage/fs/' +
```

```
date + '_打卡记录.txt';
     var exist =
fs.existsSync(fileName)
   var content = time.
getCurrentDateTime() +
' ' + name + ' ' + uid
+ '\n'
     if (exist) {
fs.appendFile(fileName,
content ,function (err,
fd){
   if (err) {
   return console.
error(err);
     }
   console.log(" 文件追加
成功! ");
     });
   } else {
fs.writeFile(fileName,
content, {flag: 'a'}, function(err){
     if(err){
       return console.log(err);
     }else {
       console.log("写入成功");
     }
     });
   }
   // throw new Error('模拟项目抛出错误! ')
   res.send('我是服务器返回的信息,收到数
据!')
})
// 4. 向外导出路由对象
module.exports = {router}
```

正常情况下,我们会看到图11所示的
打印信息。

结语

基于ESP8266的RFID门禁系统结
合了非常多的技术,包括ESP8266开发、
Node.js开发、射频识别技术等。麻雀虽小,
五脏俱全,希望同学们能通过这个小项目
学习到相关知识。❌

物联网不求人
——服务器搭建 So Easy

▌朱盼

最近我所在的创客交流群里炸开锅了，原因是免费的 Blynk 物联网服务器死机了，很多老师有一些重要的项目在服务器上面开展，但现在服务器访问不了，因此老师们，特别是那些比赛在即的老师们尤其感到焦虑。以前我对自建物联网服务器并没有多么强烈的需求，认为只要用别人或者厂商提供的免费服务器就好了，没必要费时费力费钱地自己搭建。但直到我亲身经历个人服务器提供者停机、厂商由免费转为收费时，才猛然发现原来自己错了，免费的才是最"贵"的，核心技术还是要掌握在自己手里，自己能够掌控的才是最好的。考虑到云服务器比较贵，个人的计算机又不可能一直处于开机状态，我开始寻求一种低成本、高性价比的服务器部署方法，经过不懈努力，我终于找到了这样的方法，那就是通过 ARM 电视盒子使用 Docker 部署创客所需的各种物联网服务器，其中包括常见的 Blynk、EMQ X、Node-RED 等（见图1）。下面我将详细介绍如何搭建属于自己的物联网服务器，真正做到物联网不求人。

硬件介绍

ATOM SPK（见图2）是一款适配 ATOM LITE 主控的音频播放器，内置支持 I²S 串行数字音频输入的功放芯片 NS4168，具备自动采样率检测、自适应功能，并能够有效防止音频信号失真。集成 TF（Micro SD）卡插槽，便于音频文件的保存与读取。提供 3.5mm 耳机接口与扬声器接口，用户可通过外接耳机或者扬声器播放音频。

ATOM SPK 具有以下特点。

● 内置功放芯片 NS4168。

● 支持 I²S 串行数字音频输入。

● 支持宽范围采样：8~96kHz。

● 具备自动采样率检测、自适应功能。

● 集成 TF 卡插槽。

● 提供耳机接口。

● 提供扬声器接口。

为什么要自建服务器

任何个人或者公司都不能保证永久提供稳定可用的服务器，重要的服务器由别人掌握本身就存在巨大风险，就像我加入的创客交流群的老师们一样，他们在临近比赛时却要面临服务器异常这种致命的问题，辛苦几个月制作的作品毁于一旦，又没有充足的时间重做。再者，单片机本身性能有限，很难实现复杂的功能，如果仅仅把单片机用作数据传输，针对特定功能编写简单程序或者烧录特定功能固件（例如本文的 M5Burner ATOM 网络 MP3 播报固件），把复杂的控制逻辑交给服务器来完成，那么整个项目将得到极大的简化，从而轻松实现。

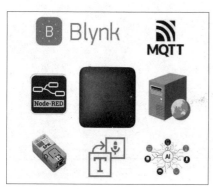

▌图1 常见的物联网服务器

▌图2 ATOM SPK

硬件准备

硬件准备主要如下。

● 旧计算机或者电视盒子等任何可安装 Linux 的设备。

● 一个 U 盘（至少有 16GB 的容量，用于写入镜像文件）。

这里我们以型号为 CM311-1A 电视盒子（见图 3）为例，此电视盒子的配置为 2GB 内存 +8GB 高速闪存，架构为 ARM，与同为 ARM 架构的树莓派相比，尽管它没有千兆网口、USB 3.2 Gen 1 接口，但价格实惠，不到同等配置树莓派的 1/10，用于架设个人入门级服务器是绰绰有余的。购买时只需告知商店帮刷 Android 系统，可以从 U 盘启动系统即可。

▎图 3 CM311-1A 电视盒子

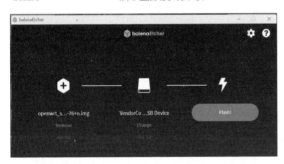

▎图 4 镜像文件烧录（1）

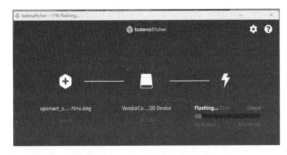

▎图 5 镜像文件烧录（2）

▎图 6 打开应用

Docker基础

Docker 是一种开源项目，用于将应用程序自动部署为可在云或本地运行的便携式独立容器。通过 Docker，我们使用一条指令便可部署服务而无须理会各种环境与配置问题，在这里我们仅需了解镜像文件、映射端口与挂载点即可。

OpenWrt基础

任何具备 Docker 安装最低要求的 Linux 系统都可以安装 Docker 并部署各种服务，我们这里使用图形化的 OpenWrt 软路由系统，该系统除了具备普通路由器功能外，还内置了 Docker 与各种实用插件，例如文件共享、USB 打印机服务器、内网穿透等。

开始服务器搭建

镜像文件烧录

准备一张 16GB 的 U 盘，使用镜像文件烧录工具烧录 OpenWrt 镜像文件，如图 4、图 5 所示。

准备从U盘启动系统

使用 HDMI 线将电视盒子连接显示器并插电开启，然后进入应用主页打开图 6 所示的应用（部分系统中此应用的名称不同，具体以实际应用为准）。

▎图 7 插入 U 盘后显示器显示的内容

图 8 访问电视盒子的 IP 地址

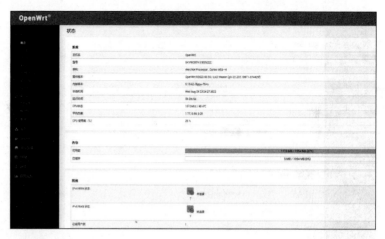

图 9 OpenWrt 管理后台

打开应用后使用遥控器选择、确认，此时设备系统将会重启，在显示器重启的黑屏瞬间，在靠近网口处的 USB 接口上插入我们烧录镜像文件的 U 盘，可以看到显示器在花屏后出现图 7 所示的内容，此时设备成功从 U 盘启动了系统。

当显示器显示的文本不再更新时，使用电视盒子自带的网线将其与计算机连接（计算机需断开其他网络），通过计算机浏览器访问电视盒子的 IP 地址，如图 8 所示。

输入默认管理账号"root"和密码"password"即可成功进入 OpenWrt 管理后台，如图 9 所示。

接下来我们单击"网络"→"接口"→"LAN"，可以看到图 10 所示的界面。

如果你知道自己主路由器的 IP 地址，那么你可以按照图 11 所示进行设置，给电视盒子分配一个静态 IP 地址，以后便可通过处于同一局域网的手机或者计算机等设备访问你设置的 IP 地址进入 OpenWrt 管理后台，我这里的 IP 地址为 192.168.1.1，给电视盒子分配的 IP 地址为 192.168.1.168。

如果你想要由上一级路由器自动给电视盒子分配地址，那么你可以将电视盒子设置为 DHCP 客户端，此时你要通过上一级路由器的后台手动查看名为 OpenWrt 的设备，然后通过其 IP 地址访问管理后台，DHCP 客户端的设置如图 12 所示。

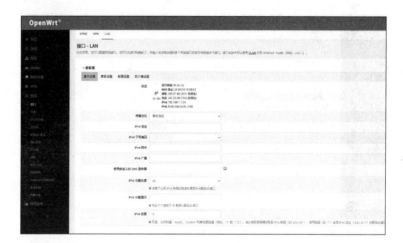

图 10 单击"网络"→"接口"→"LAN"

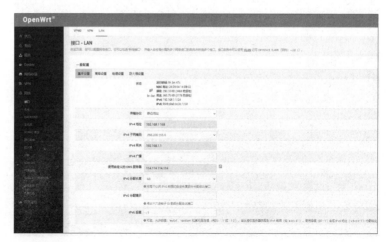

图 11 给电视盒子分配 IP 地址

▋ 图 12 DHCP 客户端的设置

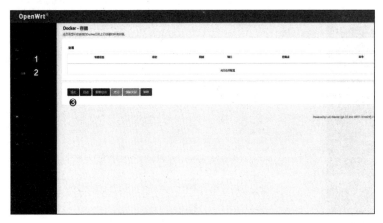

▋ 图 13 依次选择 "Docker" → "容器" → "添加"

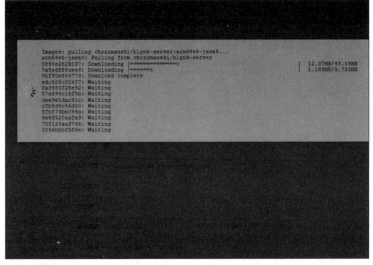

▋ 图 14 添加命令

以上操作完成后，单击下方的"保存应用"，便可断开电视盒子与计算机的网线，将电视盒子与计算机均连接到路由器上，通过电视盒子的 IP 地址再次进入 OpenWrt 管理后台，此时电视盒子处于联网状态，接下来我们便可开始部署物联网服务了。

常见物联网服务器部署

Blynk服务器部署

Blynk 是一个优秀的物联网平台，我们可以通过图形化拖曳的方式轻松搭建 App 的图形界面，方便我们制作出各种物联网项目。下面我将介绍 Blynk 服务器的搭建。按照上面的方法成功联网并进入 OpenWrt 管理后台后，我们依次选择 "Docker" → "容器" → "添加"，如图 13 所示。

单击"命令"并添加 docker run -it -p 8080:8080 -p 9443:9443 --name blynk choromanski/blynk-server:arm64v8-java8。我来解释一下该命令：--name blynk 表示新建容器名称为 blynk，-p 8080:8080 -p 9443:9443 表示将容器的 8080 端口与 9443 端口映射到电视盒子的 8080 端口与 9443 端口，其中第一个 8080 代表电视盒子端口，后一个 8080 代表容器端口，choromanski/blynk-server:arm64v8-java8 为镜像文件名称，该镜像文件为 ARM 架构的 Blynk 服务器镜像文件，如果你的设备 CPU 架构为 X86，那么要寻找对应架构的镜像文件才能正常使用。命令输入完成后单击"提交"，便能看到图 14 所示的界面。

当镜像文件下载完成后，我们再按照上述方法依次添加如下命令拉取对应的镜像文件。

● Home Assistant 家 庭 助 理：

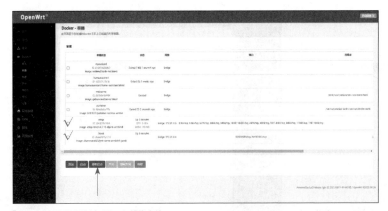

▌ 图15 启用 EMQX 与 Blynk 镜像文件

▌ 图16 EMQX 管理后台

docker run –it –p 8123:8123 ––name homeassistant homeassistant/home-assistant:latest。

● Node-RED 流程控制：docker run –it –e TZ="Asia/Shanghai" –p 1880:1880 –v node_red_data:/data ––name mynodered nodered/node-red:latest。

● EMQX 服务器（MQTT）：docker run –it –p 1883:1883 –p 8081:8081 –p 18083:18083 ––name emqx emqx/emqx:4.3.10-alpine-arm64v8。

● Web 服务器：docker run –it –p 80:80 gabxav/webserver:latest。

● Portainer（Docker 管 理 工 具 ）：docker run –d ––restart=always ––name="portainer" –p 9000:9000 –v /var/run/docker.sock:/var/run/docker.sock –v portainer_data:/data 6053537/portainer-ce:linux-arm64。

添加完以上镜像文件后，我们启用 EMQX 与 Blynk 镜像文件，勾选这两项对应的"容器"并单击"重新启动"，如图 15 所示。

到这里我们便能在局域网下通过自定义 Blynk 服务器地址访问 Blynk 了，接下来我们访问 EMQX 并添加一个账号，我们来到 EMQX 的管理后台，如图 16 所示。

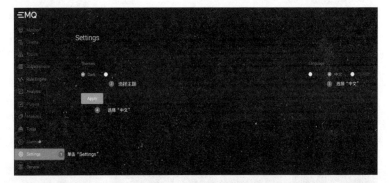

▌ 图17 设置语言为中文

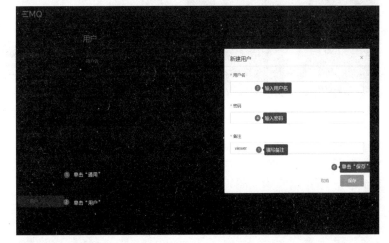

▌ 图18 添加一个用户

输入默认用户名和密码后单击"Log In"，选择"Settings"（设置），将语言设置为中文，如图 17 所示.

接下来添加一个用户，如图 18 所示。

添加完用户后，我们便可以让任意 MQTT 客户端使用我们的 MQTT 服务器了。

内网穿透

到目前为止，我们所有的服务都只能在局域网下使用，如果我们脱离了局域网，那么便不能正常使用以上服务器了，为了能在任何地方都可以访问我们的个人

图 19 内网穿透的服务信息配置

图 21 添加账号信息

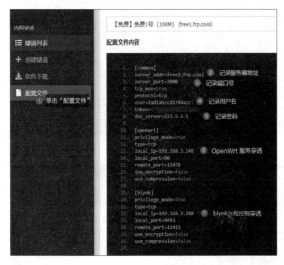

图 20 查看配置信息

图 22 添加内网穿透线路

服务器，需要一个工具帮我们把内网服务发布出去，这里我们要用到的便是内网穿透工具，国内比较出名的内网穿透工具为花生壳，但它每月提供的免费流量只有2GB，且用户需要一个单独的设备使用其服务，这对于我们来说多少有些不便，其实 OpenWrt 自带了两个内网穿透方式，分别是 Frp 与 Nps，这里我们以 Frp 为例演示如何使用内网穿透公开我们的服务。

Frp内网穿透

进入 Frp 官网并注册账号、登录其控制台，添加隧道配置，内网穿透的服务信息配置如图 19 所示。

这里我们选择免费线路，并添加OpenWrt 管理后台与 Blynk 远程控制两条内网穿透线路，添加完成后单击"配置文件"查看配置信息，如图 20 所示，记录各种授权信息。接下来我们单击 OpenWrt管理后台的"服务"→"Frp 内网穿透"，按照图 21 添加自己的账号信息。

添加内网穿透线路，如图 22 所示。

线路添加完成后，单击"保存并应用"，看到 Frp 运行后，通过添加的域名和随机端口号便能打开 OpenWrt 的管理后台。到这里恭喜你完成了服务器的搭建与服务公开，现在你可以将你的外网服务地址和端口号发给别人，那他们便能享用到你的服务了。

实际应用

演示Node-RED程序

如图 23 所示，通过订阅按钮主题获取 ATOM 按钮状态，如果按钮被单击，则使用网络请求节点获取随机语音文本，

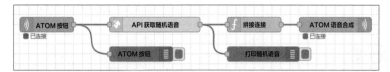

▌图 23 获取 ATOM 按钮状态

▌图 24 下载 M5Burner 烧录工具

▌图 25 输入信息

获取文本后将其拼接到语音合成接口链接中作为语音合成参数，最后发送拼接后的完整链接给 ATOM，并实现语音合成播报功能。除此之外，你还可以将其作为闹钟进行整点报时、每日新闻播报等。若通过单片机传统编程来实现上述功能，程序将变得复杂且不易维护，更不能与其他项目进行有机结合，无法实现真正的"万物互联"，搭配上服务器以后，我们便能实现以前传统单片机编程无法实现的项目，让我们的项目拥有一个"聪慧的大脑"，达到传统单片机编程无法企及的高度。

程序下载

以上就是自建物联网服务器的全部介绍，如果你想体验 ATOM 网络 MP3 项目，那么你可以访问 M5Burner 官网，根据你自己的系统下载 M5Burner 烧录工具并进行安装，打开软件后按照下面的步骤进行烧录体验（见图 24、图 25）。

（1）下载 M5Burner 烧录软件。

（2）打开软件选择"ATOM"。

（3）下滑到底部选择"ATOM 网络 MP3 播放器"下载并烧录固件。

（4）单击"USER CUSTOM"登录或者注册账号。

（5）进入用户主页单击"Burner NVS"跳出弹窗，选择设备对应的串口号并连接。

（6）输入网络信息与自建的 MQTT 服务器地址等信息。

（7）各数据输入完成并确认、保存后单击复位按钮，ATOM 将自动重启并自动连接网络。

（8）联网前指示灯为红色，联网中为蓝色，联网成功变为绿色。

（9）音频开始播放时指示灯变为蓝色，播放完成指示灯变为绿色。

结语

我们学习了如何低成本搭建个人物联网服务器，由于文章篇幅限制，没有办法一一介绍我们所搭建的其他物联网服务。如果你不想购买电视盒子，仅仅想体验搭建服务器，那么你也可以使用计算机安装 Docker，并使用本文的 Docker 命令搭建服务器，这里不再展开。若对本项目感兴趣，可查看 M5Burner 中 ATOM 网络 MP3 播放器的详细项目介绍。考虑到部分朋友可能存在网络问题导致 Docker 镜像文件下载缓慢或者失败，我使用 16GB 的 U 盘配置好文中所有镜像文件并将其设置为 DHCP 客户端，仅需使用容量为 16GB 以上的 U 盘烧录该镜像文件，按照文中的方法使用即可。🅧

DF创客社区
mc.DFRobot.com.cn

行空板图形化入门教程（1）

你好，行空板！

赵琦

欢迎来到行空板系列教程！在这里，你将学习如何利用行空板展示丰富的视觉互动效果，行空板如图1所示。就算你是编程新手，本教程也可以让你轻松上手行空板，学习编程知识。

第一课 你好，行空板！
第二课 旅游打卡路牌
第三课 西游记舞台剧
第四课 情绪卡片
第五课 密室逃脱游戏
第六课 实景星空
第七课 名画互动博物馆
第八课 智慧钢琴
第九课 健身打卡追踪器
第十课 肺活量测量仪
第十一课 IoT 数据助手
第十二课 肺活量数据可视化报告
第十三课 IoT 课堂互动答题系统
第十四课 语音翻译机
第十五课 天气助手

图1 行空板

图3所示，它还集成LCD彩屏、Wi-Fi、蓝牙、多种常用传感器和丰富的扩展接口。另外，其自带 Linux 操作系统和 Python 环境，预装了常用的 Python 库，能够轻松完成各种有趣的 Python 应用。

图2 项目效果

行空板显示文字

项目要通过计算机编程，实现在行空板显示屏上显示多个不同颜色的文字。这里不仅涉及编程，而且还需要连接计算机，上传程序，为了更快、更方便实现效果，

本文，我们从最基础的文字显示开始行空板学习之旅。

此项目主要是为了尝试尽可能多地变换文字效果，在行空板显示屏上居中显示多彩的中/英文文字，如图2所示。

功能原理

什么是行空板

行空板是一款专为 Python 学习和使用设计的新一代国产开源硬件，采用单板计算机架构。行空板板载接口、元器件介绍如

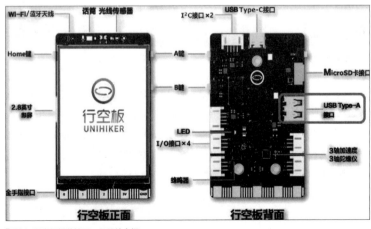

图3 行空板板载接口、元器件介绍

Mind+ 是一个不错的选择。

Mind+ 提供了便捷的连接硬件主控按钮，以及图形化 Python 积木和自动生成程序的功能，能帮助初学者更快地上手学习 Python。在图 4 所示的指令区，找到显示文字的积木后，填写对应内容，就可以直接用来编程了。

行空板排字

由于要显示的文字有很多个，且每个文字都在不同的位置。为了方便使文字显示在指定位置，我们需要先来了解一下行空板的显示屏坐标。行空板显示屏分辨率为 240 像素 x 320 像素，可以用图 5 中的坐标系描述整个行空板上的位置，其中，坐标原点为显示屏左上角，向右为 x 轴正方向，向下为 y 轴正方向。

材料准备

本项目所需材料清单如附表所示。

附表 材料清单

序号	名称	备注
1	行空板	1 块
2	USB Type-C 接口数据线	1 根
3	计算机	Windows 7 及以上系统
4	编程平台	Mind+

连接行空板

在开始编程之前，我们要按如下步骤将行空板与计算机连接。

打开Mind+

双击打开 Mind+，单击右上角的"Python 模式"。接下来单击左上角选择编程方式，"模块"表示图形化编程，"代码"表示 Python 程序编程，这里选择"模块"，就可以进入如图 6 所在的编程界面。

Mind+加载行空板

单击"扩展"，找到"官方库"下的"行空板"模块，单击完成添加（见图 7），单击返回后，就可以在"指令区"找到图 8 中的行空板相关积木。

■ 图 6 Mind+ 切换到 Python 模式

■ 图 4 Mind+ 图形化界面介绍

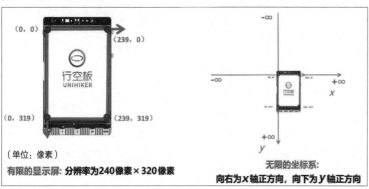

（单位：像素）

有限的显示屏：分辨率为240像素×320像素

无限的坐标系：
向右为 x 轴正方向，向下为 y 轴正方向

■ 图 5 行空板分辨率与坐标系

■ 图 7 加载行空板

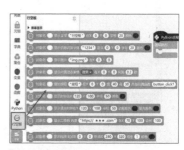

■ 图 8 行空板相关积木

Mind+连接行空板

首先，使用 USB Type-C 接口数据线将行空板和计算机连接起来，如图 9 所示。

然后，等待并确认行空板处于连接且开机状态（见图 10），开始远程连接行空板。

最后，将鼠标指针放到"连接远程终端"上，点选下拉菜单中行空板的默认 IP：10.1.2.3，连接行空板。如图 11 所示。

连接成功后会弹出提示，终端会显示行空板即表示连接成功，并检测行空板上的依赖库版本（见图 12），等待检测完成即可。

连接成功后，单击"运行"，Mind+ 会将 Python 程序发送到行空板上运行，你就可以在行空板上看到程序运行效果了。

▌图 9 将行空板与计算机连接

▌图 10 行空板开机画面

▌图 11 Mind+ 连接行空板

▌图 12 行空板连接成功提示

项目实现过程

接下来，我们将从第一个行空板积木开始，逐步学习如何在行空板显示屏上显示多个彩色的文字。

任务一：运行第一条积木

首先我们将学习显示文字的方法，并在行空板显示屏上显示预设文字"行空板"。

任务二：显示有颜色的"你"

在学习完显示文字的方法后，进一步加深对于文字显示积木中坐标和颜色的理解，进而在行空板显示屏上显示红色的"你"字。

任务三：显示不同颜色的一串文字

通过对文字显示积木中坐标的修改，学习如何调整、测试多个文字的距离，在行空板显示屏中间显示一串彩色文字。

任务一：运行第一条积木

1. 编写程序

我们可以先在行空板分类下找到第一条积木即显示文字，然后将它拖曳到预设

Python 主程序开始的下面，如图 13 所示。搭建完成的程序如图 14 所示。

2. 程序运行

检查行空板连接正常以后，单击界面右上方的"运行"按钮，如图 15 所示，观察行空板显示屏效果，如图 16 所示。

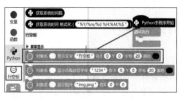

▌图 13 寻找文字显示积木

▌图 14 搭建完成的程序

▌图 15 运行操作

▌图 16 显示屏效果

任务二：显示有颜色的"你"

1. 编写程序

通过如图 16 所示的程序运行效果，我们可以知道文字显示积木（见图 17）的功能是：将蓝色 20 号"行空板"文字

内容显示在显示屏左上角，也就是坐标原点（0，0）。

现在，可以将显示内容修改为"你"，调整文字颜色，即在出现的颜色选择框中选择红色即可。修改完成程序如图18所示。

2. 程序运行

单击运行，行空板成功显示红色的"你"（见图19）。

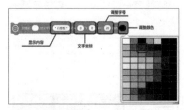

▌图17 显示文字积木介绍

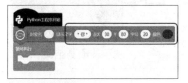

▌图18 修改完成的程序

▌图19 程序运行效果

任务三：显示不同颜色的一串文字

1. 编写程序

由于最终要显示的文字是"你好，行空板！"和"Hello, UNIHIKER!"，每个字和标点符号都有不同的颜色，不能只使用一个积木，在本项目中一共有9种颜色，就需要9个积木。右键单击积木，选择"复制"，完成多个积木的搭建，如图20所示。

每个汉字或符号有不同的位置，接下来调试字之间的位置。调试时，你也可以"断开远程终端"，直接单击"运行"，使用Mind+的Python编辑器弹窗快速进行坐标调试（如图21所示）。

调整多个汉字间的距离，一般只需要确定横向或者纵向两个汉字或符号的坐标，记住它们的坐标差就可以通过计算获得所有汉字或符号的位置。以显示"你好"字样为例，字号设置为20，"你"字的位置在X:30 Y:80，"好"字在右侧，保证Y坐标不变，X坐标向右增加，尝试调整几个数值找到合适的坐标，调试文字过程如图22所示。

图22中为最后合适的坐标，"你""好"两字X坐标的差值为30，那么后面汉字或符号的X坐标依次增加30，Y坐标不变即可完成。英文部分换行用类似的方式显示，完整程序如图23所示。

2. 程序运行

重新连接行空板，单击"运行"，就能看到如图24所示的效果，完成项目。

▌图20 复制积木操作

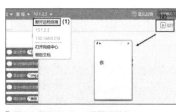

▌图21 打开Python编辑器弹窗

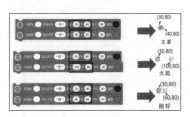

▌图22 调试文字过程

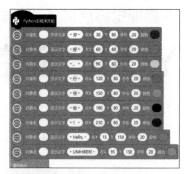

▌图23 完整参考程序

▌图24 项目效果

▌图25 挑战自我示例

挑战自我

你见过"颜文字"吗？试一试用行空板绘制一个表情，表示你当前的心情吧！

除了上述内容，你还有什么话想向行空板说呢？也将它添加到显示屏上吧！挑战自我示例如图25所示。

机器视觉背后的人工智能（3）

YOLO 横空出世

闫石

本系列上一篇文章介绍了滑窗、R-CNN、Fast R-CNN和Faster R-CNN算法，本文开始介绍大名鼎鼎的YOLO系列算法。YOLO系列算法最大的特点是快，这就满足了实时性的需求，随着第一版的推出，算法不断升级，性能不断完善，最终成功投入生产实践。

YOLO 系列算法目前主要有5 个版本，分别是 YOLOv1~YOLOv5，但只有前 3 个版本是 Joseph Redmon 团队研发，YOLOv4 是其他研发人员设计的，Joseph Redmon 赞赏其性能，称其为YOLOv4，算是得到原始团队的认可。后面的 YOLOv5 和 YOLO 系列算法关系不大，只是推出时命名为YOLOv5，目前还没有被原创者认可，随着 Joseph Redmon宣布离开计算机视觉领域，YOLOv5 被原创者认可的概率已经微乎其微。

YOLO 系列算法最核心的思想在前 3 个版本中已经得到充分体现，而且性能也足够强悍，我们本期重点介绍 YOLOv1，后面介绍 YOLOv2 和 YOLOv3。YOLOv4和 YOLOv5 就不着笔墨了，感兴趣的读者可以自行阅读论文。

刚学习 YOLOv1，遇到的新概念很多，初学者容易发懵，有时候觉得自己懂了，但深入细节，想重新实现一遍，会发现还是没懂。目标检测属于计算机视觉领域相对深层次的内容，网上学习资料有一些，但介绍得不是很详尽，很多知识点也会被略过，学习中还是有很多障碍，希望读者对学习难度有心理准备。

算法概述

YOLO，是 You Only Look Once 的缩写，这里意为：对于输入数据，只看一次，

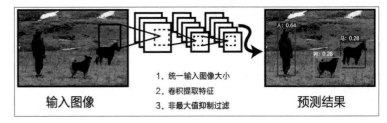

图1 预测过程

1. 统一输入图像大小
2. 卷积提取特征
3. 非最大值抑制过滤

输入图像　　　　　　　　　　　　　预测结果

就可以将其识别。之前的 R-CNN 系列算法都是两个阶段：先确定候选区，再进行识别。而 YOLOv1 只需要处理一次图像，就将其准确识别，运行效率较高。

整体来看，YOLOv1 采用一个单独的CNN 模型实现端到端的目标检测，整个预测过程如图 1 所示。

首先将输入图片统一整理成 448 像素× 448 像素，然后在网络中执行一系列卷积操作，最后进行非最大值抑制处理，最终实现对目标的识别。这样说很粗糙，我们分 6 个部分详细说明。

整体综述

对于任意一幅输入的图片，YOLOv1将其分割成 $S \times S$ 的网格，称之为单元格，原论文中 S 取 7，具体实现时可以取其他值，值越大，单元格密度越大，对应的准确性越高，但随之而来的运算量也越大。每个单元格负责检测那些中心落在该单元

格内的目标，如图 2 所示，可以看到狗这个目标的中心落在蓝色单元格内，那么蓝色单元格负责预测狗；自行车的中心位于黄色单元格，黄色单元格负责预测自行车；同理，粉色单元格负责预测汽车。

本系列的第一篇文章，我们就提到了，图片中有多个目标，如果预设多个预测框，存在无法确定归属的问题，现在 YOLOv1的网格方法，就解决了这个问题，哪个目

图2 单元格内的目标

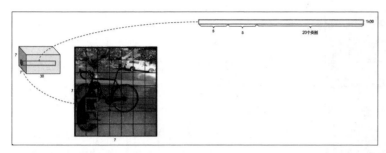

▌图3 单元格预测

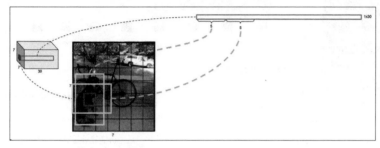

▌图4 每个预测框对应的1×1×5维张量

标由哪个单元格预测，有了统一的规则。对于其他单元格，因为不包含目标，因此这些单元格只是背景。

看到这里，有的读者会有疑问，你不是要去预测吗？数学模型怎么知道狗、自行车、汽车的中心位于哪里？在训练阶段，算法读取数据集的图像和标签，这时是有正确"答案"的，我们很切地知道图片上目标的数量、类别、位置及大小，训练结束，进入预测阶段，没有"答案"了，完全依靠训练好的网络模型去判定。

每个单元格会生成 B 个预测框，论文里 B 取 2，可以人为修改设定，值越大，效果越好，但也会加大运算量。对于每个预测框，包含 5 个元素，分别是 Confidence、x、y、w、h。

Confidence 是预测框的置信度，置信度包含两个层面的含义，一是边界框含有目标的可能性，二是表明这个边界框的准确度，前者记为 Pr(目标)，后者记为 IOU（交并比）。当预测框是背景（不包含目标）时，Pr 为 0；当该预测框包含目标时，Pr 为 1。

预测框的准确度可以用预测框与实际框

的交并比来表征，这个概念后面会详细讲解。

置信度最终结果，是含有目标的可能性与预测框准确度的乘积，很多人将 YOLOv1 的置信度简单看成预测框是否含有目标的概率，这不准确，应该是不但要知道这里是否有目标，还要尽可能精准地将其框选出来，因此预测框的准确度也必须反映在里面。

x、y、w、h 表示预测框的大小与位

置，其中 x、y 是预测框的中心坐标，w 和 h 是预测框的宽与高。请注意，中心坐标的预测值 x、y 是相对单元格左上角坐标点的偏移值，并且单位是相对单元格大小的；而预测框的 w 和 h 是相对整个图片的宽与高的比值，因此 4 个元素的取值范围均为 0~1，这样数据就进行了归一化，便于以后的收敛。

每个单元格除了包含 2 个预测框，还包含 c 个分类元素，表明该单元格预测的目标属于哪个分类，因为 YOLOv1 工作于 PASCAL-VOC 数据集，该数据集包含 20 个分类，因此 c 为 20。对于图 2 来说，狗的分类表示为 00000000000100000000；自行车的分类表示为 01000000000000000000；汽车的分类表示为 00000010000000000000。

到此，我们总结一下。

● 整幅图像，被分割成 $S \times S$ 的网格。

● 每个单元格预测 $(B \times 5 + c)$ 个值（见图3）。

● 按照原论文 $B=2$，$c=20$，那么每个单元格生成 1×1×30 维张量，每个预测框对应 1×1×5 维张量（见图4）。

● 按照原论文，$S=7$，那么整图生成 7×7×30 维张量（见图5）。

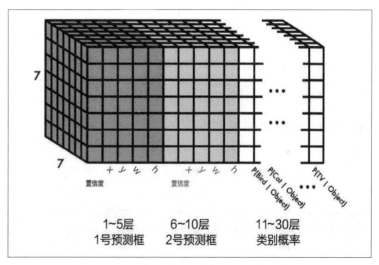

▌图5 全部单元格的张量

▍图6 预测框

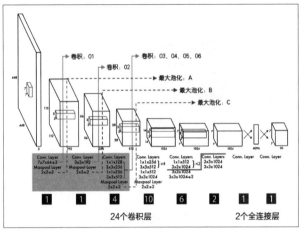

▍图7 原论文的网络模型

● 整张图生成 7×7×2 个预测框（见图6）。

● 每个单元格的 2 个预测框拥有各自的 c、x、y、w、h，但共用相同的类别。

● 整张图最多可以预测 7×7 个目标，因为每个单元格对应一个分类。

网络模型

YOLOv1 采用卷积神经网络来提取特征，然后使用全连接层来得到预测值。网络结构参考 GoogLeNet 模型，包含 24 个卷积层和 2 个全连接层，如图7所示。

原始图像经过层层卷积、提取特征，最后映射为 7×7×30 维张量，对于卷积层和全连接层，采用 Leaky ReLU 激活函数（见图8），但是最后一层采用线性激活函数，输入等于输出，相当于没有激活函数，直接输出。为什么最后一层没使用激活函数呢？现代模型为了增加灵活性，最后一层的确可以直接输出，训练时设计损失函数可以对最后一层采取需要的激活形式，例如 softmax 或者 sigmoid。预测时，又可以采取另外的处理方式，这样系统在编程上更灵活，但 YOLOv1 后面没有任何额外的处理，这个有点反常。

通常论文里的网络模型结构都很简略，对于专业研究人员来说完全可以，但对于不是很清楚卷积操作的读者，很可能看不懂是怎样运算变换的。我们针对图7中阴影部分，层层剖析，展现卷积操作的每一步细节。这部分总共进行了 6 次卷积、3 次池化，红色折线之前是 20 个卷积层，红色折线后有 4 个卷积层。

YOLOv1 网络模型卷积、池化细节展示如图9所示，已经足够说明问题，后面的卷积操作就不再赘述了。

卷积操作时，运算公式是 $N=(W-F+P)/S+1$，其中 W 是卷积前的宽度；F 是卷积核的宽度；P 是边框补 0 的部分；S 是卷积的步长，如果没有标注，默认步长为 1。

因为对于卷积操作，卷积核与待卷积

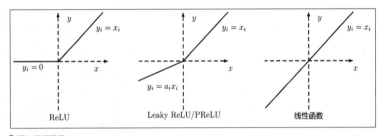

▍图8 激活函数

▍图9 网络模型卷积、池化细节展示

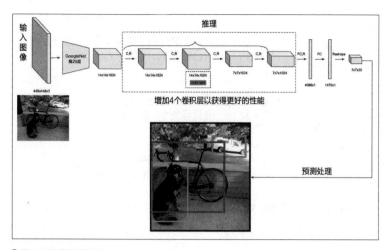

图10 网络模型训练流程

的目标深度是一致的，就是图7中阴影部分，因此学术论文和开发框架都会默认省略这部分，但不熟悉卷积操作的读者，就会产生疑惑。

训练阶段

首先要明确，网络模型的框架是固定的，但训练伊始，模型的参数还处于"乱七八糟"的阶段，训练集数据输入模型，网络运算的结果也是"乱七八糟"的，我们要找到正确的标签值，设置合理的损失函数，计算预测值和标签值的损失，反复训练，降低这个损失，等到这个损失接近于0，网络模型就训练完成了。

在训练之前，模型先在 ImageNet 上进行预训练，预训练的分类模型采用图7中前20个卷积层，然后添加一个平均池化层和全连接层。预训练时使用的数据集是224像素×224像素的分辨率，预训练之后，在预训练得到的20个卷积层之上，加上随机初始化参数的4个卷积层和两个全连接层。检测任务一般需要更高分辨率的图片，这样更容易发现小目标。整个网络模型训练流程如图10所示，最后处理成7×7×30维张量。

YOLOv1 是将检测作为回归问题进行处理的，因此采用传统的均方误差计算损失函数。

针对任意一幅分辨率为448像素×448像素的输入图像，我们将其分割成7×7个单元格，每个单元格生成两个预测框，这些预测框是随机生成的，我们的目的是使这些预测框逐渐接近系统的标签值。

训练阶段使用的数据集都已经标注好"正确答案"，我们清晰地知道目标的类别和位置、范围，各种不同标注如图11所示，绿色框是已经做好的真实框，狗的中心位于 A 单元格，因此 A 单元格负责本目标。红色和蓝色虚线框分别是 A、B 两个单元格生成的预测框，绿色点是真实框的中心，红色点是红色预测框的中心。因为 B 单元格不包含目标，因此 B 单元格表示其为背景，其他的 x、y、w、h 和 c 我们都不关心，因为不是目标，这些数值没有

任何意义。

我们来看 A 单元格，既然包含目标，其 Pr 为 1。A 单元格生成的红色和蓝色预测框该怎么处理呢？首先要计算其与真实框的交并比（见图12），也就是计算重合程度。

在图 11 中可以明显看出，红色框与真实框的交并比明显大于蓝色框，因此我们选择红色框做预测。当然在实际工作中，这肯定是计算后才得到的判断，这里只是为了表述简洁，忽略了计算对比环节。

读者可能会有疑惑，为什么设定两个预测框？当然多个预测框效果会更好，但这是以牺牲运算能力为代价实现的，YOLOv1 最主要的特点就是快，因此没有使用太多的预测框。

对于图 11，假如本例红色框与真实框的交并比是 0.6，那么 A 的置信度就为 0.6。可能有读者会有这样的疑问，既然单元格 A 有目标，那么其置信度就是 1，为什么还要计算交并比呢？以我个人的理解，置信度其实就是代表预测的准确性。不同的预测框，其与真实框的重合度不同，这就必须在数学上加以体现，这样损失函数有了更为明确的方向，否则两个预测框尽管相差很多，但与正确结果的差距没有等比例体现，这样训练时指向性没有前者明确。

所有的单元格标签都处理好之后，就开始计算损失函数，我们先来看一下损失函数（见图13）以及对应的标注含义（见图14）。

虽然看上去复杂无比，但其实拆解开，还是不难理解的，我们逐一讲述。

公式1，对于有目标的单元格，计算预测框坐标的损失。因为预测目

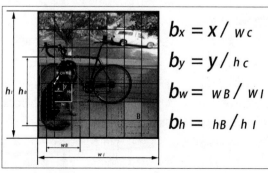

$$b_x = x / w_c$$
$$b_y = y / h_c$$
$$b_w = w_B / w_I$$
$$b_h = h_B / h_I$$

图11 各种不同标注

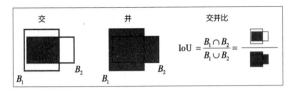

■图12 交并比

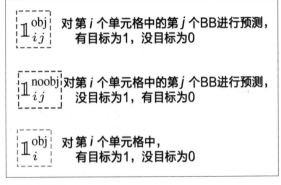

■图14 标注含义

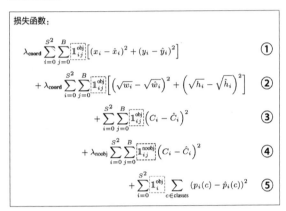

■图13 损失函数

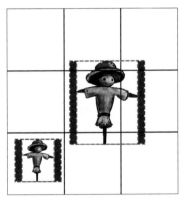

■图15 稻草人

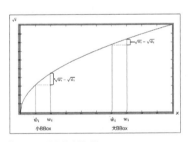

■图16 函数图像定性对比

标的位置和尺寸非常重要，因此作者加大了这部分权重，λ_{coord} 取值 5，作者通过大量实践，认为设定这个值比较理想，我们可以自己修改。

公式 2，对于有目标的单元格，计算预测框宽高的损失。这部分采用的是开平方运算后，求误差平方和，如果直接求误差平方和，对于同样的损失，大物体和小物体得到的训练是相同的，但实际上小物体因为自身体积小，需要更多的训练，我们举例说明。

图 15 中有两个大小不同的稻草人，为了简化叙述，我们假定预测框和真实框的 x、y、h 均吻合，只是 w 有差异，对于大小两个稻草人，预测框与真实框的 w 差值是一样的，如果直接相减，那么两个目标的损失完全一致，但我们可以看到，这个损失对于大稻草人影响不太大（占比 23.53%），但对于小稻草人就影响较大（占比 45.87%），其原始面积小，因此差值的占比大，但对于这种情况，因为损失的绝对值相同，所以小稻草人并没有得到额外补偿，这就很不合理，改成开平方后取

差值，可以一定程度优化。我们再利用函数图像定性对比（见图 16），对于同样的 w 差值，大物体的开平方运算后的差值（红色）与小物体的开平方运算后的差值（绿色）有了明显区别，损失函数可以更多对小物体的权重参数做梯度变化。

公式 3，对于有目标的单元格，计算预测框置信度的损失。选择置信度高的预测框与网络生成的数值计算损失。

公式 4，对于无目标的单元格，计算预测框置信度的损失。如果没有这部分，那么网络模型可能会把背景里很多在数学上与前景目标相似的部分误认为目标，因此，我们要让网络模型不仅知道哪些是目标，还要知道哪些肯定不是目标。另外，因为图片里目标单元格远少于背景单元格，因此背景单元格占比较大，为了降低权重，作者引入 λ_{noobj} 参数，取值 0.5，从而均衡其在损失函数中的占比，大家也可以自行修改这个参数。

公式 5，对于有目标的单元格，其预测框目标分类的损失。这里比较简单，通常多类别都要进行 softmax 激活，映射为

概率值再进行损失运算，论文里最后一层没有激活运算，也没有其他任何后续处理，就直接与预测值计算误差平方和，这样做运算效率肯定高了，但不符合常规，但原作者就这么做了。

因此，训练阶段的工作就是两个：设置好正确的标签和制定好符合实际需要的损失函数。

以上步骤处理完，网络就训练好了，我们就可以进行预测了。

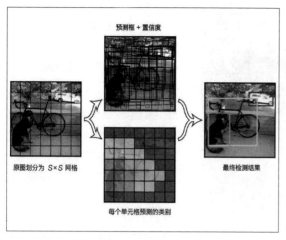

预测框 + 置信度

原图划分为 S×S 网格

每个单元格预测的类别

最终检测结果

▌图17 预测过程

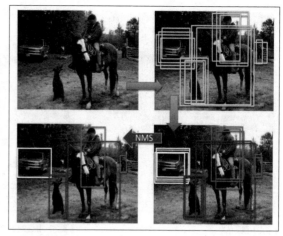

NMS

▌图18 结果筛选

预测阶段

需要声明，预测阶段是没有"答案"的，不再有真实框，网络生成的置信度，就是模型对自己预测框的信心指数，预测过程如图17所示。

原始图被划分为网格，每个单元格生成两个预测框，里面包含预测框的位置、尺寸和置信度，图17中，预测框线条越粗，表明其置信度越高，同时单元格还预测出了其对应的分类，其中粉色部分代表这部分单元格预测为汽车；黄色部分代表这部分单元格预测为自行车；蓝色部分代表这部分单元格预测为狗；红色部分代表这部分单元格预测为餐桌（预测不准确）。

预测阶段本质就是进行预测的计算、选择和评估，7×7×2个预测框不可能都保留，一定要进行筛选，把置信度低的、重复的预测框删除，具体怎么做？简单来说就是去除多余的，保留最好的。图18所示的结果筛选比较清晰，原图经过预测，生成一系列预测框，对这些预测框先按照预测的类别分组，每组再进行非最大值抑制，然后保留最好的结果。

具体怎么做呢？主要分以下几步。

步骤1：系统设定一个置信度阈值，例如0.5，预测框的置信度超过0.5被保留，

低于这个阈值就被删除。因此这个值的大小影响预测结果，设置越大，意味着要求越高，很多预测框会被删除，可能导致一些目标没有预测到，但同时保留下来的预测框的结果相对准确很多；反之，这个值越小，会导致越多的预测失误出现。实际操作时，算法并不是执行删除操作，而是将预测张量对应的置信度置0，因为原作者用C语言开发，置0远比删除操作要快捷。这步操作后，很多置信度很低的预测框就被"处理"掉了。

步骤2：将保留的预测框按照置信度大小降序排列。

步骤3：按照预测的类别进行分组。

步骤4：对每个类别小组进行非最大值抑制，将重复的预测框的置信度置0。

步骤5：重复第4步，直至全部处理完。

步骤6：最后将置信度不为0的预测框输出，完成预测。

那系统是如何进行非最大值抑制呢？如图19的预测结果所示，画面里有两个类别的目标：人、狗，分类别排序后，对于人，②置信度最大，①和③分别计算与②的交并比，如果超过某一阈值，例如0.5，则认为其与②预测的是同一目标，因而舍弃。对于狗，⑤置信度最大，④和⑥分别计算与⑤的交并比，如果超过阈值，认为其与⑤预测的是同一目标，因而舍弃。这样，

每个目标都只保留置信度最大的预测，舍弃了与其重合的预测框，非最大值抑制结果如图20所示。

最终输出时，还要将类别的预测值与置信度相乘，我们称之为类别置信度，才是最终的输出结果。因为预测的置信度，只是表明预测框预测到了目标，但是对应的类别概率，置信度本身并不具备，我们需要的是类别、位置、大小的综合指标。因此，最终的结果是类别与置信度的乘积，其中，类别取20个数字里面最大的那个。

论文中的公式如图21所示。

第一项是条件概率，表示其为目标的前提下，是某种分类的概率。红色部分第一项是训练阶段，要人为计算出来，然后与模型预测的值进行损失计算，第二项是预测阶段，这部分是网络预测好的，我们乘以类别概率即可得到预测结果。

性能对比

本节把YOLOv1和其他目标检测系统做一个相对全面的对比，主流算法对比如图22所示。

横轴是时间，纵轴是mAP，即平均预测精度，这个指标非常重要也非常专业，后续会详细讲解，这里读者暂时了解mAP数值越大，表明识别的准确率越高。

▌**图19** 预测结果

▌**图20** 非最大值抑制结果

$$Pr(\text{Class}_i|\text{Object}) * Pr(\text{Object}) * IOU_{\text{pred}}^{\text{truth}} = Pr(\text{Class}_i) * IOU_{\text{pred}}^{\text{truth}}$$

训练阶段：计算标签
预测阶段：网络生成

▌**图21** 论文中的公式

可以看到，YOLOv1 是 2015 年 6 月提出的，每秒帧数可以达到 45 帧，相当于检测每张图片只需要 0.02s，但是后面推出的 SSD 算法，无论速度还是精度，都要超过 YOLOv1，这也是后面 YOLO 系列算法不断升级的原因。

图 23 所示是 YOLOv1 与 Fast R-CNN 的综合对比，因为在 YOLOv1 之前，Fast R-CNN 是比较好的检测算法。

首先解释一下图表里面术语的含义。

● Correct：绿色部分，类别正确；IOU > 0.5，表示其预测框也比较准。

● Localization：蓝色部分，类别正确；0.1 < IOU < 0.5，表示其预测框不太准。

● Similar：黄色部分，类别相似；IOU > 0.1，表示其分类和预测框不尽如人意。

● Other：橙色部分，类别错误；IOU > 0.1，表示其分类和预测框都很差，是很糟糕的部分。

● Background：红色部分，对于任何目标，IOU < 0.1，表示其误把背景当成目标。

综上，我们可以得到以下结论。

● YOLOv1 的正确率不如 Fast R-CNN。

● YOLOv1 的误差偏高，表明其定位不太准。

● YOLOv1 的误判率较低，表明正确识别大多数背景。

存在不足

每个单元格只能预测一个分类

因为每个单元格不管预测多少个预测框，都对应同一组类别概率，因此每个单元格只能判定一个类别，如图 24 所示的多目标重叠，人物和汽车的中心刚好都位于同一个单元格，YOLOv1 就无能为力了（只能选一个）。

对于图 24，YOLOv1 将其划分为单元格，其实就是将目标与单元格进行对应，明确其归属。如果将每个单元格再进一步分割，那就相当于起始阶段划分为 2S×2S 个单元格，运算量加大不说，治标不治本，问题依旧存在。现在每个单元格内部再没有特征和规则，作者只能将其归为相同的类别。

非极大值抑制的不足

如果多个对象位置重叠率高，则可能被判断为同一对象。图25中的两个稻草人，分置于两个单元格，因为分类相同，距离很近，非最大值抑制就会认为两个预测框预测的是同一个目标而删除其中一个。

对密集目标无法处理

因为密集目标大多存在于单一或邻近的单元格，YOLO 算法天然的属性的确对

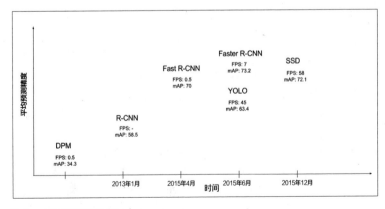

▌**图22** 主流目标检测算法对比

Fast R-CNN 与 YOLO 对比

- Correct: IOU > 0.5
- Localization: 0.1 < IOU < 0.5
- Similar: IOU > 0.1
- Other: IOU > 0.1
- Background: IOU < 0.1

Fast R-CNN

Background: 13.6%
Other: 1.9%
Similar: 4.3%
Loc: 8.6%
Correct: 71.6%

YOLOv1

Background: 4.75%
Other: 4.0%
Similar: 6.75%
Loc: 19.0%
Correct: 65.5%

▌图23 YOLO与Fast R-CNN的综合对比

▌图24 多目标重叠

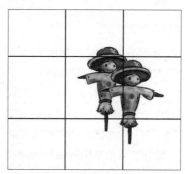

▌图25 位置相近的稻草人

▌图26 数据迁移

▌图27 将装饰门检测为洗手间

其无可奈何，虽然通过增加网格密度可以一定程度降低这个矛盾，但并不能治本，这是算法自身的局限性造成的。

其他问题

虽然损失函数对小物体额外进行了处理，但小物体的辨别效果不尽如人意。如果要预测的对象长宽比较为异常（即训练数据中不常见），YOLOv1处理得也不好，举例来说，训练集里面有很多鲤鱼，测试集里面也有类似的鲤鱼，那么预测结果就不错，但如果新的图片里面有一条带鱼，YOLOv1从来没见过这样扁的鱼，就很难正确框选出来。

结语

YOLOv1能在R-CNN系列算法下脱颖而出，很不容易，其单元格的方法很有创新性，而且其高效的计算为实时应用场景提供了可能。其针对整图做卷积，因此目标检测时有更大的视野，对于背景不容易产生误判，而且算法本身具有鲁棒性，迁移时具有较好的泛化能力。如图26所示，YOLOv1对从未见过的艺术作品，也能准确地标识出来。

2016年，作者Joseph Redmon介绍YOLOv1算法的优势，演讲时还有个小插曲，如图27所示，演讲者低头整理物品时，计算机的摄像头正对后面的墙壁，将装饰门检测为洗手间，现场发出一阵善意的笑声，尽管相对于其他算法，YOLOv1还有很多不足，但它开启了崭新的思路，后续版本不断完善，越来越成功。总体而言，完全读懂YOLOv1相对困难，尤其是原论文写得还很粗糙，各种解读也参差不齐，都给理解算法带来很大障碍，本文叙述尽可能详尽，希望能给大家带来帮助。Ⓧ

STM32 物联网入门30 步（第2步）

STM32CubeIDE 的汉化与基本设置

▌杜洋 洋桃电子

本系列上一篇文章主要介绍了STM32CubeIDE的下载和安装，本文主要介绍STM32CubeIDE的汉化和基本设置。

STM32CubeIDE的汉化

下面要对软件进行汉化，分为获取汉化包地址、添加汉化包、安装汉化包、重启软件4个过程。

步骤1：首先要获取汉化包地址。STM32CubeIDE本身并不带语言包，汉化包是第三方插件。所以要进入第三方网站，找到汉化包并下载。如图1所示，大家可以在洋桃电子官方网站下载汉化包。

步骤2：如图2所示，输入地址后打开的是一个简易的文件目录，在其中找到一个"R"开头的链接，我这里显示的是"R0.19.1"，你在打开时后面的数字也许不同，但开头都是"R"。单击进入后又会出现带有日期的链接，请选择离你最近的一个日期，我这里最近的日期是"2021-03"。单击进入后又会出现一些链接，但不需要再单击，把光标放到浏览器的地址栏，将完整的地址复制下来。

步骤3：如图3所示，把复制的地址保存起来，地址前缀有"http://"。保存名称为"language"（语言）。

步骤4：如图4所示，回到软件界面，在菜单栏中选择"Help"（帮助），在弹出的下拉菜单中选择"Install New Software…"（安装新软件）。

步骤5：如图5所示，在弹出的窗口中单击"Add…"（添加）按钮。

可到以下位置找到最新地址：
洋桃电子官方网站→洋桃IoT开发板页面→工具软件

▌图1 汉化包的下载地址

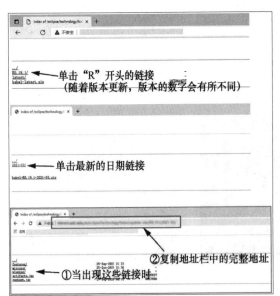

▌图2 选择汉化包的文件路径

▌图3 保存名称和地址

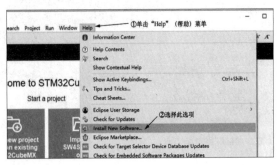

▌图4 安装新软件

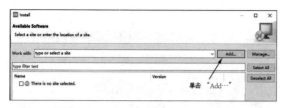

▌图5 添加插件的窗口

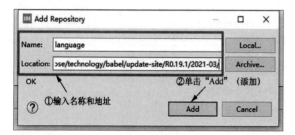

▌图6 填写名称和地址

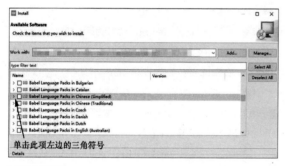

▌图7 选择项目

▌图8 选择子项目

步骤6：如图6所示，在接下来弹出的窗口中把之前保存的名称和地址复制到输入框，然后单击"Add"（添加）按钮。

步骤7：如图7所示，此时在窗口的下方会弹出一系列选项。在其中找到"Babel Language Packs in Chinese(Simplifed)"一项，单击此项左边的三角号。

步骤8：如图8所示，在展开的子选项中勾选"Babel Language Pack for eclipse in Chinese(Simplifed)"一项。然后单击"Next"（下一步）按钮。

步骤9：如图9所示，在弹出的新窗口中检查所选择的汉化包名称是否正确，然后单击"Next"（下一步）按钮。

步骤10：如图10所示，在弹出的"Review Licenses"（审查

▌图9 检查项目是否正确

▌图10 "Review Licenses"（审查许可协议）页面

许可协议）页面中选择左下角的第一项同意协议，单击"Finish"（完成）按钮，窗口会自动关闭。如图11所示，在主界面的右下角有汉化包安装进度条，安装过程需要几分钟。

步骤11：如图12所示，安装过程中部分计算机会弹出"Security Warning"（安全警报）对话框，提示用户汉化包的安全数字签名可能存在问题。这是安装第三方软件时常会遇到的问题，但该软件并不会对计算机造成安全隐患。可以单击"Install anyway"（始终安装）按钮。如图13所示，汉化包安装完成后会弹出"Software Updates"（软件更新）对话框，提示用户重启软件才能使汉化包生效，可以单击"Restart Now"（现在重启）按钮。

如图14所示，重启软件后可以看到菜单栏和页面的部分文字变成中文，但大部分内容的文字还是英文。汉化包只是解决常用文字的汉化，并未实现全部文字的汉化，英文部分请大家自行翻译。

▋图14 汉化后的效果

STM32CubeIDE的基本设置

最后对STM32CubeIDE进行基本设置，包括设置汉字编码和文本字体两个部分。

步骤12：首先要设置汉字编码，如图15所示，如果不设置汉字编码，程序中的中文会显示为乱码。如图16所示，单击菜单栏中的"窗口"，在弹出的下拉菜单中选择"首选项"。

步骤13：如图17所示，在弹出的"首选项"窗口中单击左侧第一项"常规"的三角号展开子选项，选择子选项中的"工作空间"。这里我们只修改窗口下方的"文本文件编码"，设置为"其他"，然后在下拉列表中选择"GBK"，最后单击"应用并关闭"按钮。设置完成后，乱码将恢复为中文。

▋图11 汉化包安装进度

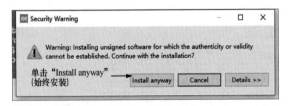

▋图12 "Security Warning"（安全警报）对话框

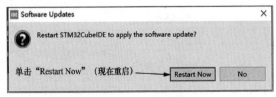

▋图13 "Software Updates"（软件更新）对话框

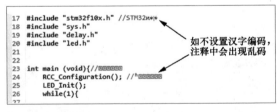

▋图15 汉字显示为乱码

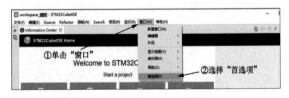

▋图16 选择"首选项"

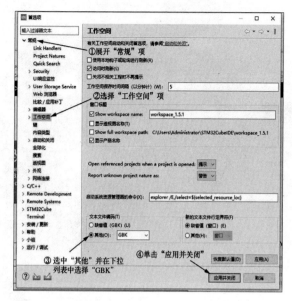

图17 设置文本编码

步骤14：接下来设置文本字体，如图18所示，软件默认的字体较小，需要我们设置为适合的大小、颜色等。单击菜单栏中的"窗口"，在弹出的下拉菜单中选择"首选项"。如图19所示，在弹出

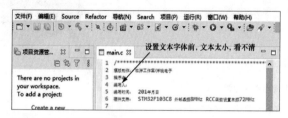

图18 设置文本字体前的效果

图19 设置文本字体

图20 设置"字体""字形""大小"

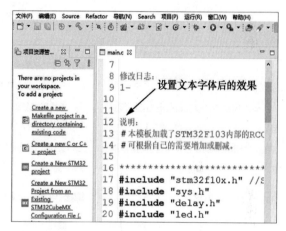

图21 设置文本字体后的效果

的"首选项"窗口中单击左侧第一项"常规"的三角号，再单击子选项"外观"的三角号，在展开的子项目中选择"颜色和字体"。然后单击窗口中"基本"的三角号，在展开的子项目里选择"文本字体"，然后在窗口右侧单击"Edit…"（编辑）按钮。

步骤15：如图20所示，在弹出的窗口中按自己的喜好设置"字体""字形""大小"，然后单击"确定"按钮。设置完成后，回到程序就会发现字体被改变，如图21所示。至此，STM32CubeIDE已被成功安装并且可以正常使用。

这一节请严格按照我的步骤进行操作，在成功安装STM32CubeIDE后，打开"首选项"窗口，把窗口左侧的所有项目浏览一遍，尽量识别出每个选项的功能和作用，这对于了解软件很有帮助，也是锻炼独立探索能力的机会。此外，你对软件越熟悉，在未来使用它时就越高效。🅧

逐梦壹号四驱智能小车（3）

智能小车焊接说明

▌莫志宏

焊接是电子学习中的一项基本技能，熟悉掌握焊接技巧对于以后的学习非常重要。在逐梦壹号智能小车第三步的学习中，我们将一起走进焊接的世界，亲手将这辆智能小车焊接完毕，该教程同样适用同类焊接的入门学习。整体焊接可以分为以下9个步骤。

步骤1：认识焊接工具

本次用到的焊接工具有电烙铁、焊锡丝、高温海绵/焊接钢丝球、镊子和斜口钳。这些也是常用到的设备，拥有了它们，你的电子工作台便有了灵魂。

加热工具——电烙铁

既然是焊接，一把称手的电烙铁必不可少。常用的有黄花907电烙铁（见图1）和正点原子T100焊台（见图2）。其中黄花907电烙铁性能较佳，价格便宜，适合初学者学习使用，其温度可调，升温较慢；而正点原子T100焊台价格稍高，但其性能优异，加热升温快，具有带断电保护功能。

使用电烙铁时，手要握在塑料手柄上（见图3和图4），不能直接接触金属，免得烫伤。长发的女孩子需绑好头发，避免遮挡视线烫到。

焊接耗材——焊锡丝

选择一个合适的焊锡丝是很重要的，推荐使用无铅焊锡丝，关爱环境更关爱自己。劣质焊锡丝容易导致焊点不饱满以及虚焊等问题。焊锡丝如图5所示，焊锡丝正确握法如图6所示。

▌图3 电烙铁正确操作手势

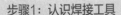

▌图1 黄花907电烙铁

▌图2 正点原子T100焊台

▌图4 电烙铁错误操作手势

清洁工具——高温海绵/焊接钢丝球

焊接时，如果电烙铁上沾焊锡过多，需要使用高温海绵或焊接钢丝球进行清洁。高温海绵需先用水浸湿后用手拧干使用，海绵带水太多影响电烙铁使用寿命。使用焊接钢丝球清洁时，只需要将电烙铁头轻轻刮几下就行，不能太用力，避免蹭掉电烙铁的保护涂层。高温海绵如图7所示，焊接钢丝球如图8所示。

■ 图5 焊锡丝

■ 图6 焊锡丝正确握法

辅助工具——镊子和斜口钳

镊子（见图9）用于夹取比较小的元器件，固定在板子上便于焊接，常用的镊子有直头和弯头两种样式；斜口钳（见图10）用于剪掉比较长的插件引脚，我们使用时应将多余引脚朝下，避免剪掉时引脚弹飞伤人。

■ 图7 高温海绵

■ 图8 焊接钢丝球

步骤2：直插电阻的焊接

直插电阻与其他同类型直插元器件的焊接都可以参考以下三步。第一步，先将电阻引脚掰弯，插入板中；第二步，在板子反面用电烙铁进行焊接；第三步，使用斜口钳剪掉多余引脚。焊接就是这么简单！直插电阻焊接示意如图11所示。

了解完基础焊接方法后，我们接下来开始正式焊接。逐梦壹号智能小车上共有两种类型的电阻，其中330Ω的电阻有6个，10kΩ的电阻有17个。330Ω电阻焊接位置如图12所示，10kΩ电阻焊接位置如图13所示。

■ 图9 镊子

■ 图10 斜口钳

知识扩展——电阻拆卸与焊盘通孔技巧

电阻拆卸：电阻焊接错误时，用电烙铁在电路板的反面对被拆电阻的引脚加热，使引脚上的焊锡全部熔化，然后用镊子夹住电阻向外拉，把电阻从印制电路板上取下来。此方法也可用于同类型直插元件的拆卸。

焊盘通孔：拆掉电阻或其他插件元

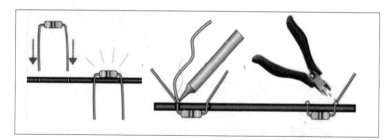

■ 图11 直插电阻焊接示意

■ 图12 330Ω 电阻焊接位置

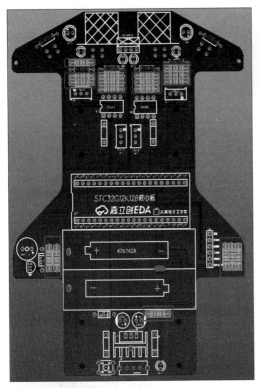

▌图 13 10kΩ 电阻焊接位置

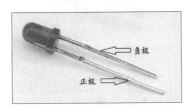

▌图 14 LED 正负极示意

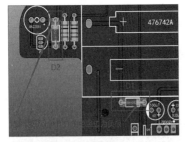

▌图 15 4148 二极管焊接示意

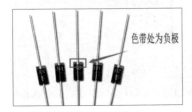

色带处为负极

▌图 16 4148 二极管方向识别示意

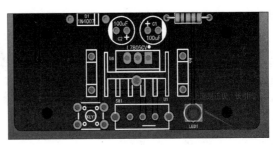

▌图 17 红色 LED 焊接示意

器件后，焊盘会被堵住。可以使用吸锡器、吸锡带或者空心针等工具进行通孔。如果以上工具都没有，可以先在堵塞的孔上再加些焊锡，用电烙铁加热，等焊锡融化后拿起板子在桌面上敲击，利用惯性使孔中的焊锡掉落。

步骤3：直插二极管的焊接

在该项目中有 4 种类型的二极管，包括 1 个红色（电源指示）LED、4 个绿色 LED（循迹指示）、2 个白色 LED（车灯）以及 2 个通用 4148 二极管。焊接二极管时，注意分清正负极方向，LED 长引脚为正极，短引脚为负极（见图 14），其中 4148 二极管的白边对应负极，与板子上丝印一一对应（见图 15 和图 16）。红色 LED 焊接示意如图 17 所示，绿色 LED 焊接示意如图 18 所示，白色高亮 LED 焊接示意如图 19 所示。

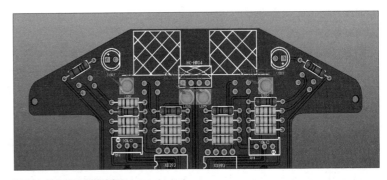

▌图 18 绿色 LED 焊接示意

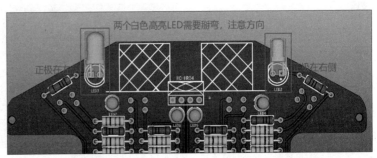

两个白色高亮LED需要掰弯，注意方向

▌图 19 白色高亮 LED 焊接示意

步骤4：三极管和蜂鸣器的焊接

焊接过程秉承着"从矮到高"的原则。将电阻和二极管焊接完毕后，接下来可以按照电路功能结构逐个焊接。本步将焊接蜂鸣器驱动电路部分的元器件，包括三极管和蜂鸣器2个元器件。三极管焊接示意如图20所示，三极管方向识别示意如图21所示，蜂鸣器焊接示意如图22所示，蜂鸣器如图23所示。

注意事项：该元器件引脚密集，焊接时可先全部焊上，剪短引脚后再进行处理，避免短路。

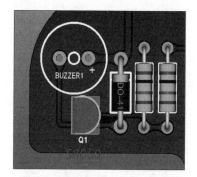

▌图20 三极管焊接示意

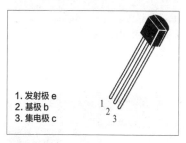

1. 发射极 e
2. 基极 b
3. 集电极 c

▌图21 三极管方向识别示意

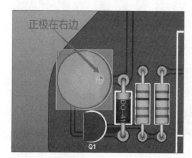

▌图22 蜂鸣器焊接示意

▌图23 蜂鸣器（有＋号的是正极）

步骤5：循迹电路元器件的焊接

循迹电路的元器件包括LM393芯片、可调电位器和红外光电传感器3种，其中LM393芯片带有一个芯片底座，焊接时只需将芯片底座焊接到板上，芯片直接安装到底座上即可。芯片底座焊接示意如图24所示，芯片底座如图25所示。可调电位器焊接示意如图26所示，可调电位器如图27所示，红外光电传感器焊接示意如图28所示。

步骤6：电源电路元器件的焊接

本步焊接电源电路元器件，包括电容、稳压芯片及散热片、轻触按键、拨动开关以及电池座。电容焊接示意如图29所示，电容如图30所示。

直插电解电容方向识别方法

电容长引脚为正极，短引脚为负极。电路板上有白色丝印条边的是负极，有黑色丝印边条的为正极。

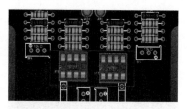

▌图24 芯片底座焊接示意

▌图25 芯片底座

▌图26 可调电位器焊接示意

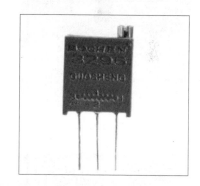

▌图27 可调电位器

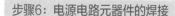

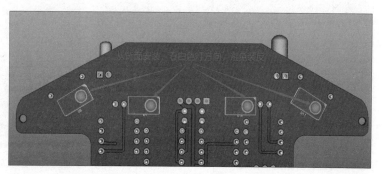

▌图28 红外光电传感器焊接示意

▋图29 电容焊接示意

▋图30 电容

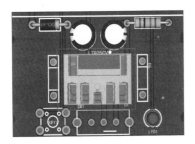

▋图31 稳压芯片与散热片焊接示意

散热片安装方法

将稳压芯片与散热片紧靠，用M3螺丝拧紧后，将它们插入电路板进行焊接。

稳压芯片与散热片焊接示意如图31所示，轻触按键与拨动开关焊接示意如图32所示，电池座焊接示意如图33所示。

注意事项：装上锂电池测试电源，正常后需先将锂电池拆掉，全部焊完再重新安装。

步骤7：最小系统及模块的焊接

最小系统焊接

本步进行最小系统、蓝牙模块和超声波模块的焊接。最小系统焊接示意如图34所示，最小系统如图35所示。

● 处理方法：将40Pin的排针分成2个20Pin的，分别插入排母中对齐位置。

● 焊接顺序：先将排针与核心板焊接，再将排母底端插入小车底板中焊接。

蓝牙模块焊接

● 焊接方法：将6Pin的排母焊接到H1的位置，注意不要焊歪。蓝牙接口焊接示意如图36所示。

注意事项：安装蓝牙模块时，注意引脚名称。

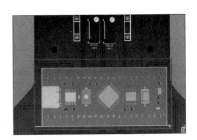

▋图34 最小系统焊接

▋图35 最小系统

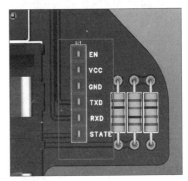

▋图36 蓝牙接口焊接示意

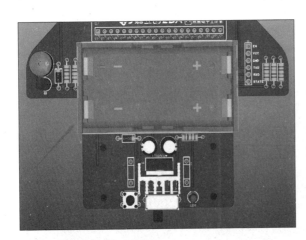

▋图32 轻触按键与拨动开关焊接示意

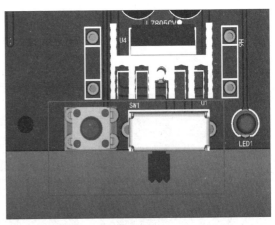

▋图33 电池座焊接示意

超声波模块焊接

● 焊接方法：焊接超声波模块时，按照电路板丝印焊接即可，焊接后剪除多余引脚。超声波模块焊接示意如图37所示，超声波模块如图38所示。

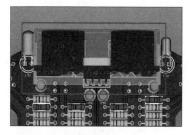

▌图37 超声波模块焊接示意

▌图38 超声波模块

步骤8：电机驱动芯片的焊接

本步焊接整套电路板上唯一的贴片元器件。这时前面介绍的镊子就派上用场了，贴片焊接的方法如下。

● 使用焊锡在贴片元器件的一个焊盘上加锡。

● 使用镊子将贴片芯片放到指定位置，注意引脚1位置。

● 加热已上锡的焊盘，将芯片固定在板子上。

● 在其他引脚上加锡，使用电烙铁来回刮几下即可完成焊接。

电机驱动芯片焊接示意如图39所示，电机驱动芯片如图40所示。

注意事项：如果要拆除芯片，在芯片两侧多加锡，用电烙铁来回烫，用镊子夹取脱落的芯片即可。

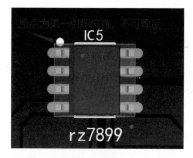

▌图39 电机驱动芯片焊接示意

▌图40 电机驱动芯片

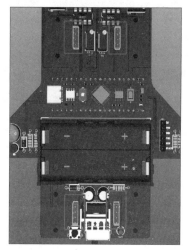

▌图41 电机接口焊接示意

步骤9：电机测试与固定的焊接

到了最后一步，距离成功已经很近了。这时我们需要将小车的4个轮子安装上去。用到的元器件有排针、螺丝、电机、电机固定座以及轮子。电机接口焊接示意如图41所示，排针如图42所示。

安装电机时，需要先把电机连接电路的排针焊接到电路板上，排针处理方法如下。

▌图42 排针

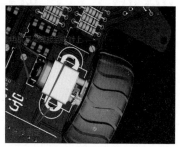

▌图43 电机固定、焊接示意

● 取1×40Pin的排针，4个引脚一组。

● 使用钳子将中间2个引脚的针拔出，只留靠边的2个针，然后焊接到小车底板上对应的位置。

● 焊接时可用手抵住一根针，在背面焊接另一根针，免得烫到手。

排针焊接好后，对电机与固定座进行安装，同时将电机与上面焊接好的排针进行焊接，电机固定、焊接示意如图43所示。

电机固定与焊接方法

固定时需使用电池供电，使单片机工作。把电机触点（耳朵）与排针靠在一起。如果电机正转，那么方向正确；如果不对就换个方向进行固定（装反了也可以在程序中调整）。

使用螺丝固定电机座时，先固定一侧，但不用拧紧，待另一侧装上后再一起拧紧。

最后使用电烙铁在排针和电机触点上加热，向上推焊锡，使排针与电机触点连接牢固。

到此，逐梦壹号智能小车的整体焊接完成，我们再来欣赏一下焊接完毕的实物（见题图）。愿大家能够通过本期学习电路焊接的基础方法和流程，为以后从事电子设计积累经验，后续我们将开始进入编程的世界，敬请期待。❎

DF创客社区
mc.DFRobot.com.cn

行空板图形化入门教程（2）

旅游打卡路牌

▌赵琦

在旅途中拍照打卡一处风景，用一个文艺的路牌为景色增添浪漫气息，同时也能留下一段有趣的影像与朋友分享。但不是所有地方都存在有趣的路牌（见图1），本文我们就用行空板来制作一个旅游打卡路牌，只要通上电就可以用它来完成一次独一无二的旅游打卡啦。

此项目主要是为了尝试使用行空板显示各种形状和文字，在显示屏上设计简单的图形界面。项目效果构想如图2所示。

▌图1 有趣的路牌

▌图2 项目效果构想

功能原理

行空板的形状显示积木

行空板本身提供了显示线段、矩形、圆形3种形状的积木，其中矩形包括直角空心矩形、填充矩形、圆角矩形、圆角填充矩形；圆形包括空心圆形和填充圆形。行空板形状显示积木如图3所示。

汉字大小对照换算

汉字属于方块字，所占的空间是矩形，因此在描述汉字大小时也就是在描述汉字所占空间的宽度或高度。我们使用行空板文字显示积木时，通过修改字号实现对于字体大小即宽度/高度的设置，这里的字号单位为磅（pt），然而行空板显示屏坐标系的单位是像素（px）。为了更好地在行空板上对文字进行排版，需要将这两个单位进行换算，换算公式是：1pt = 4/3px。需要说明的是，像素是显示屏显示的最小单位，必须是整数，当换算过程中出现了小数，一般要对计算结果进行向下取整。如计算字号6.5pt所占的像素（px）：

$$6.5(pt) = 6.5 \times \frac{4}{3} = 8.6(px) \approx 8(px)$$

程序中的顺序结构

我们在编写程序的过程中，总是按步骤编写程序，显示内容。像这样按照步骤顺序编写的程序结构称为顺序结构。顺序结构是最简单的程序结构，它的执行顺序是自上而下，依次执行。如果以本项目要显示的路牌为例，它的制作可以被描述为如图4所示的程序流程。

材料准备

项目所需的材料清单如附表所示。

附表 材料清单

序号	设备名称	备注
1	行空板	1块
2	USB Type-C 接口数据线	1根
3	计算机	Windows 7 及以上系统
4	编程平台	Mind+

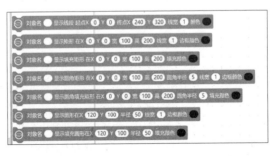

▌图3 行空板形状显示积木

▌图4 程序流程

连接行空板

在开始编程之前，按如下步骤将行空板与计算机连接。

硬件搭建

使用 USB Type-C 接口数据线将行空板连与计算机连接（见图5）。

▌图5 连接行空板和计算机

软件准备

打开 Mind+，按图6所示顺序完成编程界面切换（Python 图形化编程模式），并进行行空板加载和连接。然后，保存当前项目，就可以开始编写项目程序了。

▌图6 软件准备

项目实现过程

任务一：显示路牌的轮廓

我们通过学习行空板显示矩形的方法，结合行空板显示屏坐标和路牌轮廓形状的组成结构，完成路牌轮廓的显示。

任务二：显示路牌的文字细节

在完成路牌轮廓的显示后，我们将学习计算文字坐标和数码管数字的显示方法，完成路牌的上、下两部分文字显示。

任务一：显示路牌的轮廓

1. 编写程序

（1）观察轮廓构成

为了更清楚地了解轮廓的组成，需要对原路牌进行拆分（见图7），可以拆分为橙色圆角矩形、白色填充矩形、空心直角矩形以及黑色填充矩形。

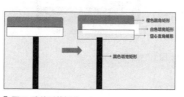

▌图7 路牌形状拆分

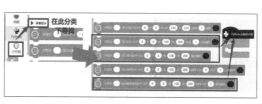

▌图8 积木查找和搭建

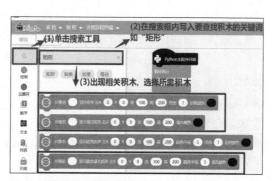

▌图9 快速检索积木的方法

根据拆分情况，在积木区"行空板"分类下的"屏幕显示"里寻找含有"矩形"关键字的积木（见图8），拖出对应类型的矩形显示积木。

注意：行空板"屏幕显示"分类下的积木有很多，寻找时不是很方便，Mind+提供了一个快捷查找积木的工具。它在积木区的最上面，具体使用方法如图9所示。

找到积木后，按图10所示顺序搭好。

（2）路牌轮廓大小和坐标设置

基于上一步的程序，现在要根据路牌轮廓大小和矩形位置关系，设置各矩形的宽、高以及坐标。

路牌轮廓大小方面，由于路牌出现在行空板显示屏的正中间，需要根据行空板显示屏的大小（240像素×320像素）设置。我们可以先设定整个路牌略小于行空板，比如，路牌整体宽为210像素，高为280像素。至于

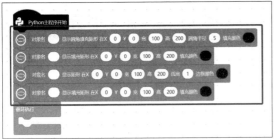

▊ 图10 轮廓程序搭建

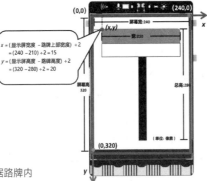

▊ 图11 路牌大小设置示例

▊ 图13 填写橙色圆角矩形参数

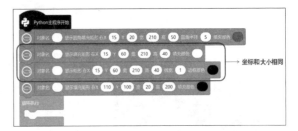

▊ 图14 路牌轮廓的参考程序

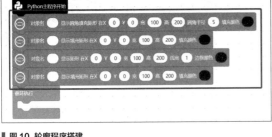

▊ 图12 坐标计算示例

▊ 图15 显示效果

轮廓中各矩形宽/高的设置，根据路牌内各矩形的位置关系设置即可，图11展示了一个路牌大小设置示例，以供参考。需要说明的是，橙色圆角矩形下半部分圆角被白色填充矩形遮挡，所以它的实际高度要比看到的高度大一点。

确定了路牌的大小以后，现在只需要结合路牌轮廓的大小以及各矩形的宽和高，计算矩形坐标即可，以橙色圆角矩形坐标 (x, y) 为例，计算过程如图12所示。

注意：积木中要设置的矩形的 x、y 坐标默认是在矩形的左上角 x、y 坐标。

然后根据计算结果填写橙色圆角矩形的参数，如图13所示。

接下来你可以参考橙色圆角矩形的坐标计算方法，分别计算白色填充矩形、空心直角矩形以及黑色填充矩形的坐标，需要说明的是白色填充矩形和黑色填充矩形的宽度、高度和坐标都是一样的。路牌轮廓的参考程序如图14所示。

2. 程序运行

单击"运行"按钮，观察行空板显示屏的显示效果（见图15）。

任务二：显示路牌的文字细节

1. 编写程序

通过上一个任务，路牌的轮廓已经显示完成，接下来就可以通过轮廓中矩形和文字的位置关系设置显示文字坐标。当然，你也可以断开行空板，使用 Python 运行弹窗对文字坐标进行调试。

（1）显示白色文字

先来完成路牌上白色文字的显示，将字号设置为15。"我在 DF 星球等你"出现在第一个矩形内，也就是在上文提到的点 A（15,20）右下方（见图16），所以

▊ 图16 白色汉字位置分析图示

这些字显示的 x 坐标要大于15，y 坐标要大于20。

y 坐标向下移动10像素即设为30，x 坐标需要根据字号和像素的对照关系计算。

白色文字中有6个汉字，2个字母。汉字所占宽度相同，根据计算可知15号

图 17 白色字体 x 坐标计算

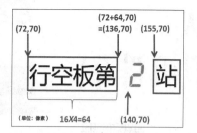

图 20 黑色文字位置坐标计算

图 23 显示效果

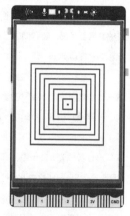

图 24 正方形隧道

汉字占 20 像素，字母的宽度约为汉字的一半，那么白色文字所占宽度为 140 像素，计算可得 x=（240 – 140）/2=50（见图 17）。

注意：积木中设置的 x、y 文字坐标是文字左上角的 x、y 坐标。

填写好的白色文字显示积木如图 18 所示。

（2）显示黑色文字

白色矩形里的黑色文字可以使用类似的计算方法，不同的是有一个特殊的数码管风格数字显示（如图 19 所示）。y 坐标依然比 B（15,60）点 y 坐标大 10，即 y 坐标为 70。

"行空板第 2 站"一共有 6 个字，根据文字特点可以分成 3 段来显示："行空板第""2"和"站"。第一段文字坐标的

计算要从整段文字入手，设置字号为 12，每个汉字占 16 像素，6 个字占 96 像素，可以算出 x=（240 – 96）/2=72。后面的两段文字可以根据每个字所占的像素情况计算，3 段文字间距可以使用 Python 运行弹窗测试并进行微调，参考如图 20 所示坐标计算，完成坐标设置。

需要说明的是，数字"2"使用了行空板自带的数码管数字显示积木，使用时可以参考图 21 积木修改的内容。

最后，"南"和"北"两个汉字可以使用更小的字体，使用相似的计算方法完成坐标设置，完整的项目程序如图 22 所示。

2. 程序运行

连接行空板后，单击"运行"按钮，

图 18 白色文字显示积木

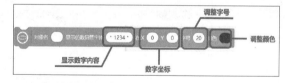

图 21 数码管数字显示积木介绍

图 19 黑色文字位置分析图示

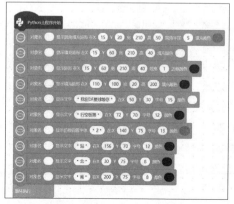

图 22 完整的项目程序

观察行空板显示屏，可以看到路牌显示在显示屏上，显示效果如图 23 所示。

挑战自我

我们已经试过在行空板上用矩形设置路牌了，请尝试利用控制分类下的等待几秒积木和矩形显示积木在行空板上显示一个不断变大的正方形隧道（见图 24）。

物联网不求人
——3D 打印机伴侣

▌朱盼

演示视频

通过《物联网不求人——服务器搭建 So Easy》一文，我们学习了搭建常见的创客相关物联网服务器，让我们能以低成本拥有自己的私有服务器，从此"物联网不求人"。对于一名合格的 Maker 来说，除了了解一些物联网服务，我们还会接触一些创客 DIY 神器，如 3D 打印机、激光切割机等。通常我们使用 3D 打印机是先将文件复制到 U 盘或者 SD 卡中，再将 U 盘或者 SD 卡插入 3D 打印机中进行打印，在这个过程中，我们会时不时地查看打印进度和打印质量，偶尔还会打印失败（打印连成一坨或者是打印成"泡面"），这我怎么能忍？于是我开始寻找如何能够愉快玩耍 3D 打印机的方法，经过不懈努力，最终我找到了 OctoPrint 这个 3D 打印机控制神器。一开始我用的是创客朋友送的树莓派部署 OctoPrint，但随着我的 3D 打印机增至 4 台而且现在的树莓派价格偏贵，如果我继续使用树莓派，那么重新部署 3 台 OctoPrint 服务器的价格够让我再买一台 3D 打印机了。我决定用低成本改造我的 3D 打印机，我将改造的过程记录下来，希望能够帮助拥有 3D 打印机的小伙伴，让我们愉快地使用 3D 打印机吧！

OctoPrint 控制打印的演示视频请扫描文章开头的二维码观看，该视频中我使用电视盒子搭配 M5 Timer Camera X 远程监测并记录打印过程，将打印过程通过延时摄影呈现，让我们能够实时了解打印进度与打印状态，同时获得打印过程的录像，根据视频，我们可以分析打印情况，若有打印失败的情况发生，视频可以辅助我们寻找打印失败的原因。

M5 Timer Camera X 是一款基于 ESP32-D0WDQ6-V3 的摄像头模块，板载 8MB PSRAM，采用 300 万像素的摄像头，DFOV 为 66.5°，最高可实现拍摄 2048 像素 ×1536 像素分辨率的照片，内置 140mAh 电池和 LED 状态指示灯，在指示灯下方有一个复位按键，方便开发调试。

M5 Timer Camera X 具有以下特点。

● 基于 ESP32 开发，支持 Wi-Fi、蓝牙功能。

● 使用 Wi-Fi 进行图像传输。

● 具有定时休眠唤醒功能。

● 具有状态指示灯。

● 超低功耗设计。

● 内置 140mAh 电池。

● 具有一路扩展接口。

搭建OctoPrint需要哪些准备

硬件准备

● 一个可以安装 Armbian 的任意开发板。

● 一个 U 盘（容量至少 16GB，用于写入镜像）。

▌图1 CM311-1A

这里我们使用型号为 CM311-1A 的电视盒子为例（实际上支持任意运行 Armbian 系统的盒子或者开发板），此电视盒子是安装宽带时运营商赠送的，价格约 50 元，配有 2GB RAM+8GB ROM，与树莓派相比尽管没有千兆网口与 USB 3.0，但其价格感人，作为个人第一款入门级服务器来说绰绰有余，购买时只需告知商店帮刷安卓系统，可以从 U 盘启动系统即可。CM311-1A 如图 1 所示。

Armbian基础知识

Armbian 是一个基于 Debian 和 Ubuntu 的操作系统，专门为 ARM 架构的嵌入式设备设计。它支持多种 ARM 单板计算机，包括 Raspberry Pi、Orange Pi、Banana Pi 等，并提供了针对这些设备的优化版本，关于 Armbian 的详细信息与支持的开发板请访问 Armbian 官网了解。

Docker基础知识

Docker 是一种开源项目，是将应用程序自动部署为可在云或本地运行的便携式独立容器。Docker 基础知识可通过 Bilibili App 的"Docker 10 分钟快速入门"了解。通过 Docker，我们使用一条指令便可部署服务器而无须理会各种环境与配置问题，在这里我们仅需了解镜像、映射端口和挂载点即可。

CasaOS基础知识

CasaOS 是一个基于 Docker 生态系统的开源家庭云系统，专为家庭场景设计。致力于打造全球最简单、最易用、最优雅的家居云系统。我们使用 CasaOS 可以很方便地管理与配置 Docker 应用并管理 Armbian 的文件系统（可通过文件共享将 Armbian 的文件挂载到计算机），其有一个特点就是可以随时修改已有 Docker 容器的任意配置项，如端口映射、挂载点等。

OctoPrint基础知识

OctoPrint 是一款用于 3D 打印机的开源软件，它可以通过网络连接控制和监控 3D 打印机。OctoPrint 提供了一个用户友好的 Web 界面，使用户可以远程控制 3D 打印机，例如启动和停止打印、调整打印机设置、查看打印进度和监控打印状态。此外，OctoPrint 还支持各种插件，以扩展其功能，例如添加监控、导入和导出打印文件等。OctoPrint 一般通过树莓派或其他类似的单板计算机运行，也可以使用 Docker 部署，但前提是你的设备至少具备一个 USB 接口且支持串口。下面会介绍几个实用的 OctoPrint 扩展插件，我们可以更加便利地使用 3D 打印机。

开始服务器搭建

镜像烧录

准备一个 16GB 的 U 盘，使用镜像烧录工具烧录 Armbian 镜像。

Armbian初始配置

镜像烧录成功后，插上网线并开启设备，等待路由器发现增加的设备后，通过 SSH 登录设备，默认 SSH 账号为 root，密码为 1234。

登录成功后出现如图 2 所示的界面，如果你是第一次使用盒子，U 盘启动系统设置请参考《物联网不求人——服务器搭建 So Easy》。

Armbian 第一次引导，会要求你创建密码，密码设置字母加数字（至少 8 位密码），输入两次想要设置的密码并回车，出现提示后选择 1 并回车，最后按"Ctrl+C"跳出图 3 所示的提示。

烧录镜像后，系统并不能正确识别 U 盘的容量，因此想要扩容，需输入命令 armbian-tf 扩容并选择 e。

扩容时间与 U 盘速度和容量有关，容量越大，需要的时间越长，扩容成功后出现如图 4 所示提示。扩容时间可能会持续几个小时，此时可以去喝杯咖啡。

安装Docker

扩容完成后接下来安装 Docker，输入命令"curl -fsSL https://get.***.com/ | sh"并回车，如 5 图所示，安装时间与网络环境有关。

▌图 2 登录成功后界面

▌图 3 输入密码后提示

▌图 4 扩容

图 5 安装 Docker

图 6 安装 CasaOS

安装CasaOS

输 入 "wget -qO- https:// get.C***S.io | bash" 并 回 车 安 装 CasaOS，如图 6 所示。

CasaOS使用

用浏览器访问 Armbian 的 IP 地址，单击"开始"，按照提示输入用户名和密码，创建 CasaOS 新用户。

图 7 Armbian 界面

用户创建成功并登录后，出现图 7 所示的界面。单击 Files 图标可以在线访问并管理 Armbian 的所有文件，切换到 Root 根目录选择 dev 文件夹，可看到 ttyAML0 与 video0 文件（见图 8），若你用其他设备使用 Armbian，这两个文件不一定有，没有就代表系统没有相关驱动，看到这两个文件代表 Armbian 可以使用串口与 USB 摄像头。

将 3D 打印机插入盒子的另一个 USB 接口可以发现增加了一个设备 ttyACM0 或者 video1、video2 等，表示设备识别到了串口设备或者 USB 摄像头。

通过 CasaOS 可以在线使用 SSH 登录 Armbian 系统，单击 CasaOS 主界面右上角第 3 个图标进入 SSH 登录界面（见图 9），输入 SSH 账号与密码后如图 10 所示。

图 8 ttyAML0 与 video0 文件

输入下方指令部署 OctoPrint，此处没有映射任何实体设备到 Docker，仅将容器的 80 端口映射到设备的 81 端口，因为设备 80 端口已被 CasaOS 占用，如图 11 所示。

```
docker run -d -v octoprint:/octoprint \
  -e ENABLE_MJPG_STREAMER=true \
  -p 81:80 --name octoprint \
  octoprint/octoprint
```

关闭网页 SSH 并刷新网页可以看到"其他容器"里有一个名为"octoprint"的 Docker 容器，如图 12 所示。

单击"octoprint"图标，设置端口号为 81，保存后出现图 13 所示的界面。等待几分钟后单击"octoprint"图标自动跳转到如图 14 所示界面，表示 OctoPrint 已

经成功部署了。

按照提示完成 OctoPrint 配置后，会出现如图 15 所示界面，这里我们没有添加串口设备，因此提示我们没有串口设备。

至此 OctoPrint 部署完成，现在我们将 3D 打印机插到盒子上，在 CasaOS 主界面将鼠标悬停到"octoprint"图标上，可以看到图标右上方出现 3 个小点，单击小点并选择"设置"，在"设备"处根据自己接入的设备填写 /dev/ttyUSB0（打印机串口）与 /dev/video0（USB 摄像头），如图 16 所示。注意只有存在的设备才添加，否则会导致容器无法启动，第一次插入设备一般串口填写为 /dev/ttyACM0，摄像头填写为 /dev/video1，具体要根据自己的实际情况填写。

Octoprint视频流配置

当我们没有 USB 集线器或者系统不支持 USB 摄像头时，OctoPrint 不能进行实时监控，这里我们可以使用网络摄像头代替。单击"octoprint"右上角第一个工具图标并选择"Webcam & Timelapse"可看到图 17 所示的配置界面，该界面主要与 OctoPrint 的实时监控视频流与延迟摄影有关，只有正确设置才能使用 OctoPrint 的远程监控功能。

我们打开 Arduino IDE 选择 ESP32 开发板，打开 ESP32 自带案例，选择 ESP32→Camera→CameraWebServer，配置 Wi-Fi 信息等并上传，上传成功后通过串口监视器或者路由器后台查看设备 IP 地址，浏览器访问设备 IP 可以进入如图 18 所示的网页，通过该网页我们可以很轻松配置摄像头镜像。

我们将摄像头视频流与图片预览地址填入 OctoPrint 摄像头，配置页面并保存便可得到如图 19 所示的页面，此时我们便可以通过该页面控制 3D 打印机了，可以在线上传和管理文件并远程打印。

OctoPrint插件推荐

OctoPrint 拥有丰富的插件库，我们

▌图 9 SSH 登录界面

▌图 10 SSH 登录成功界面

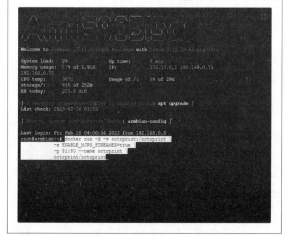

▌图 11 等待 OctoPrint 容器部署及部署完成

▋图12 名为"octoprint"的Docker容器

▋图13 导入OctoPrint成功

可以为OctoPrint添加各种各样的扩展功能，下面为大家介绍几个插件。

1. OctoPrint-PrettyGCode-master

可以渲染预览文件，让我们知道打印的物品全貌并提前检查可能出现的问题。

2. OctoPrint-Draggable-Files-main

可以通过拖曳方式轻松管理分类程序。

3. OctoPrint-FullScreen-master

可以全屏预览网络摄像头画面，方便观察打印质量。

4. OctoPrint-Obico-master

通过AI监测打印质量，当发现疑似打印失败时自动暂停当前打印（若确保打印正常可以恢复打印），同时还提供App远程管理多台3D打印机。

5. OctoPrint-Resource-Monitor-master

▋图14 部署成功页面

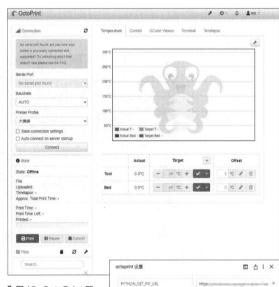

▋图15 OctoPrint配置后页面

能将系统各状态通过曲线图可视化呈现，让我们知道系统详情（CPU资源占用率、网络情况等）。

镜像打包

为了方便大家学习，我将常见插件与Docker镜像进行了打包，并导出整个U盘镜像供大家快速下载使用。

程序下载

以上就是物联网不求人——3D打印

▋图16 连接3D打印机

伴侣的全部介绍，如果你想体验演示视频中的项目，那么你可以根据自己的系统下载 M5Burner 烧录工具进行安装，打开软件按照下面的步骤进行烧录体验。

步骤 1：下载 M5Burner 烧录软件。

步骤 2：打开软件选择"CAMERA"。

步骤 3：下滑到网页底部选择"Timer Camera X：网络视频服务器"下载并烧录固件。

步骤 4：单击"USER CUSTOM"登录或者注册账号。

步骤 5：进入用户主页单击"Bumer-NVS"跳出弹窗，选择对应的串口并连接。

步骤 6：输入网络信息。

步骤 7：各数据输入完成确认并保存后单击复位按钮。

步骤 8：通过串口监视器（波特率为 115200 波特）或者路由器后台查看设备 IP 地址。

步骤 9：用浏览器访问设备 IP 地址，在线体验 Timer Camera X 网络视频服务。

结语

从本文中，我们学习了如何通过 OctoPrint 简单便利地控制 3D 打印机，并通过 Timer Camera X 弥补了 USB 接口不足的情况。关于 Timer Camera X 的使用，实际上可发挥的地方还有很多，例如录制视频、结合云服务使用人工智能等，由于文章篇幅限制，本文不再展开，后续将通过其他案例讲解。本文适用于所有支持 Armbian 的设备或者开发板，考虑到部分朋友可能存在网络问题导致 Docker 镜像下载缓慢或者失败，以及部署时间长等问题，因此我使用 32GB U 盘配置好文中所有镜像，使用时仅需使用 32GB 以上 U 盘烧录该镜像，按照文中的方法使用即可。Ⓧ

■ 图 17 配置界面

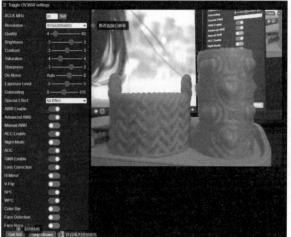

■ 图 18 摄像头镜像配置

■ 图 19 控制 3D 打印机页面

STM32 物联网入门30 步（第3步）

创建 STM32CubeIDE 工程

▎杜洋　洋桃电子

　　本系列上一篇文章主要介绍了STM32CubeIDE的汉化和基本设置，本文主要介绍STM32CubeIDE工程的创建。

　　我们将在STM32CubeIDE里新建一个STM32单片机的工程，并安装HAL库，过程非常简单。之后我将介绍STM32CubeIDE的两套开发界面，第一套是CubeMX图形化界面，在界面中用鼠标点一点就能自动生成程序。图形化界面主要有端口与设置、时钟配置、工程管理三大区块。第二套开发界面是命令行界面，用于编写传统的程序。如图1所示，两套界面并非二选一，用STM32CubeIDE开发程序时，先用图形化界面完成功能的设置，例如引脚模式分配、时钟频率设定等，软件会根据设置好的内容自动生成程序。然后切换成命令行界面，我们在生成的程序里编写应用程序。也就是说，图形化界面只能协助完成基本的程序编写，并

不能生成一个可直接应用的程序，但它能帮助我们提高效率，从烦琐的工作中解放出来。所以初学者千万不要过度地高估图形化界面，目前它还只是开发辅助工具，使用C语言编写程序依然是单片机开发者的必备技能。

新建工程

　　步骤 1：如图2所示，打开STM32CubeIDE，单击菜单栏中的"文件"，在弹出的菜单中选择"新建"，在子菜单中选择"STM32 Project"（STM32工程）。如图3所示，第一次新建工程时软件会弹出下载窗口，等待窗口消失后再进行下一步操作。

　　步骤 2：如图4所示，接下来会弹出一个新建工程的窗口，在窗口左侧选择"MCU/ MPU Selector"（单片机/微

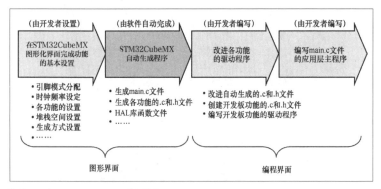

▎图1 两套STM32CubeIDE 编程界面

▎图2 在菜单栏中选择新建工程

▎图3 首次新建工程需下载部分数据

▍图 4 新建工程窗口

处理器选择器）选项卡，然后在"Part Number"（型号）下拉列表中选择"STM32F103C8"，在窗口右下方的列表中选择正确的型号和封装，型号是"STM32F103C8Tx"，封装是"LQFP48"。选中之后在窗口右上方会显示这款单片机的详细参数，确定无误后单击"下一步"按钮。

步骤3：图5所示为设置工程基本信息的窗口，先在"Project Name"（工程名称）一栏给工程起名字。我输入的名称是"QC_TEST"，第一次新建工程时请输入相同的名称，避免后续操作有差异。等学会以后再新建工程时可用自己喜欢的名称。接下来将名称下方的"Use default location"（使用默认路径）的勾选取消。然后单击"Browse…"（浏览）按钮，在计算机上选择一个

保存工程的位置。需要注意，尽量将工程保存在非系统盘，防止系统崩溃导致工程丢失，并且新建的路径不能有中文字符，否则无法打开工程。在下载我提供的示例程序时，也要将其放在非中文路径才能打开。设置完成后单击"下一步"按钮。

<h2 style="text-align:center">安装HAL库</h2>

接下来安装单片机的固件库，也就是HAL库。安装过程比《STM32入门100步》中安装标准库的过程简单。

步骤4：在步骤3单击"下一步"按钮之后，会弹出"Firmware Library Package Setup"（固件库安装）窗口，如图6所示。这里根据你在步骤2中选择的单片机型号，会自动匹配适合的HAL库，你可以在库版本的下拉列表中选择版本，一般默认安装最新版本。可以在下方的"Code Generator Options"（程序生成选项）中选择HAL库以哪种方式加入工程文件中。第1项是不把HAL库文件添加到工程文件里，HAL库文件存放在STM32CubeIDE安装路径，当工程需要库文件时会链接到软件安装路径的库文件。这个选项的优点是工程文件中没有库文件，所以体积小；缺点是当你把工程文件发给其他计算机，如果软件安装路径里没有对应的库文件，就会出现错误。第2项是把HAL库里所有的库文件都复制到工程文件夹，其优点是工程中内置完整的HAL库，便于日后修改内容；缺点是文件体积大，编译慢。第3项是折中方案，把HAL库中需要用到的部分文件复制到工程文件夹，使工程独立性和文件体积达到平

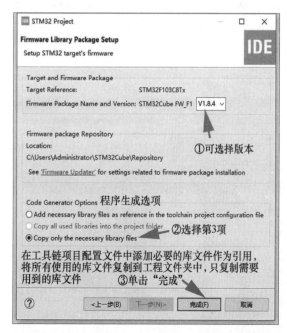

▍图 5 工程基本信息窗口

▍图 6 "Firmware Library Package Setup"（固件库安装）窗口

衡。所以这里选择第3项，然后单击"完成"按钮。

步骤5：如图7所示，部分计算机会弹出"要打开相关联的透视图吗？"的对话框，单击"是"按钮。如图8所示，接下来是HAL库的安装过程，需要几分钟。安装窗口消失时，新工程就建立完毕了，完成后的界面如图9所示。

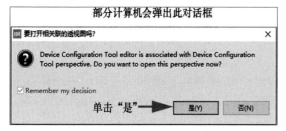

▎图7 询问是否打开相关联透视图的对话框

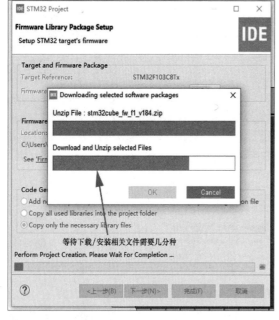

▎图8 HAL库的安装过程窗口

▎图9 新建工程的界面

图形化界面

工程创建完毕，接下来要学习在工程中可以进行哪些操作。我把可操作的界面分成图形化界面和命令行界面两个部分。先介绍图形化界面部分。如图10所示，可以看到界面分为两大区块，左边的项目资源管理器是整个STM32工程的根源，HAL库、图形化界面、程序文件都在这里统一管理。右边部分是图形化界面，图形化界面是一个独立插件，叫STM32CubeMX。STM32CubeMX原本是一款独立软件，ST公司把它整合到STM32CubeIDE中，成为开发环境的一部分。后文所说的STM32CubeMX就是指图形化界面，二者同出而异名。STM32CubeMX包括界面选项卡、功能选项、端口视图3个部分。切换不同的界面选项卡，会有不同的设置项目。由于界面显示没有完全汉化，我将界面上重要的内容翻译成中文，如图11所示。先来看看"Pinout & Configuration"（端口与配置）选项卡，工程初始界面就显示这个选项卡，窗口左边是单片机功能选项，右边是单片机端口视图。单片机功能选项共有6组内容，将单片机的所有功能分成6类，分别是"System Core"（系统内核）、"Analog"（模拟）、"Timers"（定时器）、"Connectivity"（通信）、"Computing"（计算）和"Middleware"（中间件）。

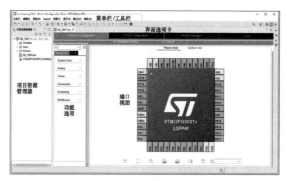

▎图10 界面的区块划分

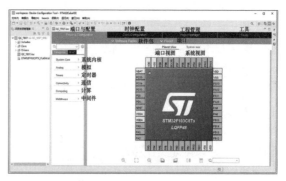

▎图11 图形界面中的名称翻译

如图12所示，逐一单击展开所有子选项，认识单片机的全部功能。第1组是系统内核，包括7项功能。DMA表示直接存储器访问，可不通过CPU处理，直接从某项功能自动读出数据。GPIO是通用输入/输出端口，可做电平输入/输出，读取按键和控制LED亮灭都由GPIO实现。IWDG是独立看门狗，它独立于单片机内核之外，在单片机死机时强制复位，起到监控作用。NVIC是中断向量控制器，统一管理单片机的中断事件。RCC是系统时钟功能，包括单片机主频和各功能时钟的频率分配。SYS是仿真器接口的设置。WWDG是窗口看门狗，功能和独立看门狗类似。第2组是模拟，ADC1和ADC2是两组独立的模数转换器，其功能是把模拟电压值转换成数字信号。第3组是定时器，RTC是实时时钟功能，它可以设置当前的日期和时间并独立走时。TIM1～TIM4是4路独立通用定时器，可以帮助单片机做计时和时间中断的工作。第4组是通信，CAN是CAN总线功能，是工业上常用的通信接口。I2C1和I2C2是两路独立I²C总线接口。SPI1和SPI2是两路独立SPI总线接口，它和I²C一样常用，是单片机必备的通信接口。USART1～USART3是3组独立的通用串行总线接口，RS-232和RS-485总线基于USART串口，洋桃IoT开发板上的蓝牙模块、Wi-Fi模块采用USART串口通信。USB是与计算机连接的接口，这款单片机的USB功能只有从设备功能，也就是说，单片机通过USB连接计算机时，计算机是主机，单片机是USB外设。第5组计算中的CRC是数据校验功能，在大量数据通信时可用此功能校验

数据，保证收/发数据的准确。第6组是中间件，其功能不是单片机硬件的功能，而是硬件基础上的软件功能。FATFS是文件系统，在Windows操作系统上查看文件和文件夹就属于文件系统的用途。FATFS可以在单片机连接的SD卡或Flash存储芯片内建立文件系统，便于与计算机之间传递文件。FREERTOS是一款嵌入式实时操作系统，在单片机上安装操作系统，可以实现复杂的任务管理，用于对实时性要求高的场合。FREERTOS的移植过于复杂，未来可能会单独进行讲解。USB_DEVICE是USB接口的中间层驱动程序，也就是不同USB从设备的驱动程序，比如USB转串口、USB键盘、USB鼠标、U盘等，都是基于USB接口的不同中间层驱动程序，不同功能程序会让计算机识别出不同的USB从设备。

我以其中一项功能为例讲解设置方法。例如设置RCC功能，如图13所示，首先单击"System Core"（系统内核），然后单击"RCC"，这时界面中间会出现一个窗口，分上下两部分。上半部分是模式设置的内容，下半部分是参数设置的内容。在上半部分设置不同模式之后，下半部分的参数会随之改变。RCC功能的模式里有两个项目，HSE是高速外部时钟源，LSE是低速外部时钟源。将这两项的模式都设置为"Crystal/Ceramic Resonator"（晶体/陶瓷振荡器，位于下拉列表第3项）。完成模式设置后，下方参数部分有所变化，还可以看到窗口右边的单片机端口视图中有4个引脚自动被定义成外部时钟源（晶体振荡器）。到此我们就完成了单片机外部时钟功能的开启。

端口与设置

单片机端口视图如图14所示，拖动鼠标能够移动视图位置，单击视图下面的操作按钮可以放大、缩小、旋转视图。单击视图上的引脚会弹出下拉列表，列出此引脚的所有模式。比如单击PA10引脚，可以设置为TIM1_CH3（定时器1的通道3）、USART1_RX（串口1的接收端）、GPIO_Input（电平输入）、GPIO_Output

▌图12 单片机的所有功能分类

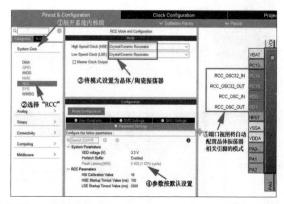

▌图13 设置RCC功能的方法

（电平输出）。选中其中一项，就完成了此引脚的设置。如图15所示，你可以试着设置更多引脚，看看效果如何。后续我会按照洋桃IoT开发板的电路设计来设置视图中的所有引脚。

图16所示为图13上方的"Software Packs"（软件包），下拉菜单中有两个选项，它们都是单片机可以额外加载的中间件或驱动程序，单击进入之后可以看到软件包列表，如图17所示，可以根据需要选择安装ST公司官方编写的附加功能的软件包。如图18所示，软件包右侧是"Pinout"（端口）选项，可以在下拉菜单中对视图进行操作。这里不再细讲，大家可以逐一单击，看看视图会有什么变化。

在软件包和端口的下一层是"Pinout view"（端口视图）和"System view"（系统视图）选项。端口视图显示的是单片机引脚外观。如图19所示，单击"System view"（系统视图），单片机引脚外观消失，取而代之的是以功能分组的列表，被开启的功能都显示在列表中，可以单击各项进行操作。两种视图各有优势，端口视图便于在引脚位置上更直观地进行设置，而系统视图能让用户

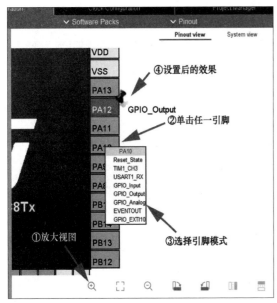

图14 单片机端口视图

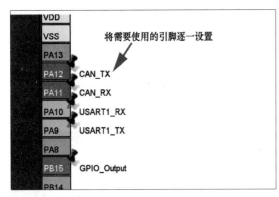

图15 设置更多引脚

图16 软件包的选项

图17 软件包管理窗口

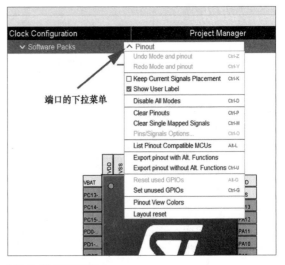

图18 端口的下拉菜单

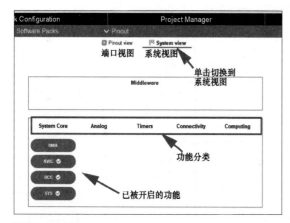

图19 系统视图

从功能角度快速了解开启了哪些功能。大家可以在实际使用中不断切换两种视图进行查看。

时钟设置

切换到"Clock Configuration"（时钟配置）选项卡，如图20所示，会出现时钟树视图，这和单片机数据手册（《STM32F103X8-B数据手册》）中的时钟树示意图一样。图20中左侧是时钟输入源，最上方是外部32.768kHz晶体振荡器和LSE低速外部时钟输入，往下依次是40kHz的内部时钟、8MHz的HSI高速内部时钟、8MHz的HSE高速外部时钟输入。视图的中间布满了

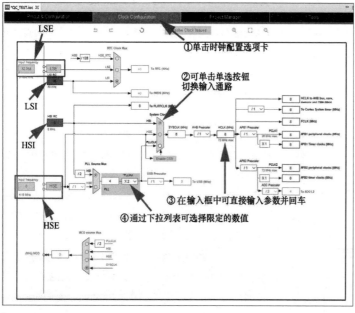

图20 时钟配置选项卡

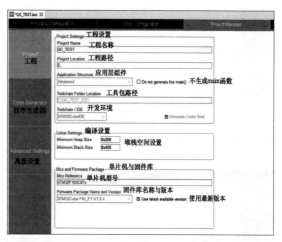

图21 工程子选项卡

通道选择器、预分频器和倍频器，组成了时钟分配网络。可以单击通道选择器选择不同的连接线路，可在倍频器的输入框中输入倍数系数，还可在预分频器下拉列表中选择不同的分频系数，最终目的是让时钟树右边的HCLK、AHB、APB1、APB2等时钟频率达到我们想要的参数，具体的设置方法在介绍RCC功能时会细讲。

工程管理

切换到"Project Manage"（工程管理）选项卡，这里包含整个工程的重要设置。在左边纵向有3个子选项卡，分别是"Project"（工程）、"Code Generator"（程序生成器）和"Advanced Settings"（高级设置）。图21所示为工程子选项卡，共有3组内容。第1组是工程设置，其中的工程名称和工程路径不必多讲，用于设置工程名称和路径。应用层组件可以自动生成模板化的用户程序，这个部分按默认设置即可。工具包路径是本工程的存放位置，开发环境选择"STM32CubeIDE"，这样程序生成时会直接导出为STM32CubeIDE内部的程序。第2组编译设置中只有堆栈空间设置一项，堆栈空间可理解为给相关程序预留的缓存大小，当程序中用到USB驱动、SD卡驱动、文件系统时，堆栈空间需要按程序的要求设置，后续用到时会进行设置。第3组是单片机与固件库，其中单片机型号和固件库名称与版本不需要修改，请勾选"Use latest available version"（使用最新版本）的选项。

▎图22 程序生成器选项卡

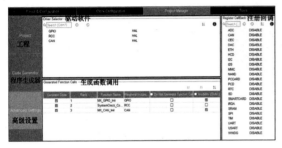

▎图23 高级设置子选项卡

图22所示为程序生成器子选项卡，共有4组内容。第1组"芯片包与嵌入程序"是指固件库以什么方式加载到工程文件中。这个设置与HAL库安装窗口中的设置相同，第1项是复制全部固定库文件，编译速度较慢；第3项是不把固件库文件放入工程文件夹，这样工程文件体积小，但兼容性差；所以常用第2项，只把用到的固件库文件复制到工程文件夹，兼顾体积、效率和兼容性。第2组"生成文件"是指将图形化界面的设置生成为程序的选项。第1项是为每个外设生成独立的.c文件和.h文件，这一项要勾选，这样在编辑程序时，想改哪个功能就到对应的.c文件和.h文件里面去改，非常方便。第2项是重新生成程序时把之前的文件备份起来，这样能方便地查看每次修

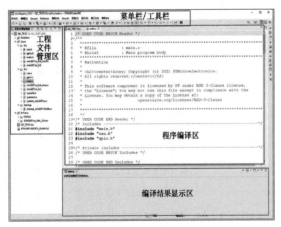

▎图24 命令行界面的区块划分

▎图25 工程文件树

改内容的差异，但是对于个人的小项目开发并不需要，所以取消勾选。第3项是重新生成程序时保留用户编写的程序，这项一定要勾选，不然每次在图形化界面生成程序后，之前编写的程序就会消失。第4项是重新生成程序时删除之前生成的程序（覆盖程序），需要勾选这一项。第3组是"HAL库设置"。第1项是把没有在端口视图里设置的端口在程序中全部设置为模拟输入模式，

这项一般不用勾选，因为单片机会自动将没有操作的端口默认设置为模拟输入模式。第2项使能所有"断言"不必勾选，使用不到。第4组是"模板设置"，这里可以生成一些针对某个应用预先做好的模板，也是不常用的功能。

图23所示为高级设置子选项卡，这里可以设置HAL库所有功能的驱动软件，也可以设置生成函数的内容，还可以设置是否开启各功能的中断回调函数。

命令行界面

接下来介绍工程的命令行界面，如图24所示，这个界面左边区域是工程文件管理区，上方区域是菜单栏与工具栏。右边的区域是程序的编辑区，可以像浏览器一样同时打开多个程序文件，用上方的标签卡切换文件。右下方的控制台是编译结果显示区。这里的界面设计与设置方法和KEIL MDK几乎一样，KEIL MDK的用户转用STM32CubeIDE时也能很快适应。经验丰富的朋友会知道，同一类型的开发软件大多相似，以减少用户的学习成本。如图25所示，可以尝试展开界面左侧的工程文件树，将每个文件双击打开，在编辑区浏览一下这些文件。最后双击工程文件树里的"QC_TEST.ioc"，切换到图形化界面。扩展名.ioc表示这是STMCubeMX图形化界面的启动文件。再双击工程文件树中的其他文件会切换回命令行界面。

关于命令行界面中的常用功能和使用技巧，在后续的教学中用到时会讲解。关于新建工程和界面介绍就讲这么多，请大家把所有内容在软件里反复操作几遍，熟悉它们的位置和功能，把每个界面的设置项目与作用都有条理地记下来，为深入学习做好准备。Ⓦ

行空板图形化入门教程（3）

《西游记》舞台剧

▎赵琦

灵感来源

《西游记》是中国神魔小说的经典之作，讲述了慈悲的唐僧、神通广大的孙悟空、憨厚的猪八戒以及老实的沙僧，师徒四人西行取经的故事。本文我们以《西游记》为主题，在行空板上展示一个师徒四人的小舞台剧。

此项目主要使用行空板图片显示积木，在显示屏上显示动画效果并通过行空板板载 A/B 按键控制角色，项目效果如图 1 所示。

▎图 1 项目效果

功能原理

程序中的循环结构

循环结构是指在程序中需要反复执行某个功能而设置的一种程序结构，它通常可以被描述为如图 2 所示的执行流程。

在本项目中，为了让唐僧、猪八戒和沙僧在显示屏中一直走动，我们需要使用 `循环执行` 积木，它表示将某些操作一直重复执行。`循环执行` 是循环结构中最简单的积木，又叫作"死循环"。另外，在循环结构中还有条件循环、有限次循环等积木，后续的内容中用到会再详细介绍。

程序中的对象

1. 理解程序中的对象

程序世界的"对象"是程序中具体的操作目标，比如在本项目的舞台剧中，孙悟空图片、孙悟空台词等这些具体的操作目标，都是对象（见图 3）。

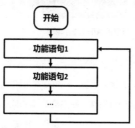

▎图 2 循环结构执行流程

▎图 3 舞台剧中的对象

有了对象，给对象起好名字，就可以对对象的位置、颜色、文字内容等属性进行修改。在行空板积木中，"更新对象名 XX 的......"均为对象属性修改积木（见图 4）。修改的时候通常在已建立好对象的基础上，用对象名指定要修改的对象，例如，要修改文字对象 t 的文本内容为"你好"，则需要图 5 所示的两个积木完成。

对于行空板中使用的对象，我们已经见过 4 种：文字、数码管字体、矩形 / 填充矩形和图片对象，需要说明的是对不同的对象可以修改的属性略有不同，使用时可以参考表 1 查找可修改属性。

2. 对象的命名规则

为了方便对对象进行操作，需要给对象命名，它的命名规则如下：

● 对象名一般由数字、字母、下划线构成；

● 不能由数字开头；

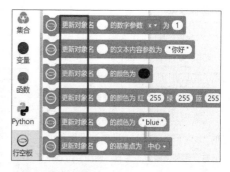

▎图 4 对象属性修改积木

▎图 5 修改文字对象

表 1 文字、数码管字体、矩形 / 填充矩形和图片对象可修改属性

文字对象	x 坐标、y 坐标、宽度、文字内容、文字颜色、字体大小
数码管字体对象	x 坐标、y 坐标、文字内容、文字颜色、字体大小
矩形对象	x 坐标、y 坐标、宽度、高度、线宽、颜色、圆角半径（圆角矩形可改）
填充矩形对象	x 坐标、y 坐标、宽度、高度、颜色、圆角半径（圆角矩形可改）
图片对象	x 坐标、y 坐标、宽度、高度、图片源

表 2 材料准备

设备名称	备注
行空板	1 块
USB Type-C 接口数据线	1 根
计算机	Windows7 及以上系统
编程平台	Mind+

● 对象名不能使用 Python 的关键字，即 Python 中已经有特殊含义的词，如 True、False、def、if、elif、else、import 等；

● 建议对象名不要太长，尽量有意义，建议使用英文。

行空板的图片显示积木

行空板本身提供了与图片显示相关的积木，如图 6 和图 7 所示。其中，图 6 所示的积木常用于创建一个图片显示对象；图 7 所示的积木常用来修改已建立图片显示对象的图片内容，使用该积木时，需要指明要修改的对象名。

▌图 6 行空板图片显示积木

▌图 7 行空板修改图片显示内容积木

行空板按键

行空板一共有 3 个按键，分别是 A 键、B 键和 Home 键。如图 8 所示，当行空板显示屏正对你的时候，A 键位于右侧上方，B 键位于 A 键下方，而 Home 键位于左侧。

关于行空板 A/B 键的积木位于"行空板"分类下的"鼠标键盘事件"（见图 9）下方。另外，断开行空板，使用 Python 运行弹窗测试程序时，A、B 按键其实对应的就是键盘上的 A 和 B 按键。使用时，记得切换至英文输入法。

Home 键不可以使用积木进行控制，但如果行空板正在运行程序，长按 Home

▌图 8 行空板板载按键布局

键，会终止程序的运行，并直接回到行空板开机画面。另外，Home 键常被用来对主菜单进行操作。在主菜单操作部分，长按 Home 按键可进入主菜单；短按 Home 按键表示确认或进入选项；此时，A 键、

▌图 9 行空板 A/B 键操作积木

B 键可分别表示光标的上、下移动。

连接行空板

本项目的材料准备见表 2。在开始编程之前，按如下步骤将行空板连上计算机。

硬件搭建

使用 USB Type-C 接口数据线将行空板连接到计算机（见图 10）。

软件准备

打开 Mind+，按如图 11 标注顺序完成编程界面切换（Python 图形化编程模式）、行空板加载和连接。然后，保存好当前项目，就可以开始编写程序了。

▌图 10 用数据线连接行空板和计算机

▌图 11 编程界面切换步骤

项目实现过程

《西游记》舞台剧主要包括背景画面、动态的师徒四人和有趣的台词，当然还可以使用按键手动控制角色出现，接下来我们就把舞台剧拆分成3个任务来制作吧。

任务一：布置舞台初始画面

在此任务中，我们通过学习行空板显示图片的方法，根据唐僧和孙悟空出现的位置，完成舞台剧初始场景的显示。

任务二：让角色动起来

在完成舞台剧初始场景显示后，我们通过对图片的切换和更新图片位置的方法，来实现角色动画效果。

任务三：使用按键控制角色出现

这一步我们会学习行空板上的按键操作方法，控制猪八戒和沙僧出现。

任务一：布置舞台初始画面

1. 编写程序

观察一下，图12所示的舞台剧初始场景中包含背景图片、唐僧、孙悟空，接下来开始学习如何把它们显示到行空板显示屏上。

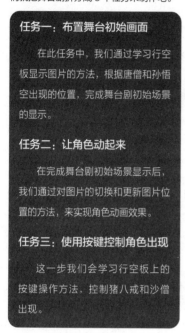

图12 舞台剧初始场景

首先，显示背景图片。背景图片在行空板显示屏上的显示需要3个步骤：找到图片，将图片放入程序文件夹，以及使用积木显示图片。

1 找到图片。在"程序图片素材"文件夹中找到"bg.png"图片。

2 将图片放入程序文件夹。在Mind+的"快捷工具区"单击"文件系统"打开文件目录，将"bg.png"图片拖入"项目中的文件"中。拖入后，文件目录中会显示图片文件的完整名称。

3 使用积木显示图片。在积木区"行空板"分类下的"屏幕显示"里寻找含有"图片"关键字的积木，拖出对应显示图片的积木：`对象名 XX 显示图片 XX 在 X0Y0`，然后修改显示图片为"bg.png"，将积木放在预设程序`Python主程序开始`的下面。

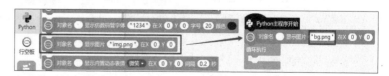

现在，使用同样的方法，将"西游记-唐僧1.png"和"西游记-孙悟空1.png"两张图片显示在行空板显示屏上。唐僧和孙悟空的坐标设置如图13所示，可以结合行空板显示屏坐标以及他们的位置关系进行设置。

注意：图片的坐标默认是图片左上角坐标。

显示舞台初始画面程序如图14所示。

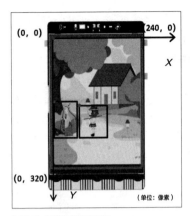

图 13 唐僧和孙悟空位置

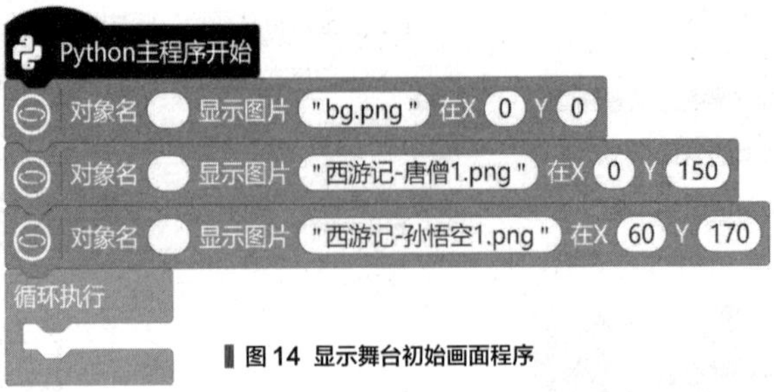

图 15 舞台初始画面效果

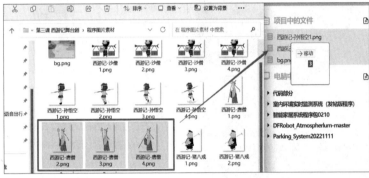

图 14 显示舞台初始画面程序

图 16 拖入其他唐僧图片

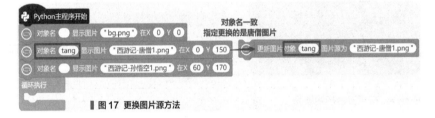

图 17 更换图片源方法

2. 程序运行

单击"运行"，观察行空板显示屏显示的舞台初始画面效果（见图 15）。

任务二：让角色动起来

1. 编写程序

通过上一个任务，舞台初始画面已经显示完成，接下来我们学习如何让角色动起来。

（1）唐僧走动

如果想让初始画面中的唐僧动起来，则需要多张唐僧走动动作的图片，按顺序不断切换。也就是说需要将"程序图片素材"文件夹中所有有关唐僧的图片放入程序文件夹（见图 16），然后使用积木在程序中不断更换需要显示的图片。

更换图片的积木为 更新图片对象 XX 图片源为 XX 。使用时，需要指明需要更换哪个图片对象，通常的处理方式是给图片设定一个对象名，比如图 17 中，将唐僧图片的对象名设定为"tang"，这样就可以修改这张图片的图片源了。

与唐僧走动相关的图片一共有 4 张，所以我们需要 4 个更换图片积木分别对应它们（见图 18）。

然后按顺序完成积木搭建。为了让唐僧以合适的速度持续运动，可以在每个更换图片的积木前面放 等待 0.2 秒 ，并将完成的程序放在 循环执行 里，程序如图 19 所示。

注意： 等待 XX 秒 积木和 循环执行 都在"控制"分类下。

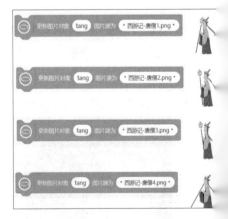

图 18 唐僧动起来的图片和对应积木

（2）孙悟空腾云

孙悟空腾云的效果和唐僧走路非常相似，不同的是，孙悟空不只有动作的变化，还需要向上移动，改变 Y 坐标。

图19 唐僧动起来程序

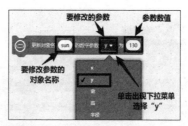

图20 更新数字参数积木

图21 唐僧走动和孙悟空飞起完整程序

图22 唐僧和孙悟空动起来效果

此时我们要将孙悟空图片的对象名设定为"sun"，修改坐标要使用到 更新对象名 XX 的数字参数为 XX 积木（见图20）。

为了让孙悟空向上飞行慢一点，可以逐渐改变孙悟空图片的位置。完整程序如图21所示。

2. 程序运行

检查行空板连接，单击"运行"，观察行空板显示屏，可以看到孙悟空飞起，然后唐僧原地走动（见图22）。

3. 试一试

现在孙悟空已经可以上升了，但是孙悟空飞起的动作还很单调，请利用"程序图片素材"文件夹中孙悟空的图片素材，让他能够腾云上升，效果如图23所示。

现在师徒四人还差沙僧和猪八戒，请你把猪八戒和沙僧也添加进舞台，并让他们和唐僧一起走动，效果如图24所示。

任务三：使用按键控制角色出现

1. 编写程序

在上一个任务中，运行程序后，师徒四人已经出现，现在我们可以使用行空板自带的A/B按键，手动控制角色出现。处理的大致思路是：先让角色移出行空板显示屏，然后使用行空板A/B按键，控制他

们移动到合适的位置。

以猪八戒为例，移出行空板显示屏的操作只需要修改猪八戒开始出现的X坐标，如图25所示。

接下来，完成按下A键和B键，分别更新猪八戒和沙僧的X坐标到合适的位置，程序如图26所示。

最后，完善程序，为唐僧、孙悟空、猪八戒和沙僧4个角色添加对应的台词。完整的程序如图27所示。

2. 运行程序

单击"运行"，唐僧和在空中的孙悟空头顶出现台词，按下行空板右侧A键或B键，猪八戒或沙僧以及他们的台词出现，效果如图28和图29所示。

图23 孙悟空腾云飞起图示

图24 师徒四人走动效果

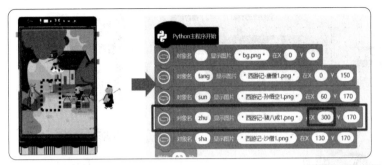

图26 按下 A/B 键改变猪八戒 / 沙僧 X 坐标

图25 将猪八戒移出画面

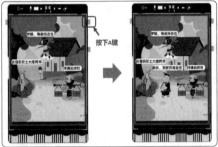

图28 按下 A 键效果

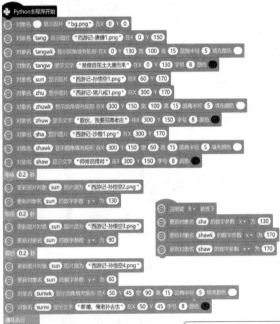

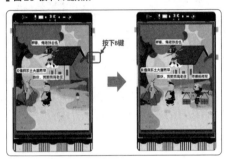

图29 按下 B 键效果

挑战自我

使用"挑战自我素材"文件夹内的图片(见图30),制作一个使用按键打扰行空板显示屏精灵休息的小案例。

具体案例提示如下。

(1)一开始在显示屏中间显示打瞌睡的动态表情(见图31)。

(2)按下行空板 A 键,动态表情变为思考,并显示"你找我有什么事?"(见图32)。

(3)按下行空板 B 键,动态表情变为汗颜,并显示"没事你别按它"(见图33)。

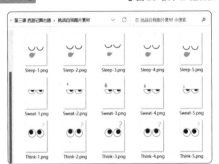

图30 挑战自我图片素材

图27 完整参考程序

图31 打瞌睡效果　图32 思考效果　图33 汗颜效果

演示视频

物联网不求人
——悬浮点阵时钟

▌朱盼

在"物联网不求人"前两篇的教程中，我们学会了搭建常见物联网服务器，并控制创客制造神器——3D打印机，知道了如何将ESP32CAM的视频流运用到服务器中。最近我看到一个设计巧妙的点阵悬浮时钟结构，觉得还不错，因此用这个结构结合原来的创意点阵时钟与"物联网不求人"中的服务器做一个整合，教大家如何将任意DIY的物联网项目与物联网服务器做有机结合，共同组成一个物联网系统，真正做到万物互联、相互协同，真正发挥物联网的优势。

下面让我们开始吧，先来看一下演示视频（请扫描文章开头的演示视频二维码）。

悬浮时钟的奥秘

"悬浮效果"的实现大致分为两类，一类是"真悬浮"，通过磁悬浮方式实现，此类装置需要大量电能用于维持悬浮效果，相对功耗较高；另一类是"伪悬浮"，通过巧妙的机械设计或结构达到悬浮效果。"伪悬浮"有两种常见的实现形式，一种形式是使用透明或者半透明的镜面反射光源图像，通过与环境的对比产生悬浮假象，通过反射形式的这种方法，其成像与源图像为镜像关系，只有将源图像进行镜像处理才能正常显示。另一种形式是将像素做小，周围留出大量空间让光通过，这样只有点亮的区域发光，其他没有像素点的区

域则透光，小米公司之前发布的透明电视或者透明OLED原理便是这样的。本文中的悬浮时钟模型，通过透明亚克力板反射发光点阵的方式达到悬浮效果，这里感谢shiura设计的外壳模型。

预期目标及功能

● 网络自动校准时间。
● 无网络连接时及时反馈。
● 自定义精美的时间显示字体。
● 具有时间显示动画。
● 可以进行时段提示。
● 可以进行亮度调节。
● 可以进行自定义位图显示。
● 实现家庭自动化。

材料清单

● 杜邦线（见图1），可以直插点阵，比较方便，使用时将多余部分去除。
● M5 STAMP-PICO（见图2）。
● 4合1点阵模块，根据自己的喜好选择不同发光颜色与形状。
● 3D打印时钟底座，根据自己的喜好选择喜欢的耗材颜色。

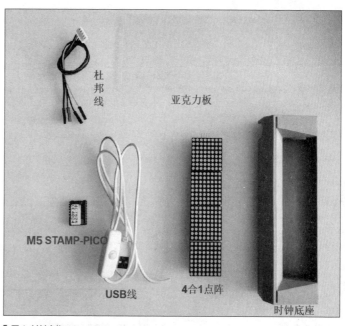

杜邦线

亚克力板

M5 STAMP-PICO

USB线

4合1点阵

时钟底座

▌图1 材料实物

▌图2 M5 STAMP-PICO

● 透明亚克力板，厚1mm，165 mm×75mm。

● USB线，有条件的用带开关的最佳，没条件的用废弃USB线DIY。

STAMP-PICO是M5基于ESP32的最小开发板系统，其主要特点如下。

● 具有ESP32-PICO-D4（2.4GHz Wi-Fi）。

● 支持UIFlow图形化编程。

● 支持Arduino IDE。

● 多I/O接口，支持多种应用形态（SMT、DIP、飞线）。

● 集成可编程RGB LED与按键。

● 大小为18mm×24mm×4.6mm。

电路连接

4合1点阵模块与M5 STAMP-PICO电路连接关系如下。

● VCC→5V。

● GND→GND。

● DIN→引脚19。

● CLK→引脚21。

● CS→引脚22。

● USB线正极→5V。

● USB线负极→GND。

结构拼装

将所有模块按照电路连接关系使用电烙铁进行焊接，模块焊接完成如图3所示。

将焊接好的所有模块装入底座，并用热熔胶固定，注意M5 STAMP-PICO模块方向如图4图所示放置，以便下载程序与调试，切记不要接反。

最后，将点阵两侧使用热熔胶固定，防止脱落。

最后将亚克力板插入底座，便可完成所有结构搭建。

程序设计

下面开始详细讲解程序设计过程。

开发环境

我使用Aduino IDE来编写本项目的程序，开发板选择ESP32类型。至

于如何在Arduino IDE中配置ESP32的开发环境，不在本文的介绍范围，请自行查阅相关资料。

上传程序

由于M5 STAMP-PICO为最小系统板，本身不带下载电路，因此需要使用USB-TTL烧录器进行程序下载，接线方式如图5所示，如果你用的下载器是M5 STAMP-PICO配套的，那么下载并不需要焊接，只需要将对应的引脚插入，用手按住，等待下载完成即可。

获取网络时间

作为一个时钟，最重要的功能当然是显示时间啦。那么该如何从网络获取时间呢？

下面的例子演示了如何获取网络时间并将时间保存在变量中，其中，WiFi.h库的功能是连接网络，NtpClientLib.h库的功能是获取NTP服务器的网络时间，SimpleTimer.h库用来设置定时器。具体如程序1所示。

程序1

```
#include <WiFi.h>
#include <NtpClientLib.h>
#include <TimeLib.h>
#include <SimpleTimer.h>
const char* ssid = "***********";
const char* password = "***********";
SimpleTimer timer;
const PROGMEM char *ntpServer = "ntp1.阿里云.com";
int8_t timeZone = 8;
volatile int hour_variable;
volatile int minute_variable;
volatile int second_variable;
void Simple_timer() {
    hour_variable = NTP.getTimeHour24();
    minute_variable = NTP.
```

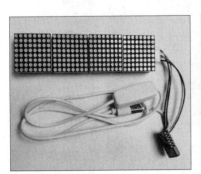

▌图3 模块焊接完成

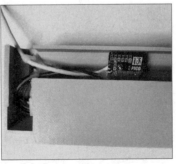

▌图4 STAMP-PICO模块方向

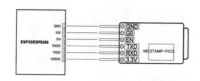

▍图5 接线方式

```
getTimeMinute(); second_variable =
NTP.getTimeSecond();
  Serial.println(hour_variable);
  Serial.println(minute_variable);
  Serial.println(second_variable);
}
void setup() {
  Serial.begin(115200);
  WiFi.begin(ssid, password);
  while (WiFi.status() != WL_
CONNECTED) {
    delay(500);
    Serial.print(".");
  }
  Serial.println("Local IP:");
  Serial.print(WiFi.localIP());
  NTP.setInterval(600);
  NTP.setNTPTimeout(1500);
  NTP.begin(ntpServer, timeZone,
false);
  timer.setInterval(1000L, Simple_
timer);
}
void loop() {
  timer.run();
}
```

MD_Parola 是 MAX7219 点阵屏的模块化滚动文本显示库，其主要特点如下：

● 支持点阵屏显示文本时左对齐、右对齐或居中对齐；

● 具有文字滚动、进入和退出效果；

● 能够控制显示参数和动画速度；

● 支持硬件 SPI；

● 可以在点阵屏虚拟多个显示区域；

● 用户可以定义字体；

● 支持双高显示；

● 支持混合显示文本和图形。

程序 2 所示的例子简单演示了如何利用 MD_Parola 滚动显示字符串，其中 MD_Parola 对象有 4 个参数，分别为：SPI 引脚 DIN、CLK、CS 及点阵数目。下面我们所做的创意点阵时钟的显示功能均使用此库开发。

程序2

```
#include <MD_Parola.h>
#include <MD_MAX72xx.h>
#include <SPI.h>
MD_Parola P = MD_Parola(19, 21,
22,4); //DIN CLK CS
MD_MAX72XX mx = MD_MAX72XX(19,
21, 22,4); //DIN CLK CS
void setup() {
  mx.begin();
  P.begin();
}
void loop() {
  if (P.displayAnimate()) {
  P.displayScroll("Mixly", PA_
LEFT, PA_SCROLL_LEFT, 50);
  }
}
```

点阵位图取模

值得注意的是，原库自带的字体不美观，且通过亚克力板反射后显示的图像是镜像的，因此我们需要自定义一个"镜像字体"，通过显示不同图片的形式，显示我们想要显示的内容。要在点阵屏中显示图片，首先需要设计点阵图案（位图），然后对图案进行取模操作。点阵取模使用 PCtoLCD2002 取模软件，取模设置如图 6 所示。

取模方式为阴码、顺向、逐列式，输出方式为十六进制，注意格式设置为 C51 格式，其余参数按照默认取模方式设置即可。

这里取模的数据格式为 uint8_t 数组，我们自定义字体 0~9 和时间分隔符"："，再加上一些自定义的图像，这就导致我们有大量位图。为了方便地管理这些位图，使用指针数组 bitmap_data []。为了显示方便，定义了位图显示函数 display_bitmap()，该函数有 3 个参数，分别为显示横坐标 abscissa、位图宽度 width 及指针数组 bitmap_data [] 中的位置 bitmap_number。需要注意的是这里并没有指定位图的高度，因为用到的

▍图6 取模设置

MAX7219 点阵屏分辨率为 8 像素 × 32 像素，所以这里默认位图高度为 8 像素。（横坐标 0 为起点，位图序号 0 为第一幅图像）。

时间显示：时、分

MD_Parola 库中，字体过大而且不美观，导致显示的时间过长，所以我们需要自定义字体。自定义字体如图 7 所示，值得注意的是 0~9 的位图宽度是 3 像素，分割符 "："的宽度是 1 像素。

自定义字体取模数据如程序 3 所示。

程序3

```
uint8_t Small_font_0[] = {0x7c,
0x44, 0x7c};

uint8_t Small_font_1[] = {0x24,
0x7c, 0x04};

uint8_t Small_font_2[] = {0x5c,
0x54, 0x74};

uint8_t Small_font_3[] = {0x54,
0x54, 0x7c};

uint8_t Small_font_4[] = {0x70,
0x10, 0x7c};

uint8_t Small_font_5[] = {0x74,
0x54, 0x5c};

uint8_t Small_font_6[] = {0x7c,
0x54, 0x5c};

uint8_t Small_font_7[] = {0x40,
0x40, 0x7c};

uint8_t Small_font_8[] = {0x7c,
0x54, 0x7c};

uint8_t Small_font_9[] = {0x74,
0x54, 0x7c};

uint8_t Small_font_10[] = {0x28};
```

下面我们分析如何显示时间，这里只显示小时和分钟。

这里有一个小技巧，可以把 0~9 的位图放到指针数组 bitmap_data [ ] 的 0~9 的位置上，时间分隔符 "："放置在数组序号 10 的位置上。由于前面我们定义了一个显示位图的函数 display_bitmap()，这

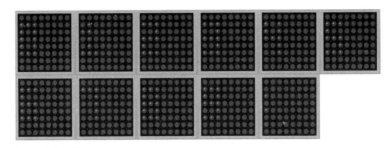

▌图 7 自定义字体

样我们不需要通过任何映射就可以显示数字了，例如 display_bitmap(22, 3, 0) 显示 0，display_bitmap(22, 3, 1) 显示 1，这样是不是很方便呢？

为了分别获取小时和分钟的十位及个位，我们需要对其进行除法和取余操作，例如对小时 9 除以 10 得到十位 0，为什么不是 0.9？这是因为时间变量定义为整数，一个整数除以另一个整数，结果只能为整数。9 除以 10 取余得到个位 9。最后，为了显示更加美观，如果小时或分钟只有一位数，我们就需要进行补零操作，将 1:1 补零变成 01:01。显示时间的程序如程序 4 所示。

程序4

```
display_bitmap(22, 3, hour_
variable / 10);
display_bitmap(18, 3, hour_
variable % 10);
```

```
display_bitmap(14, 1, 10);
display_bitmap(12, 3, minute_
variable / 10);
display_bitmap(8, 3, minute_
variable % 10);
```

时间显示：秒

时间在流逝，但是我们上面并没有显示秒钟，那我们怎样感知时间的进度呢？为了解决这个问题，我们定义了一系列位图（见图 8），注意这里定义位图的宽度是 5 像素不是 8 像素，我们每隔一秒切换一次位图，看起来是不是像秒针在走动呢？

使用取模软件分别对上述点阵图案取模，如程序 5 所示。

程序5

```
uint8_t clock_0[] = {0x38, 0x44,
0x74, 0x44, 0x38};
uint8_t clock_1[] = {0x38, 0x44,
```

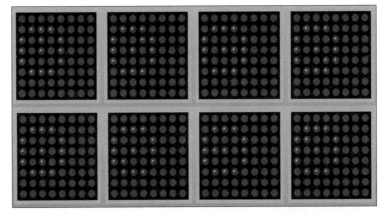

▌图 8 一系列位图

```
0x54, 0x64, 0x38};
uint8_t clock_2[] = {0x38, 0x44,
0x54, 0x54, 0x38};
uint8_t clock_3[] = {0x38, 0x44,
0x54, 0x4c, 0x38};
uint8_t clock_4[] = {0x38, 0x44,
0x5c, 0x44, 0x38};
uint8_t clock_5[] = {0x38, 0x4c,
0x54, 0x44, 0x38};
uint8_t clock_6[] = {0x38, 0x54,
0x54, 0x44, 0x38};
uint8_t clock_7[] = {0x38, 0x64,
0x54, 0x44, 0x38};
```

指针数组 bitmap_data [ ] 的 0~10 位用来放置数字，这里 8 幅位图放入指针数组 bitmap_data [ ] 的 11~18 位。我们定义一个静态局部变量 Clock_variable，设置其初始值为 11，每隔一秒 Clock_variable 变量的值增加 1，并显示对应序号的位图，当 Clock_variable 的值为 19 时，将它重新赋值为 11，这样就实现了秒表动画的设计，如程序 6 所示。

程序6

```
static int Clock_variable = 11;
display_bitmap(4, 5, Clock_
variable);
Clock_variable = Clock_variable + 1;
if (Clock_variable == 19) {
  Clock_variable = 11;
}
```

上面设计了秒表动画，但是还有一个问题，由于点阵屏空间限制，没办法用数字显示精确的秒数，那么怎么办呢？我们观察到，在点阵屏的底部还空了 2 个像素的高度，所以可以在最后一行通过点数显示精确的秒数。

如图 9 所示，最后一行前面有 5 个点，后面有 9 个点，因此秒数为 59 s。显示秒数的程序如程序 7 所示。

程序7

```
if (second_variable / 10) {
```

图 9 秒数显示

```
  mx.drawLine(0, 22, 0, (23 -
second_variable / 10), true);
}
if (second_variable % 10) {
  mx.drawLine(0, 14, 0, (15 -
second_variable % 10), true);
}
```

其中，mx.drawLine() 为绘制线段的函数，它有 4 个参数，分别为线段起点横坐标、起点纵坐标、终点横坐标、终点纵坐标，以及显示状态（true 点亮线段；false 熄灭线段）。根据我们使用的点阵坐标定义，其中横坐标最大为 7，纵坐标最大为 31，点阵坐标分布如图 10 所示。

当秒数的个位为 0 时，将线段清除，重复显示线段即可显示当前秒数了。这里我没有对显示线段的位置、长度与秒数的关系进行分析，留给大家活跃一下大脑，此处可以思考为什么显示秒线段的纵坐标是 0 而不是 7。

时段图标显示

为了感知一天时间的变化，我们希望不同时间段用不同的图标进行提示。我们定义了太阳和月亮两个图标，它们的宽度

都是 8 像素，样式如图 11 所示。

使用取模软件取模，数据如程序 8 所示。

程序8

```
uint8_t sun[] = {0x24, 0x00, 0xbd,
0x3c, 0x3c, 0xbd, 0x00, 0x24};
uint8_t moon[] = {0x1c, 0x3e,
0x47, 0x03, 0x23, 0x72, 0x24,
0x00};
```

继续将太阳和月亮的取模数据添加到指针数组 bitmap_data [ ] 的位置 19 和 20。这里我们定义在 6 点到 18 点之间，在横坐标为 31 处显示太阳，其他时间显示月亮，如程序 9 所示。

程序9

```
if ((hour_variable >= 6) && (hour_
variable <= 18)) {
  display_bitmap(31, 8, 19);
} else {
  display_bitmap(31, 8, 20);
}
```

Wi-Fi 连接反馈

由于时钟依赖网络获取时间进行校正，当网络没有连接时，显示的时间可能不正确，因此我们需要连接网络反馈信息。当

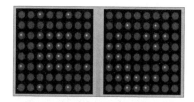

图 11 太阳和月亮图标样式

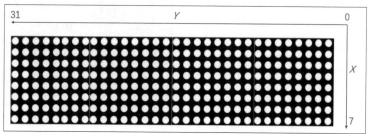

图 10 点阵坐标分布

没有联网时显示一个图标用来提示无网络连接。该位图的宽度为 19 像素，看上去像是 Wi-Fi 被外星人劫持了。

使用取模软件取模数据如程序 10 所示。

程序10

```
uint8_t wifi[] = {0x20, 0x60, 0xC8,
0xDB, 0xDB, 0xC8, 0x60, 0x20,
0x00, 0x00, 0x0E, 0x18, 0xBE,
0x6D, 0x3C, 0x6D, 0xBE, 0x18,
0x0E};
```

这里我们使用 !(WiFi.status() != WL_CONNECTED) 语句判断网络连接是否断开。当 Wi-Fi 连接成功时，!(WiFi.status() != WL_CONNECTED) 返回真，这时可以同步时间；当 Wi-Fi 断开时，!(WiFi.status() != WL_CONNECTED) 返回假，在点阵屏上显示 Wi-Fi 断开连接提示，然后根据实际情况重启开发板或者重新修改网络设置，如程序 11 所示。

程序11

```
if (!(WiFi.status() != WL_
CONNECTED)) {
    hour_variable = NTP.
getTimeHour24();
    minute_variable = NTP.
getTimeMinute();
    second_variable = NTP.
getTimeSecond();
} else {
mx.clear();
display_bitmap(25, 19, 21);
delay(2000);
mx.clear();
}
```

网络超时重连

第一次配网成功后，在程序正常工作的过程中网络波动或者其他偶然原因可能使时钟非正常断开网络，从而无法校正时间，此时我们可以设置一个超时重启机制，如程序 12 所示。

程序12

```
int cnt = 0;
while (WiFi.status() != WL_
CONNECTED) {
    mx.clear();
    display_bitmap(25, 19, 21);
    delay(500);
    mx.clear();
    delay(500);
    Serial.print(".");
    if (cnt++ >= 60) {//1min 无连接将
重启
        ESP.restart();
    }
}
```

小狗动画设计

为了使时钟富有动态感，我们为时钟添加一个小狗的动画效果，该动画由两个宽度为 8 像素的动画帧构成，首先我们先使用取模软件绘制出这两帧图像，最后生成字模即可，小狗位图如图 12 所示。

使用取模软件取模，数据如程序 13 所示。

程序13

```
uint8_t PROGMEM dog[] = {0x30,
0x30, 0x7f, 0x0c, 0x0c, 0x0c,
0x1f, 0x00, 0x31, 0x32, 0x7f,
0x0c, 0x0d, 0x0e, 0x0f, 0x10};
```

下面的例子演示将点阵划分为两个区域：区域 0 和区域 1。我们将在区域 0 显示时间与时间动画，区域 1 显示时段图标与小狗动画。P.setZone() 函数将点阵划分为不同的显示区域，它有 3 个参数分别为：区域编号、起始点阵及终止点阵。P.begin() 指定区域数量，参数为空默认一个区域，这里我们有两个显示区域，故参数为 2，其中点阵编号与区域的对应关系如图 13 所示。

P.setSpriteData() 函数为精灵动画的初始化函数，该函数有 7 个参数，分别为：初始化区域、动画开始精灵数据、动画开始精灵宽度、动画开始精灵帧数、动画结束精灵数据、动画结束精灵宽度、动画结束精灵帧数。

P.displayAnimate() 函数有两个作用，分别为反馈显示状态和动画执行函数。当作为反馈状态时，动画显示完成返回 1，未完成返回 0。当作为动画执行函数时，程序需要不断地调用 P.displayAnimate() 函数实现动画的流畅运行。

P.getZoneStatus() 函数的作用类似 P.displayAnimate() 函数，不同的是它仅返回区域的显示状态。

P.displayZoneText() 函数为字符串的动画显示函数，该函数有 7 个参数，分别为：显示区域、显示字符串、对齐方式、动画速度、文本显示时间、动画进入效果、动画退出效果。程序 14 演示了如何在区域显示精灵动画，这里我们显示字符串为

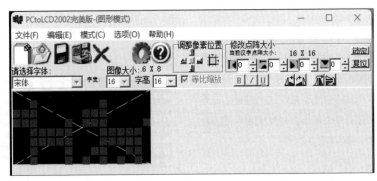

图 12　小狗位图

空、显示时间为 0，显示字符串为空保证了仅有小狗动画，没有文字，显示时间为 0 保证了小狗动画的连贯性。

程序14

```
void setup() {
  P.begin(2);
  mx.begin();
  P.setZone(0, 0, 2);
  P.setZone(1, 3, 3);
  P.setSpriteData(1, dog, 8, 2,
dog, 8, 2);
}
void loop() {
  P.displayAnimate();
  if (P.getZoneStatus(1)) {
    P.displayZoneText(1, "", PA_
CENTER, 100, 0, PA_SPRITE, PA_
SPRITE);
  }
}
```

自动亮度调节

当我们睡觉以后是不会看时间的，此时降低点阵显示的亮度有助于节能环保，因此我们需要根据时间段自动调节点阵显示的亮度。程序 15 所示为在晚上 0~6 点亮度设置为 0，其他时间将亮度设置为 1。P.setIntensity() 函数为区域亮度设置函数，其有两个参数，分别是显示区域和亮度值，其中亮度值范围为 0~15。注意当我们通过 API 请求方式修改亮度时，不需要事先定义不同时段以不同亮度显示，只需要按需向时钟提交控制参数修改亮度。

程序15

```
if ((hour_variable >= 0) && (hour_
variable < 6)) {
  P.setIntensity(0, 0);//设置区域0亮度
  P.setIntensity(1, 0);//设置区域1亮度
} else {
  P.setIntensity(0, 1);
  P.setIntensity(1, 1);
}
```

网络提交控制参数

我们希望可以通过对时钟提交不同的参数用于控制亮度或者是显示自定义的位图，程序 16 用于获取提交的网络参数，所有提交的参数不管是名称还是值都为字符串，对参数名称与值进行处理可转换为其他有意义的数据。

程序16

```
#include <WiFi.h>
#include <FS.h>
#include <AsyncTCP.h>
#include <ESPAsyncWebServer.h>
const char* ssid = "***********";
const char* password =
"***********";
AsyncWebServer server(80);
void setup() {
```

```
  Serial.begin(115200);
  WiFi.begin(ssid, password);
  while (WiFi.status() != WL_
CONNECTED) {
    delay(1000);
    Serial.println("Connecting to
WiFi..");
  }
  Serial.println(WiFi.localIP());
  server.on("/", HTTP_GET, []
(AsyncWebServerRequest * request)
{// 采用 GET 方法提交参数
    int paramsNr = request->params();
    Serial.println(paramsNr);
    for (int i = 0; i < paramsNr;
i++) {
    AsyncWebParameter* p = request
->getParam(i);
    Serial.print("Param name: ");
    Serial.println(p->name());
    Serial.print("Param value: ");
    Serial.println(p->value());
    Serial.println("------");
    }
    request->send(200, "text/
plain", "message received");
  });
  server.begin();
}
void loop() {
}
```

在这里我们只需要根据提交参数以及值做判断并进行相应处理，便可以控制时钟显示自定义位图或者显示时间及控制亮度，注意这里应当有一个状态变量用来控制显示位图还是时间，当状态变量为真时显示时间，变量为假时显示自定义位图，显示位图必须提交状态变量且状态变量的值为假，当提交的状态变量的值为真时恢复时间显示，例如http://192.168.0.110?state=0&image=0x8B,0x8B,0x8B&luminance=0,

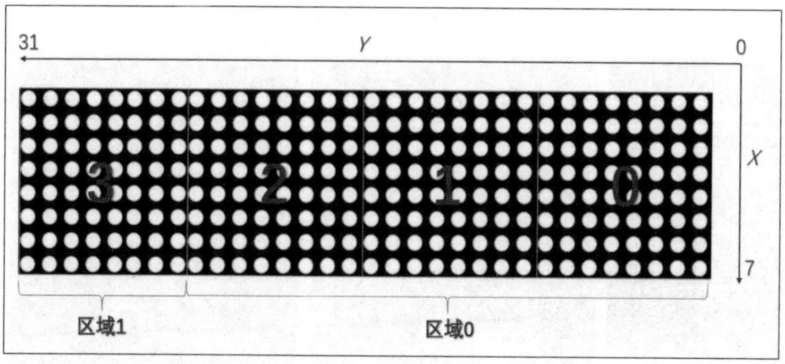

图 13 点阵编号与区域的对应关系

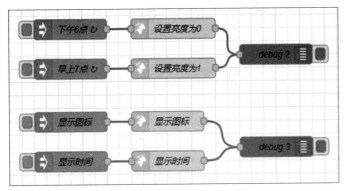

▋图14 Nodered 案例

● 下载 M5Burner 烧录软件。

● 打开软件选择 STAMP。

● 下滑到底部选择悬浮点阵时钟 plus 下载并烧录固件。

● 单击"USER CUSTOM"登录或者注册账号。

● 进入用户主页单击 BurnerNVS 跳出弹窗选择对应的串口并连接。

● 输入网络信息。

● 各数据输入完成，确认并保存。

● 通过串口监视器（波特率：115200波特）或者路由器后台查看设备 IP 地址。

● 浏览器访问设备 IP 地址通过网络参数体验时钟的自定义位图显示。

这里的设备 IP 地址是 192.168.0.110，state（显示状态）为 0，image（显示位图）数据为"0x8B,0x8B,0x8B"，luminance（亮度）为 0，提交方式为 GET 请求。

如何提交位图

提交的位图是一个十六进制的字符串，如"0x74, 0x54, 0x7c"的形式，在上面我们已经介绍了如何显示位图，这里我们只需要定义一个位图显示的中间数组，当收到位图数据后将其拆分，并逐项转为十进制即可，最后显示这个中间数组的数据便可得到自定义的图像。在这里我们可以进行全屏显示，即定义一个 32 位的数组，最后也是显示这个 32 位数组。当我们收到位图数据时，先将位图数组全部赋值为 0，便可以居左显示宽度范围为 0~32 的位图而无须特殊处理，这里限于篇幅不多做介绍，请自行查看附件的相关程序。

程序组合

最后，按照上述功能之间的逻辑关系，将程序组合在一起即可。

使用案例

这里你可以充分发挥自己的想象力创建自动化流程，图 14 所示 Nodered 案例每天早上 7 点将亮度设置为 1，下午 6 点将亮度设置为 0，单击显示图标将显示断网图标，单击显示时间将恢复正常时间显示。

程序下载

以上就是物联网不求人——悬浮点阵时钟的全部介绍，如果你想体验演示视频中的项目，那么你可以访问 M5Stack 官网，根据你自己的系统下载 M5Burner 烧录工具进行安装，打开软件按照下面的步骤进行烧录体验。

结语

在本文中，我们了解了悬浮时钟的原理，以及如何将任意 DIY 物联网设备接入 Nodered 实现自动化控制，并与其他设备协同，在这里我们对时钟的控制并不依赖任何服务器，仅依靠时钟自身开放 API，通过对设备 IP 提交控制参数达到控制的目的，效果展示如图 15 所示。有些时候我们编写一些功能较多的程序，会让我们的程序编写难度增大，如果将所有功能进行拆分并开放其控制接口，最后统一管理，就让大型项目的协同工作变得更加简单了，每个人都只需要负责自己的部分就可以了。希望本文内容能让你对服务器与单片机物联网项目之间的联系感悟更深，以及学会如何更好地编写物联网项目的控制接口，从而实现真正的万物互联。 Ⓦ

▋图15 效果展示

机器视觉背后的人工智能（4）

YOLOv2——更好、更快、更强

▌闫石

相对而言，YOLOv2版本增加了很多内容，尤其是使用了锚框，预测的准确性提高了许多，但随之而来的概念和公式也更加复杂，作者貌似重研发、轻文档，论文写得比较简略，很多概念一带而过，导致阅读和理解异常困难。相对而言，网上关于YOLOv1的解读多一些，YOLOv2和YOLOv3的资料就少很多，仅存的一些讲解，也大多避开了关键知识点，还有一些解答之间是互相矛盾的。我曾经很困惑，尤其是对锚框的运用，没有找到详细权威的阐述，基于此，我结合自己的理解在文章中进行了解读。

关于YOLOv2的论文包含两部分内容，前面介绍的是YOLOv2的诸多创新，后面介绍的是YOLO9000，其可以识别超过9000种目标，联合了COCO数据集和ImageNet数据集。YOLO9000主要在类别的处理方法上有独到之处，在模型架构上没有太多不同，通常我们不会用到这么复杂的模型，也很少有需要预测9000种类别并跨数据集的应用，因此YOLO9000我们就不介绍了，只介绍YOLOv2。

YOLOv1尽管速度很快，但相较于传统检测算法，精度不够高，召回率也较低，YOLOv2针对YOLOv1的种种不足，提出了诸多优化方法，论文作者就是按照这个脉络介绍的，我们也如法炮制。

7种武器

批归一化

批归一化（BN）在2015年被提出，已经被很多研究人员采用，实践证明效果非常好。现在批归一化基本上是深度学习的标配，每一层运算之后，都要进行一次批归一化，那么批归一化具体是做什么的呢？

我们知道，原始数据进入网络模型，通常要进行归一化处理，这个很好理解，当数值跨度很大时，如果直接把数据送进模型，会导致权重参数不能得到相对均衡的训练：高值数据对损失函数影响过大，导致学习中更容易"获得恩宠"；低值数据占比过低，因此训练中"不受待见"。因此必须对原始数据进行归一化操作，使其尽量呈现以0为中心、方差为1的正态分布，这样网络参数的更新才会"雨露均沾"。

如果模型层数较少，仅仅对第一层进行归一化处理，结果可能还可以，但现代模型结构复杂，层数很多，后续网络不断延伸，数据在传递过程中不断发散，从而导致学习困难，为此，针对每一层，都进行一次归一化，就是批归一化的思路。

具体到数学是怎么处理的呢？我们看图1所示的批归一化公式。对 m 个输入数据的集合 B 求均值和方差，然后对输入数据进行均值为0、方差为1的归一化。式中的 ε 是一个微小值，防止除数为0。

图2所示的批归一化图像清楚地表

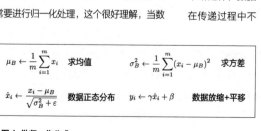

$$\mu_B \leftarrow \frac{1}{m}\sum_{i=1}^{m} x_i \quad \text{求均值} \qquad \sigma_B^2 \leftarrow \frac{1}{m}\sum_{i=1}^{m}(x_i - \mu_B)^2 \quad \text{求方差}$$

$$\hat{x}_i \leftarrow \frac{x_i - \mu_B}{\sqrt{\sigma_B^2 + \varepsilon}} \quad \text{数据正态分布} \qquad y_i \leftarrow \gamma\hat{x}_i + \beta \quad \text{数据放缩+平移}$$

▌图1 批归一化公式

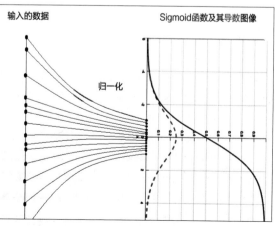

输入的数据　　　　Sigmoid函数及其导数图像

归一化

▌图2 批归一化图像

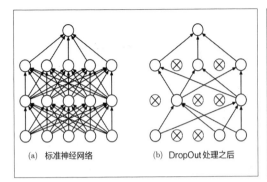

(a) 标准神经网络 (b) DropOut 处理之后

▌图3 DropOut

YOLOv1单元格只能识别一个目标　　YOLOv2希望有能力识别多个目标

▌图4 目标重叠

明了运算的本质，数据原来分布很宽，归一化操作后，映射到原点附近，而且位于Sigmoid()函数梯度最大的区间，尽量避免了梯度消失。接着，对正规化后的数据进行缩放和平移变换，其中的 γ 和 β 是参数，需要在训练中获得合适的值。前面的正态分布还好理解，为什么要进行最后的缩放和平移？简单来说，进行归一化处理，就是将发散的数据强行拉回到均值为0、方差为1的正态分布形式，但每一层都这么处理，一定程度降低了数据的表达能力，因为数据的表现有其自身特点，强行统一处理抹杀了这些特性，我们通过放缩和平移，既保证数据的正态分布，又尽量使数据表现出原有的特点。

批归一化具体有哪些优点呢？

● 可以使学习快速进行。

● 降低了梯度消失的问题。

● 不过分依赖初始值。

● 避免过拟合，降低 DropOut（见图3）等操作的必要性。

此前的神经网络模型中，DropOut是降低过拟合比较有效的手段，就是随机去除一些节点，降低模型复杂度，使用部分模型参数训练，最后再将参数恢复回来。实践证明这种方式有效，但随着研究的不断深入，现在已经大量使用卷积网络，本身卷积操作就已经降低了参数的数量，再使用 DropOut，效果就打了折扣。读者可能会认为，既然卷积层不太需要

DropOut，那全连接层参数众多，可以继续使用吗？答案是现在的全连接层，也逐步被卷积层取代，不但降低了模型复杂度，而且提升了性能，因此现在的神经网络模型使用 DropOut 的已经很少了。

YOLOv2 使用了批归一化，也放弃了DropOut。使用了这件武器后，平均预测精度提升了 2.4%。关于批归一化的更多内容，感兴趣的读者可以参考原作者的论文。

高分辨率分类器

这部分比较简单，YOLOv1 在预训练时（主要是训练 CNN 的特征提取器），采用的是 224 像素 ×224 像素分辨率的图像，预训练结束后修正模型，采用 448 像素 ×448 像素分辨率的图像再进行训练，但直接进行分辨率切换，系统的性能还会受到影响，因此 YOLOv2 在预训练特征提取器时，先采用 224 像素 ×224 像素分辨率的图像训练 160 个迭代轮次，之后再采用 448 像素 ×448 像素高分辨率图像训练 10 个迭代轮次，修改检测模型后，再用416 像素 ×416 像素分辨率的图像进行目标检测训练。这样简单地操作，却使平均预测精度提升了 3.7% 。

为什么一开始的图像的分辨率都是 224像素 ×224 像素呢？因为 ImageNet 数据集出现的时候硬件算力还不高，为了保证实用性，图像的分辨率就没有设置太高。

那为什么实际目标检测训练的分辨率

改成 416 像素 ×416 像素呢，而不是 448 像素 ×448 像素呢？毕竟 YOLOv1 就是采用448 像素 ×448 像素的分辨率的。原因是YOLOv2 模型下采样的步长为 32 像素，对于 416 像素 ×416 像素的图片，网络最终的特征图大小为 13 像素 ×13 像素，维度是奇数，这样的特征图恰好有一个中心位置，大一些的物体，它们的中心更容易落入这个中心位置，此时使用特征图的一个中心去预测这些物体的边界框会更容易，如果输出时为偶数维度，那么图像就会有 4 个位置都接近中心。但后来作者为了增强性能，采用多尺度训练，也就不存在维度是奇数的限制了，这个应该是作者最初的想法。

带有锚框的卷积

YOLOv2 与 YOLOv1 相比较大的不同就是引入了锚框，这个概念最开始由Faster R-CNN 提出，而且效果还不错，YOLOv2 希望通过锚框提高性能，同时解决 YOLOv1 中同一单元格不能同时检测多目标的问题。

YOLOv1 对图像进行打格，每个单元格预测两个边界框，但两个边界框只能对应同一组分类概率，之所以这样，就是因为单独的单元格已经没办法对两个边界框进行目标分配，因为没有确定的规则。

目标检测也一样，YOLOv1 没有提供这样的机制，如图4 所示，两个目标：美女和汽车，因为两个目标的中心都落在

德国牧羊犬

西伯利亚雪橇犬

▋图5 示例

同一个格子里，因此该单元格负责预测。虽然该单元格有两个边界框，但没有规则明确边界框1、边界框2和美女、汽车是怎样的对应关系，也不能随机分配，YOLOv2就解决了这个问题。

那锚框是什么？为什么采用锚框效果就好很多呢？

所谓锚框，就是预先设置好一定比例大小的先验框，这些框尽量接近真实目标，如果系统的预测框与先验框的差距，和真实框与先验框的差距十分接近，那么我们的预测框就会很接近真实的目标。

YOLOv1的预测框就是漫无边际地预测，虽然每个单元格的两个边界框，其位置都是介于0~1，但预测的位置是连续量，不是离散量，0~1区间也是个无穷的范围，而且目标一会出现在图像的左上，一会出现在右下，根本没有任何规律可言，如图5的示例中可以明显感觉到，直接回归难

度很大，需要很久的训练，才有可能得到较好的效果。

锚框也可以称作先验框，都能体现其意义，正因如此，国外的资料阐述时，有的缩写为A，有的缩写为P，而且名词用得比较随意，给读者理解造成很大障碍。

我们人为设定好确定比例和大小的锚框，每个单元格都固定设置数个锚框，如图6和图7所示。

注意，YOLOv2中，全图分成13×13个单元格，每个格子都铺上5个锚框，图7只是示意图，为了便于观看，只有部分单元格画出了锚框，且每个单元格只画了两个，其实应该是5个，都画上就显示太乱了。与YOLOv1类似，只不过YOLOv2用预测框对应锚框，每个预测框包含25个数值。

其中Confidence、x、y、w、h和YOLOv1一样，但YOLOv2的每个预测框都拥有属于自己的分类，类别向量对应20个数值，因此每个预测框对应

$1×1×25$维张量，如图8所示。

因此全图就是$13×13×5×25$维张量。这部分论文作者做了对比，不使用锚框，模型的平均预测精度是69.5，召回率是81%；使用了锚框，平均预测精度是69.2，召回率是88%，可见预测精度少许下降，但召回率增加了很多。

前面，我们提到了使用预先设置的锚框来接近真实框，但这些锚框是怎么来的并没有介绍，下面介绍一下。

首先介绍一下K-Means聚类算法。聚类算法属于无监督学习范畴，实际运用中没有标签，完全靠数据自身寻找特征。K-Means聚类算法如图9所示。

在目标检测中，我们设置锚框，就是为了算法容易回归，锚框设置得越接近实际目标，训练的结果就会越好。

作者把训练集里面所有的真实框提取出来，用1减去任意两个预测框的交并比，就是两个预测框的"距离"。为什么要用1减去交并比，而不是直接使用交并比呢？两个预测框，如果交并比是1，表明两个预测框完全重合，那么其距离就是0，因此这

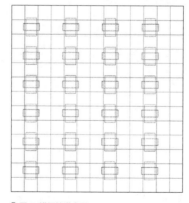

▋图7 锚框铺满全图

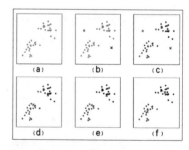

(a) (b) (c)

(d) (e) (f)

▋图9 K-Means聚类算法

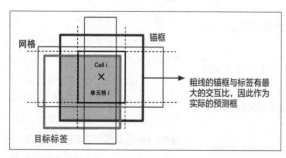

网格

锚框

Cell i
×
单元格 i

粗线的锚框与标签有最大的交互比，因此作为实际的预测框

目标标签

▋图6 锚框

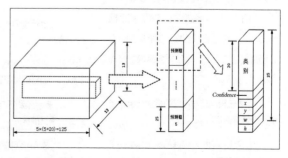

$5×(5+20)=125$

预测框1

预测框5

类别

Confidence
x
y
w
h

▋图8 预测框张量

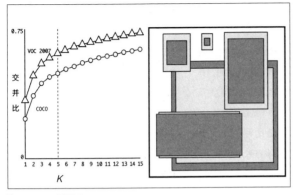

■ 图10 K 测试结果

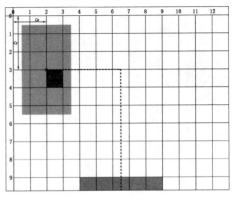

■ 图13 预测框转换前

是反比关系，实际计算"距离"的函数是 $f(x)=1-x$，这里的输入 x，是交并比。

因为 K-Means 需要人为指定 K 值，到底 K 应该怎么取值呢？作者做了一系列测试（K 的值从 1 ~ 15），得到如图 10 所示的测试结果。其中蓝色的是 COCO 数据集得到的结果，黑色的是 VOC 2007 数据集得到的结果，作者基于性能和计算量的折中考虑，K 值最终选择 5，因此，YOLOv2 实际在整张图上使用了 $13 \times 13 \times 5$ 个锚框。

定位预测

这部分应该是最难理解的，因为原论文提及得很少，更多的是公式推导，但这又是非常重要的环节，我尽力解释清楚。

首先强调一下，YOLOv2 预测的是差值，最后用差值倒推回 x、y、w、h。既然预测差值，这个差值是怎么计算的呢？我们先以平常的思维去尝试，然后考虑出现的问题，再看看作者的解决方案，就能明白其设计思路。

在图 11 中，绿色框是真实框，红色框是锚框，蓝色框是预测框。3 个彩色圆点分别是各自的中心，以锚框为基准，公式如图 12 所示。

t_x^p 表示预测框与锚框的横坐标相差了多少个锚框的宽度。

t_y^p 表示预测框与锚框的纵坐标相差了多少个锚框的高度。

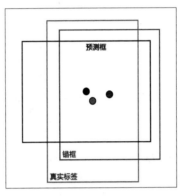

■ 图11 不同类型选框

$$t_x^p = \frac{x_p - x_a}{w_a} \quad , \quad t_y^p = \frac{y_p - y_a}{h_a}$$

$$t_w^p = \frac{w_p}{w_a} \quad , \quad t_h^p = \frac{h_p}{h_a}$$

$$t_x^g = \frac{x_g - x_a}{w_a} \quad , \quad t_y^g = \frac{y_g - y_a}{h_a}$$

$$t_w^g = \frac{w_g}{w_a} \quad , \quad t_h^g = \frac{h_g}{h_a}$$

■ 图12 公式

t_w^p 表示预测框的宽度是锚框宽度的多少倍。

t_h^p 表示预测框与锚框的横坐标相差了多少个锚框的宽度。

t_x^g 表示预测框与锚框的纵坐标相差了多少个锚框的高度。

t_y^g 表示预测框的宽度是锚框宽度的多少倍。

t_w^g 表示预测框框的宽度是锚框宽度的多少倍。

t_h^g 表示：预测框框的高度是锚框高度的多少倍。

如果 $t_x^p \approx t_x^g$；$t_y^p \approx t_y^g$；$t_w^p \approx t_w^g$；$t_h^p \approx t_h^g$，那说明预测框很接近真实框，就达到了我们的目的。

有一点需要特别注意，锚框的概念源来自于 Faster R-CNN，这篇论文里，锚框位于格子的中心。在 YOLOv2 中，并没有明确说明锚框的位置，如果默认其位于单元格中心，那么后面的公式很难得到正确的解释，为此我也困惑了好久，后来经过查找资料，在 MATLAB 官方网站上看到了相关资料，锚框位于单元格的左上角，公式也得到了合理的解读。不过 MATLAB 也只是提供了简图，并没有详细说明，这里按照位于左上角的方式解读，我认为是正确的方式。

如图 13 所示，其中浅蓝色单元格被选中的一个锚框位于其左上角，该锚框的中心位置是（2，3）。

模型预测的是偏移值，训练初期，网络模型得到的值可以是任意的，这里暂且令 t_x^p、t_y^p 都取 1.5，那么预测框（灰色）位于坐标（6.5,10.5）处（根据公式计算而得），可以看到，蓝色单元格的预测框偏离了锚框，这肯定不是我们想要的，但模型训练初期，的确会存在这种情况，如

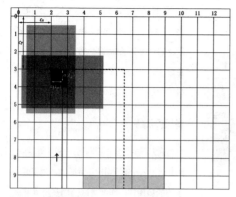

■ 图14 预测框转换后

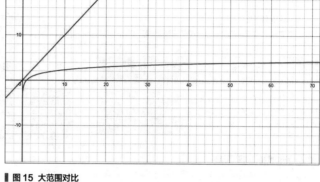

■ 图15 大范围对比

果直接进行回归，那需要很长时间，而且效果也不好。因此，作者希望缩小这个距离，想办法将其映射到蓝色单元格内，再与预测框进行回归。

作者是怎么做的呢？如图14所示，将 t_x^p、t_y^p 经过 Sigmoid() 函数处理，将其映射到 0~1 的空间，然后，令新的预测框位于蓝色单元格之内，预测框相对于整图坐标为（2.82,3.82）。变换后，新的预测框的中心位置位于蓝色单元格内。

YOLOv2 里面进行的变化，映射后与目标的差距大大缩小，因为变换后在更高层次上有了更加接近的目标，好比古代神话"天上一日，地上一年。"因此回归起来模型参数迭代更快，也更容易训练成功。

b_x^p、b_y^p 有办法转换了，那么 t_w^p、t_y^p 需不需要转换呢？我们说过，数据在均值为0、方差为1的范围内，系统最容易收敛，理论上有无更合理的解释？我们看一下图15和图16。

图15是 $f(x)=x$ 和 $f(x)=\ln(x)$ 的大范围图像，我们可以观察其大致的形状。图16是 $f(x)=x$ 和 $f(x)=\ln(x)$ 的小范围图像，我们可以查看其具体数值。t_w^p、t_h^p 是宽高之间的比值，$f(x)=x$ 的值域是 $[-\infty, \infty]$；$f(x)=\ln(x)$ 的值域是 $[-\infty, \infty]$。貌似值域范围没有变化，但从图像上可以看出，$\ln x$ 相对于 x，还是在空间上进行了挤压，使值域范围一定程度得到了限制。因此，作

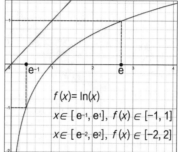

$$f(x)=\ln(x)$$
$$x\in[e^{-1}, e^1], f(x)\in[-1, 1]$$
$$x\in[e^{-2}, e^2], f(x)\in[-2, 2]$$

■ 图16 小区间取值

者用对数函数变换的形式进行回归。

现在我们总结一下，在图17中，黄色实心圈部分，是模型生成的部分；紫色实心圈部分，是实际可以准确计算的部分；红色空心圈部分，是预先设置好的锚框数据，是已知的部分；绿色空心圈部分，是数据集里面的真实框，也是已知的部分。

我们希望黄色实心圈部分和紫色实心圈部分尽可能接近，然后通过黄色实心圈部分反推、计算得到蓝色实心圈部分，这就是最终我们需要的预测框数据。现在看一下原论文里面的配图，如图18所示，这里作者制作的虚线框 p，指的是锚框，其他信息原论文写得实在太少了，而且图像也比较随意。至于置信度，即图19中的 t_o，为了加快收敛，也将其经过Sigmoid() 函数处理。经过这一步，平均预测精度提升了4.8%，非常有效。

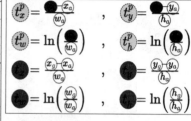

■ 图17 实际采用的公式

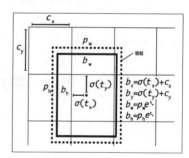

■ 图18 原论文配图公式

$$Pr(\text{object}) * IOU(b, \text{object}) = \sigma(t_o)$$

■ 图19 置信度也要经过 Sigmoid() 函数处理

细粒度特征

细粒度特征是作者一个非常个性的操作，之前没有人这样做过，因为比较反常规，虽然论文里提到这么做平均预测精度增加了1%，但是不是这个操作直接导致的也还不确定，但不管怎样，我们还是了解一下这个操作过程。

神经网络经过一系列卷积后，高层特征图要和低层特征图合并，这是因为低层特征图包含更多细节，对于小目标检测更

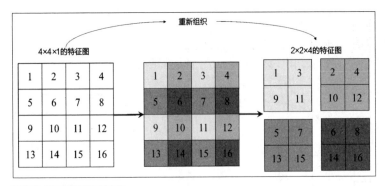

▍图20 细粒度特征图平面结构

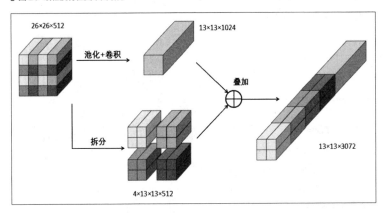

▍图21 细粒度特征立体结构

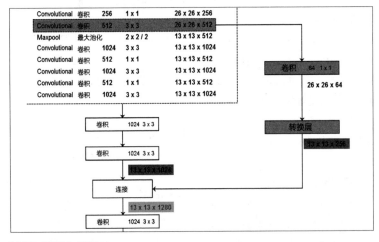

▍图22 模型结构（节选）

有用；高层特征图是高层次的抽象，对全局有更好的理解。两种特征图合并，可以"顾全大局"并"细致入微"。以往通常采用最大池化，但最大池化伴随着特征丢失，为了避免信息损失，作者采用了这种形式。细粒度特征图平面结构如图20所示，

细粒度特征图立体结构如图21所示。实际作者的程序中，还采用了一个1×1卷积，导致生成的结果不是3072，但思想是一致的，只是具体细节方面论文和程序没有完全同步。实际处理的模型结构（节选）如图22所示，红色的26×26×512，

并不是直接处理成13×13×2048，而是经过1×1×64卷积，处理成26×26×64，然后这个结果经过转换层，生成13×13×256，再和13×13×1024叠加，生成13×13×1280，请大家注意。

多尺度训练

因为模型是全卷积网络，没有全连接层，因此其输入、输出可以不受限制。为了增加系统的鲁棒性，作者尝试使用多尺度图像进行训练，而不仅使用416像素×416像素分辨率的图像。作者以32像素为步长，选取了288像素×288像素、320像素×320像素、352像素×352像素、608像素×608像素等多种尺度，而且是每10批就随机更换分辨率图像，强迫模型进行多种训练。经过这步优化，平均预测精度增加了1.4%。

请注意，因为输入图像分辨率不同，因此最后的特征图的分辨率也不一样，从图23中可以看出来。

总结一下，在图24中可以看到，YOLOv2已经碾压了其他算法，当然也远超YOLOv1。图像分辨率越大，识别的精度越高，但速度也相应下降，相对而言，416像素×416像素分辨率的数据，在速度和精度两方面取得了比较好的平衡。

网络结构

YOLOv2舍弃了YOLOv1的谷歌网络，而使用自己开发的Darknet-19架构，之所以被称为Darknet-19，是因为里面包含了19个卷积层，前面有18个卷积层和5个最大池化层，后面有1个卷积层、1个平均池化层和1个Softmax分类层。

我们以416像素×416像素分辨率的输入为例，CNN特征预训练时，采用整个Darknet-19架构，这部分完成之后，去掉后面的3层，再加上卷积层和转换层，开始YOLOv2的训练。如图25所示，卷积层里

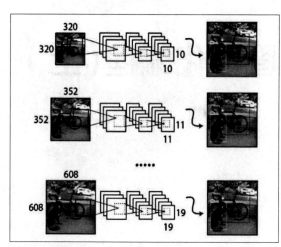

图 23 多尺度训练

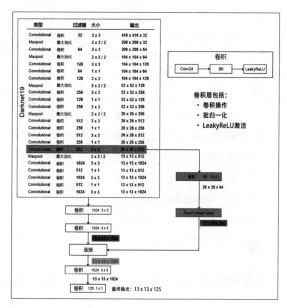

算法	训练数据集	平均预测精度	每秒帧数
Fast R-CNN [5]	2007+2012	70.0	0.5
Faster R-CNN VGG-16[15]	2007+2012	73.2	7
Faster R-CNN ResNet[6]	2007+2012	76.4	5
YOLO [14]	2007+2012	63.4	45
SSD300 [11]	2007+2012	74.3	46
SSD500 [11]	2007+2012	76.8	19
YOLOv2 288 × 288	2007+2012	69.0	91
YOLOv2 352 × 352	2007+2012	73.7	81
YOLOv2 480 × 480	2007+2012	77.8	59
YOLOv2 544 × 544	2007+2012	**78.6**	40

图 24 性能对比

面,包含了卷积、批归一化、激活3种操作,但最后一层只是单纯卷积,没有批归一化和激活操作,输出 13×13×125 维张量。

训练过程

这部分我们介绍一下损失函数。

如图 26 所示,先介绍一下 W、H、A,按照 416 像素 ×416 像素的分辨率,这里的 W 和 H 都是 13;A 是锚框数量,这里为 5,各个 λ 都是各自的系数。为了便于叙述,还是将这个巨大的损失函数拆分。

公式①计算背景的置信度误差,计算对应的预测框与预测框的交并比,选取最大值,如果最大值也小于系统预置的阈值,那么就一定是背景,计算其置信度损失即可。

公式②计算锚框与预测框的 x、y、w、h 损失,并且只在前面的 12800 次迭代前进行。这一步主要是希望模型在前期尽快学习,使预测框与先验框尽量接近,因为训练前期最不稳定,因此额外关照。

公式③计算预测框与锚框的 x、y、w、h 损失。

公式④计算预测目标框置信度的损失。

公式⑤计算预测目标框类别概率的损失。

虽然看上去十分复杂,但损失函数的整体思路与 YOLOv1 是一致的,就是针对目标和背景分别计算损失,更多细节请参考 YOLOv1 的处理部分。

结语

总体来说,在 YOLOv1 的基础上作者还是对 YOLOv2 做了较大改进,也参考了 Faster R-CNN 和 SSD 的设计思想,在不牺牲速度的前提下,性能得到了很大提升,锚框的设置让单元格检测多目标变得可行。但技术的发展是无止境的,我们对算法的要求

图 25 YOLOv2 网络结构

$$
loss_t = \sum_{i=0}^{W}\sum_{j=0}^{H}\sum_{k=0}^{A} \quad 1_{\text{Max IOU}<\text{Thresh}} \lambda_{noobj} * \left(-b_{ijk}^o\right)^2 \quad ①
$$
$$
+ 1_{t<12800} \lambda_{prior} * \sum_{r \in (x,y,w,h)} (prior_k^r - b_{ijk}^r)^2 \quad ②
$$
$$
+ 1_k^{truth} (\lambda_{coord} * \sum_{r \in (x,y,w,h)} (truth^r - b_{ijk}^r)^2 \quad ③
$$
$$
+ \lambda_{obj} * (IOU_{truth}^k - b_{ijk}^o)^2 \quad ④
$$
$$
+ \lambda_{class} * (\sum_{c=1}^{C} (truth^c - b_{ijk}^c)^2)) \quad ⑤
$$

图 26 YOLOv2 的损失函数

也不会停滞,后面 YOLOv3 也做出了非常新颖的设计。目前为止,我们已经介绍了 R-CNN 系列和 YOLO 系列目标检测算法,为了保持阅读顺畅,很多专业术语并没有详细介绍,读者阅读起来一定会有疑惑,后续我将阐述这些专业术语,为读者扫清障碍!

STM32 物联网入门30 步（第4步）

STM32CubeMX图形化编程（上）

▌杜洋　洋桃电子

STM32

本系列上篇文章主要介绍了创建STM32CubeIDE工程，本文主要介绍STM32CubeMX图形化编程。

上一步我们已经对STM32CubeIDE有了认识，这一步我们将正式用STM32CubeMX图形界面完成一个程序的编写。目标是做出一款程序，下载到洋桃IoT开发板，实现开发板上各功能的初始化。要想实现这个目标，需要完成设置时钟和设置端口两个部分。这一步的学习不仅要完成开发板的初始化，而且要通过设置参数的过程了解单片机功能在图形界面中的表现形式。通过反复使用图形界面、反复进行参数设置，更熟悉软件的操作逻辑。

设置时钟

设置时钟和设置端口并没有绝对的先后顺序，可以交叉进行。为了讲解方便，我们先设置时钟，后设置端口。设置时钟包括界面说明、开启RCC功能、开启RTC功能、配置时钟树4个部分。

界面说明

打开STM32CubeIDE，进入STM32CubeMX图形界面。时钟树界面如图1所示，接着单击"Clock Configuration"（时钟配置）选项卡，在时钟树视图中单击通道选择器、预分频器、倍频器时，会发现能改动的地方很少，左侧的外部时钟源是灰色的。这是因为在单片机功能选项里，与时钟相关的功能处于关闭状态。我们需要打开它们，然后在时钟树视图里才能拥有完整的修改权限。需要开启的两个功能是RCC和RTC。

开启RCC功能

上一步中已经简单介绍了RCC功能的开启，这里我们正式讲解一次。如图2所示，在左侧的单片机功能区展开"System Core"（系统内核）组，选择"RCC"，界面中会弹出模式与参数设置窗口。模式窗口有两个选项，分别是"High Speed Clock（HSE）"（高速外部时钟）和"Low Speed Clock（LSE）"（低速外部时钟）。要知道单片机的时钟相当于人的心脏，单片机工作就必须开启相应的时钟输入。也就是说，如果关闭单片机中某项功能的时钟输入，该功能就自然停止了。如附表所示，STM32单片机共有4个时钟源，分别是HSE高速外部时钟、HSI高速内部时钟、LSE低速外部时钟、LSI低速内部时钟。其中HSI和LSI是单片机内置的RC时钟源，在未开启HSE和LSE时，单片机默认使

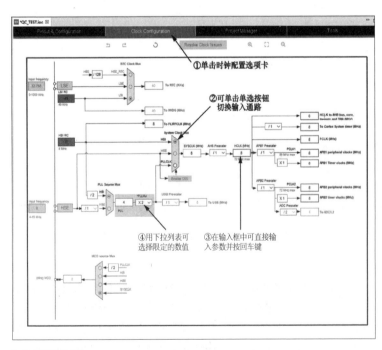

①单击时钟配置选项卡

②可单击单选按钮切换输入通路

④用下拉列表可选择限定的数值

③在输入框中可直接输入参数并按回车键

▌图1　时钟树界面

图2 开启 RCC 功能

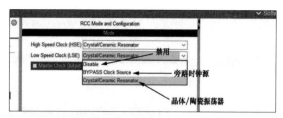

图3 时钟源的 3 种状态选择

图4 参数设置选项

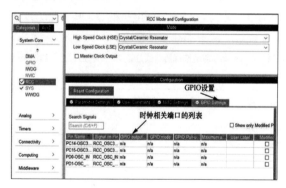

图5 GPIO 设置列表

用两个内置时钟源。其中高速时钟（HS）和低速时钟（LS）的区别是，高速时钟提供单片机系统内核的主频时钟，低速时钟提供RTC功能。所以在没有开启两个外部时钟时，时钟树视图里所能设置的只有内部时钟的参数。只有打开外部时钟输入，我们才能在时钟树视图中不受限制地进行操作。如果想进一步了解时钟，可以学习《STM32入门100步》系列文章的第5步。

如图3所示，HSE和LSE右边的下拉列表都有3个选项，分别是"Disable"（禁用）、"BYPASS Clock Source"（旁路时钟源）、"Crystal/Ceramic Resonator"（晶体/陶瓷振荡器）。旁路时钟源是指具有独立输出时钟脉冲的外围电路，一般指有源晶体振荡器。晶体/陶瓷振荡器是指无源石英晶体元器件或无源RC振荡元器件，这些元器件不能像有源晶体振荡器一样直接输出频率脉冲，只能被动地连接到单片机上，组成单片机的时钟外围电路。如果选择"Disable"（禁用），则只能使用HSI或LSI的单片机内部时钟。大家可以根据要开发的实际电路来选择时钟源类型。如图4所示，单击参数窗口中的"Parameter Settings"（参数设置）选项卡可以设置时钟参数，这里先按默认设置。如图5所示，再单击"GPIO Settings"（GPIO设置）选项卡，可以看到RCC时钟所占用的单片机引脚（端口）的列表。列表内容仅供了解，不需要修改。

开启RTC功能

接下来设置RTC功能，RTC功能比较复杂，涉及许多参数，特别是让它独立运行时需要考虑参数间的配合问题。我们目前学习的是时钟树的配置，所以这里只讲开启RTC时钟输入源，其他功能在后续用到时再细讲。如图6所示，展开"Timers"（定时器）组，选择"RTC"，在弹出的模式窗口中勾选"Activate Clock Source"（激活时钟输入源），其他项按默认设置。

附表 STM32 单片机的 4 种时钟源

名称	缩写	频率	外部连接	功能	用途	特性
高速外部晶体振荡器	HSE	4~16MHz	4~16MHz 晶体	基础功能	系统时钟/RTC	成本高、温漂小
低速外部晶体振荡器	LSE	32kHz	32.768kHz 晶体	带校准功能	RTC	成本高、温漂小
高速内部 RC 振荡器	HSI	8MHz	无	经出厂调校	系统时钟	成本低、温漂大
低速内部 RC 振荡器	LSI	40kHz	无	带校准功能	RTC	成本低、温漂大

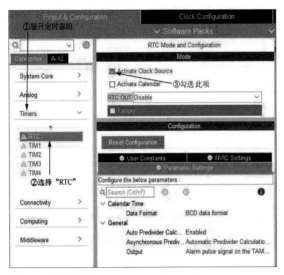

▌图6 开启 RTC 功能

配置时钟树

当RCC与RTC设置完成，所有时钟输入源都已开启，接下来回到"Clock Cofiguration"（时钟配置）选项卡，开始设置时钟树。如图7所示，时钟树视图大体分为3个区块，左边是时钟输入源部分，中间是通道选择器、预分频器、倍频器部分，右边是各

功能总线的最终频率部分。如图8所示，我把时钟树中的每个操作单元都按顺序编号，在左边的时钟输入源部分，HSE和LSE可以在RCC和RTC功能中开启或关闭，如果开启HSE功能，时钟源4的晶体振荡器频率可在4～16MHz范围内修改。洋桃IoT开发板上的晶体振荡器频率是8MHz，于是这里按默认8MHz，其他参数不允许我们修改。中间部分有很多内容可修改，通道选择器是切换连接线路的开关，可以选择不同的输入信号。预分频器可以将频率数值按比例相除，假如输入的频率是8MHz，经过的预分频器是"/2"，那么输出的频率是4MHz（8除以2等于4）。按相似的原理，倍频器是将频率数值按比例相乘，假如输入的频率是8MHz，经过"×9"倍频器，那么输出的频率是72MHz（8乘以9等于72）。右边是最终设定的频率，显示设置后各功能总线的最终频率值。

时钟树要根据硬件电路的设计和具体的应用要求来设置，由于我们目前处于入门学习阶段，这里统一将各功能设置为最大频率，展现出单片机的最高性能。日后涉及低功耗要求时，再随机应变地修改时钟树。设置方法是单击"Clock Configuration"（时钟配置）选项卡，按图9所示的各项参数设置时钟，最终让右边的"APB1 peripheral clocks"显示为36MHz，其他均为72MHz。

设置端口

时钟设置好之后，单片机就能按一定频率运行了。但仅开启时钟的单片机就像只有心跳的人，要想像人一样动起来，必须设置单片机端口。每个端口需要设置模式和参数两部分。学会一个端口的设置，举一反三就会设置所有端口。由于我们即将使用洋桃IoT开发板，所以要以洋桃IoT开发板原理图为标准，使每个端口的模式和参数都符合开发板硬件电路的驱动原理。我将简单介绍洋桃IoT开发板每个功

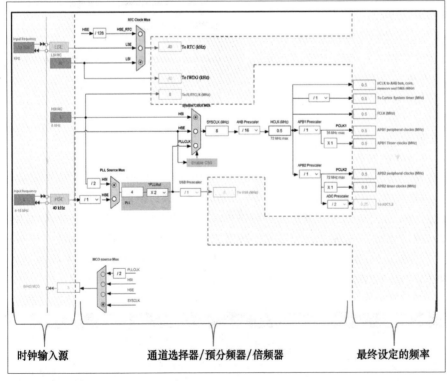

时钟输入源　　　通道选择器/预分频器/倍频器　　　最终设定的频率

▌图7 时钟树的3个区块

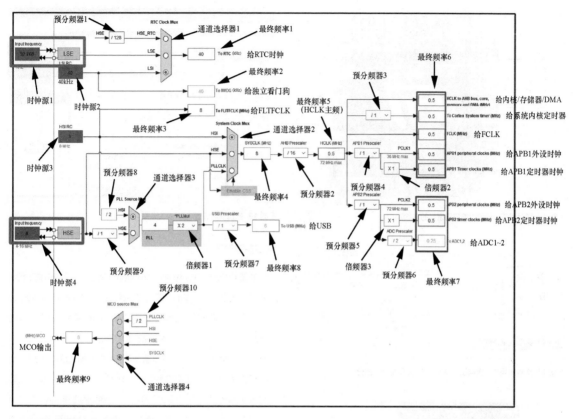

图 8 时钟树所有操作单元的标注

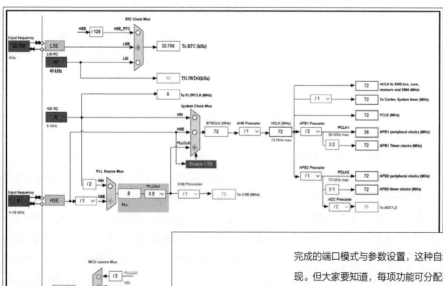

图 9 单片机最高性能的时钟设置

能模块的电路原理和各功能电路的驱动方法，按照电路设计来设置所有端口。

端口模式设置

打开图形界面中的单片机端口视图，如图10所示，可以明显看到视图中有4个端口被配置为外部晶体输入端口，每个引脚又被自动分配了新的名称。这就是开启时钟功能后自动完成的端口模式与参数设置，这种自动化设置在其他功能上也能实现。但大家要知道，每项功能可分配到多个复用的端口，而自动分配只能机械地分配到默认端口，如果分配到的端口不是想要的，需要手动修改。倒不如在端口上直接设置模式，从而反向地开启对应功能，这种操作方式准确又高效。

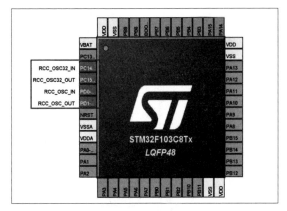

■ 图10 单片机端口视图中被自动定义的 4 个端口

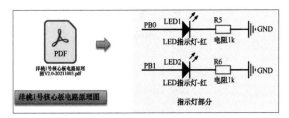

■ 图11 洋桃 1 号核心板电路原理图中的 LED 指示灯部分

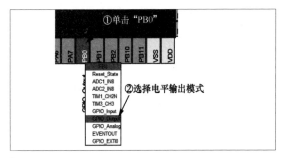

■ 图12 端口模式设置

接下来详细讲解一下端口的设置方法，以PB0端口为例，其他端口的设置过程粗略讲解。在资料包中找到"洋桃IoT开发板电路原理图&元器件封装库"文件夹，打开其中的"洋桃1号核心板电路原理图V2.0-20211003.pdf"文件，找到LED指示灯部分，如图11所示，可以看出核心板上的两个LED指示灯分别连接在单片机的PB0和PB1端口，负极连接GND（公共地）。也就是说，当PB0端口设置为电平输出模式且输出高电平时LED1点亮，输出低电平时LED1熄灭。根据电路原理得知PB0端口需要设置为输出模式，如果想在开发板上电时点亮LED1，就要在参数里把初始电平设置为高电平。设置方法如图12所示，在单片机端口视图里单击"PB0"，在弹出的下拉列表中选择"GPIO_Output"（电平输出）。

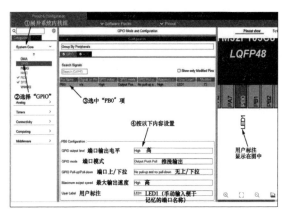

■ 图13 端口参数设置

端口参数设置

如图13所示，在左边展开"System Core"（系统内核）组，选择"GPIO"，在弹出的模式与参数窗口中可以看到GPIO使用列表中只有PB0一行，后续设置更多端口时列表会随之增加。单击列表中的"PB0"，下方会出现PB0参数选项，共有5项，第1项"GPIO output level"（端口输出电平）是指端口上电时的初始电平，可选择"High"（高电平）、"Low"（低电平）两项。第2项"GPIO mode"（端口模式）是指GPIO端口的工作模式，这个模式并不能设置端口是输入还是输出，因为输入或输出已经在单片机端口视图里设置过了，这里的模式只是对应模式下的子选项。比如当前PB0端口已在端口视图里设置为输出模式，那么参数中的端口模式只能是输出模式下的两种状态，"Output Push Pull"（推挽输出）或"Output Open Drain"（开漏输出）。推挽输出是让引脚具有很强的电流输出能力，可驱动LED点亮。开漏输出是弱电流输出，多用于逻辑电平的通信电路。具体使用哪种模式要根据电路原理来确定。第3项"GPIO Pull-up/Pull-down"（端口上/下拉）是确定端口内部是否要加上/下拉电阻，可选择"Pull-up"（上拉）、"Pull-down"（下拉）、"No pull-up and no pull-down"（无上/下拉）3项。第4项"Maximum output speed"（最大输出速度）是指端口电平切换的频率，如果端口用于数据通信可选择"High"（高速），如果用于不常变化的场合可选择"Medium"（中速）或"Low"（低速）。LED的点亮和熄灭本应选择低速，但后续如果用PWM调光就需要快速开/关灯，所以这里选择高速模式。第5项"User Label"（用户标注）是给端口起一个容易辨别和记忆的名称。比如PB0用于LED1控制，我们就输入"LED1"。在后续编程中可直接用"LED1"代替"PB0"。设置好用户标注，在端口视图的PB0引脚外面会出现"LED1"。设置好的参数也会同时显示在PB0列表中。到此，PB0端口的设置就全部完成了。 ◉

数字开关电源设计

▌沈洁

　　苹果公司最新的140W电源适配器 A2452 使用意法半导体的 STM32G071KB单片机替代了传统的开关电源控制器，实现了AC/DC电源转换器的设计。今天我们就来聊聊全数字的开关电源的设计。

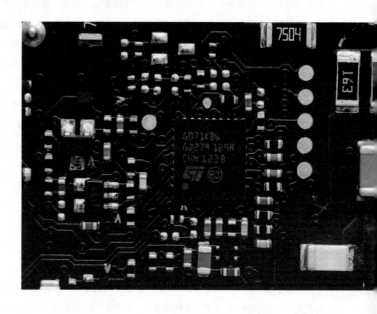

　　传统的开关电源 PWM 控制器本质上是一个三角波比较器。通过电压与三角波的比较确定波形的占空比。从而控制输出电压的变化。这是传统教科书中的内容，也是早期用分立元器件设计开关电源的主要理论依据。随着全数字模拟电路的兴起，现在市场上大多数的 PWM 控制器都有数字控制的部分。那具体应该怎么设计呢？就请听我慢慢道来。

　　传统的模拟开关电源本质是利用三角波电压比较器，把输出电压和三角波比较，以此输出不同占空比的 PWM 波形（见图1）。

　　所谓的纯数字模拟电路，本质上是将反馈的 FB 电压通过 ADC 采集为数字信号，然后对 PWM 控制器输出进行控制。原理看上去很简单，但是实际操作中问题很多。因为实际产品中的信号是有一定时延和变化规律的。这就对整个数字反馈系统提出了很高的要求。

　　简单说，就是要加入 PID 算法预测未来信号的变化规律和趋势，通过比例（P）

调节 PWM 控制器输出电压的变化速度，通过积分（I）来解决输出电压稳压精度，通过微分（D）来避免不必要的电压瞬变过冲缺陷。基于电压的闭环负反馈系统叫作电压环（见图2）。

　　一套可靠的数控稳压电源系统只有一个电压环是不够的，因为还要实时监控电流变化和温度变化，做出相应的反应。虽然电流环和温度环没有电压环重要，但也是整个系统中不可或缺的部分。数控稳压电源系统的逻辑如图3所示。

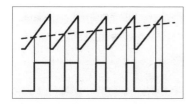

▌图1 PWM 波形

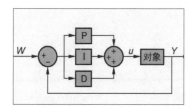

▌图2 电压环

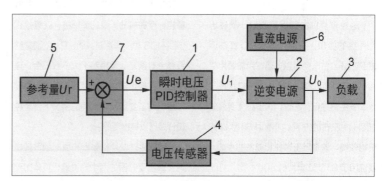

▌图3 数控稳压电源系统的逻辑

在单片机系统里，对 PWM 占空比进行调制是比较容易的，大多数单片机都有独立的 PWM 发生器，只需要配置一个占空比字节就可以控制输出信号的占空比。但是 PID 算法会麻烦许多，毕竟它本质上是微积分。我们在网站上能够搜索到的 PID 算法大多使用浮点运算，现实中的 PWM 占空比是整数值。显然整数的 PID 算法更适合算力薄弱的 MCU，所以我需要将 PID 算法修改为整数 PID 算法。整个系统中 PID 算法的速度越快，输出电压的稳定度就越高，瞬态响应就越快。然而这需要强大算力作为支撑。这就是为什么这么多年了，使用单片机作为 PWM 控制器的 AC/DC 电源转换器数量还是这么稀少的原因。成本相对比较宽裕的项目（例如新能源车充电器），大多数直接使用了价格更高、算力更好的 DSP 来实现极高速 PID 算法。

由于工作原因，我手上有一个项目正好需要设计一款全数字的电源控制器。于是我有了设计这个产品的机会。

这是一款基于压电陶瓷变压器的 DC/DC 升压模块。压电陶瓷变压器这种特殊的变压器，与普通的磁变电、电变磁的铁氧体变压器不同，它是通过电能转变为机械能，机械能再转变为电能实现的。由于压电陶瓷的特殊特性（拥有固有的谐振频率），通过改变驱动信号的频率，就可以轻易地改变变压器的升压比。

这对单片机主控程序的设计就提出了更高的要求，原本只需要 PID 算法调谐 PWM 占空比就可以，现在我需要用单片机做一个 DDS（直接数字频率合成）频率发生器才行。不过，这里只需要合成 160kHz 左右的方波。（当时 STM32 的价格较高，这里出于供货和成本的考虑，我选用了 STC51 单片机。）

我通过定时器 0 利用频率的微抖动实现了 DDS 方波频率信号发生器。其实原理很简单，就是通过一个 long 型变量不停地累加，然后计算误差。当误差大于一位定时器值的时候，把输出的占空比放宽一个单片机周期，然后继续累加。当 long 型变量加到一定数值的时候，减一个固定的大数值，防止 long 型变量溢出。这样就可以实现带有抖动的 DDS 频率合成了。通过 PID 采集来实现对 DDS 频率的快速调整，就实现了调频 DC/DC 控制器的设计。但是由于算力的限制，以及压电陶瓷变压器的一些特性（压电陶瓷不存在短路问题），我并没有做温度和电流环闭环控制，只做了简单的保险丝过流保护。

整个方波 DDS 的原理很简单，例如我使用的晶体振荡器频率是 26MHz，一个时钟周期时间是 38.46ns，而要生成的频率是 165kHz，165kHz 频率的时钟周期是 6060.60ns，半个周期是 3030.30ns。3030.30/38.46 约等于 78.79，不是一个整数。定时器时钟周期设置有时是 78 个，有时是 79 个。周期是 78 个还是 79 个靠误差累加判断，每次累加到 1 个周期误差的时候，就改一次定时器寄存器值。累加器本身还要定时减去一个固定的数值，避免溢出。

与正弦波 DDS 相比，方波 DDS 省去了查找 COS 表的步骤，并且不用 DA 转换，这样就可以大幅度地提高输出频率。可能有人会说，这样的 DDS 频率不是很稳定，存在抖动。我的解释是，就算是正弦波 DDS 也一样存在抖动，DA 的值是整数就会有误差。但是对于大多数场合，这种设计已经足够用了。尤其是在使用目标（压电陶瓷变压器）明确的情况下，这种设计是可以被接受的。

如何通过单片机频率和目标频率精确地计算出定时器的两个预设值，具体如程序 1 所示。

程序1

```
// 定时器变量预设的初始值
void Variable(unsigned long mun)
// 变量初始化
{
  unsigned int cxx;
  //TSC 单片机主频换算的最小单位步进周
期是 38.46ns，机器理解为 38ns
  //cxx 换算累加器，计算目标频率对应的
周期需要多少个单片机机器周期
  //IWC 目标理想波长累加器
  //MSIW 最小目标理想波长步进
  //TWC 真实波长累加器
  //MSRW 最小真实步进波长
  for(cxx = 0; mun > (TSC - 1);
mun = mun - TSC)cxx++;
  TM0TLFast = 255 - cxx;// 换算成定
时器 0 需要的低位寄存器匹配值
  TM0TLSlow = TM0TLFast + 1;
  // 换算一个相对较快的寄存器低位寄存器
快速匹配值
  MSIW = mun;
}
```

ADC 检测的数据经过 PID 计算后，需要去对频率控制字进行修正，频率控制字要换算成定时器 0，需要设置定时器具体数值。

定时器中断程序首先加载定时器预设值，然后做误差累加，当误差超过一定量的时候，切换定时器预载入的配置值。并且要避免误差累加变量溢出，如程序 2 所示。

程序2

```
// 定时器中断函数
void TM0_Isr() interrupt 1
{
  TL0 = TM0TL;// 设置定时初值低位
  TH0 = 0xFF;// 设置定时初值高位
  IWC = IWC + MSIW;// 理想的波长
最小步进累加 30303ns，IWC 不停地累加
303030ns
  TM0TL = TM0TLSlow;// 把快速的定时
```

```
器低位预设值载入定时器预设寄存器
    if(IWC > TWC)
    {
        TMOTL = TMOTLFast;//把慢速的定时
器低位预设值载入定时器预设寄存器，整换之
前的快速值
        TWC = TWC + TSC;// 补入最小时钟周期
        TWC = TWC - IWC;// 只保留差值
        IWC = 0;// 保留
    }
}
```

在定时器中断中，需要不停地载入最新计算的定时器匹配值。

DDS 的问题解决了，下面要做的就是 PID 的反馈了。因为网上的 PID 程序大多采用浮点型 PID 算法，并不是整型 PID 算法。为了加速系统，这里我重新编写了整型 PID 算法。PID 算法很重要的一点是让 PID 的 3 个值（比例、微分、积分）都落在有意义的整数值范围，这样整数 PID 算法才会有意义，3 个值才能都被利用。许多人之所以用得不好浮点型 PID 算法，就是其中的某一项数据太小，浮点型—整型变换的时候，部分数据被舍弃了。但是这种情况许多人是不自知的。0.005627 这种不到 1 的数据会被直接转换为 0，如果浮点数—整数转换不正常是无法工作的。PID 也就会缺项了，例如只有 PI，或者只有 PD，这都是我们不希望看到的。

可能有人会问，PID 为什么要转换成整型形式？因为 PWM 输出的是整型数据，单片机输出的物理信号也是整型数据。

实现快速整型 PID 算法如程序 3 所示。

程序3

```
void PidCalc(void)
{
    int PID_Pout;  // 比例输出
    int PID_Iout;  // 积分输出
    int PID_Dout;  // 微分输出
```

```
    unsigned int PID_Sv;
    // 达到输出电压的目标 AD 采样值
    PID_Sv = SVvalues;
// 做一次直接赋值，预防编译器预计算出错
6000V 对应的 AD 采样值是 66
    PID_Ek = PID_Pv - PID_Sv;
    //AD 采样值和目标值的差值计算
    PID_SigmaEK = PID_SigmaEK + PID_
Ek;// 把每次的误差值累加起来
    PID_DeltaEK = PID_Ek - PID_Ek_1;
    // 计算两次误差值之差
    PID_Ek_1 = PID_Ek;
    // 保留上一次的误差值
    PID_Pout = PID_Kp * PID_Ek;
    // 计算加权的比例输出
    PID_Iout = (PID_Sk * PID_SigmaEK);
    // 计算加权的积分输出
    PID_Dout = (PID_Dk * PID_
DeltaEK);// 计算加权的微分输出
    PID_OUT = PID_Pout + PID_Dout;
    // 给输出结果加入积分计算
    if((PID_Iout < 9) & (PID_Iout >
-9))// 当积分输出过大或过小时，不用说输
出结果加入积分计算
    PID_OUT = PID_OUT + PID_Iout;
}
```

ADC 快速采样如程序 4 所示。

程序4

```
AD_conversion();
//AD 采样
    AdcOutputSigma = AdcOutputSigma
+ AdcOutputNow;  //10 次 AD 采样作累加
    if(AdcOutputNow > AdcOutputMax)
AdcOutputMax = AdcOutputNow;
    // 如果 AD 采样值大于历史最大值，就把
这次 AD 采样值存为历史最大 AD 采样值
    if(AdcOutputNow < AdcOutputMin)
AdcOutputMin = AdcOutputNow;
    // 如果 AD 采样值小于历史最小值，就把
这次 AD 采样值存为历史最小 AD 采样值
    if(mSecCount >= 10)// 存满 10 次，
准备开始处理了
```

```
{
    mSecCount = 0;//10 次累加器清零
    AdcOutputSigma = AdcOutputSigma -
AdcOutputMax;// 减去 10 次采样中最大的
那一次的值
    AdcOutputSigma = AdcOutputSigma -
AdcOutputMin;// 减去 10 次采样中最小的
那一次的值
    AdcOutputSigma = AdcOutputSigma
>> 3; // 剩余的 8 次 AD 采样累加和除以 8
    PID_Pv = (int)AdcOutputSigma;
    // 强制类型转换为有符号数，赋值给 PID
算法输入
    AdcOutputSigma = 0;
    //AD 采样累加和寄存器清零
    AdcOutputMax = 0;
    // 最大值设置为 0，让任意 AD 采样值都会
比它大
    AdcOutputMin = 1024;
    // 最终值设置为 1024，让任意 AD 采样值
都会比它小
```

对 ADC 输入的数据，采样 10 次丢弃最大值和最小值，然后通过位移快速除以 8 就可以实现对输入信号的快速滤波处理。

整个数字电源其实并没有大家想象中的复杂，原理其实很简单。

ADC 采集、PID 算法、PWM 或者 DDS 输出，与传统的模拟电源的主要差异，其实是在响应速度上。但是对于固定负载产品，响应速度的问题并不严重。我用了一个 26MHz 的 STC51 单片机一样把数字电源的功能实现了。苹果公司之所以敢推数字电源的 AC/DC 转换器，就是仗着 ARM 处理器的算力足够强，能大幅度地提高响应速度，不过原理上，和我们所用的基本是一致的。当然还有许多意外情况需要程序处理。这里限于篇幅问题，暂时我就不赘述了。Ⓧ

做宫灯迎兔年

▌乌刚

演示视频

为了丰富孩子的假期生活，提高动手能力，快乐地度过一个丰富多彩的兔年寒假，我带领学生们进行了一场"做宫灯迎兔年"的活动，自制一个开源宫灯。

项目起源

宫灯又称宫廷花灯，是中国彩灯中富有特色的传统工艺品之一。宫灯始于东汉，盛于隋唐，具有浓厚地方特色，宫灯如图1所示，大多以细木为骨架镶以绢纱，并在外绘以各种图案的彩绘灯，非常符合春节的氛围。

传统的宫灯采用燃蜡照明，上面绘制各式各样图案，含有不同寓意，有不同功用，多为龙凤呈祥、福寿延年、吉祥如意等。宫灯种类很多，有一团和气灯、和合二仙灯、三阳开泰灯、四季平安灯、五子夺魁灯、六国封相灯、七财子禄灯、八仙过海灯、九子登科灯、十面埋伏灯等。人们通过不同的宫灯，寄托心中的愿望。如家庭和睦多挂"一团和气灯"，家人出门在外的就挂一盏"四季平安灯"，家里有学子的可以挂"九子登科灯"等。

传统宫灯制作烦琐，灯光颜色单一，现代宫灯如图2所示，虽然利用了各种新材料、新技术，但只是商品。现在学生们学习了开源电子技术，学会了编程，掌握了激光建模之后，就可以自己设计制作一个低成本、可编程的开源宫灯。

材料简介

兔年宫灯材料清单如表1所示。使用Mind+图形化编程软件编写程序，使用智能公元在线工具编写语音识别模块程序，

▌图1 宫灯

▌图2 现代宫灯

结构件设计使用雷宇科技的LaserMaker激光建模软件。

Arduino Nano

Arduino Nano 如图3所示，它非常小，可以直接插在面包板上使用。其处理器核心是

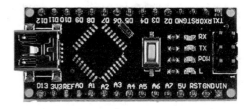

▌图3 Arduino Nano

ATmega328，同时具有14路数字输入/输出（其中6路可输出PWM信号）、8路模拟输入，支持外接3.3~12V DC供电。

Arduino Nano扩展板

Arduino Nano扩展板如图4所示，是一款传感器扩展板，引出所有的数字I/O接口和模拟I/O接口，每个I/O接口都有标配的正负电源接口，引出主板上的I2C接口，方便和I2C的设备连接；增加DC供电接口，Arduino Nano上的USB接口供电电流实际只有50mA，要为大电流设备供电时，电流明显不足，这个时候在DC供电接口提供外接电源，可保证设备运行稳定。

表1 兔年宫灯材料清单

序号	名称	数量
1	Arduino Nano	1块
2	Arduino Nano 扩展板	1块
3	SU-10A 离线语音识别模块	1块
4	RGB LED 灯环	1个
5	话筒	1个
6	扬声器	1个
7	电池盒	1个
8	电池	6节
9	杜邦线	2组
10	螺丝、螺母	5套
11	打印纸	2张
12	丙烯颜料	1瓶
13	流苏	1条
14	挂绳	2条
15	胶水	1瓶
16	激光切割结构件	1套

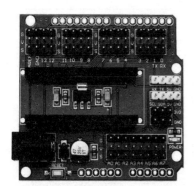

图 4 Arduino Nano 扩展板

图 6 RGB LED 灯环

话筒和扬声器

语音识别模块配套使用 60mm 话筒和 8Ω/1W 的扬声器,话筒和扬声器如图 7 所示。

结构件

采用激光切割机切割出的宫灯主体及其他配件,材料为厚 3mm 的奥松板。

利用 LaserMaker 激光建模软件,根据自己的喜好设计灯罩的样式和结构,利用榫卯结构,将结构件设计为插接结构,不需要胶水或螺丝固定,方便组装和拆卸。

宫灯灯罩设计

灯罩设计成六面体形状,由于为兔年新年设计,所以要体现出兔年和新年的气氛,因此我们在侧面设计了兔子、福字两种图案,如图 8 所示;在底板设计了新年大吉文字图案,上板放置其他元器件,图 9 所示。

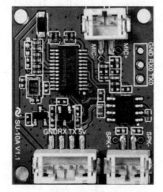

图 5 SU-10A 离线语音识别模块

SU-10A 离线语音识别模块

SU-10A 离线语音识别模块如图 5 所示,它是一款低成本、低功耗、小体积的离线语音识别模块,广泛应用于各类智能小家电、玩具等需要语音控制的产品,采用 5V 电源供电,供电电流应大于 200mA,其最大特点是使用智能公元在线平台编写程序,可以生成相应模块的模型

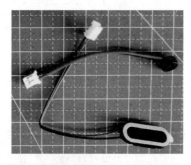

图 7 话筒和扬声器

和固件,大幅度降低了开发难度,减少了开发成本,缩短了开发时间。

RGB LED 灯环

RGB LED 灯环如图 6 所示,内置控制芯片 WS2812B,仅需 1 个 I/O 接口即可控制整个 LED 灯环,以 5V 电压驱动,外径为 86mm,内径为 79mm。

宫灯挂饰设计

为了使宫灯看起来更美观,我们专门设计了兔头图案挂饰,如图 10 所示。

其他配件设计

其他配件包括用来固定控制器、语音识别模块、音箱、挂饰等的结构件,如图 11 所示。

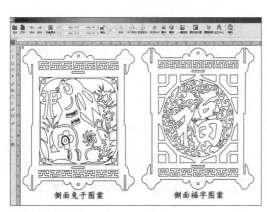

侧面兔子图案　　　　侧面福字图案

图 8 宫灯侧面设计

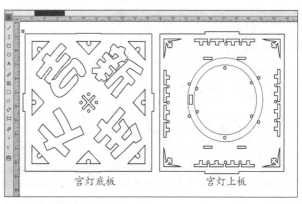

宫灯底板　　　　宫灯上板

图 9 宫灯底板和上板设计

设计完成后，使用激光切割机把所有结构件加工出来，切割完成的结构件如图 12 所示。

▌图10 兔头图案挂饰

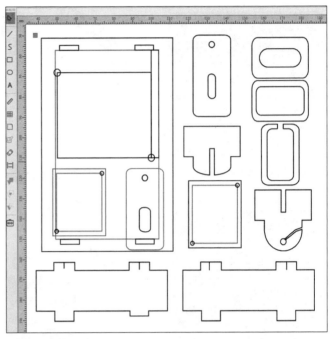

▌图11 其他配件设计

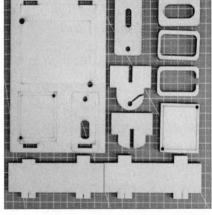

▌图12 切割完成的结构件

制作过程

1 将切割好的结构件用砂纸打磨一下，特别是被激光熏黑或烧焦的地方，以便于后期涂色。注意 3mm 奥松板比较薄，在打磨或组装时一定要小心不要碰坏。将宫灯结构件涂成红色，可以用红色丙烯颜料或其他防水颜料，只涂外面可见部分即可。

2 用胶水或双面胶，将裁切好的透光膜贴在宫灯侧面板上。透光膜要用白色的 A4 纸或其他不透明的透光材料。

3 将固定挂饰的结构件安装在底板上。

4 给兔头挂饰拴绳，并挂上流苏。

5 在上板固定好灯环和电池盒。

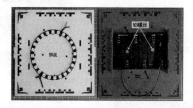

6 将扩展板、语音识别模块、扬声器等固定好，并卡入上板固定板卡口内。

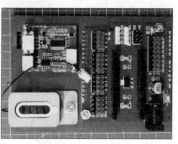

7 将所有结构件组装成完整的宫灯，并将挂饰和挂绳拴上。

程序设计

将 Arduino Nano 插在扩展板的插座上，将 LED 灯环连接在扩展板的 A1 接口，将语音识别模块接在扩展板 D2、D3 接口，扬声器接在语音识别模块的扬声器接口，话筒接在语音识别模块的 MIC 接口，最后将电池装上。

创建语音识别模块的SDK

创建语音识别模块的 SDK 步骤如下。

（1）打开智能公元在线平台，如图 13 所示。

（2）创建 SU-10A 离线语音识别模块的语音 SDK，唤醒词和命令词内容如表 2 所示。

（3）编译固件并下载 SDK 到本地。

（4）将语音 SDK 上传到 SU-10A 语音识别模块。

用Mind+编写控制程序

为了编程方便，定义字符型变量 m，用于保存语音识别的结果，即语音识别模块的串口输出数据。

首先给程序进行初始化设置，包括变量 m 的初始值、灯环接线的引脚、LED 总数、灯环亮度及软串口接线引脚、通信

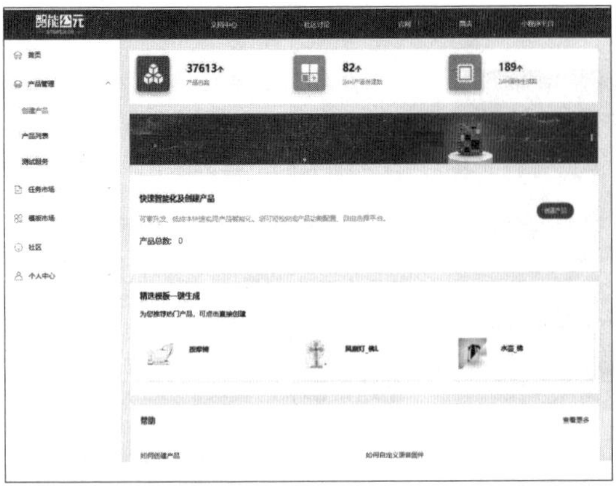

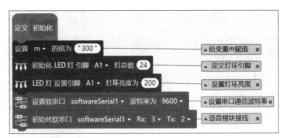

■ 图13 智能公元在线平台

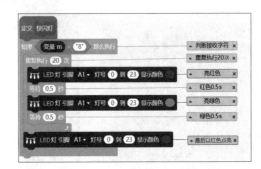

■ 图14 初始化程序

表2 唤醒词和命令词内容

唤醒词内容						
唤醒词	你好兔子、兔子你好					
唤醒回复语	我在、你说、有什么可以帮到你					
退出回复	有需要再叫我、30s后休眠					
命令词内容						
序号	命令词	回复语	串口输出	序号	命令词	回复语	串口输出
1	打开红灯	好的	3	8	打开绿灯	好的	4
2	打开蓝灯	好的	5	9	打开粉灯	好的	6
3	慢闪灯	好的	7	10	呼吸灯	好的	9
4	快闪灯	好的	8	11	流水灯	好的	16
5	流光溢彩灯	好的	17	12	关闭灯光	已关	0
6	兔子兔子	我在	18	13	灯光调亮点	已调亮	1
7	灯光调暗点	已调暗	2				

波特率，初始化程序如图14所示。

然后编写控制LED灯环的程序，语音识别结果有13种，可写13个子程序，编程思路都是一样的，使用条件判断模块，按照判断的结果执行相应的动作，以"快闪灯"为例，程序如图15所示。

最后编写主程序，主程序如图16所示。

实际测试程序

要具体测试语音识别结果和LED灯环执行结果是否一致，同时也要测试LED灯环执行的任务是否与设定的任务一致。根据测试情况对程序进行修改和完善。最终版宫灯如图17所示，大家可以扫描文章开头的二维码观看演示视频。

■ 图17 最终版宫灯

■ 图15 "快闪灯"程序

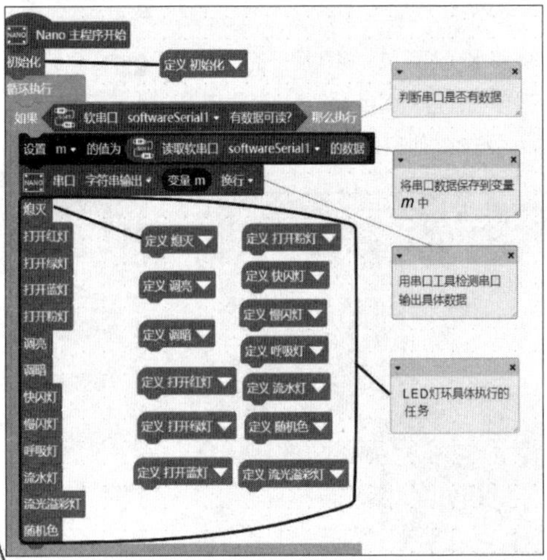

■ 图16 主程序

结语

本项目很受学生的欢迎，每个参与活动的学生在完成自己的作品后，都收获满满的成就感。本项目优势之一是成本低，另外，语音识别模块固件程序配置和下载由老师统一进行指导，如果有个性化语音识别的要求，可以单独提出并单独配置。有一点需要注意：语音识别模块应当由5V电压供电，当供电电压不足5V或电池电量不足时，语音识别模块可能无法工作，也就无法进行语音识别。⊗

基于 mPython 平台
验证水温的变化

▍康留元

《水温的变化》是青岛版小学三年级《科学》教材中的内容。室温下，热水的温度是如何变化的？有3种猜想：有人猜想热水的温度一开始下降得很慢，但随着时间的推移，降温的速度越来越快；有人猜想热水降温的速度是均匀的；有人猜想热水的温度一开始下降得很快，但随着时间的推移，降温的速度越来越慢。怎样证明哪种猜想是正确的呢？教材上展示的方法是使用温度计连续测量热水的温度，并进行简单记录。但这样做实验很烦琐，并且数据误差较大。因此，我们借助开源硬件掌控板，来一起探究水温的变化，验证我们的猜想。

实验环境与电路连接

● 硬件：掌控板（见图1）、热敏电阻模块。

● 软件：mPython。

热敏电阻模块和掌控板的连接如图2所示，实物连接如图3所示。

准备工作

认识mPython0.5.3工作界面

mPython0.5.3界面如图4所示，界面分为上、下两部分，一部分为菜单栏，另一部分为工作区。工作区又分5个区域，分别是模块区、指令区、编程区、仿真/探究区和交互区。

连接掌控板

通过数据线连接掌控板和计算机，打开mPython0.5.3，在菜单栏切换为"图形模式"，选择连接串口号为COM15（串口号可能不同）的设备（见图5）。

烧录固件

在"设置"菜单中，烧录最新固件，在"刷入：选择一个固件文件（*.bin）"中选择"掌控板官方固件"，单击"确定"（见图6）。

程序编写

在模块区选择"传感器"中的"热敏电阻"，添加热敏电阻模块（见图7）；

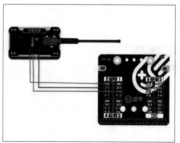

▍图1 掌控版

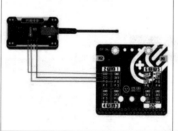

▍图2 连接示意

▍图3 实物连接

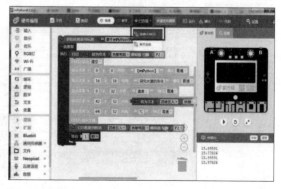

▍图4 mPython0.5.3界面

▍图5 连接掌控板

图6 选择"掌控板官方固件"

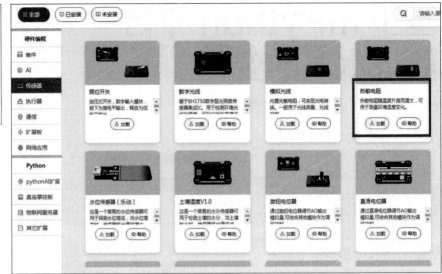

图7 添加热敏电阻模块

选择"数学",分别添加"初始化图表列标题"和"打印数据到图表"模块(见图8)。

初始化温度数据,初始化图表标题为"基于mPython平台验证水温的变化"。采集热敏电阻数据,在仿真/探究区以图表的形式显示,掌控板实时显示热敏电阻测得的温度数据,同时在交互区实时显示。基于mPython平台验证水温变化的参考程序如图9所示。

其中,需要注意如下事项。

掌控板通过数据线与热敏电阻模块连接,必须在打开掌控板电源后,再刷入程序,否则,显示的是负值或者None。

热敏电阻模块对应的模拟引脚为P0、P1、P2引脚,接线的时候一定要看清,不要写错程序端口或者插错数据线接口,否则,显示的是负值或者None。

测试的热敏电阻模块是V1.0的产品,测温上限是60℃。如果超出60℃,输出的数值为None。

数据采集

测量热敏电阻数值,利用USB串口打印输出温度的返回值,在交互区观察数值(见图10)。

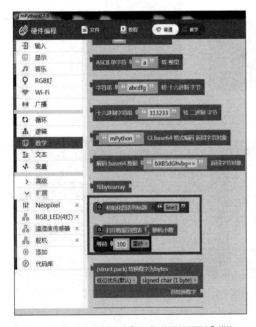

图8 添加"初始化图表列标题"和"打印数据到图表"模块

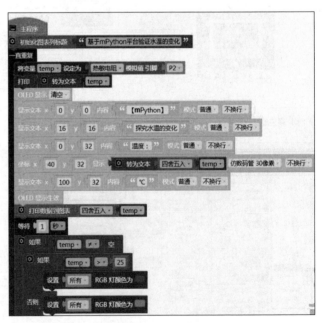

图9 基于mPython平台验证水温变化的参考程序

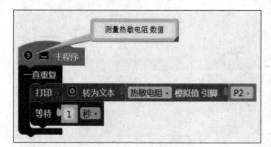

图 10 观察温度的数值

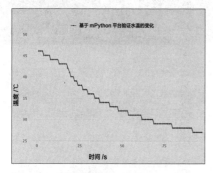

图 11 以点线图的方式显示数据

基于 mPython 平台验证水温的变化							
时间(s)	数值(℃)	时间(s)	数值(℃)	时间(s)	数值(℃)	时间(s)	数值(℃)
10	46	410	34	810	28	1210	26
20	46	420	34	820	28	1220	26
30	46	430	33	830	28	1230	26
40	45	440	33	840	28	1240	26
50	45	450	33	850	28	1250	26
60	45	460	33	860	28	1260	25
70	45	470	33	870	28	1270	25
80	44	480	32	880	28	1280	25
90	44	490	32	890	28	1290	25
100	44	500	32	900	28	1300	25
110	44	510	32	910	28	1310	25
120	43	520	32	920	27	1320	25
130	43	530	32	930	27	1330	25
140	43	540	31	940	27	1340	25
150	43	550	31	950	27	1350	25
160	43	560	31	960	27	1360	25
170	43	570	31	970	27	1370	25
180	42	580	31	980	27	1380	25
190	41	590	31	990	27	1390	25
200	40	600	31	1000	27	1400	25
210	40	610	30	1010	27	1410	25
220	39	620	30	1020	27	1420	25
230	39	630	30	1030	27	1430	25

图 12 表格形式的温度数据

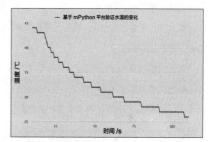

图 13 实验数据点线图（1）

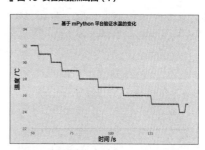

图 14 实验数据点线图（2）

点线图显示

在仿真 / 探究区以点线图的方式显示数据（见图 11），观察数据变化。

数据保存

数据测量完成后，在仿真 / 探究区的右上角选择"下载 Excel 文件"下载温度数据（见图 12）。

数据分析

我们对实验数据进行分析，图 13 所示的曲线较为陡峭，表示降温速度快；图 14 所示的曲线较为平缓，表示降温速度慢。我们可以发现以下规律。

- 时间越长，水温越低。
- 随着时间的推移，水温变化曲线先陡峭，后平缓。
- 热水降温的规律为：水温下降速度先快后慢，最后水温降到室温。

知识拓展

热敏电阻模块（见图 15）的输出数值随温度升高而增大，可用于测量环境温度变化。使用前需将热敏电阻探头插入模块上的耳机接口，注意需将耳机插头的金属部分完全插入。将模块接入掌控板模拟输入接口，可以直接获取温度值，单位为℃。

热敏电阻模块的参数如下。

工作电压：VCC 3.3~5V。

温度范围：-10~100℃。

模块大小：24mm×46mm×7.5mm。 ⊗

图 15 热敏电阻模块

激光切割机工作时甲醛浓度探究实验

▌温良

因为课程使用的需要，学校创客空间的激光切割机一直处于满负荷的工作状态。每学期之初都会有新同学问：老师，这个木板的味道很大，有没有毒？那接下来就了解一下吧。

资料检索

一般学校多使用椴木板或奥松板作为激光切割加工的耗材。我们学校只配备了椴木板，我查阅了椴木板在激光切割过程中相关的资料，得到了以下信息。

● 椴木板在生产过程中，需要使用胶水进行黏合，而胶水中包含甲醛等有害物质。

● 激光切割椴木板，高温会使木板切口中的甲醛挥发出来。

● 激光具有能量集中的特点，切割椴木板时，只有切口温度较高，其他地方的温度并不高，不会促使大量甲醛挥发。

提出问题

既然椴木板中或多或少都包含甲醛这类有害物质，我们可以采取什么措施来减少其带来的危害呢？

探究方向

针对以下场景，对甲醛浓度进行检测。

● 常规办公环境（没有设备或耗材的环境）。

● 存放耗材或激光加工环境。

● 切割时设备周边及内部。

● 切割成品附近。

制作设备

SCI 采集模块是一款多功能数据采集模块，可连接温 / 湿度、大气压等常见的 20 余种传感器，并能将采集到的数据显示在板载显示屏中，此外 SCI 采集模块集成了传感器自动识别、数据显示、数据存储、RTC 时钟、数据处理等探究实验中的常用功能。关于 SCI 采集模块具体的使用方法，官方产品 wiki 提供了详细的介绍，这里不再赘述。

在测试过程中，SCI 采集模块接上传感器和主控板之后，存在

整线不美观、不利于移动采集数据的缺点。我用激光切割机简单做了一个支撑结构，支撑结构激光切割图纸如图 1 所示，该结构由一块底板和可用于集成连接主控、传感器的竖板两部分组成。切割并安装后的设备如图 2 所示。

程序设计

本设备通过与行空板结合，将采集的数据显示在行空板显示屏上。参考官方产品 wiki 和其他老师的案例，我使用 Thonny 作为编程工具，通过程序 1 将采集到的数据在行空板上进行显示。

程序1

```
from dfrobot_rp2040_suab import *
from pinpong.board import Board
from unihiker import GUI    #导入包
import time
gui=GUI()   #实例化 GUI 类
Board().begin()
SCI1 = DFRobot_SUAB_IIC(addr=0x21)
while SCI1.begin() != 0:
```

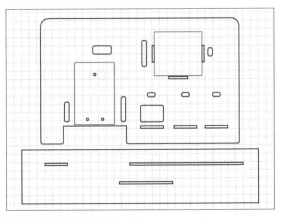

▌图 1 支撑结构激光切割图纸

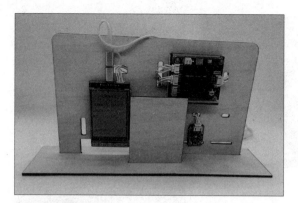

图 2 安装后的设备

```
print("Initialization Sensor Universal Adapter Board failed.")
  time.sleep(1)
print("Initialization Sensor Universal Adapter Board done.")
x_max = 240
y_max = 320
gui.draw_text(x=60, y=20, text='SCI 数据读取 ')
gui.draw_text(x=0, y=80, text=' 甲醛浓度 :')
gui.draw_text(x=0, y=120, text=' 环境温度 :')
gui.draw_text(x=0, y=160, text=' 环境湿度 :')
t1 = gui.draw_text(x=100, y=80, text='0')
t2 = gui.draw_text(x=100, y=120, text='0')
t3 = gui.draw_text(x=100, y=160, text='0')
t4 = gui.draw_text(x=20, y=260, text='')
while True:
print("SCI 数据读取 :")
HCHO = SCI1.get_value1(SCI1.eAD,"HCHO").strip()
HCHO_unit = SCI1.get_unit1(SCI1.eAD,"HCHO").strip()
t1.config(text = "%s ppm" % HCHO)
Temp_Air = SCI1.get_value1(SCI1.eI2C_UART1,"Temp_Air").strip()
Temp_Air_unit = SCI1.get_unit1(SCI1.eI2C_UART1,"Temp_Air").strip()
t2.config(text = "%s℃ " % Temp_Air)
  Humi_Air = SCI1.get_value1(SCI1.eI2C_UART1,"Humi_Air").
strip()
  Humi_Air_unit = SCI1.get_unit1(SCI1.eI2C_UART1,"Humi_Air").
strip()
t3.config(text = "%s%%" % Humi_Air)
t4.config(text = time.strftime("%Y-%m-%d %H:%M:%S", time.
localtime()))
print("")
```

数据采集

SCI 采集模块如图 3 所示，采集数据时，只需要按一下 SCI 采集模

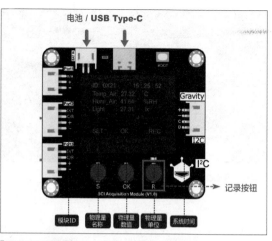

图 3 SCI 采集模块

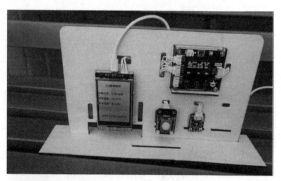

图 4 常规办公环境

图 5 存放材料或激光加工环境

块的"记录"按键，显示屏右下角的"REC"旁会出现一个"*"标记，记录按键上方的 LED 也会交替闪烁，表示 SCI 采集模块开始记录传感器采集到的数据。

我将 SCI 采集模块分别放在不同环境中进行数据采集，常规办公环境（没有设备或耗材的环境）如图 4 所示，存放耗材或激光加工环境如图 5 所示，切割时设备周边及内部如图 6 所示，激光切割成品如图 7 所示。

图6 设备周边及内部

图7 激光切割成品

数据处理

将几个场景收集到的 .csv 文件，结合 Python 数据可视化，用图表方式显示出来，具体如程序 2 所示。

程序2

```
from matplotlib import pyplot as plt
import matplotlib
import numpy as np
import pandas as pd
plt.figure(figsize=(10, 5),dpi=80)
plt.xlabel("time", fontsize=20)
plt.ylabel("HCHO", fontsize=20)
df= pd.read_csv('1.CSV', header=0)
df2= pd.read_csv('2.CSV', header=0)
df3= pd.read_csv('3.CSV', header=0)
df4= pd.read_csv('4.CSV', header=0)
plt.xticks(np.arange(0, len(df['Time']), step=160))
plt.plot(df['Time'],df['HCHO'])
plt.plot(df2['Time'],df2['HCHO'])
plt.plot(df3['Time'],df3['HCHO'])
plt.plot(df4['Time'],df4['HCHO'])
plt.show()
while True:
    pass
```

采集数据时的时间间隔均为 10s。为了能更直观地显示、对比，我通过时间平移，让它们以相同的时间开始。处理后的数据如图 8 所示。

数据分析

通过对图 8 中数据的观察，可以得到如下结果。

● 可以观察到甲醛的浓度分布区间可粗略分为 3 类，1 类浓

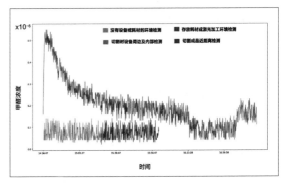

图8 处理后的数据

度区间为大于 0.25×10^{-6}，2 类浓度区间为 $0.12 \sim 0.25 \times 10^{-6}$，3 类浓度区间为小于 0.12×10^{-6}。

● 存放耗材或设备的环境与普通办公室的检测数据差别不大，均在 3 类区间。

● 刚切割完成的成品会在 0.5h 内从 1 类区间下降为 2 类区间，需要 2h 左右才能下降到正常的 3 类区间。

● 切割设备在加工时，将 SCI 采集模块放置在切割机外时，甲醛浓度基本保持不变，均为 3 类区间。将 SCI 采集模块放置在切割机内部时，的确检测到数据增加的趋势，但没有上升到 1 类区间。考虑到设备的安全性，SCI 采集模块放置位置与检测区域有一定距离，可能会影响检测的准确性，该项的测试数据可能存在误差。

结语

保持激光切割室环境通风，环境中的甲醛浓度处于正常水平，不用过于担心。刚切割好的板材，最好经过通风、晾置 2h 以后，再给学生使用。⊗

基于 McgsPro 组态软件的游戏设计

▌孟德川 江龙涛 申子钺

打地鼠是一款趣味性极强的游戏，可以充分锻炼人们的手眼协调能力。我们利用McgsPro组态软件设计一款打地鼠游戏，可以在保证游戏性的基础上实时编辑游戏对象，增加游戏过程的多样性。

最近我们在学习 McgsPro 组态软件，在查找学习资料时发现许多爱好者利用此软件制作有趣的游戏，受此启发，想要自己制作游戏，在枯燥的学习中寻找乐趣，增加学习的动力。

软件介绍

McgsPro 体系结构分为组态环境、模拟运行环境和运行环境 3 个部分。

组态环境和模拟运行环境相当于一套完整的工具软件，可以在个人计算机上运行，帮助用户设计和构造自己的组态工程并进行功能测试。用户可根据实际需要裁减其中内容。运行环境是一个独立的运行系统，它按照组态工程中用户指定的方式进行各种处理，完成用户组态设计的目标和功能。运行环境本身没有任何意义，必须与组态工程结合，作为一个整体，才能构成用户应用系统。一旦完成组态工作，并且将组态好的工程通过制作压缩包复制或通过以太网下载到下位机的运行环境中，组态工程就可以离开组态环境而独立运行在下位机上。这样就实现了控制系统的可靠性、实时性、确定性和安全性。

游戏所用构件简介

位图构件

主要用于装载和显示用户图片，构件的属性设置界面包括静态属性、颜色动画连接、位置动画连接、输入／输出连接和特殊动画连接的设置。

支持图片的格式有：JPEG、BMP、PNG、SVG。

标签构件

标签构件可以实现数据显示、文本标注、动画连接、输入／输出等功能。

百分比填充构件

百分比填充构件提供了水平和垂直填充效果，填充区域会随表达式值的变化而变化。

滑动输入器构件

这是通过模拟滑块直线移动实现数值输入的一种动画图形构件，运行工程时，用户可通过拖动滑块，改变滑块位置，进而改变构件所连接的数据对象的值。

按钮构件

标准按钮构件可以实现类似 Windows 中按钮的功能，这一构件的属性设置界面包括基本属性、操作属性、脚本程序、安全属性 4 个选项卡。

设计思路

使用位图构件将游戏背景图片、地鼠图片、锤子图片导入组态软件中。

使用标签构件进行游戏提示，例如游戏开始、游戏结束、分数统计等。

使用百分比填充构件显示粮仓余量，使用滑动输入器构件调整游戏难度，使用按钮构件控制游戏开始与结束。

设计流程

下面开始具体的游戏设计，整体设计流程如图 1 所示。

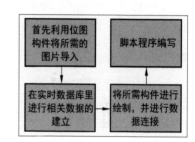

▌图1 整体设计流程

图片导入

利用位图构件将游戏要用到的图片进行导入，包括地鼠图片、锤子图片、草地背景图片。注意所用图片的格式应为 PNG 格式。

首先在工具栏中找到位图构件，在窗口中进行绘制，单击鼠标右键，选择"装载位图"，如图 2 所示。然后双击需要用到的图片，单击"打开"，如图 3 所示，就可以将所需要的图片导入软件中，在软件中将导入的图片调整成自己所需要的大小。此游戏要用到 6 只地鼠，我们只需要导入一张地鼠图片，进行复制、粘贴，得到其余 5 张地鼠图片。锤子图片的操作方

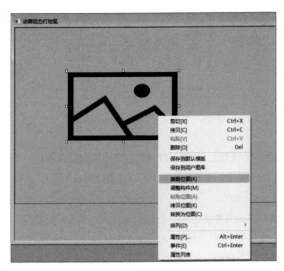

▋图2 绘制位图构件、装载位图

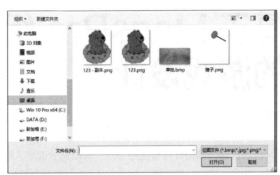

▋图3 选择所需图片

法与此相同。接着将图片进行排列，将背景图片放在最下面，地鼠图片放在第二层，锤子图片放在地鼠图片的右上角，最终效果如图4所示。

数据建立

为实现相应功能，须建立相关数据，包括地鼠、系统状态、停留时间、锤子出现与停留、分数、难度设置等数据。在"实时数据库"中单击"新增对象"，会出现一条新的数据，如图5所示。双击这条新数据，设置对象名称、对象初值、对象类型，如图6所示。对象初值一般为0，如有特殊需要可对其进行修改。

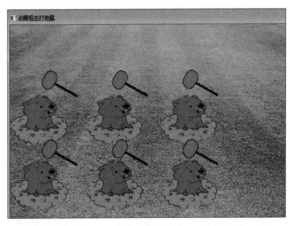

▋图4 图片导入效果

相关功能键的绘制与设置

绘制相关功能的构件，包括提示标签、开始与停止按钮、分数统计框和粮仓余量与难度设置等，并进行数据连接。

1. 提示标签的绘制

在游戏开始与结束时，系统要弹出相应提示，提示操作者下一步要做什么，利用系统状态数据和标签实现该功能。

首先在工具栏中选择标签构件，在窗口中进行绘制，如图7所示。然后双击标签进入"标签动画组态属性设置"界面，选

▋图5 新增对象

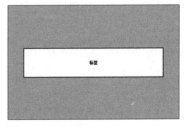

▋图6 对象属性设置

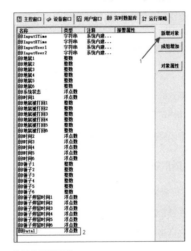

▋图7 选择标签构件

择"扩展属性"，在"文本内容输入"的框里面输入提示文字，如图8所示。接着在"属性设置"选项卡设计填充颜色、字符颜色，并选择可见度，如图9所示。最后进入"可见度"选项卡，进行表达式的数据连接，连

接数据为系统状态，当系统状态为 1 时，显示"请按开始键进入游戏"；当系统状态为 2 时，显示"地鼠即将出现请注意！！！"；当系统状态为 3 时，显示"游戏结束，粮仓粮食已经全部被偷走了——地鼠大哥留，按开始键重新开始游戏！！！"。同时，在"当表达式非零时"一栏中选择"构件可见"，如图 10 所示。最终效果如图 11 所示。

▌图 8 扩展属性设置

▌图 9 标签属性设置

▌图 10 标签可见度设置

▌图 11 提示标签的绘制效果

2. 开始与停止按钮的绘制与设置

在工具栏里选择按钮构件，在窗口中进行绘制，并按自己所需要的大小进行调整，如图 12 所示。之后进行脚本程序的编写，双击按钮进入"标准按钮构件属性设置"界面，选择"脚本程序"，在"按下脚本"的框中编写程序，如图 13 所示。当"开始"按钮被按下时，分数统计清零，粮仓剩余粮食（粮仓余量）恢复至 100，同时提示"地鼠即将出现请注意！！！"，如图 14 所示。当"停止"按钮被按下时，游戏重新开始，所有地鼠消失，地鼠出现时间被重置，同时提示"请按开始键进入游戏"，如图 15 所示。

3. 分数统计框绘制

操作者在进行游戏时应该能够知道自己的实时分数，在此使用标签构件的显示功能，实时显示分数。首先绘制一个标签，

▌图 12 绘制开始、停止按钮

▌图 13 编写脚本程序

▌图 14 "开始"按钮程序

▌图 15 "停止"按钮程序

双击标签进入"标签动画组态属性设置"界面，选择"属性设置"选项卡，在"输入输出连接"中选择"显示输出"，如图 16 所示。然后在"显示输出"选项卡将表达式与分数统计数据进行连接，单位为分，设置好之后单击"确认"即可，如图 17 所示。

4. 粮仓余量与难度设置

在游戏过程中，粮仓余量代表当前生命值，当粮仓余量为 0 时，游戏结束，利用百分比构件实现粮仓余量设置。先选择百分比填充构件，在窗口中进行绘制，双击进入"百分比填充构件属性设置"界面，

▌图 16 选择标签功能

▌图 17 显示输出设置

选择"操作属性",进行表达式的数据连接及填充位置和表达式值的连接设置,如图18所示。难度设置使用滑动输入器构件实现,首先在窗口中绘制滑动输入器,双击进入"滑动输入器构件属性设置"界面,选择"操作属性",进行数据对象的连接及滑块位置和数据对象值的连接设置,如图19所示。

脚本程序的编写

因脚本程序较多,在此以地鼠1的脚本程序为例(见图20~图23),其余地鼠的脚本程序与地鼠1的相同,只需修改名称即可。

图18 粮仓余量设置

图19 滑动输入器构件属性设置

成品展示

1 根据提示,按下"开始"按钮,进入游戏。

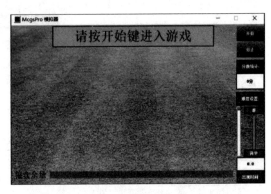

2 游戏开始,地鼠随机出现,操作者可自由设置游戏难度,同时,分数会随时显示在分数统计框中,粮仓余量代表本局游戏生命值,当粮仓余量为0时,本局游戏结束。

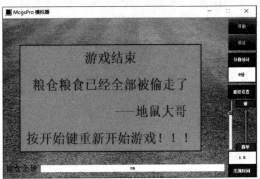

3 游戏结束,当粮仓余量为0时,弹出结束画面,根据提示可重新开始游戏。

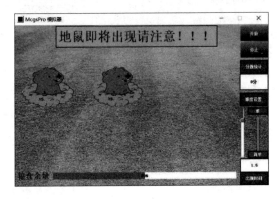

结语

我们通过McgsPro组态软件,设计了一个打地鼠游戏,大家可对游戏功能进行更改,例如可根据个人喜好更改地鼠、锤子、背景等图片,也可以在此基础上增加其他功能。 ✕

图20 地鼠出现

图21 分数统计

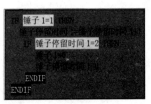

图22 锤子停留时间

图23 滑动输入器构件属性设置

上海人工智能实验室
Shanghai Artificial Intelligence Laboratory

新一代人工智能教师成长营

由上海人工智能实验室主办，活动旨在为一线教师、师范生提供线上公益课程和教学案例，推进新一代人工智能落地中小学课堂，打造开源开放的智能教育生态。全球高校人工智能学术联盟、中国人工智能学会教育工作委员会和中国教育技术协会信息技术教育专业委员会（创客与跨学科教育研究组）联合承办此次活动。

智慧医疗：
基于卷积神经网络的婴儿表情识别

▌ 刘宜萍 方一举 王云

粤教版信息技术选择性必修4《人工智能初步》，旨在让学生了解人工智能的发展历程及概念，描述人工智能算法的实现过程，通过简单的人工智能应用模块，体验简单智能系统的基本过程与方法。在学习过程中，不少同学感觉完成一个真实的人工智能系统是一个巨大的挑战，本项目使用面向中小学AI教育的学习和开发工具XEdu，简单、高效地实现人工智能应用项目的开发。让学生从数据收集、AI训练、AI推理到AI应用部署，亲历全链路的AI解决真实问题的过程。

婴儿时期是人类成长过程中自我保护能力和语言表达能力都比较薄弱的阶段，婴儿一般通过面部表情传达情感意图。如果能够运用人工智能准确地识别婴儿表情类别，这将给婴儿看护相关的工作带来更多的便利。

本项目使用XEdu核心工具计算机视觉库MMEdu，它是一个面向中小学的"开箱即用"的深度学习开发工具。MMEdu简化了神经网络模型的搭建过程和训练参数，降低了编程难度，并实现了一键部署编程环境。

本项目重点是学习数据集的制作、使用MMEdu训练模型以及部署应用的流程。

项目工具

● 软件：XEdu。

● 算法模型：MobileNet。

● 硬件：行空板、摄像头、扬声器。

项目工作流程

本项目主要利用OpenInnoLab平台、XEdu进行项目开发。通过创建婴儿表情数据集、训练模型、转换模型及部署到行空板上，让学生亲历全链路的AI解决真实问题的过程。具体的项目工作流程如图1所示。

制作婴儿表情数据集

1.规划数据集规模及分类

为了更好地进行婴儿表情识别的研究，本项目制作了一个婴儿表情数据集。通过手工拍摄和互联网下载两种方式进行婴儿表情照片收集，形成未清洗、未整理的数据图片。通过人为的清洗、筛选，最终整理为ImageNet格式。图片均为RGB彩色JPEG格式图片，大小均为256像素×256像素。数据集包含婴儿比较常见的两种表情数据，共800张图片，分别是伤心（sadness）和中性（neutral）。

（1）图像批量采集

图像批量采集的方式有使用爬虫爬取互联网中婴儿表情图片、手机拍摄视频后

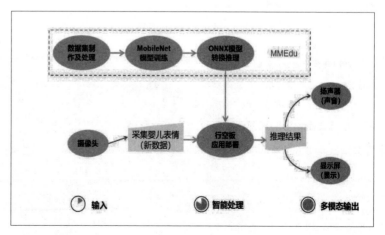

▌ 图1 项目工作流程

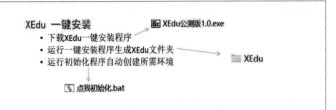

▌图2 XEdu 一键安装

通过 Python 程序抽取帧图像、拍摄的视频通过 PotPlayer 等视频播放器实现批量截取图片。

（2）图像处理

将获得的图片进行整理，去掉模糊、重复等不符合标准的图片，保证图片的统一性、完整性、准确性，注重图片在类目、视角以及时间的覆盖性。

对收集到的图片进行批量裁剪，因为主要对婴儿面部区域进行检测，截取包含面部表情的部分，减少因为背景等因素带来的干扰。利用美图秀秀等应用软件批量裁剪图片大小为 256 像素 ×256 像素。

（3）图像分类

根据项目需要，将收集整理的图片分为"伤心（sadness）"和"中性（neutral）"两类，并建立两个文件夹。

2.数据集制作

将数据集划分为"训练集""验证集"和"测试集"，比例设置为 8:1:1。本项目采集了 800 张图片，训练集有图片 640 张，验证集、测试集各有图片 80 张，将制作好的数据集上传至 OpeninnoLab 平台"我的数据集"。

打 开 XEdu，运 行 Jupyter 环 境。XEdu 一键安装步骤如图 2 所示，运行程序 1。

程序1

```
#配置相关参数
path=input(r'请输入您的数据集地址，如
D:\23Q1\冬令营\数据集')
train_rate=float(input('请输入训练集的
比例大小，范围是 0～1，如 0.8'))
val_rate=float(input('请输入验证集的比
例大小，范围是 0～1，如 0.1'))
test_rate=float(input('请输入测试集的比
例大小，范围是 0～1，如 0.1'))
import os
save_path=(input('请输入需要保存的路径，
默认为 '+os.getcwd()+'\my_dataset'))
#划分脚本
import os
import shutil
# 列出指定目录下的所有文件名，确定分类信息
classes = os.listdir(path)
# 定义创建目录的方法
def makeDir(folder_path):
    if not os.path.exists(folder_
path):  # 判断是否存在文件夹，如果不存在
则创建为文件夹
        os.makedirs(folder_path)
# 指定文件目录
read_dir = path+'/' # 指定原始图片路径
if save_path=='':
    save_path=os.getcwd()+'\my_dataset'
else:
    save_path+='\my_dataset'
train_dir = save_path+r'\training_
set\\' # 指定训练集路径
val_dir = save_path+r'\val_set\\'
# 指定验证集路径
test_dir = save_path+r'\test_set\\'
# 指定测试集路径
for cnt in range(len(classes)):
    r_dir = read_dir + classes[cnt]
+ '/' # 指定原始数据某个分类的文件目录
    files = os.listdir(r_dir)  # 列出
某个分类的文件目录下的所有文件名
    offset1 = int(len(files) * train_
rate)
    offset2 = int(len(files) * (train_
rate+val_rate))
    training_data = files[:offset1]
    val_data = files[offset1:offset2]
    test_data = files[offset2:]
    # 根据拆分好的文件名新建文件目录，并放入
图片
    for index,fileName in
enumerate(training_data):
        w_dir = train_dir +
classes[cnt] + '/' # 指定训练集某个分
类的文件目录
        makeDir(w_dir)
        shutil.copy(r_dir + fileName,
w_dir + str(index) + '.jpg')
    for index,fileName in
enumerate(val_data):
        w_dir = val_dir +
classes[cnt] + '/' # 指定测试集某个分
类的文件目录
        makeDir(w_dir)
        shutil.copy(r_dir + fileName,
w_dir + str(index) + '.jpg')
    for index,fileName in enumerate
(test_data):
        w_dir = test_dir +
classes[cnt] + '/'  # 指定验证集某个分
类的文件目录
        makeDir(w_dir)
        shutil.copy(r_dir + fileName,
w_dir + str(index) + '.jpg')
print('转换完成，请到 '+save_path+' 查
看')
```

运行程序时需要进行相关数值配置如图 3 所示，程序运行结果如图 4 所示。

巧用 XEdu 自动补齐功能，快速制作标签文件。划分完训练集、验证集和测试集，还需要生成标签文件 classes.txt、

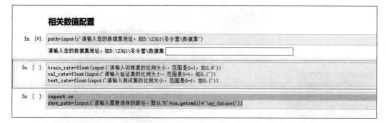

图3 选择所需图片

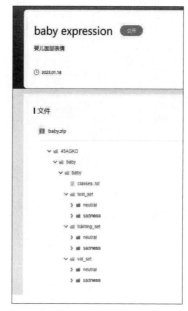

图4 数据集制作程序运行结果

val.txt、test.txt。其中，classes.txt包含数据集类别标签信息，每行包含一个类别名称，按照字母顺序排列。val.txt和test.txt这两个标签文件是每一行都包含一个文件名和其相应的真实标签。

XEdu拥有检测数据集的功能，如数据集缺失.txt文件，会自动生成classes.txt、val.txt等（如存在对应的数据文件夹）开始训练。这些.txt文件会生成在指定的数据集路径下，即自动补齐数据集。

最终制作好的数据集如图5所示。

使用卷积神经网络对婴儿表情识别

本项目使用MobileNet卷积神经网络进行训练模型，并通过测试期望达到理想的识别率。

1. 训练

使用MMEdu工具对制作好的数据集进行训练，因为MMEdu是封装好的模块，使用几行程序即可实现训练。使用XEdu打开Jupyter，具体如程序2所示。

程序2

```
!pip install MMEdu
from MMEdu import MMClassification as
cls  # 导入基础库
model = cls(backbone='MobileNet')
```

图5 数据集

```
# 实例化模型
model.num_classes = 2  # 婴儿面部表情为
伤心和中性两类
model.load_dataset(path='/data/
QK3N0Y/baby')  # 数据集路径
model.save_fold = 'checkpoints/cls_
model/1188000'  # 模型保存路径
model.train(epochs=10, lr=0.01,batch_
size=4, validate=True,device='cuda')
```

```
# 训练模型
# 为了训练得到最佳效果，可在上述预训练模型
上继续训练
model = cls('MobileNet')
model.num_classes = 10
model.load_dataset(path='/data/
QK3N0Y/baby')
model.save_fold = 'checkpoints/cls_
model/CPUcontinue118'
checkpoint = 'checkpoints/test.pth'
model.train(epochs=5, batch_
size=4,validate=True,
checkpoint=checkpoint)
```

2. 推理

模型训练后同样使用MMEdu对模型进行推理，运行程序3，检验识别效果，如图6所示。

程序3

```
from MMEdu import MMClassification as
cls  # 导入基础库
model = cls(backbone='MobileNet')
# 实例化模型
checkpoint = 'checkpoints/cls_model/
baby/best_accuracy_top-1_epoch_5.
pth'# 训练最佳权重路径
class_path = '/data/QK3N0Y/baby/
classes..txt'# 数据集类别信息
# 新上传一张名为1的图片检测训练效果
img_path = '1.jpg'
result = model.inference(image=img_
path, show=True, class_path=class_
path,checkpoint = checkpoint)
model.print_result(result)
(# 分类结果如下:
[{'标签': 1, '置信度':
0.9665234684944153,
'预测结果': 'sadness'}])
```

模型转换和硬件部署

为了让本项目可以在脱机和离线状态下工作，同时项目装置可以方便地放置在婴儿床（车）上。本项目选择在开源硬件

行空板上应用 MMEdu 模型。将 MMEdu 训练完的模型通过 model.convert 模型转换至边缘硬件设备能够运行的推理框架 ONNX，再在行空板上部署 ONNX 的推理环境。

实现通过摄像头每隔固定时间，采集实时照片并进行识别，当监测到婴儿哭时，转动舵机（摇铃）或者播放妈妈的录音；笑和平静时，播放音乐或儿歌。

在 XEdu 上运行转换程序，如程序 4 所示。

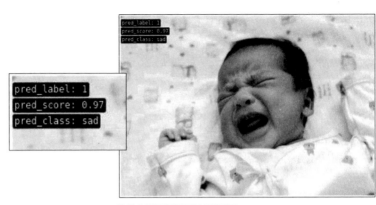

图6 数据集制作程序运行结果

程序4

```
# 安装库
!pip install onnx
!pip install onnxruntime
!pip install onnxsim
from MMEdu import MMClassification as
cls
# 第一步：实例化模型
model = cls(backbone='MobileNet')
# 第二步：配置基本信息
checkpoint = 'checkpoints/cls_model/
baby/best_accuracy_top-1_epoch_5.
pth'
model.num_classes = 2
class_path = '/data/QK3N0Y/baby/
classes..txt' # 数据集类别信息
out_file='out_file/babyexpression.
onnx'
# 输出 ONNX 模型文件路径
# 第三步：模型转换
model.convert(checkpoint=checkpoint,
backend="ONNX",out_file=out_file,
class_
path=class_path)# 转换后out_flie文件夹出现，
两个文件一个是ONNX模型权重，另一个是示例
程序
# 第四步：模型转换测试
import onnxruntime as rt
import BaseData
import numpy as np
import cv2
```

```
tag = ['neutral', 'sadness']
sess = rt.InferenceSession('out_file/
babyexpression.onnx', None)
input_name = sess.get_inputs()[0].
name
out_name = sess.get_outputs()[0].
name
dt = BaseData.ImageData('1.jpg',
backbone='MobileNet')
input_data = dt.to_tensor()
pred_onx = sess.run([out_name],
{input_name: input_data})
ort_output = pred_onx[0]
idx = np.argmax(ort_output, axis=1)
[0]
if tag[idx] == 'neutral':
    print('宝宝没有伤心，请放心！')
else:
    print('宝宝不开心了，请过来看看吧！
')
```

将模型部署到行空板，也就是将以下文件上传到行空板。

● 部署主程序。

● out_file 文件夹（内含模型转换生成的两个文件）。

● BaseData 文件。

● 提示音效：中性、伤心的音频文件。

主程序如程序 5 所示。

程序5

```
import onnxruntime as rt
import BaseData
import numpy as np
import cv2
import time
from unihiker import Audio
audio = Audio() # 实例化音频
screen_rotation = False
cap = cv2.VideoCapture(0)  # 设置摄像头
编号，如果只插了一个 USB 摄像头，一般是 0
cap.set(cv2.CAP_PROP_FRAME_WIDTH,
320)  # 设置摄像头图像宽度
cap.set(cv2.CAP_PROP_FRAME_HEIGHT,
240)  # 设置摄像头图像高度
cap.set(cv2.CAP_PROP_BUFFERSIZE, 1)
# 设置 OpenCV 内部的图像缓存，可以极大提高
图像的实时性
cv2.namedWindow('camera', cv2.WND_
PROP_FULLSCREEN)  # 窗口全屏
cv2.setWindowProperty('camera', cv2.
WND_PROP_FULLSCREEN, cv2.WINDOW_
FULLSCREEN)  # 窗口全屏
font = cv2.FONT_HERSHEY_SIMPLEX
# 设置字体类型（中性大小的 sans-serif 字体）
sess = rt.InferenceSession('out_file/
babyexpression.onnx', None)
input_name = sess.get_inputs()[0].name
out_name = sess.get_outputs()[0].
name
```

```
cnt = 25
global idx
idx = 0
tag = ['neutral', 'sadness']
def onnx_cls(img):
    dt = BaseData.ImageData(img,
backbone="MobileNet", size=(320,
240))
  input_data = dt.to_tensor()
  pred_onx = sess.run([out_name],
{input_name: input_data})
  result = np.argmax(pred_onx[0],
axis=1)[0]
  return result
cap.open(0)
while cap.isOpened():
  success, image = cap.read()
  cnt = cnt - 1
  if not success:
        print("Ignoring empty camera
frame.")
        break
  if cnt == 0:
        idx = onnx_cls(image)
        if tag[idx] == 'neutral':
          print('result:' + tag[idx])
          audio.start_play('中性.mp3')
        else:
          print('result:' + tag[idx])
          audio.start_play('伤心.mp3')
        cnt = 25
    cv2.putText(image, tag[idx], (0,
70), cv2.FONT_HERSHEY_TRIPLEX, 3,
(150, 0, 180), 3)
    cv2.imshow('camera',image)
    cv2.waitKey(5)
    cap.release()
cv2.destroyAllWindows()
audio.stop_play()
```

在 Mind+ 中连接行空板，Mind+ 运行程序效果如图 7 所示，在行空板上运行程序的效果如图 8 所示。

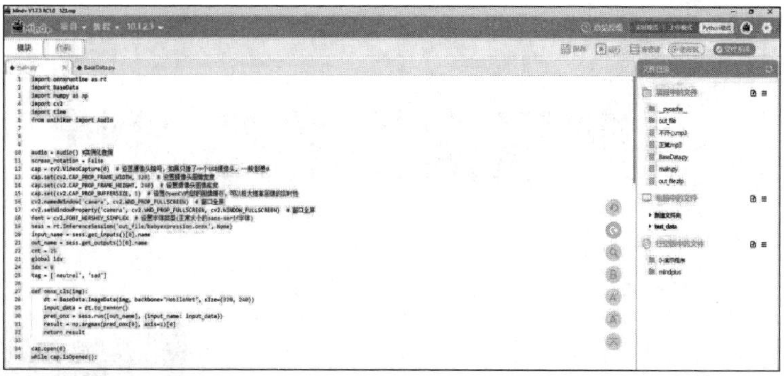

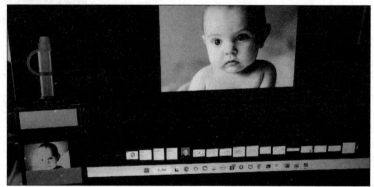

图 7 Mind+ 运行程序效果

图 8 在行空板上运行程序的效果

为了将项目转换成婴儿喜欢的产品，我选取蓝色不锈钢结构件，连接行空板和摄像头，选用蓝牙音箱播放识别结果或儿歌。并将外观设计成能吸引婴幼儿的瓦力机器人小车造型，项目产品如图 9 所示。这样的小车结构，可以扩展成遥控小车，增加互动性，可在幼儿时期继续使用。

结语

本项目旨在借助 XEdu、行空板等软 / 硬件从制作数据集到最终实现 AI 项目部署实践，了解数据集制作、模型训练与推理、模型转换与测试以及模型部署与交互演示的相关知识与流程。

我们从生活中真实情境出发，通过 AI 教育的学习和开发工具 XEdu，完成了智慧医疗项目——基于卷积神经网络的婴儿

图 9 项目产品

表情识别，为解决更多实际问题提供了思路。现在提出一个问题：项目中只分类识别了伤心（sadness）和中性（neutral）两种表情，如何识别婴儿生气、吃惊、高兴等更丰富的表情呢？能否将婴儿哭声和表情结合，更科学地监测婴儿情绪呢？ⓧ

信息技术与化学学科融合案例
——测量食物的酸碱性

| 江曼 杨丽萌 温良 郭力

项目背景

"食物的酸碱性"是人教版高中化学选修1第一册第二章"促进身心健康"的第1节内容。本节内容将食物酸碱性与日常生活饮食相联系，具有趣味性和实用性。食物的酸碱性和化学上溶液的酸碱性不同，对人体有着重要的生理意义。酸碱平衡是人体重要的平衡因素之一，对身体健康和各个器官的正常运行起着重要作用。但人体的自身调控能力有限，我们在日常饮食中可以通过选择不同的食物来维系人体酸碱平衡，保持体内的生理平衡。

本节课联系生活实际，以问题"吃起来酸的东西就是酸性食物吗？"为导向，以柠檬汁为实验对象，对比分析柠檬汁在人体内代谢前后的酸碱性，引导学生将化学和日常生活联系在一起，参与提出问题、实验论证、得出结论的探究过程，深刻体会化学与生活的紧密联系，激发学生的好奇心和对化学的学习兴趣。学生结合学习的酸碱性知识，通过自制的实验装置、Gravity模拟pH传感器等进行实验探究，将信息技术与化学学科融合，通过实验探究认识酸碱性食物的主要性质，可以了解酸碱性食物对人体健康的影响，明白为什么要倡导人们均衡营养，合理膳食。

课前准备

教师准备行空板、模拟pH传感器、SCI采集模块、数据线、泡沫塑料、激光切割椴木板制作的实验架台等材料，准备的实验物品有人工胃液、人工肠液、酸碱滴定管、大小烧杯、酒精灯、柠檬（见图1）。

实验目的

● 通过体外模拟胃肠消化来模拟柠檬汁（见图2）在胃肠道的消化过程，测定模拟胃肠消化过程中柠檬汁酸碱度的变化，对比分析柠檬汁在人体内代谢前后的酸碱性，理解食物酸碱性的定义。

● 了解Gravity模拟pH传感器的使用方法，学习用行空板、SCI采集模块数字化信息系统获得数据并处理实验数据的方法。

● 认识食物酸碱性的生理意义，培养学生用科学方法验证、解决问题的意识，将化学知识融入生活，定制健康食谱。

实验依据

含钾、钠、钙、镁等金属元素较多的物质，在人体内代谢后呈碱性，使体液呈

▌图1 柠檬

▌图2 柠檬汁

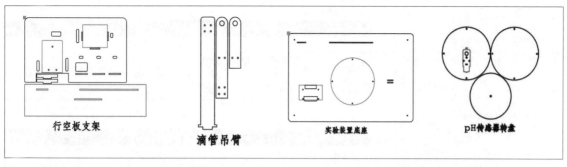

图 3 结构设计

行空板支架　　滴管吊臂　　实验装置底座　　pH传感器转盘

弱碱性。这类食物习惯上被称为碱性食物。柠檬主要含柠檬酸等碳水化合物和钾盐，碳水化合物在小肠内被分解为葡萄糖，葡萄糖经过线粒体被彻底氧化，释放出能量，钾盐最终被人体吸收。

探究思路

将柠檬去皮、去籽，切成碎片，榨成柠檬汁，检测并记录柠檬汁的初始pH值，作为空白对照组。

用人工胃液、人工肠液模拟柠檬汁在胃、肠内的消化，定时提取消化后的柠檬汁，检测其消化一段时间后的pH值，作为实验组。

图 4 组装完成的实验装置

探究过程

制作实验装置

根据使用仪器的大小设计合适的实验架台，并用激光切割机加工出来，进行组装，结构设计如图3所示。

硬件连接及测试

将传感器与行空板连接，编写简单程序进行测试后，按照实验要求将它们正确地连接在一起，组装完成的实验装置如图4所示。

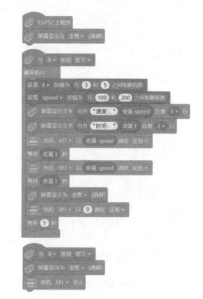

图 5 转盘程序

编写程序

在柠檬汁中分别加入人工胃液和肠液，需要晃动烧杯使溶液进行充分混合，因此我们在烧杯底座处设置了转盘，编写程序使用的编程软件为Mind+，转盘程序如图5所示。

测试pH值的程序，具体如程序1所示。

程序1

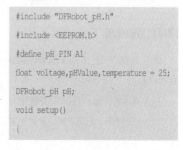

```
#include "DFRobot_pH.h"
#include <EEPROM.h>
#define pH_PIN A1
float voltage,pHValue,temperature = 25;
DFRobot_pH pH;
void setup()
{
```

```
Serial.begin(115200);
  pH.begin();
}
void loop()
{
  static unsigned long timepoint =
millis();
  if(millis()-timepoint>1000U){
  timepoint = millis();
  voltage = analogRead(pH_
PIN)/1024.0*5000;
  pHValue = pH.
readpH(voltage,temperature);
  Serial.print("temperature:");
  Serial.print(temperature,1);
  Serial.print("^C  pH:");
  Serial.println(pHValue,2);
  }
  pH.calibration(voltage,
temperature);
}
```

柠檬汁pH值数据分析

本实验中对模拟消化前后柠檬汁 pH 值的探究思路为：先将柠檬汁与人工胃液进行配比，模拟胃消化，在此期间定时记录消化过程中柠檬汁的 pH 值，并和模拟胃消化前的柠檬汁 pH 值进行对比；在胃消化稳定后，将模拟胃消化后的柠檬汁放入人工肠液中，进行体外模拟肠消化，同时定时记录在此期间柠檬汁的 pH 值，将其与胃消化结束、肠消化开始的柠檬汁进行 pH 值变化对比。

对柠檬汁进行人工胃肠液体外消化的 pH 值数据可以定时取液看溶液的 pH 值，也可以用 SCI 采集模块实时监测。

模拟胃液消化组

胃液消化对照组：100mL 柠檬汁的原始 pH 值。

模拟胃液消化组：100mL 柠檬汁加入 5mL 人工胃液，用泡沫塑料将量杯包

好避光，放在摇动装置上模拟消化，在模拟消化过程中使用 SCI 采集模块实时记录胃液消化柠檬汁的 pH 值，得到的数据如表 1 所示。

模拟肠液消化组

肠液消化对照组：经本次实验观察，模拟胃液消化组的柠檬汁 pH 值是在胃消化 30mim 后趋于稳定，取经胃液消化 30mim 后 pH 值稳定的柠檬汁作为肠液消化对照组。

模拟肠液消化组：105mL 柠檬汁经过模拟胃液消化 30mim 后结束胃消化阶段，作为模拟肠液消化的 0h，测量记录此时的 pH 值，加入 20mL 模拟肠液。用泡沫塑料将量杯包好避光，放在摇动装置上进行持续消化，在模拟消化过程中使用 SCI 采集模块实时记录肠液消化柠檬汁的 pH 值，得到的数据如表 2 所示。

兴致勃勃地看到这里，你心中是否留有疑问：这实验结果是不是有误？明明查阅资料柠檬是碱性食物，可实验结果却是 pH 值6.9，小于7，显酸性。我们和你有同样的疑问，难道实验失败了？我们便开始查找资料，得知人工胃液和人工肠液自身的 pH 值偏酸性，并且其含有的消化酶很少，因此不能和柠檬汁发生充分的体外消化；此外，溶液的温度对实验也会有影响，在

专业的体外消化中会用到恒温水浴的装置。由于现有条件的限制，我们重新寻找新的实验方法来验证柠檬是否为碱性食物。

测试柠檬燃烧后的pH实验过程

通过查阅资料，食物的酸碱性可根据食物完全燃烧后产生的灰分溶于水后溶液的酸碱性划分，酸性食品是指食品灰分溶于水后溶液呈酸性的食物，碱性食品是指食品灰分溶于水后溶液呈碱性的食物。于是，我们决定用柠檬片煅烧成灰的方法替代柠檬在体内消化代谢的过程。

1 将柠檬切成片晒干。

2 使用酒精灯加热晒干的柠檬切片，烧成柠檬灰。

表 1 模拟胃液消化组数据

模拟胃液消化组				
对照组 1	实验组 1			
柠檬汁原始 pH 值	经胃液消化的柠檬汁 pH 值			
	消化 0min	消化 10min	消化 20min	30mim 消化稳定
3.31	3.31	3.2	2.85	2.9

表 2 模拟肠液消化组数据

模拟肠液消化组				
对照组 2	实验组 2			
柠檬汁经 30min 胃液消化后趋于稳定的 pH 值	经肠液消化的柠檬汁 pH 值			
	消化 0min	消化 10min	消化 20min	消化 30min
2.9	2.9	5.7	6.3	6.9

3 将柠檬灰放入烧杯中，倒入少量水，测得柠檬灰粉末液的 pH 值为 5.02。

4 将柠檬灰粉末液进行过滤，得到过滤后的柠檬灰水溶液（没有滤纸，暂用纸巾代替）。

5 实验装置继续沿用上一次做好的装置。考虑到温度的因素，先在烧杯中倒入普通蒸馏水，并测量其 pH 值。把烧杯置于恒温水中，然后加入过滤后的柠檬灰水溶液，使用 SCI 采集模块实时记录溶液的 pH 值。

编写监测溶液 pH 值程序如程序 2 所示。

程序2

```
from dfrobot_rp2040_suab import *
from pinpong.board import Board,Pin
```

```
from pinpong.board import DS18B20
from unihiker import GUI  #导入库文件
import time
gui=GUI()  #实例化 GUI 类
Board().begin()
ds_PIN = Pin(Pin.D24)
ds1 = DS18B20(ds_PIN)
SCI1 = DFRobot_SUAB_IIC(addr=0x21)
while SCI1.begin() != 0:
    print("Initialization Sensor
Universal Adapter Board failed.")
    time.sleep(1)
print("Initialization Sensor Universal
 Adapter Board done.")
x_max = 240
y_max = 320
gui.draw_text(x=60, y=20, text='
柠檬灰水溶液检测')
gui.draw_text(x=0, y=80, text='pH: ')
gui.draw_text(x=0, y=120, text=' 水温: ')
t1 = gui.draw_text(x=90, y=80, text='0')
t2 = gui.draw_text(x=100, y=120, text='0')
t3 = gui.draw_text(x=20, y=260, text='')
while True:
    print("SCI 数据读取: ")
```

```
    pH_Water = SCI1.get_value1(SCI1.
eAD,"pH_Water").strip()
    pH_unit = SCI1.get_unit1(SCI1.eAD,
"pH_Water").strip()
    print("pH: %s %s" % (pH_Water,
pH_unit))
    t1.config(text = "%s" % pH_Water)
    temp_c = ds1.temp_c()
    t2.config(text = "%s℃" % temp_c)
    t3.config(text = time.strftime
("%Y-%m-%d %H:%M:%S", time.localtime()
))
    print("")
```

结合行空板和 Python 可视化，我们可以方便地实现将实时的酸碱度变化曲线（见图 6）显示在显示屏上，便于我们及时掌握实验进展的状态，具体如程序 3 所示。

程序3

```
from dfrobot_rp2040_suab import *
from pinpong.board import Board,Pin
from pinpong.board import DS18B20
from unihiker import GUI  #导入库文件
import time
import numpy as np
from matplotlib import pyplot as plt
```

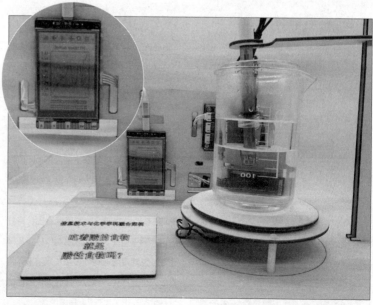

▌图6 酸碱度变化曲线

```
from matplotlib.animation import
FuncAnimation
import matplotlib.animation as
animation
import random
import datetime as dt
gui=GUI()  #实例化 GUI 类
Board().begin()
SCI1 = DFRobot_SUAB_IIC(addr=0x21)
while SCI1.begin() != 0:
print("Initialization Sensor
Universal Adapter Board failed.")
time.sleep(1)
print("Initialization Sensor
Universal Adapter Board done.")
plt.style.use('seaborn-pastel')
#修改图标样式，可以使用 print(plt.style.
available) 打印样式列表
fig = plt.figure()  #创建图像 fig
ax = fig.add_subplot(1, 1, 1)
#增加 1×1 子图
#创建两个列表对应折线图的 x、y 轴数据
xs = []
ys = []
a = 0
#定义动画函数
def animate(i, xs, ys):
    pH_Water = SCI1.get_value1
(SCI1.eAD,"pH_Water").strip()
    xs.append(dt.datetime.now().
strftime('%H:%M:%S')) #x 轴显示时间戳，
时、分、秒
    ys.append(pH_Water)  #y 轴显示 pH 值
    # 限定 xs 和 ys 列表数据范围
    xs = xs[-20:]
    ys = ys[-20:]
    # 根据 xs、ys 绘制折线
    ax.clear()
    ax.plot(xs, ys)
    plt.xticks(rotation=90, ha='
right')
#坐标数值倾斜 45°，数据沿 x 轴正无穷方向偏移
    plt.subplots_adjust(left=0.20,
```

时间	pH 值
11:28:52	5.61
11:28:22	5.62
11:29:52	5.61
11:29:22	5.65
11:30:52	5.64
11:30:22	5.61
11:31:52	5.63
11:31:22	5.63
11:32:52	5.64
11:32:22	5.61
11:33:52	5.62
11:33:22	5.65
11:34:52	5.64
11:34:52	5.71
11:35:22	5.71
11:35:52	5.64
11:36:22	5.63
11:36:52	5.61
11:37:22	5.62
11:37:52	5.81
11:38:22	5.63
11:38:52	5.63
11:39:22	5.83
11:39:52	6.05

时间	pH 值
11:39:22	5.83
11:39:52	6.05
11:40:22	6.86
11:40:52	7.42
11:41:22	7.52
11:41:52	7.98
11:42:22	7.98
11:42:52	8.01
11:43:22	8.1
11:43:52	8.21
11:44:22	8.22
11:44:52	8.19
11:45:22	8.03
11:45:52	8.07
11:46:22	8.05
11:46:52	8.11
11:47:22	8.09
11:47:52	8.06
11:48:22	8.09
11:48:52	8.13
11:49:22	8.1
11:49:52	8
11:50:22	8.14
11:50:52	8.05
11:51:22	8.12
11:51:52	8.08
11:52:22	8.06

时间	pH 值
11:52:22	8.06
11:52:52	8.1
11:53:22	8.12
11:53:52	8.03
11:54:22	8.1
11:54:52	8.05
11:55:22	8.05
11:55:52	8.07
11:56:22	8.05
11:56:52	8.13
11:57:22	8.1
11:57:52	8.07
11:58:22	8.13
11:58:52	8.14
11:59:22	8.12
11:59:52	8.08
12:00:22	8.1
12:00:52	8.08
12:01:22	8.08
12:01:52	8.05
12:02:22	8.07
12:02:52	8.12
12:03:22	8.12
12:03:52	8.08
12:04:22	8.12
12:04:52	8.04
12:05:22	8.08

图 7 加入柠檬灰水溶液的 pH 值

```
bottom=0.20) #限制图标的区域边界
    plt.title('lemon water pH') #图标标题
#调用 animation 方法，对象：画布 fig；
动画函数：animate；函数调用数值：(xs, ys)；
数据更新频率 interval=1000 ms
ani = animation.FuncAnimation(fig=fig,
                              func=animate,
                              fargs=(xs, ys),
                              frames=100,
                              #init_func=init,
                              interval=1000,
                              blit=False)
#画布显示
plt.show()
```

收集到加入柠檬灰水溶液的 pH 值如图 7 所示，实验数据表明在恒温水中加入柠檬灰水溶液后，pH 值由最初的 5.6 变到 8.1 左右。由此实验数据可以看出，将柠檬切片晒干烧成灰，加入水制作柠檬灰浸泡液，过滤浸泡液得到柠檬灰水溶液，将其放入恒温水中，经过一段时间反应后的 pH 值是 8.08，大于 7，呈碱性。

思考

为什么模拟胃肠液消化柠檬实验数据有问题？做化学实验本身是一件非常严谨的事情，要考虑到实验的各个方面，在本实验中要注意：模拟体外消化就要考虑到人的肠胃液温度是 36~37℃，实验过程中溶液要一直处于恒温状态；人在消化过程中肠胃要蠕动，所以要有振动装置实现这一效果；人的肠胃液中会分泌各种酶促进食物的消化，而人工肠胃液中酶的含量比较少，不能很好地使柠檬汁和肠胃液充分发生反应。这些都是有可能导致实验数据有误的影响因素。

这也让我们明白了要想做好一个实验，一定要提前查阅各种资料，列出可能的影响因素和问题，并在条件允许的情况下一一解决，而且在真正做实验之前可以先拿 pH 试纸测试混合好溶液的 pH 值，这样有了前期的测试数据作为依据，更容易开展后续的实验。

结语

根据实验验证了食物的酸碱性与食物本身测出来的 pH 值大小没有直接关系，原来吃起来酸的东西未必就是酸性食物，酸酸的柠檬就是碱性食物。我们人体体液的 pH 值在 7.35~7.45 范围内，超过这个范围人体就会处于亚健康状态，我们吃入的食物分为酸性食物和碱性食物，所以在日常生活饮食中，大家要保持健康的饮食习惯，进行合理搭配，均衡膳食，通过食物的选择来控制体内的酸碱平衡。ⓦ

上海人工智能实验室
Shanghai Artificial Intelligence Laboratory

新一代人工智能教师成长营

由上海人工智能实验室主办，活动旨在为一线教师、师范生提供线上公益课程和教学案例，推进新一代人工智能落地中小学课堂，打造开源开放的智能教育生态。全球高校人工智能学术联盟、中国人工智能学会教育工作委员会和中国教育技术协会信息技术教育专业委员会（创客与跨学科教育研究组）联合承办此次活动。

安全驾驶小助手

▌苗斌 李惠乾 张雅君

道路交通事故严重威胁着人们的生命财产安全，疲劳驾驶是引起交通事故的主要因素之一。利用现代科技准确、有效地识别驾驶员的驾驶状态，并辅以相应的预防措施，是减少行车安全隐患的措施之一。于是我们基于人工智能技术设计了一款安全驾驶小助手，通过检测驾驶员的眼睛和嘴巴开合状态，来判断是否出现疲劳驾驶现象，并针对疲劳驾驶情况设计相应的预警方案。

制作过程

本项目基于OpenInnoLab平台完成，工作原理如图1所示，具体制作过程如下。

COCO数据集制作

1. 整理图片

首先根据数据集制作目标，对图片进行筛选与按顺序重命名；接着采用PowerToys将图片大小统一为256像素×256像素；最后将图片划分为训练集与验证集，分别新建名为 train 和 test 的两个文件夹存放图片。

2. 标注图片

本项目通过 OpenInnoLab 平台的在线数据标注工具进行图片标注（见图2）。首先，上传本地整理好的图片文件夹 train 和 test；其次，设置图片类别属性为 closed_eye、closed_mouth、open_eye 和 open_mouth；再次，对照类别标签和图片目标区域，逐一进行画框标注；最后，通过创建数据集完成数据标注工作。

3. 转换格式

COCO 数据集是一个大型数据集，是 XEdu 中 MMEdu 的 MMDetection 模块唯一支持的数据集类型。为训练自行创建的数据集，本项目需要将已标注的数据集转换成 COCO 格式。首先，在项目文件中的数据集部分引入已标注的数据集；接着通过格式转换脚本完成数据集格式转换；然后在同级目录下重命名已完成格式转换的数据集文件夹；最后，将 COCO 数据集文件夹下载到本地，为使用 MMEdu 的目标检

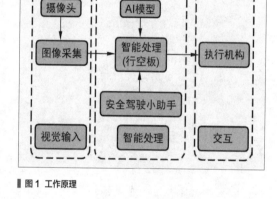

▌图1 工作原理

测模块进行训练做好准备。数据集格式转换如程序1所示。

程序1

```
# 新建 COCO 格式数据集文件夹
import os # 导入库
import shutil # 导入处理文件夹、压缩包处理块
```

▌图2 在线标注图片

```python
path='/data/14A0L9/safedriving'
# 数据集地址
# 检测有无 "coco/data/annotations" 文件
夹，若无则创建该文件夹
if not os.path.exists('coco/data/
annotations'): os.makedirs('coco/
data/annotations')
if not os.path.exists('coco/data/
images'):
    os.makedirs('coco/data/images')
    # 设定目标文件夹路径为 "coco/data/
images"
copy_path = "coco/data/images"
# 将标注数据集复制到新建的 COCO 格式 data
文件夹下
import os   # 导入 os 模块
import shutil  # 导入 shutil 模块
    # 定义复制图片函数，参数 src_path 代表
源文件夹路径，dst_path 代表目标文件夹路径
def copy_images(src_path, dst_path):
    src_subfolders = os.listdir(src_
path)  # 获取源文件夹下所有文件夹的名字
    for subfolder_name in src_
subfolders:  # 遍历源文件夹下的所有子文件
夹名称
        src_subfolder_path = os.path.
join(src_path, subfolder_name)
        if os.path.isdir(src_subfolder_
path):  # 判断该路径是否为文件夹，如果是
文件夹，则创建新文件夹
            dst_subfolder_path = os.path.
join(dst_path, subfolder_name)
            if not os.path.exists(dst_
subfolder_path):
                os.makedirs(dst_subfolder_path)
            # 判断子文件夹中是否有 .jpg 或 .png 格式的
图片
            for img in os.listdir(src_subfolder
_path):
                # 复制 .jpg 和 .png 格式的图片
                if img.endswith('.jpg') or img.
endswith('.png'):src_img_path =
os.path.join(src_subfolder_path, img)
                dst_img_path = os.path.join(dst_
subfolder_path, img)
                # 复制图片
                shutil.copy(src_img_path, dst_img_
path)
print("图片已复制成功")  # 复制完成后输
出提示信息
    # 调用函数，将 path 文件夹下的图片复制到
copy_path 文件夹中
    copy_images(path,copy_path)
    # 将训练数据集和测试数据的标注数据格式转
换为 COCO，并存储在 "ata/annotations/"
路径下
    # 引入 json 和 os 模块
import json
import os
    # 读取 json 文件函数
def read_json(file_path):
    with open(file_path, 'rb') as
jsonfile:
        return json.load(jsonfile)
        # 写入 json 文件方法
def write_json(data, file_path):
    with open(file_path, 'w') as
jsonfile:
        json.dump(data, jsonfile,indent=1)
        # 将数据转换为 COCO 格式的函数
def convert_data_to_coco_format(input_
dir,output_dir):
    load_path = input_dir
    save_file1 = os.path.join(output_
dir, 'train.json')
    save_file2 = os.path.join(output_
dir, 'valid.json')
    save_txt = os.path.join(os.
path.join(output_dir.split('/')
[0],output_dir.split('/')[1]),
'classes.txt')
    if os.path.exists(save_file1):
        # 如果保存文件 1 已存在，则删除
        os.remove(save_file1)
        # 读取标签和使用的标签
        labels_json = os.path.join(input_
dir, 'labels.json')
        used_labels_json = os.path.
join(input_dir, 'used_labels.json')
        # 初始化 train_out、val_out 以及 cid
字典
        train_out = {"images":[],
"type":"instances","annotations":[],
"categories":[]} val_out =
{"images":[],
"type":"instances","annotations":[],
"categories":[]}
        cid = {}
        save = open(save_txt, "a")
        # 循环读取标签
        files = read_json(labels_json)
        for id, c in enumerate(files):
            # 将标签添加到字符串流中
            save.write(c["name"]+"\n")
            # 将标签添加到 train_out 和 val_out 中
            train_out["categories"].append
({"supercategory":"None","id":id,
"name":c["name"]})
            val_out["categories"].
append({"supercategory":"None",
"id":id,"name":c["name"]})
            cid[c["id"]] = id
        save.close()
# 初始化
        annotation_train_id = 0
        img_train_id = 0
        annotation_val_id = 0
        img_val_id = 0
        test_num = 0
        # 循环读取使用的标签
        files = read_json(used_labels_json)
        for id, f in enumerate(files):
            # 如果不是 train 或 test 数据，则跳过
            if f['filePath'].count('train') == 0
and f['filePath'].count('test') == 0:
                continue
            # 处理 train 数据
            if f['filePath'].count('train') !=
0 and len(f['datalabelIds']) > 0:
```

```
p = load_path + f['filePath'].
split('.')[0]+'.json'
  single = read_json(p)
  s1 = json.loads(single['rectTool'])
['step_1']['result']
  s2 = json.loads(single['rectTool'])
  num = len(s1)
  s1 = s1[0]
  name = f['filePath'].split('/')[-1]
# 将 train 数据添加到 train_out 中
train_out["images"].append({"file_name"
:str(name),"height":s2["height"],"widt
h":s2["width"],"id":img_train_id})
  for i in range(num):
  s = json.loads(single['rectTool'])
['step_1']['result'][i]
train_out["annotations"].
append({"id":annotation_train_id,
"image_id":img_train_id,"ignore":
0,"category_id":cid[s["attribute"]],
"area":int(s["height"])*int(s[
"width"]),"iscrowd":0,"bbox":
[int(s["x"]),int(s["y"]),int
(s["width"]),int(s["height"])]})
  annotation_train_id += 1
  img_train_id += 1
  # 处理 test 数据
  if f['filePath'].count('test') !
= 0 and len(f['datalabelIds']) > 0:
  p = load_path + f['filePath'].
split('.')[0]+'.json'
  single = read_json(p)
  s1 = json.loads(single
['rectTool'])['step_1']['result']
  s2 = json.loads(single
['rectTool'])
  num = len(s1)
  s1 = s1[0]
  name = f['filePath'].
split('/')[-1]
# 将 test 数据添加到 val_out 中
val_out["images"].append({"file_name":
str(name),"height":s2["height"],
```

```
"width":s2["width"],"id":img_val_
id})
  for i in range(num):
  s = json.loads(single
['rectTool'])['step_1']['result'][i]
val_out["annotations"].append({"id":
annotation_val_id,"image_id":
img_val_id,"ignore":0,"category_id":
cid[s["attribute"]],"area":
int(s["height"])*int(s["width"]),
"iscrowd":0,"bbox":[int(s["x"]),
int(s["y"]),int(s["width"]),
int(s["height"])]})
  annotation_val_id += 1
  img_val_id += 1
  test_num += 1
  # 将 train_out 写入 save_file1 中,
将 val_out 写入 save_file2 中
  write_json(train_out, save_file1)
  write_json(val_out, save_file2)
  print("训练数据格式转换已完成")
# 运行转换函数
convert_data_to_coco_format(path
[0:(len(path)-len(path.split("/")
[-1]))], output_dir='coco/data/
annotations/')
```

模型训练与推理

（1）在 OpenInnoLab 平台的项目中上传事先标注好的 COCO 格式数据集。

（2）导入库并实例化模型，MMDetection 模块主要用于图片目标检测，内置了常见的图片分类网络模型，本次训练使用的网络模型是 SSD_Lite，这是一个著名的针对检测任务的卷积神经网络模型。

（3）配置基本信息，基本信息包括 3 类，分别是图片分类的类别数量（model.num_classes）、模型保存的路径（model.save_fold）和数据集的路径（model.load_dataset）。由于有静眼、闭眼、张嘴、闭嘴一共 4 类图片，所以图片分类的类别设为 4，填写数据集的路径和文件保存的路径，完成基本信息配置。

（4）利用预训练模型 pretrain_ssdlite_mobilenetv2.pth 进行训练，减少模型训练时间，增加模型训练准确度。训练程序中，训练轮数 epochs 设为 100，学习率 lr 设置为 0.0005，批次大小 batch_size 设置为 4。

（5）进行训练结果的推理。根据检测准确率，进一步调整 lr、epochs 等参数继续训练，可基于原有预训练模型接着训练，也可以更换其他网络模型重新训练。

模型训练如程序 2 所示。

程序2

```
from MMEdu import MMDetection as det
model = det(backbone='SSD_Lite')
model.num_classes = 4
model.load_dataset(path='/data/
FXK132/savedriving')
model.save_fold = 'checkpoints/det_
model/cat_dog/non_pretrained'
checkpoint = 'checkpoints/det_model/
pretrain_ssdlite_mobilenetv2.pth'
model.save_fold = 'checkpoints/det_
model/cat_dog/pretrained'model.
train(epochs=100,lr=0.0005,validate
=True,batch_
size=4,device='cuda',checkpoint
=checkpoint)
img = "/data/FXK132/savedriving/
images/test/0241.jpg"
checkpoint = "checkpoints/det_model
/pretrain_ssdlite_mobilenetv2.pth"
class_path = '/data/FXK132/
savedriving
/classes.txt'
result=model.inference(image=img,
show=True,class_path=class_path,
checkpoint=checkpoint,device='cuda')
r=model.print_result(result)
```

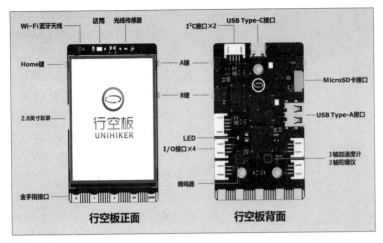

图3 结构设计

模型转换与部署

模型转换

本项目基于行空板（见图3）进行模型转换与部署。行空板是一款拥有自主知识产权的国产教学用开源硬件，采用微型计算机架构，集成 LCD 彩屏、Wi-Fi、蓝牙、多种常用传感器和丰富的扩展接口。同时，其自带 Linux 操作系统和 Python 编程环境，预装了常用的 Python 库，便利性和扩展性良好。

确定硬件后，需要将平台中训练完成的模型文件转换成可在行空板中正常运行的文件。模型转换过程需要依赖平台中的一些库文件，因此本项目克隆平台中的"无人检测小助手"项目，将训练好的文件导入，并修改相关参数，具体操作如下。

（1）上传标签和训练完成的模型，如图4所示。

（2）安装 onnx、onnxruntime、onnxsim 等相关依赖库。

（3）修改相关路径，运行转换程序，生成相关文件，用 MMDetection 中的 SSD_Lite 对 COCO 数据集的权重进行下载与模型转换，模型转换后的文件夹会

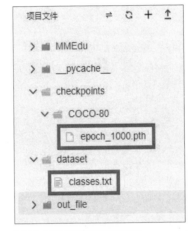

图4 上传标签及训练完成的模型

输出两个文件，分别是 COCO-4.onnx 和 COCO-4.py，具体如程序3所示。

程序3

```
model = det(backbone='SSD_Lite')
model.num_classes = 4  # 标签数
checkpoint = 'checkpoints/COCO-80/
epoch_1000.pth'  # 模型路径
out_file="out_file/COCO-4.onnx"  # 输出
文件保存位置
model.convert(checkpoint=checkpoint,
backend="ONNX", out_file=out_file,
class_path='dataset/classes.txt')
# 该段程序不可在平台中运行，需要依赖硬件设备
import onnxruntime as rt
import BaseData
```

```
import numpy as np
import cv2
cap = cv2.VideoCapture(0)  # 设置摄像头
编号，如果只插了一个 USB 摄像头，基本上是 0
ret_flag, image = cap.read()
cap.release()
image = cv2.resize(image,(320,320))
tag = ['closed_eye', 'closed_mouth',
'open_eye', 'open_mouth']
sess = rt.InferenceSession('out_file/
COCO-4.onnx', None)
input_name = sess.get_inputs()[0].name
output_names = [o.name for o in sess.
get_outputs()]
dt = BaseData.ImageData(image,
backbone="SSD_Lite")
input_data = dt.to_tensor()
outputs = sess.run(output_names,
{input_name: input_data})
boxes = outputs[0]
labels = outputs[1][0]
img_height, img_width = image.
shape[:2]
size = min([img_height, img_width])
* 0.001
text_thickness = int(min([img_height,
img_width]) * 0.001)
idx = 0
for box in zip(boxes[0]):
    x1, y1, x2, y2, score = box[0]
    label = tag[labels[idx]]
    idx = idx + 1
    caption = f'{label}{int(score *
100)}%'
    if score >= 0.15:
(tw,th),_=cv2.getTextSize(text
=caption,fontFace=cv2.FONT_
HERSHEY_SIMPLEX,fontScale=size,
thickness=text_thickness)
    th = int(th * 1.2)
    cv2.rectangle(image, (int(x1), int(y1)),
(int(x2), int(y2)), (255, 0, 0), 2)
    cv2.putText(image,caption,
```

```
(int(x1),int(y1)),cv2.FONT_HERSHEY_
SIMPLEX,size,(255,255,255),text_
thickness, cv2.LINE_AA)
cv2.imwrite("result.jpg", image)
```

模型部署

（1）将转换完成的模型文件依次上传，从转换后的文件中下载对应的压缩模型文件（见图5）。

（2）将下载的文件进行解压，解压后会看到如图6所示的文件列表。

（3）从 .\out_file 文件夹中复制出 .py 文件，将其程序修改并保存为 main.py，放置在 BaseData.py 同级目录下。

（4）将整个文件夹进行压缩，压缩格式为 .zip。

（5）连接行空板，将行空用 USB 数据线与计算机连接，打开计算机端浏览器，键入 10.1.2.3 进入行空板操作界面（见图7）。

（6）单击网络设置，选择 Wi-Fi 并输入密码后单击"连接"，连接成功后当前地址会显示一段 IP 地址，表示网络连接正常（见图8）。

（7）将准备好的压缩文件上传（见图9）。

（8）单击"应用开关"→"Jupyter"→"打开页面"（见图10）。

（9）进入 Jupyter Notebook 后，单击"新建"→"终端"，输入命令"pip3

图5 转换后生成的压缩文件

install onnxruntime"，并按回车键，等待库安装，库安装成功如图11所示。

（10）解压文件，进入文件夹命令为 cd upload，解压命令为 unzip imagenet.zip。

至此相关程序的部署任务已经全部完成，此时在行空板中运行 main.py 文件，会看到相关的检测结果，睁眼、闭嘴和闭眼、张嘴的识别结果分别如图12和图13所示，具体实现如程序4所示。

程序4

```
import onnxruntime as rt
import cv2 # 导入库
import BaseData # 导入模块
tag = ['closed_eye', 'closed_mouth',
'open_eye', 'open_mouth'] # 标签列表
sess = rt.InferenceSession('out_file
/COCO-4.onnx', None) # 加载模型文件
input_name = sess.get_inputs()[0].
name
output_names = [o.name for o in sess.
get_outputs()]
def onnx_detection(image):
  dt = BaseData.ImageData(image,
backbone="SSD_Lite")
  input_data = dt.to_tensor()
  outputs = sess.run(output_names,
{input_name: input_data})
  return outputs
cap = cv2.VideoCapture(0)
while cap.isOpened():
  ret, image = cap.read()
  if image is None:
    break
  if ret:
    image = cv2.resize(image,
(320,320))
    outputs = onnx_detection(image)
    boxes = outputs[0]
    labels = outputs[1][0]
    img_height, img_width = image.
shape[:2]
```

图6 生成的文件列表

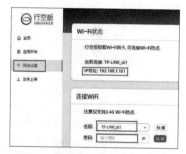

图7 行空平台界面

图8 网络连接正常

图9 文件上传

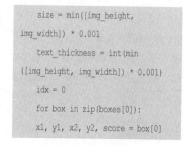

图10 打开页面

```
    size = min([img_height,
img_width]) * 0.001
    text_thickness = int(min
([img_height, img_width]) * 0.001)
    idx = 0
    for box in zip(boxes[0]):
    x1, y1, x2, y2, score = box[0]
```

```
Requirement already satisfied: pyparsing!=3.0.5,>=2.0.2 in /usr/local/lib/python3.7/dist-packages (from packaging->onnxrunt
ime) (3.0.7)
Requirement already satisfied: mpmath>=0.19 in /usr/local/lib/python3.7/dist-packages (from sympy->onnxruntime) (1.2.1)
Installing collected packages: numpy, humanfriendly, coloredlogs, onnxruntime
  Attempting uninstall: numpy
    Found existing installation: numpy 1.21.5
    Uninstalling numpy-1.21.5:
      Successfully uninstalled numpy-1.21.5
Successfully installed coloredlogs-15.0.1 humanfriendly-10.0 numpy-1.21.6 onnxruntime-1.13.1
WARNING: Running pip as the 'root' user can result in broken permissions and conflicting behaviour with the system package
manager. It is recommended to use a virtual environment instead: https:/
WARNING: You are using pip version 22.0.3; however, version 22.3.1 is available.
You should consider upgrading via the '/usr/bin/python -m pip install --upgrade pip' command.
```

▌图11 库安装成功

```
    label = tag[labels[idx]]
    idx = idx + 1
    caption = f'{label}{int
(score * 100)}%'
    if score >= 0.15:
        (tw, th), _ = cv2.
getTextSize(text=caption, fontFace=
cv2.FONT_HERSHEY_SIMPLEX, fontScale=s
ize, thickness=text_thickness)
        th = int(th * 1.2)
        cv2.rectangle(image,
(int(x1), int(y1)), (int(x2),
int(y2)),(255, 0, 0), 1)
        cv2.putText(image,
caption, (int(x1), int(y1)), cv2.
FONT_HERSHEY_SIMPLEX, size,
(255, 255, 255),
        text_thickness, cv2.LINE_AA)
        cv2.imshow('frame',image)
    if cv2.waitKey(20) & 0xFF ==
ord('q'):
        break
cap.release()
```

项目测试与改进

测试技巧

为了便于在计算机端拍摄视频，可通过计算机远程桌面输入行空板对应的 IP 地址，在计算机端动态显示视频检测。对已经部署完成的模型进行测试，测试结果如图 14 和图 15 所示。

测试发现，当摄像头位于右 45° 位

▌图12 睁眼、闭嘴

▌图13 闭眼、张嘴

▌图14 右 45° 识别测试

▌图15 正面识别测试

置时，人脸识别准确率大多超过 90%；当摄像头位于人脸正面位置时，人脸识别准确率会低于 50%。通过查阅相关资料发现，本项目数据集中图片大多都是从右 45° 方向拍摄的，导致其他角度的样本数据不足，由此造成准确率的不稳定。后期将从不同方向拍摄图片，重新制作数据集，提高识别准确率。

改进方向

后期改进将会加入具有语音提示功能的电子模块，对检测到的数据信息进行分析。当闭眼超过一定时间，及时提醒用户；或者在一定时间内检测到张嘴和闭眼的次数超过一定数值时，进行语音报警提醒，以更加人性化的方式，实现对疲劳驾驶的监测。

结语

经测试，本项目设计的安全驾驶小助手能够实现对人眼和嘴巴状态的动态监测，可以较为准确地识别疲劳驾驶状态。该方法不仅可用于监测疲劳驾驶，还可以应用于需要集中注意力的地方，如学习状态、办公状态等疲劳状态检测场景中，具有较为广泛的应用前景。

结合中小学人工智能教学现状，本项目设计了详细的教学内容，从疲劳驾驶的真实问题出发，借助人工智能技术解决疲劳驾驶问题，可满足人工智能教学需求。Ⓧ

国产晶体管收音机的银色时代（上）

▌田浩

20世纪60年代至20世纪70年代期间，人类在航天科技领域取得了突飞猛进的成就，以银白色调为主的航天器外观风格，成为了那个时代前沿科技产品的典型象征。在这样的背景下，收音机、录音机等电子产品的外观纷纷流行起银白色和银灰色，从而成就了持续约20年的电子产品银色时代。新中国的电子产品外观设计虽然在很长时间内保持着相对独立的状态，但中国的设计人员也注意到了银色时代的设计特色，并将这种设计风格融合到以晶体管收音机为主的国产设备中去。这一时期的国产晶体管收音机具有怎样的外观特点？本系列文章将选取几款典型的便携式和台式晶体管收音机，向大家展现出中国电子产品在银色时代的风采。

在20世纪60年代，与在电子产品中存在已有近半个世纪的电子管技术相比，体积小巧、功耗低的晶体管技术更加引人注目。从欧美各发达国家到中国，技术人员纷纷采用新兴的晶体管设计电子产品，制造出只需要安装电池就能随时使用的收音机。20世纪60年代末70年代初，中国在袖珍式、便携式晶体管收音机的研制方面已经取得了一定的成绩，这些在评选中脱颖而出的收音机（见图1）通常也是具有典型银色时代外观风格的产品。

在具备银色时代风格的国产晶体管收音机中，大面积的银色铝制面板和黑色机壳的搭配使春雷401型晶体管收音机（见图2）的外观具有非常典型的银色时代风格特征。春雷401型晶体管收音机内部结构如图3所示，其精心设计节省了晶体管用量，只用4个晶体管实现超外差式整机电路，运行功耗电路也充分体现了晶体管技术适合大众化普及。研发这款收音机的工程师选用了口径较大的扬声器（口径为80mm的外磁式扬声器），将其安装在规格为17.4cm×11cm×4.6cm的机壳内，在设计电路板的形状时，充分考虑了与扬声器轮廓匹配的曲线侧边，提高了收音机内部元器件布置的紧凑程度。

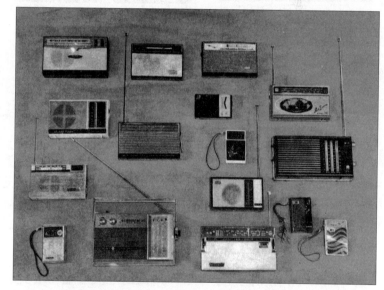

▌图1 20世纪70年代初评选的国产优秀晶体管收音机。其中有多款收音机都采用了黑色塑料机壳与银色面板或装饰条匹配的设计风格（原载于《无线电》1973年第2期）

春雷401的整机电路中包含变频级晶体管3AG1C、中放兼容复低放级晶体管3AG1B、低放级晶体管3AX31B、滑动甲类功放级晶体管3AX81B共4个三极管。为改善对相近电台信号的分辨性能，在中放兼来复低放级晶体管发射极电阻两端，并联了陶瓷滤波器2L465A。值得一提的是，除了仅需1个晶体管的滑动甲类功率放大电路，在这款收音机的变频级和中放兼来复低放级还分别应用了1个阻容组合

▌图2 春雷401型晶体管收音机前部外观。大面积的银色面板看上去十分醒目

元器件，这也是提高元器件布置紧凑程度的积极尝试。组合元器件的外观看上去像一个扁平的圆角方形陶瓷电容。变频器的

■ 图3 春雷401型晶体管收音机内部结构。这是一款以节省晶体管用量为设计目标的普及收音机，也注重提升内部元器件布局的紧凑程度，尽可能缩小整机体积

■ 图4 凯歌4B15-A型晶体管收音机前部外观。大面积的黑色是这款收音机的主色调，辅以银色的边框装饰

■ 图5 凯歌4B15-A型晶体管收音机内部结构。这款收音机的元器件布局沿用了经典机型凯歌4B12的方案

■ 图6 长江602型晶体管收音机前部外观。银白色金属密孔面板覆盖了该收音机前部除刻度盘外的全部面积

■ 图7 长江602型晶体管收音机内部结构。电路板和较大口径扬声器的搭配布局方案与春雷401型晶体管收音机颇为相似

■ 图8 红灯2701型晶体管收音机前部外观。这款收音机的金属面板上，将卫星的飞行轨迹与印制有地球图案的椭圆形扬声器区域巧妙结合起来，以庆祝新中国成功发射第一颗人造卫星

■ 图9 红灯2701型晶体管收音机内部结构，元器件的布置相当紧凑。安装在侧面的双联调谐电容采用了可消除回差的减速齿轮

组合元器件包含1个22kΩ和1个10kΩ的电阻以及1个0.033μF的电容；中放兼来复低放级的组合元器件包含1个2kΩ电阻和1个0.01μF电容。

像春雷401这样仅有4个晶体管的收音机虽然很好地节省了晶体管用量，实现了降低成本的目标，但在整机灵敏度和输出功率等性能上难免做出一定程度的牺牲。为了让没有电网供电的偏远地区能够使用晶体管收音机，当时以管数量和整机性能两方面取得更好平衡的6个晶体管的收音机受到了中国电子产业的重视。相应地，也有更多具备银色风格的6管晶体管收音机问世。

出自上海的凯歌4B15-A型晶体管收音机（见图4）是一款具有银色风格的典型产品。凯歌4B15-A的外观配色风格与春雷401相反，黑色塑料栅条占据大部分面积，银色边框只作为点缀。当然，这也是银色时代收音机一种典型的外观配色方案。凯歌4B15-A型晶体管收音机内部结构如图5所示，元器件布局也充分考虑了大口径扬声器的安装需求。在外观设计丰富多样的6管收音机中，也有外观风格与

凯歌4B15-A形成鲜明对比的机型，例如长江602型晶体管收音机（见图6），这款收音机前部除刻度盘外，全部由银白色的金属面板覆盖。长江602型晶体管收音机内部结构如图7所示，内部电路板、扬声器、电池充放空间的布局与春雷401十分相似，由于有更充裕的空间安装电路板，其电路板的轮廓为标准的矩形。

为了追求更高、更稳定的整机信号放大性能，7管收音机和8管收音机也逐渐受到人们青睐。红灯2701型晶体管收音机（见图8）是一款在外观设计中融合了鲜明中国特色的银色风格收音机。1970年4月24日，中国发射了国产的第一颗人造地球卫星"东方红1号"，这一鼓舞人心的历史性事件以图案的形式被记录在红灯2701型收音机的外观中，作为时代的纪念。红灯2701型晶体管收音机内部结构如图9所示，电路设计采用了有利于提高布局紧凑程度的内磁式扬声器和侧置调谐电容等细节，同时利用可消除回差的减速齿轮延长了调谐指针的移动行程，为用户带来了更好的操作体验，总体上来说是一款设计

优良的收音机。红灯2701的产量很大，至今仍有相当多的存世量，其外观除了图8中所示的造型，也有几款略作变化的方案，例如将白底黑字变为黑底白字、加上人造卫星发射成功的日期等。

与红灯2701型收音机一样成为时代记忆的量产收音机，还有红旗804型晶体管收音机（见图10）。红旗804型晶体管收音机内部结构如图11所示，作为一款采用经典电路设计的8管收音机，其混频电路和本机振荡电路各用1个3AG1D三极管实现，以取得稳定的本机振荡信号，使收音机具有更高的灵敏度和更好的稳定性。振荡信号通过电感耦合方式注入混频管的发射极，这款收音机的2个短波波段共用1个振荡线

图10 红旗804型晶体管收音机前部外观。大面积的银白色铝制面板和黑色塑料条形成了对比鲜明的视觉效果

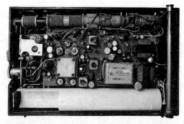

图11 红旗804型晶体管收音机内部结构。这款收音机的电路设计相当经典，曾被多款同期收音机参考借鉴

图12 上海312A型晶体管收音机前部外观。作为一款从上海312型台式机衍生而来的便携式收音机，新增的手提杆和大面积的银色面板是其外观风格相对于上海312型收音机的最明显区别所在

圈，频率较低的短波1采用振荡频率的基波，频率较高的短波2采用振荡频率的二次谐波，既提高了元器件利用率，又保障了收音机性能。此外，为方便用户调谐，其短波波段也设有频率微调电路。红旗804型收音机的外观设计相当经典，采用银白色为主、黑色为辅的配色方案，很好地诠释了银色时代的外观设计理念。红旗804无论在外观设计方面，还是在内部电路设计方面，都曾是同期国产同类收音机参考借鉴的楷模。

当然，如果要讨论20世纪60年代至20世纪70年代国产性能最杰出的7管收音机，没有人可以对上海312型晶体管收音机避而不谈。这款7管收音机拥有令人赞不绝口的功能设计和性能参数，在多个方面都体现出了那个时代国产电子产品的杰出水平。上海312型收音机规格为30cm×9cm×15.4cm，质量约2.7kg，在保持机芯不变的情况下，改变了前面板配色风格，增加手提杆，就成为了上海312A型晶体管收音机（见图12），其具

有明显的银色时代风格特征：大面积的银色面板，以黑色为主的字体、按键和旋钮。

为保持整体外观风格一致，上海312A型收音机原有的浅黄色后盖板也被改成上海312A的黑色盖板（见图13）。上海312A型晶体管收音机内部结构及电池盒如图14所示，典型配置的电池盒毫无悬念地采用了黑色材质，其与机壳内触点的配合方案等技术细节则并无改变。本着在有限的机壳空间内尽量安装较大口径扬声器的原则，上海312A型收音机也采用了与上海312型收音机相同的160mm×100mm口径的扬声器（见图15），使其优良的音质性能得到充分发挥。

作为晶体管收音机，上海312A的最杰出之处在于其电路设计（见图16）。为提高性能，设计这款收音机的工程师在很多方面做出了努力。例如，在变频级，为提高第3短波波段（14~22MHz）的接收性能，采用本机振荡的2次谐波实现变频。在中放级，为兼顾良好的选择性和

足够宽的通频带（前者关系到对频率相近电台信号的分辨能力，后者关系到音频信号的音质），采用了2对双调谐中频变压器和1个单调谐中频变压器，使中放级具备8kHz的通频带和超过30dB增益的选择性能，并且2级中放电路的总增益也达到了60dB。在低音放级，设置了高低音联合衰减式音调调节电路，在收听音乐类节目时，用户可以用音调电位器进行高音衰减的持续调节；在收听语言类节目时，用户可以用音调电位器上设置的同轴开关迅速衰减低音以便听到更清晰的讲话内容。2个3AX81型的功放三极管最大可以达到1W的输出功率，使这款收音机具有洪亮而清晰的输出音效。总体来说，作为一款较常见的中高档收音机，上海312型收音机和上海312A型收音机的各项性能指标上都令人相当满意。

需要指出，在具有银色时代风格的国产便携式晶体管收音机中，也有一些在性能上相当杰出的高端收音机。红灯733-1

图13 上海312A型晶体管收音机后部外观。与上海312型收音机的浅黄色后盖板相比，这款收音机的后盖板开孔位置及形状均无变化，仅材质改为黑色塑料制成

图14 上海312A型晶体管收音机内部结构及电池盒。在国产7管收音机中，上海312型收音机和上海312A型收音机普遍被认为是性能最杰出的产品

图15 上海312A型晶体管收音机扬声器。尽可能采用较大口径的扬声器，为这款产品的优良音质提供了可靠保障

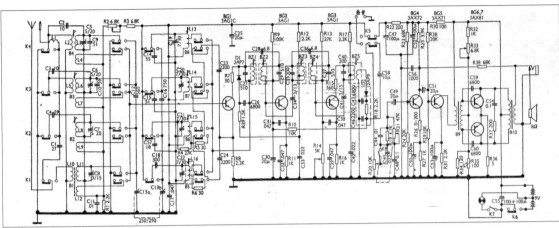

▌图16 上海 312A 型晶体管收音机电路。这款收音机的短波接收范围广，整机灵敏度高、通频带宽，输出音质在同期的中小型晶体管收音机中名列前茅

▌图17 红灯 733-1 型晶体管收音机前部外观。作为国产晶体管收音机中少见的大型便携式收音机，这款产品充分地体现出当时中国量产高端晶体管收音机具备的设计制造水平（摄于北京大戚收音机电影机博物馆）

型晶体管收音机（见图17）就是一款典型的高端产品，在红灯 733-1 型收音机的外观设计中，银白色与黑色这两种色调取得了令人赞许的均衡。这款收音机应用了 14 个三极管，共有 5 个波段，其中短波 1~短波 4 的接收频率覆盖范围为 2~22MHz。红灯 733-1 型收音机具有和上海 312A 型收音机相似的按键式波段开关，只不过红灯 733-1 型收音机的波段开关按键在机身顶部。作为一款采用分立式元器件的收音机，红灯 733-1 型收音机拥有在那个时代相当豪华的电路设计（见图18）。例如，在其高频电路中，采用了调谐式高频放大级和相应的三联调谐电容，并将 2 个 3AG1E 晶体管制作共发、共基串联式放大电路，用在高频放大级电路中，以取得较好的工作稳定性和高频选择性。为保证在收听强弱不同的电台信号时都具有理想的

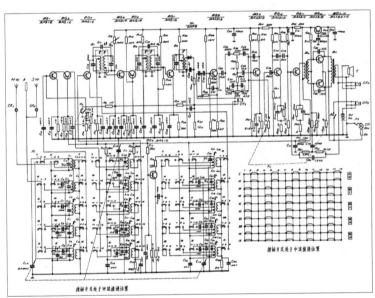

▌图18 红灯 733-1 型晶体管收音机电路图。这款收音机采用了多达 14 个晶体管，电路设计复杂而精致，具有完善的增益调节和音调调节功能

接收效果，还设置了高频增益控制电路，在接收弱电台信号时提高增益以获取足够高的灵敏度，在接收近处强信号电台时减小增益以避免信号过强失真。高频增益控制旋钮在音量旋钮的下方。这款收音机的第一级中放也采用了 2 个 3AG1D 晶体管接成的共发、共基串联式放大电路。红灯 733-1 型收音机的低放级设置了功能完善的高、低音独立音调调节电路，功放级采用少见的 3AX83 晶体管以取得更好的输出性能。

从注重低成本的"小个子"春雷 401 型收音机到重视高性能的"大块头"红灯 733-1 型收音机，这些银色时代的便携式晶体管收音机都给那个时代的人们留下深刻的印象。在20世纪70年代末80年代初，随着民众生活的改善，性能良好的台式晶体管收音机也越来越多地进入了民众的家庭。这些台式收音机大多也是具有银色时代风格的收音机。在本系列的下一篇文章中，将会逐一介绍几款银色时代风格的台式晶体管收音机。⊗

国产晶体管收音机的银色时代（下）

▌田浩

具有银色时代外观风格的台式晶体管收音机，通常是性能较好的收音机，输出音质较好，功率较大。在中国企业设计、研发这些收音机时，国内的晶体管产业已经比较成熟，晶体管不再是特别昂贵的元器件。同时，中国的工业经济基础已积累到一定水平，大家期待有性能更好的电子产品提高生活质量。在这些背景下，飞乐、春雷、海燕等一系列国产品牌脱颖而出，这些企业推出的收音机等电子产品进入了千家万户，成为了 20 世纪 70 年代后期至 20 世纪 80 年代那一代人难忘的回忆。

飞乐 736 型晶体管收音机（见图 1）就是这些收音机中的一款典型产品。银白色的旋钮和滑键、边框等外观元素，将银色时代风格赋予了飞乐 736。整机后方的拾音与收音切换键设计（见图 2），显露出了早期晶体管收音机设计思路的痕迹。

▌图 1 飞乐 736 型晶体管收音机前部外观。由于棕色塑料面板的存在，其配色并未严格遵循银色时代收音机黑白分明的模式，但在整体上仍然具备典型的银色时代设计风格

▌图 2 飞乐 736 型晶体管收音机后部外观。与同期大多数台式收音机不同的是，飞乐 736 的收音和拾音功能的切换键设置在后部扬声器输出插孔和拾音插孔旁边

飞乐 736 型晶体管收音机内部机件如图 3 所示，采用电池和交流电源共用的电源方案，也表达出这款收音机在设计理念上处于时代过渡阶段的特色。飞乐 736 型晶体管收音机电路如图 4 所示，电路中共有 11 个晶体管，其中有 2 个是电源电路稳压用管，有 3 个是收音电路的变频级和 2 级中放用管，其余 6 个是低放和功放级用管，体现了这款收音机的设计者对提高输出音质的重视。不过，其功放级用管是功率相

▌图 3 飞乐 736 型晶体管收音机内部机件。这是一款可以兼用电池和交流电源的收音机

对较低的 3AX81B 型晶体管，采用具有输入 / 输出变压器的乙类推挽放大电路，又在一定程度上表现出飞乐 736 设计者在选择具体方案时的保守。与之相比，春雷

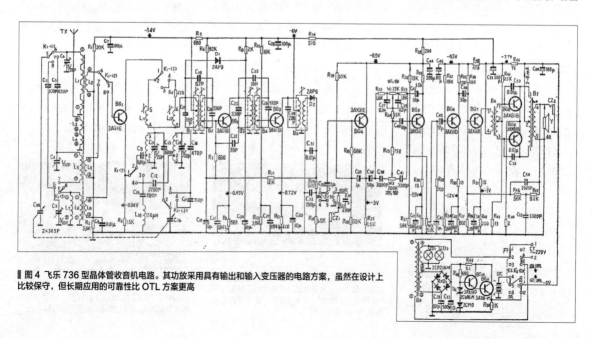

▌图 4 飞乐 736 型晶体管收音机电路。其功放采用具有输出和输入变压器的电路方案，虽然在设计上比较保守，但长期应用的可靠性比 OTL 方案更高

图 5 春雷 3T9C 型晶体管收音机前部外观。这是一款体积较大的台式收音机，与其体积相近的进口收音机通常是带有调频波段的立体声收录机

图 6 春雷 3T9C 型晶体管收音机内部机件。较大口径、椭圆的扬声器为这款收音机的音质提供了保障，遗憾的是这款收音机并没有立体声功能

3T9C 型晶体管收音机的电路设计方案就要前卫一些。

春雷 3T9C 型晶体管收音机的外观（见图 5）具备更明显的银色时代风格，其黑色扬声器防护栅、银灰色面板等部件配色，都与 20 世纪 70 年代末、80 年代初的日本、欧美发达国家产品相似。春雷 3T9C 型晶体管收音机内部机件如图 6 所示，左右对称的扬声器布置方案，也给人一种要和欧美同期产品一较高下的感觉。遗憾的是春雷 3T9C 并不能接收调频波段的立体声广播信号，其低放和功放电路也并未像同品牌春雷 101 那样采用双声道方案，春雷 3T9C 无法实现立体声电唱机等音源的双声道音频放大。春雷 3T9C 型晶体管收音机电路如图 7 所示，令人欣慰的是其功放电路采用了 OTL 方案，理论上，这一电路方案能够让收音机获得更高的输出保真度。

从体积上来说，春雷 3T9C 属于大型台式晶体管收音机，本可具有更加优秀的设计。在具有银色时代风格的大型台式机中，最广为人知的一款收音机是海燕 T241（见图 8）。这款收音机因其良好的性能广受欢迎，在民众生活水平逐渐改善的年代，曾是一款热销产品。

海燕 T241 型晶体管收音机共有 14 个晶体三极管，有 1 个中波和 3 个短波波段，短波频率覆盖范围为 3.9~22MHz。这款收音机采用交流电源供电，最大输出功率超过 5W，安装 1 个直径为 165mm

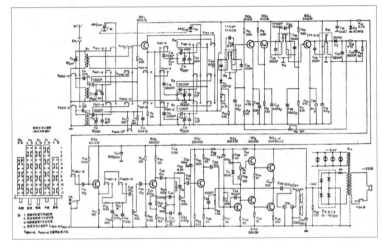

图 7 春雷 3T9C 型晶体管收音机电路。其功放电路采用了 OTL 方案，以获得较大的输出功率和较高的性能。在春雷 3T9C 中，波段开关的形式和音调调节电路等具体细节方面有所变化

的圆形扬声器和 1 个 160mm×100mm 的椭圆扬声器，能够很好地满足一般家庭的收听需求。海燕 T241 整机大小为 59cm×25.9cm×24.5cm，质量约为 9kg，在体积和质量上都可以与同期的红灯 711 并驾齐驱。不过，海燕 T241 的扬声器数量更多，而且在中波波段具备可旋

转调节的磁性天线，接收中波信号的方向选择性和抗干扰能力更好。海燕 T241 的短波波段覆盖了更广的频率，这些都是红灯 711 不具备的优点。在这样的情况下，海燕 T241 的音质不比采用电子管的红灯 711 差，售价上两者差不多，在市场上海燕 T241 获得消费者的更多青睐。

图 8 海燕 T241 型晶体管收音机前部外观。这是一款性能较好的大型台式收音机，得到了国内用户的普遍欢迎，曾大量生产，迄今仍有不少海燕 T241 留存于世

图 9 海燕 T241 型晶体管收音机机芯前部外观。除扬声器外的全部元器件都安装在机芯上

■ 图10 海燕T241型晶体管收音机机芯俯视。安装有波段开关及中高频电路的电路板位于机芯中部，安装有电源和低频功放电路的电路板位于机芯右部

■ 图11 海燕T241型晶体管收音机的波段开关及中高频电路局部细节。安装在电路板上的推按式波段开关是这一时期大中型台式机的常见配置

■ 图12 海燕T241型晶体管收音机的电源及低频电路局部细节。其输出电容为高品质的电解电容，采用稳固可靠的电容支架安装

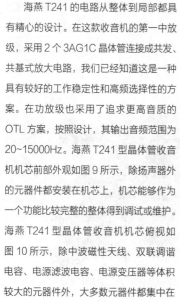

海燕T241的电路从整体到局部都具有精心的设计。在这款收音机的第一中放级，采用2个3AG1C晶体管连接成共发、共基式放大电路，我们已经知道这是一种具有较好的工作稳定性和高频选择性的方案。在功放级也采用了追求更高音质的OTL方案，按照设计，其输出音频范围为20~15000Hz。海燕T241型晶体管收音机机芯前部外观如图9所示，除扬声器外的元器件都安装在机芯上，机芯能够作为一个功能比较完整的整体得到调试或维护。海燕T241型晶体管收音机机芯俯视如图10所示，除中波磁性天线、双联调谐电容、电源滤波电容、电源变压器等体积较大的元器件外，大多数元器件都集中在

中高频电路板和低频电路板上，不同功能的元器件布局划分清晰。海燕T241型晶体管收音机的波段开关及中高频电路局部细节如图11所示，除了晶体管、电容、电阻、中频变压器等元器件，还安装了常见的推按式波段开关。海燕T241型晶体管收音机的电源及低频电路局部细节如图12所示，功放晶体管及其散热片、输出电解电容是这块电路板上体积最大的元器件。

海燕T241型晶体管收音机电路设计追求稳健，在综合性能和成本两者之间实现了较好的平衡。当然，研制、生产海燕T241的上海101厂，在产品质量方面实现有效管控也是这款收音机在民众心目中建立起良好口碑的重要因素。海燕T241

型晶体管收音机中高频电路印制电路板如图13所示，当时流行安装在电路板上的推按式波段开关，虽然适合流水线快速、大规模生产，但如果印制电路板的铜箔或焊点质量管控不到位，在使用较长时间后，容易出现铜箔局部断裂或焊点断开的故障，使相应的波段无法正常工作。不少国产收音机都因这一方面的问题，在民众心中留下了质量不可靠的负面形象。与之形成鲜明对比的是，海燕T241在很多细节上都保证了整机长期使用的可靠性，海燕T241型晶体管收音机电源及功放印制电路板如图14所示，预留了输出电解电容支架的安装孔，使这个较大较重的元器件固定得很好。

在银色时代风格的国产台式晶体管收音

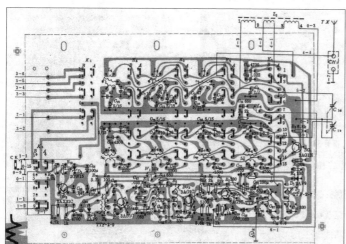

■ 图13 海燕T241型晶体管收音机中高频电路印制电路板。印制电路板和波段开关结合的设计方案具有节省生产成本的效果，但如果焊点质量或印制电路板铜箔质量较差，也会产生长期使用后可靠性降低的不良效应

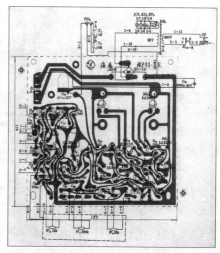

■ 图14 海燕T241型晶体管收音机电源及功放印制电路板。大功率功放晶体管的应用为这款收音机带来了令人满意的音量和音质，它也在这块电路板上占据了相当大的安装面积。图中左上方为输出电解电容的安装位置

机中，也有一些收音机采用了令人眼前一亮的技术方案。樱美8103A型晶体管收音机就是这样一款产品，这款21管3波段收音机中，有近一半的晶体管都被用于驱动其刻度盘后方的音量指示管。樱美8103A型晶体管收音机前部外观如图15所示，具有典型的银色风格，2个相同的扬声器分别布置在机箱左右两侧，这曾是欧洲品牌Philips的特色布局方式，也被上海132-1型电子管收音机和春雷101型电子管收音机等国产高端收音机采用过。樱美8103A型晶体管收音机内部机件如图16所示，这样的扬声器布置方案可以让内部布局更加紧凑。樱美8103A型晶体管收音机机芯俯视如图17所示，其元器件没有像海燕T241那样安装在2块不同的电路板上，但也采取了将变频电路、中频电路、低频电路、功放和电源电路分区布置的做法。当然，调谐电容、电源变压器、滤波电容等大体积的元器件还是直接安装在机芯底座上。

樱美8103A型晶体管收音机音调及音量调节模块局部细节如图18所示，音量和音调电位器安装在一个独立的模块上，这个模块固定在机箱前部面板下方，和音量指示模块相邻。正如上文提及，将辉光管和硅晶体管结合到一起的音量指示模块是这款收音机上最具个性特色的设计。樱美8103A型晶体管收音机音量指示模块如图19所示，该模块使樱美8103A具有非常美观、清晰的音量指示效果，这款收音机的晶体管用量几乎达到20世纪70年代后期国产一级高端收音机牡丹2241的用管数量（牡丹2241共用22个晶体三极管）。虽然樱美8103A在性能上无法与牡丹2241相媲美，但樱美8103A的工程师能够在这款收音机中大量使用晶体管，没有担心成本骤增，从侧面反映出中国电子工业在那段岁月里有相当可观的进步。

20世纪80年代，改革开放政策让更

▋图15 樱美8103A型晶体管收音机前部外观。刻度盘左侧，音量指示管安装在后方形似倒感叹号的区域

▋图16 樱美8103A型晶体管收音机内部机件。在左右两侧布置一对口径相同的扬声器，曾是Philips收音机的特色布局方式

▋图17 樱美8103A型晶体管收音机机芯俯视。虽然中高频电路和低频电路均布置在同一块电路板上，但不同电路在布局上存在着明显的区分

▋图18 樱美8103A型晶体管收音机音调及音量调节模块局部细节。音量指示管所在的模块也安装在这一区域，图中的音量指示模块已被卸除

多性能优秀的日本、欧美等电子产品来到中国，这些收录机、电视机一类的产品往往采用集成电路作为核心元器件，与仍然采用分立式晶体管元器件的国产收音机相比，在功能的多样性和性能指标等诸多方面都更胜一筹。中国企业纷纷引进国外生

产线，借鉴国外先进技术，以研制相似产品的方式进行产品转型，国产晶体管收音机的银色时代就这样在不知不觉中结束了。

在持续约20年的银色时代中，作为首批大批量普及到中国民众日常生活中的电子产品，有多款晶体管收音机都为20世纪70年代至80年代的人们留下了深刻的回忆。尽管这些收音机在整体技术水平上与发达国家的同期产品存在一定差距，仅有单一的调幅广播接收功能，但是它们那银白与纯黑对比鲜明的外观配色形象，被深深地铭记在许多人的心中。后来，收录机、电视机、个人计算机、手机等电子产品先后普及到人们的日常生活中，新技术、新产品为人们带

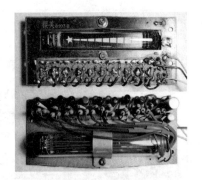

▋图19 樱美8103A型晶体管收音机的音量指示模块。在同期众多国产收音机中，这一采用辉光管进行音量状态指示的方案极富个性

来一次又一次的惊喜，让人们越来越深刻地感受到技术给生活带来的改变，体会到技术创新推动经济发展的强大力量。🌀

创新的旅程——电动汽车发展史（1）

技术基础与早期尝试

▍田浩

在21世纪前期，得益于电力电子技术和电池技术的快速进步，采用电力驱动的电动汽车在日常生活中变得切实可行。与此同时，以中国和欧盟为代表的世界主要经济体，也充分考虑了减少碳排放和推广环保新能源技术对世界可持续发展的重要意义，制定了多项有益于电动汽车推广的新能源产业政策。在多重利好因素的作用下，从21世纪的第二个10年开始，电动汽车产业进入了快速成长期。到21世纪20年代初，以电动汽车为主要产品的车企的市值开始让传统车企望尘莫及，研制智能电动汽车成为撩动各大企业心弦的时代热潮。为汽车产业带来革命性变局的电动汽车，在之前的一个多世纪中为何一直难见踪影？本系列文章将带领读者一起，回顾电动汽车产业爆发之前那段漫长而曲折的岁月。

用电池驱动电机，再带动车辆行驶是一件理论上很简单，实践中很困难的事情。

理论上简单，是因为电池和电机的基本原理并不复杂。但是将它们结合起来，制成实用的车辆，则花费了相当长的时间。我们对这段漫长时光的介绍，不妨先从电池开始。

1800 年，意大利科学家亚历山德罗·伏特将成对的铜和锌制成的圆盘叠起来，并在两种不同的金属圆盘之间用浸有盐水的一层布隔开，发明了世界上第一组电池——伏打电堆（见图 1）。当时已有科学家采用持续摩擦两种不同材料的方式制成了静电起电机，但只有电池才能长时间稳定地产生电流。

在 19 世纪接下来的大部分时间里，科学家们热情地研究着可以产生更强大电能的电池。最简单的办法是将成对的金属片尽可能多地串联起来。1908 年，用于科学实验的电池组就已达到 600 个的规模；次年，具有 2000 个方形金属片的大型电池组又一次刷新了纪录。同时，人们也积极地尝试着新的电池材料（各种盐、酸、碱溶液，各种金属制成的电极）。后

▍图 1　19 世纪前期，以成对的不同金属叠合而成的伏打电堆

来，人们不仅热衷于创造新的科学纪录，还发现了一项可以让电池派上用场的重要用途：作为电报机的电源。在电报机投入使用后的很长时间内，可靠而实用的发电机并未问世，电报传递信息所需的电能只能来自于电池。以美国的电报系统为例，在 19 世纪 40 年代至 60 年代的 20 年间，普遍采用一种被称为格罗夫的电池作为电源。这种电池由英国科学家威廉·罗伯特·格罗夫发明，由浸泡在硫酸中的锌负

极和浸泡在硝酸中的铂正极组成，再用多孔陶瓷这类材料将两者分隔开。

或许不少中国人都曾产生过这样一个问题：既然我们日常生活中看到的电池都是圆柱形或方块状，为什么电池没有被翻译成"电柱"或"电块"呢？答案就是早期的电池无论用于科学研究，还是用于电报供电，其整体结构都是把一大串金属片放在一个有电解质溶液的池子中，早期的中文翻译者就顺其自然地采用了"池"这个名称。制成圆柱形或方块形，能够随身携带的便携式电池较晚才被发明出来，此时人们对"电池"这个名称就采取约定俗成的态度了。

显然，那些体积庞大，需要用电解液池来盛装的电池很难用于驱动车辆。有腐蚀性的酸溶液也会让人唯恐避之不及。随着化学工业的不断进步，到 19 世纪后期，采用锌筒作为负极，碳棒作为正极的可携带型干电池才最终问世（见图 2）。不过，这种电池虽然可以携带，但放完电后无法充电循环使用，而且其储存的电量对于一辆要上路行驶的载人车辆来说也太少了。幸运的是，放完电后可再次充电循环使用

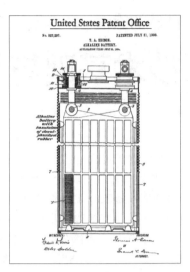

▋图2 19世纪后期的商品化干电池　　▋图3 具有爱迪生电池剖视图的宣传单　　▋图4 爱迪生电池的专利

的铅蓄电池也在19世纪后期研发成功。在此后的100多年里，干电池和铅蓄电池一直都是人们生活中常用的电池。

　　铅蓄电池虽然能够充电循环使用，但其较为笨重的缺点也相当明显。在那个电气化的时代，轻便可靠、成本低的可充电电池具有无限的潜力，有无数发明都曾经为发明出一款这样的可充电电池而呕心沥血。其中，也包括大名鼎鼎的美国发明家托马斯·爱迪生。爱迪生在20世纪初发明了采用镍和铁作为电极的镍铁电池，这种电池采用了含镍化合物的正极板和铁负极板，匹配了碱性电解液，与铅蓄电池相比，具有优秀的充放电循环耐久性能，但成本较高。爱迪生将这种新型电池作为爱迪生电池广为宣传，在一份爱迪生电池的宣传单中（见图3），宣称"这种电池与其他所有电池截然不同"。爱迪生也为这种被寄予厚望的电池申请了专利（见图4）。在20世纪的前20年，爱迪生电池曾经应用在底特律电气公司和贝克机动车公司等企业生产的电动车中，与当时技术较成熟的铅蓄电池并驾齐驱。

　　与人们在探索实用型电池技术时希望渺茫的处境相比，实用而可靠的电机在被发明后，其技术发展就要顺利许多。不过，最初的电机都是以电池产生的电能驱动运行，在成熟的发电机诞生之前，只有电池才能提供稳定、持续的电能。

　　1821年，英国科学家迈克尔·法拉第首次展示了通有电流的导线在磁场中持续运转的实验，这就是直流电机的雏形。1831年，他又成功完成了采用变化的磁场产生感应电流的实验。这些实验让法拉第的名字永载史册，也为电动机和发电机在接下来几十年的发展打好了基础。

　　从19世纪30年代到19世纪70年代，对电机进行研究的人

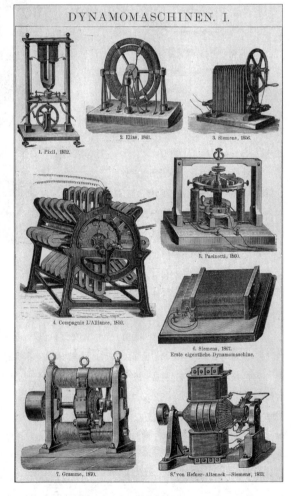

▋图5 19世纪早期各种试验性的电机设计方案

们放任想象力自由驰骋，将永久磁铁、电磁铁排列成各种各样的结构，希望发明出性能更好的电机（见图5）。在20世纪70年代初，西门子（Siemens）研制的电机在整体结构布局上与如今成熟的电机十分相似。那时，成熟可靠的蒸汽机已经高度普及，只要用蒸汽机带动电机旋转，就能源源不断地发出稳定而持续的电力，这就是蒸汽发电机组。对于不需要考虑体积和重量的应用场合，蒸汽发电机组的性能和性价比都远远优于电池。深受鼓舞的人们再接再厉，到19世纪70年代末，性能可靠、发电效率高的商业化发电机已发展成熟（见图6）。这样一来，电动车辆所需的功率充足的电源就解决了，人们只需要将实用的电机装到车辆上，就能目睹电力驱动车辆的诞生。1879年，由轨道供电、采用电机驱动的电力机车在柏林工商业博览会上首次公开展示，这辆电力机车行驶时速为7km，牵引车厢可运载乘客18人。随后，有轨电车在欧美多国迅速普及。

电动轨道车辆快速发展的19世纪后期，也正是电池技术取得阶段性进展的同一时期。在19世纪末的创新发明浪潮中，将电池安装到车身中，研制出不受轨道限制、可沿道路自由行驶的电动车，是一件理所当然的事情。

勇于创新尝试的先驱者很快就取得了令人欢欣鼓舞的成就。1899年，有一辆电动车作为首次在公路上行驶时速超过100km的车辆而闻名于世（见图7），这辆电动车的名字叫作La Jamais Contente——"永不满足"，其形似炮弹的造型非常前卫。其发明者坐在这样一辆敞篷概念车里以最高速度105.88km/h驶向即将到来的新世纪时，迎面而来的风中都满满地洋溢着希望和骄傲。La Jamais Contente载誉归来，受到热烈欢迎的隆重场面令人过目难忘（见图8）。La Jamais Contente整车设计

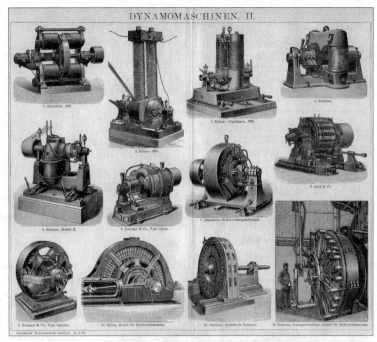

图6 19世纪后期各种实用型的电机设计方案

图7 世界上第一辆时速超过100km的车辆La Jamais Contente外观

图8 围绕着花环、载誉而归的La Jamais Contente

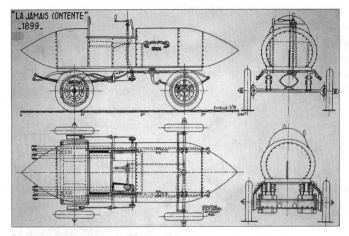

▌图 9 La Jamais Contente 整车设计

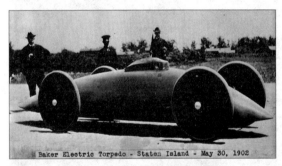

▌图 10 由贝克机动车公司研制的 Baker Electric Torpedo

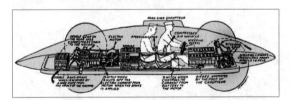

▌图 11 Baker Electric Torpedo 内部结构

▌图 12 20 世纪早期的电动车及其充电装置

如图 9 所示，长 3.8m，宽 1.56m，高 1.4m，质量为 1.45t，由两台功率为 25kW 的电机分别驱动左、右后轮。这对电机采用安装在车身内的电池供电。

在 19 世纪与 20 世纪的世纪之交，La Jamais Contente 的辉煌成功鼓舞着人们。研制、生产电动车的企业，如底特律电气公司和贝克机动车公司纷纷应运而生。20 世纪初，贝克公司也研制了一辆外形与 La Jamais Contente 相似的电动赛车（见图 10）。这辆车名为 Baker Electric Torpedo，即"贝克电动鱼雷"。Baker Electric Torpedo 内部结构如图 11 所示，为了尽可能地提供高速所需的功率，并实现更长的续驶里程，这辆车内见缝插针地装满了寄托着爱迪生本人殷切期望的爱迪生电池。Baker Electric Torpedo 的质量也有 1.4t。

与电动车的发展相辅相成，早期的实用化充电装置也得到了人们的重视。通常情况下，充电装置是一个允许用户将电动车中的电池与外部直流电源连通后实现充电的控制柜（见图 12）。当时还没有成熟的电力电子技术，直流电无法在转变为高电压后，实现远距离高效传输，因此，围绕着一台大功率直流发电机（通常由蒸汽机驱动）而建立的充电站成为现实可行的选择。

在 20 世纪初，看起来让电动车得以顺利推广、占领市场的各方面因素都已具备。那么，在接下来的岁月里，会发生什么样的事情呢？

细心的读者可能会注意到，在本篇文章中，除了标题和前言中曾提及"电动汽车"这个词组，其他地方一律只称"电动车"。需要指出，"电动汽车"这个词组的英文为"Electric Vehicle"，若直接翻译成中文，就是"电动车"，并没有"汽"这个字。但是，在中文语境里，"电动车"常常被用来指称电动两轮车，而只有在"车"前面加上一个"汽"字，才能用来明确指称那些在各种城市道路和高速公路上合法行驶，有至少 4 个车轮的正规车辆。即使在相关国家标准中（GB/T19596-2017《电动汽车术语》），提及电动车辆时，也不得不采用"电动汽车"这样的词组。在"电动汽车"和"电动车"的一字之差中，埋藏着电动道路车辆长达一个世纪的无奈——由于道路车辆长期以采用汽油内燃机驱动的车型为主，因此在中文语境里约定俗成地用"汽车"来指代正规的道路车辆，以至于"电动车"这个词组被边缘化。

以汽油内燃机为动力的汽车在 20 世纪初期成功崛起，正是电动车辆在同一时期不得不黯然退场的原因。在接下来的文章中，将继续使用"电动汽车"这个名称，将电动汽车和燃油汽车在百年前的那次世纪较量娓娓道来。Ⓧ

创新的旅程——电动汽车发展史（2）

20世纪早期的商品化电动汽车

▌田浩

▌图2 1901年Waverley Electric型电动汽车右前方外观

20世纪初期汽车产业开局之时，在电动汽车、内燃机汽车、蒸汽机汽车这3类车中，电动汽车技术相对成熟、安全可靠、行驶无污染、行驶噪声小。内燃机技术则不够成熟，需要人工手摇带动发动机启动，在早期尚未发明性能良好的排气管消音器时，运行噪声大、排放污染大等问题都相当突出。

我们可以将目光投向1900年美国生产汽车的动力类型统计数据。在当年美国生产的4192辆汽车中，有1575辆都是电动汽车，其余的车型中，有1681辆是蒸汽机汽车，仅有936辆是内燃机汽车。考虑到蒸汽机推动的车辆自19世纪前期已在轨道上行驶了大半个世纪，初出茅庐的电动汽车取得的市场成绩可谓相当辉煌。附表列举了19世纪末、20世纪初上述3种主要类型汽车的特征对比。需要指出，其中内燃机汽车早期的手摇曲柄启动导致了不少用户手臂受伤，甚至骨折。蒸汽机汽车启动过程的锅炉烧水，时间可能长达半小时。

The American Electric Vehicle Co.

are the pioneers in Electric Vehicle construction. Our new improved battery, and single motor equipment (patented) make us also the leaders in the field.

In speed, ease of control, economy and mileage capacity, we reach the up-to-date limit of perfection. Send for Catalogue.

AMERICAN ELECTRIC VEHICLE CO.,
56-58 W. Van Buren Street, CHICAGO, U. S. A.

▌图1 美国电动汽车公司在19世纪末、20世纪初的产品广告

在当时的美国城市中，常常可见与电动汽车相关的广告（见图1）。研制电动汽车的企业如雨后春笋般出现，除了前文提过的底特律电气公司和贝克机动车公司，还有美国电动汽车公司、波普机动车公司等企业，大家都满怀信心，要在新兴的道路交通工具市场中一较高下。市场也对电动汽车这种新型交通工具表示欢迎，在伦敦、纽约等欧美大城市，电动汽车纷纷以出租车运营的形式登场。值得一提的是，在行驶路线相对固定的公共交通领域，20世纪初，有轨电车已经在欧美各大城市取得了全面胜利。

波普机动车公司制造的Waverley Electric能够展现出20世纪最初的电动汽车的基本形态。以1901年的Waverley Electric型电动汽车（见图2）为例，和同期的大多数汽车相似（无论采用哪种动力），这是一款敞篷车，能够乘坐两人的长椅是整车上位置最高的部件。这款车采用一台后置的直流电机作为驱动电机。从当代的视角来看，这款车的操纵设备和仪表盘（见图3）相当简单：一根伸向驾驶座的方向操纵杆和用于加速、制动的脚踏板承担了驾驶员能够对这辆车做的全部操作。至于驾驶员能够从车辆得到的信息反馈，只有电池的电压和电流，并没有车速、电池电量等这些我们在现代电动汽车上更加重视的状态指示。不过，对于那个时代的驾驶者，只要掌握了用电池电压来大致估测电池电量的高低，用电流来估测车辆行驶的速度和负载的轻重的技能，只使用这两个仪表指示也可以满足需求。Waverley Electric的电流表上正负刻度均

附表 19世纪末、20世纪初电动汽车、内燃机汽车和蒸汽机汽车的特征对比

车型	能量来源	能量效率	启动方式	故障率	续驶里程	最高车速	噪声	污染排放
电动汽车	电池	50%	接通电池	低	短（需充电）	快	小	无
内燃机汽车	汽油	15%	手摇曲柄	高	长	慢	大	严重
蒸汽机汽车	煤	10%	点燃锅炉	低	短（需加水）	快	小	一般

图3 1901年推出的Waverley Electric型电动汽车操纵设备和仪表盘

图4 1901年推出的Waverley Electric型电动汽车驱动电机局部细节

程。在Waverley Electric这辆电动汽车中，动力电池安放在驾乘人员座椅后方的电池舱内（见图5），这也是当时电动汽车的常见布局。需要指出，Waverley Electric型电动汽车所用的动力电池均已更换为当时的新款铅蓄电池。

被标出，表明在制动时，对电池充电的再生制动技术在这款电动汽车中已得到应用。

由于当时的技术有限，再生制动的效率还不是很高，制动时不少能量都会因为简单的机械传动结构（见图4）、并未处于最佳转速区间的电机转速等浪费。不过再生制动还是可以增加一些续驶里

在20世纪的前10年中，电动汽车的外观形态出现了相当明显的改善，同一时段内的内燃机汽车和蒸汽机汽车也是如此。到20世纪最初的10年后期，像Baker Electric Victoria型电动汽车（见图6）这样成熟的车型，已经为驾乘人员配装了遮阳棚。在车上尽量多地安装电池以提升续驶里程，是各电动汽车企业在这一时期的普遍共识，但电池越多，整车成本就越高。从这辆Baker Electric Victoria的电池舱中，我们可以看到盛装电池的箱体（见图7）。无论是爱迪生的镍铁电池，还是常见的铅蓄电池，能量储存密度这一参数都相当低，限制了当时电动汽车的续驶里程。

图5 1901年推出的Waverley Electric型电动汽车动力电池舱局部细节

到1912年，电动汽车的设计更加完善。贝克机动车公司在这年推出的Baker Electric Ⅴ型电动汽车（见图8），在整体布局上与同期发展成熟的内燃机汽车已经基本一致，具有可以为驾乘人员遮风挡雨的车厢。从车的正前方看去（见图9），这款车型也与同期的内燃机汽车并无明显区别。只有从车的后面向前看（见图10），才会注意到安装在车身下方的驱动电机。不过，Baker Electric Ⅴ的车内布局可能会令人大开眼界：这款车型的乘客座位和驾驶员座位是相对设置的，乘客的座位较低，安装在车厢前部，乘客乘坐时面朝车尾；驾驶员面朝车头，但座位在车厢后部，也就是说驾驶员可以在和乘客面对面坐着的情况下驾驶这辆车。相应地，Baker Electric Ⅴ配备的电压表和电流表被安装在乘客座位的下方中间位置，方向操纵杆等控制装置则安装在驾驶员座位的左侧（见图11）。从这样的内部设计方案来看，Baker Electric Ⅴ型电动汽车更像是一个为那些有闲暇时光的富有客户提供的户外移动私人空间，而不是供那些为生活而

图6 1908年推出的Baker Electric Victoria型电动汽车左前方外观

图7 1908年推出的Baker Electric Victoria型电动汽车动力电池局部细节

■ 图 8 1912 年推出的 Baker Electric V 型电动汽车左侧外观

■ 图 9 1912 年推出的 Baker Electric V 型电动汽车前部外观

■ 图 10 1912 年推出的 Baker Electric V 型电动汽车后部外观

■ 图 11 1912 年推出的 Baker Electric V 型电动汽车内部，视角为坐在车后部驾驶员座位上，正对前方看去的方向

奔波的人们匆匆上班的代步工具。

Baker Electric V 的设计理念从侧面反映出当时电动汽车普遍存在的一个问题：价格高。电池的成本始终居高不下，假如减少电池，电动汽车的续驶里程又会降低到十分尴尬的程度。这样就使电动汽车的市场用户一直被限定在那些富裕且追求高品质生活的少数人身上，难以开拓大众化的市场。

在第一次世界大战爆发的前一年，即 1913 年，德意志帝国、奥匈帝国和俄罗斯帝国的贵族们依然安稳地享受着自己的特权。当电动汽车被看成代替千百年来贵族曾经乘坐的马车、轿子等传统交通工具的现代奢侈品时（见图 12），从惯性思维的角度来看，好像也理所当然。这些电动汽车中精美奢华的内饰、如沙发一般的座椅（见图 13），都反映出电动汽车企业在设计产品时遵循了高端奢侈品的思路。

在第一次世界大战爆发前的两三年里，也有售价在 1600 美元以下的电动汽车（见图 14），但这些车型和 10 年前的 1901 年版 Waverley Electric 一样，结构比较简单。当然，用户可以选择有遮阳棚或者封闭式车身的电动汽车，相应地要接受更高的价格（见图 15）。实际上，有多款像 1912 年 Baker Electric V 那样可以作为奢华精致的户外移动私人空间的电动汽车，价格都在 2500 美元以上（见图 16）。在 20 世纪初，这是一笔相当高的费用。

同期，在包含了客车和货车的商用车领域，也存在着多款将电池安装在前后轮之间、整车成本在 3000 美元以下的电动商用车（见

■ 图 12 称颂电动汽车为时代科技象征的诗歌与绘画

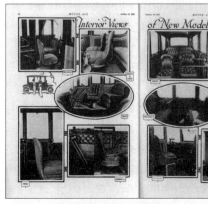

■ 图 13 20 世纪初期成熟的电动汽车内部细节

图 17）。后来，当内燃机汽车在市场上取得决定性胜利后，在大型仓库、工厂车间等存在短途运输需求且电能供应充足、方便充电的场合，仍会使用结构简单、价格低廉的电动货车，这些特定的应用场合是电动汽车在这几十年中的最后一片栖身之地。

1918 年，当第一次世界大战的硝烟散去后，只需要几百美元就能买到汽车，续驶里程远的内燃机汽车已经分布在世界各地。燃油发动机的故障率也降低到大众可以接受的程度。这时，人们赫然发现两张具有压倒性优势的王牌同时出现在内燃机汽车企业手中：续驶里程长、整车成本低。尽管内燃机的运行效率一直远低于电池和电机的组合（直到今天仍然如此），但汽油和柴油作为能量储存密度很高的燃料，让内燃机汽车的续驶里程能够很容易地达到数百千米。与之相比，每次行驶几十千米到一百多千米就需要停车充电几小时甚至十几小时的电动汽车就相当缺乏竞争力。不过，假如采用大量备用电池组，实现密布全国路网的电池更换服务，续驶里程短这个问题也可以解决，但这样就会明显增加电动汽车的使用成本，从而遇上另一个对电动汽车来说更加致命的问题：成本高。汽车流水线生产的创始人福特采用流水线生产，将内燃机汽车的成本降低到几百美元，电动汽车受高成本的电池牵制，只能望尘莫及。当然，蒸汽机汽车也可以采用流水线生产，但蒸汽机的启动性能难以与内燃机相提并论，而且蒸汽机也存在着在行驶几十千米后就需要停车加水的问题，因此，蒸汽机汽车也黯然退场。

在内燃机汽车企业甩出续驶里程长和整车成本低这两张王牌后，电动汽车企业不得不甘拜下风，早期电动汽车短暂的美好时光结束了。需要指出，随着技术的进步，内燃机汽车企业手中还出现了更多优势：铅蓄电池和小型电机组成的内燃机启动装置在 1910 年被发明，为用户消除了手摇曲柄启动内燃机的麻烦和风险；能够减小内燃机运行噪声的排气管消声器也应运而生。此外，第一次世界大战和第二次世界大战也在一定程度上促进了内燃机技术的发展。

实际上，假如石油资源在地球上相当稀少，那么电动汽车从 20 世纪初开始一路顺风地发展到今天，也并不存在难以逾越的技术困难。假如这样的情况发生，那么我们如今的生活中将会有分布更加密集的电动汽车充电设施，人们也会习惯于将汽车充电作为日常生活的一部分。遗憾的是，储能密度远高于电池且资源充裕的石油燃料改变了预期技术发展路线。

20 世纪 70 年代，由于中东地区局势变化，欧美国家的石油供应受到影响，在短时间内出现了严重的石油短缺。同一时期，在欧美各国大量普及的内燃机汽车，在多个大城市及其周边地区产生了明显伤害人体健康的空气污染。这时，人们想起了不需要燃油又没有废气排放的电动汽车。那么，电动汽车在 20 世纪中后期又会有怎样的发展呢？这个问题的答案将由后续文章揭晓。🅧

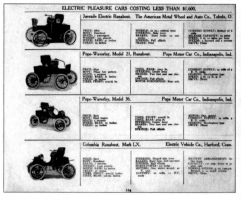

图 14 售价在 1600 美元以下的电动乘用车产品列表

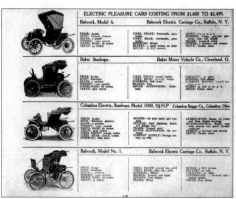

图 15 售价在 1600 ~ 2499 美元的电动乘用车产品列表

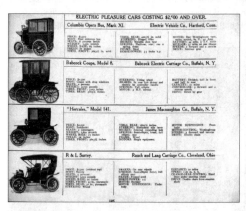

图 16 售价在 2500 美元以上的电动乘用车产品列表

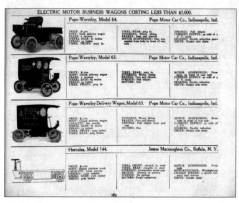

图 17 售价在 3000 美元以下的电动商用车产品列表

创新的旅程——电动汽车发展史（3）

20世纪中后期的
复苏尝试和新颖用途

▌田浩

▌图3 Citicar 电动汽车左侧外观

▌图4 Citicar 电动汽车前部外观

从20世纪50年代初到20世纪60年代末，欧美多国的经济经历了一段繁荣的快速增长期。20世纪70年代初，处于交通高峰期的美国公路上挤满了内燃机汽车，许多城市都被汽车尾气污染所笼罩。1972年奥运会在联邦德国慕尼黑举办，著名的德国车企梅赛德斯－奔驰（Mercedes-Benz）为这届奥运会准备了一款环保无污染的电动汽车 Mercedes-Benz LE306（见图1）。

这款电动汽车拥有一台输出功率为35~56kW的直流电机，最高速度可以达到80km/h。驱动这台电机的电池组额定电压为144V，质量为0.86t，电池容量只有22kWh。在较好的路况下，Mercedes-Benz LE306 的续驶里程可以达到100km。为了让拥有这款车型的用户免受电池长时间充电之苦，奔驰公司为 Mercedes-Benz LE306 设计了可快速更换电池的装置，训练有素的操作人员只需要几分钟时间就能在专用支架的帮助下，将电量耗尽的电池从车辆下方的一侧取出，并换上充满电的电池（见图2）。

除了追求环保，还有一些经济上的因素也促使人们将电动汽车的应用重新提上日程。1973年，盛产石油的中东地区爆发争端，最终导致以美国为首的西方国家遭受了石油禁运。很快，等待加油的汽车就在缺油的加油站前排起长队。在那时的美国，已有许多人分散居住在必须依靠汽车出行的远郊地区，这种无车可用的状态对于他们来说是难以忍受的。美国等国家的工业生产也因缺少石油而受到沉重打击。

在这样的时代背景下，电动汽车 Citicar 的横空出世，就如同在黑暗中突然照亮夜空的一道闪电。这辆车拥有棱角分明的外观（见图3），令人过目难忘。无论从哪个方向看去，这辆车都拥有非常容易识别的直线几何轮廓（见图4）。世界汽车造型设计史的名车录也立即收录了 Citicar。

研制 Citicar 的企业是美国公司赛百灵－先锋（Sebring-

▌图1 Mercedes-Benz LE306 型电动汽车外观

▌图2 正在更换电池的 Mercedes-Benz LE306

▌图 5 Citicar 电动汽车内部的驾驶操纵部件

Vanguard）。Citicar 的问世成功吸引了电视、广播、报纸等各种媒体的密切关注。这款大小为 2.4m×1.4m×1.5m 的电动汽车只有两个座位，充满电后的续航里程为 60km，与同期的内燃机乘用车之间存在明显差距，但对于那些日常出行以车代步的人来说，Citicar 基本能够满足他们的短途用车需求。Citicar 的内部设计也符合人们的驾驶习惯（图 5）。渴望尝鲜的年轻人和饱受缺油之苦的人士纷纷询问在哪里才可以买到这款车。

"求车若渴"的人们并没有等待太久，第一批 Citicar 在 1974 年投产。早期的 Citicar 内安装有质量为 227kg 的 36V 电池组，以驱动最大功率约 2kW 的直流电机。整车总质量约 0.6t，在平直道路上最高速度可以达到 45km/h。后来，Sebring-Vanguard 公司将驱动电机升级为功率为 2.6kW 的直流电机，并将原有的 6 块 6V 电池改为 8 块 6V 电池，使整车动力系统的最高总电压升级为 48V。升级后的新版 Citicar 在同样路况下最高速度能够达到 60km/h。Citicar 的电机减速传动比是固定不变的，驾驶员的调速需求可以通过调节电压的方式实现：用接触器改变电池串／并联状态，从而改变相应的电池组输出电压。升级版的 Citicar 有 3 挡速度：第一挡速度为 16km/h，主要用于应对爬坡等重载需求；第二挡速度为 32km/h；第三挡最高速度为 60km/h。在美国的 110V 电网中，Citicar 最长充电时间约 6h。设计这款车的工程师预期，在一般美国家庭日常用车情境下，每 3 年需要更换一次电池组。

充满个性的 Citicar 总计销售了 2000 多辆，使 Sebring-Vanguard 公司在 20 世纪 70 年代中期成为美国排名第 6 的汽车制造厂商。不用加油显然是这款车型最吸引人的优点，但续驶里程较短、最高车速较低也是这款车型显而易见的不足之处。当日本车企带着油耗低的节能内燃机汽车进入美国市场时，Citicar 便失去了吸引力。

纵览整个 20 世纪 70 年代，无论是由欧洲汽车行业巨头奔驰研制的 Mercedes-Benz LE306，还是由美国造车新势力 Sebring-Vanguard 推出的 Citicar，都未能改变内燃机汽车独霸市场的产业格局。导致这一情况的原因很简单：当时电池的技术水平没有出现什么突破性的进展。

尽管电动汽车在 20 世纪中后期仍然前途渺茫，但是人们仍然为电池驱动的车辆找到了一片全新的用武之地，那就是在其他星球上。原因也很简单，在太阳系其他星球上，没有可以允许内燃机运行的含氧大气层。

1970 年 11 月，苏联首先将一辆用可充电电池和太阳能电池联合驱动的电动遥控月球车送上月球。这辆月球车名为月球车 1 号（见图 6）。这辆月球车的总质量为 756kg，在其倒圆台形的车身下方两侧，安装有 8 个车轮，每个车轮都由一台独立的电机驱动。月球车 1 号的行驶速度有两挡，分别为 0.8km/h 和 2km/h。对于一辆长度和宽度都超过 2m（见图 7），并且在平均距离为 38.7 万千米的远方遥控行驶的电动车辆来说，这样的两挡速度已经令人满意。其直径超过 0.5m 的车轮也能让这款车在月球的平坦地貌环境中行驶自如。

月球车 1 号的倒圆台形车身外部安装有多种天线，当然，也

▌图 6 首辆登上月球的电动遥控月球车原比例模型

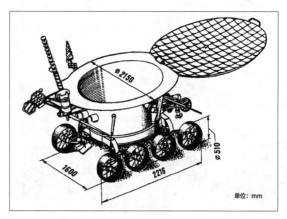

单位：mm

▌图 7 电动遥控车月球车 1 号外形及车轮大小

图8 电动遥控车月球车1号的观察台

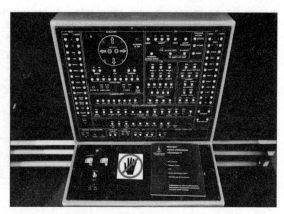

图9 电动遥控车月球车1号的遥控操作台

有摄像机、月球表面成分分析设备等装置。地球上的操作人员可以通过观察台上的显示屏看到月球车1号拍摄的月球表面影像（见图8），也可以从遥控操作台上控制月球车1号的行驶速度、方向（见图9）。这是一辆具备成功功且圆满实现研制目标的电动遥控车。设计师充分考虑了月球上极寒、极热、真空等极端环境因素。例如，月球车1号的太阳能电池被安装在圆形的可开闭顶盖上，这个顶盖和倒圆台形的车身都具有保温措施，在没有太阳光照射的月球之夜，顶盖就会盖到车身顶部，由车身内的放射性同位素加热器将电池等内部组件的温度保持在合适的范围。当有太阳光照射时，再开启顶盖，让太阳能电池对车身内的可充电电池充电，并对其他车载设备供电。整车的用电功率约为180W。

可能有人会指出在月球上行驶的科研考察用车辆与供大众消费使用的电动汽车有天壤之别，但没有人可以否认，若以电池中存储的电能驱动车辆行驶这一基本原理来说，这两者完全一致。当然，如果在月球上行驶的电动车辆不是从近40万千米以外的地球上控制，而是由驾驶员在月球上直接驾驶，那就更好了。1971年7月，阿波罗15号登月行动实现了这一梦想。在这次行动中，名为月球漫游者（Lunar Rover）的载人电动月球车首次登上月球（见图10）。这款车的质量约为210kg，长约3m，载重为490kg。虽然Lunar Rover只有4个车轮，但它和月球车1号一样，也在每个车轮上配备了一个功率为190W的直流电机。Lunar Rover上安装的电池是一次性的不可充电电池，能够提供约90km的续驶里程。车载通信设备和科研设备也由这套电池供电。Lunar Rover没有辜负人们的期望，在阿波罗15号登月行动中，这辆车总共行驶了约28km的路程，最远曾到达距离月球登陆点约5km的地方，增加了宇航员的活动范围，也为登月宇航员节省了不少体力。在后来的阿波罗16号、阿波罗17号登月行动中，同款的Lunar Rover又分别行驶了大约27km、36km，距离登陆点的最大距离达到了7.6km。

1972年的阿波罗17号是阿波罗系列登月工程中的最后一次行动，此后人们尚未再次直接驾驶车辆在其他星球上驰骋。不过，从那时起，包括中国在内多个国家的电动遥控车陆续登陆到那些遥远的星球上，为航天探索事业做出了不可磨灭的贡献。

20世纪80年代，可充电电池和太阳能电池联合驱动的车辆在地球上也有了用武之地。成就这一局面的主要因素有两个：其一，太阳能电池制造技术不断改进，电池发电性能得到持续改善的同时，制造成本也有效降低；其二，20世纪70年代发生过的石油危机和环境污染问题让人们忧心忡忡，大家希望能组织一些活动，进一步宣传推广无污染的可持续能源。1982年12月19日，人们关注的目光纷纷投向了澳大利亚，在那里，一辆象征着未来交通的太阳能电动赛车即将横穿澳大利亚，这次挑战赛的总里程为4130km，对于一辆制造于20世纪80年代初的太阳能驱动的电动车辆，要行

图10 阿波罗15号登月行动中的Lunar Rover

■ 图11 澳大利亚国家博物馆收藏的 Quiet Achiever 太阳能电动赛车

驶如此长的路程，将是一次史无前例的壮举。

这辆迎接挑战的太阳能电动赛车名为 Quiet Achiever（见图11），大小为 4m×2.1m×1m，总质量仅有 150kg。为尽可能减小车重和行驶时的空气阻力，其狭长的车身比安装在车顶的大面积太阳能电池板要窄得多，车内仅可容纳一人以接近平躺的姿势驾驶这辆车。为了尽可能地获得更多的太阳能，Quiet Achiever 的设计者将 20 块太阳能电池板组件密集地安装在车顶的铝制框架上，每块组件的大小是 1m×0.4m，覆盖了 8.4m² 的车顶面积（见图12）。车顶也是这辆车的车门，当车顶掀起时，驾驶员就能从车的左侧进出车身。这些太阳能电池板的能量转换效率约为 11%，在天气晴朗时，总功率能够达到 0.6kW，其中约 70% 电能会提供给这辆车的 24V 驱动电机。车上也载有 24V 的铅蓄电池组以备在阳光不足时供电。Quiet Achiever 的最高速度约为 65km/h。

当 Quiet Achiever 从澳大利亚西海岸启程时，车上搭载了一瓶从西海岸印度洋灌装的海水，人们期待着这瓶水被 Quiet

Achiever 成功地运到东海岸，再倒入太平洋，象征着用太阳能动力连接两个大洋。Quiet Achiever 没有辜负人们的期望，以平均 23.8km/h 的速度，用 173h15min 完成旅程。1983 年 1 月 7 日，Quiet Achiever 在欢呼雀跃的人群簇拥下，停到澳大利亚东海岸的悉尼歌剧院门前。

从 1987 年开始，穿越澳大利亚的活动成为了一项定期举行的盛大赛事，称为世界太阳能挑战赛，吸引着世界各地的企业和科研团队。这项比赛的路线是从澳大利亚北端到南端。首届比赛的获胜者是通用汽车公司的 Sunraycer（见图13）。在依靠低油耗节能汽车占领市场的日本车企面前，曾经创造了产业辉煌的通用公司感到必须做些什么，就抓住了这个参加太阳能汽车比赛的机会，安排专业工程师团队打造了 Sunraycer 这款拥有完美流线型车身的太阳能电动赛车。Sunraycer 的风阻系数仅有 0.125，总质量只有 265kg。实力雄厚的通用公司还为这辆车专门打造了一款应用稀土材料永磁体的新型电机，让 Sunraycer 的最高速度可以达到 109km/h。Sunraycer 在首届比赛中以平均速度 67km/h 完成了约 3000km 的赛程，成功获得冠军，充分鼓舞了通用公司的士气，也提升了人们对于这种环保新能源车辆的信心。

在 20 世纪最后的 10 年中，得益于电力电子技术和电池技术的进步，人们终于看到了将电动汽车作为一种实用型产品投入规模化应用的曙光。例如，通用汽车公司寄予厚望的电动汽车 EV1，就在这 10 年中诞生。产业化黎明时分的电动汽车具有什么特点，又有怎样的遭遇？详情将在本系列文章的最后一篇文章中介绍。⊗

■ 图12 顶部太阳能电池板掀起后的 Quiet Achiever

■ 图13 通用汽车公司的 Sunraycer 太阳能电动赛车

航天科研事业的起步

▌田浩

　　21世纪以来，中国在航天探索领域已经取得了很多举世瞩目的成就。这些成就的取得，得益于党和国家领导人的高瞻远瞩，归功于几代航天科技工作者前赴后继的勤奋努力。特别值得一提的是，现代电子技术的发展是航天事业得以顺利发展的重要基础，而航天事业的成功，也为当代电子产业的应用拓展了更加广阔的空间：远程通信、遥感探测、定位导航……

　　2023年是中国人首次实现载人航天20周年。自从首位中国宇航员进入太空以来，中国的航天事业取得了哪些成就，这些成就又包含了怎样的科技成果？为了回答这些问题，我们希望邀请读者，从新中国刚刚建立不久的20世纪50年代开始，一起回顾中国航天事业从无到有、从有到强的发展历程。

　　1956年，国家提出了激动人心的号召："中国人民应该有一个伟大的规划，要在几十年内，努力改变我国在经济上和科学文化上的落后状况，迅速达到世界上的先进水平。"同年3月，国务院成立科学规划委员会，汇聚了全国各地、各行业的600多名科技专家的意见和建议，在当年秋季编写出《1956—1967年科学技术发展远景规划纲要》中强调了要发展前沿科技领域。该纲要在1956年12月底得到了中央领导的同意。在该纲要列出的各领域中，不仅有火箭技术这样与航天事业密不可分的领域，还包括电子计算机、半导体技术、自动化技术等航天事业发展必不可少的基础。这些领域的技术积累与人才培养，都为十多年后新中国的第一颗人造卫星的成功发射和绕地球飞行提供了保障。

　　20世纪50年代后期，苏联和美国如火如荼地开展航天竞赛，这两个国家的科研人员先后将人造卫星发射到围绕地球运行的轨道上。对于距离地面数百千米甚至更远的人造卫星而言，与地球之间唯一可靠的通信方式只能是无线电通信；卫星对宇宙空间的科学探测，也必须依靠由电子电路组成的科研设备。1957年7月，《无线电》刊登了利用无线电设备追踪人造卫星围绕地球运转轨道状态的示意图（见图1），也科普了配备有光学观测仪器、紫外线观测仪器、磁力计等科研设备的人造卫星（见图2）。在《人造卫星中的电子学》这篇科普文章中，作者提到："人造卫星的成功，表示了近代科学中的高度技巧，特别是无线电电子学……从它的起飞直至在预定的轨道中安全运行，并将在高空测量的科学数据传达地面以及地面上对人造卫星的跟踪等，在整个过程中，一时一刻都不能离开无线电电子学。"

　　虽然当时的中国还没有足够的科技实力来设计和发射自己的人造卫星，但在党和国家领导人高瞻远瞩的引领下，遵循着《1956—1967年科学技术发展远景规划纲要》的发展方向，中国各行各业的科技工作者都努力克服重重困难，精神饱满地奋斗着。1958年1月，《无线电》刊登了一组展现20世纪50年代后期中国电子学研究工作的照片（见图3），让人们得以看到中国科学院自动化及远距离操纵研究所筹委会研制自动化和远距离控制装

图1　利用无线电设备跟踪人造卫星围绕地球运转轨道（原载于《无线电》1957年第7期）

图2　《人造卫星中的电子学》科普文章首页，文中配图所示卫星上配置了光学观测仪器、紫外线观测仪器、磁力计等科研设备（原载于《无线电》1957年第7期）

开拓创新，继往开来——中国航天技术发展简史（1）

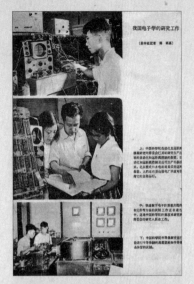

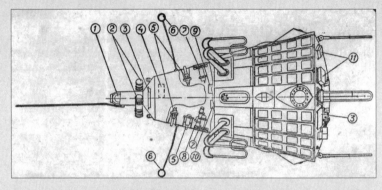

■ 图4 20世纪中期的航天技术领先国家在1958年5月发射的宇宙探索卫星。图中所示各部件为：①磁力计；②记录太阳微粒辐射的光电倍增管；③太阳电池；④纪录宇宙线光子的仪器；⑤磁力压力表和电离压力表；⑥离子收集器；⑦静电磁通计；⑧质谱仪管；⑨记录宇宙线重离子核仪器；⑩记录一次宇宙线强度的仪器；⑪记录微流星的传感器（原载于《无线电》1958年第6期）

■ 图3 中国电子学的研究工作，包括远距离自动化控制、数字电子计算机、半导体器件试制等研究方向。在这些领域取得的研究成果都是航天科技探索的重要基础（原载于《无线电》1958年第1期）

■ 图5 火箭在宇宙空间飞行的轨道及其承载的科研仪器。当时的远距离无线电通信技术已经能够实现从月球和地球之间的信息传递（原载于《无线电》1959年第2期）▶

置、中国科学院计算技术研究所筹委会试制快速数字电子计算机的部件和元器件、中国科学院半导体研究室进行半导体材料提纯和晶体管试制的珍贵画面。在接下来的岁月里，这些领域的研究成果都将为中国的航天事业提供重要支持：自动化及远程控制技术与火箭发射后的飞行轨迹调整控制密切相关；快速数字电子计算机将在火箭设计、卫星飞行轨道规划等需要大量计算的过程中大展身手；半导体元器件具有功耗低、体积小、质量轻、寿命长的突出优点，是用于人造卫星中电子设备的最佳选择。

1958年1月，中国科学院安排钱学森等科学家负责拟订发展人造卫星的规划草案，准备筹建3个设计院分工进行航天事业的研发工作：第一设计院，负责卫星总体设计与运载火箭的研制；第二设计院，负责控制系统的研制；第三设计院，负责空间探索仪器与空间物理研究。中国人奋发图强地追赶世界先进水平，自力更生地建立起新中国航天事业，同时也密切关注着国际上航天技术领先国家的进展。《无线电》1958年第6期就将其中一个在当年5月刚发射不久的宇宙探索卫星（见图4）介绍给求知若渴的读者："1958年5月15日……发射了第三个人造地球卫星。新卫星重1327kg，高3.57m。在铝合制的壳里，装有科学观测仪器、无线电控制设备、发射机和电源设备等，这些仪器共重968kg。新卫星在质量、装备的科学仪器和进入地球外层的高度上都远远超过了第一、第二个卫星；……可以更深入一步进行电离层组成的考察，静电场、地磁场的研究，宇宙线的研究，对太阳粒子辐射的考察，大气压力、密度的测量以及对微流星的观察。"

20世纪50年代末，世界上航天技术领先的国家已经能够实现从地球到月球的远距离无线电卫星通信（见图5）。考虑到地球与月球之间的平均距离约为380000km，远远超过地球上任意两点之间的信号传输距离，这样的远程无线电通信技术也引发了人们借助卫星在地球上实现远距离电视转播的期待（见图6）。尽管新中国在20世纪50年代末到20

■ 图6 《宇宙通信的开端》科普文章首页。该文章介绍了人造卫星与地球之间远距离高频无线电通信的相关知识（原载于《无线电》1959年第2期）▶

开拓创新，继往开来——中国航天技术发展简史（1）

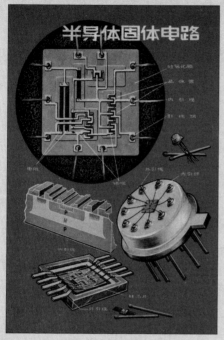

世纪 60 年代初曾面临着经济方面的一些困难，但勤劳智慧的中国人民在党的领导下，克服重重困难坚持前进，到 20 世纪 60 年代中期，在可供火箭和卫星应用的各技术领域已经取得了充分的进步，像半导体集成电路这样适合应用于航天设备的电子元器件就是其中的一个典型（见图 7）。在这些振奋人心的技术成就基础上，1965 年 7 月初，中国科学院呈报了《关于发展我国人造地球卫星工作规划方案的建议》，论述了发射人造卫星的主要目的、10 年奋斗目标和发展步骤、第一颗人造卫星的设计方案、卫星轨道的选择和地面观测网的建立等专题，指出研制人造卫星不仅有丰富的国防和科学意义，在鼓舞中国人民的爱国信心和民族自尊方面也有着重要意义。考虑到卫星发射及发射后的入轨追踪等涉及一整套相互关联协调的系统工程任务，在提交的建议文件中预期在 1970 年前后发射中国的第一颗人造卫星较为合适。经过进一步讨论修改后，《发展中国人造地球卫星事业的十年规划》最终制订完成。

1965 年 10 月至 11 月，中国科学院主持召开中国第一颗人造地球卫星方案论证会议，明确了中国第一颗人造卫星的发射目的、升空后主要任务和总

▌图 7 半导体固体电路（集成电路）的示意图。低功耗、体积小、质量轻、寿命长的电子元器件是人造卫星中各种仪器设备得以正常运行的重要基础（原载于《无线电》1966 年第 7 期）◀

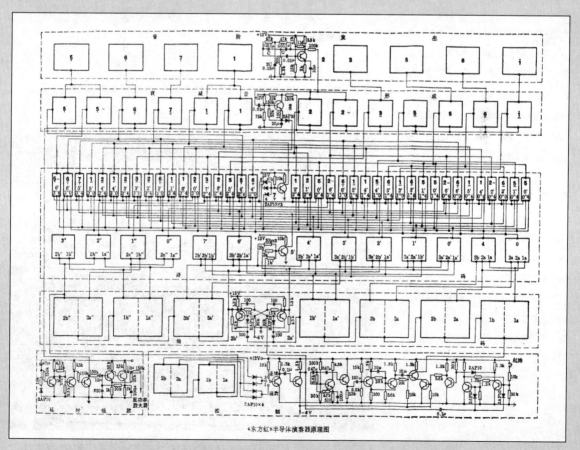

《东方红》半导体演奏器原理图

▌图 8 东方红一号卫星上搭载的"东方红"乐曲电子演奏器原理图（原载于《"东方红"半导体演奏器》，上海人民出版社，1971 年 6 月第 1 版）

体设计方案。会议初步确认，中国第一颗人造地球卫星的直径约为1m，质量约为100kg。1966年1月，中国科学院成立卫星设计院和"701"工程处。卫星设计院开始第一颗人造卫星具体方案的论证和设计，筹建相关试验室。"701"工程处开展卫星地面观测系统方案的设计，安排观测台站的规划和选址、地面测控设备研制和生产协作。1967年12月，第一颗人造卫星研制工作会议召开，审定卫星设计的总体方案和各子系统方案。会议决定：用长征一号火箭搭载发射中国的第一颗卫星；为了充分发挥出鼓舞人心、激励自信的效果，这颗卫星被设计为能够自动循环播放《东方红》乐曲，让世界各地的人民都能听到来自中国人造卫星的声音。

得益于中国当时已发展成熟的半导体晶体管技术，科研工作者们在中国的第一颗人造卫星上搭载了一台精心设计的"东方红"乐曲晶体管电子演奏器。这台演奏器由音阶信号发生电路、衰减音形成电路、控制门电路、节拍脉冲发生电路（多谐振荡电路）、音频放大电路等不同功能电路组成（见图8）。其中，9个振荡频率不同的RC双T形音频振荡电路组成能够发出《东方红》乐曲中9个不同音阶的音阶信号发生电路，再和根据不同节拍长度选定相应RC时间常数的衰减音形成电路连接，组成能够发出更生动音调的音阶及其衰减模块（见图9）。然后，按乐曲演奏所需的各音阶排列顺序，用控制门电路的时序脉冲来依次接通衰减音形成电路，使相应的音阶信号按所需时序和时长先后发出。节拍脉冲发生电路则采用多谐振荡电路以发出固定频率的节拍基准。这台电子演奏器中的主要电路元器件均采用国产硅三极管3DG6。

1970年4月24日，承载着中华民族航天梦想的首枚卫星——东方红一号，在酒泉卫星发射中心成功发射。最终完成的东方红一号卫星是一个直径约1m、外形近似球形的72面体（见图10），质量为173kg，由长征一号运载火箭送入近地点441km、远地点2368km、倾角68.44°的椭圆轨道。东方红一号具有4根2m长的短波天线，以20.009MHz

的频率广播其中晶体管电子演奏器循环播放的《东方红》乐曲。虽然乐曲信号的广播由于星载电池电量的耗尽，在1970年5月14日停止，但东方红一号采用的绕地运行轨道使其基本不会受到近地球稀薄大气的阻力影响，至今仍在绕地球飞行。

东方红一号卫星成功入轨运行，表明新中国已掌握了整套发射和运用卫星的航天工程技术，是中国人民克服重重困难、自力更生取得的一项伟大成就，向世界传达出中华民族追求发展进步的魄力与自信。在接下来的几十年里，中国在人造地球卫星这一领域将会取得哪些成就呢？这个问题的答案将由本系列的下一篇文章揭晓（见下册）。

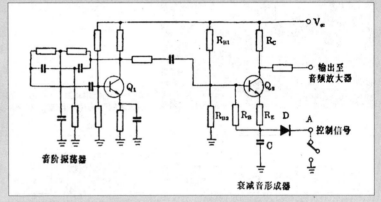

■ 图9 东方红一号卫星搭载的"东方红"乐曲电子演奏器音阶振荡电路及衰减音形成电路（原载于《"东方红"半导体演奏器》，上海人民出版社，1971年6月第1版）

■ 图10 东方红一号卫星模型。作为中国发射的首枚人造卫星，东方红一号至今仍在绕地球轨道上运行（拍摄于文昌航天科普馆）